KB102278

최신 핵심이론과 예상문제

제선기능사 필기|실기 특강

최병도 편저

일진사

머리말

제선공정을 통해 제조된 철강은 자동차, 조선, 가전, 건설, 기계 산업의 발전을 뒷받침해 주는 소재로서 산업 발전에 중요한 역할을 하고 있으며, 국가 발전의 요체가 될 수 있을 만큼 그 중요성이 강조되고 있다. 그동안 우리나라의 철강 산업은 단기간에 세계적인 경쟁력을 갖춘 나라로서 철강 산업의 구조변화에 발맞추어 대량 고속의 생산체제를 신속하게 구축하고 관련 기술의 시기적절한 도입 및 자체 개발을 통하여 우수한 국제 경쟁력을 바탕으로 수출시장 확보에 성공하였다.

철강 산업이라 함은 철을 함유하고 있는 철광석, 철 스크랩 등을 녹여 쇳물을 만들고 불순물을 줄인 후 연주 및 압연과정을 거쳐 열연강판, 냉연강판, 후판, 철근, 강관 등 최종 철강제품을 만들어내는 산업이다.

이들 산업 중 제선기술은 철광석을 녹여 선철을 만드는 공정으로서 용광로나 고로에 철광석, 코크스, 석회석을 넣고 열을 가하여 코크스를 연소시켜 철광석 속에 포함된 철을 녹이는데 이때 나오는 철을 선철이라 하고, 강을 만드는 재료로 쓰이거나 주물용으로 쓰이도록 철을 제조하는 기술이다.

이 책은 제선기술을 중심으로 제선에 많은 관심을 가진 예비기술인이나 제선기능사 자격증을 취득하고자 하는 기술인들에게 도움이 될 수 있도록 다음 사항에 역점을 두고 편집하였다.

첫째, 한국산업인력공단의 출제기준에 따라 과목별 단원별로 세분하여 주요한 전공기술 내용을 요약 기술하였고, 과년도 기출문제 위주로 단원 예상문제를 구성하였다.

둘째, 이론을 학습하고 이어서 연관성 있는 문제를 풀어 확인할 수 있도록 체계화하였으며, 과거 출제 문제의 완전 분석을 통한 문제 위주로 구성하였다.

셋째, 부록으로 기존에 출제되었던 이론과 실기문제들을 자세한 해설과 함께 수록하여 줌으로써 출제 경향을 파악함은 물론, 전체 내용을 복습할 수 있게 구성하였다.

이 책을 통하여 제선 분야에 종사하고자 하는 모든 이들이 목적한 바를 꼭 이루길 바라며, 혹시 미흡한 부분이나 잘못된 점이 있다면 여러분들의 기탄없는 충고를 바란다. 끝으로 이 책을 출판하기까지 도움을 주신 여러분과 도서출판 **일진사**에 진심으로 감사드린다.

저자 씀

제선기능사 출제기준(필기)

직무분야	재료	중직무분야	금속재료	자격종목	제선기능사	적용기간	2017.1.1.~2021.12.31.
○직무내용: 철광석 및 기타 원료를 예비처리한 후 용광로에 넣어 각종 부대시설을 활용하여 철광석을 용해, 환원시켜 용융선철을 생산하는 작업 수행							
필기검정방법	객관식	문제수	60	시험시간	1시간		

필기 과목명	문제수	주요항목	세부항목	세세항목
금속재료 일반, 금속 제도, 제선법, 소결법	60	1. 금속재료 총론	1. 금속의 특성과 상태도	1. 금속의 특성과 결정 구조 2. 금속의 변태와 상태도 및 기계적 성질
			2. 금속재료의 성질과 시험	1. 금속의 소성 변형과 가공 2. 금속재료의 일반적 성질 3. 금속재료의 시험과 검사
		2. 철과 강	1. 철강 재료	1. 순철과 탄소강 2. 열처리 종류 3. 합금강 4. 주철과 주강 5. 기타 재료
		3. 비철 금속재료와 특수 금속재료	1. 비철 금속재료	1. 구리와 그 합금 2. 경금속과 그 합금 3. 니켈, 코발트, 고용융점 금속과 그 합금 4. 아연, 납, 주석, 저용융점 금속과 그 합금 5. 귀금속, 희토류 금속과 그 밖의 금속
			2. 신소재 및 그 밖의 합금	1. 고강도 재료 2. 기능성 재료 3. 신에너지 재료
		4. 제도의 기본	1. 제도의 기초	1. 제도 용어 및 통칙 2. 도면의 크기, 종류, 양식 3. 척도, 문자, 선 및 기호 4. 제도용구
		5. 기초 제도	1. 투상법	1. 평면도법 2. 투상도법
			2. 도형의 표시방법	1. 투상도, 단면도의 표시방법 2. 도형의 생략(단면도 등)
			3. 치수기입 방법	1. 치수기입법 2. 여러 가지 요소 치수 기입
		6. 제도의 응용	1. 공차 및 도면해독	1. 도면의 결 도시방법 2. 치수공차와 끼워맞춤 3. 투상도면 해독
			2. 재료기호	1. 금속재료의 재료기호
			3. 기계요소 제도	1. 체결용 기계요소의 제도 2. 전동용 기계요소의 제도
		7. 제련기초	1. 제련의 종류 및 특징	1. 제련의 종류 2. 제련의 특징
			2. 내화물의 종류 및 용도	1. 내화물의 종류 2. 내화물의 성질 3. 내화물의 용도

필기 과목명	문제수	주요항목	세부항목	세세항목
금속재료 일반, 금속제도, 제선법, 소결법		8. 제선원료	1. 제선원료와 예비처리	1. 철광석 2. 원료탄 3. 제선원료 예비처리
			2. 소결 및 펠레타이징	1. 소결원료 2. 소결설비 3. 소결조업 4. 소결성품 5. 펠릿원료 6. 펠릿제조 설비 7. 펠릿제조 8. 펠릿성품 9. 소결 품질
			3. 코크스제조 및 성형탄	1. 코크스 원료 및 장입 2. 코크스 제조 설비 3. 코크스 제조 4. 코크스 압출 및 소화 5. 코크스 성품 6. COG 정제 및 부산물 회수 7. 성형탄
		9. 고로제선 설비	1. 고로 및 원료장입설비	1. 고로노체 및 구조 2. 노체 냉각설비 3. 풍구 및 부대설비 4. 원료 권양 및 장입장치
			2. 열풍로 및 출선구 등 부대설비	1. 출선구 개공기 및 폐쇄기 2. 주상설비 및 용선처리설비 3. 배가스 청정 및 처리 설비 4. 열풍로 설비 및 조업 5. 고로조업 제어설비
		10. 고로제선 조업	1. 원료장입 및 조업	1. 원료배합 및 장입량 계산 2. 원료장입 3. 송풍 4. 화입 및 종풍 5. 출선 및 출재 6. 노체점검 7. 고로조업의 이상 원인과 대책
			2. 고로 노내 반응 및 제품	1. 고로 내 반응 2. 고로 내 현상(가스, 온도 등) 3. 고로 열정산 4. 고로 노황 판정 및 제어 5. 고로법의 특징 및 제품 특성 6. 선철 및 슬래그 등 부산물 7. 온도 및 성분관리 8. 고로 설비의 구성과 기능
		11. 신 제선법	1. 파이넥스 제선법	1. 파이넥스 설비 및 원료 2. 파이넥스 조업 3. 파이넥스법 특징 및 제품 특성
		12. 제선설비 유지 보수	1. 설비 점검이론	1. 설비별 스펙, 작동범위, 작동원리 2. 설비관리 매뉴얼 이해
			2. 설비 유지 보수	1. 설비도면 해독 2. 설비 부품 3. 공정 내 작업 범위
		13. 제선환경 안전관리	1. 안전관리	1. 산업 안전 이론 2. 공정별 위험 요소 3. 기타 안전에 관한 사항
			2. 환경관리	1. 산업 환경의 중요성 2. 환경 관련 관리 요소

차 례

제1편 금속재료 일반

제1장 금속재료 총론

제2장 철과 강

제3장 비철 금속재료와 특수 금속재료

제2편 금속제도

제1장 제도의 기본

제2장 기초 제도

제3장 제도의 응용

제3편 제선법 및 소결법

제1장 제련 기초

제2장 제선 원료

제3장 고로제선 설비

제4장 고로제선 조업

제5장 신 제선법

제6장 제선환경 안전관리

부록

|제|선|기|능|사|

1편

금속재료 일반

제 1 장 금속재료 총론

1. 금속의 특성과 상태도

1-1 금속의 특성과 결정구조

(1) 금속

금속의 일반적인 특성은 다음과 같다.

① 상온에서 고체이며 결정구조를 갖는다(단, Hg 제외).

② 열과 전기의 양도체이다.

③ 비중이 크고 금속적 광택을 갖는다.

④ 전성 및 연성이 좋다.

⑤ 소성변형이 있어 가공하기 쉽다.

위의 성질을 구비한 것을 금속, 불완전하게 구비한 것을 준금속, 전혀 구비하지 않은 것을 비금속이라 한다.

(2) 합금

순금속이란 100%의 순도를 가지는 금속원소를 말하나 실제로는 존재하지 않는다. 따라서 순수한 단체금속을 제외한 모든 금속적 물질을 합금이라고 하며 합금의 제조 방법은 금속과 금속, 금속과 비금속을 용융상태에서 융합하거나, 압축, 소결에 의해 또는 침탄처리와 같이 고체상태에서 확산을 이용하여 합금을 부분적으로 만드는 방법 등이 있다. 이와 같이 제조된 합금은 성분원소의 수에 따라 2원합금, 3원합금, 4원합금, 다원합금 등으로 분류한다.

단원 예상문제

1. 금속의 일반적 특성에 대한 설명으로 틀린 것은?

① 수은을 제외하고 상온에서 고체이며 결정체이다.
② 일반적으로 강도와 경도는 낮으나 비중은 크다.
③ 금속 특유의 광택을 갖는다.
④ 열과 전기의 양도체이다.

해설 금속은 강도와 경도가 높다.

2. 금속재료의 일반적인 설명으로 틀린 것은?

① 구리(Cu)보다 은(Ag)의 전기전도율이 크다.
② 합금이 순수한 금속보다 열전도율이 좋다.
③ 순수한 금속일수록 전기 전도율이 좋다.
④ 열전도율의 단위는 W/m·K이다.

해설 순금속이 합금보다 열전도율이 좋다.

3. 금속의 일반적인 특성을 설명한 것 중 틀린 것은?

① 전성 및 연성이 좋다.
② 전기 및 열의 양도체이다.
③ 금속 고유의 광택을 가진다.
④ 수은을 제외한 모든 금속은 상온에서 액체상태이다.

해설 수은을 제외한 모든 금속은 상온에서 고체상태이다.

4. 금속에 대한 성질을 설명한 것 중 틀린 것은?

① 모든 금속은 상온에서 고체상태로 존재한다.
② 텅스텐(W)의 용융점은 약 3410℃이다.
③ 이리듐(Ir)의 비중은 22.5이다.
④ 열 및 전기의 양도체이다.

해설 모든 금속은 상온에서 고체이며 결정체이다(단, Hg 제외).

정답 1. ② 2. ② 3. ④ 4. ①

1-2 금속의 응고 및 결정구조

용융상태로부터 응고가 끝난 금속조직 자체를 1차 조직(primary structure), 열처리에 의해 새로운 결정조직으로 변화시킨 조직을 2차 조직(secondary structure)이라 한다.

(1) 금속의 응고

① 냉각곡선

금속을 용융상태로부터 냉각하여 온도와 시간의 관계를 나타낸 곡선을 냉각곡선(cooling curve)이라고 한다.

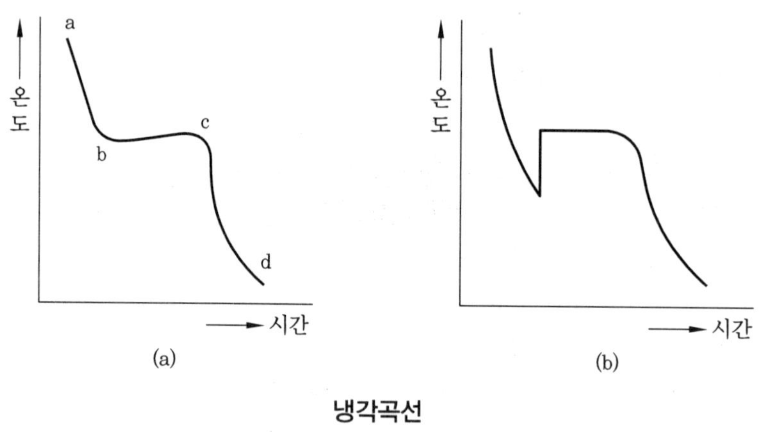

냉각곡선

② 자유도: 곡선 중에 수평선은 용융금속 중에 이미 고체금속을 만들고 상률적으로 2상이 공존하기 때문에 자유도 $F=C-P+1$에서 C는 성분수, P는 상수로 1성분계에서 2상이 공존할 경우는 불변계를 형성한다.

③ 과랭각 현상 및 접종

(가) 금속의 응고는 응고점 이하의 온도로 되어도 미처 응고하지 못한 과랭각(과랭, supercooling, undercooling) 현상이 나타난다.

(나) 금속의 결정은 결정핵이 생성되기 시작하면 급속히 성장하므로 과냉도가 너무 큰 금속의 경우는 융체에 진동을 주거나, 또는 핵의 종자가 되도록 작은 금속편을 첨가하여 결정핵의 생성을 촉진하는데 이를 접종(inoculation)이라고 한다.

단원 예상문제

1. 용융금속의 냉각곡선에서 응고가 시작되는 지점은?

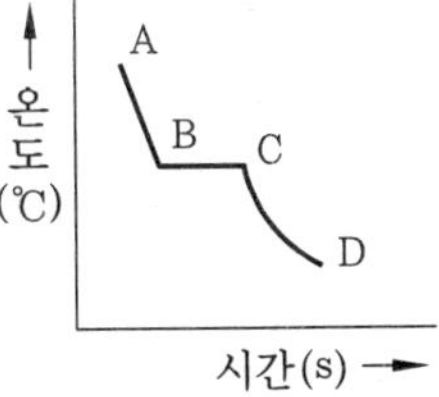

① A
② B
③ C
④ D

해설 AB: 용융상태, BC: 용융+응고상태, CD: 응고상태

2. 합금이 용융되기 시작하는 시점부터 용융이 다 끝나는 지점까지의 온도 범위를 무엇이라 하는가?

① 피니싱 온도 범위
② 재결정 온도 범위
③ 변태온도 범위
④ 용융온도 범위

3. 다음 그림은 물의 상태도이다. 이때 T점의 자유도는 얼마인가?

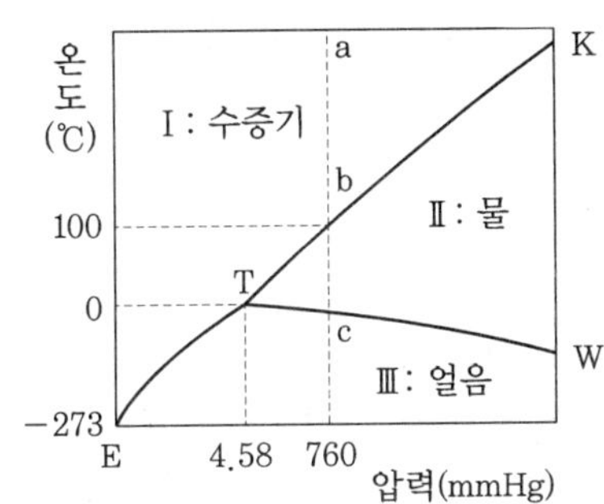

① 0
② 1
③ 2
④ 3

해설 물의 삼중점(T점)의 자유도는 0이다.

4. 물과 얼음의 평형 상태에서 자유도는 얼마인가?

① 0
② 1
③ 2
④ 3

해설 $F=C-P+2=1-2+2=1$

5. 과랭에 대한 설명으로 옳은 것은?

① 실내온도에서 용융상태인 금속이다.
② 고온에서도 고체상태인 금속이다.
③ 금속이 응고점보다 낮은 온도에서 용해되는 것이다.
④ 응고점보다 낮은 온도에서 응고가 시작되는 현상이다.

정답 1. ② 2. ④ 3. ① 4. ② 5. ④

(2) 금속의 결정 형성과 조직

① 결정의 형성 과정

결정핵 생성→결정핵 성장→결정립계 형성→결정입자 구성

② 결정립(crystal grain)의 크기: 용융금속의 단위체적당 생성된 결정핵의 수, 즉 핵발생 속도를 N, 결정성장 속도를 G라고 했을 때 결정립 크기 S와의 관계는

$$S=f\frac{G}{N}$$

로 나타난다. 즉 결정립의 크기는 성장속도 G에 비례하고 핵발생 속도 N에 반비례한다.

G와 N의 관계는 다음과 같다.

㈎ G가 N보다 빨리 증대할 때는 소수의 핵이 성장해서 응고가 끝나기 때문에 큰 결정립을 얻게 된다.

㈏ G보다 N의 증대가 현저할 때는 핵의 수가 많기 때문에 미세한 결정을 이룬다.

㈐ G와 N이 교차하는 경우 조대한 결정립과 미세한 결정립의 2가지 구역으로 나타난다.

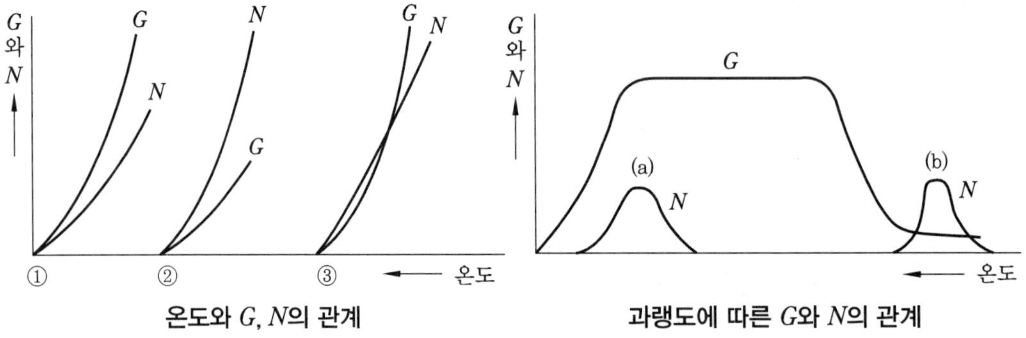

온도와 G, N의 관계　　과랭도에 따른 G와 N의 관계

(3) 응고 후의 조직

① 수지상정: 용융금속이 응고할 때 죽모양의 고액공존 영역에서 가운데 액체부분이 고체로 변하면서 나뭇가지 모양으로 성장하는 것을 수지상정(dendrite)이라 한다.

② 주상정: 수지상정 표면에서 뻗어 나와 내부로 성장하는 경우는 결정이 기둥처럼 가늘고 길게 정렬되어 나타나는데 이를 주상정(columnar grain)이라 한다.

③ 등축정: 수지상정이 액체 중에 흩어져 떠다니다 성장한 경우는 짧은 결정들이 각각 다른 방향을 향하고 있는데 이것을 등축정(equiaxed grain)이라고 한다.

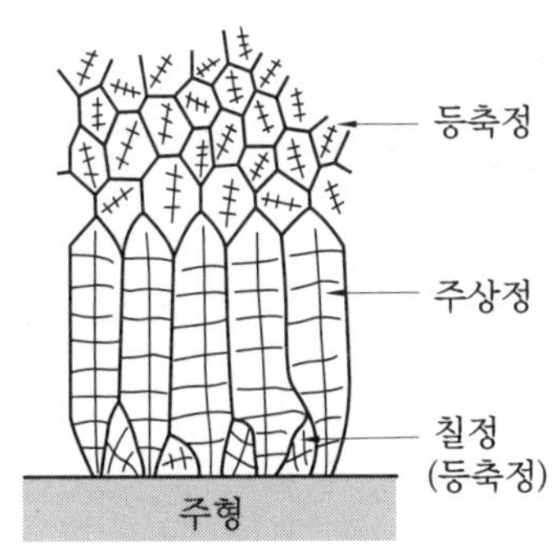

주상정과 등축정

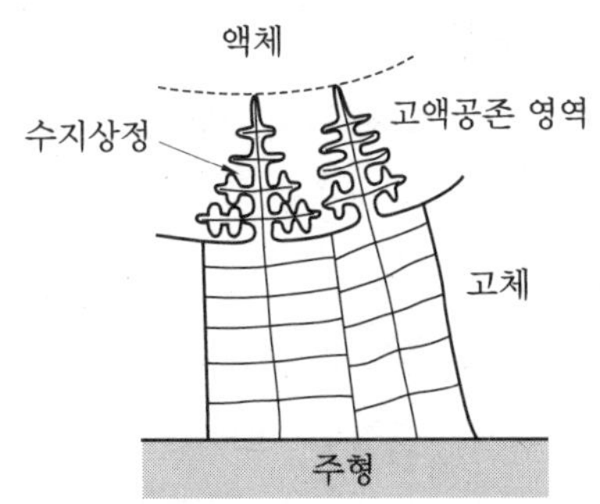

고액공존 영역과 수지상정

단원 예상문제

1. 금속의 응고과정 순서로 옳은 것은?

① 결정핵의 생성→결정의 성장→결정립계 형성
② 결정의 성장→결정립계 형성→결정핵의 생성
③ 결정립계 형성→결정의 성장→결정핵의 생성
④ 결정핵의 생성→결정립계 형성→결정의 성장

2. 용융금속이 응고할 때 작은 결정을 만드는 핵이 생기고 이 핵을 중심으로 금속이 나뭇가지 모양으로 발달하는 것을 무엇이라 하는가?

① 입상정　② 수지상정　③ 주상정　④ 결정립

3. 용탕을 금속 주형에 주입 후 응고할 때, 주형의 면에서 중심방향으로 성장하는 나란하고 가느다란 기둥 모양의 결정을 무엇이라고 하는가?

① 단결정　② 다결정　③ 주상정　④ 크리스털 결정

4. 용융금속을 주형에 주입할 때 응고하는 과정을 설명한 것으로 틀린 것은?

① 나뭇가지 모양으로 응고하는 것을 수지상정이라고 한다.
② 핵생성 속도가 핵성장 속도보다 빠르면 입자가 미세화된다.
③ 주형과 접한 부분이 빠른 속도로 응고하고 내부로 가면서 천천히 응고한다.
④ 주상결정입자 조직이 생성된 주물에서는 주상결정 입내 부분에 불순물이 집중하므로 메짐이 생긴다.

해설 주상결정 입내 부분에는 불순물이 집중하지 않으므로 메짐도 생기지 않는다.

정답 1. ① 2. ② 3. ③ 4. ④

(4) 금속의 결정구조

① 결정립: 금속재료의 파단면은 무수히 많은 입자로 구성되어 있는데 이 작은 입자를 결정립(crystal grain)이라 한다.

② 결정립계: 금속은 무수히 많은 결정립이 무질서한 상태로 집합되어 있는 다결정체이며, 이 결정립의 경계를 결정립계(grain boundary)라고 한다.

③ 결정격자: 결정립 내에는 원자가 규칙적으로 배열되어 있는데 이것을 결정격자(crystal lattice) 또는 공간격자(space lattice)라고 한다.

④ 단위포: 공간격자 중에서 소수의 원자를 택하여 그 중심을 연결해 간단한 기하학적 형태를 만들어 격자 내의 원자군을 대표할 수 있는데 이것을 단위격자(unit cell) 또는 단위포라고 부르며 축간의 각을 축각(axial angle)이라 한다.

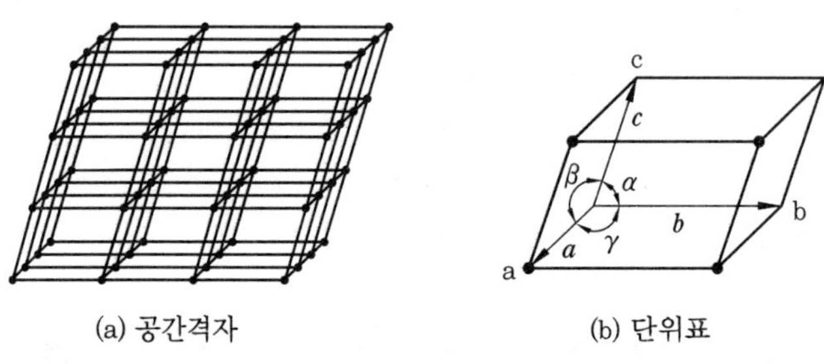

공간격자와 단위포

(5) 금속의 결정계와 결정격자

① 결정계는 7정계로 나뉘고 다시 14결정격자형으로 세분되는데 이것을 브라베 격자(Bravais lattice)라 한다.

② 순금속 및 합금(금속간화합물 제외)은 비교적 간단한 단위 결정격자로 되어 있다.

③ 특수한 원소(In, Sn, Te, Ti, Bi)를 제외한 대부분이 체심입방격자(BCC: body centered cubic lattice), 면심입방격자(FCC: face centered cubic lattice), 조밀육방격자(HCP or CPH: close packed hexagonal lattice)로 이루어져 있다.

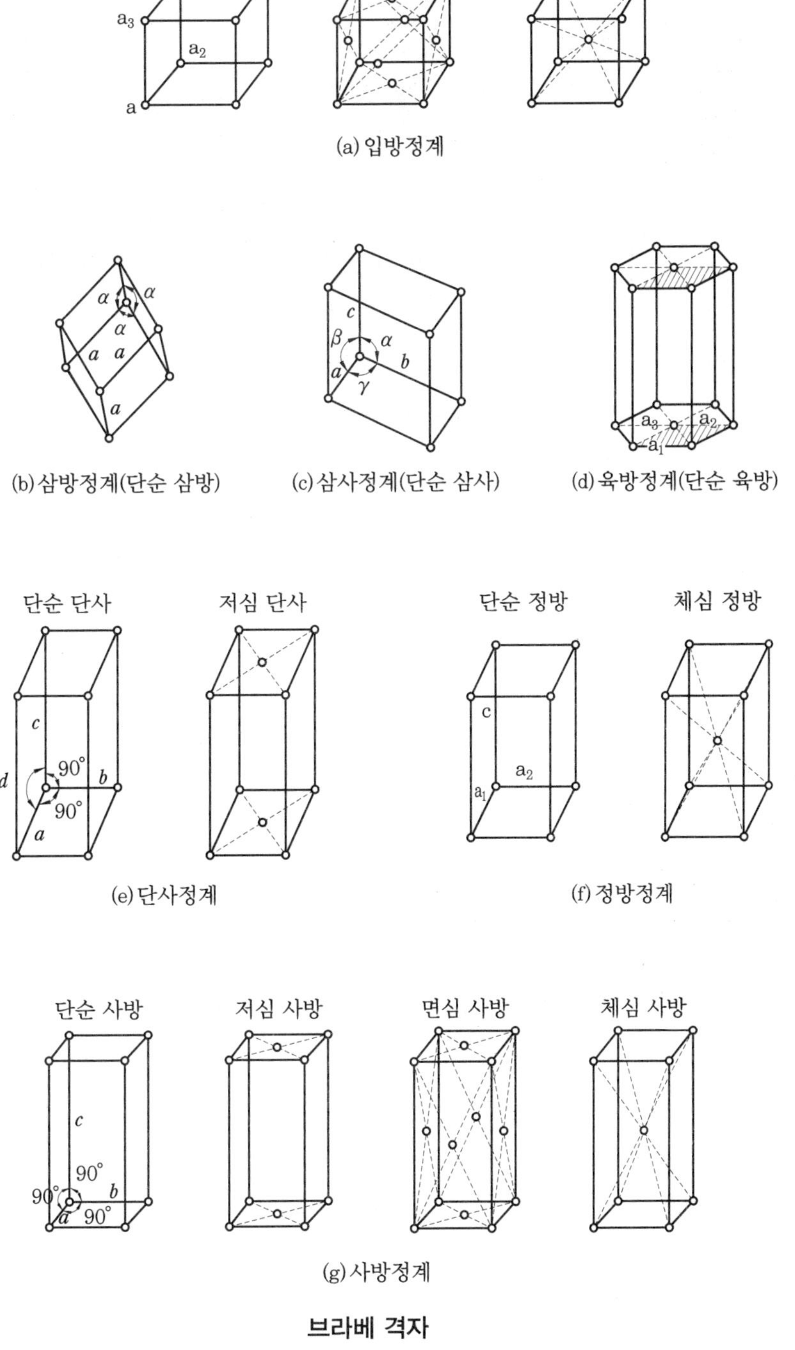
a₃
a₂
a
(a) 입방정계
α
α
α
a
a
a
(b) 삼방정계(단순 삼방)
c
β
α
a
b
γ
(c) 삼사정계(단순 삼사)
a₃
a₂
a₁
(d) 육방정계(단순 육방)
단순 단사
저심 단사
c
d
90°
b
90°
a
(e) 단사정계
단순 정방
체심 정방
c
a₂
a₁
(f) 정방정계
단순 사방
저심 사방
면심 사방
체심 사방
c
90°
90°
b
a
90°
(g) 사방정계

브라베 격자

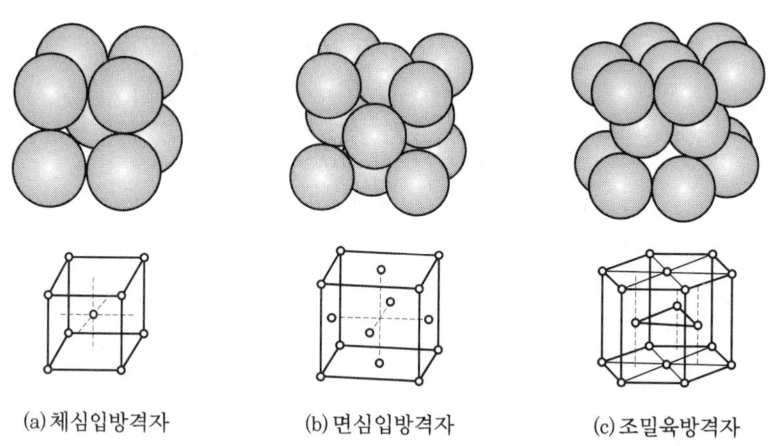

실용금속의 결정격자

주요 금속의 격자상수

면심입방격자(FCC)		체심입방격자(BCC)		조밀육방격자(HCP)		
금속	a	금속	a	금속	a	e
Ag	4.08	Ba	5.01	Be	2.27	3.59
Al	4.04	α－Cr	2.88	Cd	2.97	5.61
Au	4.07	α－Fe	2.86	α－Co	2.51	4.10
Ca	5.56	K	5.32	α－Ce	2.51	4.10
Cu	3.16	Li	3.50	β－Cr	2.72	4.42
γ － Fe	3.63	Mo	3.14	Mg	3.22	5.10
Ni	3.52	Na	4.28	Os	3.72	4.31
Pb	4.94	Nb	3.30	α－Tl	3.47	5.52
Pt	3.92	Ta	3.30	Zn	2.66	4.96
Rh	3.82	W	3.16	α－Ti	2.92	4.67
Th	5.07	V	3.03	Zr	3.22	5.20

㈎ 브래그의 법칙(Bragg's law): 결정에서 반사하는 X선의 강도가 최대로 되기 위한 조건을 주는 법칙으로 다음 식이 성립한다.

$$n\lambda = 2d\sin\theta$$

여기서, d: 결정면의 간격, θ: 입사각, n: 상수, λ: X선의 파장

X－선은 금속의 결정구조나 격자상수, 결정면, 결정면의 방향을 결정한다.

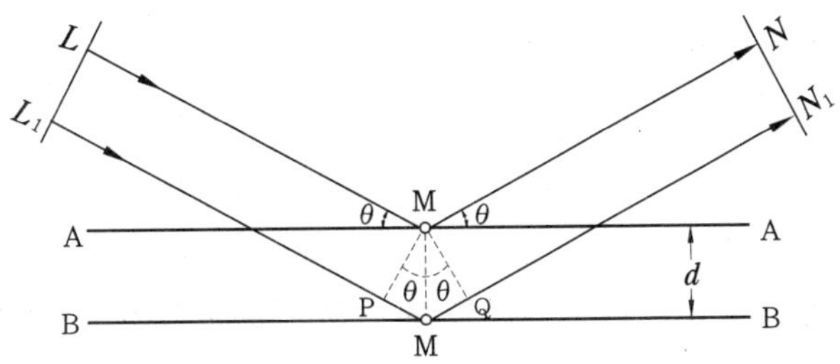

결정면에 의한 X선 회절

(나) 결정면 및 방향 표시법: 결정의 좌표축을 X, Y, Z로 하고 a, b, c의 3축을 각각 원자간 거리 배수만큼 끊었을 때 3축상에서 각각 몇 개의 원자 간격이 생기는가를 보면 $(X, Y, Z)=(2, 3, 1)$ 원자축 간격의 배수임을 알 수 있다. 그 역수(1/2, 1/3, 1/1)를 취하여 정수비로 고치면 (3, 2, 6)이 되어 결정면의 위치를 표시한다. 이것을 밀러지수(Miller's indices)라 하고 결정면 및 방향을 표시한다.

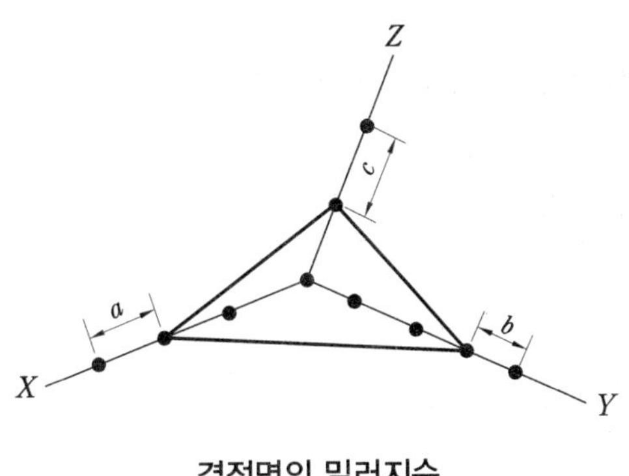

결정면의 밀러지수

단원 예상문제

1. 금속의 결정구조를 생각할 때 결정면과 방향을 규정하는 것과 관련이 가장 깊은 것은?

① 밀러지수 ② 탄성계수 ③ 가공지수 ④ 전이계수

2. 금속의 결정격자에 속하지 않는 기호는?

① FCC ② LDN ③ BCC ④ CPH

3. 다음 중 면심입방격자(FCC) 금속에 해당되는 것은?

① Ta, Li, Mo　　② Ba, Cr, Fe
③ Ag, Al, Pt　　④ Be, Cd, Mg

4. 다음 그림은 면심입방격자이다. 단위격자에 속해 있는 원자의 수는 몇 개인가?

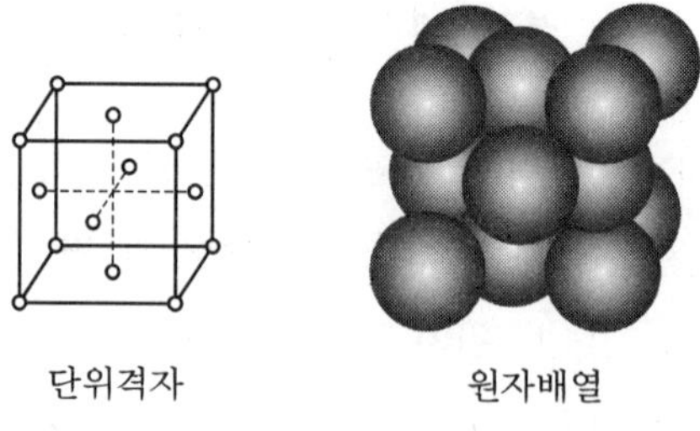

① 2　　② 3　　③ 4　　④ 5

해설 면심입방격자: 4개, 체심입방격자: 2개

5. 체심입방격자와 조밀육방격자의 배위수는 각각 얼마인가?

① 체심입방격자: 8, 조밀육방격자: 8
② 체심입방격자: 12, 조밀육방격자: 12
③ 체심입방격자: 8, 조밀육방격자: 12
④ 체심입방격자: 12, 조밀육방격자: 8

해설 결정구조에서 체심입방격자(BCC): 8, 조밀육방격자(HCP): 12이며, 최근접 원자수를 말한다.

정답 1. ① 2. ② 3. ③ 4. ③ 5. ③

1-3 금속의 변태와 상태도

(1) 금속 변태의 개요

물이 기체, 액체, 고체로 변하는 것처럼 금속 및 합금은 용융점에서 고체상태가 융체로 변하고 응고 후에도 온도에 따라 변하는데 이러한 변화를 변태(transformation)라고 한다.

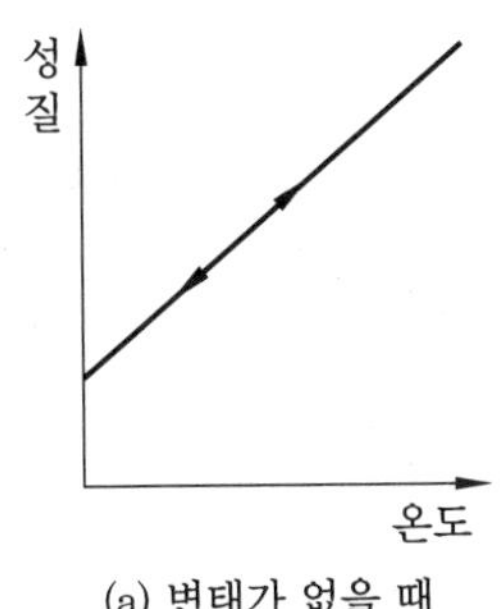

(a) 변태가 없을 때

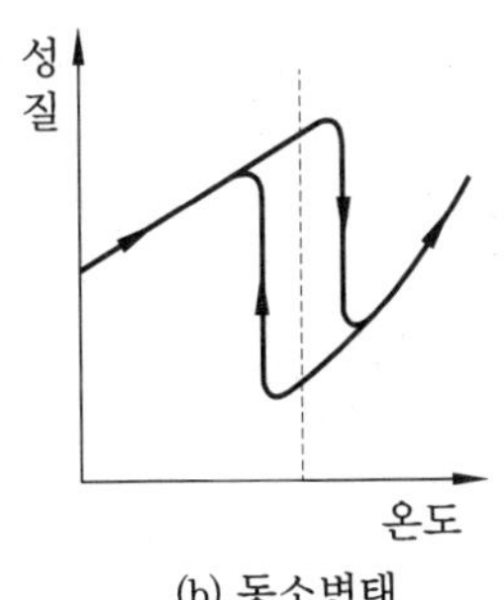

(b) 동소변태

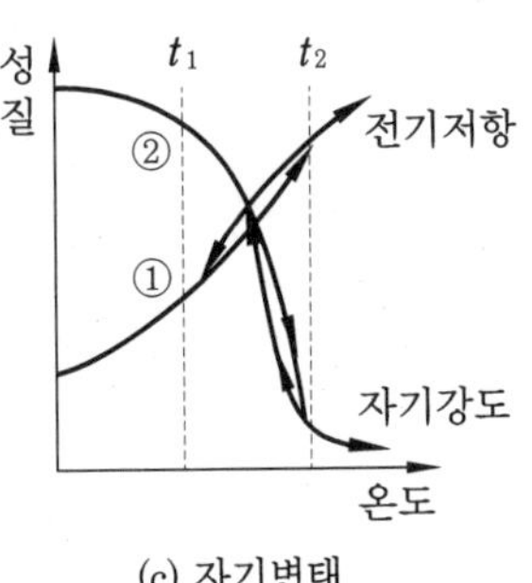

(c) 자기변태

변태의 성질과 온도의 관계

① 동소변태

(가) 고체상태에서의 원자배열에 변화를 갖는다.

(나) 고체상태에서 서로 다른 공간격자 구조를 갖는다.

(다) 일정 온도에서 불연속적인 성질 변화를 일으킨다.

② 자기변태

(가) 넓은 온도구간에서 연속적으로 변한다.

(나) 원자와 격자의 배열은 그대로 유지하고 자성만을 변화시키는 변태이다.

(다) 순철은 768℃에서 급격히 자기의 강도가 감소되는 자기변태가 일어나는데 이를 A_2변태라고 한다.

(라) Fe, Co, Ni은 자기변태에서 강자성체 금속이다.

(마) 안티몬(Sb)은 반자성체이다.

(2) 변태점 측정법

① 열분석법(thermal analysis)

② 시차열분석법(differential thermal analysis)

③ 비열법(specific heat analysis)

④ 전기저항법(electric resistance analysis)

⑤ 열팽창법(thermal expansion analysis)

⑥ 자기분석법(magnetic analysis)

⑦ X선 분석법(x-ray analysis)

열전대의 대표적 종류와 사용온도

종류	조성		지름	사용온도(℃)	
	+	−	(mm)	연속	과열
백금 – 백금로듐	백금 87% 로듐 12%	순백금	0.5	1400	1600
	백금 90% 로듐 10%	순백금	0.5	1400	1600
크로멜 – 알루멜	니켈 90% 크로뮴 10%	니켈 94% 알루미늄 3% 실리콘 1% 망가니즈 2%	0.65	700	900
			1.0	750	950
			1.6	850	1050
			2.3	900	1100
			3.2	1000	1200
철 – 콘스탄탄	순철	구리 55% 니켈 45%	2.3	600	900
			3.2		
구리 – 콘스탄탄	순구리	구리 55% 니켈 45%	약 0.3~0.5	300	600

단원 예상문제

1. 자기변태에 대한 설명으로 옳은 것은?

① Fe의 자기변태점은 210℃이다.
② 결정격자가 변화하는 것이다.
③ 강자성을 잃고 상자성으로 변화하는 것이다.
④ 일정한 온도범위 안에서 급격히 비연속적인 변화가 일어난다.

2. Fe–C 평형상태도에서 α–철의 자기변태점은?

① A_1 ② A_2 ③ A_3 ④ A_4

해설 순철의 자기변태점: A_2, 동소변태점: A_3, A_4

3. 다음 중 퀴리점(curie point)이란?

① 동소변태점 ② 결정격자가 변하는 점
③ 자기변태가 일어나는 온도 ④ 입방격자가 변하는 점

해설 퀴리점: 순철에서 자기변태가 일어나는 온도

4. 다음 중 순철의 자기변태 온도는 약 몇 ℃인가?

① 100 ② 768 ③ 910 ④ 1400

5. 다음 중 동소변태에 대한 설명으로 틀린 것은?

① 결정격자의 변화이다.
② 동소변태에는 A_3, A_4 변태가 있다.
③ 자기적 성질을 변화시키는 변태이다.
④ 일정한 온도에서 급격히 비연속적으로 일어난다.

해설 자기적 성질 변화을 변화시키는 것은 자기변태이다.

6. 순철에서 동소변태가 일어나는 온도는 약 몇 ℃인가?

① 210 ② 700 ③ 912 ④ 1600

해설 순철의 동소변태는 A_3(910℃), A_4(1401℃) 변태에서 결정구조가 변한다.

7. 고체 상태에서 하나의 원소가 온도에 따라 그 금속을 구성하고 있는 원자의 배열이 변하여 두 가지 이상의 결정구조를 가지는 것은?

① 전위 ② 동소체 ③ 고용체 ④ 재결정

8. 니켈-크로뮴 합금 중 사용한도가 1000℃까지 측정할 수 있는 합금은?

① 망가닌 ② 우드메탈 ③ 배빗메탈 ④ 크로멜-알루멜

정답 1. ③ 2. ② 3. ③ 4. ② 5. ③ 6. ③ 7. ② 8. ④

(3) 탄소강의 상태도

① 상태도상에서 상평형 관계를 설명해 주는 것이 상률(phase rule)이다.
② 자유도를 F, 성분수를 C, 상의 수를 P라 하면 비금속의 상률공식은 $F=C-P+2$ 이다.

그러나 응축계인 금속은 자유도를 변화시킬 수 있는 인자가 온도, 압력, 농도 중 대기압하에서 변화되므로 압력의 인자를 무시하고 다음과 같이 나타낸다.

$$F=C-P+1$$

2성분계 합금에서 3상이 공존하면 자유도 $F=0$으로 불변계가 형성되고 2상이 공존하면 1변계, 단일상이 존재하면 2변계가 형성된다.

$F=0$으로 불변계는 포정반응(peritectic reation), 공정반응(eutectic reaction), 공석반응(eutectoid reaction)을 한다.

(4) 전율가용 고용체형 상태도

성분 M, N의 2성분계 합금이 고용체를 형성할 때의 그림을 전율가용 고용체형 상태도라 한다.

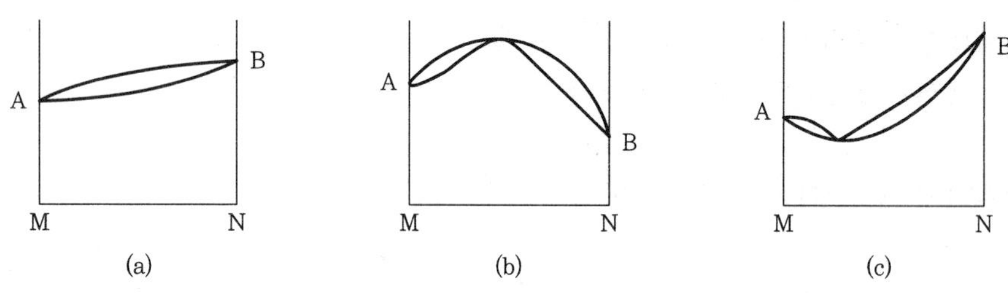

전율가용 고용체형 상태도의 3가지 형태

2성분계 합금의 상태도에서 각 구역에 존재하는 상의 양적인 관계는 다음 그림에서 표시한 것과 같이 천칭관계로 증명할 수 있다. k합금에 대한 t℃에서 정출한 고상의 양 M과 잔액량 L의 양적비가 $\frac{M}{L}=\frac{b}{a}$임을 증명하면 다음과 같다.

$(a+b)\cdot L$: t℃에서의 잔액 중의 N의 중량

$a\cdot(M+L)$: k조성합금 중의 N의 중량

따라서 $(a+b)\cdot L=a\cdot(M+L)$

$$\therefore \frac{(a+b)}{a}=\frac{(M+L)}{L}$$

$$\therefore \frac{M}{L}=\left\{\frac{(a+b)}{a}\right\}-1$$

$$\therefore \frac{M}{L}=\frac{b}{a}$$

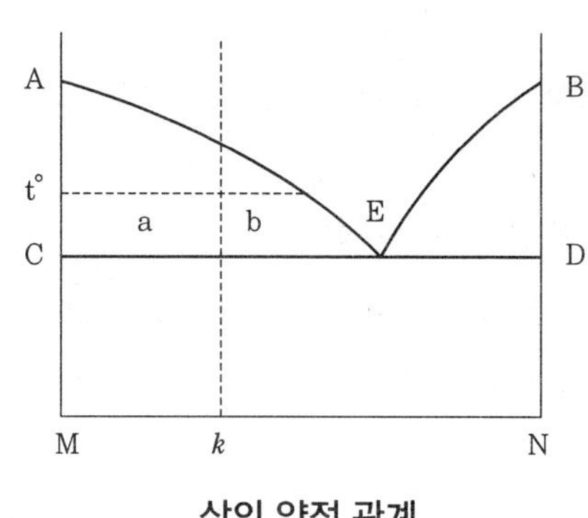

상의 양적 관계

점 A: 순철의 용융점 또는 응고점(1,539℃)

선 AB: δ−Fe의 액상선(초정선)은 탄소의 조성이 증가함에 따라 정출온도는 강하한다.

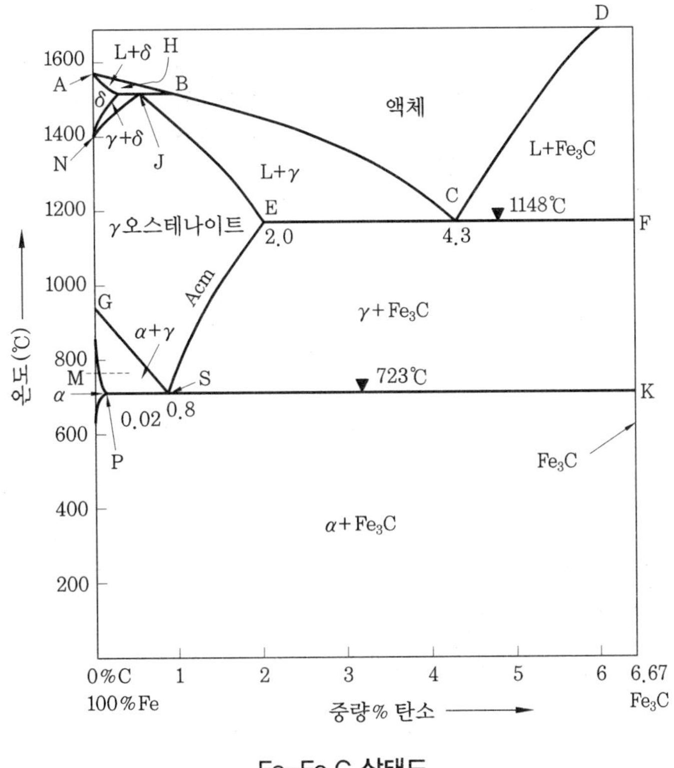

Fe–Fe_3C 상태도

Fe–C 상태도에서 나타난 조직의 명칭과 결정구조는 다음 표와 같다.

조직과 결정구조

기호	조직	결정구조 및 내용
α	알파 페라이트(α–ferrite)	BCC(체심입방격자)
γ	오스테나이트(austenite)	FCC(면심입방격자)
δ	델타 페라이트(δ–ferrite)	BCC
Fe_3C	시멘타이트(cementite) 또는 탄화물	금속간화합물
α+ Fe_3C	펄라이트(pearlite)	α와 Fe_3C의 기계적 혼합
γ+ Fe_3C	레데부라이트(ledeburite)	γ와 Fe_3C의 기계적 혼합

공석변태인 A_1변태는 강에서만 나타나는 특유한 변태로 기계적 혼합물인 펄라이트의 생성과정을 보면, 즉 펄라이트의 생성에 따른 석출기구는 다음과 같다.

① γ–Fe(austenite) 입계에서 Fe_3C의 핵이 생성된다.

② Fe_3C의 주위에 α–Fe이 생성된다.

③ α–Fe이 생긴 입계에 Fe_3C이 생성된다.

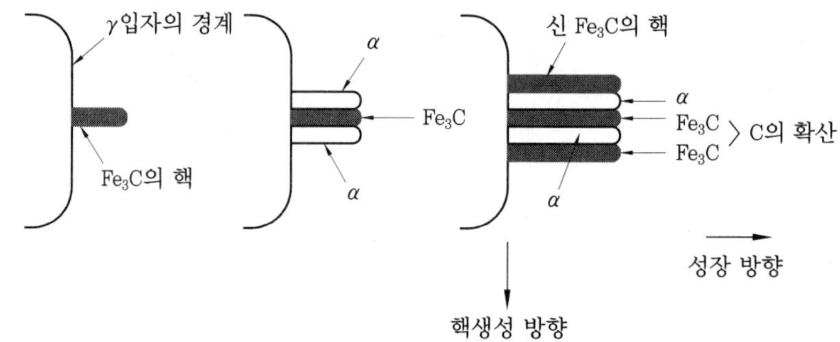

펄라이트의 생성 과정

0.2% 탄소강의 표준상태에서 페라이트와 펄라이트의 조직량을 계산하면 다음과 같다.

초석 페라이트(α−Fe) $= \dfrac{0.86-0.2}{0.86-0.0218} \times 100 ≒ 79\%$ (공석선 바로 아래)

펄라이트(P)+페라이트(F)=100%이므로

$P = 100-79 = 21\%$ ($\alpha + Fe_3C$)

또한 펄라이트 주위에 있는 페라이트와 시멘타이트의 양은

$F_P = 21 \times \dfrac{6.68-0.86}{6.68-0.0218} = 18\%$ (펄라이트에 함유된 α−Fe)

$C_P = 21-18 = 3\%$ (펄라이트에 함유된 Fe_3C)

그러므로 페라이트가 차지하는 비율은 97%이고, 나머지 3%는 Fe_3C이다.

표준조직의 기계적 성질

성질 \ 조직	페라이트	펄라이트	Fe_3C
인장강도 (kgf/mm^2)	35	80	3.5 이하
연신율 (%)	40	10	0
경도 (H_B)	80	200	600

아공석강은 표준상태에서 조직의 양을 알면 기계적 성질을 다음과 같이 개략적으로 산출할 수 있다.(F: 페라이트 %, P: 펄라이트 %, $F+P=100\%$)

$$\text{인장강도}\ (\sigma_B) = \frac{(35 \times F) + (80 \times P)}{100}$$

$$\text{연신율}\ (\varepsilon) = \frac{(40 \times F) + (10 \times P)}{100}$$

$$\text{경도}(H_B) = \frac{(80 \times F) + (200 \times P)}{100}$$

단원 예상문제

1. 금속간화합물을 바르게 설명한 것은?

① 일반적으로 복잡한 결정구조를 갖는다.
② 변형하기 쉽고 인성이 크다.
③ 용해 상태에서 존재하며 전기저항이 작고 비금속 성질이 약하다.
④ 원자량의 정수비로는 절대 결합되지 않는다.

해설 금속간화합물은 복잡한 결정구조와 경도가 높고 전기저항이 크며, 융점이 높고 간단한 정수비로 결합한다.

2. 금속간화합물에 관한 설명 중 옳지 않은 것은?

① 변형이 어렵다.
② 경도가 높고 취약하다.
③ 일반적으로 복잡한 결정구조를 갖는다.
④ 경도가 높고 전연성이 좋다.

해설 금속간화합물은 경도가 높고 취약하며 변형이 어렵고 전연성이 나쁘다.

3. 탄소가 가장 많이 함유되어 있는 조직은?

① 페라이트 ② 펄라이트 ③ 오스테나이트 ④ 시멘타이트

4. 다음의 조직 중 경도가 가장 높은 것은?

① 시멘타이트 ② 페라이트 ③ 오스테나이트 ④ 트루스타이트

해설 시멘타이트>트루스타이트>오스테나이트>페라이트

5. Fe-C 평형상태도에서 γ고용체가 최대로 함유할 수 있는 탄소의 양은 어느 정도인가?

① 0.02% ② 0.86% ③ 2.0% ④ 4.3%

해설 최대 탄소 함유량은 α 고용체가 0.02%이고 γ 고용체는 2.0%이다.

6. 탄소를 고용하고 있는 γ철, 즉 γ 고용체(침입형)를 무엇이라 하는가?

① 오스테나이트 ② 시멘타이트 ③ 펄라이트 ④ 페라이트

7. 담금질한 강은 뜨임 온도에 의해 조직이 변화하는데 250~400℃ 온도에서 뜨임하면 어떤 조직으로 변화하는가?

① α-마텐자이트 ② 트루스타이트 ③ 소르바이트 ④ 펄라이트

8. 다음의 금속 상태도에서 합금 m을 냉각시킬 때 m2점에서 결정 A와의 양적 관계를 옳게 나타낸 것은?

① 결정A : 용액 E= $\overline{m1 \cdot b}$: $\overline{m1 \cdot A'}$
② 결정A : 용액 E= $\overline{m1 \cdot A'}$: $\overline{m1 \cdot b}$
③ 결정A : 용액 E= $\overline{m2 \cdot a}$: $\overline{m2 \cdot b}$
④ 결정A : 용액 E= $\overline{m2 \cdot b}$: $\overline{m2 \cdot a}$

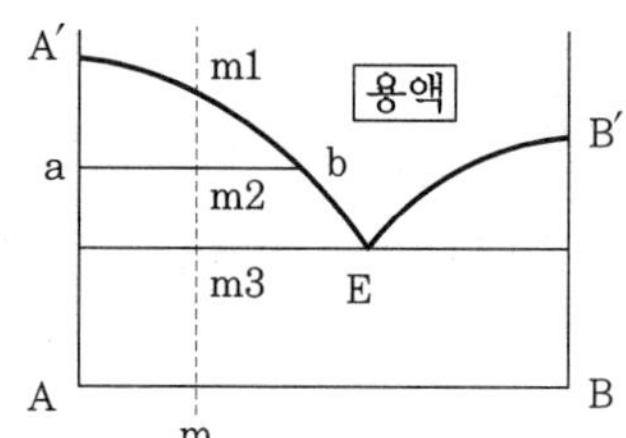

해설 결정 A와 용액 E 사이에서는 m을 기준으로 $\overline{m2 \cdot b}$: $\overline{m2 \cdot a}$의 양적 관계가 성립한다.

9. 탄소강의 표준조직에 대한 설명 중 옳지 않은 것은?

① 탄소강에 나타나는 조직의 비율은 탄소량에 의해 달라진다.
② 탄소강의 표준조직이란 강종에 따라 A_3점 또는 A_{cm}보다 30~50℃ 높은 온도로 강을 가열하여 오스테나이트 단일 상으로 한 후, 대기 중에서 냉각했을 때 나타나는 조직을 말한다.
③ 탄소강은 표준조직에 의해 탄소량을 추정할 수 없다.
④ 탄소강의 표준조직은 오스테나이트, 펄라이트, 페라이트 등이다.

해설 탄소강의 표준조직은 오스테나이트, 펄라이트, 페라이트이며 탄소량을 추정할 수 있다.

10. 초정(primary crystal)이란 무엇인가?

① 냉각시 제일 늦게 석출하는 고용체를 말한다.
② 공정반응에서 공정반응 전에 정출한 결정을 말한다.
③ 고체 상태에서 2가지 고용체가 동시에 석출하는 결정을 말한다.
④ 용객 상태에서 2가지 고용체가 동시에 정출하는 결정을 말한다.

해설 • 초정: 공정반응에서 공정반응 전에 정출한 결정
• 석출: 고체 상태에서 2가지 고용체가 동시에 석출하는 결정

11. 다음 중 Fe-C 평형상태도에 대한 설명으로 옳은 것은?

① 공석점은 약 0.80%C를 함유한 점이다.
② 포정점은 약 4.3%C를 함유한 점이다.
③ 공정점의 온도는 약 723℃이다.
④ 순철의 자기변태 온도는 210℃이다.

해설 공석점: 0.80%C, 공정점: 4.3%C, 공정선 온도: 1130℃, 순철의 자기변태온도: 768℃

12. 다음 중 펄라이트의 생성기구에서 가장 처음 발생하는 것은?

① ξ-Fe　② β-Fe　③ Fe_3C 핵　④ θ-Fe

해설 펄라이트가 결정경계에서 Fe_3C 핵이 먼저 생기고 그 다음 α-Fe이 생긴다.

13. Fe-C 평형상태도에서 [보기]와 같은 반응식은?

| 보기 |

$$\gamma(0.76\%C) \rightleftarrows \alpha(0.22\%C + Fe_3C(6.70\%C)$$

① 포정반응　② 편정반응　③ 공정반응　④ 공석반응

14. 용융액에서 두 개의 고체가 동시에 나오는 반응은?

① 포석반응　② 포정반응　③ 공석반응　④ 공정반응

해설 주철의 공정반응은 1153℃에서 L(용융체)$\rightleftarrows$γ-Fe+흑연으로 된다.

15. Fe-C 평형상태도에서 레데부라이트의 조직은?

① 페라이트　② 페라이트+시멘타이트
③ 페라이트+오스테나이트　④ 오스테나이트+시멘타이트

16. 탄소 2.11%의 γ고용체와 탄소 6.68%의 시멘타이트와의 공정조직으로서 주철에서 나타나는 조직은?

① 펄라이트　② 오스테나이트
③ α 고용체　④ 레데부라이트

해설 레데부라이트: γ와 Fe_3C의 기계적 혼합물로서 탄소 2.11%의 γ고용체와 탄소 6.68%의 시멘타이트와의 공정조직

17. Fe-C 상태도에서 나타나는 여러 반응 중 반응온도가 높은 것부터 나열된 것은?

① 포정반응 > 공정반응 > 공석반응　② 포정반응 > 공석반응 > 공정반응
③ 공정반응 > 포정반응 > 공석반응　④ 공석반응 > 포정반응 > 공정반응

해설 포정반응(1401℃) > 공정반응(1139℃) > 공석반응(723℃)

정답 1. ① 2. ④ 3. ④ 4. ① 5. ③ 6. ① 7. ② 8. ④ 9. ③ 10. ② 11. ① 12. ③ 13. ④ 14. ④ 15. ④ 16. ④ 17. ①

2. 금속재료의 성질과 시험

2-1 금속의 소성변형과 가공

(1) 응력-변형 선도

금속재료의 강도를 알기 위한 인장시험에서 외력과 연신을 좌표축에 나타내면 다음 그림과 같은 응력-변형 선도가 얻어진다.

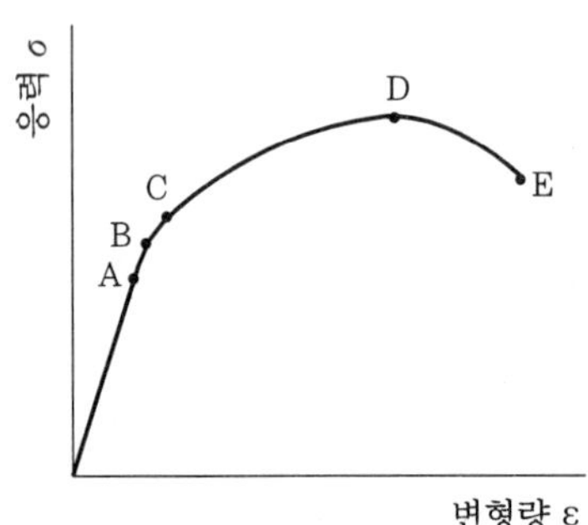

A: 비례한도
B: 탄성한도(훅의 법칙이 적용되는 한계)
C: 항복점(영구변형이 뚜렷하게 나타나기 시작하는 점)
D: 최대 하중점
E: 파단점

응력-변형 선도

(2) 인장응력과 변형

① 시험편의 단위 면적당 하중의 크기로 나타내고 연신율은 늘어난 길이에 대한 처음 길이의 백분율로 표시하며 변형(strain)이라 부른다.

② 응력은 외력에 대하여 물체 내부에 생긴 저항의 힘이다.

응력: $\sigma = \frac{P}{A_0}$, 변형량: $\frac{l - l_0}{l_0}$

시험편의 원단면적: A_0, 표점거리: l_0, 외력: P, 변형 후의 길이: l

단원 예상문제

1. 만능재료시험기의 인장시험을 할 경우 값을 구할 수 없는 금속의 기계적 성질은?

① 인장강도 ② 항복강도 ③ 충격값 ④ 연신율

해설 충격값은 충격시험기를 사용해 측정한다.

정답 1. ③

(3) 탄성변형(elastic deformation)

① 탄성률: 비례한도 내에서 응력-변형곡선은 직선으로 나타나 다음과 같은 관계가 성립된다.

$$\sigma = E\varepsilon,\ E = \frac{\sigma}{\varepsilon}$$

여기서 E는 탄성률(Young's modulus)이고, 일반적으로 온도가 상승하면 금속에 따라 탄성률은 감소한다.

② 푸아송비: 탄성구역에서는 세로방향으로 연신이 생기면 가로방향으로는 수축이 생기는 변형이 일어난다. 이때 각 방향 치수변화의 비는 그 재료의 고유한 값을 나타내는데 이를 푸아송비(Poisson's ratio)라고 한다.

여기서 ε은 세로방향의 변형량, ε'는 가로방향의 변형량이며 한쪽이 +이면 다른 한쪽은 -가 된다. 푸아송비는 금속이 보통 0.2~0.4이다.

(4) 소성변형

① 다결정을 소성변형하면 각 결정입자 내부에 슬립선이 발생한다.

② 금속재료의 결정입자가 미세할수록 재질이 굳고 단단하다는 점은 결정립계의 강도에 의한 것으로 총면적이 크기 때문이다.

(5) 소성가공에 의한 영향

① 가소성

㈎ 금속재료는 연성과 전성이 있으며 금속 자체의 가소성에 의해 형상을 변화할 수 있는 성질이 있다.

㈏ 외력의 크기가 탄성한도 이상이면 외력을 제거해도 재료는 원형으로 돌아오지 않고 영구변형이 잔류하게 된다. 이와 같이 응력이 잔류하는 변형을 소성변형이라 하고 소성변형하기 쉬운 성질을 가소성(plasticity)이라 한다.

② 냉간가공: 냉간가공(cold working)과 열간가공(hot working)은 금속의 재결정온도를 기준으로 구분한다.

㈎ 냉간가공은 재료에 큰 변형은 없으나 가공공정과 연료비가 적게 들고 제품의 표면이 미려하다.

㈏ 제품의 치수정도가 좋고 가공경화에 의한 강도가 상승하며, 가공공수가 적어 가공비가 적게 든다.

③ 가공도의 영향: 가공도가 증가함에 따라 결정입자의 응력이나 결정면의 슬립변형에

대한 저항력이 커지고 기계적 성질도 현저히 변화한다.

④ 가공경화: 가공도가 증가하면 강도, 항복점 및 경도가 증가하고 신율은 감소하는데, 이런 현상을 가공경화(work hardening)라 한다.

⑤ 바우싱거 효과: 동일 방향의 소성변형과 달리 하중을 받은 방향과 반대방향으로 하중을 가하면 탄성한도가 낮아지는데 이런 현상을 바우싱거 효과(Bauschinger effect)라고 한다.

⑥ 회복 재결정 및 결정립 성장

㈎ 회복: 가공경화에 의해 발생된 내부응력의 원자배열 상태는 변하지 않고 감소하는 현상을 회복(recovery)이라 한다.

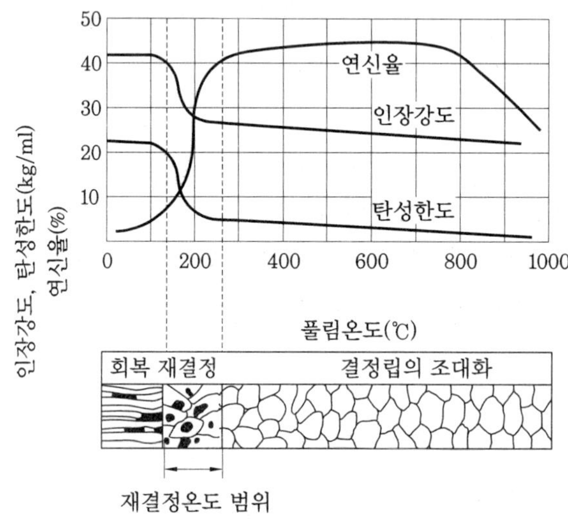

Cu의 재결정과 기계적 성질

㈏ 재결정: 회복이 일어난 후 계속 가열하면 임의의 온도에서 인장강도, 탄성한도는 급격히 감소하고 연신율은 빠르게 상승하는 현상이 일어나는데 이 온도를 재결정 온도(recrystallization temperature)라고 한다.

금속의 재결정 온도

금속	재결정 온도	금속	재결정 온도
W	~1200	Pt	~450
Mo	~900	Cu	200~250
Ni	530~660	Au	~200
Fe	350~500	Zn	15~50

회복단계가 지나면 내부응력의 제거로 새로운 결정핵이 생성되어 핵이 점차 성장해 새로운 결정입자로 치환되는 현상이 일어나는데 이를 재결정(recrystallization)이라 한다.

[재결정 온도가 낮아지는 원인]

㉠ 순도가 높을수록

㉡ 가공도가 클수록

㉢ 가공 전의 결정입자가 미세할수록

㉣ 가공시간이 길수록 재결정온도는 낮아진다.

가공된 금속을 재가열할 때 성질 및 조직변화의 순서, 즉 재결정 순서는 다음과 같다.

내부응력 제거 → 연화 → 재결정 → 결정입자 성장

⑦ 열간가공

[열간가공의 장점]

㉠ 결정입자가 미세화된다.

㉡ 방향성이 있는 주조조직을 제거한다.

㉢ 합금원소의 확산으로 인한 재질을 균일화한다.

㉣ 강괴 내부의 미세균열 및 기공을 압착한다.

㉤ 연신율, 단면수축률, 충격치 등의 기계적 성질을 개선한다.

⑧ 금속별 가공 시작온도와 마무리온도

두랄루민: 450~350℃, 연강: 1200~900℃, 고탄소강: 900~725℃, 모넬메탈: 1150~1040℃, 아연: 150~110℃

단원 예상문제

1. 소성가공에 속하지 않는 가공법은?

① 단조　② 인발　③ 표면처리　④ 압출

2. 그림과 같은 소성가공법은?

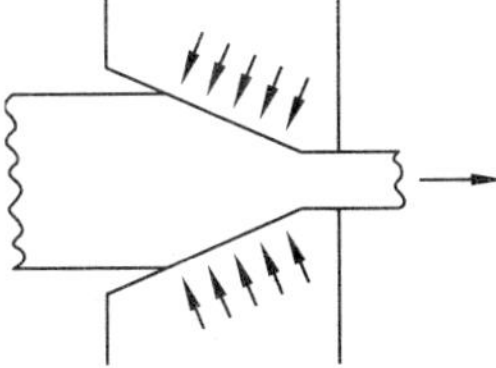

① 압연가공
② 단조가공
③ 인발가공
④ 전조가공

3. 응력-변형곡선에서 금속시험편에 외력을 가했다가 제거할 때 시험편이 원래 상태로 돌아가는 최대한계를 나타내는 것은?

① 항복점 ② 탄성한계 ③ 인장한도 ④ 최대 하중치

4. 소성변형이 일어난 재료에 외력이 더 가해지면 재료가 단단해지는 것을 무엇이라고 하는가?

① 침투강화 ② 가공경화 ③ 석출강화 ④ 고용강화

5. 재료의 강도를 이론적으로 취급할 때는 응력의 값으로서는 하중을 시편의 실제 단면적으로 나눈 값을 쓰지 않으면 안 된다. 이것을 무엇이라 부르는가?

① 진응력 ② 공칭응력 ③ 탄성력 ④ 하중력

6. 재료에 대한 푸아송비(poisson's ratio)의 식으로 옳은 것은?

① $\frac{\text{가로방향의 하중량}}{\text{세로방향의 하중량}}$ ② $\frac{\text{세로방향의 하중량}}{\text{가로방향의 하중량}}$

③ $\frac{\text{가로방향의 변형량}}{\text{세로방향의 변형량}}$ ④ $\frac{\text{세로방향의 변형량}}{\text{가로방향의 변형량}}$

해설 푸아송비: 탄성구역에서의 변형에서 세로방향으로 연신이 생기면 가로 방향에 수축이 생기는데 이때 길이의 증가율과 단면의 감소율의 비

7. 금속을 냉간가공하면 결정입자가 미세화되어 재료가 단단해지는 현상은?

① 가공경화 ② 전해경화 ③ 고용경화 ④ 탈탄경화

8. 금속을 냉간가공하였을 때 기계적 성질의 변화를 설명한 것 중 옳은 것은?

① 경도, 인장강도는 증가하나 연신율, 단면수축률은 감소한다.
② 경도, 인장강도는 감소하나 연신율, 단면수축률은 증가한다.
③ 경도, 인장강도, 연신율, 단면수축률은 감소한다.
④ 경도, 인장강도, 연신율, 단면수축률은 증가한다.

9. 금속의 소성에서 열간가공(hot working)과 냉간가공(cold working)을 구분하는 것은?

① 소성가공률 ② 응고온도 ③ 재결정 온도 ④ 회복온도

10. 재결정 온도가 가장 낮은 것은?

① Au ② Sn ③ Cu ④ Ni

11. 텅스텐은 재결정에 의한 결정립 성장을 한다. 이를 방지하기 위해 처리하는 것을 무엇이라 하는가?

① 도핑(dopping) ② 아말감(amalgam) ③ 라이닝(lining) ④ 바이탈륨(Vitallium)

12. 가공으로 내부 변형을 일으킨 결정립이 그 형태대로 내부 변형을 해방하여 가는 과정은?

① 재결정 ② 회복 ③ 결정핵 성장 ④ 시효완료

해설 전위의 재배열과 소멸에 의해 가공된 결정 내부의 변형에너지와 항복강도가 감소되는 현상을 결정의 회복(recovery)이라고 한다.

13. 시험편에 압입자국을 남기지 않거나 시험편이 큰 경우 재료를 파괴시키지 않고 경도를 측정하는 경도기는?

① 쇼어 경도기 ② 로크웰 경도기 ③ 브리넬 경도기 ④ 비커스 경도기

해설 쇼어 경도기는 작아서 휴대하기 쉽고 피검재에 흠이 남지 않는다.

정답 1. ③ 2. ③ 3. ② 4. ② 5. ① 6. ③ 7. ① 8. ① 9. ③ 10. ② 11. ① 12. ② 13. ①

(6) 단결정의 탄성과 소성

① 슬립에 의한 변형: 슬립면은 원자밀도가 가장 조밀한 면 또는 그것에 가장 가까운 면이고, 슬립방향은 원자 간격이 가장 작은 방향이다. 그 이유는 가장 조밀한 면에서 가장 작은 방향으로 미끄러지는 것이 최소의 에너지가 소요되기 때문이다.

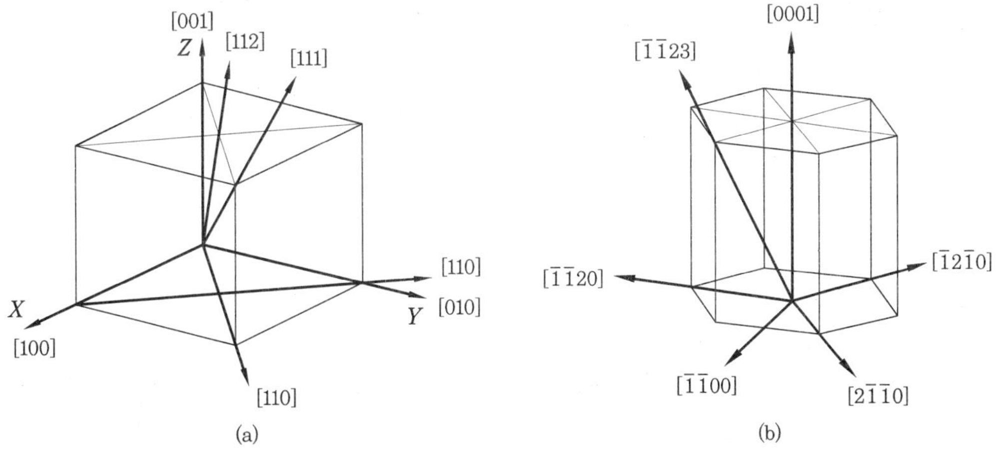

(a) (b)

결정방향 표시

각종 금속의 슬립면과 슬립방향

결정구조	금속	순도	슬립면	슬립방향	임계전단응력
BCC	Fe	99.96(%)	{110}	〈111〉	2800 (g/mm^2)
			{112}	〈111〉	
			{123}	〈111〉	
	Mo		{110}	〈111〉	5000
FCC	Ag	99.99	{111}	〈110〉	48
		99.97	{111}	〈110〉	73
		99.93	{111}	〈110〉	131
	Cu	99.999	{111}	〈110〉	65
		99.98	{111}	〈110〉	94
	Al	99.99	{111}	〈110〉	104
	Au	99.9	{111}	〈110〉	92
	Ni	99.8	{111}	〈110〉	580
HCP	Cd (c/a=1.886)	99.996	{0001}	〈2110〉	58
	Zn (c/a=1.856)	99.999	{0001}	〈2110〉	18
	Mg(c/a=1.623)	99.996	{0001}	〈2110〉	77
	Ti (c/a=1.587)	99.99	{0001}	〈2110〉	1400

② 쌍정에 의한 변형: 쌍정(twin)이란 특정면을 경계로 하여 처음의 결정과 대칭적 관계에 있는 원자배열을 갖는 결정으로, 경계가 되는 면을 쌍정면(twinning plane)이라고 한다.

단원 예상문제

1. 금속의 슬립(slip)과 쌍정(twin)에 대한 설명으로 옳은 것은?

① 슬립은 원자밀도가 최소인 방향으로 일어난다.
② 슬립은 원자밀도가 가장 작은 격자면에서 잘 일어난다.
③ 쌍정은 결정의 변형부분과 변형되지 않은 부분이 대칭을 이루게 한다.
④ 쌍정에 의한 변형은 슬립에 의한 변형보다 매우 크다.

2. 금속의 소성변형에서 마치 거울에 나타나는 상이 거울을 중심으로 하여 대칭으로 나타나는 것과 같은 현상을 나타내는 변형은?

① 쌍정변형 ② 전위변형 ③ 벽계변형 ④ 딤플변형

해설 쌍정이란 특정면을 경계로 하여 처음의 결정과 대칭적 관계에 있는 원자배열을 갖는 결정으로 경계가 되는 면으로 쌍정 변화

3. 다음 중 슬립에 대한 설명으로 틀린 것은?

① 원자밀도가 가장 큰 격자면에서 잘 일어난다.

② 원자밀도가 최대인 방향으로 잘 일어난다.

③ 슬립이 계속 진행하면 결정은 점점 단단해져서 변형이 쉬워진다.

④ 다결정에서는 외력이 가해질 때 슬립방향이 서로 달라 간섭을 일으킨다.

해설 슬립이 계속 진행하면 결정은 점점 단단해져 변형이 어렵다.

정답 1. ③ 2. ① 3. ③

(7) 격자결함

① 격자결함의 종류

(가) 점결함: 원자공공(vacancy), 격자간원자(interstitial atom), 치환형원자(substitutional atom) 등

(나) 선결함: 전위(dislocation) 등

(다) 면결함: 적층결함(stacking fault), 결정립계(grain boundary) 등

그 밖에 체적결함(volume defect), 주조결함(수축공 및 기공) 등이 있다.

② 전위: 금속결정에 외력을 가해 어떤 부분에 슬립을 발생시키면 연이어 슬립이 진행되어 최종적으로는 다른 끝부분에서 1원자간 거리의 이동이 일어난다. 1원자간 거리의 이동이 발생되기 전 중도과정을 생각해 보면 슬립면 위아래에 원자면이 중단된 곳이 생기는데 이를 전위라 하고, 칼날전위, 나사전위, 혼합전위가 있다.

(가) 버거스 벡터(Burgers vector): 전위의 이동에 따르는 방향과 크기를 표시하는 격자변위

(나) 코트렐 효과(Cottrell effect): 칼날전위가 용질원자의 분위기에 의해 안정 상태가 되어 움직이기 어려워지는데, 이와 같은 용질원자와 칼날전위의 상호작용을 코트렐 효과라 한다.

단원 예상문제

1. 다음의 금속 결함 중 체적결함에 해당되는 것은?

① 전위 ② 수축공 ③ 결정립계 ④ 침입형 불순물 원자

정답 1. ②

2-2 금속재료의 일반적 성질

(1) 물리적 성질

색깔, 비중, 융점, 용융잠열, 비열, 전도도, 열팽창계수 등이 있다.

① 색(colour): 금속의 탈색 순서

Sn > Ni > Al > Mn > Fe > Cu > Zn > Pt > Ag > Au

② 비중(specific gravity)

㈎ 비중은 4℃의 순수한 물을 기준으로 몇 배 무거우냐, 가벼우냐 하는 수치로 표시된다.

㈏ 일반적으로 단조, 압연, 인발 등으로 가공된 금속은 주조상태보다 비중이 크며, 상온 가공한 금속을 가열한 후 급랭(急冷)시킨 것이 서랭(徐冷)시킨 것보다 비중이 작다.

㈐ 금속의 비중에 따른 분류는 물보다 가벼운 Li(0.53)부터 최대 Ir(22.5)까지 있으며, 편의상 비중 5 이하는 경금속, 그보다 무거운 것은 중금속이라 한다.

㈑ 경금속은 Al, Mg, Ti, Be 등이 있고, 중금속은 Fe, Ni, Cu, Cr, W, Pt 등이 있다.

③ 융점(용융점, 녹는점) 및 응고점: 금속 중에 융점(melting point)이 가장 높은 금속은 텅스텐(W, 3410℃)이고, 융점이 낮은 금속은 비스무트(Bi, 271.3℃)이다. 응고점(solidification point)은 용금이 응고하는 온도로, 순금속, 공정 및 금속간화합물의 응고점은 일정하지만 그 밖의 합금은 응고점에 폭이 있다.

④ 용융잠열(latent heat of melting): 알루미늄을 가열하여 용융점 660℃의 고체를 같은 온도의 액체로 변화시키기 위해서는 상당한 열을 가해야 하는데 이때 필요한 열량을 용융잠열이라 한다.

⑤ 비점(끓는점)과 비열

㈎ 물이 100℃에서 비등하여 수증기로 바뀌는 것과 같이 액체에서 기체로 변하는 온도를 비점(boiling point)이라 하고, 1gr의 물질을 1℃ 높이는 데 필요한 열량을 비열(specific heat)이라 한다.

㈏ 아연은 가열하여 419.5℃에 이르면 용융하고 더 가열하면 906℃에서 비등하여 기체로 바뀐다.

주요 금속의 물리적 성질

금속	원소 기호	비중	융점 (℃)	융해잠열 cal/g	선팽창 계수 (20℃)× 10^{-6}	비열(20℃) kcal/g/deg	열전도율 (20℃) kcal/cm.s.deg	전기비저항 (20℃) μΩcm	비등점 (℃)
은	Ag	10.49	960.8	25	19.68	0.0559	1.0	1.59	2,210
알루미늄	Al	2.699	660	94.5	23.6	0.215	0.53	2.65	2,450
금	Au	19.32	1,063	16.1	14.2	0.0312	0.71	2.35	2,970
비스무트	Bi	9.80	271.3	12.5	13.3	0.0294	0.02	106.8	1,560
카드뮴	Cd	8.65	320.9	13.2	29.8	0.055	0.22	6.83	765
코발트	Co	8.85	1,495±1	58.4	13.8	0.099	0.165	6.24	2,900
크로뮴	Cr	7.19	1,875	96	6.2	0.11	0.16	12.9	2,665
구리	Cu	8.96	1,083	50.6	16.5	0.092	0.941	1.67	2,595
철	Fe	7.87	1,538±3	65.5	11.76	0.11	0.18	9.71	3,000 ±150
게르마늄	Ge	5.323	937.4	106	5.75	0.073	0.14	46	2,830
마그네슘	Mg	1.74	650	88±2	27.1	0.245	0.367	4.45	1,170±10
망가니즈	Mn	7.43	1,245	63.7	22	0.115	–	185	2,150
몰리브덴	Mo	1.22	2,610	69.8	4.9	0.066	0.34	5.2	5,560
니켈	Ni	8.902	1,453	73.8	13.3	0.105	0.22	6.84	2,730
납	Pb	11.36	327.4	6.3	29.3	0.0309	0.083	20.64	1,725
백금	Pt	21.45	1,769	26.9	8.9	0.0314	0.165	10.6	4,530
안티몬	Sb	6.62	650.5	38.3	8.5~10.8	0.049	0.045	39.0	1,380
주석	Sn	7.298	231.9	14.5	23	0.054	0.15	11	1,170
티타늄	Ti	4.507	1,668±10	104	8.41	0.124	0.041	42	3,260
바나듐	V	6.1	1,900 ±25	–	8.3	0.119	0.074	24.8~ 26.0	3,400
텅스텐	W	19.3	3,410	44	4.6	0.033	0.397	5.6	5,930
아연	Zn	7.133	419.5	24.1	39.7	0.0915	0.27	5.92	906

단원 예상문제

1. 물과 같은 부피를 가진 물체의 무게와 물의 무게와의 비는?

① 비열 ② 비중 ③ 숨은열 ④ 열전도율

해설 비중: 4℃의 순수한 물을 기준으로 물체의 무게와 물의 무게와의 비

2. 비중으로 중금속(heavy metal)을 옳게 구분한 것은?

① 비중이 약 2.0 이하인 금속 ② 비중이 약 2.0 이상인 금속
③ 비중이 약 4.5 이하인 금속 ④ 비중이 약 4.5 이상인 금속

3. 다음 중 비중이 가장 무거운 금속은?

① Mg ② Al ③ Cu ④ W

해설 W(19.3), Cu(8.96), Al(2.7), Mg(1.74)

4. 다음 중 비중이 가장 작은 금속은?

① Mg ② Cr ③ Mn ④ Pb

해설 Mg(1.74), Cr(7.19), Mn(7.43), Pb(11.36)

5. 다음 중 중금속에 해당되는 것은?

① Al ② Mg ③ Cu ④ Be

해설 Al, Mg, Be은 경금속이고, Cu는 중금속이다.

6. 다음 중 가장 높은 용융점을 갖는 금속은?

① Cu ② Ni ③ Cr ④ W

해설 Cu: 1053℃, Ni: 1453℃, Cr: 1875℃, W: 3410℃

정답 1. ② 2. ④ 3. ④ 4. ① 5. ③ 6. ④

(2) 금속의 전도적 성질

① 금속의 비전도도(specific conductivity)

(가) 금속은 일반적으로 전기를 잘 전도하며 전기저항이 적다.

(나) 순금속은 합금에 비해 전기저항이 적어 전기전도도가 좋다.

(다) 금속은 Ag>Cu>Au>Al의 순서로 전기가 잘 통한다.

② 열전도도(열전도율, heat conductivity): 일반적으로 열의 이동은 고온에서 얻은 전자

의 에너지가 온도의 강하에 따라 저온 쪽으로 이동함으로써 이루어지며, 물체 내의 분자로부터 열에너지의 이동을 열전도라 한다.

순금속의 열전도율과 고유저항 및 도전율비

순금속	20℃에서의 열전도율 (cal/cm^2 · s · ℃)	고유저항 ρ (Ωmm^2/m)	은을 100으로 했을 때의 도전율비(%)
은(Ag)	1.0	0.0165	100
구리(Cu)	0.94	0.0178	92.8
금(Au)	0.71	0.023	71.8
알루미늄(Al)	0.53	0.029	57
아연(Zn)	0.27	0.063	26.2
니켈(Ni)	0.22	0.1±0.01	16.7
철(Fe)	0.18	0.1	16.5
백금(Pt)	0.17	0.1	16.5
주석(Sn)	0.16	0.1.2	13.8
납(Pb)	0.083	0.208	7.94
수은(Hg)	0.0201	0.958	1.74

단원 예상문제

1. 동일 조건에서 전기전도율이 가장 큰 것은?

① Fe ② Cr ③ Mo ④ Pb

해설 전기전도율 순서: Mo>Fe>Cr>Pb

2. 전기전도도와 열전도도가 가장 우수한 금속으로 옳은 것은?

① Au ② Pb ③ Ag ④ Pt

해설 Ag>Au>Pt>Pb

3. 바나듐의 기호로 옳은 것은?

① Mn ② Ni ③ Zn ④ V

해설 Mn: 망가니즈, Ni: 니켈, Zn: 아연, V: 바나듐

4. 순철의 용융점(℃)은?

① 768 ② 1,013 ③ 1,538 ④ 1,780

5. 다음 중 경합금에 해당되지 않는 것은?

① Mg합금 ② Al합금 ③ Be합금 ④ W합금

해설 경합금: 비중 4.5 이하를 경금속이라 하며 Mg(1.74), Al(2.7), Be(1.84), W(19.3)이다.

정답 1. ③ 2. ③ 3. ④ 4. ③ 5. ④

(3) 금속의 화학적 성질

어느 물질이 산소와 화합하는 과정이 산화이며 산화물에서 산소를 빼앗기는 과정을 환원이라고 한다.

① 산화 및 환원

$Zn+O \rightarrow ZnO$ 산화

$ZnO+C \rightarrow Zn+CO$ 환원

② 부식: 금속이 주위의 분위기와 반응하여 다른 화합물로 변하거나 침식되는 현상을 말하며 공식 점식(pitting corrosion), 입계 부식, 탈아연(dezincification), 고온탈아연, 응력 부식, 침식 부식 등이 있다

단원 예상문제

1. 다음 중 강괴의 탈산제로 부적합한 것은?

① Al ② Fe-Mn ③ Cu-P ④ Fe-Si

2. 금속의 산화에 관한 설명 중 틀린 것은?

① 금속의 산화는 이온화 경향이 큰 금속일수록 일어나기 쉽다.

② Al보다 이온화 계열이 상위에 있는 금속은 공기 중에서도 산화물을 만든다.

③ 금속의 산화는 온도가 높을수록, 산소가 금속 내부로 확산하는 속도가 늦을수록 빨리 진행한다.

④ 생성된 산화물의 피막이 치밀하면 금속 내부로 진행하는 산화는 어느 정도 저지된다.

해설 금속의 산화는 온도가 높을수록, 산소가 금속 내부로 확산하는 속도가 빠를수록 빨리 진행한다.

정답 1. ③ 2. ③

2-3 금속재료의 시험과 검사

(1) 현미경 조직 시험

① 시험편의 채취

㈎ 압연 또는 단조한 재료는 횡단면과 종단면을 조사한다.

㈏ 열처리한 재료는 표면부를 채취한다.

(2) 시료의 연마

시료 연마는 거친연마→미세연마→광택연마의 순서로 진행한다.

(3) 부식

연마가 끝난 시료는 검경면을 물로 잘 세척하고, 알코올 용액에 적시고 바싹 건조한다. 이렇게 부식 전의 준비가 끝나면, 현미경 조직 목적에 알맞은 부식액을 침적시켜 부식의 정도를 본다. 다음은 각 시료에 적합한 부식액 성분의 예이다.

① 탄소강: 질산 1~5%+알코올용액

② 동 및 동합금: 염화제이철 10g+염산 30cc+물 120cc

③ 알루미늄: 가성소다 10g+물 90cc

단원 예상문제

1. 현미경 조직검사를 할 때 관찰이 용이하도록 평활한 측정면을 만드는 작업이 아닌 것은?

① 거친연마 ② 미세연마 ③ 광택연마 ④ 마모연마

정답 1. ④

제 2 장 철과 강

1. 철강 재료

1-1 순철과 탄소강

철강은 순철, 강, 주철로 크게 구분하고, 다음 표와 같이 탄소 함유량에 따라 분류할 수 있다.

탄소에 의한 철강의 분류

종류	탄소 함유량	표준상태 Brinell경도	주용도
순철 및 암코철	0.01~0.02%	40~70	자동차외판, 기타 프레스 가공재 등
특별 극연강	0.08% 이하	70~90	전선, 가스관, 대강 등
극연강	0.08~0.12%	80~120	아연인판 및 선, 함석판, 리벳, 제정, 강관 등
연강	0.12~0.20%	100~130	일반구축용 보통강재, 기관판 등
반연강	0.20~0.03%	120~145	고력구축철재, 기관판, 못, 강관 등
반경강	0.30~0.40%	140~170	차축, 볼트, 스프링, 기타 기계재료
경강	0.40~0.50%	160~200	스프링, 가스펌프, 경가스 조 등
최경강	0.50~0.80%	180~235	외륜, 침, 스프링, 나사 등
고탄소강	0.80~1.60%	180~320	공구재료, 스프링, 게이지류 등
가단주철	2.0~2.5%	100~150	소형주철품 등
고급주철	2.8~3.2%	200~220	강력기계주물, 수도관 등
보통주철	3.2~3.5%	150~180	수도관, 기타 일반주물

(2) 금속조직학적 분류 방법

① 순철: 0.0218%C 이하(상온에서는 0.008%C 이하)

② 강(steel): 0.0218~2.11% C
(가) 아공석강(hypo-eutectoid steel): 0.0218~0.7% C
(나) 공석강(eutectoid steel): 0.77% C
(다) 과공석강(hyper eutectoid steel): 0.77~2.11 %C

③ 주철(cast iron): 2.11~6.68% C
(가) 아공정주철(hypo eutectic cast iron): 2.11~4.3% C
(나) 공정주철(eutectic cast iron): 4.3% C
(다) 과공정주철(hyper eutectic cast iron): 4.3~6.68% C

단원 예상문제

1. 철강 내에 포함된 다음 원소 중 철강의 성질에 미치는 영향이 가장 큰 것은?

① Si ② Mn ③ C ④ P

해설 탄소는 철강의 화학성분 중 기계적, 물리적, 화학적 성질에 크게 영향을 준다.

2. 아공석강의 탄소 함유량(%)으로 옳은 것은?

① 0.025~0.8 ② 0.8~2.0 ③ 2.0~4.3 ④ 4.3~6.67

해설 아공석강: 0.025~0.8%, 공석강: 0.8%, 과공석강: 0.8~2.0%

3. 공석강의 탄소 함유량(%)은 약 얼마인가?

① 0.15 ② 0.8 ③ 2.0 ④ 4.3

4. 다음 중 탄소 함유량이 가장 낮은 순철에 해당하는 것은?

① 연철 ② 전해철 ③ 해면철 ④ 카보닐철

해설 전해철: C 0.005~0.015 %, 암코철: C 0.015 %, 카보닐철: C 0.020 %

5. 강과 주철을 구분하는 탄소의 함유량은 약 몇 %인가?

① 0.1 ② 0.5 ③ 1.0 ④ 2.0

정답 1. ③ 2. ① 3. ② 4. ② 5. ④

(2) 제철법

철광석은 보통 철을 40~60% 이상의 철을 함유하는 것을 필요조건으로 한다. 다음 표는 주요 철광석의 종류와 그 성분을 나타낸다.

철광석의 종류와 주성분

광석명	주성분	Fe 성분(%)
적철광(赤鐵鑛, hematite)	Fe_2O_3	40~60
자철광(磁鐵鑛, magnetite)	Fe_3O_3	50~70
갈철광(褐鐵鑛, limonite)	$Fe_2O_3 \cdot 3H_2O$	30~40
능철광(菱鐵鑛, siderite)	Fe_2CO_3	30~40

철광석에 코크스와 용제인 석회석 또는 형석의 적당량을 코크스-광석-석회석의 순으로 용광로에 장입하여 용해하며, 용광로의 용량은 1일 생산량(ton/day)으로 나타낸다.

단원 예상문제

1. 다음 의 철광석 중 자철광을 나타낸 화학식으로 옳은 것은?

① Fe_2O_3 ② Fe_3O_4 ③ Fe_2CO_3 ④ $Fe_2O_3 \cdot 3H_2O$

해설 적철광(Fe_2O_3), 자철광(Fe_3O_4), 갈철광($Fe_2O_3 \cdot 3H_2O$), 능철광(Fe_2CO_3)

정답 1. ②

(3) 제강법

① 전로 제강법: 전로 제강은 원료 용선 중에 공기를 불어넣어 함유된 불순물을 신속하게 산화 제거시키는 방법으로 이때 발생되는 산화열을 이용하여 외부로부터 열을 공급하지 않고 정련한다는 것이 특징이다.

전로 제강법은 노내에 사용하는 내화재료의 종류에 따라 산성법과 염기성법으로 분류한다.

㈎ 산성법(베서머법, Bessemer process): Si, Mn, C의 순으로 이루어지며 P, S 등의 제거가 어렵다.

㈏ 염기성법(토마스법, Thomas process): P, S 등의 제거가 쉽다.

② 평로 제강법: 축열식 반사로를 사용하여 선철을 용해 정련하는 방법으로 시멘스마틴법(Siemens-Martin process)이라고 한다.

③ 전기로 제강법: 전기로제강법은 일반연료 대신 전기에너지를 열원으로 하는 저항식, 유도식, 아크식전기로를 제강하는 방법이다.

(4) 강괴의 종류 및 특징

① 킬드강(killed steel): 정련된 용강을 레이들(ladle) 중에서 Fe-Mn, Fe-Si, Al 등으로 완전 탈산시킨 강으로 재질이 균일하고 기계적 성질 및 방향성이 좋아 합금강, 단조용강, 침탄강의 원재료로 사용된다. 킬드강은 보통 탄소함유량이 0.3% 이상이다.

② 세미킬드강(semi-killed steel): 킬드강과 림드강의 중간에 해당하며 Fe-Mn, Fe-Si으로 탈산시켜 탄소함유량이 0.15~0.3%로 일반구조용강, 강판, 원강의 재료로 사용된다.

③ 림드강(rimmed steel)

㈎ 탈산 및 기타 가스처리가 불충분한 상태의 강괴이다.

㈏ Fe-Mn으로 약간 탈산시킨 강괴로 불충분한 탈산으로 인한 용강이 비등작용이 일어나 응고 후 많은 기포가 발생되며 주형의 외벽으로 림(rim)을 형성하는 리밍액션 반응(rimming action)이 생긴다.

㈐ 보통 저탄소강(0.15%C 이하)의 구조용강재로 사용된다.

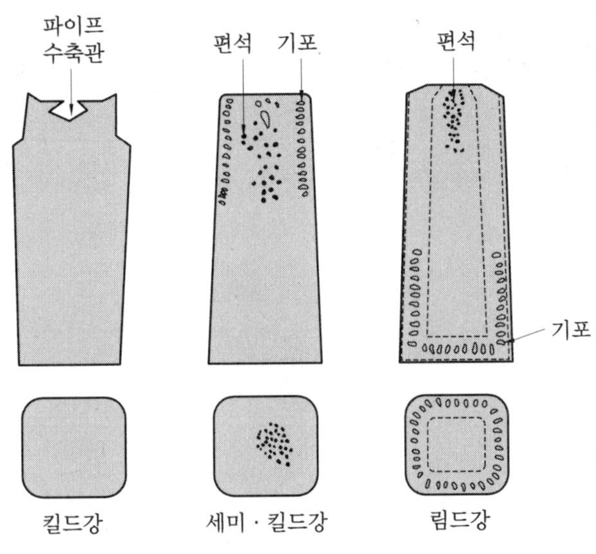

강괴의 종류

④ 캡드강(capped steel): 림드강을 변형시킨 강으로 용강을 주입한 후 뚜껑을 닫아 용강의 비등을 억제해 림 부분을 얇게 하고 내부 편석을 적게 한 강괴이다.

단원 예상문제

1. 강괴의 종류에 해당되지 않는 것은?

① 쾌석강 ② 캡드강 ③ 킬드강 ④ 림드강

해설 강괴: 킬드강, 림드강, 세미킬드강, 캡드강

2. 용강 중에 기포나 편석은 없으나 중앙 상부에 수축공이 생겨 불순물이 모이고, Fe-Si, Al분말 등의 강한 탈산제로 완전 탈산한 강은?

① 킬드강 ② 캡드강 ③ 림드강 ④ 세미킬드강

3. 림드강에 관한 설명 중 틀린 것은?

① Fe-Mn으로 가볍게 탈산시킨 상태로 주형에 주입한다.
② 주형에 접하는 부분은 빨리 냉각되므로 순도가 높다.
③ 표면에 헤어크랙과 응고된 상부에 수축공이 생기기 쉽다.
④ 응고가 진행되면서 용강 중에 남은 탄소와 산소의 반응에 의하여 일산화탄소가 많이 발생한다.

해설 림드강은 외벽에 많은 기포가 생기고 상부에 편석이 발생한다.

정답 **1.** ① **2.** ① **3.** ③

(5) 순철

① 순도와 불순물

공업용 순철의 화학조성

철 종류	C	Si	Mn	P	S	O	H
암코철	0.015	0.01	0.02	0.01	0.02	0.15	-
전해철	0.008	0.007	0.002	0.006	0.003	-	0.08
카보닐(carbonyl)	0.020	0.01	-	tr	0.004	-	-
고순도철	0.001	0.003	0.00	0.0005	0.0026	0.0004	-

② 순철의 변태: 순철은 1539℃에서 응고하여 상온까지 냉각하는 동안 A_4, A_3, A_2의

변태를 한다. 그 중 A_4, A_3는 동소변태이고 A_2는 자기변태이다.

(가) A_4변태: γ−Fe (FCC) $\underset{}{\overset{1400℃}{\rightleftarrows}}$ δ−Fe (BCC)

(나) A_3변태: α−Fe (BCC) $\overset{910℃}{\rightleftarrows}$ γ−Fe (FCC)

(다) A_2변태: α−Fe 강자성 $\overset{768℃}{\rightleftarrows}$ α−Fe 상자성

③ 순철의 조직과 성질: 순철의 표준조직은 상온에서 BCC인 다각형 입자를 나타내는 α−Fe의 페라이트 조직이다.

④ 순철의 용도: 순철은 기계적 강도가 낮아 기계재료로 부적당하나 투자율이 높기 때문에 변압기, 발전기용의 박철판으로 사용되고, 카보닐철분은 소결시켜 압분 철심으로 고주파 공업에 널리 사용된다.

단원 예상문제

1. 순철의 동소변태로만 나열된 것은?

① α−Fe, γ−Fe, δ−Fe　② β−Fe, ε−Fe, ζ−Fe
③ η−Fe, λ−Fe, ρ−Fe　④ α−Fe, λ−Fe, ω−Fe

2. 순철을 상온에서부터 가열하여 온도를 올릴 때 결정구조의 변화로 옳은 것은?

① BCC → FCC → HCP　② HCP → BCC → FCC
③ FCC → BCC → FCC　④ BCC → FCC → BCC

정답 1. ①　2. ④

(6) 탄소강

① 탄소강의 성질

(가) 탄소량이 증가하면 탄소강의 비중, 열팽창계수, 열전도도는 감소되는 반면, 비열, 전기저항, 항자력은 증가한다.

(나) 인장강도, 경도, 항복점 등은 탄소량이 증가하면 함께 증가되는데, 특히 인장강도는 100%펄라이트 조직을 이루는 공석강에서 최대를 나타내고 연신율, 단면수축률, 충격치 등은 탄소량과 함께 감소한다.

(다) 인장강도는 200~300℃ 이내에서 상승하여 최대를 나타내며, 연신율과 단면

수축률은 온도가 상승함에 따라 감소하여 인장강도가 최대인 지점에서 최솟값을 나타내고 온도가 더 상승하면 다시 점차 증가한다.

㈑ 충격치는 200~300℃에서 가장 취약해지는데 이것을 청열취성(blue shortness) 또는 청열메짐이라고 한다.

㈒ 충격치는 재질에 따른 어떤 한계온도, 즉 천이온도(transition temperature)에 도달하면 급격히 감소되어 -70℃ 부근에서 0에 가까워지는데 이로 인해 취성이 생긴다. 이런 현상을 강의 저온취성이라 한다.

② 탄소강 중의 타원소의 영향

㈎ 망가니즈(Mn)의 영향: 망가니즈는 제강 시에 탈산, 탈황제로 첨가되며, 탄소강 중에 0.2~1.0%가 함유되어 일부는 강 중에 고용되고 나머지는 MnS, FeS로 결정립계에 혼재하며 그 영향은 다음과 같다.

㉠ 강의 담금질 효과를 증대시켜 경화능이 커진다.
㉡ 강의 연신율을 그다지 감소시키지 않고 강도, 경도, 인성을 증대시킨다.
㉢ 고온에서 결정립의 성장을 억제시킨다.
㉣ 주조성을 좋게 하고 황(S)의 해를 감소시킨다.
㉤ 강의 점성을 증가시켜 고온가공성은 향상되나 냉간가공성은 불리하다.

㈏ 규소(Si)의 영향: 선철과 탈산제로부터 잔류하여 보통 탄소강 중에 0.1~0.35%가 함유한다.

㉠ 인장강도, 탄성한계, 경도를 상승시킨다.
㉡ 연신율과 충격값을 감소시킨다.
㉢ 결정립을 조대화하고 가공성을 해친다.
㉣ 용접성을 저하시킨다.

㈐ 인(P)의 영향: 원료선에 포함된 불순물로서 일부는 페라이트에 고용되고 나머지는 Fe_3P로 석출되어 존재하며 강중에는 0.03% 이하가 함유되어야 한다. 그 영향은 다음과 같다.

㉠ 결정립을 조대화한다.
㉡ 강도와 경도를 증가시키고 연신율을 감소시킨다.
㉢ 실온에서 충격치를 저하시켜 상온취성(상온메짐, cold shortness)의 원인이 된다.
㉣ Fe_3P는 MnS, MnO 등과 집합해 대상 편석인 고스트 라인(ghost line)을 형성하여 강의 파괴원인이 된다.

㈑ 황(S)의 영향: 강 중의 황은 MnS로 잔류하며 망가니즈의 양이 충분치 못하면 FeS로 남는다.

㉠ S의 함량이 0.02% 이하라도 강도, 신율, 충격치를 감소시킨다.

㉡ FeS는 용융점(1139℃)이 낮아 열간가공 시에 균열을 발생시키는 적열취성의 원인이 된다.

㉢ 공구강에서는 0.03% 이하, 연강에서는 0.05% 이하로 제한한다.

㉣ 강 중의 S분포를 알기 위한 설퍼프린트법이 있다.

③ 탄소강의 용도: 보통 실용 탄소강은 탄소량이 0.05~1.7%C이며, 다음 예와 같이 필요에 따라 탄소량을 조절하여 성질을 바꾸어 사용한다.

- 가공성을 요구하는 경우: 0.05~0.3%C
- 가공성과 강인성을 동시에 요구하는 경우: 0.3~0.45%C
- 강인성과 내마모성을 동시에 요구하는 경우: 0.45~0.65%C
- 내마모성과 경도를 동시에 요구한 경우: 0.65~1.2%C

㈎ 구조용 탄소강

㉠ 건축, 교량, 선박, 철도, 차량과 같은 구조물에 쓰이는 판, 봉, 관, 형강 등의 용도가 다양하다. 구조용 탄소강은 0.05~0.6%C를 함유하며 SS35로 나타낸다.

㉡ 강판은 용도와 제조법에 따라 후판(6 mm 이상), 중판(3~6 mm), 박판(3 mm 이하)이 있다.

㈏ 선재용 탄소강: 연강선 0.06~0.25%C, 경강선 0.25~0.85%C, 피아노선재 0.55~0.95%C의 소르바이트 조직인 강인한 탄소강이며 이를 위해 보통 900℃로 가열한 후 400~500℃로 유지된 용융염욕 속에 담금질하는 패턴팅(patenting) 처리를 하여 사용한다.

㈐ 쾌삭강: 쾌삭강은 피절삭성이 양호하여 고속절삭에 적합한 강으로 일반 탄소강보다 P, S의 함유량을 많게 하거나 Pb, Se, Zr 등을 첨가하여 제조한다.

㈑ 스프링강: 스프링강은 급격한 진동을 완화하고 에너지를 축적하기 위해 사용되므로, 사용 도중 영구변형을 일으키지 않아야 하며 탄성한도가 높고 충격 및 피로에 대한 저항력이 커야 하므로 요구경도가 최저 H_B 340 이상이고 소르바이트(sorbite) 조직으로 이루어져야 한다.

㈒ 탄소공구강: 탄소공구강에는 줄, 톱, 다이스 등에 사용되며 내마모성이 커야 한다. 탄소공구강 및 일반 공구재료는 대략 다음 조건을 갖추어야 한다.

㉠ 상온 및 고온경도가 클 것
㉡ 내마모성이 클 것
㉢ 강인성 및 내충격성이 우수할 것
㉣ 가공 및 열처리성이 양호할 것
㉤ 가격이 저렴할 것

단원 예상문제

1. 강에 탄소량이 증가할수록 증가하는 것은?

① 경도 ② 연신율 ③ 충격값 ④ 단면수축률

해설 탄소량 증가에 따라 경도는 증가하는 반면, 연신율, 충격값, 단면수축율은 감소된다.

2. 탄소강에서 나타나는 상온 메짐의 원인이 되는 주 원소는?

① 인 ② 황 ③ 망가니즈 ④ 규소

해설 인은 Fe_3P의 화합물을 형성하여 실온에서 충격치를 저하시켜 상온메짐(상온취성)의 원인이 된다.

3. 5대 원소 중 상온취성의 원인이 되며 강도와 경도, 취성을 증가시키는 원소는?

① C ② P ③ S ④ Mn

4. 강에 탄소량이 증가할수록 증가하는 것은?

① 연신율 ② 경도 ③ 단면수축률 ④ 충격값

해설 탄소량이 증가함에 따라 강도와 경도는 증가하고, 연신율은 감소한다.

5. 응고범위가 너무 넓거나 성분금속 상호간에 비중의 차가 클 때 주조시 생기는 현상은?

① 붕괴 ② 기포수축 ③ 편석 ④ 결정핵 파괴

6. 탄소강 중에 포함된 구리(Cu)의 영향으로 틀린 것은?

① 내식성을 향상시킨다.
② Ar_1의 변태점을 증가시킨다.
③ 강재 압연시 균열의 원인이 된다.
④ 강도, 경도, 탄성한도를 증가시킨다.

해설 구리는 탄소강 Ar_1의 변태점을 감소시킨다.

7. 탄소강에 함유된 원소가 철강에 미치는 영향으로 옳은 것은?

① S: 저온메짐의 원인이 된다.
② Si: 연신율 및 충격값을 감소시킨다.
③ Cu: 부식에 대한 저항을 감소시킨다.
④ P: 적열메짐의 원인이 된다.

해설 S: 적열메짐, Cu: 부식에 대한 저항 증가, P: 상온메짐

8. 다음의 합금원소 중 함유량이 많아지면 내마멸성을 크게 증가시키고 적열메짐을 방지하는 것은?

① Ni ② Mn ③ Si ④ Mo

9. 다음 중 철강을 분류할 때 "SM45C"는 어느 강인가?

① 순철 ② 아공석강 ③ 과공석강 ④ 공정주철

해설 순SM45C는 기계구조용 탄소강으로서 C 0.45%를 함유한 아공석강이다.

10. 건축용 철골, 볼트, 리벳 등에 사용되는 것으로 연신율이 약 22%이고, 탄소함량이 약 0.15%인 강재는?

① 경강 ② 연강 ③ 최경강 ④ 탄소공구강

해설 연강은 저탄소강으로서 연신율이 높아 건축용 철골, 볼트, 리벳 등에 사용되는 강이다.

11. 탄소가 0.50~0.70%이고 인장강도는 590~690 MPa이며, 축, 기어, 레일, 스프링 등에 사용되는 탄소강은?

① 톰백 ② 극연강 ③ 반연강 ④ 최경강

12. 스프링강의 기호는?

① STS ② SPS ③ SKH ④ STD

해설 STS: 합금공구강, SPS: 스프링강, SKH: 고속도강, STD: 금형공구강

13. 탄성한도와 항복점이 높고, 충격이나 반복 응력에 대해 잘 견디어낼 수 있으며, 고탄소강을 목적에 맞게 담금질, 뜨임을 하거나 경강선, 피아노선 등을 냉간가공하여 탄성한도를 높인 강은?

① 스프링강 ② 베어링강 ③ 쾌삭강 ④ 영구자석강

정답 1. ① 2. ① 3. ② 4. ② 5. ③ 6. ② 7. ② 8. ② 9. ② 10. ② 11. ④ 12. ② 13. ①

1-2 합금강

(1) 특수강의 상태도

① 오스테나이트 구역 확대형: Ni, Mn 등

② 오스테나이트 구역 축소형: B, S, O, Zr, Ce 등

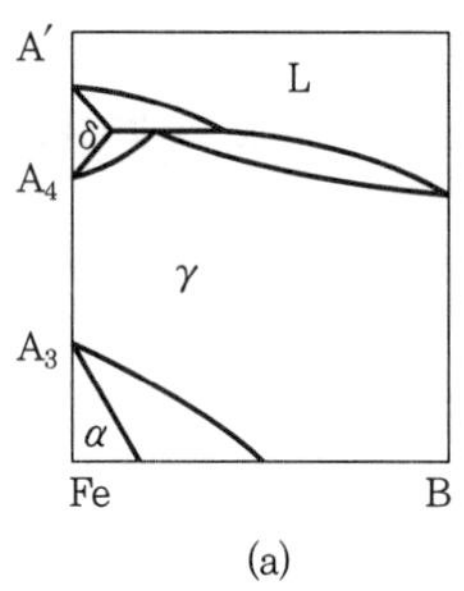

(a)

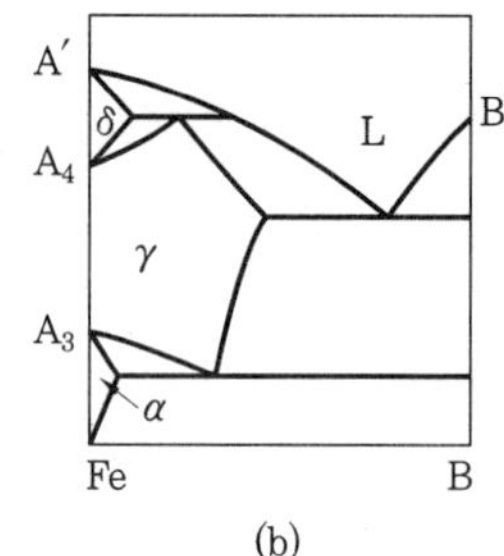

(b)

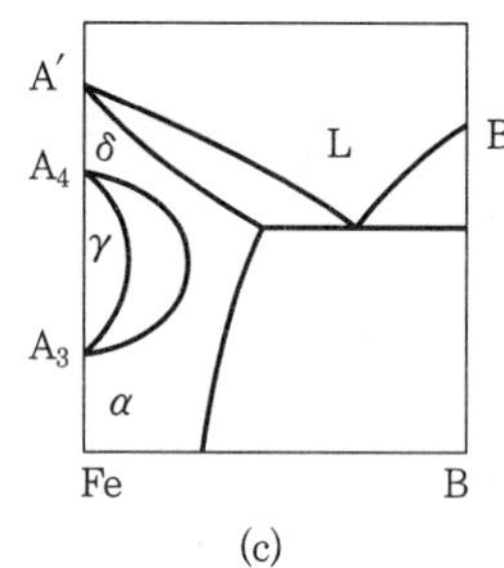

(c)

특수 원소첨가에 의한 상태도 변화

단원 예상문제

1. 특수강에서 다음 금속이 미치는 영향으로 틀린 것은?

① Si: 전자기적 성질을 개선한다. ② Cr: 내마멸성을 증가시킨다.

③ Mo: 뜨임메짐을 방지한다. ④ Ni: 탄화물을 만든다.

해설 니켈(Ni)은 탄화물 저해원소이다.

정답 1. ④

(2) 질량 효과

담금질성을 개선시키는 원소

B > Mn > Mo > P > Cr > Si > Ni > Cu

(3) 구조용 강

① 일반구조용 강 및 고장력강

㈎ Ni강

㉠ 저Ni펄라이트강: 0.2 %C, 1.5~5% Ni 강은 침탄강으로 사용하며 0.25~0.35 %C, 1.5~3 %Ni강은 담금질하여 각종 기계부품으로 사용한다.

㉡ 고Ni오스테나이트강: 25~35%Ni강은 오스테나이트 조직이므로 강도와 탄성한계는 낮으나 압연성, 내식성 등이 좋고 충격치도 크므로 기관용 밸브, 스핀들, 보일러관 등에 쓰이고 비자석용강으로도 사용된다.

(나) Cr강

㉠ 경화층이 깊고 마텐자이트 조직을 안정화하며 자경성(self hardening)이 있어 공랭(空冷)으로 쉽게 마텐자이트 조직이 된다.

㉡ Cr_4C_2, Cr_7C_3 등의 탄화물이 형성되어 내마모성이 크고 오스테나이트의 성장을 저지하여 조직이 미세하고 강인하며 내식성, 내열성도 높다.

㉢ Ni, Mn, Mo, V 등을 첨가하여 구조용으로 사용하고 W, V, Co 등을 첨가하여 공구강으로도 사용한다.

(다) Ni-Cr강

㉠ Ni은 페라이트를 강화하고 Cr은 탄화물을 석출하여 조직을 치밀하게 한다. 즉 강인하고 점성이 크며 담금질성이 높다.

㉡ 수지상 조직이 되기 쉽고 강괴가 냉각 중에 헤어크랙(hair crack)을 발생시키며 뜨임취성이 생기므로 800~880℃에서 기름 담금질하고 550~650℃에서 뜨임한 후 수랭(水冷) 또는 유랭(油冷)한다.

㉢ 뜨임취성은 560℃ 부근에서 Cr의 탄화물이 석출되고 Mo, V 등을 첨가하면 감소된다.

(라) Ni-Cr-Mo강

㉠ Ni-Cr강에 1% 이하의 Mo을 첨가하면 기계적 성질 및 열처리 효과가 개선되고 질량효과를 감소시킨다.

㉡ SNCM 1~26종으로 크랭크축, 터빈의 날개, 치차(toothed gear), 축, 강력볼트, 핀, 롤러용 베어링 등에 사용된다.

(마) Cr-Mo강: Cr강에 0.15~0.35%의 Mo을 첨가한 펄라이트 조직의 강으로 뜨임취성이 없고 용접도 쉽다.

(바) Mn강

㉠ 듀콜(ducol)강은 펄라이트 조직으로서 Mn 1~2%이고 C 0.2~1% 범위이다. 인장강도가 45~88 kgf/mm^2이며 연신율은 13~34이고 건축, 토목, 교량재 등의 일반구조용으로 사용된다.

㉡ 해드필드(hadfield)강은 오스테나이트 조직의 Mn강이다. Mn 10~14%, C 0.9~1.3%이므로 경도가 높아 내마모용 재료로 쓰인다. 이 강은 고온에서 취

성이 생기므로 1000~1100℃에서 수중 담금질하는 수인법으로 인성을 부여한다. 용도는 기어, 교차, 레일 등에 쓰이며 내마모성이 필요하고 전체가 취성이 없는 재료에 적합하다.

㈔ Cr−Mn−Si: 크로만실(chromansil)이라고도 하며 저렴한 구조용강으로 내력, 인장강도, 인성이 크고 굽힘, 프레스가공, 나사, 리벳작업 등이 쉽다.

② 표면경화용 강

㈎ 침탄용 강

[침탄용 강의 구비조건]

㉠ 0.25% 이하의 탄소강이어야 한다.

㉡ 장시간 가열해도 결정립이 성장하지 않아야 한다.

㉢ 경화층은 내마모성, 강인성을 가지고 경도가 높아야 한다.

㉣ 기공, 흠집, 석출물 등이 경화층에 없어야 한다.

㉤ 담금질 응력이 적고 200℃ 이하의 저온에서 뜨임해야 한다.

㈏ 질화용 강: Al, Cr, Mo, Ti, V 중 2종 이상의 성분을 함유한 재질이 사용되며 Si 0.2~0.3%, Mn 0.4~0.7%가 표준이다.

(4) 공구용 강

① 합금공구강

㈎ 탄소공구강의 단점을 보강하기 위해 Cr, W, Mn, Ni, V 등을 첨가하여 경도, 절삭성, 단조, 주조성 등을 개선한 강으로 C 0.45% 이상이므로 담금질 효과가 완전하다.

㈏ Cr은 담금질 효과를 증대하고 W은 경도와 고온경도를 상승시키므로 내마모성이 증가한다. Ni은 인성을 부여하며 합금공구강으로는 W−Cr강이 널리 사용된다.

② 고속도강

㈎ 고속도강은 절삭공구강의 일종으로서 500~600℃까지 가열해도 뜨임효과에 의해 연화되지 않고 고온에서도 경도의 감소가 적은 것이 특징이다.

㈏ 18%W−4%Cr−1%V−0.8~0.9%로 조성된 18−4−1형 고속도 공구강과 6%W−5%Mo−4%Cr−2%V−0.8~0.9%C의 6−5−4−2형이 널리 사용된다.

㈐ 열처리는 1250℃에서 담금질하고 550~600℃에서 뜨임처리하여 2차 경화시킨다.

③ 다이스강(die steel)

㈎ 냉간가공용 다이스강: Cr강, W−Cr강, W−Cr강, W−Cr−Mn강, Ni−Cr−Mo강

㈏ 열간가공용 다이스강: 저W−Cr−V강, 중W−Cr−V강, 고W−Cr−V강, Cr−Mo−V강

④ 주조경질합금: 40~55%Co−15~33%Cr−10~20%W−2~5%C, Fe<5% 이하의 주조합금이다. 고온저항이 크고 내마모성이 우수하여 각종 절삭공구 및 내마모, 내식, 내열용 부품재료로 사용되며 스텔라이트(stellite)라고도 한다.

⑤ 게이지용 강

㈎ 내마모성이 크고 HRC 55 이상의 경도를 가질 것

㈏ 담금질에 의한 변형 및 균열이 적을 것

㈐ 장시간 경과해도 치수의 변화가 적고 선팽창계수는 강과 비슷하며 내식성이 우수할 것

단원 예상문제

1. 공구용 재료로서 구비해야 할 조건이 아닌 것은?

① 강인성이 커야 한다.
② 내마멸성이 작아야 한다.
③ 열처리와 공작이 용이해야 한다.
④ 상온과 고온에서의 경도가 높아야 한다.

해설 공구용 재료는 내마멸성이 커야 한다.

2. 고속도강의 성분으로 옳은 것은?

① Cr−Mn−Sn−Zn ② Ni−Cr−Mo−Mn
③ C−W−Cr−V ④ W−Cr−Ag−Mg

3. 고속도강의 대표 강종인 SKH2 텅스텐계 고속도강의 기본조성으로 옳은 것은?

① 18%Cu−4%Cr−1%Sn ② 18%W−4%Cr−1%V
③ 18%Cr−4%Al−1%W ④ 18%W−4%Al−1%Pb

4. 공작기계용 절삭공구재료로서 가장 많이 사용되는 것은?

① 연강 ② 회주철 ③ 저탄소강 ④ 고속도강

해설 고속도강: W−Cr−V강으로 절삭공구용 재료로 사용

5. **구조용 합금강과 공구용 합금강을 나눌 때 기어, 축 등에 사용되는 구조용 합금강 재료에 해당되지 않는 것은?**

① 침탄강 ② 강인강 ③ 질화강 ④ 고속도강

해설 고속도강은 절삭용 공구 재료로 사용된다.

6. **주조상태 그대로 연삭하여 사용하며, 단조가 불가능한 주조경질합금공구 재료는?**

① 스텔라이트 ② 고속도강 ③ 퍼멀로이 ④ 플라티나이트

7. **스텔라이트(stellite)에 대한 설명으로 틀린 것은?**

① 열처리를 실시하여야만 충분한 경도를 갖는다.
② 주조한 상태 그대로를 연삭하여 사용하는 비철합금이다.
③ 주요 성분은 40~55%Co, 25~33%Cr, 10~20%W, 2~5%C, 5%Fe이다.
④ 600℃ 이상에서는 고속도강보다 단단하며, 단조가 불가능하고, 충격에 의해 쉽게 파손된다.

해설 스텔라이트는 주조경질합금으로 비열처리에도 경도가 높은 금속이다.

8. **게이지용 공구강이 갖추어야 할 조건에 대한 설명으로 틀린 것은?**

① HRC 40 이하의 경도를 가져야 한다.
② 팽창계수가 보통강보다 작아야 한다.
③ 시간이 지남에 따라 치수변화가 없어야 한다.
④ 담금질에 의한 균열이나 변형이 없어야 한다.

해설 HRC 40 이상의 경도를 가져야 한다.

9. **게이지용강이 갖추어야 할 성질을 설명한 것 중 옳은 것은?**

① 팽창계수가 보통 강보다 커야 한다.
② HRC 45 이하의 경도를 가져야 한다.
③ 시간이 지남에 따라 치수 변화가 커야 한다.
④ 담금질에 의하여 변형이나 담금질 균열이 없어야 한다.

해설 게이지용강은 팽창계수가 작고 경도가 크며, 치수변화가 없고 담금질에 의한 변형이나 담금질 균열이 없어야 한다.

정답 1. ② 2. ③ 3. ② 4. ④ 5. ④ 6. ① 7. ① 8. ① 9. ④

(5) 특수 용도강

① 스테인리스강(stainless steel)

㈎ 페라이트계 스테인리스강

㉠ Cr 12~17% 이하가 함유된 페라이트 조직이다.

㉡ 표면이 잘 연마된 것은 공기나 물에 부식되지 않는다.

㉢ 유기산과 질산에 침식되지 않으나 염산, 황산 등에는 침식된다.

㉣ 오스테나이트계에 비하여 내산성이 낮다.

㉤ 담금질한 상태는 내산성이 좋으나 풀림한 상태 또는 표면이 거친 것은 쉽게 부식된다.

㈏ 마텐자이트계 스테인리스강

㉠ Cr 12~18%, C 0.15~0.3%가 첨가된 마텐자이트 조직의 강으로서 13%Cr강이 대표적이다.

㉡ 950~1020℃에서 담금질하여 마텐자이트 조직으로 만들고 인성이 필요할 때는 550~650℃에서 뜨임하여 소르바이트 조직을 얻는다.

㈐ 오스테나이트계 스테인리스강

㉠ Cr 18%, Ni 8%의 18-8스테인리스강이 대표적이며 내식성이 높고 비자성이다.

㉡ 내식성과 내충격성, 기계가공성이 우수하고 선팽창계수가 보통강의 1.5배이며, 열 및 전기전도도는 1/4 정도이다.

㉢ 단점은 염산, 염소가스, 황산 등에 약하고 결정립계 부식이 쉽게 발생한다는 것이다.

[입계부식의 방지법]

- 고온으로 가열한 후 Cr탄화물을 오스테나이트 조직 중에 용체화하여 급랭시킨다.
- 탄소량을 감소시켜 Cr_4C탄화물의 발생을 막는다.
- Ti, V, Nb 등을 첨가해 Cr_4C 대신 TiC, V_4C_3, NbC 등의 탄화물을 발생시켜 Cr의 탄화물을 감소시킨다.

㈑ 석출경화형 스테인리스강: 석출경화형 스테인리스강의 종류에는 17-4PH, 17-7H, V2B, PH15-7Mo, 17-10P, PH55, 마레이징강(maraging steel) 등이 있다.

② 내열강

[내열강의 구비조건]

㉠ 고온에서 O_2, H_2, N_2, SO_2 등에 침식되지 않고 탈탄, 질화되어도 변질되지 않도록 화학적으로 안정되어야 한다.

㉡ 고온에서 기계적 성질이 우수하고 조직이 안정되어 온도 급변에도 내구성을 유지해야 한다.

㉢ 반복 응력에 대한 피로강도가 크며 냉간, 열간가공 및 용접, 단조 등이 쉬워야 한다.

서멧(cermet)은 내열성이 있는 안정한 화합물과 금속의 조합에 의해서 고온도의 화학적 부식에 견디며 비중이 작으므로 고속회전하는 기계부품으로 사용할 때 원심력을 감소시킨다. 인코넬(inconel), 인콜로이(Incoloy), 레프렉토리(refractory), 디스칼로이(discaloy) 우디멧(udimet), 하스텔로이(hastelloy) 등이 있다.

③ 불변강

㈎ 인바(invar): Ni 35~36%, C 0.1~0.3%, Mn 0.4%와 Fe의 합금으로 열팽창계수가 0.9×10^{-6}(20℃에서)이며 내식성도 크다. 바이메탈(bimetal), 시계진자, 줄자, 계측기의 부품 등에 사용된다.

㈏ 슈퍼인바(superinvar): Ni 30.5~32.5%, Co 4~6%와 Fe합금으로 열팽창계수는 0.1×10^{-6}(20℃에서)이다.

㈐ 엘린바(elinvar): Fe 52%, Ni 36%, Cr 12% 또는 Ni 10~16%, Cr 10~11%, Co 26~58%와 Fe의 합금이며 열팽창계수가 8×10^{-6}, 온도계수 1.2×10^{-6} 정도로 고급시계, 정밀저울 등의 스프링 및 정밀기계부품에 사용한다.

㈑ 코엘린바(co-elinvar): Cr 10~11%, Co 26~58%, Ni 10~16%와 Fe의 합금이며 온도변화에 대한 탄성률의 변화가 극히 적고 공기 중이나 수중에서 부식되지 않는다. 스프링, 태엽, 기상관측용 기구의 부품에 사용된다.

㈒ 플라티나이트(platinite): Ni 40~50%와 Fe의 합금으로 열팽창계수가 $5\sim9\times10^{-6}$이며 전구의 도입선으로 사용된다.

④ 베어링강(bearing steel)

㈎ 베어링강은 높은 탄성한도와 피로한도가 요구되며 내마모, 내압성이 우수해야 한다.

㈏ STB로 나타내며 0.9~1.6% Cr강이 주로 사용된다.

⑤ 자석강

㈎ W 3~6%, C 0.5~0.7%강 및 Co 3~36%에 W, Ni, Cr 등이 함유된 강이 자석강으로 사용되고 있다.

㈏ 소결제품인 알리코자석(Ni 10~20%, Al 7~10%, Co 20~40%, Cu 3~5%, Ti 1%와 Fe합금)은 MK강이라고 한다.

㈐ 바이칼로이(Fe 38%, Co 52%, V 10%합금) 및 쿠니페와 ESD자석강 등도 있다.

㈑ 초투자율합금으로는 퍼멀로이(Permalloy: Ni 78.5%와 Fe합금), 슈퍼말로이(supermalloy)가 있다.

㈒ 전기철심판 재료로는 규소강판이 있으며 발전기, 변압기의 철심 등에 사용한다.

단원 예상문제

1. 18-8스테인리스강에 해당되지 않는 것은?

① Cr 18%-Ni 8%이다. ② 내식성이 우수하다.
③ 상자성체이다. ④ 오스테나이트계이다.

해설 18-8스테인리스강은 비자성체이다.

2. 오스테나이트계 스테인리스강에 대한 설명으로 틀린 것은?

① 대표적인 합금에 18%Cr-8%Ni강이 있다.
② 1100℃에서 급랭하여 용체화 처리를 하면 오스테나이트 조직이 된다.
③ Ti, V, Nb 등을 첨가하면 입계부식이 방지된다.
④ 1000℃로 가열한 후 서랭하면 $Cr_{23}C_6$ 등의 탄화물이 결정립계에 석출하여 입계부식을 방지한다.

해설 1000℃로 가열한 후 서랭하면 $Cr_{23}C_6$ 등의 탄화물이 결정립계에 석출하여 입계부식을 일으킨다.

3. 오스테나이트계 스테인리스강에 첨가되는 주성분으로 옳은 것은?

① Pb-Mg ② Cu-Al ③ Cr-Ni ④ P-Sn

해설 오스테나이트계 스테인리스강: Cr(18%)-Ni(8%)

4. 고온에서 사용하는 내열강 재료의 구비조건에 대한 설명으로 틀린 것은?

① 기계적 성질이 우수해야 한다. ② 조직이 안정되어 있어야 한다.
③ 열팽창에 대한 변형이 커야 한다. ④ 화학적으로 안정되어 있어야 한다.

해설 열팽창에 대한 변형이 작아야 한다.

5. 티타늄탄화물(TiC)과 Ni의 예와 같이 세라믹과 금속을 결합하고 액상소결하여 만들어 절삭공구로 사용하는 고경도 재료는?

① 서멧 ② 두랄루민 ③ 고속도강 ④ 인바

해설 서멧(cermet)은 내열성이 있는 안정한 화합물과 금속의 조합에 의해서 고온도의 화학적 부식에 견디며 비중이 작으므로 고속회전하는 기계부품으로 사용할 때 원심력을 감소시킨다. 인코넬, 인콜로이, 레프렉토리, 디스칼로이 우디멧, 하스텔로이 등이 있다.

6. 1~5μm 정도의 비금속 입자가 금속이나 합금의 기지 중에 분산되어 있는 입자강화 금속복합재료에 속하는 것은?

① 서멧 ② SAP ③ FRM ④ TD Ni

해설 서멧: 비금속 입자인 세라믹과 금속결합재료

7. 다음 중 불변강의 종류가 아닌 것은?

① 플라티나이트 ② 인바 ③ 엘린바 ④ 아공석강

해설 불변강에는 플라티나이트, 인바, 엘린바, 코엘린바 등이 있다.

8. Ni-Fe계 합금인 인바(invar)는 길이 측정용 표준자, 바이메탈, VTR헤드의 고정대 등에 사용되는데 이는 재료의 어떤 특성 때문에 사용하는가?

① 자성 ② 비중 ③ 전기저항 ④ 열팽창계수

9. Ni-Fe계 합금인 엘린바(elinvar)는 고급시계, 지진계, 압력계, 스프링저울, 다이얼게이지 등에 사용되는데 재료의 어떤 특성 때문에 사용하는가?

① 자성 ② 비중 ③ 비열 ④ 탄성률

해설 엘린바는 불변강으로 탄성률이 높은 재료이다.

10. 열팽창계수가 상온 부근에서 매우 작아 길이 변화가 거의 없어 측정용 표준자, 바이메탈 재료 등에 사용되는 Ni-Fe합금은?

① 인바 ② 인코넬 ③ 두랄루민 ④ 콜슨합금

11. 재료의 조성이 니켈 36%, 크로뮴 12%, 나머지는 철(Fe)로서 온도가 변해도 탄성률이 거의 변하지 않는 것은?

① 라우탈 ② 엘린바 ③ 진정강 ④ 퍼멀로이

12. 36% Ni, 약 12% Cr이 함유된 Fe합금으로 온도의 변화에 따른 탄성률 변화가 거의 없어 지진계의 부품, 고급시계 재료로 사용되는 합금은?

① 인바(invar) ② 코엘린바(co-elinvar)
③ 엘린바(elinvar) ④ 슈퍼인바(superinvar)

해설 Ni-Fe계 합금인 엘린바는 고급시계, 지진계, 압력계, 스프링저울, 다이얼게이지 등에 사용되는 합금이다.

13. 변압기, 발전기, 전동기 등의 철심용으로 사용되는 재료는 무엇인가?

① Fe-Si ② P-Mn ③ Cu-N ④ Cr-S

해설 전기철심 재료로는 규소강판이 있으며 발전기, 변압기의 철심 등에 사용한다.

14. 전자석이나 자극의 철심에 사용되는 순철이나 자심은 교류가 자기장에만 사용되는 예가 많으므로 이력손실, 항자력 등이 적고 동시에 맴돌이 전류 손실이 적어야 한다. 이때 사용되는 강은?

① Si 강 ② Mn 강 ③ Ni 강 ④ Pb 강

15. 다음 중 고투자율의 자성합금은?

① 화이트 메탈(white metal) ② 바이탈륨(Vitallium)
③ 하스텔로이(Hastelloy) ④ 퍼멀로이(Permalloy)

16. 다음 중 경질 자성재료에 해당되는 것은?

① Si강판 ② Nd 자석 ③ 센더스트 ④ 고속도강

17. 다음의 자성재료 중 연질자성 재료에 해당되는 것은?

① 알니코 ② 네오디뮴 ③ 센더스트 ④ 페라이트

해설 센더스트(sendust)는 Al 5%, Si 10%, Fe 85%로 조성된 고투자율합금이다.

18. 반자성체에 해당하는 금속은?

① 철(Fe) ② 니켈(Ni) ③ 안티몬(Sb) ④ 코발트(Co)

해설 강자성체: 철(Fe), 니켈(Ni), 코발트(Co)

정답 1. ③ 2. ④ 3. ③ 4. ③ 5. ① 6. ① 7. ④ 8. ④ 9. ④ 10. ① 11. ② 12. ③ 13. ① 14. ① 15. ④ 16. ② 17. ③ 18. ③

1-3 주철과 주강

(1) 주철의 개요

① 실용주철의 일반적인 성분은 철 중에 C 2.5~4.5%, Si 0.5~3.0%, Mn 0.5~1.5%, P 0.05~1.0%, S 0.05~0.15%가 함유되어 있다.

② 주철의 파면상은 회주철, 백주철 및 반주철이 있다.

③ 백주철은 경도 및 내마모성이 크므로 압연기의 롤러, 철도차륜, 브레이크, 파쇄기의 조 등에 사용된다.

④ 회주철은 흑연의 형상에 따라서 편상흑연, 공정상흑연 및 구상흑연주철 등으로 분류되며, 흑연 분포에 따라 ASTM에서는 A, B, C, D, E형으로 구분한다.

(2) 주철의 조직

① 주철은 C 2.11~6.68%의 범위를 갖는다.

② 공정반응은 1153℃에서 L(용융체)⇄γ−Fe+흑연으로 된다.

③ 탄소량에 따라 아공정주철(C 2.11~4.3%), 공정주철(C 4.3%), 과공정주철(C 4.3~6.68%)로 나눈다.

④ 마울러 조직도(maurer's structural diagram)는 주철 중의 탄소와 규소의 함량에 따른 조직분포를 나타낸 것이다.

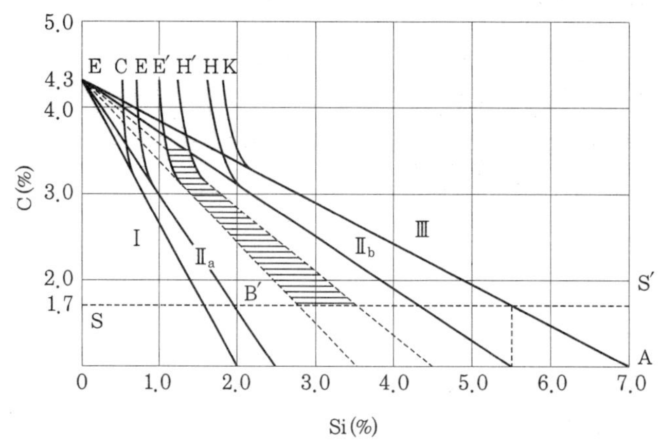

마울러 조직도

그림에서 Ⅰ구역은 펄라이트+Fe_3C조직의 백주철로서 경도가 높은 주철이며, Ⅱ구역은 펄라이트+흑연조직의 강력한 회주철이다. Ⅲ구역은 페라이트+흑연조직의 연질 회주철이다. 한편 $Ⅱ_a$구역은 Ⅰ의 조직에 흑연이 첨가된 것으로서 경질의 반주철이고 $Ⅱ_b$구역은 Ⅱ의 조직에 페라이트가 나타난 것으로서 보통 회주철이라 한다.

단원 예상문제

1. 주강과 주철을 비교 설명한 것 중 틀린 것은?

① 주강은 주철에 비해 용접이 쉽다.
② 주강은 주철에 비해 용융점이 높다.
③ 주강은 주철에 비해 탄소량이 적다.
④ 주강은 주철에 비해 수축량이 적다.

해설 주강은 주철에 비해 수축량이 크다.

2. 주철의 조직을 C와 Si의 함유량과 조직의 관계로 나타낸 것은?

① 하드필드강(hadfield steel)
② 마우러 조직도(maurer's structural diagram)
③ 불스 아이(Bull's eye)
④ 미하나이트 주철(meehanite metal)

정답 **1.** ④ **2.** ②

(3) 주철의 성질

① 주철의 물리적 성질: 비중 7.0~7.3, 용융점 1145~1350℃이다.

② 주철의 기계적 성질

㈎ 주철의 인장강도는 C와 Si의 함량, 냉각속도, 용해조건, 용탕처리 등에 의존하며 흑연의 형상, 분포상태 등에 따라 좌우된다.

㈏ 탄소포화도(Sc)=C%/4.23－0.312Si%－0.275P%이다.

㈐ 회주철의 인장강도는 10~25 kgf/mm^2이고, 구상흑연주철의 인장강도는 50~70 kgf/mm^2이다.

③ 주철의 화학성분의 영향

㈎ C의 영향

㉠ C 3% 이하의 주철은 초정 오스테나이트(proeutectic austenite) 양이 많으므로 수지상정조직 중에 흑연이 분포된 ASTM의 E형 흑연이 되기 쉽다.

㉡ 주철 중의 탄소는 흑연과 Fe_3C로 생성되고 기지조직 중에 흑연을 함유한 회

주철이며 Fe_3C를 함유한 주철이 백주철이 된다.

(나) Si의 영향

㉠ 강력한 흑연화 촉진원소이다.

㉡ 흑연이 많은 주철은 응고 시 체적이 팽창하므로, 흑연화 촉진원소인 Si가 첨가된 주철은 응고수축이 적어진다.

(다) Mn의 영향

㉠ 보통주철 중에 0.4~1% 정도가 함유되며 흑연화를 방해하여 백주철화를 촉진하는 원소이다.

㉡ S와 결합하여 MnS화합물을 생성하므로 S의 해를 감소시킨다.

㉢ 펄라이트 조직을 미세화하고 페라이트의 석출을 억제한다.

(라) P의 영향

㉠ 페라이트 조직 중에 고용되나 대부분은 스테다이트(steadite, Fe−Fe_3C−Fe_3P의 3원공정물)로 존재한다.

㉡ 백주철화의 촉진원소로서 1% 이상 포함되면 레데부라이트 중에 조대한 침상, 판상의 시멘타이트를 생성한다.

㉢ 융점을 낮추어 주철의 유동성을 향상시키므로 미술용 주물에 이용되나 시멘타이트의 생성이 많아지기 때문에 재질이 경해진다.

(마) S의 영향: 주철 중에 Mn이 소량일 때는 S는 Fe과 화합하여 FeS가 되고 오스테나이트의 정출을 방해하므로 백주철화를 촉진한다.

④ 주철의 가열에 의한 변화: 주철은 고온으로 가열했다가 냉각하는 과정을 반복하면 부피가 더욱 팽창하게 되는데 이러한 현상을 주철의 성장이라 한다.

주철이 성장하는 원인은 다음과 같다.

(가) 펄라이트 조직 중의 Fe_3C 분해에 따른 흑연화

(나) 페라이트 조직 중의 Si의 산화

(다) A_1변태의 반복과정에서 체적변화로 발생하는 미세한 균열

(라) 흡수된 가스의 팽창에 따른 부피증가 등

이러한 주철의 성장을 방지하는 방법으로는

(가) 흑연의 미세화로 조직을 치밀하게 한다.

(나) C 및 Si 양을 줄이고 안정화원소인 Ni 등을 첨가한다.

(다) 탄화물 안정화원소인 Cr, Mn, Mo, V 등을 첨가하여 펄라이트 중의 Fe_3C 분해를 막는다.

(라) 편상흑연을 구상흑연화한다.

⑤ 주철의 종류 및 특성

(가) 보통주철(common grade cast iron)

㉠ 화학성분은 C 3.2~3.8%, Si 1.4~2.5%, Mn 0.4~1%, P 0.3~1.5%, S 0.06~1.3%이다.

㉡ 주조가 쉽고 값이 저렴하다.

(나) 구상흑연주철(GCD)

㉠ 보통주철에 Mg, Ca, Ce 등을 첨가하여 편상흑연을 구상화한 주철이다.

㉡ 불스아이(Bull's eye) 조직이라고도 한다.

㉢ 조직에 따라 시멘타이트형, 펄라이트형, 페라이트형으로 분류된다.

(다) 가단주철(BMC)

㉠ 흑심가단주철(BMC): 백주철을 장시간 풀림처리하여 시멘타이트를 분해시켜 흑연을 입상으로 만든 주철로서 2단계에 걸친 열처리를 하게 된다.

- 제1단계 흑연화: Fe_3C의 직접분해
- 제2단계 흑연화: 펄라이트 조직 중의 공석 Fe_3C의 분해로 뜨임탄소와 페라이트 조직

㉡ 펄라이트가단주철(PMC): 입상 및 층상의 펄라이트 조직의 주철로서 인장강도, 항복점, 내마모성을 향상시킨 주철로서 2단계에 걸친 열처리를 하게 된다.

㉢ 백심가단주철(WMC): 백주철을 철광석, 밀 스케일(mill scale)의 산화철과 함께 풀림처리로에서 950~1000℃의 온도로 탈탄시킨 주철이다.

(라) 칠드주철(chilled cast-iron)

㉠ 주조시 주형에 냉금을 삽입하여 주물 표면을 급랭시켜 백선화하고 경도를 증가시킨 주철이다.

㉡ 주철 표면은 시멘타이트 조직이고 내부는 페라이트 조직이다.

(마) 고급주철(high grade cast iron)

㉠ 기지조직은 펄라이트이고 흑연을 미세화하여 인장강도가 30 kgf/mm^2 이상인 주철이다.

㉡ 고급주철의 제조 방법은 란쯔법(Lanz process), 엠멜법(Emmel process), 미하나이트주철(meehanite cast iron), 코르살리법(Corsalli process) 등이 있다.

㉢ 미하나이트주철은 Ca-Si나 Fe-Si 등의 접종제로 접종처리하여 응고와 함

께 흑연화시킨 강인한 펄라이트 주철이다.

㈓ 합금주철(alloy cast iron)

㉠ Cu: 0.25~2.5% 첨가로 경도가 증가하고 내마모성과 내식성이 향상된다. 0.4~0.5% 정도 첨가되면 산성에 대한 내식성이 우수해진다.

㉡ Cr: 0.2~1.5% 첨가로 흑연화를 방지하고 탄화물을 안정시키며 펄라이트 조직을 미세화하여 경도가 증가하고 내열성과 내식성을 향상시킨다.

㉢ Ni: 흑연화를 촉진하며 0.1~1.0% 첨가로 조직이 Si 1/2~1/3 정도의 흑연화 능력이 있다.

㉣ Mo: 흑연화를 다소 방해하고 0.25~1.25% 첨가로 두꺼운 주물의 조직을 균일화하며 흑연을 미세화하여 강도, 경도, 내마모성을 증가시킨다.

㉤ Ti: 강한 탈산제로서 흑연화를 촉진하나 다량 함유하면 역효과가 일어날 수 있다.

㉥ V: 강력한 흑연화 억제제이며 0.1~0.5% 첨가로 조직을 치밀하고 균일화한다.

㈔ 알루미늄주철(aluminium cast iron): Al을 3~4% 정도 첨가하면 흑연화 경향이 가장 크고 그 이상이 되면 흑연화가 저해되어 경하고 취약해진다. 고온가열 시는 Al_2O_3 피막이 주물표면에 형성되어 산화저항이 크고 가열, 냉각에 의한 성장도 감소하므로 내열주물로 사용이 가능하다.

㈕ 크로뮴주철(chrome cast iron)

㉠ 저크로뮴주철: 2% 이하의 Cr 첨가로 회주철의 기계적 성질, 내열, 내식 및 내마모성을 향상시킨다. 회주철에서 크로뮴은 기지조직에 고용하여 페라이트의 석출을 막고 펄라이트를 미세화한다.

㉡ 고크로뮴주철: 고크로뮴 함유 주철은 우수한 내산성, 내식성, 내열성을 가진다. Cr 12~17% 첨가된 것은 내마모용 주철, Cr 20~28% 첨가된 것은 내마모 및 내식용 주철로 사용한다. Cr 30~35% 첨가된 주철은 내열, 내식용으로 사용된다.

㉢ 몰리브덴주철: Mo은 백선화를 크게 조장하지 않으며 오스테나이트의 변태속도를 늦추어 기지조직을 개선한다. Mo의 함량이 많으면 주방상태에서도 베이나이트(bainite) 조직이 나타나고 침상주철을 얻을 수 있다.

(4) 주강

주조방법에 의해 용강을 주형에 주입하여 만든 강 제품을 주강품(steel castings) 또는 강주물이라 한다.

① 주강의 특징

(가) 주철에 비하여 용융점이 1600℃ 전후의 고온이며 수축률이 커서 주조하기에 어려움이 있다.

(나) 주철에 비하여 기계적 성질이 좋고 용접에 의한 보수가 가능하다.

(다) 주강은 주조상태로는 조직이 거칠고 메짐성이 있으므로, 주조 후에는 풀림을 실시하여 조직을 미세화하고 주조응력을 제거해야 한다.

② 주강의 종류

(가) 탄소 주강

㉠ 탄소 함량에 따라 0.2%C 이하를 저탄소 주강, 0.2~0.5%C를 중탄소 주강, 0.5%C 이상을 고탄소 주강으로 구분한다.

㉡ 탄소 주강에서 SC410, SC450 및 SC480은 철도차량, 조선, 기계 및 광산 주조용재로 사용되고, SC360은 전동기 프레임 등의 전동기 부품으로 사용된다.

㉢ 탄소 주강은 보통 주조 후 풀림 또는 뜨임처리하여 사용한다.

(나) 합금 주강

㉠ Ni 주강: 주강의 강인성을 높일 목적으로 1.0~5.0%Ni을 첨가한 것으로 톱니바퀴, 차축, 철도용 및 선박용 설비 등에 사용된다.

㉡ Cr 주강: 보통 주강에 3% 이하의 Cr을 첨가하면 강도와 내마멸성이 증가되므로 분쇄기계, 석유화학 공업용 기계 부품에 사용되며, Cr을 12~14% 함유한 주강품은 화학용 기계 등에 이용된다.

㉢ Ni-Cr 주강: 1.0~4.0%Ni, 0.5~1.5%Cr을 함유하는 저합금 주강인데, 강도가 크고 인성이 양호할 뿐만 아니라 피로 한도와 충격값이 크므로 자동차, 항공기 부품, 톱니바퀴, 롤 등에 사용되며, 담금질한 것은 내마멸성이 크다.

㉣ Mn 주강: Mn 0.9~1.2% 함유한 펄라이트계인 저망간 주강은 열처리하여 제지용 롤 등에 이용되며, 특히 0.9~1.2%C, 11~14%Mn을 함유하는 하드필드강은 고망간 주강으로, 주조 상태로는 오스테나이트입계에 탄화물이 석출하여 취약하지만 1000~1100℃에서 담금질하면 균일한 오스테나이트 조직이 되어 강인하게 된다. 레일의 조인트, 광산 및 토목용 기계 부품 등에 사용된다.

단원 예상문제

1. 다음 철강 재료에서 인성이 가장 낮은 것은?

① 회주철 ② 탄소공구강
③ 합금공구강 ④ 고속도공구강

해설 회주철은 인성보다 취성이 높은 금속이다.

2. 주철의 기계적 성질에 대한 설명 중 틀린 것은?

① 경도는 C+Si의 함유량이 많을수록 높아진다.
② 주철의 압축강도는 인장강도의 3~4배 정도이다.
③ 고 C, 고 Si의 크고 거친 흑연편을 함유하는 주철은 충격값이 작다.
④ 주철은 자체의 흑연이 윤활제 역할을 하며, 내마멸성이 우수하다.

해설 경도는 C+Si의 함유량이 많을수록 낮아진다.

3. 주철에서 Si가 첨가될 때 Si의 증가에 따른 상태도 변화로 옳은 것은?

① 공정온도가 내려간다.
② 공석온도가 내려간다.
③ 공정점은 고탄소 측으로 이동한다.
④ 오스테나이트에 대한 탄소 용해도가 감소한다.

4. 황이 적은 선철을 용해하여 주입 전에 Mg, Ce, Ca 등을 첨가하여 제조한 주철은?

① 구상흑연주철 ② 칠드주철
③ 흑심가단주철 ④ 미하나이트 주철

5. 구상흑연 주철품의 기호표시에 해당하는 것은?

① WMC 490 ② BMC 340
③ GCD 450 ④ PMC 490

해설 백심가단주철(WMC), 흑심가단주철(BMC), 펄라이트가단주철(PMC), 구상흑연주철(GCD)

6. 황(S)이 적은 선철을 용해하여 구상흑연주철을 제조할 때 많이 사용되는 흑연구상화제는?

① Zn ② Mg ③ Pb ④ Mn

해설 Mg은 구상흑연주철 제조 시 황을 제거하는 목적으로 사용된다.

7. 구상흑연주철의 조직상 분류가 틀린 것은?

① 페라이트형 ② 마텐자이트형
③ 펄라이트형 ④ 시멘타이트형

8. 다음 중 주철에서 칠드 층을 얇게 하는 원소는?

① Co ② Sn
③ Mn ④ S

해설 Co는 흑연화 촉진원소이다.

9. 표면은 단단하고 내부는 회주철로 강인한 성질을 가지며 압연용 롤, 철도차량, 분쇄기 롤 등에 사용되는 주철은?

① 칠드주철 ② 흑심가단주철
③ 백심가단주철 ④ 구상흑연주철

해설 칠드주철은 내마모성이 요구되는 주철로서 외부는 백선화, 내부는 회주철로된 강인한 주철이다.

10. 주철용탕에 최초로 칼슘-실리케이트를 접종하여 만든 강인한 회주철은?

① 칠드주철 ② 백심가단주철
③ 구상흑연주철 ④ 미하나이트주철

해설 미하나이트주철: Ca-Si나 Fe-Si 등의 접종제로 접종처리하여 응고와 함께 흑연화시킨 강인한 펄라이트 주철이다.

11. 내마멸용으로 사용되는 에시큘러 주철의 기지(바탕) 조직은?

① 베이나이트 ② 소르바이트
③ 마텐자이트 ④ 오스테나이트

정답 1. ① 2. ① 3. ④ 4. ① 5. ③ 6. ② 7. ② 8. ① 9. ① 10. ④ 11. ①

1-4 열처리의 종류

① 불림(normalizing): 소재를 일정온도에서 가열 후 공랭시켜 표준화하는 조작
② 풀림(annealing): 재질을 연하고 균일하게 열처리하는 조작
③ 담금질(quenching): 급랭시켜 재질을 경화하는 조작
④ 뜨임(tempering): 담금질된 것에 인성을 부여하는 조작
⑤ 심랭처리(subzero cooling): 담금질한 강을 실온 이하로 냉각하여 잔류 오스테나이트를 마텐자이트(martensite)로 변화시키는 조작
⑥ 진공 열처리(vacuum heat treatment): 산화를 방지하기 위하여 진공 상태의 불활성가스(He.Ar 등)에 의해 열처리하는 방법

단원 예상문제

1. 담금질(quenching)하여 경화된 강에 적당한 인성을 부여하기 위한 열처리는?

① 뜨임　② 풀림
③ 노멀라이징　④ 심랭처리

2. 열처리로에 사용하는 분위기 가스 중 불활성가스로만 짝지어진 것은?

① NH_3, CO　② He, Ar
③ O_2, CH_4　④ N_2, CO_2

3. [보기]는 강의 심랭처리에 대한 설명이다. (A), (B)에 들어갈 용어로 옳은 것은?

| 보기 |
심랭처리란 담금질한 강을 실온 이하로 냉각하여 (A)를 (B)로 변화시키는 조작이다.

① (A): 잔류 오스테나이트, (B): 마텐자이트
② (A): 마텐자이트, (B): 베이나이트
③ (A): 마텐자이트, (B): 소르바이트
④ (A): 오스테나이트, (B): 펄라이트

해설 심랭처리는 경화된 강 중의 잔류 오스테나이트를 마텐자이트화하는 것으로서 공구강의 경도 증가 및 성능 향상을 기할 수 있다.

정답 1. ① 2. ② 3. ①

제 3 장 비철 금속재료와 특수 금속재료

1. 비철 금속재료

1-1 구리와 그 합금

(1) 구리(Cu)의 종류

① 동광석으로는 황동광($CuFeS_2$), 휘동광(Cu_2S), 적동광(Cu_2O) 등이 있으며, 품위는 Cu10~15% 이상이 드물고 보통 2~4%의 것을 선광하여 품위를 20% 이상으로 하여 제련한다.

② 전기동(electrolytic coper): 전기분해하여 음극에서 얻어지는 동으로 순도는 높으나 취약하여 가공이 곤란하다.

③ 정련동(electrolytic tough pitch copper): 강인동, 무산화동이라고 하며 용융정제하여 O를 0.02~0.04% 정도 남긴 것으로 순도 99.292%이며, 용해할 때 노내 분위기를 산화성으로 만들어 용융구리 중의 산소농도를 증가시켜 수소함유량을 저하시킨 후 생목을 용동 중에 투입하는 폴링(poling)을 하여 탈산시킨 동이다. 전도성, 내식성, 전연성, 강도 등이 우수하여 판, 봉, 선 등의 전기공업용으로 널리 사용된다.

④ 탈산동(deoxidized copper): 용해 시에 흡수된 산소를 인으로 탈산하여 산소를 0.01% 이하로 제거한 것이며, 고온에서 수소취성이 없고 산소를 흡수하지 않으며 용접성이 좋아 가스관, 열교환관, 중유버너용관 등으로 사용된다.

⑤ 무산소동(OFHC: oxygen-free high conductivity copper): 산소나 P, Zn, Si, K 등의 탈산제를 품지 않고 전기동을 진공 중 또는 무산화 분위기에서 정련 주조한 것으로 산소함유량은 0.001~0.002% 정도이다. 성질은 정련동과 탈산동의 장점을 지녔으며, 특히 전기전도도가 좋고 가공성이 우수하며 유리에 대한 봉착성 및 전연성이 좋아 진공관용 또는 기타 전자기기용으로 널리 사용된다.

단원 예상문제

1. 진공 또는 CO의 환원성 분위기에서 용해 주조하여 만들며 O_2나 탈산제를 품지 않은 구리는?

① 전기 구리 ② 전해인상 구리 ③ 탈산 구리 ④ 무산소 구리

2. 구리를 용해할 때 흡수된 산소를 인으로 탈산시켜 산소를 0.01% 이하로 남기고 인을 0.12%로 조절한 구리는?

① 전기 구리 ② 탈산 구리 ③ 무산소 구리 ④ 전해인상 구리

정답 1. ④ 2. ②

(2) 구리의 성질

① 전기 및 열의 전도성이 우수하다.

② 전연성이 좋아 가공이 용이하다.

③ 화학적 저항력이 커서 부식되지 않는다.

④ 아름다운 광택으로 귀금속적 성질이 우수하다.

⑤ Zn, Sn, Ni, Ag 등과 용이하게 합금을 만든다.

구리의 기계적 성질

구분	성질	구분	성질
인장강도	22~25 kgf/mm^2	피로한도	8.5 kgf/mm^2
연신율	49~60%	탄성계수	12,200 kgf/mm^2
단면수축률	93~70%	브리넬 경도	35~40
아이조드 충격값	5.8 kg-m	푸아송비	0.33 ± 0.01

(3) 구리합금의 종류

① 황동(brass): 놋쇠라고도 하며 Cu+Zn의 합금이다.

㈎ 황동의 상태도와 조직

㉠ 2원계상태도는 황동형, 청동형, 공정형으로 분류하며 황동형에는 Zn의 함유량에 따라 α, β, γ, δ, ε, ζ의 6상이 있으나 실용되는 것은 α 및 α+β의 2상이다.

㉡ α상은 Cu에 Zn이 고용된 상태로서 그 결정형은 FCC이며 전연성이 좋다. β상은 BCC의 결정을 갖는다.

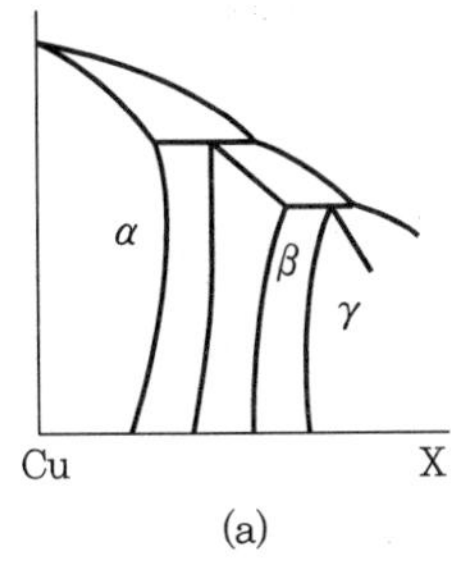

(a)

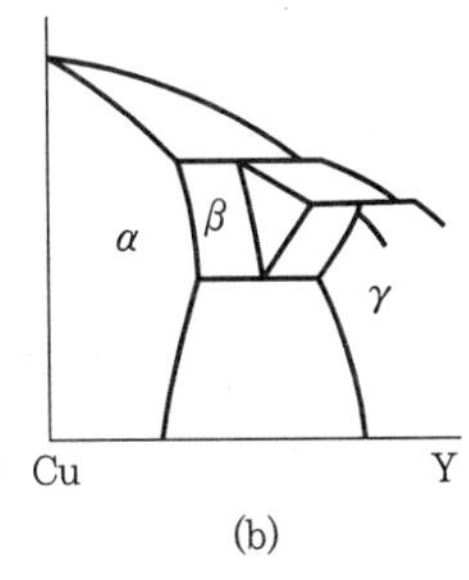

(b)

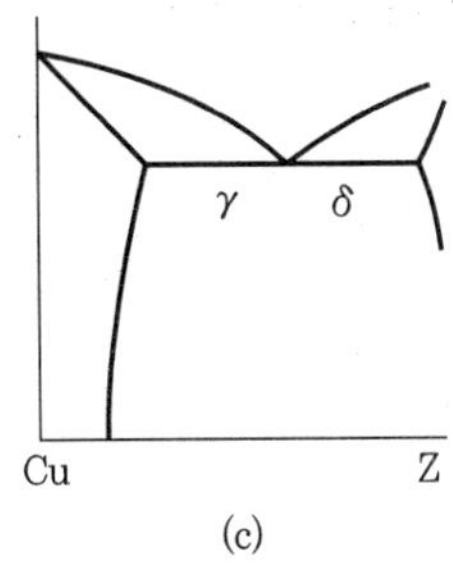

(c)

(a) 황동형 Cu-Zn, Cu-Ti, Cu-Cd
(b) 청동형 Cu-Sn, Cu-Si, Cu-Al, Cu-Be, Cu-In
(c) 공정형 Cu-Ag, Cu-P

구리계의 2원합금 상태도

(나) 황동의 성질

㉠ 6:4황동은 고온가공에 적합하나 7:3황동은 고온가공에 부적합하다.

㉡ 황동의 경년변화: 황동의 가공재를 상온에서 방치하거나 저온풀림 경화시킨 스프링재가 사용 도중 시간이 경과함에 따라 경고 등 여러 가지 성질이 악화되는 현상을 말한다.

㉢ 탈아연 부식: 불순한 물 또는 부식성 물질이 녹아 있는 수용액의 작용에 의해 황동의 표면 또는 깊은 곳까지 탈아연되는 현상을 말한다.

㉣ 자연 균열(season cracking): 응력부식균열에 의한 잔류응력으로 나타나는 현상이며 자연균열을 일으키기 쉬운 분위기는 암모니아, 산소, 탄산가스, 습기, 수은 및 그 화합물이 촉진제이고 방지책은 도료 및 Zn도금, 180~260℃에서 응력제거풀림 등으로 잔류응력을 제거하는 방법이 있다.

㉤ 고온탈아연: 고온에서 탈아연되는 현상이며 표면이 깨끗할수록 심하다. 방지책은 황동 표면에 산화물 피막을 형성하는 방법이 있다.

(다) 황동의 종류 및 용도

㉠ 5~20% Zn황동(tombac): Zn을 소량 첨가한 것은 금색에 가까워 금박대용으로 사용하며 화폐, 메달 등에 사용되는 5% Zn황동(gilding metal), 디프드로잉용의 단동, 대표적인 10% Zn황동(commercial brass), 15% Zn황동(red brass), 20% Zn황동(low brass) 등이 있다.

㉡ 25~35% Zn황동: 가공용 황동의 대표적이며 자동차용 방열기부품, 탄피, 장식품으로 사용되는 7:3황동(cartridage brass), 35% Zn황동(yellow brass) 등이 있다.

㉢ 35~45% Zn황동: 6:4황동(muntz metal)으로 α+β황동이며 고온가공이 용이하며 복수기용판, 열간단조품, 볼트너트, 대포탄피 등에 사용된다.

㉣ 특수 황동: 황동에 다른 원소를 첨가하여 기계적 성질을 개선한 황동으로 Sn, Al, Fe, Mn, Ni, Pb 등을 첨가하여 합금원소 1량이 Zn의 x량에 해당할 때 이 x를 그 합금원소의 아연당량이라고 한다.

따라서 각종 합금원소를 첨가할 때 겉보기 Zn함유량 B를 구하는 식은 다음과 같다.

$$B' = \frac{B + t \cdot q}{A + B + t \cdot q} \times 100$$

여기서, A: 구리(%), B: 아연(%), t: 아연당량, q: 첨가원소(%)

㉤ 실용 특수황동으로는 7:3황동에 1% Sn을 첨가한 애드미럴티 황동(admiralty brass)과 6:4황동에 0.75% Sn을 첨가한 네이벌 황동(naval brass)이 있다. 네이벌 황동은 용접봉 선박기계부품으로 사용된다. 이외에 쾌삭황동인 함연황동(leaded brass), 알브랙(albrac)이라고 하는 알루미늄황동, 규소황동 등이 있으며, 고강도 황동으로는 6:4황동에 8% Mn을 첨가한 망가니즈청동, 1~2% Fe을 첨가한 델타메탈(delta metal) 등이 있다.

㉥ 기타 그 밖에 전기저항체, 밸브, 콕(cock), 광학기계 부품 등에 사용되는 7:3황동에 10~20%Ni을 첨가한 양백 및 양은(nickel silver 또는 german silver)을 Ag 대용으로 쓰고 있다.

② 청동: Cu-Sn 합금을 말하며 주석청동이라 한다. 주석청동은 장신구, 무기, 불상, 종 등의 금속제품으로 오래 전부터 실용되어 왔으며 황동보다 내식성과 내마모성이 좋아 함유량이 10% 이내의 것은 각종 기계주물용, 미술공예품으로 사용한다.

㈎ 청동의 상태도와 조직

㉠ Cu에 Sn을 첨가하면 용융점이 급속히 내려간다.

㉡ α고용체의 Sn 최대 고용한도는 약 15.8%이며 주조상태에서는 수지상조직으로서 구리의 붉은색 또는 황적색을 띠고 전연성이 풍부하다.

㉢ β고용체는 BCC격자를 이루며 고온에서 존재하는데 이것을 담금질하여 상온에 나타나게 한 것은 붉은색을 띤 노랑색이며, 강도는 α보다 크고 전연성은 떨어진다.

㉣ γ고용체는 고온에서의 강도가 β보다 훨씬 큰 조직이다. 그리고 δ 및 ε은 청색의 화합물로 $Cu_{31}Sn_8$ 및 Cu_3Sn이며 취약한 조직으로 평형상태도에서 β고용체

는 586℃에서 $\beta \rightleftarrows \alpha+\gamma$의 공석변태를 일으키고 γ고용체는 다시 520℃에서 β와 같은 γ도 $\alpha+\delta$의 공석변태를 일으킨다.

(나) 청동의 종류 및 용도

㉠ 포금(gun metal): 애드미럴티포금(admiralty gun metal)이라고도 하며 8~12% Sn에 1~2%의 Zn을 넣어 내해수성이 좋고 수압, 증기압에도 잘 견디므로 선박용 재료로 널리 사용된다.

㉡ 미술용 청동으로 동상이나 실내장식 또는 건축물 등에 많이 사용되며 유동성을 좋게 하고 정밀주물을 제작하기 위하여 Zn을 비교적 많이 첨가하고, 절삭성 향상을 위하여 Pb를 첨가한다.

(다) 특수 청동 (special bronze)

㉠ 인청동(phosphor bronze): 청동의 용해주조 시에 탈산제로 사용하는 P의 첨가량이 많아 합금 중에 0.05~0.5% 정도 남게 하면 용탕의 유동성이 좋아지고 합금의 경도, 강도가 증가하며 내마모성, 탄성이 개선되는데 이를 인청동이라 한다. 스프링용 인청동은 보통 7~9%Sn, 0.03~0.05%P를 함유한 청동이다.

㉡ 연청동(lead bronze): 주석청동 중에 Pb를 3.0~26% 첨가한 것이며, 그 조직 중에 Pb가 거의 고용되지 않고 입계에 점재하여 윤활성이 좋아지므로 베어링, 패킹재료 등에 널리 사용된다.

㉢ 알루미늄청동(aluminium bronze): Cu-12%Al합금으로 황동, 청동에 비해 강도, 경도, 인성, 내마모성, 내피로성 등의 기계적 성질 및 내열, 내식성이 좋아 선박, 항공기, 자동차 등의 부품용으로 사용된다. 이 합금은 주조성, 가공성, 용접성이 떨어지고 융합손실이 크다. Cu-Al상태도에서 6.3% Al 이내에서는 α고용체를 만드나 그 이상이 되면 565℃에서 $\beta \rightarrow \alpha+\delta$의 공석변태를 하여 서랭취성을 일으킨다.

㉣ 규소청동(silicon bronze): Cu에 탈탄을 목적으로 Si를 첨가한 청동으로 4.7%Si까지 상온에서 Cu 중에 고용되어 인장강도를 증가시키고 내식성, 내열성을 좋게 한다.

㉤ 기타 특수청동: 콜슨(Corson) 합금(Cu-Ni-Si), 양백(Cu-Ni-Zn) 등이 있다. 베릴륨청동(beryllium bronze): Cu에 2~3% Be을 첨가한 시효경화성 합금이며 Cu합금 중의 최고 강도를 지니고 피로한도, 내열성, 내식성이 우수하여 베어링, 고급 스프링 재료로 이용된다.

단원 예상문제

1. 구리 및 구리합금에 대한 설명으로 옳은 것은?

① 구리는 자성체이다.
② 금속 중에 Fe 다음으로 열전도율이 높다.
③ 황동은 주로 구리와 주석으로 된 합금이다.
④ 구리는 이산화탄소가 포함되어 있는 공기 중에서 녹청색 녹이 발생한다.

해설 구리는 비자성체이고 열전도율이 은(Ag) 다음으로 높으며, 황동은 구리와 아연의 합금이다.

2. 다음 비철금속 중 구리가 포함되어 있는 합금이 아닌 것은?

① 황동 ② 톰백 ③ 청동 ④ 하이드로날륨

해설 하이드로날륨(hydronalium)은 내식성 Al합금이다.

3. 황동의 합금 조성으로 옳은 것은?

① Cu+Ni ② Cu+Sn ③ Cu+Zn ④ Cu+Al

해설 황동: Cu+Zn, 청동: Cu+Sn

4. 네이벌 황동(naval brass)이란?

① 6:4황동에 주석을 0.75% 정도 넣은 것
② 7:3황동에 주석을 2.85% 정도 넣은 것
③ 7:3황동에 납을 3.55% 정도 넣은 것
④ 6:4황동에 철을 4.95% 정도 넣은 것

해설 네이벌 황동: 6:4황동에 주석을 첨가하여 내식성을 개선한 황동

5. 황동에 납(Pb)을 첨가하여 절삭성을 좋게 한 황동으로 스크루(screw), 시계용 기어 등의 정밀가공에 사용되는 합금은?

① 레드 브라스(red brass) ② 문쯔메탈(muntz metal)
③ 틴 브라스(tin brass) ④ 실루민(silumin)

6. 황동에서 탈아연부식이란 무엇인가?

① 황동제품이 공기 중에 부식되는 현상
② 황동 중에 탄소가 용해되는 현상
③ 황동이 수용액 중에서 아연이 용해하는 현상
④ 황동 중의 구리가 염분에 녹는 현상

7. 다음 중 황동 합금에 해당되는 것은?

① 질화강 ② 톰백
③ 스텔라이트 ④ 화이트메탈

해설 톰백(tombac): 아연 8~20%를 함유한 황동

8. 다음 중 청동과 황동 및 합금에 대한 설명으로 틀린 것은?

① 청동은 구리와 주석의 합금이다.
② 황동은 구리와 아연의 합금이다.
③ 톰백은 구리에 5~20%의 아연을 함유한 것으로 강도는 높으나 전연성이 없다.
④ 포금은 구리에 8~12% 주석을 함유한 것으로 포신의 재료 등에 사용된다.

해설 톰백은 구리에 5~20%의 아연을 함유한 것으로 전연성이 크다.

9. 7:3황동에 Sn을 1% 첨가한 합금으로 전연성이 좋아 관 또는 판으로 제작하여 증발기, 열교환기 등에 사용되는 합금은?

① 애드미럴티 황동(admiralty brass) ② 네이벌 황동(naval brass)
③ 톰백(tombac) ④ 망가니즈황동(manganese brass)

10. 주석을 함유한 황동의 일반적인 성질 및 합금에 관한 설명으로 옳은 것은?

① 황동에 주석을 첨가하면 탈아연부식이 촉진된다.
② 고용한도 이상의 Sn 첨가시 나타나는 Cu_4Sn상은 고연성을 나타내게 한다.
③ 7-3황동에 1% 주석을 첨가한 것이 애드미럴티(admiralty) 황동이다.
④ 6-4황동에 1% 주석을 첨가한 것이 플라티나이트(platinite) 황동이다.

11. 문쯔메탈(muntz metal)이라 하며 탈아연부식이 발생하기 쉬운 동합금은?

① 6-4황동 ② 주석청동
③ 네이벌 황동 ④ 애드미럴티 황동

12. 양은(양백)의 설명 중 맞지 않는 것은?

① Cu-Zn-Ni계의 황동이다.
② 탄성재료에 사용된다.
③ 내식성이 불량하다.
④ 일반전기저항체로 이용된다.

해설 양은(양백)은 Cu-Zn-Ni계의 황동으로 내식성이 우수하다.

13. 10~20%Ni, 15~30%Zn에 구리와 70%의 합금으로 탄성재료나 화학기계용 재료로 사용되는 것은?

① 양백 ② 청동 ③ 인바 ④ 모넬메탈

14. 청동의 합금원소는?

① Cu-Zn ② Cu-Sn ③ Cu-Be ④ Cu-Pb

해설 Cu-Zn: 황동, Cu-Sn: 청동, Cu-Be: 베릴륨 청동, Cu-Pb: 연청동

15. 청동합금에서 탄성, 내마모성, 내식성을 향상시키고 유동성을 좋게 하는 원소는?

① P ② Ni ③ Zn ④ Mn

16. 다음 중 Sn을 함유하지 않은 청동은?

① 납청동 ② 인청동 ③ 니켈 청동 ④ 알루미늄 청동

해설 알루미늄 청동: Cu-12%Al 합금으로 황동, 청동에 비해 강도, 경도, 인성, 내마모성, 내피로성 등의 기계적 성질 및 내열, 내식성이 좋아 선박, 항공기, 자동차 등의 부품용으로 사용된다.

정답 1. ④ 2. ④ 3. ③ 4. ① 5. ① 6. ③ 7. ② 8. ③ 9. ① 10. ③ 11. ① 12. ③ 13. ① 14. ② 15. ① 16. ④

1-2 경금속과 그 합금

(1) 알루미늄(Al)과 그 합금

① 알루미늄은 가볍고 전연성이 우수한 전기 및 열의 양도체이며 내식성이 좋은 금속이다.

② 알루미늄의 광석은 보크사이트(bauxite)이다.

③ 알루미늄은 선, 박, 관의 형태로 자동차, 항공기, 가정용기, 화학공업용 용기 등에 이용되고, 분말로는 산화방지도료, 화약제조 등에 이용된다.

(2) 알루미늄 합금의 개요

① Al합금은 Al-Cu계, Al-Si계, Al-Cu-Mg계 등이 있으며 이것은 주조용과 가공용으로 분류된다. 가공용 Al합금에는 내식, 고력, 내열용이 있다.

알루미늄 합금의 분류

주조용	가공용		
Al-Cu계	내식용	고강도용	내열용
Al-Cu-Si계 Al-Si계 Al-Si-Mg계 Al-Mg계 Al-Cu-Ni계	Al-Mn계 Al-Mn-Mg계 Al-Mg계 Al-Mg-Si계	Al-Cu계 Al-Cu-Mg계 Al-Zn-Mg계	Al-Cu-Ni계 Al-Ni-Si계

② Al합금의 대부분은 시효경화성이 있으며 용체화처리와 뜨임에 의해 경화한다.

③ 과포화고용체 α′를 오랜 시간 방치하면 $\alpha' \rightarrow \alpha + CuAl_2(\theta)$ 와 같이 석출하여 경화의 원인이 된다.

④ 과포화고용체를 상온 또는 고온에 유지함으로써 시간이 경과함에 따라 합금의 성질이 변하는 것을 시효라 한다. 자연시효와 100~200℃에서 하는 인공시효가 있다.

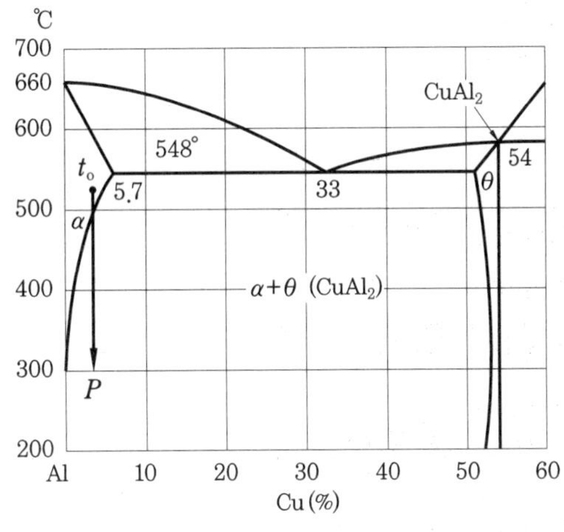

Al-Cu상태도

(3) 주조용 알루미늄합금

① Al-Cu계 합금: 이 합금은 담금질 시효에 의해 강도가 증가하고 내열성과 연신율, 절삭성은 좋으나 고온취성이 크고 수축에 의한 균열 등의 결점이 있다.

② Al-Cu-Si계 합금: 라우탈(lautal)이라 하며 3~8% Cu, 3~8% Si의 조성이고, Si로 주조성을 개선하고 Cu로 피삭성을 좋게 한 합금이다. 주조조직은 고용체의 초정(α+Si)을 2원공정 및 3원공정(α+θ+Si)이 포위한 상태이며 Fe는 침상의 $FeAl_3$상이 된다.

③ Al－Si계 합금: 이 합금은 단순히 공정형으로 공정점 부근의 성분을 실루민(silumin), 알팍스(alpax)라고 부른다. 이 합금의 주조조직에 나타나는 Si는 육각판상의 거친 결정이므로 실용되지 않는다. 따라서 금속나트륨, 불화알칼리, 가성소다, 알칼리염류 등을 접종시켜 조직을 미세화하고 강도를 개선하는데 이러한 처리를 개량처리라 한다.

④ 내열용 Al합금: 이 합금은 자동차, 항공기, 내연기관의 피스톤, 실린더 등으로 사용하며, 실용합금으로는 피스톤으로 많이 사용되는 Y합금(Al－4% Cu－2% Ni－1.5% Mg), 로엑스(Lo－Ex)합금(Al－12~14% Si－1% Mg－2~2.5% Ni), 코비탈륨(cobitalium)합금 등이 있다. Y합금은 3원화합물인 $Al_5Cu_2Mg_2$에 의해 석출경화되며 510~530℃에서 온수냉각 후 약 4일간 상온시효한다. 인공시효 처리할 경우에는 100~150℃에서 실시한다.

⑤ 다이캐스팅용 Al합금: 알코아(alcoa), 라우탈(lautal), 실루민(silumin), Y합금 등이 있으며, 다이캐스팅용 합금으로써 특히 요구되는 성질은 다음과 같다.

㈎ 유동성이 좋을 것
㈏ 열간취성이 적을 것
㈐ 응고수축에 대한 용탕 보급성이 좋을 것
㈑ 금형에 대한 점착성이 좋지 않을 것

단원 예상문제

1. 알루미늄에 대한 설명으로 옳은 것은?

① 알루미늄의 비중은 약 5.20이다.
② 알루미늄은 면심입방격자를 갖는다.
③ 알루미늄의 열간가공온도는 약 670℃이다.
④ 알루미늄은 대기 중에서는 내식성이 나쁘다.

해설 Al은 비중 2.7에 내식성이 우수하며 면심입방격자이다.

2. 라우탈(latal) 합금의 특징을 설명한 것 중 틀린 것은?

① 시효경화성이 있는 합금이다.
② 규소를 첨가하여 주조성을 개선한 합금이다.
③ 주조 균열이 크므로 사형 주물에 적합하다.
④ 구리를 첨가하여 절삭성을 좋게 한 합금이다.

해설 주조 균열이 크므로 두꺼운 주물에 적합하다.

3. Al에 Si가 고용될 수 있는 한계는 공정온도인 577℃에서 약 1.65%이고 기계적 성질 및 유동성이 우수하여 얇고 복잡한 모래형 주물에 많이 사용되는 알루미늄 합금은?

① 마그날륨 ② 모넬메탈 ③ 실루민 ④ 델타메탈

해설 실루민: Al-Si계 합금으로 금속나트륨, 불화알칼리, 가성소다, 알칼리염류 등을 접종시켜 조직을 미세화하고 강도를 개선한 합금

4. 주물용 Al-Si합금 용탕에 0.01% 정도의 금속 나트륨을 넣고 주형에 용탕을 주입함으로써 조직을 미세화하고 공정점을 이동시키는 처리는?

① 용체화처리 ② 개량처리 ③ 접종처리 ④ 구상화처리

5. 실용합금으로 Al에 Si가 약 10~13% 함유된 합금의 명칭으로 옳은 것은?

① 실루민 ② 알니코 ③ 아우탈 ④ 오일라이트

6. Al-Si계 합금으로 공정형을 나타내며 이 합금에 금속나트륨 등을 첨가하여 개량처리한 합금은?

① 실루민 ② Y합금 ③ 로엑스 ④ 두랄루민

7. Al-Si계 합금에 관한 설명으로 틀린 것은?

① Si 함유량이 증가할수록 열팽창계수가 낮아진다.
② 실용합금으로는 10~13%의 Si가 함유된 실루민이 있다.
③ 용융점이 높고 유동성이 좋지 않아 복잡한 모래형 주물에는 이용되지 않는다.
④ 개량처리를 하게 되면 용탕과 모래 수분과의 반응으로 수소를 흡수하여 기포가 발생된다.

해설 Al-Si계 합금은 주조용 합금으로 용융점이 낮고 유동성이 좋아 개량처리하여 모래형 주물에 이용된다.

8. Al-Si계 주조용 합금은 공정점에서 조대한 육각판상 조직이 나타난다. 이 조직의 개량화를 위해 첨가하는 것이 아닌 것은?

① 금속납 ② 금속나트륨 ③ 수산화나트륨 ④ 알칼리염류

9. 다음 중 Y합금의 조성으로 옳은 것은?

① Al-Cu-Mg-Mn ② Al-Cu-Ni-W
③ Al-Cu-Mg-Ni ④ Al-Cu-Mg-Si

10. 4% Cu, 2% Ni 및 1.5% Mg이 첨가된 알루미늄 합금으로 내연기관용 피스톤이나 실린더 헤드 등에 사용되는 재료는?

① Y합금　② 라우탈　③ 알클레드　④ 하이드로날륨

11. Al–Cu계 합금에 Ni와 Mg를 첨가하여 열전도율, 고온에서의 기계적 성질이 우수하여 내연기관용, 공랭 실린더 헤드 등에 쓰이는 합금은?

① Y합금　② 라우탈　③ 알드레이　④ 하이드로날륨

해설 Y합금은 Al–Cu–Mg–Ni합금으로 내열성이 우수하다.

12. Y합금의 일종으로 Ti과 Cu를 0.2% 정도씩 첨가한 합금으로 피스톤에 사용되는 합금의 명칭은?

① 라우탈　② 코비탈륨　③ 두랄루민　④ 하이드로날륨

정답 1. ② 2. ③ 3. ③ 4. ② 5. ① 6. ① 7. ③ 8. ① 9. ③ 10. ① 11. ① 12. ②

(4) 가공용 알루미늄 합금

1000계열: 99.9% 이상의 Al

2000계열: Al–Cu계 합금

3000계열: Al–Mn계 합금

4000계열: Al–Si계 합금

5000계열: Al–Mg계 합금

6000계열: Al–Mg–Si계 합금

7000계열: Al–Zn계 합금

8000계열: 기타

9000계열: 예비

① 내식성 Al합금: Al에 첨가원소를 넣어 내식성을 해치지 않고 강도를 개선하는 원소는 Mn, Mg, Si 등이고 Cr은 응력부식을 방지하는 효과가 있다. 내식성 Al합금으로는 알코아(Al–1.2% Mn), 하이드로날륨(Al–6~10% Mg), 알드레이(aldrey) 등이 있다.

② 고강도 Al합금: 이 합금은 두랄루민을 시초로 발달한 시효경화성 Al합금의 대표적인 것으로 Al–Cu–Mg계와 Al–Zn–Mg계로 분류된다. 그 밖에 단조용으로는 Al–Cu계, 내열용으로는 Al–Cu–Ni–Mg계가 있다.

(가) 두랄루민: Al−4% Cu−0.5% Mn합금으로 500~510℃에서 용체화처리 후 상온 시효하여 기계적 성질을 개선시킨 합금이다. 이 합금은 비중이 약 2.79이므로 비강도가 연강의 약 3배나 된다.

(나) 초두랄루민(SD: super duralumin): 2024합금으로 Al−4.5% Cu−1.5% Mg−0.6%Mn의 조성을 가지며 항공기재료로 사용된다.

(다) 초초두랄루민(ESD: extra super duralumin): Al−1.5~2.5% Cu−7~9% Zn−1.2~1.8% Mg−0.3~0.5% Mn−0.1~0.4% Cr의 조성을 가지며 알코아 75S 등이 여기에 속하고 인장강도 54 kgf/mm^2 이상의 두랄루민을 말한다.

고강도 알루미늄합금의 성분과 기계적 성질

합금명	표준성분(%)						열처리온도(℃)		
	Cu	Mn	Mg	Zn	Cr	Al	풀림	담금질	뜨임
17S(두랄루민)	4.0	0.5	0.5	−	−	나머지	415	505	
24S(초두랄루민)	4.5	0.6	1.5	−	−	나머지	415	495	190(8~10시간)
75S(초초두랄루민)	1.5	0.2	2.5	5.6	0.3	나머지	415	495	120(22~26시간)

단원 예상문제

1. 다음 중 내식성 알루미늄 합금이 아닌 것은?

① 하스텔로이(Hastelloy) ② 하이드로날륨(hydronalium)
③ 알클래드(alclad) ④ 알드레이(aldrey)

해설 하스텔로이는 내열합금이다.

2. Al에 1~1.5%의 Mn을 합금한 내식성 알루미늄합금으로 가공성, 용접성이 우수하여 저장탱크, 기름탱크 등에 사용되는 것은?

① 알민 ② 알드레이 ③ 알클래드 ④ 하이드로날륨

3. 다음 중 두랄루민과 관련이 없는 것은?

① 용체화처리를 한다 . ② 상온시효처리를 한다.
③ 알루미늄 합금이다. ④ 단조경화 합금이다.

해설 두랄루민: Al−4% Cu−0.5% Mn합금으로 500~510℃에서 용체화처리 후 상온시효하여 기계적 성질을 개선시킨 합금이다.

4. **다음 중 초초두랄루민(ESD)의 조성으로 옳은 것은?**

① Al-Si계
② Al-Mn계
③ Al-Cu-Si계
④ Al-Zn-Mg계

해설 초초두랄루민(ESD: extra super duralumin): Al-1.5~2.5%Cu-7~9%Zn-1.2~1.8%Mg-0.3~0.5% Mn-0.1~0.4%Cr의 조성을 가지며 알코아 75S 등이 여기에 속하고 인장강도 54 kgf/mm^2 이상의 두랄루민을 말한다.

5. **고강도 Al 합금인 초초두랄루민의 합금에 대한 설명으로 틀린 것은?**

① Al합금 중에서 최저의 강도를 갖는다.
② 초초두랄루민을 ESD 합금이라 한다.
③ 자연 균열을 일으키는 경향이 있어 Cr 또는 Mn을 첨가하여 억제시킨다.
④ 성분 조성은 Al-1.5~2.5%, Cu-7~9%, Zn-1.2~1.8%, Mg-0.3~0.5%, Mn-0.1~0.4%, Cr이다.

해설 초초두랄루민은 고강도 Al합금이다.

6. **Al-Mg계 합금에 대한 설명 중 틀린 것은?**

① Al-Mg계 합금은 내식성 및 강도가 우수하다.
② Al-Mg계 합금은 평행상태도에서는 450℃에서 공정을 만든다.
③ Al-Mg계 합금에 Si를 0.3% 이상 첨가하여 연성을 향상시킨다.
④ Al에 Mg 4~10% 이내가 함유된 강을 하이드로날륨이라 한다.

해설 Al-Mg계 합금에 Si를 0.3% 이상 첨가하면 연성을 해친다.

정답 1. ① 2. ① 3. ④ 4. ④ 5. ① 6. ③

(5) 마그네슘과 그 합금

Mg은 비중 1.74로 실용금속 중에서 가장 가볍고 비강도가 Al합금보다 우수하므로 항공기, 자동차부품, 전기기기, 선박, 광학기계, 인쇄제판 등에 이용되며 구상흑연주철의 첨가제로도 사용된다. 주조용 Mg합금으로는 Mg-Al계합금 다우메탈(dow metal), 내연기관의 피스톤 등으로 사용되는 Mg-Al-Zn합금 일렉트론 Mg희토류계 합금, 미시메탈(misch metal) Mg-Th계 합금, Mg-Zr계 합금 등이 있으며 결정립이 미세하고 크리프저항이 큰 합금이다.

단원 예상문제

1. 마그네슘 및 마그네슘합금의 성질에 대한 설명으로 옳은 것은?

① Mg의 열전도율은 Cu와 Al보다 높다.
② Mg의 전기전도율은 Cu와 Al보다 높다.
③ Mg합금보다 Al합금의 비강도가 우수하다.
④ Mg은 알칼리에 잘 견디나, 산이나 염수에서는 침식된다.

해설 Mg의 열전도율과 전기전도율은 Cu와 Al보다 낮고 비강도는 우수하다.

2. 다음 마그네슘에 대한 설명 중 틀린 것은?

① 고온에서 발화되기 쉽고, 분말은 폭발하기 쉽다.
② 해수에 대한 내식성이 풍부하다.
③ 비중이 1.74, 용융점이 650℃인 조밀육방격자이다.
④ 경합금 재료로 좋으며 마그네슘 합금은 절삭성이 좋다.

해설 마그네슘은 해수에 대한 내식성이 나쁘다.

3. 다음 비철합금 중 비중이 가장 가벼운 것은?

① 아연(Zn) 합금　② 니켈(Ni) 합금
③ 알루미늄(Al) 합금　④ 마그네슘(Mg) 합금

해설 비중은 Zn이 7.13, Ni 8.9, Al 2.7, Mg 1.74 이다.

4. 다음 중 Mg에 대한 설명으로 옳은 것은?

① 알칼리에는 침식된다.
② 산이나 염수에는 잘 견딘다.
③ 구리보다 강도는 낮으나 절삭성은 좋다.
④ 열전도율과 전기전도율이 구리보다 높다.

5. 비중이 약 1.74, 용융점이 약 650℃이며, 비강도가 커서 휴대용 기기나 항공우주용 재료로 사용되는 것은?

① Mg　② Al　③ Zn　④ Sb

해설 Mg: 1.74(660℃), Al: 2.7(660℃), Zn: 7.1(419℃), Sb: 6.62(650.5℃)

6. 다음 중 Mg합금에 해당하는 것은?

① 실루민　② 문쯔메탈　③ 일렉트론　④ 배빗메탈

해설 Mg합금에는 일렉트론(Mg-Zn)과 다우메탈(Mg-Al)이 있다.

7. 마그네슘의 성질을 설명한 것 중 틀린 것은?

① 용융점은 약 650℃ 정도이다.
② Cu, Al보다 열전도율은 낮으나 절삭성은 좋다.
③ 알칼리에는 부식되나 산이나 염류에는 침식되지 않는다.
④ 실용금속 중 가장 가벼운 금속으로 비중이 약 1.74이다.

해설 마그네슘은 알칼리에 견디나 산이나 염류에는 침식된다.

정답 1. ④ 2. ② 3. ④ 4. ③ 5. ① 6. ③ 7. ③

1-3 니켈과 그 합금

(1) 니켈(Ni)

① Ni은 FCC의 금속으로 353℃에서 자기변태를 하며, Ni의 지금은 대부분 전해니켈이나 구상의 몬드(mond)니켈이 사용된다.
② 니켈은 백색의 인성이 풍부한 금속이며 열간 및 냉간가공이 용이하다.
③ 화학적 성질은 대기 중에서 거의 부식되지 않으며 아황산가스(SO_2)를 품는 공기에서는 심하게 부식된다.

(2) 니켈합금

① Ni-Cu합금: 큐프로 니켈(cupro nickel, 백동)은 10~30% Ni합금, 콘스탄탄(constantan)은 40~50% Ni합금, 어드벤스(advance)는 44% Ni합금, 모넬메탈(monel metal)은 60~70% Ni합금이 있다.
② Ni-Fe합금: 인바, 슈퍼인바, 엘린바, 플라티나이트 등이 있다.

단원 예상문제

1. 동전 제조에 많이 사용되는 금속으로 탈색효과가 우수하며, 비중이 약 8.9인 금속은?

① 니켈(Ni)
② 아연(Zn)
③ 망가니즈(Mn)
④ 백금(Pt)

2. 다음 중 Ni–Fe계 합금이 아닌 것은?

① 인바(invar) ② 니칼로이(nickalloy)
③ 플라티나이트(platinite) ④ 콘스탄탄(constantan)

해설 콘스탄탄은 Ni–Cu합금이다.

3. 55~60% Cu를 함유한 Ni합금으로 열전쌍용 선의 재료로 쓰이는 것은?

① 모넬메탈 ② 콘스탄탄 ③ 퍼민바 ④ 인코넬

정답 1. ① 2. ④ 3. ②

1-4 티타늄(Ti)합금

(1) 물리적 성질

① 비중: 4.54
② 융점: 1668℃

(2) Ti합금의 종류

α형, α+β형, β형

(3) Ti의 피로강도

인장강도 값의 50% 이상으로 크다. 알루미늄에서는 30%, 강력 알루미늄에서는 50%이다.

단원 예상문제

1. Ti금속의 특징을 설명한 것 중 옳은 것은?

① Ti 및 그 합금은 비강도가 낮다.
② 용점이 높고, 열전도율이 낮다.
③ 상온에서 체심입방격자의 구조를 갖는다.
④ Ti은 화학적으로 반응성이 없어 내식성이 나쁘다.

해설 Ti금속은 비강도 및 융점이 높고 열전도율이 낮으며, 상온에서 조밀육방격자 구조이고, 내식성이 높은 금속이다.

2. 비료 공장의 합성탑, 각종 밸브와 그 배관 등에 이용되는 재료로 비강도가 높고 열전도율이 낮으며 용융점이 약 1670℃인 금속은?

① Ti ② Sn ③ Pb ④ Co

정답 1. ② 2. ①

1-5 베어링용 합금

베어링 합금(bearing metal)은 Pb 또는 Sn을 주성분으로 하는 화이트메탈(white metal), Cu-Pb합금, 주석청동, Al합금, 주철, 소결합금 등 여러 가지가 있으며 축의 회전속도, 무게, 사용장소 등에 따라 구비조건은 다음과 같다.

① 하중에 견딜 정도의 경도와 내압력을 가질 것
② 충분한 점성과 인성을 있을 것
③ 주조성, 절삭성이 좋고 열전도율이 클 것
④ 마찰계수가 적고 저항력이 클 것
⑤ 내소착성이 크고 내식성이 좋으며 가격이 저렴할 것

(1) 화이트메탈

① 주석계 화이트메탈: 배빗메탈(babbit metal)이라고도 하며 Sn-Sb-Cu계 합금으로 Sb, Cu%가 높을수록 경도, 인장강도, 항압력이 증가한다. 이 합금의 불순물로는 Fe, Zn, Al, Bi, As 등이 있으며 중 또는 고하중 고속회전용 베어링으로 이용된다.

② Pb계 화이트메탈: Pb-Sb-Sn계 합금으로 Sb 15%, Sn 15%의 조성으로 되어 있다. Sb가 많은 경우 β상에 의한 취성이 나타나고, Sn%가 낮으면 As를 1% 이상 첨가해 고온에서 기계적 성질을 향상시켜 100~150℃ 정도로 오래 가열함으로써 연화를 억제할 수 있다.

(2) 구리계 베어링합금

베어링에 사용되는 구리합금으로는 70% Cu-30% Pb합금인 켈밋(kelmet)이 대표적이며, 포금, 인청동, 연청동, Al청동 등도 있다. 켈밋 베어링합금은 내소착성 시에 좋고 화이트메탈보다 내하중성이 크므로 고속, 고하중용 베어링으로 적합하여 자동차, 항공기 등의 주 베어링으로 이용된다.

(3) 카드뮴계, 아연계 합금

Cd은 고가이므로 많이 사용되지 않으나, 이 합금은 Cd에 Ni, Ag, Cu 등을 첨가하여 경화시킨 것이며 피로강도가 화이트메탈보다 우수하다.

(4) 함유 베어링(oilless bearing)

① 소결함유 베어링: 일명 오일라이트(oilite)라고도 한다. 구리계 합금과 Fe계 합금이 있으며, Cu-Sn-C합금이 가장 많이 사용된다. 이 합금은 5~100μ의 구리분말, 주석분말, 흑연분말을 혼합하고 윤활제를 첨가해 가압성형한 후 환원기류 중에서 400℃로 예비소결한 다음 800℃로 소결하여 제조한다.

② 주철함유 베어링: 주철 주조품은 가열과 냉각을 반복하면 치수의 증가와 함께 내부에 미세한 균열이 많이 발생하여 다공질로 바뀌고 또한 조직은 흑연상이 크게 발달해 기지가 전체적으로 페라이트화됨으로써 주철을 함유시키면 베어링의 특성이 좋아지고 내열성을 가지게 되어 고속, 고하중용 대형베어링으로 사용된다.

단원 예상문제

1. 베어링용 합금의 구비조건에 대한 설명 중 틀린 것은?

① 마찰계수가 적고 내식성이 좋을 것
② 충분한 취성을 가지며, 소착성이 클 것
③ 하중에 견디는 내압력의 저항력이 좋을 것
④ 주조성 및 절삭성이 우수하고 열전도율이 클 것

해설 취성이 적고 소착성이 작아야 한다.

2. 다음 중 베어링용 합금이 갖추어야 할 조건 중 틀린 것은?

① 마찰계수가 크고 저항력이 작을 것
② 충분한 점성과 인성이 있을 것
③ 내식성 및 내소착성이 좋을 것
④ 하중에 견딜 수 있는 경도와 내압력을 가질 것

해설 마찰계수가 작고 저항력이 높아야 한다.

3. Sn-Sb-Cu의 합금으로 주석계 화이트메탈이라고 하는 것은?

① 인코넬 ② 콘스탄탄 ③ 배빗메탈 ④ 알클래드

4. Pb계 청동 합금으로 주로 항공기, 자동차용의 고속베어링으로 많이 사용되는 것은?

① 켈밋 ② 톰백 ③ Y합금 ④ 스테인리스

해설 켈밋은 베어링에 사용되는 구리합금으로 70% Cu-30% Pb합금이다.

5. 다음 중 베어링용 합금이 아닌 것은?

① 켈밋 ② 배빗메탈 ③ 문쯔메탈 ④ 화이트메탈

6. 함석판은 얇은 강판에 무엇을 도금한 것인가?

① 니켈 ② 크로뮴 ③ 아연 ④ 주석

해설 함석판은 아연(Zn) 도금강판, 양철판은 주석(Sn) 도금강판이라고도 한다.

7. 분말상의 구리에 약 10% 주석분말과 2%의 흑연분말을 혼합하고 윤활제 또는 휘발성 물질을 첨가한 다음 가압성형하고 제조하여 자동차, 시계, 방적기계 등의 급유가 어려운 부분에 사용하는 합금은?

① 자마크 ② 히스텔로이 ③ 화이트 메탈 ④ 오일리스베어링

해설 오일리스베어링(oilless bearing): 분말상의 구리에 약 10% 주석분말과 2%의 흑연분말을 혼합한 무급유 베어링 합금

정답 1. ② 2. ① 3. ③ 4. ① 5. ③ 6. ③ 7. ④

1-6 고용융점 및 저용융점 금속과 그 합금

(1) 고용융점 금속과 귀금속

① 금(Au): Au은 전연성이 매우 커서 10^{-6}cm 두께의 박판으로 가공할 수 있으며 왕수 이외에는 침식, 산화되지 않는 귀금속이다. Au의 재결정 온도는 가공도에 따라 40~100℃이며 순금의 경도는 HB 18, 인장강도 12 kgf/mm^2, 연신율 68~73%이다.

② 백금(Pt): Pt은 회백색의 금속이며 내식성, 내열성, 고온저항이 우수하고 용융점은 1774℃이다. 열전대로 사용되는 Pt-10~13% Rd이 있다.

③ 이리듐(Ir), 팔라듐(Pd), 오스뮴(Os): Ir과 Pd은 FCC, Os은 HCP 금속이며 비중은 각각 22.4, 12.0, 22.5이고 용융점은 2454℃, 1554℃, 2700℃이다. 모두 백색금속이며 순금속으로는 별로 사용되지 않는다.

④ 코발트(Co), 텅스텐(W), 몰리브덴(Mo): Co는 은백색 금속으로 비중 8.9, 용융점 1495℃이며 내열합금, 영구자석, 촉매 등에 쓰인다.

W은 회백색의 FCC 금속이며 비중 19.3, 용융점 3410℃이고 상온에서 안정하나 고온에서는 O_2 또는 H_2O와 접하면 산화되고 분말탄소, Co_2, Co 등과 탄화물을 형성한다.

Mo은 운백색 BCC 금속이며 비중 10.2, 용융점 2625℃이고 공기 중이나 알칼리용액에 침식하지 않고 염산, 질산에는 침식된다.

단원 예상문제

1. 금(Au)의 일반적인 성질에 대한 설명 중 옳은 것은?

① 금은 내식성이 매우 나쁘다.
② 금의 순도는 캐럿(K)으로 표시한다.
③ 금은 강도, 경도, 내마멸성이 높다.
④ 금은 조밀육방격자에 해당하는 금속이다.

해설 금은 내식성이 우수하고 순도는 캐럿(K)으로 표시하며, 강도 및 경도가 낮고 면심입방격자이다.

2. 금속을 자석에 접근시킬 때 자석과 동일한 극이 생겨서 반발하는 성질을 갖는 금속은?

① 철(Fe) ② 금(Au) ③ 니켈(Ni) ④ 코발트(Co)

해설 반자성체: Au, 강자성체: Fe, Ni, Co

3. Au의 순도를 나타내는 단위는?

① K(carat) ② P(pound) ③ %(percent) ④ μm(micron)

4. 귀금속에 속하는 금의 순도는 주로 캐럿(carat, K)으로 나타낸다. 18K에 함유된 순금의 순도(%)는 얼마인가?

① 25 ② 65 ③ 75 ④ 85

해설 $\frac{18}{24} \times 100 = 75(\%)$

5. 다음 중 산과 작용하였을 때 수소가스가 발생하기 가장 어려운 금속은?

① Ca ② Nb ③ Al ④ Au

해설 Au은 왕수 이외에는 침식, 산화되지 않는 귀금속이다.

정답 1. ② 2. ② 3. ① 4. ③ 5. ④

(2) 저용융점 금속과 그 합금

① 아연(Zn)과 그 합금: Zn은 청백색의 HCP 금속이며 비중 7.1, 용융점 419℃이고 Fe이 0.008% 이상 존재하면 경질의 FeZn 7상으로 인하여 인성이 나빠진다.

② 주석(Sn)과 그 합금: Sn은 은백색의 연한 금속으로 용융점은 231℃이고 주석도금 등에 사용된다.

③ 납(Pb)과 그 합금: Pb은 비중 11.3, 용융점 327℃로 유연한 금속이며 방사선 투과도가 낮은 금속이다. 이것은 땜납, 수도관 활자합금, 베어링합금, 건축용으로 사용되며 상온에서 재결정되어 크리프가 용이하다. 크리프저항을 높이려면 Ca, Sb, As 등을 첨가하면 효과적이다.

실용합금으로는 케이블 피복용인 Pb-As합금, 땜납용인 50Pb-50Sn합금, 활자합금용인 Pb-7%Sb-15%Sn합금, 기타 Pb-Ca, Pb-Sb합금 등이 있다.

④ 저용융점 합금(fusible alloy): 이 합금은 용융점이 낮고 쉽게 용해되는 것을 말하는데, 보통 용융점이 Sn(231℃) 미만인 합금을 총칭한다.

단원 예상문제

1. 비중 7.3, 용융점 232℃이고, 13℃에서 동소변태하는 금속으로 전연성이 우수하며, 의약품, 식품 등의 포장용 튜브, 식기, 장식기 등에 사용되는 것은?

① Al ② Ag ③ Ti ④ Sn

해설 주석(Sn)은 저용점금속으로 식품 등의 포장용 튜브로 사용된다.

2. 독성이 없어 의약품, 식품 등의 포장형 튜브 제조에 많이 사용되는 금속으로 탈색효과가 우수하며, 비중이 약 7.3인 금속은?

① 주석(Sn) ② 아연(Zn)

③ 망가니즈(Mn) ④ 백금(Pt)

3. 저용융점 합금의 용융 온도는 약 몇 ℃ 이하인가?

① 250 이하 ② 450 이하 ③ 550 이하 ④ 650 이하

정답 1. ④ 2. ① 3. ①

1-7 분말합금의 종류와 특성

(1) 분말합금의 개요

분말합금은 분말야금(powder metallurgy)이라고도 하며, 금속분말을 가압 성형하여 굳히고 가열하여 소결함으로써 제품으로 가공하는 방법이다.

최종 제품은 틀을 이용하여 성형하기 때문에 가공공정이 생략되어 기계가공에 비하여 높은 생산성과 비용 절감이 된다. 융점이 높아 주조하기 어려운 합금강이나 고속도강 등에 적용되고 있다.

(2) 분말합금의 종류

① 초경합금

㈎ 초경합금의 개요

㉠ 초경합금은 일반적으로 원소주기율표 제4, 5, 6족 금속의 탄화물을 Fe, Ni, Co 등의 철족결합금속으로서 접합, 소결한 복합합금이다.

㉡ 초경합금은 절삭용 공구나 금형 다이의 재료로 쓰이며, 독일의 비디아(Widia), 미국의 카볼로이(Carboloy), 일본의 당갈로이(tangaloy) 등이 대표적인 제품이다.

㉢ 초경합금 제조는 WC분말에 TiC, TaC 및 Co분말 등을 첨가 혼합하여 소결한다.

㉣ WC-Co계 합금 외에 WC-TiC-Co계 및 WC-TiC-TaC-Co계 합금이 절삭공구류 제조에 많이 쓰이고 있다.

㈏ 초경합금의 특성

㉠ 경도가 높다(H_RC 80 정도).

㉡ 고온 경도 및 강도가 양호하여 고온에서 변형이 적다.

㉢ 사용목적, 용도에 따라 재질의 종류 및 형상이 다양하다.

② 소결기계 부품용 재료

㈎ 소결기계 재료는 기어, 캠 등의 기계구조 부품, 베어링 부품, 마찰 부품 등에 이용된다.

㈏ 철-탄소계, 철-구리계, 철-구리-탄소계의 분말합금이 주체이고 다음이 청동계 분말야금이다.

③ 소결전기 및 자기 재료

㈎ 소결금속 자석(alnico): Al과 Fe, Ni 또는 Co 등의 모재 합금 분말에 Fe, Ni, Co 분말을 배합, 성형 및 소결하여 만든 자석이다.

㈏ 산화물 자석(ferrite): Co-Fe계 분말합금 자석으로서 Fe, Ni, Co, Cu, Mn, Zn, Cd 등으로 형성된 $MoFe_2O_3$를 가지는 산화물 소결자성체이다.

㈐ 소결자심: 모터, 단전기, 자기스위치, 변압기 등에 사용되는 고투자율 재료로서 Fe-Si계, Fe-Al계 및 Fe-Ni계의 소결금속자심과 페라이트계의 산화물 자심이 있다.

(3) 분말합금의 특성

① 합금 방법: 애터마이즈법(atomization process), 급랭응고법(rapidly solidified), 기계적 합금(mechanical)법 등이 있다.

② 분말합금의 적용 범위: 산화물 입자 분산강화합금, 금속간 화합물, 비정질(amorphous)합금까지 적용범위가 확대되고 있다.

③ 성형법: 금속분말 사출성형(MIM: Metal Injection Moulding process), 열간정수압 프레스(HIP: Hot Isostatic Press) 등의 새로운 방법이 있는데 자동차 부품에서 가전제품에 이르기까지 여러 분야에 응용하고 있다.

2. 신소재 및 그 밖의 합금

2-1 고강도 재료

(1) 구조용 복합재료

① 섬유강화금속(FRM: Fiber Reinforced Metal): 보론, SiC, C(PAN), C(피치), 알루미나

② 입자분산강화금속(PSM: Particle dispersed Strenth Metal)

㈎ 금속 중에 0.01~0.1μm 정도의 미립자를 수 % 정도 분산시켜 입자 자체가 아니고 모체의 변형 저항을 높여서 고온에서의 탄성률, 강도 및 크리프 특성을 개선시키기 위해 개발된 재료이다.

㈏ 제조방법 : 기계적 혼합법, 표면산화법, 공침법, 내부산화법, 용융체 포화법 등이 있다.

단원 예상문제

1. 기지 금속 중에 0.01~0.1μm 정도의 산화물 등 미세한 입자를 균일하게 분포시킨 재료로 고온에서 크리프 특성이 우수한 고온 내열재료는?

① 서멧 재료 ② FRM 재료 ③ 클래드 재료 ④ TD Ni 재료

해설 TD Ni 재료: 입자분산강화금속(PSM)의 복합재료에서 고온에서의 크리프 성질을 개선시키기 위한 금속복합재료

2. 금속 중에 0.01~0.1μm 정도의 산화물 등 미세한 입자를 균일하게 분포시킨 금속복합재료는 고온에서 재료의 어떤 성질을 향상시킨 것인가?

① 내식성 ② 크리프 ③ 피로강도 ④ 전기전도도

3. 분산강화금속 복합재료에 대한 설명으로 틀린 것은?

① 고온에서 크리프 특성이 우수하다.
② 실용 재료로는 SAP, TD Ni이 대표적이다.
③ 제조방법은 일반적으로 단접법이 사용된다.
④ 기지 금속 중에 0.01~0.1μm 정도의 미세한 입자를 분산시켜 만든 재료이다.

해설 제조방법은 기계적 혼합법, 표면산화법 등이 있다.

4. 전위 동의 결함이 없는 재료를 만들기 위하여 휘스커(whisker) 섬유에 Al, Ti, Mg 등의 연성과 인성이 높은 금속을 합금 중에 균일하게 배열시킨 재료는 무엇인가?

① 클래드 재료 ② 입자강화금속 복합재료
③ 분산강화금속 복합재료 ④ 섬유강화금속 복합재료

해설 섬유강화금속: FRM(Fiber Reinforced Metals), MMC(Metal Matrix Composite)로 최고 사용온도 377~527℃, 비강성, 비강도가 큰 것을 목적으로 하여 Al, Mg, Ti 등의 경금속을 기지로 한 저용융점계 섬유강화금속과 927℃ 이상의 고온에서 강도나 크리프 특성을 개선시키기 위해 Fe, Ni합금을 기지로 한 고용융점계 섬유강화초합금(FRS)이 있다.

정답 1. ④ 2. ② 3. ③ 4. ④

2-2 기능성 재료

(1) 초소성 재료

① 초소성: 금속 등이 어떤 응력이 작용하고 있는 상태에서 유리질처럼 수백% 이상 늘어나는 성질을 말한다.

② 초소성 가공법

㈎ Blow성형법(가스성형)

㉠ 15~300psi의 가스압력으로 어느 형상에 양각 또는 음각하거나 금형이 필요 없이 자유 성형하는 방법으로 주로 판상의 알루미늄계 및 티타늄계 초소성 재료에 이용된다.

㉡ 성형에너지의 소모가 적고 공구의 사용이 저렴하여 복잡한 형태의 용기 등을 단순공정으로 제조할 수 있다.

㈏ Gatorizing단조법

㉠ 껌을 오목한 형상의 틀에 집어넣어 양각하는 것에서 나온 방법으로 Ni계 초소성 합금을 터빈디스크로 만들기 위해 개발된 방법이다.

㉡ 내크리프성이 우수한 고강도 초내열합금으로 된 터빈디스크를 기존 제품보다 더 우수하게 제조할 수 있다.

㈐ SPF/DB(Super Plastic Forming/Diffusion Bonding)

㉠ 초소형 성형법과 확산접합이 합쳐진 신기술로 가스압력을 이용해 성형한다.

㉡ 초소성 온도에서 용접이 쉽기 때문에 초소성 재료에만 사용이 가능하다.

㉢ 주로 Ti계 합금으로 항공기 구조재 등을 제조한다.

(2) 형상기억합금

① 힘을 가해서 변형을 시켜도 본래의 형상을 기억하고 있어 조금만 가열해도 곧 본래의 형상으로 복원하는 합금이다.

② 형상기억합금은 고온 측(모상)과 저온 측(마텐자이트상)에서 결정의 배열이 현저하게 다르기 때문에 저온 측에서 형태 변형을 가해도 일정한 온도(역변태 온도) 이상으로 가열하면 본래의 형태(모상)로 돌아오는 현상이다.

③ 니켈-티탄합금, 동-아연합금 등이 있다.

(3) 비정질합금

① 비정질합금의 특성

(가) 비정질합금은 고강도와 인성을 겸비한 기계적 특성이 우수하다.

(나) 높은 내식성 및 전기저항성과 고투자율성, 초전도성이 있으며 브레이징 접합성도 우수하다.

② 비정질합금의 특징

(가) 경도와 강도가 일반 금속재료보다 훨씬 높아서 Fe기 합금은 400kg/mm^{2}이다.

(나) 구성 금속원자의 배열이 장거리의 규칙성이 없는 불규칙적 구조이다.

③ 비정질합금의 제조방법

(가) 기체 상태에서 직접 고체 상태로 초급랭시키는 방법이다.

(나) 화학적으로 기체 상태를 고체 상태로 침적시키는 방법이다.

(다) 레이저를 이용한 급랭방법이다.

(4) 방진합금, 제진합금

① 제진합금으로 Mg-Zr, Mn-Cu 등이 있다.

② 제진기구는 형상기억효과와 같다.

③ 제진재료는 진동을 제거하기 위하여 사용한다.

(5) 반도체 재료

① 게르마늄(Ge)

② 실리콘(Si)

(6) 초전도 재료

일정온도에서 전기저항이 완전히 제로가 되는 현상이다.

(7) 초미립자 소재

① 초미립자: 100nm의 콜로이드 입자 크기이다.

② 제조법: 분무법, 분쇄법, 전해법, 환원법, 화합물의 가수분해법 등이 있다.

③ 특징

(가) 표면적이 대단히 크다.

(나) 표면장력이 크다.

(다) 철계 합금에서는 자성이 강하고 융점이 낮다.

(라) 크로뮴계에서는 빛을 잘 흡수한다.

단원 예상문제

1. 기체 급랭법의 일종으로 금속을 기체 상태로 한 후에 급랭하는 방법으로 제조되는 합금으로서 대표적인 방법은 진공증착법이나 스퍼터링법 등이 있다. 이러한 방법으로 제조되는 합금은?

① 제진합금　② 초전도합금　③ 비정질합금　④ 형상기억합금

해설 비정질합금의 제조방법은 기체 상태에서 직접 고체 상태로 초급랭시키는 방법과 화학적으로 기체 상태를 고체 상태로 침적시키는 방법 및 레이저를 이용한 급랭방법 등이 있다.

2. 제진재료에 대한 설명으로 틀린 것은?

① 제진합금으로는 Mg-Zr, Mn-Cu 등이 있다.
② 제진합금에서 제진기구는 마텐자이트 변태와 같다.
③ 제진재료는 진동을 제거하기 위하여 사용되는 재료이다.
④ 제진합금이란 큰 의미에서 두드려도 소리가 나지 않는 합금이다.

해설 제진합금에서 제진기구는 형상기억합금과 같다.

3. 다음 중 반도체 제조용으로 사용되는 금속으로 옳은 것은?

① W, Co　② B, Mn　③ Fe, P　④ Si, Ge

4. 다음 중 전기저항이 0(zero)에 가까워 에너지 손실이 거의 없기 때문에 자기부상열차, 핵자기공명 단층영상장치 등에 응용할 수 있는 것은?

① 제진합금　② 초전도 재료　③ 비정질합금　④ 형상기억합금

5. 태양열 이용 장치의 적외선 흡수재료, 로켓 연료 연소효율 향상에 초미립자 소재를 이용한다. 이 재료에 관한 설명 중 옳은 것은?

① 초미립자 제조는 크게 체질법과 고상법이 있다.
② 체질법을 이용하면 청정 초미립자 제조가 가능하다.
③ 고상법은 균일한 초미립자 분체를 대량 생산하는 방법으로 우수하다.
④ 초미립자의 크기는 100nm의 콜로이드 입자 크기와 같은 정도의 분체라 할 수 있다.

정답 1. ③ 2. ② 3. ④ 4. ② 5. ④

2-3 신에너지 재료

(1) 수소저장용 합금

① 수소저장용 합금은 수소가스와 반응하여 금속수소화물이 되고 저장된 수소는 필요에 따라 금속수소화물에서 방출시켜 이용하고 수소가 방출되면 금속수소화물은 원래의 수소저장용 합금으로 되돌아가는 성질을 말한다.

② Fe-Ni계, Ni-La계 등 상온 부근에서 작동되는 재료를 연구한다.

(2) 전극재료

[전극재료가 구비해야 할 조건]

① 전도성이 좋을 것

② SiO_2와 밀착성이 우수할 것

③ 산화 분위기에서 내식성이 클 것

④ 금속규화물의 용융점이 웨이퍼 처리 온도보다 높을 것

2편

금속제도

제 1 장 제도의 기본

1. 제도의 기초

1-1 제도의 표준 규격

① 도면을 작성하는 데 적용되는 규약을 제도 규격이라 한다.

② 우리나라에서는 1961년 공업표준화법이 제정, 공포된 후 한국산업규격(KS)이 제정되기 시작하였다.

③ 법률 제4528호에 의거(1993.6.6)하여 한국공업규격을 "한국산업규격"으로 명칭을 개칭하였다.

④ 도면을 작성할 때 총괄적으로 적용되는 제도 통칙이 1966년에 KS A0005로 제정되었고 기계제도는 KS B0001로 1967년에 제정되었다.

각국의 표준 규격

규격 기호	규격 명칭	마 크
KS	한국산업표준(Korean Industrial Standards)	K
BS	영국표준(British Standards)	
DIN	독일공업표준(Deutsche Industrie Normen)	DIN
ANSI	미국국가표준(American National Standards Institute)	ANSI
NF	프랑스표준(Norme Francaise)	NF
JIS	일본공업표준(Japanese Industrial Standards)	JIS
GB	중국국가표준(Guojia Biaozhun)	GB

국제 표준 규격

규격 기호	규격 명칭	마 크
ISO	국제표준화기구(International Organization for Standardization)	ISO
IEC	국제전기표준회의(International Electrotechnical Commission)	IEC
ITU	국제전기통신연합(International Telecommunication Union)	ITU

KS 부문별 분류 기호

분류 기호	부 문	분류 기호	부 문	분류 기호	부 문
KS A	기본	KS H	식품	KS Q	품질 경영
KS B	기계	KS I	환경	KS R	수송 기계
KS C	전기 전자	KS J	생물	KS S	서비스
KS D	금속	KS K	섬유	KS T	물류
KS E	광산	KS L	요업	KS V	조선
KS F	건설	KS M	화학	KS W	항공 우주
KS G	일용품	KS P	의료	KS X	정보

단원 예상문제

1. KS의 부문별 분류 기호 중 틀리게 연결한 것은?

① KS A－전자　② KS B－기계　③ KS C－전기　④ KS D－금속

해설 KS A－기본

2. 다음 중 한국산업표준의 영문 약자로 옳은 것은?

① JIS　② KS　③ ANSI　④ BS

해설 JIS: 일본, KS: 한국, ANSI: 미국, BS: 영국

3. 다음 중 국제표준화기구를 나타내는 약호로 옳은 것은?

① JIS　② ISO　③ ASA　④ DIN

해설 JIS: 일본, ISO: 국제표준화기구, DIN: 독일

4. KS의 부문별 기호 중 기본 부문에 해당되는 기호는?

① KS A　② KS B　③ KS C　④ KS D

해설 KS A－기본, KS B－기계, KS C－전기, KS D－금속

5. KS 부문별 분류 기호 중 전기 부문은?

① KS A ② KS B
③ KS C ④ KS D

해설 KS A-기본, KS B-기계, KS C-전기, KS D-금속

6. KS의 부문별 기호 중 기계기본, 기계요소 공구 및 공작기계 등을 규정하고 있는 영역은?

① KS A ② KS B
③ KS C ④ KS D

해설 KS A-기본, KS B-기계, KS C-전기, KS D-금속

정답 1. ① 2. ② 3. ② 4. ① 5. ③ 6. ②

1-2 도면의 척도

(1) 척도의 종류

① 현척(full scale, full size): 도형을 실물과 같은 크기로 그리는 경우에 사용하며, 도형을 쉽게 그릴 수 있어 가장 보편적으로 사용된다.

② 축척(contraction scale, reduction scale): 도형을 실물보다 작게 그리는 경우에 사용하며, 치수 기입은 실물의 실제 치수를 기입한다.

③ 배척(enlarged scale, enlargement scale): 도형을 실물보다 크게 그리는 경우에 사용하며, 치수 기입은 축척과 마찬가지로 실물의 실체 치수를 기입한다.

축척 · 현척 및 배척의 값(KS A ISO 5455)

척도의 종류	권장 척도 값		
배척	50 : 1 5 : 1	20 : 1 2 : 1	10 : 1
현척	1 : 1		
축척	1 : 2 1 : 20 1 : 200 1 : 2000	1 : 5 1 : 50 1 : 500 1 : 5000	1 : 10 1 : 100 1 : 1000 1 : 10000

(2) 척도의 표시 방법

① 척도는 다음과 같이 A:B로 표시하며 현척의 경우에는 A와 B를 모두 1, 축척은 A를 1, 배척은 B를 1로 하여 나타낸다.

② 특별한 경우로서 도면에서의 크기가 실물의 크기와 비례하지 않을 때에는 '비례척이 아님' 또는 'NS(None Scale)'라고 적절한 곳에 기입하거나 치수에 밑줄을 긋는다(예 15).

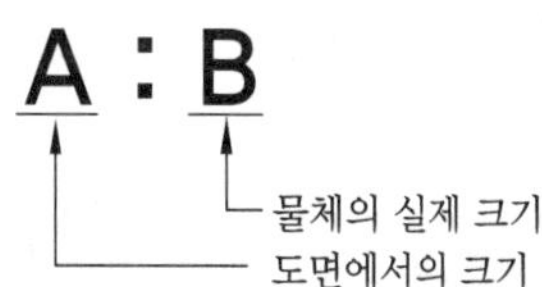

단원 예상문제

1. 척도에 대한 설명 중 옳은 것은?

① 축척은 실물보다 확대해서 그린다.
② 배척은 실물보다 축소해서 그린다.
③ 현척은 실물과 같은 크기로 1:1로 표현한다.
④ 척도의 표시방법 A:B에서 A는 물체의 실제 크기이다.

2. 도면의 척도에 대한 설명 중 틀린 것은?

① 척도는 도면의 표제란에 기입한다.
② 척도는 현척, 축척, 배척의 3종류가 있다.
③ 척도는 도형 크기와 실물 크기의 비율이다.
④ 도형이 치수에 비례하지 않을 때는 척도를 기입하지 않고, 별도의 표시도 하지 않는다.

해설 도형이 치수에 비례하지 않을 때는 "NS"라고 기입한다.

3. 제도에 사용되는 척도의 종류 중 현척에 해당하는 것은?

① 1 : 1 ② 1 : 2 ③ 2 : 1 ④ 1 : 10

해설 현척(1 : 1), 축척(1 : 2), 배척(2 : 1)

4. 척도 1:2인 도면에서 길이가 50mm인 직선의 실제 길이(mm)는?

① 25 ② 50 ③ 100 ④ 150

해설 $50 \times 2 = 100$

5. 척도가 1:2인 도면에서 실제 치수 20mm인 선은 도면상에 몇 mm로 긋는가?

① 5 ② 10 ③ 20 ④ 40

6. 다음 중 도면에서 비례척이 아님을 나타내는 기호는?

① TS ② NS ③ ST ④ SN

정답 1. ③ 2. ④ 3. ① 4. ③ 5. ② 6. ②

1-3 도면의 문자

① 제도에 사용되는 문자는 한자 · 한글 · 숫자 · 로마자이다.
② 글자체는 고딕체로 하여 수직 또는 15° 경사로 쓰는 것을 원칙으로 한다.
③ 문자 크기는 문자의 높이로 나타낸다.
④ 문자의 선 굵기는 한자의 경우 문자 크기의 1/12.5로, 한글/숫자/로마자는 1/9로 한다.
⑤ 문장은 왼편에서부터 가로쓰기를 원칙으로 한다.

단원 예상문제

1. 제도 도면에 사용되는 문자의 호칭 크기는 무엇으로 나타내는가?

① 문자의 폭 ② 문자의 굵기
③ 문자의 높이 ④ 문자의 경사도

정답 1. ③

1-4 도면의 종류

(1) 용도에 따른 분류

① 계획도 ② 제작도 ③ 주문도 ④ 견적도 ⑤ 승인도 ⑥ 설명도 등

(2) 내용에 따른 분류

① 부품도 ② 조립도 ③ 기초도 ④ 배치도 ⑤ 배근도 ⑥ 스케치도 등

(3) 표면 형식에 따른 분류

① 외관도 ② 전개도 ③ 곡면선도 ④ 선도 ⑤ 입체도 등

단원 예상문제

1. 물품을 구성하는 각 부품에 대하여 상세하게 나타내는 도면으로 이 도면에 의해 부품이 실제 제작되는 도면은?

① 상세도 ② 부품도 ③ 공정도 ④ 스케치도

2. 물품을 그리거나 도안할 때 필요한 사항을 제도기구 없이 프리핸드(free hand)로 그린 도면은?

① 전개도 ② 외형도 ③ 스케치도 ④ 곡면선도

3. 그림의 조합도와 이에 대한 설명이 옳은 것으로만 나열된 것은?

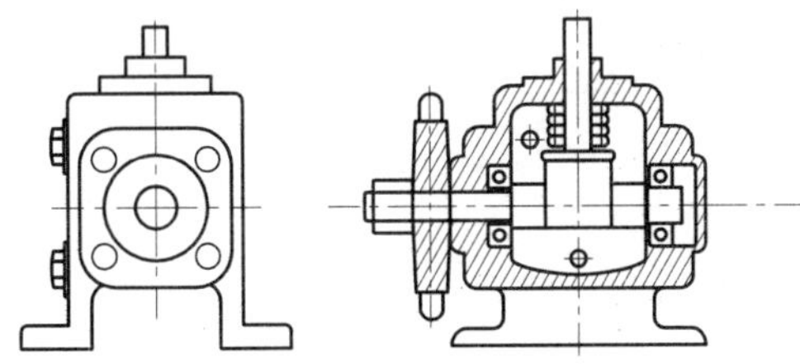

㉠ 기계나 구조물의 전체적인 조립상태를 알 수 있다.
㉡ 제품의 구조, 원리, 기능, 취급방법 등의 설명이 목적이다.
㉢ 그림과 같이 조립도를 보면 구조를 알 수 있다.
㉣ 물품을 구성하는 각 부품에 대하여 가장 상세하게 나타낸 도면이다.
㉤ 조립도에는 주로 조립에 필요한 치수만을 기입한다.

① ㉡, ㉢, ㉣ ② ㉠, ㉡, ㉣
③ ㉠, ㉡, ㉢ ④ ㉠, ㉢, ㉤

4. 기계 제작에 필요한 예산을 산출하고 주문품의 내용을 설명할 때 이용되는 도면은?

① 견적도 ② 설명도 ③ 제작도 ④ 계획도

5. 얇은 판으로 된 입체 표면을 한 평면 위에 펼쳐서 그린 것은?

① 입체도 ② 전개도 ③ 사투상도 ④ 정투상도

정답 1. ② 2. ③ 3. ④ 4. ① 5. ②

1-5 도면의 크기

도면의 크기가 일정하지 않으면 도면의 정리, 관리, 보관 등이 불편하기 때문에 도면은 반드시 일정한 규격으로 만들어야 한다. 원도에는 필요로 하는 명료함 및 자세함을 지킬 수 있는 최소 크기의 용지를 사용하는 것이 좋다.

A열(KS M ISO 216)의 권장 크기는 제도 영역뿐만 아니라 재단한 것과 재단하지 않은 것을 포함한 모든 용지에 대해 다음 표에 따른다.

재단한 용지와 재단하지 않은 용지의 크기 및 제도 영역 크기(KS B ISO 5457)

(단위: mm)

크기	그림	재단한 용지(T)		제도 공간		재단하지 않은 용지(U)	
		a_1 [a]	b_1 [a]	a_2 ±0.5	b_2 ±0.5	a_3 ±2	b_3 ±2
A0	(a)	841	1189	821	1159	880	1230
A1	(a)	594	841	574	811	625	880
A2	(a)	420	594	400	564	450	625
A3	(a)	297	420	277	390	330	450
A4	(a)와 (b)	210	297	180	277	240	330

㈜ A0 크기보다 클 경우에는 KS M ISO 216 참조 [a] 공차는 KS M ISO 216 참조

도면용으로 사용하는 제도용지는 A열 사이즈(A0~A4)를 사용하고 신문, 교과서, 미술 용지 등은 B열 사이즈(B0~B4)를 사용한다.

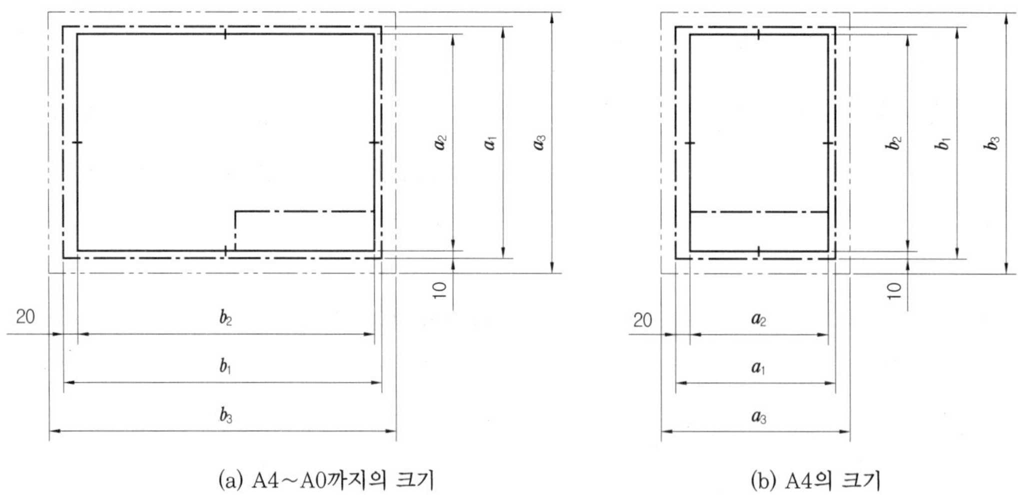

(a) A4~A0까지의 크기 (b) A4의 크기

도면의 크기에 따른 윤곽 치수

A열 용지의 크기는 짧은 변(a)과 긴 변(b)의 길이의 비가 1 : $\sqrt{2}$ 이며, A0~A4 용지는 긴 쪽을 좌우 방향으로, A4 용지는 짧은 쪽을 좌우 방향으로 놓고 사용한다.

도면 크기의 확장은 피해야 한다. 만약 그렇지 않다면 A열(예 A3) 용지의 짧은 변의 치수와 이것보다 더 큰 A열(예 A1) 용지의 긴 변의 치수 조합에 의해 확장한다. 예를 들면 호칭 A3.1과 같이 표시되는 새로운 크기로 만들어진다. 이러한 크기의 확장은 다음 그림과 같다.

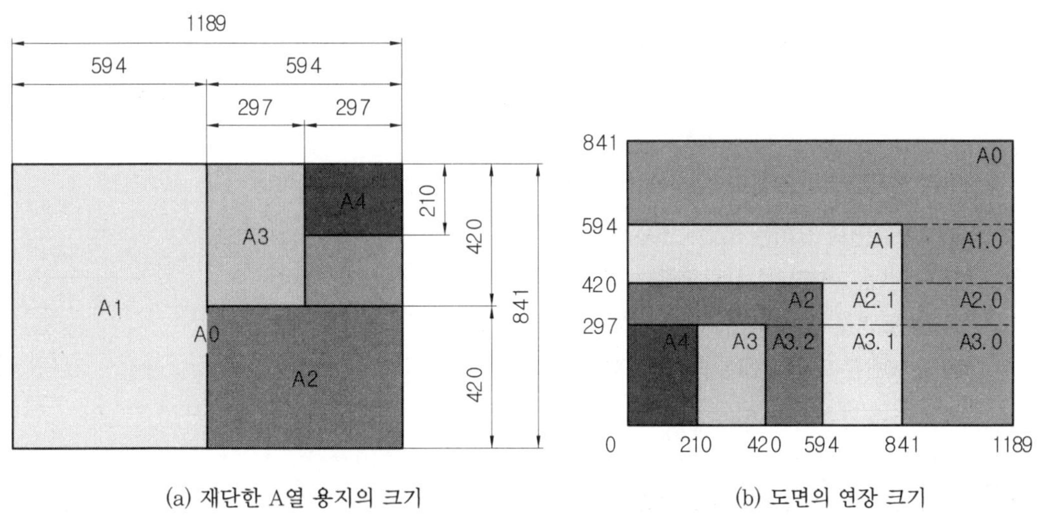

(a) 재단한 A열 용지의 크기

(b) 도면의 연장 크기

재단한 A열 제도용지의 크기와 도면의 연장 크기

1. 도면의 크기에 대한 설명으로 틀린 것은?

① 제도용지의 세로와 가로의 비는 1:2이다.
② 제도용지의 크기는 A열 용지 사용이 원칙이다.
③ 도면의 크기는 사용하는 제도용지의 크기로 나타낸다.
④ 큰 도면을 접을 때는 앞면에 표제란이 보이도록 A4의 크기로 접는다.

해설 제도용지의 세로와 가로의 비는 1:$\sqrt{2}$ 이다.

2. 제도용지 A3는 A4 용지의 몇 배 크기가 되는가?

① $\frac{1}{2}$배 ② $\sqrt{2}$배 ③ 2배 ④ 4배

해설 A3(297×420), A4(210×297)

3. **제도용지에 대한 설명으로 틀린 것은?**

① A0 제도용지의 넓이는 약 1 m^2이다.

② B0 제도용지의 넓이는 약 105 m^2이다.

③ A0 제도용지의 크기는 594×841이다.

④ 제도용지의 세로와 가로의 비는 1:$\sqrt{2}$ 이다.

해설 A0 (841×1189)

4. **제도용지 중 A3의 크기는 얼마인가?**

① 210×297 ② 297×420 ③ 420×594 ④ 594×841

5. **다음 중 도면의 크기와 양식에 대한 설명으로 틀린 것은?**

① A2 도면의 크기는 420×594mm이다.

② 도면에 그려야 할 사항으로 윤곽선, 중심마크, 표제란 등이 있다.

③ 큰 도면을 접을 때는 A0 크기로 접는 것을 원칙으로 한다.

④ 표제란은 도면의 오른쪽 아래에 그린다.

해설 큰 도면을 접을 때는 A4 크기로 접는 것을 원칙으로 한다.

정답 1. ① 2. ③ 3. ③ 4. ② 5. ③

1-6 도면의 양식

도면을 그리기 위해 무엇을, 왜, 언제, 누가, 어떻게 그렸는지 등을 표시하고, 도면 관리에 필요한 것들을 표시하기 위하여 도면 양식을 마련해야 한다. 도면에 그려야 할 양식으로는 중심 마크, 윤곽선, 표제란, 구역 표시, 재단 마크 등이 있다.

(1) 중심 마크

도면을 다시 만들거나 마이크로필름을 만들 때 도면의 위치를 잘 잡기 위하여 4개의 중심 마크를 표시한다. 이 마크는 1mm의 대칭 공차를 가지고 재단된 용지의 두 대칭축의 끝에 표시하며 형식은 자유롭게 선택할 수 있다. 중심 마크는 구역 표시의 경계에서 시작해서 도면의 윤곽선을 지나 10mm까지 0.7mm의 굵기의 실선으로 그린다. A0보다 더 큰 크기에서는 마이크로필름으로 만들 영역의 가운데에 중심 마크를 추가로 표시한다.

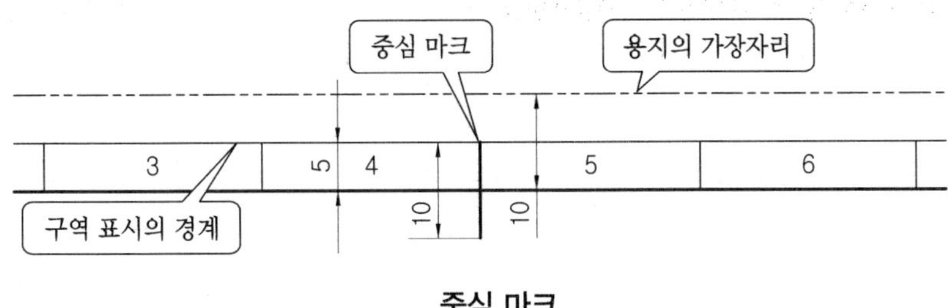

중심 마크

(2) 윤곽선

재단된 용지의 제도 영역을 4개의 변으로 둘러싸는 윤곽은 여러 가지 크기가 있다. 왼쪽의 윤곽은 20mm의 폭을 가지며, 이것은 철할 때 여백으로 사용하기도 한다. 다른 윤곽은 10mm의 폭을 가진다. 제도 영역을 나타내는 윤곽은 0.7mm 굵기의 실선으로 그린다.

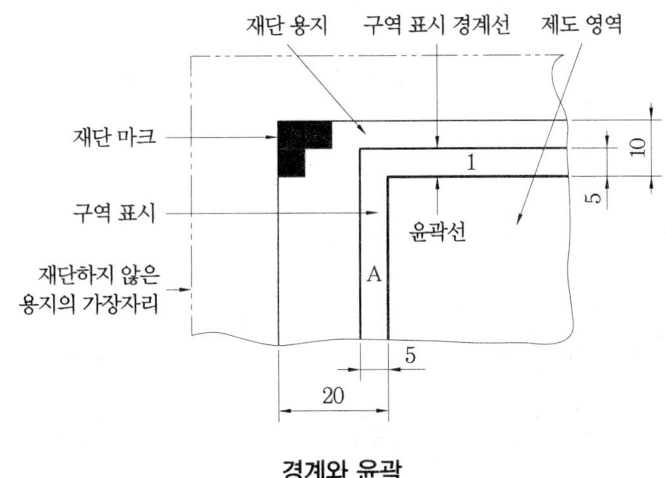

경계와 윤곽

(3) 표제란

표제란의 크기와 양식은 KS A ISO 7200에 규정되어 있다. A0부터 A4까지의 용지에서 표제란의 위치는 제도 영역의 오른쪽 아래 구석에 마련한다. 수평으로 놓여진 용지들은 이런 양식을 허용하며, A4 크기에서 용지는 수평 또는 수직으로 놓은 것이 허용된다. 도면을 읽는 방향은 표제란을 읽는 방향과 같다.

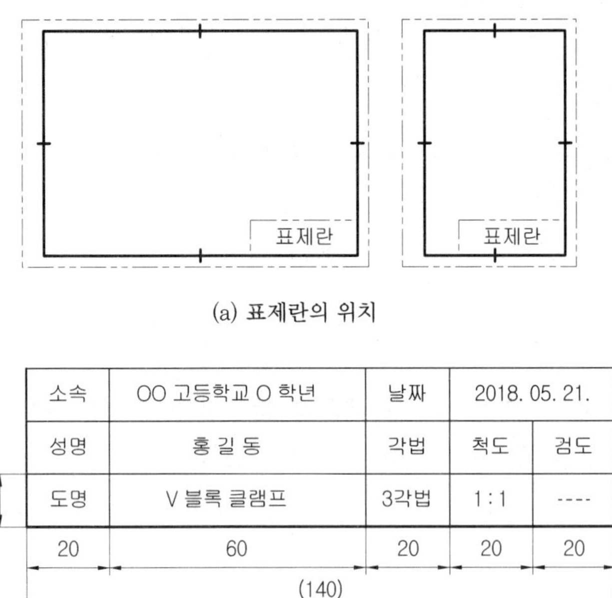

(a) 표제란의 위치

소속	OO 고등학교 O 학년	날짜	2018. 05. 21.	
성명	홍 길 동	각법	척도	검도
도명	V 블록 클램프	3각법	1 : 1	----
20	60	20	20	20

(b) 표제란의 크기

표제란

(4) 구역 표시

도면에서 상세, 추가, 수정 등의 위치를 알기 쉽도록 용지를 여러 구역으로 나눈다. 각 구역은 용지의 위쪽에서 아래쪽으로 대문자(I와 O는 사용 금지)로 표시하고, 왼쪽에서 오른쪽으로 숫자로 표시한다. A4 크기의 용지에서는 단지 위쪽과 오른쪽에만 표시하며, 문자와 숫자 크기는 3.5mm이다. 도면 한 구역의 길이는 재단된 용지 대칭축(중심 마크)에서 시작해서 50mm이다. 이 구역의 개수는 용지의 크기에 따라 다르다. 구역의 분할로 인한 차이는 구석 부분의 구역에 추가되며, 문자와 숫자는 구역 표시 경계 안에 표시한다. 그리고 KS B ISO 3098-0에 따라서 수직으로 쓴다. 이 구역 표시의 선은 0.35mm 굵기의 실선으로 그린다.

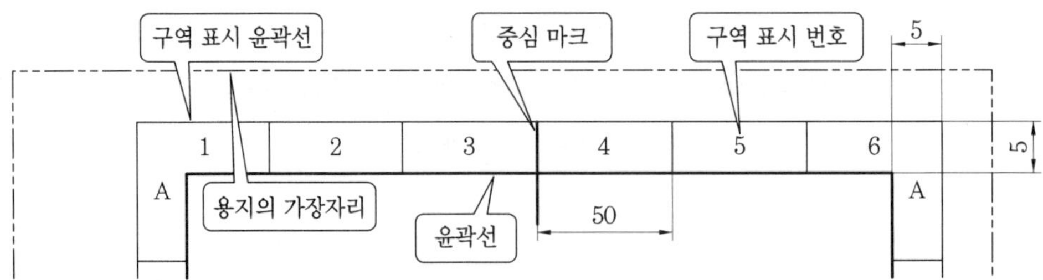

도면의 구역 표시

도면의 크기에 따른 구역의 개수

구 분	A0	A1	A2	A3	A4
긴 변	24	16	12	8	6
짧은 변	16	12	8	6	4

(5) 재단 마크

수동이나 자동으로 용지를 잘라내는 데 편리하도록 재단된 용지의 4변의 경계에 재단 마크를 표시한다. 이 마크는 10mm×5mm의 두 직사각형이 합쳐진 형태로 표시한다.

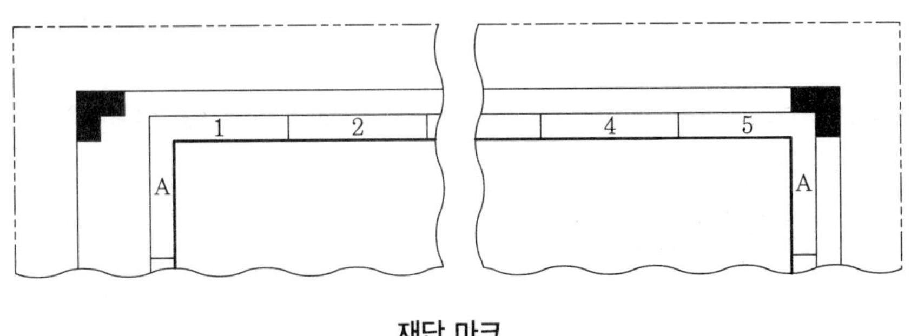

재단 마크

1-7 제도용구

(1) 제도기

디바이더(divider), 컴퍼스, 먹줄펜 등

(2) 제도용 필기구

연필, 제도용 펜 등

(3) 제도용 자

T자, 삼각자, 스케일(scale), 분도기, 운형자, 자유곡선자, 형판 등

단원 예상문제

1. 제도용구 중 디바이더의 용도가 아닌 것은?

① 치수를 옮길 때 사용
② 원호를 그릴 때 사용
③ 선을 같은 길이로 나눌 때 사용
④ 도면을 축소하거나 확대한 치수로 복사할 때 사용

해설 원호를 그릴 때는 컴퍼스를 사용한다.

2. 투명이나 반투명 플라스틱의 얇은 판에 여러 가지 크기의 원, 타원 등의 기본도형, 문자, 숫자 등을 뚫어놓아 원하는 모양으로 정확하게 그릴 수 있는 것은?

① 형판 ② 축척자 ③ 삼각자 ④ 디바이더

3. 45°×45°×90°와 30°×60°×90°의 모양으로 된 2개의 삼각자를 이용하여 나타낼 수 없는 각도는?

① 15° ② 50° ③ 75° ④ 105°

정답 1. ② 2. ① 3. ②

1-8 선의 종류와 용도

선은 같은 굵기의 선이라도 모양이 다르거나 같은 모양의 선이라도 굵기가 다르면 용도가 달라지기 때문에 모양과 굵기에 따른 선의 용도를 파악하는 것이 중요하다.

(1) 모양에 따른 선의 종류

① 실선 ———— : 연속적으로 그어진 선
② 파선 -------- : 일정한 길이로 반복되게 그어진 선
③ 1점 쇄선 —·—·— : 길고 짧은 길이로 반복되게 그어진 선
④ 2점 쇄선 —··—··— : 긴 길이, 짧은 길이 두 개로 반복되게 그어진 선

(2) 굵기에 따른 선의 종류

KS A ISO 128-24에서 선 굵기의 기준은 0.13 mm, 0.18 mm, 0.25 mm,

0.35mm, 0.5mm, 0.7mm, 1.0mm, 1.4mm 및 2.0mm로 하며, 가는 선, 굵은 선 및 아주 굵은 선의 굵기 비율은 1 : 2 : 4로 한다.

① 가는 선: 굵기가 0.18~0.5mm인 선

② 굵은 선: 굵기가 0.35~1mm인 선

③ 아주 굵은 선: 굵기가 0.7~2mm인 선

(3) 용도에 따른 선의 종류

선의 종류에 의한 용도(KS B 0001)

용도에 의한 명칭	선의 종류		선의 용도
외형선	굵은 실선	────────	대상물의 보이는 부분의 모양을 표시하는 데 쓰인다.
치수선	가는 실선	────────	치수를 기입하기 위하여 쓰인다.
치수 보조선			치수를 기입하기 위하여 도형으로부터 끌어내는 데 쓰인다.
지시선			기술 · 기호 등을 표시하기 위하여 끌어내는 데 쓰인다.
회전 단면선			도형 내에 그 부분의 끊은 곳을 90° 회전하여 표시하는 데 쓰인다.
중심선			도형의 중심선을 간략하게 표시하는 데 쓰인다.
수준면선			수면, 유면 등의 위치를 표시하는 데 쓰인다.
숨은선	가는 파선 또는 굵은 파선	-----------	대상물의 보이지 않는 부분의 모양을 표시하는 데 쓰인다.
중심선	가는 1점 쇄선	—-—-—-—	① 도형의 중심을 표시하는 데 쓰인다. ② 중심이 이동한 중심 궤적을 표시하는 데 쓰인다.
기준선			특히 위치 결정의 근거가 된다는 것을 명시할 때 쓰인다.
피치선			되풀이하는 도형의 피치를 취하는 기준을 표시하는 데 쓰인다.

<table>
<tr><th>용도에 의한 명칭</th><th colspan="2">선의 종류</th><th>선의 용도</th></tr>
<tr><td>특수 지정선</td><td>굵은 1점 쇄선</td><td></td><td>특수한 가공을 하는 부분 등 특별한 요구사항을 적용할 수 있는 범위를 표시하는 데 사용한다.</td></tr>
<tr><td>가상선</td><td rowspan="2">가는 2점 쇄선</td><td rowspan="2"></td><td>① 인접 부분을 참고로 표시하는 데 사용한다.
② 공구, 지그 등의 위치를 참고로 나타내는 데 사용한다.
③ 가동 부분을 이동 중의 특정한 위치 또는 이동한계의 위치로 표시하는 데 사용한다.
④ 가공 전 또는 가공 후의 모양을 표시하는 데 사용한다.
⑤ 되풀이하는 것을 나타내는 데 사용한다.
⑥ 도시된 단면의 앞쪽에 있는 부분을 표시하는 데 사용한다.</td></tr>
<tr><td>무게 중심선</td><td>단면의 무게 중심을 연결한 선을 표시하는 데 사용한다.</td></tr>
<tr><td>파단선</td><td>가는 자유 실선, 지그재그 가는 실선</td><td></td><td>대상물의 일부를 파단한 경계 또는 일부를 떼어 낸 경계를 표시하는 데 사용한다.</td></tr>
<tr><td>절단선</td><td>가는 1점 쇄선으로 끝부분 및 방향이 변하는 부분은 굵게 한 것</td><td></td><td>단면도를 그리는 경우, 그 절단 위치를 대응하는 그림에 표시하는 데 사용한다.</td></tr>
<tr><td>해칭</td><td>가는 실선으로 규칙적으로 줄을 늘어놓은 것</td><td></td><td>도형의 한정된 특정 부분을 다른 부분과 구별하는 데 사용한다. 예를 들면 단면도의 절단된 부분을 나타낸다.</td></tr>
<tr><td rowspan="2">특수한 용도의 선</td><td>가는 실선</td><td></td><td>① 외형선 및 숨은선의 연장을 표시하는 데 사용한다.
② 평면이란 것을 나타내는 데 사용한다.
③ 위치를 명시하는 데 사용한다.</td></tr>
<tr><td>아주 굵은 실선</td><td></td><td>얇은 부분의 단선 도시를 명시하는 데 사용한다.</td></tr>
</table>

단원 예상문제

1. 도면에서 치수선이 잘못된 것은?

① 반지름(R) 20의 치수선
② 반지름(R) 15의 치수선
③ 원호(⌒)37의 치수선
④ 원호(⌒)24의 치수선

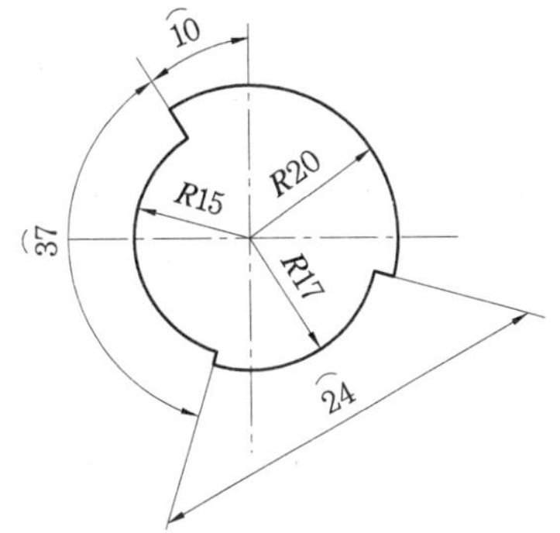

해설 원호 24의 현을 나타내는 치수선

2. 다음 중 치수 기입의 기본 원칙에 대한 설명으로 틀린 것은?

① 치수는 계산할 필요가 없도록 기입해야 한다.
② 치수는 될 수 있는 한 주투상도에 기입해야 한다.
③ 구멍의 치수 기입에서 관통 구멍이 원형으로 표시된 투상도에는 그 깊이를 기입한다.
④ 도면에 길이의 크기와 자세 및 위치를 명확하게 표시해야 한다.

해설 치수는 될 수 있는 한 정면도에 기입해야 한다.

3. 제도에 사용하는 다음 선의 종류 중 굵기가 가장 큰 것은?

① 치수보조선 ② 피치선 ③ 파단선 ④ 외형선

4. 대상물의 일부를 파단한 경계 또는 일부를 떼어낸 경계를 표시할 때의 선의 종류는?

① 가는 실선 ② 굵은 실선 ③ 가는 파선 ④ 굵은 1점쇄선

5. 수면이나 유면 등의 위치를 나타내는 수준면선의 종류는?

① 파선 ② 가는 실선 ③ 굵은 실선 ④ 1점 쇄선

6. 다음 중 가는 실선을 사용하는 선이 아닌 것은?

① 지시선 ② 치수선 ③ 치수보조선 ④ 외형선

해설 외형선은 굵은 실선으로 나타낸다.

7. 물체의 보이지 않는 곳의 형상을 나타낼 때 사용하는 선은?

① 실선 ② 파선 ③ 1점 쇄선 ④ 2점 쇄선

8. 다음 중 가는 실선으로 사용되는 선의 용도가 아닌 것은?

① 치수를 기입하기 위하여 사용하는 선
② 치수를 기입하기 위하여 도형에서 인출하는 선
③ 지식, 기호 등을 나타내기 위하여 사용하는 선
④ 형상의 부분 생략, 부분 단면의 경계를 나타내는 선

해설 파단선: 형상의 부분 생략, 부분 단면의 경계를 나타내는 선

9. 도형이 단면임을 표시하기 위하여 가는 실선으로 외형선 또는 중심선에 경사지게 일정 간격으로 긋는 선은?

① 특수선 ② 해칭 ③ 절단선 ④ 파단선

해설 해칭은 도형의 단면을 표시할 때 사선으로 긋는 선이다.

10. 침탄, 질화 등 특수 가공할 부분을 표시할 때 나타내는 선으로 옳은 것은?

① 가는 파선 ② 가는 1점 쇄선 ③ 가는 2점 쇄선 ④ 굵은 1점 쇄선

11. 반복 도형의 피치 기준을 잡는 데 사용된 선은?

① 굵은 실선 ② 가는 실선 ③ 1점 쇄선 ④ 가는 2점 쇄선

12. 다음 중 가공 부분을 이용하는 특정위치 또는 이동한계의 위치를 나타낼 때 쓰이는 선은 어느 것인가?

① 파선 ② 가는 실선 ③ 굵은 실선 ④ 2점 쇄선

13. 도면에서 가상선으로 사용되는 선의 명칭은?

① 파선 ② 가는 실선 ③ 1점 쇄선 ④ 2점 쇄선

14. 제도에서 가상선을 사용하는 경우가 아닌 것은?

① 인접 부분을 참고로 표시하는 경우
② 가공 부분을 이동 중의 특정한 위치로 표시하는 경우
③ 물체가 단면 형상임을 표시하는 경우
④ 공구, 지그 등의 위치를 참고로 나타내는 경우

해설 물체의 단면 형상임을 표시하는 경우에는 파단선을 사용한다.

정답 1. ④ 2. ② 3. ④ 4. ① 5. ② 6. ④ 7. ② 8. ④ 9. ② 10. ④ 11. ③ 12. ④ 13. ④ 14. ③

제 2 장 기초 제도

1. 투상법

1-1 정투상법

정투상(orthographic projection)은 모든 물체의 형태를 정확히 표현하는 방법을 말한다.

① 제1각법은 대상물을 투상면의 앞쪽에 놓고 투상하게 된다(눈→물체→투상면).

② 제3각법은 대상물을 투상면의 뒤쪽에 놓고 투상하게 된다(눈→투상면→물체).

(1) 투상도의 명칭

① 정면도(front view): 물체 앞에서 바라본 모양을 도면에 나타낸 것으로 물체의 가장 대표적인 면, 즉 기본이 되는 면을 정면도라 한다.

② 평면도(top view): 물체 위에서 내려다본 모양을 도면에 표현한 그림으로, 상면도라고도 한다.

③ 우측면도(right side view): 물체 우측에서 바라본 모양을 도면에 나타낸 그림이며 정면도, 평면도와 함께 많이 사용한다.

④ 좌측면도(left side view): 물체 좌측에서 바라본 모양을 도면에 나타낸 그림이다.

⑤ 저면도(bottom view): 물체 아래쪽에서 바라본 모양을 도면에 나타낸 그림으로 하면도라고도 한다.

⑥ 배면도(rear view): 물체 뒤쪽에서 바라본 모양을 도면에 나타낸 그림이며 사용하는 경우가 극히 드물다.

(2) 제1각법과 제3각법

① 제1각법

(가) 물품을 제1각 내에 두고 투상하는 방식으로서 투상면의 앞쪽에 물품을 둔다.

(나) 각 그림은 정면도를 중심으로 하여 아래쪽에 평면도, 왼쪽에 우측면도를 배열한다.

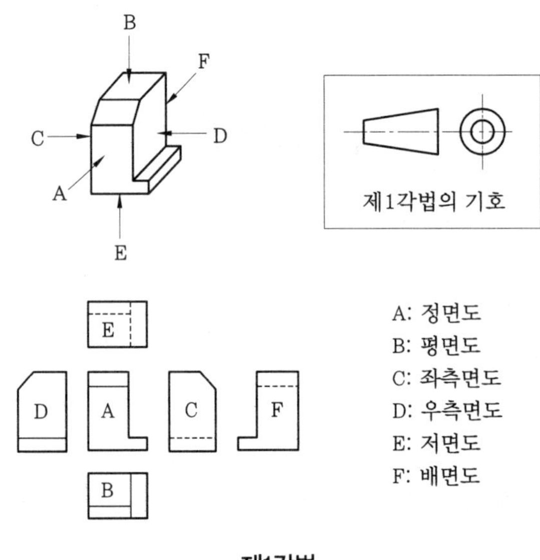

제1각법

② 제3각법

(가) 물품을 제3각 내에 두고 투상하는 방법으로서 뒤쪽에 물품을 둔다.

(나) 우측에 우측면도를 배열하는데, 이때 투상면은 유리와 같은 투상체라 생각한다.

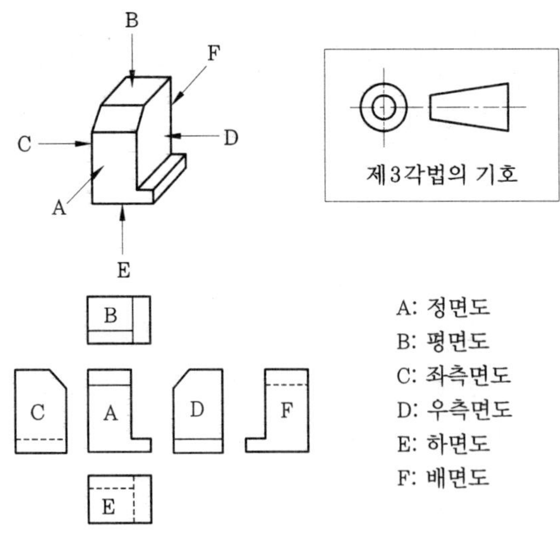

제3각법

단원 예상문제

1. 정투상법에서 눈→투상면→물체의 순으로 투상될 경우의 투상법은?

① 제1각법 ② 제2각법 ③ 제3각법 ④ 제4각법

2. 대상물의 좌표면이 투상면에 평행인 직각 투상법은 어느 것인가?

① 정투상법 ② 사투상법 ③ 등각 투상법 ④ 부등각 투상법

3. 물체의 여러 면을 동시에 투상하여 입체적으로 도시하는 투상법이 아닌 것은?

① 등각투상도법 ② 사투상도법 ③ 정투상도법 ④ 투시도법

해설 정투상도법은 물체 화면을 투상면에 평행하게 놓았을 때의 투상법이다.

4. 제3각법에 따라 투상도의 배치를 설명한 것 중 옳은 것은?

① 정면도, 평면도, 우측면도 또는 좌측면도의 3면도로 나타낼 때가 많다.
② 간단한 물체는 평면도와 측면도의 2면도로만 나타낸다.
③ 평면도는 물체의 특징이 가장 잘 나타나는 면을 선정한다.
④ 물체의 오른쪽과 왼쪽이 같은 때도 우측면도, 좌측면도 모두 그린다.

5. 그림은 3각법의 도면배치를 나타낸 것이다. ㉠, ㉡, ㉢에 해당하는 도면의 명칭이 옳게 짝지어진 것은?

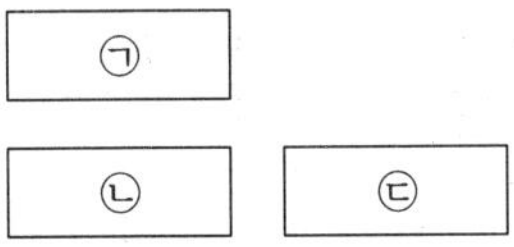

㉠

㉡ ㉢

① ㉠–정면도, ㉡–우측면도, ㉢– 평면도
② ㉠–정면도, ㉡–평면도, ㉢– 우측면도
③ ㉠–평면도, ㉡–정면도, ㉢– 우측면도
④ ㉠–평면도, ㉡–우측면도, ㉢– 정면도

6. 그림과 같은 물체를 제3각법으로 옳게 그려진 것은?

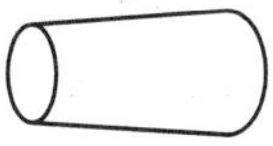

① ② ③ ④

7. 그림과 같은 물체를 제3각법으로 그릴 때 물체를 명확하게 나타낼 수 있는 최소 도면 개수는?

① 1개
② 2개
③ 3개
④ 4개

8. 정투상법에서 물체의 모양과 기능을 가장 뚜렷하게 나타내는 면을 어떤 투상도로 선택하는가?

① 평면도 ② 정면도 ③ 측면도 ④ 배면도

9. 제3각법에서 평면도는 어느 곳에 위치하는가?

① 정면도의 위 ② 좌측면도의 위
③ 우측면도의 위 ④ 정면도의 아래

10. 투상도 중에서 화살표 방향에서 본 정면도는?

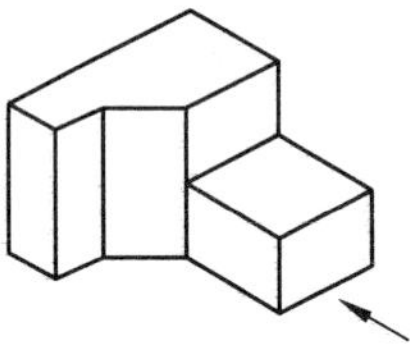

① 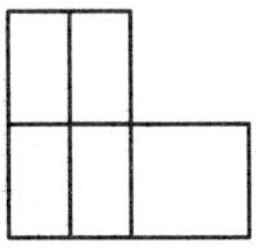 ② 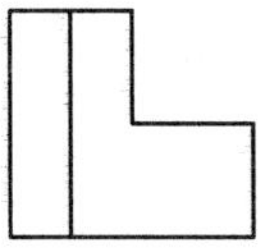 ③ 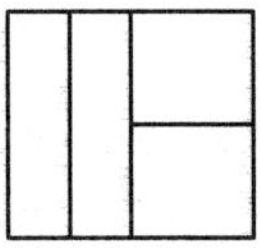 ④

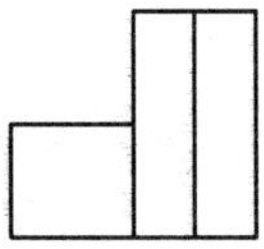

11. 다음과 같은 제품을 3각법으로 투상한 것 중 옳은 것은? (단, 화살표 방향을 정면도로 한다.)

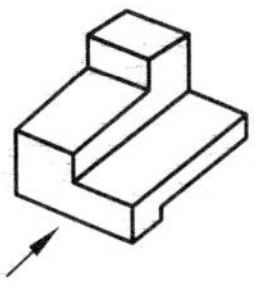

① 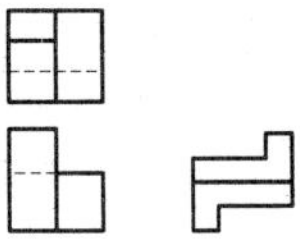 ② 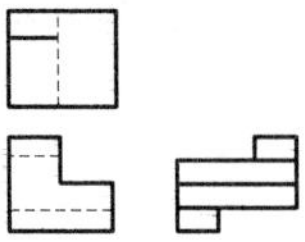 ③ 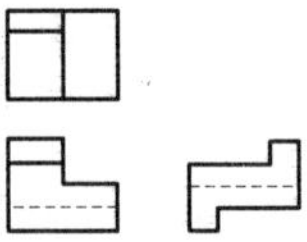 ④

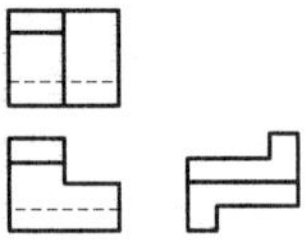

12. 다음 물체를 3각법으로 옳게 표현한 것은?

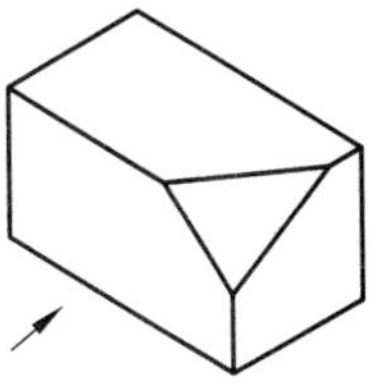

① 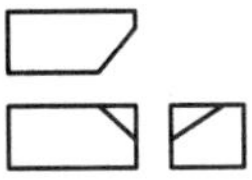 ② 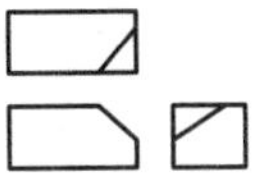 ③ 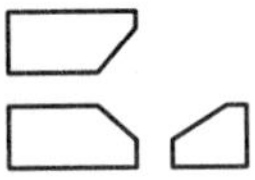 ④

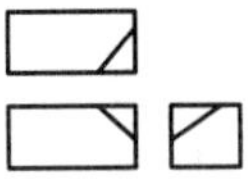

13. 아래와 같은 투상도(정면도 및 우측면도)에 대하여 평면도를 옳게 나타낸 것은?

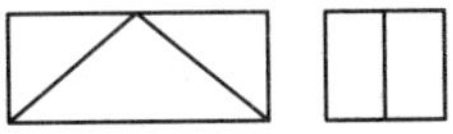

① 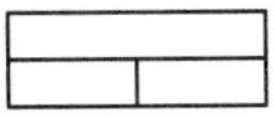 ② 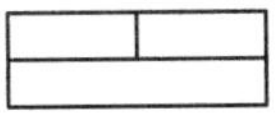 ③ 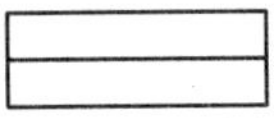 ④

14. 화살표 방향이 정면도라면 평면도는?

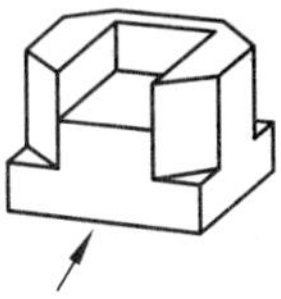

① 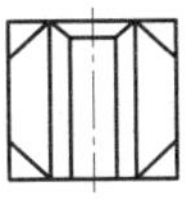 ② 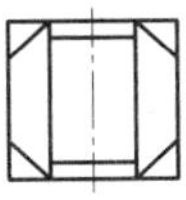 ③ 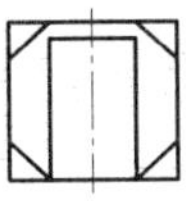 ④

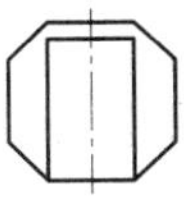

15. 제3각법에서 물체의 윗면을 나타내는 도면은?

① 평면도 ② 정면도 ③ 측면도 ④ 단면도

16. 상면도라 하며, 물체의 위에서 내려다본 모양을 나타내는 도면의 명칭은?

① 배면도 ② 정면도 ③ 평면도 ④ 우측면도

17. 다음 투상도 중 물체의 높이를 알 수 없는 것은?

① 정면도 ② 평면도 ③ 우측면도 ④ 좌측면도

18. 다음 물체를 제3각법으로 올바르게 투상한 것은?

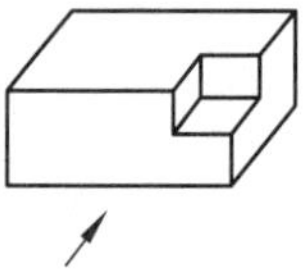

정면

① 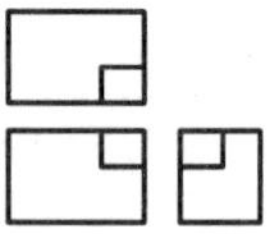 ② 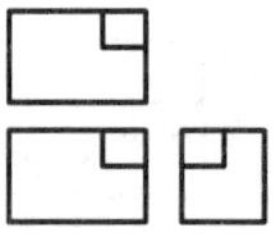 ③ 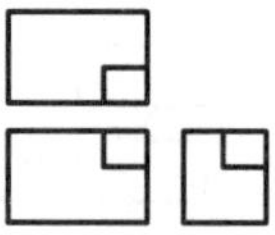 ④

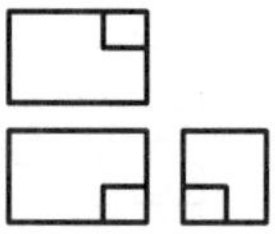

19. 투상도 중에서 화살표 방향에서 본 투상도가 정면도이면 평면도로 적합한 것은?

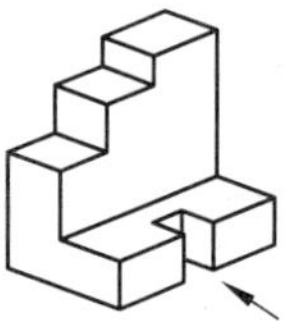

① 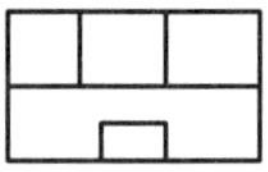 ② 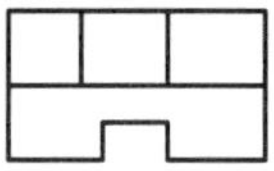 ③ 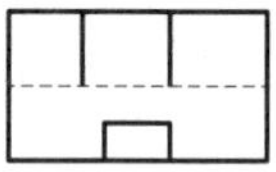 ④

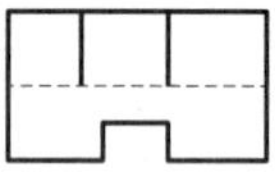

20. 다음 중 물체 뒤쪽 면을 수평으로 바라본 상태에서 그린 그림은?

① 배면도 ② 저면도 ③ 평면도 ④ 흑면도

21. 다음 물체를 3각법으로 표현할 우측면도로 옳은 것은?

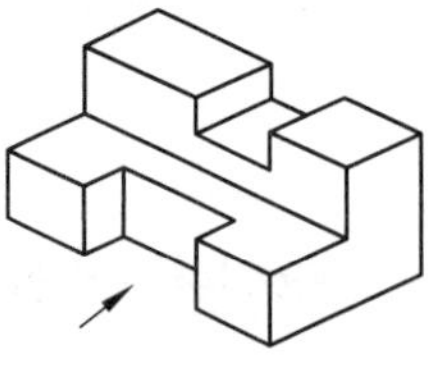

① 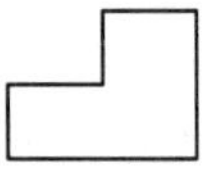 ② 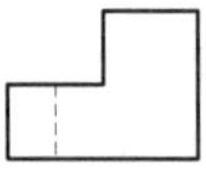 ③ 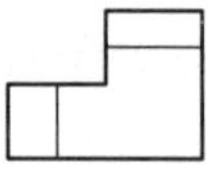 ④

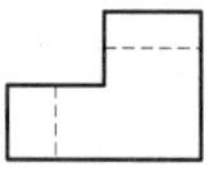

22. 다음 그림에서와 같이 눈→투상면→물체에 대한 투상법으로 옳은 것은?

① 제1각법
② 제2각법
③ 제3각법
④ 제4각법

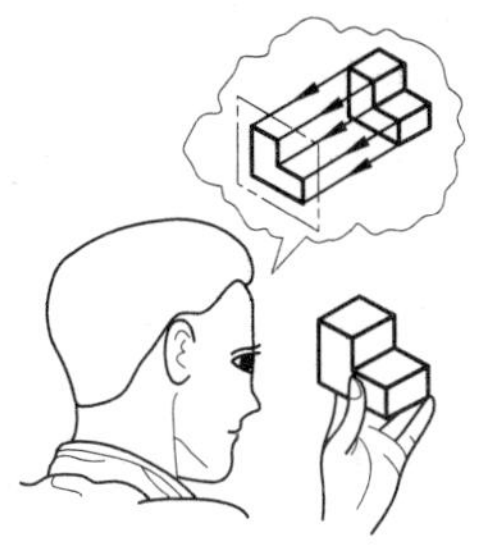

해설 제1각법: 눈→물체→투상면
제3각법: 눈→투상면→물체

정답 1. ③ 2. ① 3. ③ 4. ① 5. ③ 6. ③ 7. ② 8. ② 9. ① 10. ① 11. ④ 12. ④ 13. ① 14. ② 15. ③ 16. ③ 17. ② 18. ① 19. ② 20. ① 21. ④ 22. ③

1-2 축측 투상법

(1) 등각 투상도(isometric drawing)

① 등각 투상도란 정면, 평면, 측면을 하나의 투상면에 보이게 표현한 투상도이다.

② 밑면의 모서리선은 수평선과 좌우 각각 30°를 이루고, 세 축이 120°의 등각이 되도록 입체도로 투상한 것이다.

(2) 이등각 투상도

3좌표축이 이루는 각 중에서 두 개의 각이 같고 한 각이 다른 경우를 이등각 투상도라고 한다.

(3) 부등각 투상도

세 개의 각이 모두 다른 경우를 부등각 투상도라 한다.

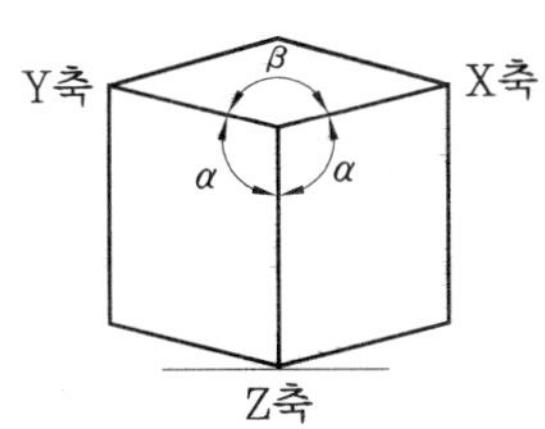

이등각 투상도

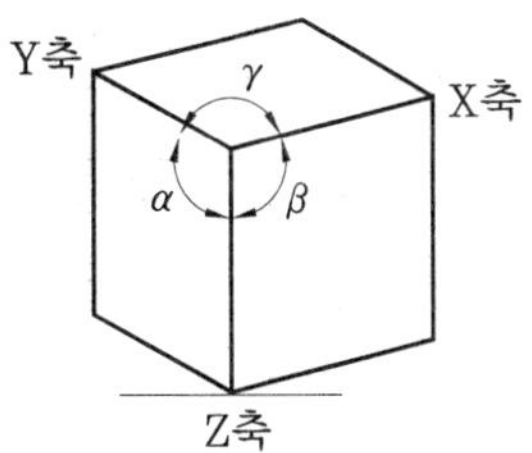

부등각 투상도

단원 예상문제

1. 정면, 평면, 측면을 하나의 투상도에서 동시에 볼 수 있도록 그린 것으로, 직육면체 투상도의 경우 직각으로 만나는 3개의 모서리가 각각 120°를 이루는 투상법은?

① 등각 투상도법 ② 사투상도법
③ 부등각 투상도법 ④ 정투상도법

2. 다음 그림과 같은 투상도는?

① 사투상도
② 투시 투상도
③ 등각 투상도
④ 부등각 투상도

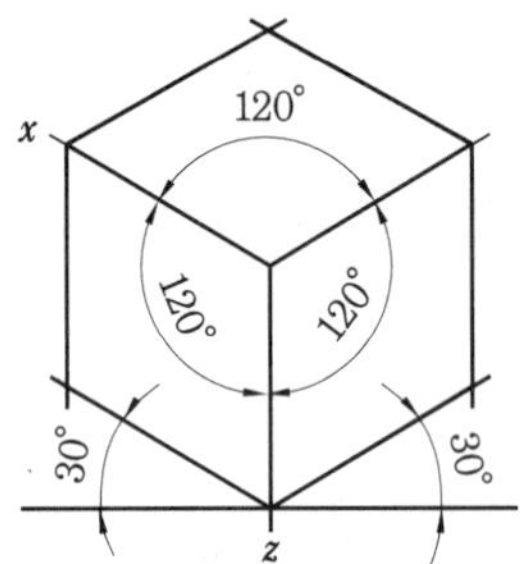

해설 등각 투상도: 각이 서로 120°를 이루는 3개의 축을 기본으로 하여 이들 기본 축에 물체의 높이, 너비, 안쪽 길이를 옮겨서 나타내는 방법

정답 1. ① 2. ③

1-3 사투상법

① 사투상은 투상선이 투상면을 사선으로 지나는 평행 투상이다.
② 사투상도는 정투상도에서 정면도의 크기와 모양을 그대로 사용한다.
③ 사투상법은 평면도와 우측면도의 길이를 실제 길이와 동일 또는 축소시켜 정면도, 평면도, 우측면도를 동시에 입체적으로 나타내어 물체의 모양을 알기 쉽게 표현하는 방법이다.

단원 예상문제

1. 물체를 투상면에 대해 한쪽으로 경사지게 투상하여 입체적으로 나타내는 것으로, 물체를 입체적으로 나타내기 위해 수평선에 대하여 30°, 45°, 60° 경사각을 주어 삼각자를 편리하게 사용하게 한 것은?

① 투시도 ② 사투상도
③ 등각 투상도 ④ 부등각 투상도

2. 그림과 같이 도시되는 투상도는?

① 투시투상도
② 등각투상도
③ 축측투상도
④ 사투상도

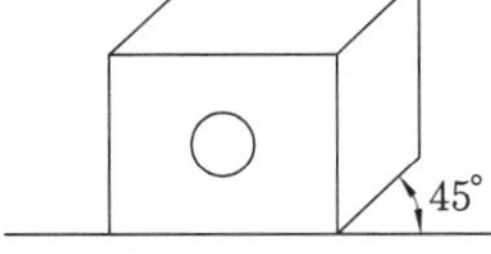

해설 사투상도: 기준선 위에 물체의 정면을 실물과 같은 모양으로 그리고 나서, 각 꼭짓점에서 기준선과 45°를 이루는 경사선을 긋고, 이 선 위에 물체의 안쪽 길이를 실제 길이의 1/2 비율로 그려서 나타내는 투상법

정답 1. ② 2. ④

2. 도형의 표시방법

2-1 투상도의 표시방법

(1) 보조 투상도(auxiliary view)

물체의 경사면의 형을 표시해야 할 때 그 경사면과 대응하는 위치에 필요 부분만 그린 도면이다.

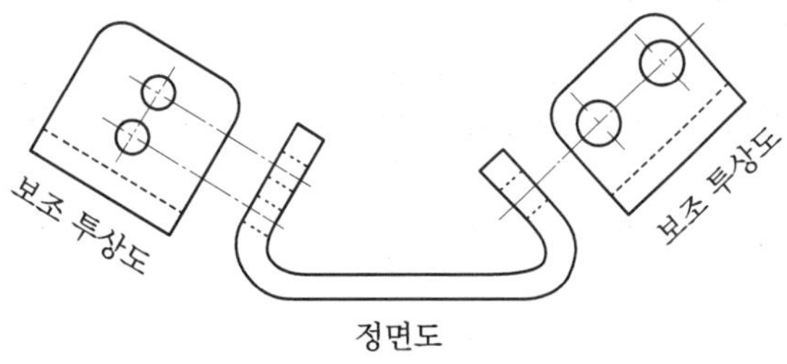

보조 투상도

단원 예상문제

1. 물체의 경사면을 실제의 모양으로 나타내고자 할 경우 그 경사면의 맞은편 위치에 물체가 보이는 부분의 전체 또는 일부분을 그려 나타내는 것은?

① 보조 투상도 ② 회전 투상도 ③ 부분 투상도 ④ 국부 투상도

2. 도면에서 중심선을 꺾어서 연결 도시한 투상도는?

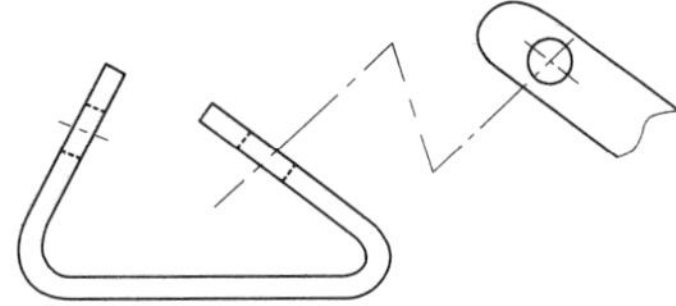

① 보조 투상도 ② 국부 투상도
③ 부분 투상도 ④ 회전 투상도

해설 보조 투상도: 물체의 경사면을 실제의 모양으로 나타낼 때 일부분을 그린 투상도

정답 1. ① 2. ①

(2) 부분 투상도(partial view)

투상도의 일부를 나타낸 그림이다.

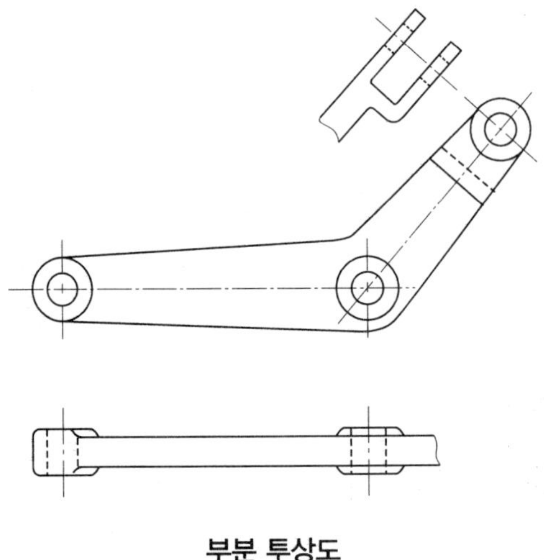

부분 투상도

(3) 회전 투상도(rotation view)

투상면이 어느 정도의 각도를 가지고 있어 실제 모양이 나타나지 않을 때, 원통형체를 가진 부품 중에서 중심으로부터 일정 각도방향으로 암(arm), 보강핀(rib) 및 손잡이(lug)가 나와 있는 부품의 투상도를 그릴 때, 그것들을 회전시켜 일직선으로 정렬하여 그린다.

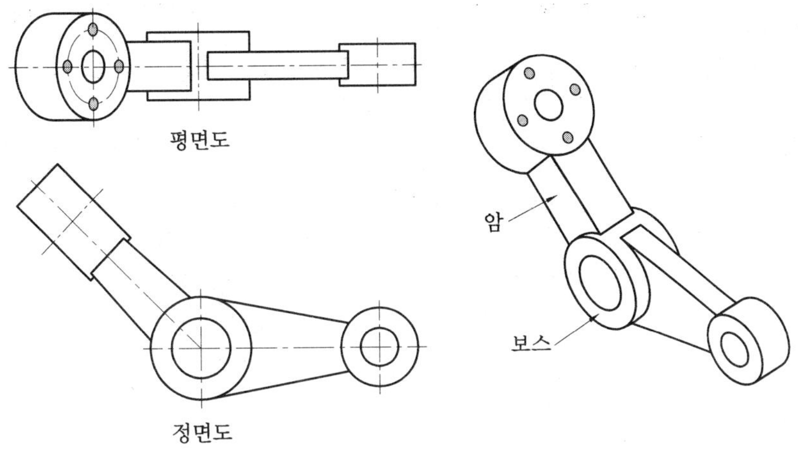

회전 투상도

(4) 전개 투상도

얇은 판을 가공하여 만든 제품 또는 단조품인 경우 필요에 따라 전개도로 나타낸다. 이때는 가공된 실물을 정면도에 그리고 평면도에도 그것을 전개한 그림, 즉 가공 전의 형태를 나타낸다. 또 전개도에는 전개했을 때의 치수를 기입하여야 한다.

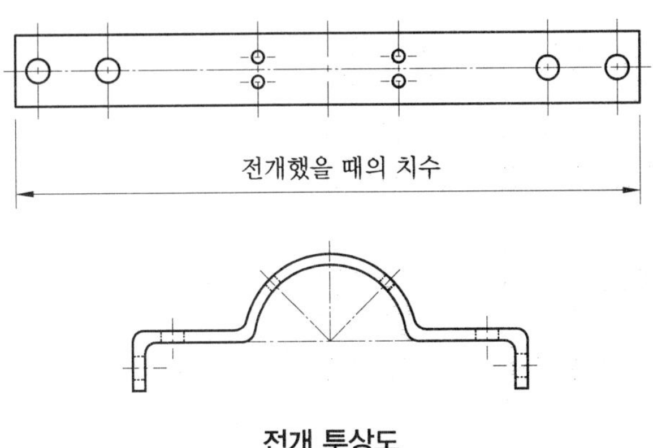

전개 투상도

(5) 복각 투상도

한 투상도에 물체의 앞면과 뒷면에 대한 두 가지 투상(1각법, 3각법)을 적용하여 그린 그림이다.

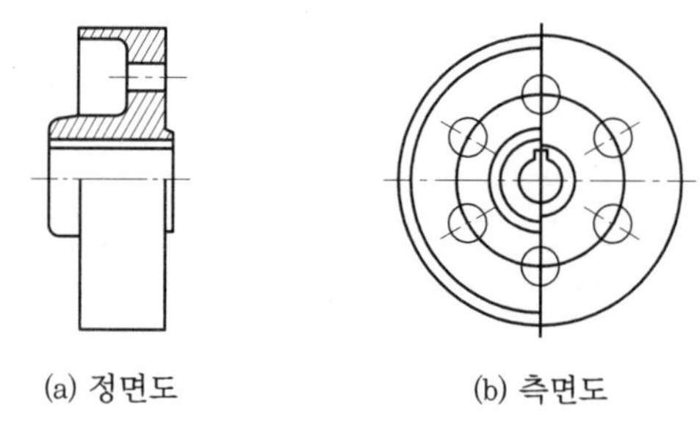

(a) 정면도 (b) 측면도

복각 투상도

2-2 단면법(sectioning)

단면이란 물체의 형상 또는 그 내부구조를 더 명확히 나타내기 위하여 주어진 물체의 가상적인 절단면을 말한다.

(1) 단면도의 종류

① 온 단면도(full sectional view, full section): 대상물을 하나의 평면으로 절단하여 단면전체를 그린 것으로 전단면도라고도 한다.

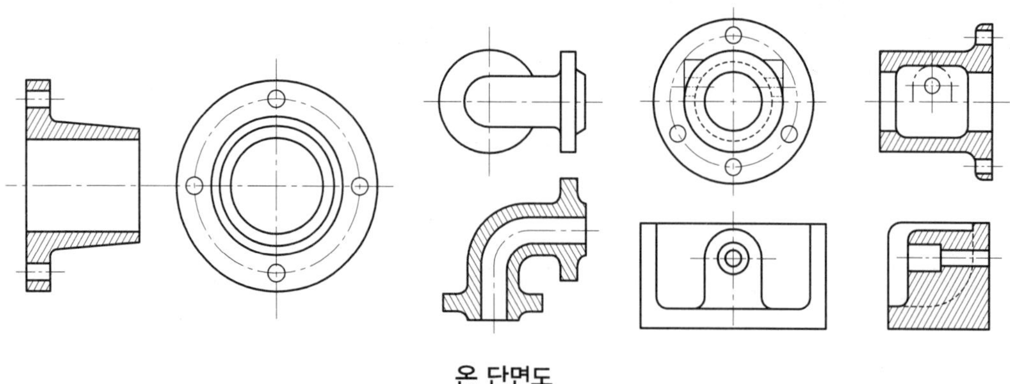

온 단면도

② 한쪽 단면도(half sectional view): 대칭형의 대상물을 대칭 중심선을 경계로 하여 외형도(outside view)의 절반과 전 단면도의 절반을 조합하여 그린 단면도이다.

③ 부분 단면도(partial sectional view): 도형의 대부분을 외형도로 하고 필요로 하는 요소의 일부분을 단면도로 나타낸 그림이다.

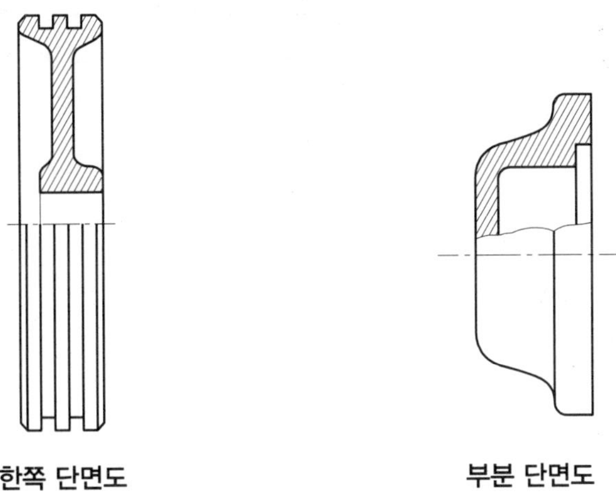

한쪽 단면도　　　　부분 단면도

④ 회전 단면도(revolved section): 핸들이나 바퀴 등의 암(arm) 및 림(rim), 리브(rib), 훅(hook), 축, 구조물의 부재 등의 절단면을 90° 회전하여 그린 단면도이다.

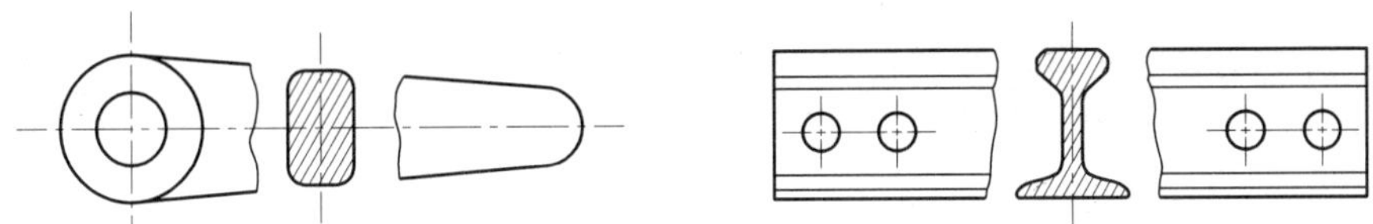

회전 단면도

⑤ 절단 평면(cutting plane): 절단 평면이란 단면을 구성하고자 물체의 절단과정을 표시하기 위해 주어지는 중개물이다.

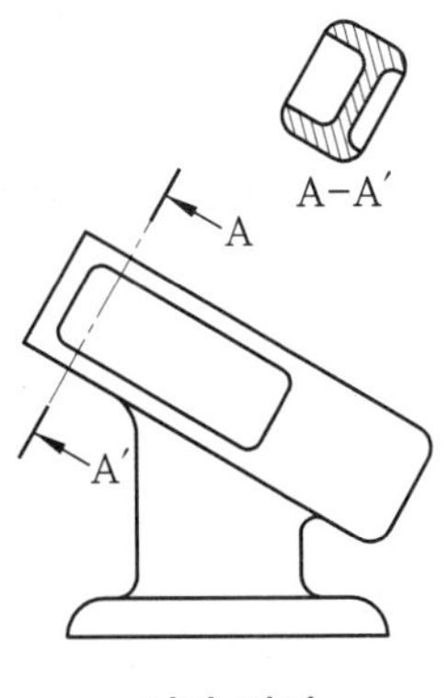

절단 평면

(2) 단면도의 표시방법

가상의 절단면을 정투상법으로 나타낸 투상도를 단면도라고 한다.

① 단면 부분 및 그 앞쪽에서 보이는 부분은 모두 외형선으로 그린다.

② 단면 부분에는 가는 실선으로 빗금을 긋는 해칭, 또는 단면 주위를 색연필로 엷게 칠하는 스머징(smudging)으로 표시한다.

단원 예상문제

1. 다음 그림과 같은 단면도는?

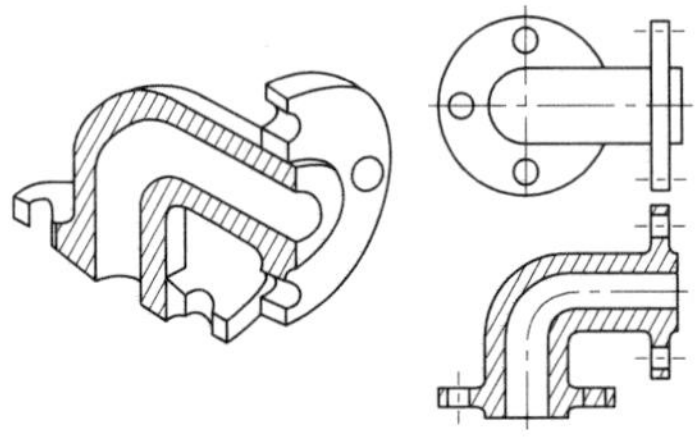

① 전 단면도　② 한쪽 단면도　③ 부분 단면도　④ 회전 단면도

해설 전 단면도: 절단면이 부품 전체를 절단하며 지나가는 단면도

2. 다음 그림과 같은 물체의 온 단면도는?

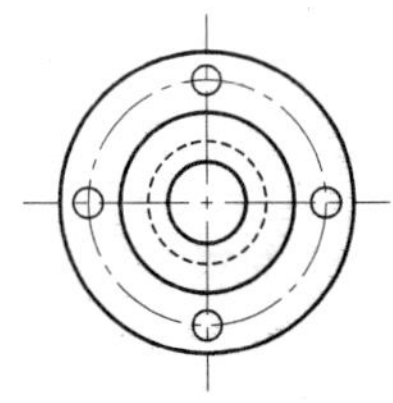

① 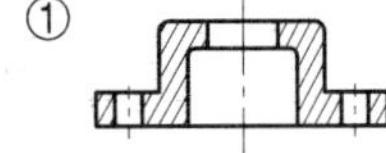　② 　③ 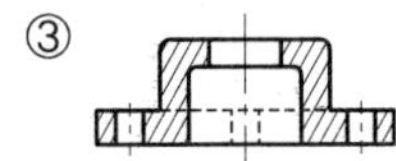　④ 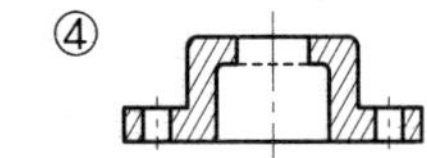

3. 제작물의 일부분을 절단하여 단면 모양이나 크기를 나타내는 단면도는?

① 온 단면도　② 한쪽 단면도　③ 회전 단면도　④ 부분 단면도

해설 온 단면도: 절단면이 부품 전체를 절단하며 지나가는 단면도

한쪽 단면도: 상하 또는 좌우 대칭인 부품의 중심축을 기준으로 1/4만 가상적으로 제거한 후에 그린 단면도

회전 단면도: 절단면을 가상적으로 회전시켜 그린 단면도

부분 단면도: 제작물의 일부만을 절단하여 그린 단면도

4. **다음의 단면도 중 위, 아래 또는 왼쪽과 오른쪽이 대칭인 물체의 단면을 나타낼 때 사용되는 단면도는?**

① 한쪽 단면도 ② 부분 단면도 ③ 전 단면도 ④ 회전 도시 단면도

5. **다음 그림과 같은 단면도의 종류는?**

① 온 단면도
② 부분 단면도
③ 계단 단면도
④ 회전 단면도

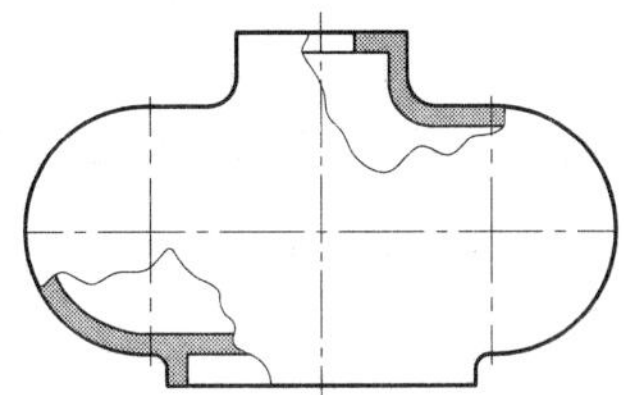

해설 부분 단면도: 제작물의 일부만을 절단하여 그린 단면도

6. **다음 그림과 같이 표시되는 단면도는?**

① 온 단면도
② 한쪽 단면도
③ 부분 단면도
④ 회전 단면도

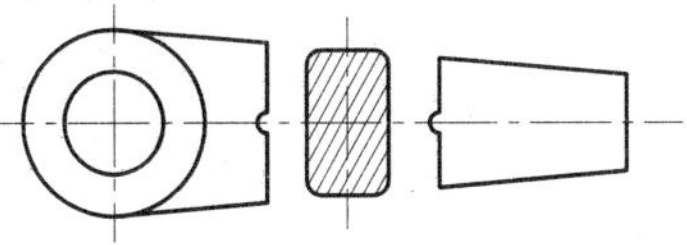

7. **다음 그림과 같이 물체의 형상을 쉽게 이해하기 위해 도시한 단면도는?**

① 반단면도
② 부분 단면도
③ 계단 단면도
④ 회전 단면도

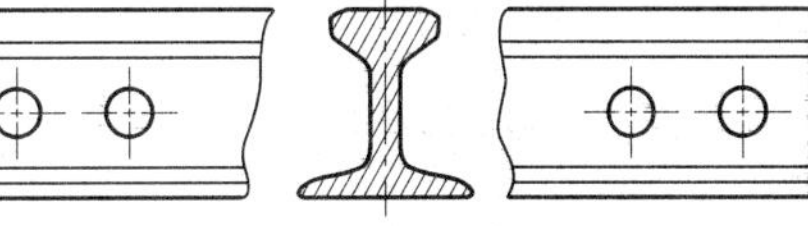

해설 회전 단면도: 절단면을 가상적으로 회전시켜 그린 단면도

8. **다음 그림과 같은 단면도의 종류로 옳은 것은?**

① 전 단면도
② 부분 단면도
③ 계단 단면도
④ 회전 단면도

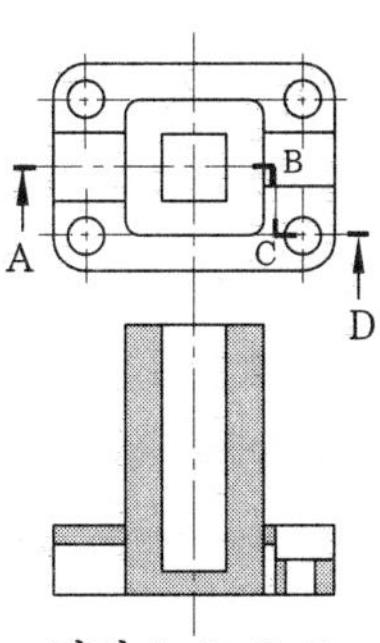

단면 A-B-C-D

해설 일직선상에 있지 않을 때 투상면과 평행한 2개 또는 3개의 평면으로 물체를 계단모양으로 절단하는 방법이다.

9. 다음 그림과 같은 단면도를 무엇이라 하는가?

① 반 단면도
② 회전 단면도
③ 계단 단면도
④ 온 단면도

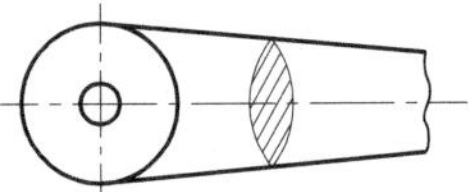

10. 다음 도면에서 Ⓐ로 표시된 해칭의 의미로 옳은 것은?

① 특수 가공부분이다.
② 회전 단면도이다.
③ 키를 장착할 홈이다.
④ 열처리 가공 부분이다.

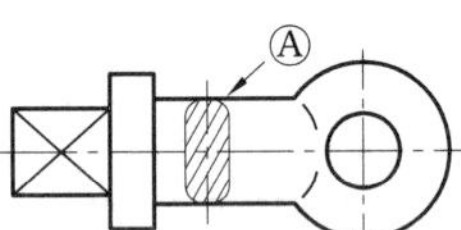

11. 다음 중 회전단면을 주로 이용하는 부품은?

① 볼트 ② 파이프 ③ 훅 ④ 중공축

해설 회전단면: 핸들이나 바퀴 등의 암 및 림, 리브, 훅, 축, 구재물의 부재 등의 절단면을 그릴 때 이용한다.

12. 다음 도면에서와 같이 절단 평면과 원뿔의 밑면이 이루는 각이 원뿔의 모선과 밑면이 이루는 각보다 작은 경우 단면은?

① 원
② 타원
③ 원뿔
④ 포물선

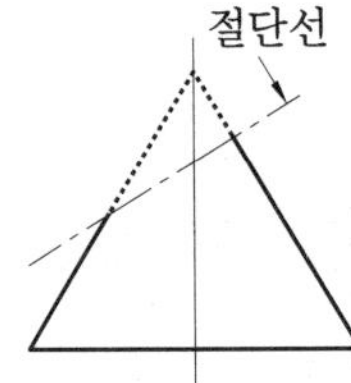

13. 다음 여러 가지 도형에서 생략할 수 없는 것은?

① 대칭 도형의 중심선의 한쪽
② 좌우가 유사한 물체의 한쪽
③ 길이가 긴 축의 중간 부분
④ 길이가 긴 테이퍼 축의 중간 부분

해설 좌우가 유사한 물체의 한쪽은 생략할 수 없다.

정답 1. ① 2. ① 3. ④ 4. ① 5. ② 6. ④ 7. ④ 8. ③ 9. ② 10. ② 11. ③ 12. ② 13. ②

3. 치수기입 방법

3-1 치수의 표시방법

치수 보조 기호

구 분	기 호	사용법	예 시
지름	ϕ	지름 치수 앞에 붙인다.	ϕ60
반지름	R	반지름 치수 앞에 붙인다.	R60
구의 지름	$S\phi$	구의 지름 치수 앞에 붙인다.	$S\phi$60
구의 반지름	SR	구의 반지름 치수 앞에 붙인다.	SR60
정사각형의 변	□	정사각형 한 변의 치수 앞에 붙인다.	□60
판의 두께	t	판 두께 치수 앞에 붙인다.	t=60
45°의 모따기	C	45°의 모따기 치수 앞에 붙인다.	C4
원호의 길이	⌒	원호의 길이 치수 앞에 붙인다.	⌒80
이론적으로 정확한 치수	□	치수 문자를 사각형으로 둘러싼다.	[80]
참고 치수	( )	치수 문자를 괄호 기호로 둘러싼다.	(30)
척도와 다름	–	척도와 다름(비례척이 아님)	$\underline{50}$

① 길이의 수치는 원칙적으로 mm 단위로 기입하고 단위기호는 붙이지 않는다.

② 각도의 수치는 일반적으로 도(°)의 단위로 기입하고, 필요한 경우에는 분(′) 및 초(″)를 병용할 수 있다.

③ 수치의 소수점은 아래쪽 점으로 하고 숫자 사이를 적당히 띄어 그 중간에 약간 크게 찍는다.

단원 예상문제

1. 치수를 기입할 때 주의사항 중 틀린 것은?

① 치수 숫자는 선에 겹쳐서 기입한다.
② 치수를 공정별로 나누어서 기입할 수도 있다.
③ 치수 숫자는 치수선과 교차되는 장소에 기입하지 말아야 한다.
④ 가공할 때 기준으로 할 곳이 있는 경우는 그곳을 기준으로 기입한다.

해설 치수 숫자는 선에 겹쳐서 기입하면 안 된다.

2. 도면의 치수 기입법 설명으로 옳은 것은?

① 치수는 가급적 평면도에 많이 기입한다.
② 치수는 중복되더라도 이해하기 쉽게 여러 번 기입한다.
③ 치수는 측면도에 많이 기입한다.
④ 치수는 가급적 정면도에 기입하되 투상도와 투상도 사이에 기입한다.

3. 도면에 치수를 기입할 때 유의해야 할 사항으로 옳은 것은?

① 치수는 계산을 하도록 기입해야 한다.
② 치수의 기입은 되도록 중복하여 기입해야 한다.
③ 치수는 가능한 한 보조 투상도에 기입해야 한다.
④ 관련되는 치수는 가능한 한 곳에 모아서 기입하여야 한다.

4. 제도에서 치수 기입법에 관한 설명으로 틀린 것은?

① 치수는 가급적 정면도에 기입한다.
② 치수는 계산할 필요가 없도록 기입해야 한다.
③ 치수는 정면도, 평면도, 측면도에 골고루 기입한다.
④ 2개의 투상도에 관계되는 치수는 가급적 투상도 사이에 기입한다.

해설 치수는 가급적 정면도에 기입하고, 투상도 사이에 기입한다.

5. 도면에서 단위 기호를 생략하고 치수 숫자만 기입할 수 있는 단위는?

① inch ② m
③ cm ④ mm

6. 도면의 치수기입에서 "□20"이 갖는 의미로 옳은 것은?

① 정사각형이 20개이다. ② 단면 지름이 20mm이다.
③ 정사각형의 넓이가 20mm^{2}이다. ④ 한 변의 길이가 20mm인 정사각형이다.

7. 다음 치수기입 방법의 설명으로 틀린 것은?

① 도면에서 완성치수를 기입한다.
② 단위는 mm이며 도면 치수에는 기입하지 않는다.
③ 지름 기호 R은 치수 수치 뒤에 붙인다.
④ □10은 한 변이 10mm인 정사각형을 의미한다.

해설 지름 기호 R은 치수 수치 앞에 붙인다.

8. 치수기입의 요소가 아닌 것은?

① 숫자와 문자 ② 부품표와 척도 ③ 지시선과 인출선 ④ 치수 보조기호

9. 치수 숫자와 같이 사용된 기호 t가 뜻하는 것은?

① 두께 ② 반지름 ③ 지름 ④ 모따기

해설 두께: t, 반지름: R, 지름: ϕ, 모따기: C

10. 치수 기입 시 치수 숫자와 같이 사용하는 기호의 설명으로 잘못된 것은?

① ϕ: 지름 ② R: 반지름
③ C: 구의 지름 ④ t: 두께

해설 C: 45° 모따기

11. 다음 중 "C"와 "SR"에 해당되는 치수 보조 기호의 설명으로 옳은 것은?

① C는 원호이며, SR은 구의 지름이다.
② C는 45도 모따기이며, SR은 구의 반지름이다.
③ C는 판의 두께이며, SR은 구의 반지름이다.
④ C는 구의 반지름이며, SR은 구의 반지름이다.

12. 다음 중 모따기를 나타내는 기호는?

① R ② C ③ □ ④ SR

해설 R 반지름, C: 모따기, □: 정사각형의 변, SR: 구의 반지름

13. 다음 기호 중 치수 보조 기호가 아닌 것은?

① C ② R ③ t ④ △

해설 R: 반지름, C: 모따기, t: 두께

14. 반지름이 10mm인 원을 표시하는 올바른 방법은?

① $t10$ ② $10SR$ ③ $\phi10$ ④ $R10$

해설 두께: t, 지름: ϕ, 반지름: R

15. 도면치수 기입에서 반지름을 나타내는 치수 보조 기호는?

① R ② t ③ ϕ ④ SR

해설 R: 반지름, t: 두께, ϕ: 지름, SR: 구의 반지름

16. 제도에서 치수 숫자와 같이 사용하는 기호가 아닌 것은?

① ⊥ ② R ③ □ ④ Y

17. 그림에서 치수 20, 26에 치수 보조 기호가 옳은 것은?

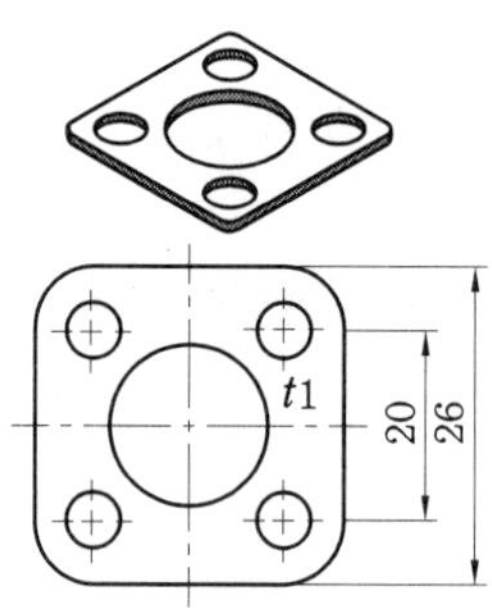

① S ② □ ③ t ④ ( )

18. 다음 그림에서 A부분이 지시하는 표시로 옳은 것은?

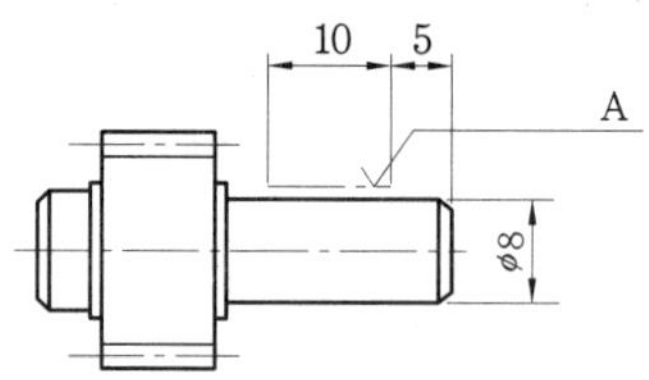

① 평면의 표시법 ② 특정 모양 부분의 표시
③ 특수 가공 부분의 표시 ④ 가공 전과 후의 모양 표시

19. 다음은 구멍을 치수기입한 예이다. 치수기입된 11−ø4에서 11이 의미하는 것은?

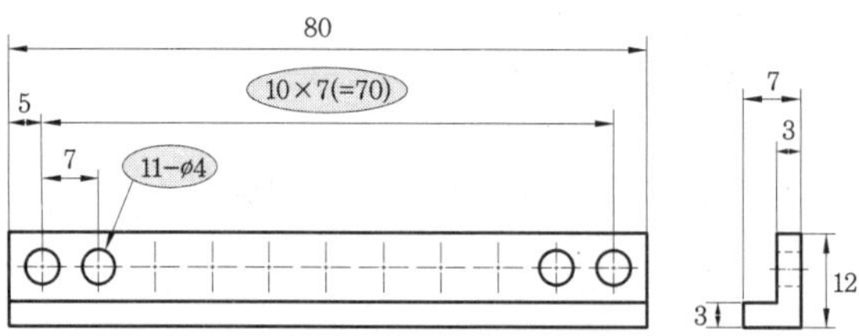

① 구멍의 지름 ② 구멍의 깊이 ③ 구멍의 수 ④ 구멍의 피치

해설 11−ø4는 지름(ø)이 4mm, 구멍이 11개임을 의미한다.

정답 1. ① 2. ④ 3. ④ 4. ③ 5. ④ 6. ④ 7. ③ 8. ② 9. ① 10. ③ 11. ② 12. ② 13. ④ 14. ④ 15. ① 16. ④ 17. ② 18. ③ 19. ③

3-2 치수기입 방법의 일반 형식

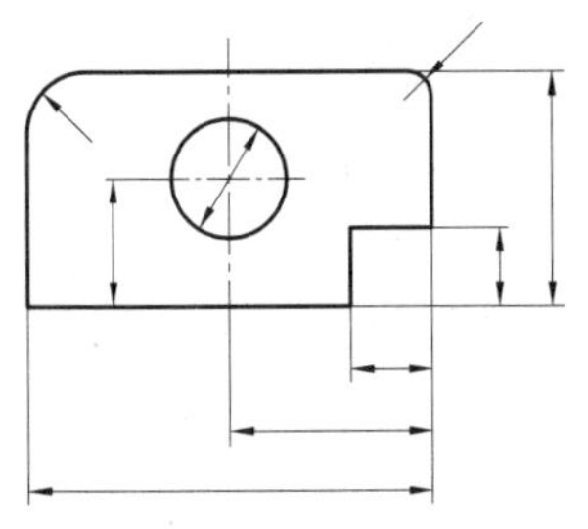

(a) 치수 보조선을 사용한 예

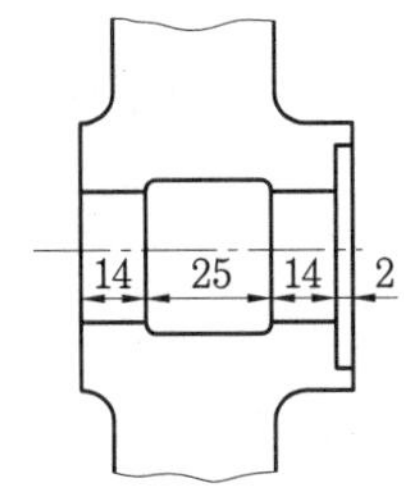

(b) 치수 보조선을 사용하지 않은 예

치수선과 치수 보조선

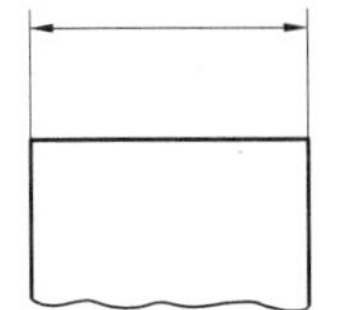

(a) 변의 길이 치수선

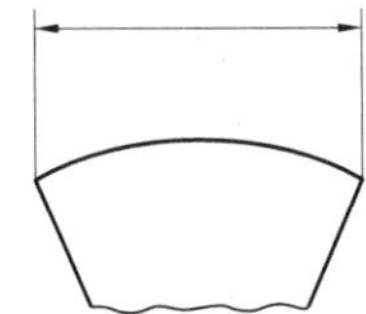

(b) 현의 길이 치수선

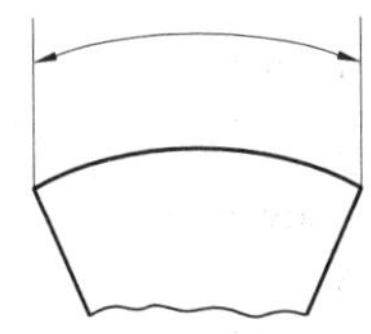

(c) 호의 길이 치수선

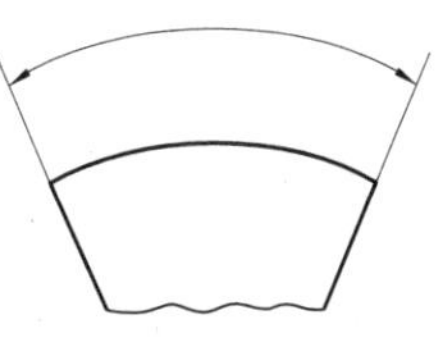

(d) 각도 치수선

치수선 긋기

3-3 스케치

대상물을 보면서 형상을 프리핸드로 그리는 일뿐만 아니라, 기계나 기계부품을 간단히 그려 각 부분의 치수, 재질, 가공법 등을 기입한 그림을 스케치(sketch)라고 한다.

단원 예상문제

1. 현과 호에 대한 설명 중 옳은 것은?

① 호의 길이를 표시한 치수선은 호에 평행인 직선으로 표시한다.
② 현의 길이를 표시하는 치수선은 그 현과 동심인 원호로 표시한다.
③ 원호로 구성되는 곡선의 치수는 원호의 반지름과 그 중심 또는 원호와의 점선 위치를 기입할 필요가 없다.
④ 원호와 현을 구별해야 할 때는 호의 치수 숫자 위에 ∩표시를 한다.

해설 호는 치수 숫자 위에 ∩표시를 하고, 현은 숫자만 기입한다.

2. 다음 도면에 대한 설명 중 틀린 것은?

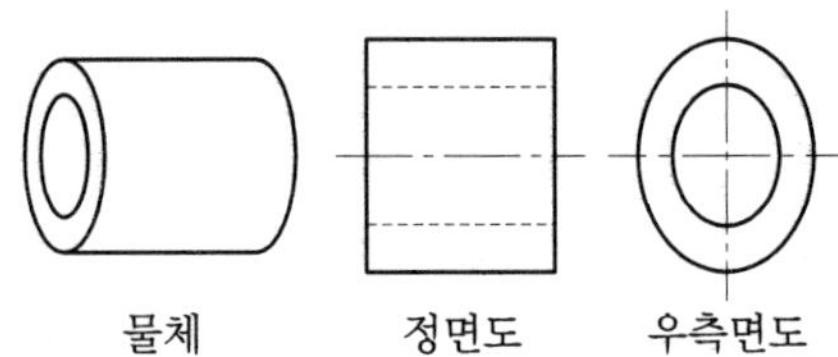

① 원통의 투상은 치수 보조기호를 사용하여 치수기입하면 정면도만으로도 투상이 가능하다.
② 속이 빈 원통이므로 단면을 하여 투상하면 구멍을 자세히 나타내면서 숨은선을 줄일 수 있다.
③ 좌, 우측이 같은 모양이라도 좌, 우측 면도를 모두 그려야 한다.
④ 치수기입 시 치수 보조 기호를 생략하면 우측면도를 꼭 그려야 한다.

해설 좌, 우측의 모양이 같으면 좌, 우측면도는 하나만 그린다.

3. 다음 그림에서 나타난 치수는 무엇을 나타낸 것인가?

① 현
② 호
③ 곡선
④ 반지름

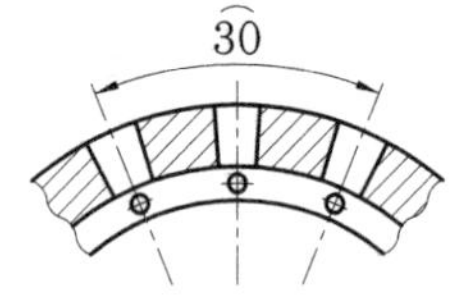

해설 호는 치수 위에 ⌒ 표시를 한다.

4. 다음 도면을 이용하여 공작물을 완성할 수 없는 이유는?

① 치수 20과 25 사이의 5의 치수가 없기 때문에
② 공작물의 두께 치수가 없기 때문에
③ 공작물 하단의 경사진 각도 치수가 없기 때문에
④ 공작물의 외형 크기 치수가 없기 때문에

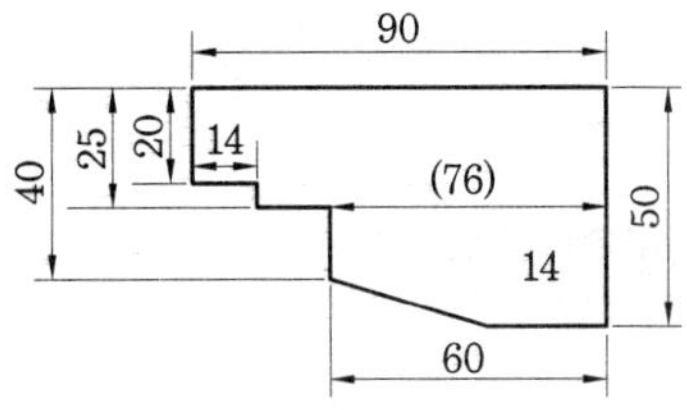

5. 다음 중 치수 기입방법에 대한 설명으로 틀린 것은?

① 외형선, 중심선, 기준선 및 이들의 연장선을 치수선으로 사용한다.
② 지시선은 치수와 함께 개별 주석을 기입하기 위하여 사용한다.
③ 각도를 기입하는 치수선은 각도를 구성하는 두 면 또는 연장선 사이에 원호를 긋는다.
④ 길이, 높이 치수의 표시는 주로 정면도에 집중하며, 부분적인 특징에 따라 평면도나 측면도에 표시할 수 있다.

해설 외형선, 중심선, 기준선 및 이들의 연장선을 치수선으로 사용할 수 없다.

6. 다음 중 치수 보조선과 치수선의 작도 방법이 틀린 것은?

①
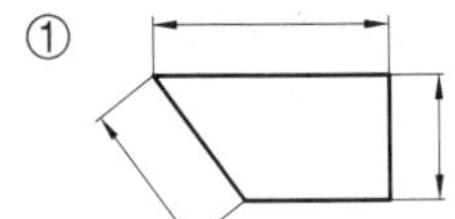

②
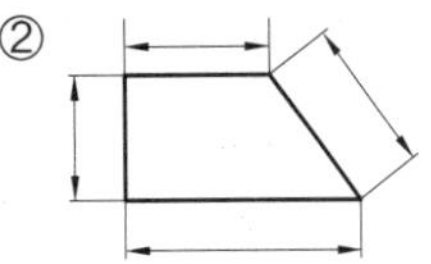

③
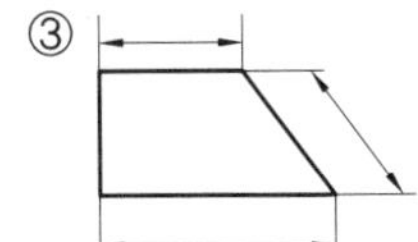

④
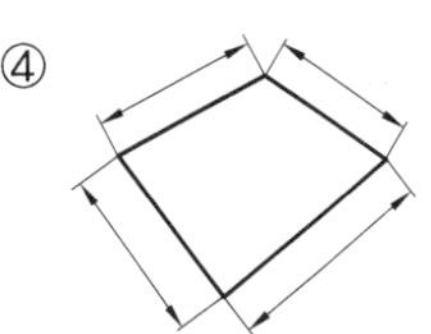

7. 치수 기입을 위한 치수선과 치수보조선 위치가 가장 적합한 것은?

①
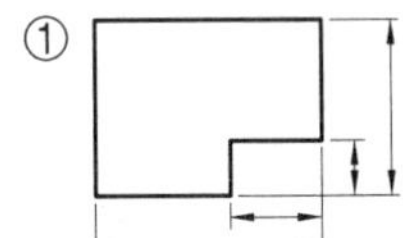

②
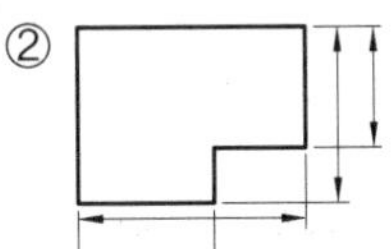

③
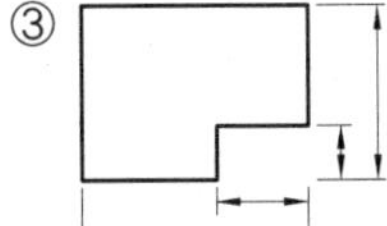

④
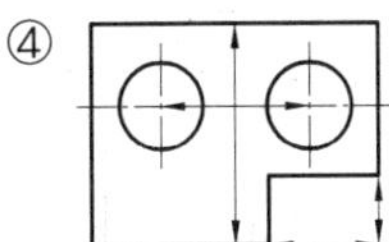

8. 한 도면에서 두 종류 이상의 선이 같은 장소에 겹치게 되는 경우에 선의 우선순위로 옳은 것은?

① 절단선→숨은선→외형선→중심선→무게중심선
② 무게중심선→숨은선→절단선→중심선→외형선
③ 외형선→숨은선→절단선→중심선→무게중심선
④ 중심선→외형선→숨은선→절단선→무게중심선

정답 1. ④ 2. ③ 3. ② 4. ③ 5. ① 6. ③ 7. ① 8. ③

제 3 장 제도의 응용

1. 공차 및 도면해독

1-1 도면의 결 도시방법

(1) 표면 거칠기(surface roughness)

① 중심선 평균 거칠기(R_a): 거칠기 곡선에서 측정길이를 L로 잡고, 이 부분의 중심선을 X축, 세로방향을 Y축으로 하여 거칠기 곡선을 $y=f(x)$로 표시하였을 때, 다음 식으로 구한 값을 미크론(μ) 단위로 나타낸다.

$$R_a=\frac{1}{L}\int_0^L |f(x)|\,dx$$

② 최대 높이(R_{max}): 기준 길이를 잡고, 이 중에서 가장 높은 곳과 낮은 곳의 높이를 μ 단위로 나타낸 것이다.

③ 10점 평균 거칠기(R_z): 기준 길이를 잡고, 이 중 가장 높은 곳에서부터 5번째 봉우리까지의 평균값과 가장 깊은 곳에서부터 5번째 골까지의 평균값과의 차이를 μ단위로 나타낸 것이다.

$$R_z=\frac{(R_1+R_3+R_5+R_7+R_9)-(R_2+R_4+R_6+R_8+R_{10})}{5}$$

단원 예상문제

1. 도면의 표면 거칠기 표시에서 6.3S가 뜻하는 것은?

① 최대높이 거칠기 6.3μm ② 중심선 평균 거칠기 6.3μm
③ 10점 평균 거칠기 6.3μm ④ 최소높이 거칠기 6.3μm

2. 대상물의 표면으로부터 임의로 채취한 각 부분에서의 표면 거칠기를 나타내는 기호가 아닌 것은?

① S_{tp} ② S_m
③ R_y ④ R_a

3. 표면 거칠기의 값을 나타낼 때 10점 평균 거칠기를 나타내는 기호로 옳은 것은?

① R_a ② R_s
③ R_z ④ R_{max}

해설 R_a: 중심선 평균 거칠기, R_z: 10점 평균 거칠기, R_{max}: 최대높이

4. KS B ISO 4287 한국산업표준에서 정한 거칠기 프로파일에서 산출한 파라미터를 나타내는 기호는?

① R–파라미터 ② P–파라미터
③ W–파라미터 ④ Y–파라미터

정답 1. ① 2. ① 3. ③ 4. ①

(2) 면의 지시기호

이 기호는 표면의 결, 즉 기계부품이나 구조물과 같은 표면에서의 표면 거칠기, 제거가공의 필요 여부, 줄무늬 방향, 가공방법 등을 나타낼 때 사용한다.

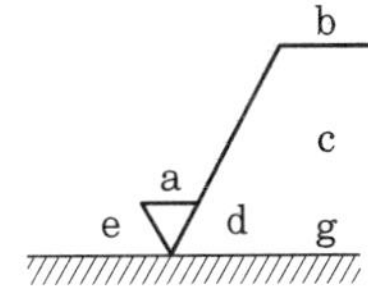

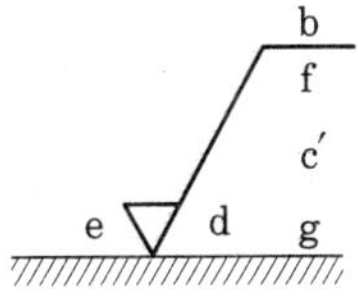

a: 중심선 평균 거칠기의 값
b: 가공 방법
c: 컷오프(cut-off) 값
c′: 기준 길이
d: 줄무늬 방향의 기호
e: 다듬질 여유
f: 중심선 평균 거칠기 이외의 표면 거칠기 값
g: 표면 파상도[KS B 0610(표면 파상도)에 따른다.]
※ a 또는 f 이외는 필요에 따라 기입한다.

면의 지시 기호

가공 방법의 기호

가공 방법	약호		가공 방법	약호	
	I	II		I	II
선반 가공	L	선삭	호닝 가공	GH	호닝
드릴 가공	D	드릴링	버프 다듬질	SPBF	버핑
밀링 가공	M	밀링	줄 다듬질	FF	줄다듬질
리머 가공	FR	리밍	스크레이퍼 다듬질	FS	스크레이핑
연삭 가공	G	연삭	주조	C	주조

줄무늬 방향의 기호

그림 기호	의미	그림
=	기호가 사용되는 투상면에 평행	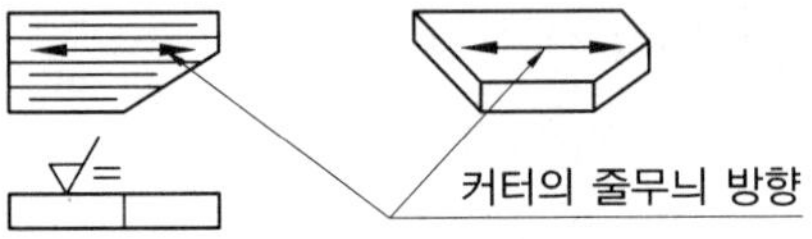 커터의 줄무늬 방향
⊥	기호가 사용되는 투상면에 수직	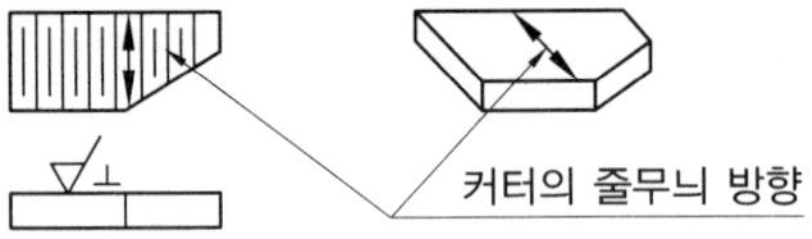 커터의 줄무늬 방향
×	기호가 사용되는 투상면에 대해 2개의 경사면에 수직	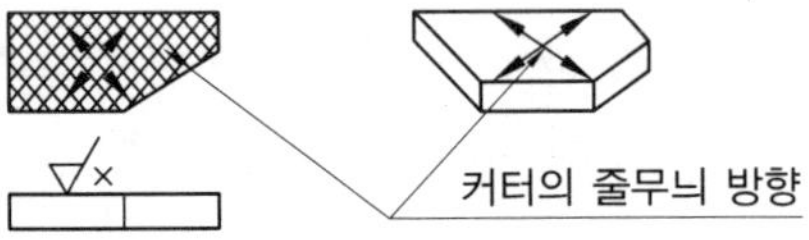 커터의 줄무늬 방향
M	여러 방향	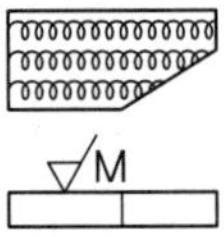 M
C	기호가 적용되는 표면의 중심에 대해 대략 동심원 모양	 C
R	기호가 적용되는 표면의 중심에 대해 대략 반지름 방향	 R

면의 지시기호의 사용 보기

기호	의미
	제거 가공을 필요로 하는 면
	제거 가공을 허용하지 않는 면
25	제거 가공의 필요 여부를 문제 삼지 않으며 R_a가 최대 25μm인 면
6.3 1.6	R_a가 상한값 6.3μm에서 하한값 1.6μm까지인 제거 가공을 하는 면
25 M λ_c0.8	λ_c 0.8 mm에서 R_a가 최대 25μm인 밀링가공을 하는 면
R_{max} =25S	R_{max}가 최대 25μm인 제거 가공을 하는 면
R_z=100 L=2.5	기준길이 L=2.5 mm에서 R_z가 최대 100μm인 제거가공을 하는 면

단원 예상문제

1. 다음 중 "보링" 가공방법의 기호로 옳은 것은?

① B ② D ③ M ④ L

해설 B: 보링(boring), D: 드릴(drill), M: 밀링(milling), L: 선반(lathe)

2. 가공방법의 기호 중 연삭가공의 표시는?

① G ② L ③ C ④ D

해설 G: 연삭, L: 선반, C: 주조, D: 드릴

3. 다음 가공방법의 기호와 그 의미의 연결이 틀린 것은?

① C－주조 ② L－선삭
③ G－연삭 ④ FF－소성가공

해설 FF: 줄다듬질

4. 다음 그림 중에서 FL이 의미하는 것은?

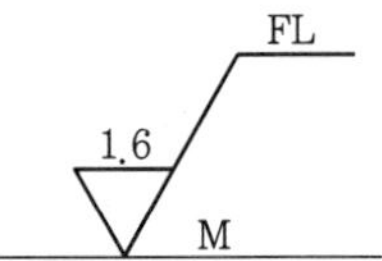

① 밀링가공을 나타낸다.
② 래핑가공을 나타낸다.
③ 가공으로 생긴 선이 거의 동심원임을 나타낸다.
④ 가공으로 생긴 선이 2방향으로 교차하는 것을 나타낸다.

해설 FL: 래핑가공, M: 밀링가공

5. 금속의 가공 공정의 기호 중 스크레이핑 다듬질에 해당하는 약호는?

① FB　② FF　③ FL　④ FS

해설 FB: 버프 다듬질, FF: 줄다듬질, FL: 래핑 다듬질, FS: 스크레이핑 다듬질

6. 표면의 결 표시 방법 중 줄무늬 방향기호 "M"이 의미하는 것은?

M

① 가공에 의한 것의 줄무늬가 여러 방향으로 교차 또는 무방향
② 가공에 의한 것의 줄무늬가 기호를 기입한 면의 중심에 대하여 거의 동심원 모양
③ 가공에 의한 것의 줄무늬가 기호를 기입한 면의 중심에 대하여 거의 방사 모양
④ 가공에 의한 것의 줄무늬 방향이 기호를 기입한 그림의 투영면에 평행

7. 다음 도면에서 3-10 DRILL 깊이 12는 무엇을 의미하는가?

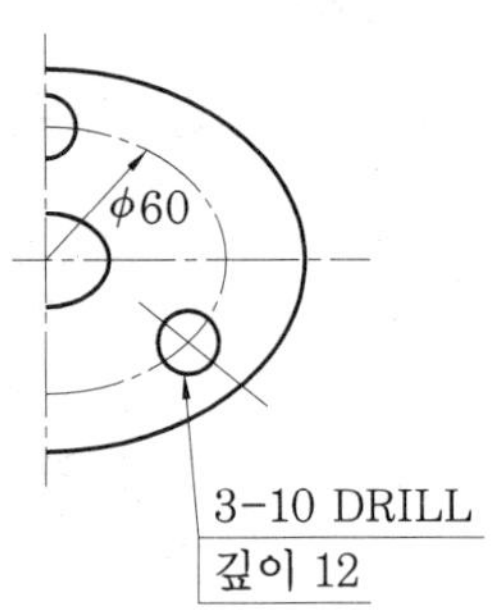

① 반지름이 3mm인 구멍이 10개이며, 깊이는 12mm이다.
② 반지름이 10mm인 구멍이 3개이며, 깊이는 12zmm이다.
③ 지름이 3mm인 구멍이 12개이며, 깊이는 10mm이다.
④ 지름이 10mm인 구멍이 3개이며, 깊이는 12mm이다.

8. 가공면의 줄무늬 방향 표시기호 중 기호를 기입한 면의 중심에 대하여 대략 동심원인 경우 기입하는 기호는?

① X　② M　③ R　④ C

해설 X: 가공으로 생긴 선이 다방면으로 교차, M: 무방향, R: 가공으로 생긴 선이 거의 방사선, C: 가공으로 생긴 선이 거의 동심원

정답 1. ① 2. ① 3. ④ 4. ② 5. ④ 6. ① 7. ④ 8. ④

(3) 다듬질 기호

표면의 결을 지시하는 경우 면의 지시기호 대신에 사용할 수 있는 기호이지만 최근에는 거의 사용되지 않는다. 다듬질 기호는 삼각기호(▽)와 파형기호(~)로 나뉘어 삼각기호는 제거가공을 하는 면에, 파형기호는 제거가공을 하지 않는 면에 사용한다.

다듬질 기호에 대한 표면거칠기 값

다듬질 기호	표면거칠기의 표준 수열		
	R_a	R_{max}	R_Z
▽▽▽▽	0.2a	0.8S	0.8Z
▽▽▽	1.6a	6.3S	6.3Z
▽▽	6.3a	25S	25Z
▽	25a	100S	100Z
~	특별히 규정하지 않는다.		

단원 예상문제

1. 표면의 결 지시 방법에서 대상면에 제거가공을 하지 않는 경우 표시하는 기호는?

① 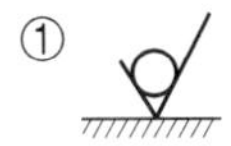
② 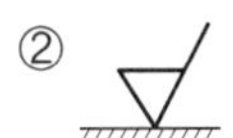
③ 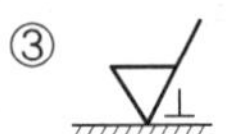
④ 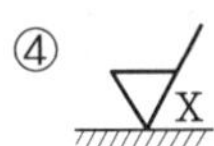

정답 1. ①

1-2 치수공차와 끼워맞춤

(1) 치수공차

① 치수공차의 표시

㈎ 허용한계 치수: 최대치수와 최소치수의 양쪽 한계를 나타내는 치수

㈏ 최대 허용치수: 실치수에 대하여 허용할 수 있는 최대치수

최소 허용치수: 실치수에 대하여 허용할 수 있는 최소치수

㈐ 기준치수: 다듬질의 기준이 되는 치수

㈑ 치수공차: 최대 허용치수와 최소 허용치수의 차

(마) 위 치수 허용차: 최대 허용치수에서 기준치수를 뺀 것
아래 치수 허용차: 최소 허용치수에서 기준치수를 뺀 것
(바) 치수공차: 위 치수 허용차에서 아래치수 허용차를 뺀 것

보기

	$\phi 40^{+0.025}_{0}$	$\phi 40^{-0.025}_{-0.050}$
최대 허용치수	A=40.025 mm	a=39.975 mm
최소 허용치수	B=40.000 mm	b=39.950 mm
치수공차	T=A−B=0.025 mm	t=a−b = 0.025 mm
기준치수	C=40.000 mm	c=40.000 mm
위 치수 허용차	E=A−C=0.025 mm	e=a−c=0.025 mm
아래 치수 허용차	D=B−C=0	d=b−c=0.050 mm

② 도면에 치수공차 기입

(가) 기준치수 다음에 상하의 치수 허용차를 기입한다.

(나) 기준치수보다 허용한계 치수가 클 때에는 치수 허용차의 수치에 (+) 부호를, 작을 경우에는 (−) 부호를 기입한다.

(2) 끼워맞춤

구멍에 축을 삽입할 때, 구멍과 축의 미세한 치수 차이에 의해 헐거워지기도 하고 단단해지기도 하는데, 이렇게 끼워지는 관계를 끼워맞춤(fit)이라고 하며, 헐거운 끼워맞춤, 중간 끼워맞춤, 억지 끼워맞춤의 3종류가 있다.

① 헐거운 끼워맞춤(clearance fit): 구멍의 최소 허용치수가 축의 최대 허용치수보다 클 때의 맞춤이며, 항상 틈새가 생긴다.

② 중간 끼워맞춤(transition fit): 구멍의 허용치수가 축의 허용치수보다 크고, 동시에 축의 허용치수가 구멍의 허용치수보다 큰 경우의 끼워맞춤으로서 실치수에 따라 틈새 또는 죔새가 생긴다.

③ 억지 끼워맞춤(interference fit): 축의 최소 허용치수가 구멍의 최대 허용치수보다 큰 경우의 끼워맞춤으로서 항상 죔새가 생긴다.

(3) 구멍, 축의 표시

구멍의 종류를 나타내는 기호는 로마자 대문자, 축의 종류를 나타내는 기호는 로마자 소문자로 표기한다.

보기

- 구멍의 표시
  φ35H7: 구멍 35 mm의 7등급
- 축의 표시
  φ35e8: 축 35 mm의 8등급

(4) IT 기본 공차

IT 01~18까지 20등급으로 나눈다. IT 01~4는 주로 게이지류, IT 5~10은 끼워맞춤 부분, IT 11~18은 끼워맞춤 이외의 일반 공차에 적용된다.

(5) 기하공차

기계 혹은 제품에 있는 다수의 부품을 정확한 형상으로 가공할 수 없는 경우, 어느 정도까지의 오차를 허용할 수 있는가, 그 지표를 제공하는 것이 기하공차(geometric tolerance)이다. 기하공차는 이론적으로 정확한 기준, 즉 데이텀 없이 단독으로 형체 공차가 정해지는 단독형체와 데이텀을 바탕으로 하여 정해지는 관련형체로 나뉜다.

기하공차의 종류 및 기호

<table>
<tr><th>적용하는 형체</th><th colspan="2">공차의 종류</th><th>기호</th></tr>
<tr><td rowspan="3">단독형체</td><td rowspan="6">모양공차</td><td>진직도 공차</td><td>—</td></tr>
<tr><td>평면도 공차</td><td>▱</td></tr>
<tr><td>진원도 공차</td><td>○</td></tr>
<tr><td rowspan="3">단독형체
또는
관련형체</td><td>원통도 공차</td><td>⌭</td></tr>
<tr><td>선의 윤곽도 공차</td><td>⌒</td></tr>
<tr><td>면의 윤곽도 공차</td><td>⌓</td></tr>
</table>

관련형체	자세 공차	평면도 공차	//
		직각도 공차	⊥
		경사도 공차	∠
	위치 공차	위치도 공차	⌖
		동축도 공차 또는 동심도 공차	◎
		대칭도 공차	⌯
	흔들림 공차	원주 흔들림 공차	↗
		온 흔들림 공차	⌰

단원 예상문제

1. 끼워맞춤에 관한 설명으로 옳은 것은?

① 최대 죔새는 구멍의 최대 허용치수에서 축의 최소 허용치수를 뺀 치수이다.
② 최소 죔새는 구멍의 최소 허용치수에서 축의 최대 허용치수를 뺀 치수이다.
③ 구멍의 최소 치수가 축의 최대 치수보다 작은 경우 헐거운 끼워맞춤이 된다.
④ 구멍과 축의 끼워맞춤에서 틈새가 없이 죔새만 있으면 억지 끼워맞춤이 된다.

2. 치수공차를 구하는 식으로 옳은 것은?

① 최대 허용치수－기준치수 ② 허용한계 치수－기준치수
③ 최소 허용치수－기준치수 ④ 최대 허용치수－최소 허용치수

3. 최대 허용치수와 최소 허용치수의 차는?

① 위치수 허용차 ② 아래치수 허용차
③ 치수공차 ④ 기준치수

4. 다음 중 위치수 허용차를 옳게 나타낸 것은?

① 치수－기준치수 ② 최소 허용치수－기준치수
③ 최대 허용치수－최소 허용치수 ④ 최대 허용치수－기준치수

해설 위치수 허용차: 최대 허용치수－기준치수
아래치수 허용차: 최소 허용치수－기준치수

5. 치수공차를 개선하는 식으로 옳은 것은?

① 기준치수－실제치수
② 실제치수－치수허용차
③ 허용한계 치수－실제치수
④ 최대 허용치수－최소 허용치수

해설 치수공차: 최대 허용치수와 최소 허용치수의 차

6. 구멍의 치수가 $\phi 50^{+0.24}_{-0.13}$일 때의 치수공차로 옳은 것은?

① 0.11
② 0.24
③ 0.37
④ 0.87

해설 $50.024-(-50.013)=50.037$

7. 도면에 기입된 구멍의 치수 제 50H7에서 알 수 없는 것은?

① 끼워맞춤의 종류
② 기준치수
③ 구멍의 종류
④ IT공차등급

8. 가공제품을 끼워맞춤 조립할 때 구멍 최소치수가 축의 최대치수보다 큰 경우로 항상 틈새가 생기는 끼워맞춤은?

① 헐거운 끼워맞춤
② 억지 끼워맞춤
③ 중간 끼워맞춤
④ 복합 끼워맞춤

9. 구멍치수 $\phi 45^{+0.025}_{0}$, 축 치수 $\phi 45^{+0.009}_{-0.025}$인 경우 어떤 끼워맞춤인가?

① 헐거운 끼워맞춤
② 억지 끼워맞춤
③ 중간 끼워맞춤
④ 보통 끼워맞춤

해설 중간 끼워맞춤: 구멍의 허용치수가 축의 허용치수보다 크고, 동시에 축의 허용치수가 구멍의 허용치수보다 큰 경우의 끼워맞춤

10. 구멍의 치수가 $\phi 45^{+0.025}_{0}$이고, 축의 치수가 $\phi 45^{-0.009}_{-0.025}$인 경우 어떤 끼워맞춤인가?

① 헐거운 끼워맞춤
② 억지 끼워맞춤
③ 중간 끼워맞춤
④ 보통 끼워맞춤

해설 헐거운 끼워맞춤: 구멍의 최소 허용치수가 축의 최대 허용치수보다 클 때의 맞춤

11. 치수가 $\phi 15^{+0.008}_{0}$인 구멍과 $\phi 15^{+0.006}_{+0.001}$인 축을 끼워 맞출 때는 어떤 끼워맞춤이 되는가?

① 헐거운 끼워맞춤
② 중간 끼워맞춤
③ 억지 끼워맞춤
④ 축 기준 끼워맞춤

해설 중간 끼워맞춤: 구멍의 허용치수가 축의 허용치수보다 큰 동시에 축의 허용치수가 구멍의 허용치수보다 큰 경우의 끼워맞춤

12. 구멍의 최대 허용치수 50.025 mm, 최소 허용치수 50.000 mm, 축의 최대 허용치수 50.000 mm, 최소 허용치수 49.950 mm일 때 최대틈새(mm)는?

① 0.025 ② 0.050 ③ 0.075 ④ 0.015

해설 최대틈새 = 구멍의 최대 허용치수 − 축의 최소 허용치수
= 50.025 − 49.950 = 0.075

13. 구멍 $\phi 42^{+0.009}_{0}$, 축 $42^{-0.009}_{-0.025}$일 때 최대죔새는?

① 0.009 ② 0.018 ③ 0.025 ④ 0.034

해설 최대죔새 = 축의 최대 허용치수 − 구멍의 최소 허용치수
= 0.009 − 0 = 0.009

14. 구멍 $\phi 55^{+0.030}_{0}$, 축 $55^{+0.039}_{+0.020}$일 때 최대틈새는?

① 0.010 ② 0.020 ③ 0.030 ④ 0.039

해설 최대틈새 = 구멍의 최대 허용치수 − 축의 최소 허용치수
= 0.030 − 0.020 = 0.010

정답 1. ④ 2. ④ 3. ③ 4. ④ 5. ④ 6. ③ 7. ① 8. ① 9. ③ 10. ① 11. ② 12. ③ 13. ① 14. ①

2. 재료기호

2-1 재료기호의 구성

(1) 제1부분의 기호

재질을 표시하는 기호(제1부분의 기호)

기호	재질	비고	기호	재질	비고
Al	알루미늄	Aluminium	F	철	Ferrum
AlBr	알루미늄 청동	Aluminium bronze	MS	연강	Mild steel
Br	청동	Bronze	NiCu	니켈 구리 합금	Nickel-copper alloy
Bs	황동	Brass	PB	인청동	Phosphor bronze

Cu	구리 또는 구리합금	Copper	S	강	Steel
HBs	고강도 황동	High strength brass	SM	기계구조용강	Machine structure steel
HMn	고망가니즈	High manganese	WM	화이트 메탈	White metal

(2) 제2부분의 기호

규격명 또는 제품명을 표시하는 기호(제2부분의 기호)

기호	제품명 또는 규격명	기호	제품명 또는 규격명
B	봉(bar)	MC	가단 주철품(malleable iron casting)
BC	청동 주물	NC	니켈 크로뮴강(nickel chromium)
BsC	황동 주물	NCM	니켈 크로뮴 몰리브덴강(nickel chromium molybdenum)
C	주조품(casting)	P	판(plate)
CD	구상 흑연 주철	FS	일반구조용관
CP	냉간 압연 강판	PW	피아노선(piano wire)
Cr	크로뮴강(chromium)	S	일반 구조용 압연재
CS	냉간압연강재	SW	강선(steel wire)
DC	다이 캐스팅(die casting)	T	관(tube)
F	단조품(forging)	TB	고탄소 크로뮴 베어링강
G	고압가스 용기	TC	탄소 공구강
HP	열간 압연 연강판	TKM	기계 구조용 탄소 강관
HR	열간 압연	THG	고압가스 용기용 이음매 없는 강관
HS	열간 압연 강대	W	선(wire)
K	공구강	WR	선재(wire rod)
KH	고속도 공구강	WS	용접 구조용 압연강

(3) 제3부분의 기호

재료의 종류를 표시하는 기호(제3부분의 기호)

기호	의미	보기	기호	의미	보기
1	1종	SHP 1	5A	5종 A	SPS 5A
2	2종	SHP 2	3A	최저 인장강도 또는 항복점	WMC 34 SG 26
A	A종	SWS 41 A			
B	B종	SWS 41 B	C	탄소 함유량(0.10~0.15%)	SM 12C

보기

① SF34(탄소강 단강품)

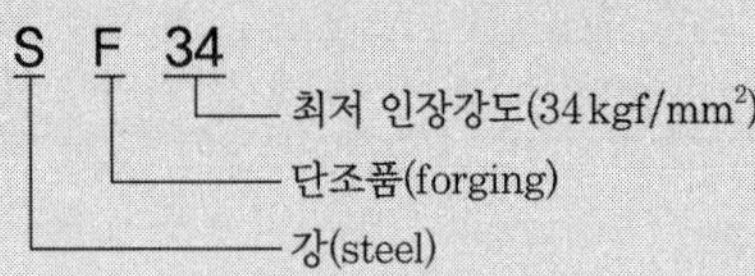

② PW 1(피아노선 1종)

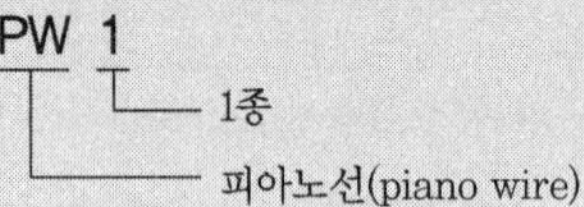

③ SM20C(기계구조용 탄소강)

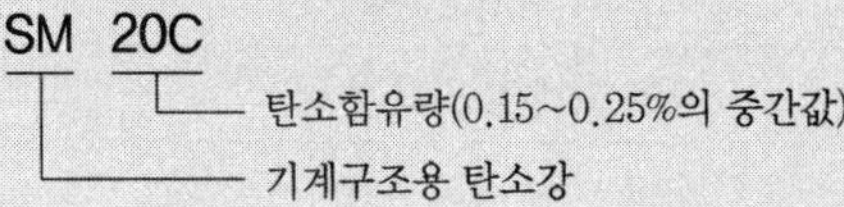

④ BSBMAD□(기계용 황동 각봉)

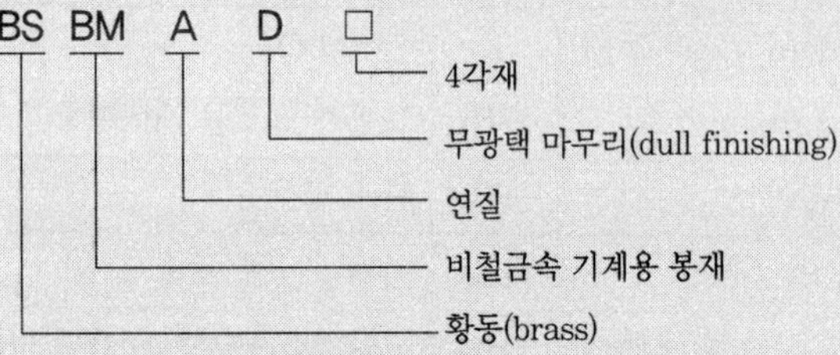

단원 예상문제

1. 한국산업표준에서 규정한 탄소공구강의 기호로 옳은 것은?

① SCM ② STC ③ SKH ④ SPS

해설 SCM: 크로뮴-몰리브덴강, STC 탄소공구강, SKH: 고속도공구강, SPS: 스프링강

2. SM20C에서 20C는 무엇을 나타내는가?

① 최고 인장강도 ② 최저 인장강도 ③ 탄소 함유량 ④ 최고 항복점

해설 SM: 기계구조용 탄소강, 20C: 탄소 함유량

3. 기계재료의 표시 중 SC360이 의미하는 것은?

① 탄소용 단강품 ② 탄소용 주강품
③ 탄소용 압연품 ④ 탄소용 압출품

해설 SC: 탄소용 주강품

4. [보기]의 재료기호의 표기에서 밑줄 친 부분이 의미하는 것은?

| 보기 |
KS D 3752 SM45C

① 탄소 함유량을 의미한다. ② 제조방법에 대한 수치 표시이다.
③ 최저 인장강도가 45 kgf/mm^{2}이다. ④ 열처리 강도 45 kgf/mm^{2}를 표시한다.

해설 SM: 기계구조용 탄소강, 45C: 탄소 함유량

5. 재료기호 "SS400"(구기호 SS41)의 400이 뜻하는 것은?

① 최고 인장강도 ② 최저 인장강도 ③ 탄소 함유량 ④ 두께치수

해설 SS400: 일반구조용 압연강재로서 최저 인장강도 400 MPa

6. 다음 [보기]와 같이 표시된 금속재료의 기호 중 330이 의미하는 것은?

| 보기 |
KS D 3503 SS330

① 최저 인장강도 ② KS 분류기호
③ 제품의 형상별 종류 ④ 재질을 나타내는 기호

해설 SS330: 일반구조용 압연강재로서 최저 인장강도가 330 N/mm^{2}이다.

7. 다음 재료 기호 중 고속도 공구강은?

① SCP ② SKH ③ SWS ④ SM

해설 SKH: 고속도 공구강, SWS: 강선, SM: 기계구조용강

8. 자동차용 디젤엔진 중 피스톤의 설계도면 부품표란에 재질 기호가 AC8B라고 적혀 있다면, 어떠한 재질로 제작하여야 하는가?

① 황동합금 주물 ② 청동합금 주물
③ 탄소강 합금 주강 ④ 알루미늄합금 주물

해설 AC8B는 알루미늄합금 주물로서 A는 알루미늄, C는 주조를 표시한다.

9. GC 200이 의미하는 것으로 옳은 것은?

① 탄소가 0.2%인 주강품
② 인장강도 200N/mm^2 이상인 회주철품
③ 인장강도 200N/mm^2 이상인 단조품
④ 탄소가 0.2%인 주철을 그라인딩 가공한 제품

해설 GC 200은 인장강도 200N/mm^2 이상인 회주철품을 나타낸다.

정답 1. ② 2. ③ 3. ② 4. ① 5. ② 6. ① 7. ② 8. ④ 9. ②

3. 기계요소 제도

3-1 체결용 기계요소

(1) 나사(screw)

① 수나사의 바깥지름과 암나사의 안지름은 굵은 실선으로 그린다.
② 수나사와 암나사의 골지름은 가는 실선으로 그린다.
③ 완전 나사부와 불완전 나사부의 경계는 굵은 실선으로 그리고, 불완전 나사부는 축선과 30°를 이루게 가는 실선으로 그린다.
④ 암나사의 드릴 구멍 끝부분은 굵은 실선으로 120°가 되게 긋는다.
⑤ 보이지 않는 나사부의 조립부를 그릴 때는 수나사를 위주로 그린다.
⑥ 수나사와 암나사의 조립부를 그릴 때는 수나사를 위주로 그린다.
⑦ 나사 부분의 단면에 해칭을 할 경우에는 산봉우리 끝까지 한다.
⑧ 볼트, 너트, 스터드 볼트(stud bolt), 작은나사, 멈춤나사, 나사못은 원칙적으로 약도로 표시한다.

나사 종류를 표시하는 기호 및 나사 호칭에 대한 표시 방법의 보기

구분		나사 종류		나사 종류를 표시하는 기호	나사 호칭에 대한 표시 방법의 보기
일반용	ISO 규격에 있는 것	미터 보통 나사		M	M 8
		미터 가는 나사			M 8×1
		미니추어 나사		S	S 0.5
		유니파이 보통나사		UNC	3/8−16 UNC
		유니파이 가는나사		UNF	No. 8−36 UNF
		미터 사다리꼴 나사		Tr	Tr 10×2
		관용 테이퍼 나사	테이퍼 수나사	R	R 3/4
			테이퍼 암나사	Rc	Rc 3/4
			평행 암나사[(1)]	Rp	Rp 3/4
	ISO 규격에 없는 것	관용 평행나사		G	G 1/2
		30° 사다리꼴 나사		TM	TM 18
		29° 사다리꼴 나사		TW	TW 20
		관용 테이퍼 나사	테이퍼 나사	PT	PT 7
			평행 암나사[(2)]	PS	PS 7
		관용 평행나사		PF	PF 7

주 (1) 이 평행 암나사 Rp는 테이퍼 수나사 R에 대해서만 사용한다.
(2) 이 평행 암나사 PS는 테이퍼 수나사 PT에 대해서만 사용한다.

(2) 볼트 · 너트

볼트와 너트는 기계의 부품과 부품을 결합하고 분해하기가 쉽기 때문에 결합용 기계요소로 널리 사용되고 있으며, 그 종류는 모양과 용도에 따라 다양하다.

일반 볼트와 너트의 각부 명칭은 그림과 같다.

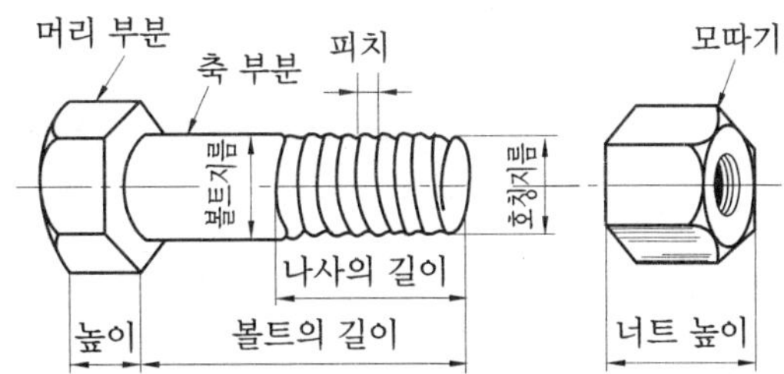

볼트와 너트의 각부 명칭

① 나사 및 너트: 나사머리, 드라이버용 구멍 또는 너트의 모양을 반드시 나타내야 하는 경우에는 다음 표에 나타내는 간략 도시의 보기를 사용한다.

나사 및 너트의 간략 도시의 보기

명칭	간략 도시	명칭	간략 도시
6각 볼트	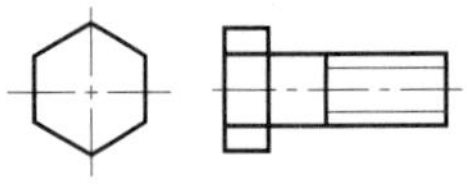	십자 구멍붙이 접시머리 스크루	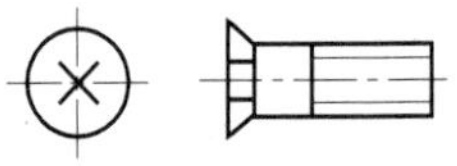
4각 볼트	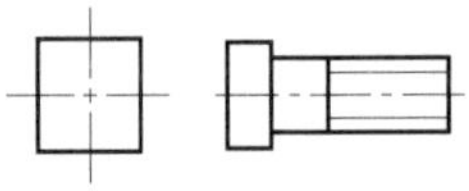	홈붙이 멈춤 나사	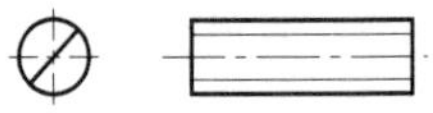
6각 구멍붙이 볼트	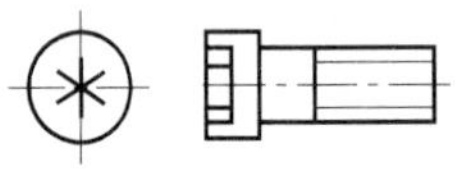	홈붙이 나사 못 및 드릴링 나사	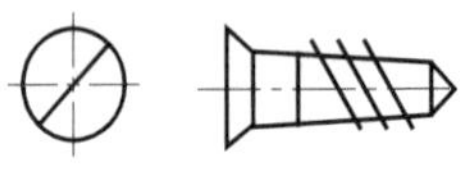
홈붙이 납작머리 스크루	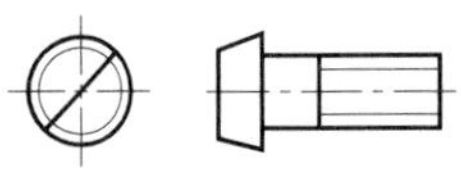	나비 볼트	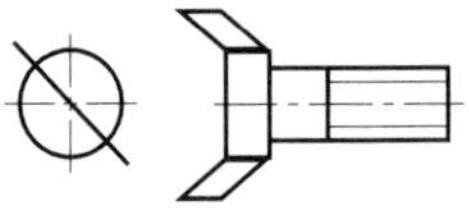
십자 구멍붙이 납작머리 스크루	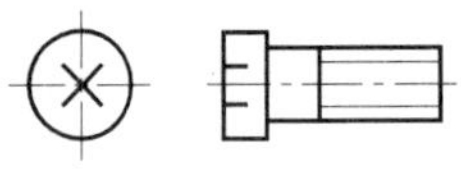	6각 너트	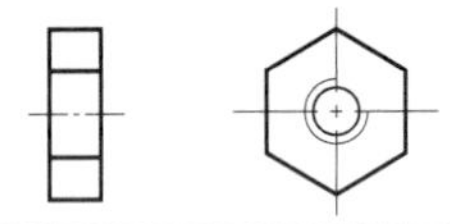
홈붙이 둥근 접시머리 스크루	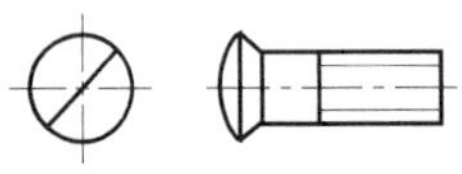	홈붙이 6각 너트	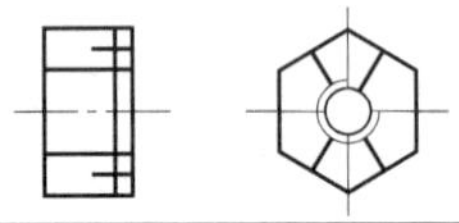
십자 구멍붙이 둥근 접시머리 스크루	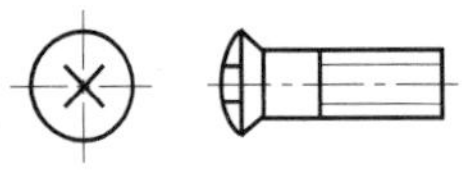	4각 너트	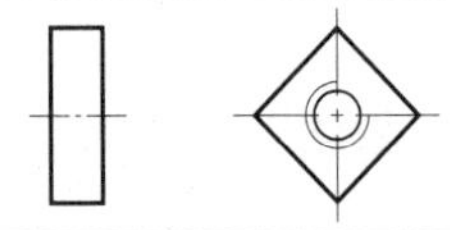
홈붙이 접시머리 스크루	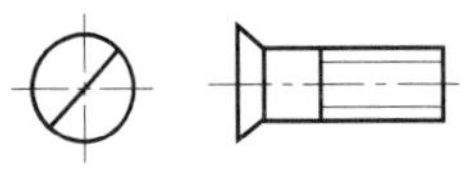	나비 너트	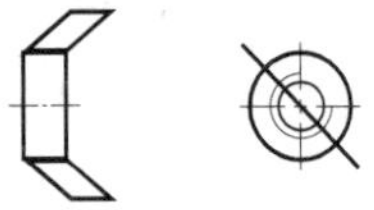

② 작은지름나사의 도시 및 치수 지시

㈎ 지름(도면상의)이 6mm 이하이거나 규칙적으로 배열된 같은 모양 및 치수의 구멍 또는 나사인 경우에는 도시 및 치수 지시를 간략히 하여도 좋다.

㈏ 표시는 일반 도시 및 치수 기입을 하며, 필요한 특징을 모두 기입한다.

㈐ 표시는 다음 그림과 같이 화살표가 구멍의 중심선을 가리키는 인출선 위에 나타낸다.

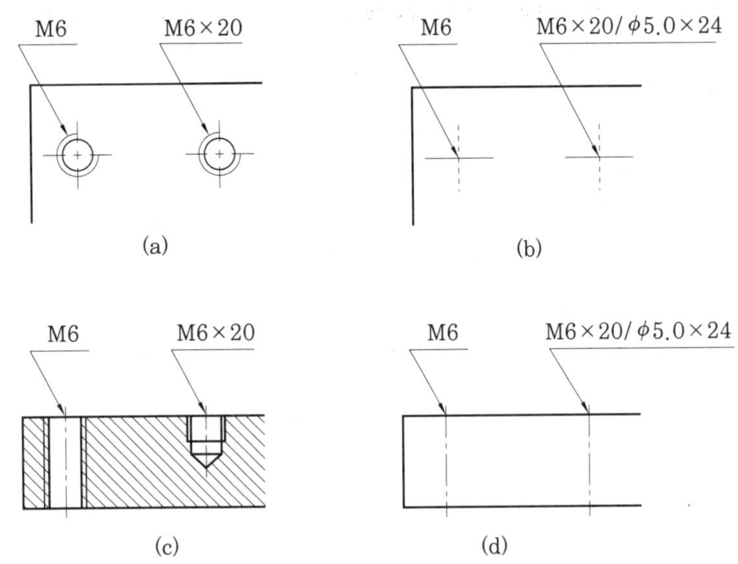

작은 지름의 나사 표시

(3) 키, 핀, 코터

① 키(key): 핸들, 벨트 풀리나 기어 등의 회전체를 축과 고정하여 회전력을 전달할 때 쓰이는 기계요소이다.

② 핀(pin): 기계의 부품을 고정하거나 부품의 위치를 결정하는 용도로 사용되며, 접촉면의 미끄럼 방지나 나사의 풀림 방지용으로도 많이 사용되고 있다.

③ 코터(cotter): 평평한 쐐기 모양의 강편이며, 축 방향에 하중이 작용하는 축과 여기에 끼워지는 소켓을 체결하는데 쓰인다.

3-2 전동용 기계요소

(1) 스퍼 기어의 제도

① 나사의 경우와 같이 치형은 생략하여 표시하는 간략법을 쓴다.

② 이끝원은 굵은 실선으로, 피치원은 가는 1점 쇄선으로, 이뿌리원은 가는 실선 또는 굵은 실선으로 그리거나 완전히 생략하기도 한다.

(2) 헬리컬 기어의 제도

① 스퍼 기어의 피치면에 이끝을 나선형으로 만든 원통 기어를 말한다.

② 측면도는 스퍼 기어와 같으나 정면도에서는 반드시 이의 비틀림 방향을 가는 실선을 이용하여 도시하여야 한다.

③ 이 평행 사선은 나사각에 관계없이 30° 방향으로 그려도 좋으며, 서로 평행하게 3줄을 긋는다.

(3) 베벨 기어의 제도

① 정면도에서 이끝선과 이뿌리선은 굵은 실선으로 도시한다.

② 피치선은 가는 1점 쇄선으로 도시한다.

③ 이끝과 이뿌리를 나타내는 원추선은 꼭지점에 오기 전에 끝마무리한다.

④ 측면도의 이끝원은 외단부와 내단부를 모두 굵은 실선, 피치원은 외단부만 가는 1점 쇄선으로 도시하고, 이뿌리원은 양쪽 끝을 모두 생략한다.

단원 예상문제

1. 나사의 도시에 대한 설명으로 옳은 것은?

① 수나사와 암나사의 골지름은 굵은 실선으로 그린다.
② 불완전 나사부의 끝 밑선은 45°파선으로 그린다.
③ 수나사의 바깥지름과 암나사의 안지름은 굵은 실선으로 그린다.
④ 완전 나사부와 불완전 나사부의 경계선은 가는 실선으로 그린다.

해설 ① 수나사와 암나사의 골지름은 가는 실선으로 그린다.
② 불완전 나사부의 끝은 축선을 기준으로 30°가 되게 그린다.
④ 완전 나사부와 불완전 나사부의 경계선은 굵은 실선으로 그린다.

2. 나사의 간략도시에서 수나사 및 암나사의 산은 어떤 선으로 나타내는가? (단, 나사산이 눈에 보이는 경우임)

① 가는 파선 ② 가는 실선
③ 중간 굵기의 실선 ④ 굵은 실선

해설 수나사 및 암나사의 산은 굵은 실선, 수나사 및 암나사의 골은 가는 실선으로 나타낸다.

3. 나사의 제도에서 수나사의 골지름은 어떤 선으로 도시하는가?

① 굵은 실선 ② 가는 실선
③ 가는 1점 쇄선 ④ 가는 2점 쇄선

4. 그림과 같은 육각볼트를 제작도용 약도로 그릴 때의 설명 중 옳은 것은?

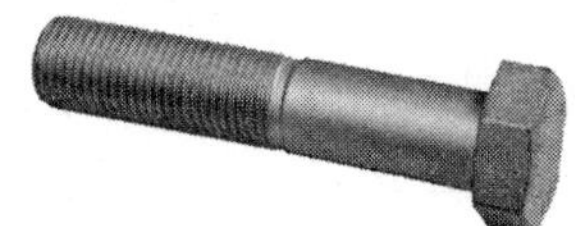

① 볼트 머리의 모든 외형선은 직선으로 그린다.
② 골지름을 나타내는 선은 가는 실선으로 그린다.
③ 가려서 보이지 않는 나사부는 가는 실선으로 그린다.
④ 완전 나사부와 불완전 나사부의 경계선은 가는 실선으로 그린다.

해설 골지름은 가는 실선, 보이지 않는 나사부는 파선, 완전 나사부와 불완전 나사부의 경계선은 굵은 실선으로 그린다.

5. 미터 보통나사를 나타내는 기호는?

① M ② G ③ Tr ④ UNC

해설 M: 미터나사, Tr: 미터 사다리꼴 나사, UNC: 유니파이 보통나사

6. 유니파이 가는나사의 호칭 기호는?

① M ② PT ③ UNF ④ PF

해설 M: 미터 보통 나사, PT: 관용 테이퍼 나사, UNF: 유니파이 가는나사, PF: 관용 평행나사

7. 다음 중 유니파이 보통나사를 표시하는 기호로 옳은 것은?

① TM ② TW ③ UNC ④ UNF

해설 TM: 30°사다리꼴나사, TW: 29°사다리꼴나사, UNC: 유니파이 보통나사, UNF: 유니파이 가는나사

8. 도면에서 "No.8-36UNF"로 표시되었다면 이 나사의 종류로 옳은 것은?

① 톱니나사 ② 유니파이 가는나사
③ 사다리꼴 나사 ④ 관용평형 나사

9. 리드가 12 mm인 3줄 나사의 피치는 몇 mm인가?

① 3 ② 4 ③ 5 ④ 6

해설 피치 $=\frac{l}{n}=\frac{12}{3}=4$

10. 볼트를 고정하는 방법에 따라 분류할 때, 물체의 한쪽에 암나사를 깎은 다음 나사박기를 하여 죄며, 너트를 사용하지 않는 볼트는?

① 관통 볼트 ② 기초 볼트 ③ 탭 볼트 ④ 스터드 볼트

해설 탭 볼트: 너트를 사용하지 않는 볼트

11. 나사의 호칭 M20×2에서 2가 뜻하는 것은?

① 피치 ② 줄의 수 ③ 등급 ④ 산의 수

해설 M20: 미터나사, 2: 피치

12. 2N M50×2-6h 이라는 나사의 표시 방법에 대한 설명으로 옳은 것은?

① 왼나사이다. ② 2줄 나사이다.
③ 유니파이 보통 나사이다. ④ 피치는 1인치당 산의 개수로 표시한다.

해설 2N M50×2-6h는 호칭지름이 50mm이고 피치가 2mm인 미터 가는나사이며 2줄 나사로 등급 6을 표시한다.

13. 기어의 잇수가 50개, 피치원의 지름이 200mm일 때 모듈은 몇 mm인가?

① 3 ② 4 ③ 5 ④ 6

해설 $m = \frac{D}{Z} = \frac{200}{50} = 4$

14. 축에 풀리, 기어 등의 회전체를 고정시켜 축과 회전체가 미끄러지지 않고 회전을 정확하게 전달하는 데 사용하는 기계요소는?

① 키 ② 핀 ③ 벨트 ④ 볼트

15. 어떤 기어의 피치원 지름이 100mm이고 잇수가 20개일 때 모듈은?

① 2.5 ② 5 ③ 50 ④ 100

해설 $m = \frac{D}{Z} = \frac{100}{20} = 5$

16. 기어의 피치원의 지름이 150mm이고, 잇수가 50개일 때 모듈의 값(mm)은?

① 1 ② 3 ③ 4 ④ 6

해설 $m = \frac{D}{Z} = \frac{150}{50} = 3$

17. 스퍼기어의 잇수가 32이고 피치원의 지름이 64일 때 이 기어의 모듈값은 얼마인가?

① 0.5 ② 1 ③ 2 ④ 4

해설 $m = \frac{D}{Z} = \frac{64}{32} = 2$

18. 동력전달 기계요소 중 회전운동을 직선운동으로 바꾸거나, 직선운동을 회전운동으로 바꿀 때 사용하는 것은?

① V벨트 ② 원뽑기 ③ 스플라인 ④ 랙과 피니언

19. 다음 도형에서 테이퍼 값을 구하는 식으로 옳은 것은?

① $\frac{b}{a}$

② $\frac{a}{b}$

③ $\frac{a+b}{L}$

④ $\frac{a-b}{L}$

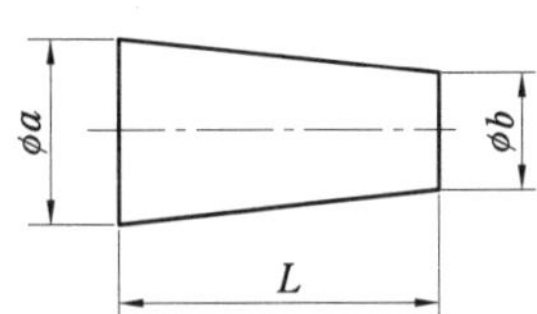

해설 테이퍼 $= \frac{a-b}{L}$

20. 아래와 같은 도형의 테이퍼 값은 얼마인가?

① $\frac{1}{5}$

② $\frac{1}{10}$

③ $\frac{2}{5}$

④ $\frac{2}{10}$

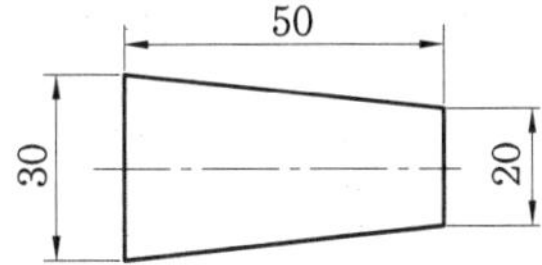

해설 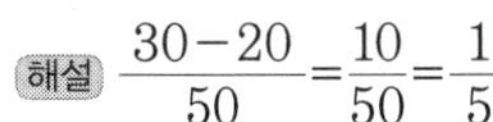
$\frac{30-20}{50}=\frac{10}{50}=\frac{1}{5}$

정답 1. ③ 2. ④ 3. ② 4. ② 5. ① 6. ③ 7. ③ 8. ② 9. ② 10. ③ 11. ① 12. ② 13. ② 14. ① 15. ② 16. ② 17. ③ 18. ④ 19. ④ 20. ①

|제|선|기|능|사|

3편

제선법 및 소결법

제 1 장 제련 기초

1. 제 철

1-1 선철(pig iron)의 분류

① 용도에 따른 분류: 제강용 선철, 주물용 선철
② 제조 방법에 따른 분류: 고로선철, 전기로 선철, 목탄 선철
③ 성분에 따른 분류: 제강용 선철, 저인 선철
④ 파면에 따른 분류: 백선철, 반선철, 회선철

(1) 선철

① 고로에서 철광석을 녹여 만든 철이다.
② 단단하지만 취성이 강하여 쉽게 부서진다.
③ 강을 만들기 위한 원료이다.

(2) 강(steel)

① 선철을 제강로에서 다시 정련하여 대부분의 탄소나 불순물을 제거한 철이다.
② 탄소의 함량에 따라 경강, 반경강, 연강, 극연강으로 구분한다.

1-2 선강 일관작업

① 원료를 이용해 제품재료를 만들고 그 재료로 완성품을 만드는 공정 전체가 일관되게 연속적으로 이루어지는 작업이다.
② 철강업에서 제선, 제강, 압연가공의 3가지 작업은 대부분 하나의 기업에서 행해진다.

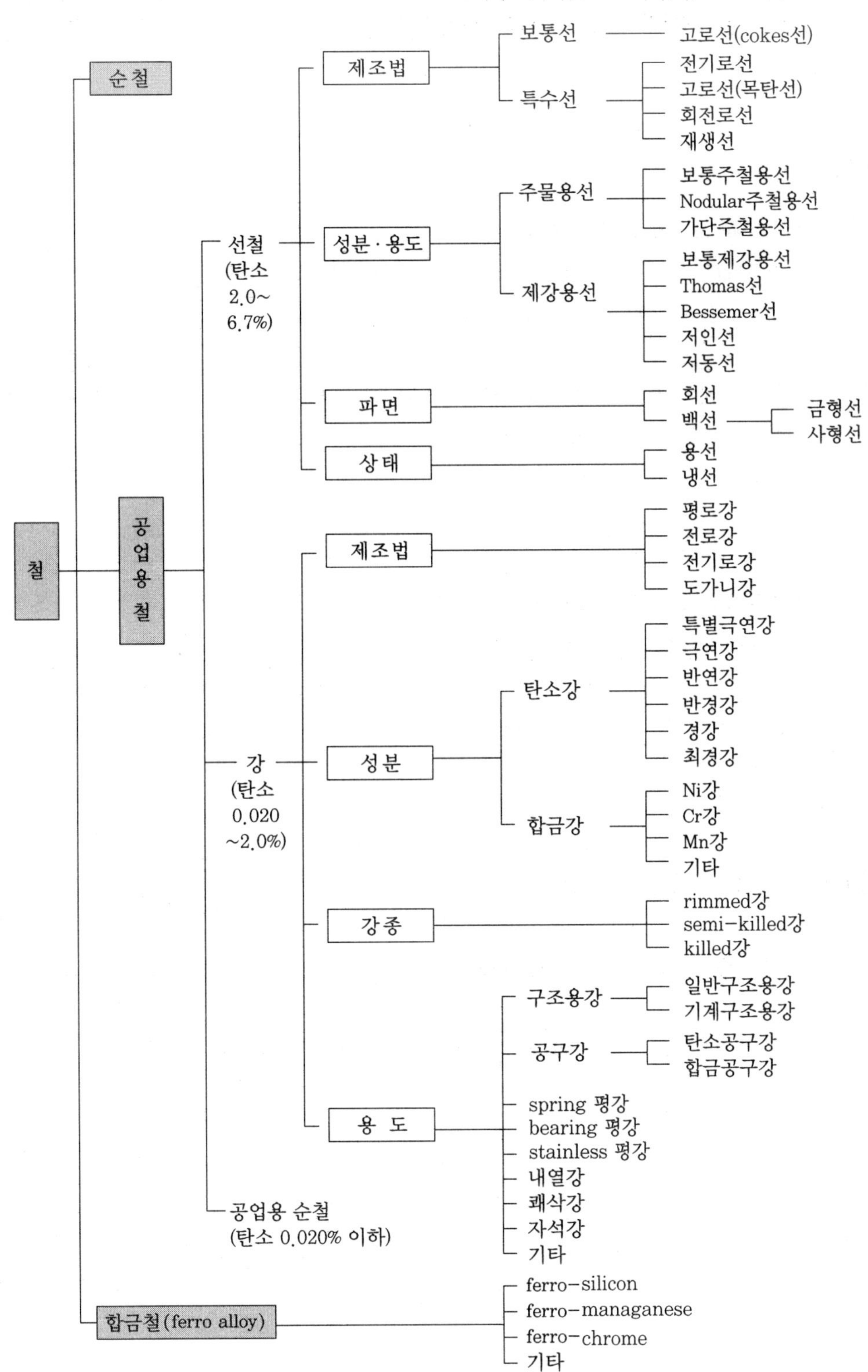
철
순철
공업용철
합금철(ferro alloy)
선철
(탄소
2.0~
6.7%)
제조법
보통선
고로선(cokes선)
특수선
전기로선
고로선(목탄선)
회전로선
재생선
성분·용도
주물용선
보통주철용선
Nodular주철용선
가단주철용선
제강용선
보통제강용선
Thomas선
Bessemer선
저인선
저동선
파면
회선
백선
금형선
사형선
상태
용선
냉선
강
(탄소
0.020
~2.0%)
제조법
평로강
전로강
전기로강
도가니강
성분
탄소강
특별극연강
극연강
반연강
반경강
경강
최경강
합금강
Ni강
Cr강
Mn강
기타
강종
rimmed강
semi-killed강
killed강
용 도
구조용강
일반구조용강
기계구조용강
공구강
탄소공구강
합금공구강
spring 평강
bearing 평강
stainless 평강
내열강
쾌삭강
자석강
기타
공업용 순철
(탄소 0.020% 이하)
ferro-silicon
ferro-managanese
ferro-chrome
기타

철의 분류

③ 고로에서 발생하는 가스는 동력원으로 사용되고 슬래그(slag)는 시멘트, 건축자재 등으로 활용된다.

단원 예상문제

1. 선철의 분류 중 파면에 따른 분류가 아닌 것은?

① 목탄 선철 ② 백선철 ③ 반선철 ④ 회선철

해설 선철은 파면에 따라 백선철, 반선철, 회선철로 분류된다.

2. 선철을 파면에 따라 구분할 때 파면의 탄소가 흑연과 결합탄소로 되어 있으며, 파단면에 흰색과 회색이 섞인 얼룩무늬인 선철은?

① 반선철 ② 백선철 ③ 회선철 ④ 전선철

해설 반선철은 파단면에 흰색과 회색이 섞인 얼룩무늬인 선철이다.

3. 선강 일관제철법에 대한 설명으로 틀린 것은?

① 주원료는 고철을 사용하므로 원료 확보가 용이하다.
② 고로가스를 연료로 이용함으로써 생산비를 저하시킬 수 있다.
③ 제선-제강-압연시설이 합리적으로 배치되어 생산성이 뛰어나다.
④ 고로에서 생산된 용선 그대로 제강원료로 사용하여 열효율이 좋다.

해설 주원료로는 철광석을 사용한다.

정답 1. ① 2. ① 3. ①

2. 제련의 종류 및 특징

2-1 건식 제련

(1) 건식 제련의 특징

고온 조업이 지나는 빠른 반응 속도를 이용하여 금속을 대량으로 신속히 생산하는 방식이다.

(2) 건식 제련의 장단점

장점	단점
• 반응속도가 빠르다. • 금속과 폐기물의 상 분리가 용이하다. • 단위금속 생산량당 투자비가 적다. • 에너지가 절약된다. • 폐기물의 재활용이 가능하여 자연에 안전하다.	• 폐가스를 다량 방출하므로 대기오염방지 시설이 필요하다. • 초기 설비 투자비가 크다.

(3) 건식 제련의 종류

① 산화 제련

(가) 자연 상태에서 금속과 황의 화합물 형태로 존재하는 황화광을 산소와 반응시켜 이 산화광 형태로 황을 제거한 다음 금속을 얻는 방법이다.

(나) 반응식

$MS_x+xO_2 \rightarrow M+xSO_2$

(다) 대부분 발열반응으로 에너지 소비가 적다.

(라) 용융된 상태로 반응이 진행되므로 용융 제련에 속한다.

(마) 산소와의 결합력이 철보다 작은 금속인 구리, 니켈, 코발트 등에 적용한다.

② 환원 제련

(가) 산화광을 환원제와 반응시켜 산소를 제거함으로써 금속을 얻는 방법이다.

(나) 환원제: 산소와의 결합력이 목적 금속보다 커야 한다.

(다) 철광석을 비롯한 대부분의 금속에 적용한다.

(라) 종류

㉠ 기체 환원제에 의한 방법

㉡ 고체 환원제에 의한 방법

㉢ 금속 환원제에 의한 방법

(4) 건식 제련의 원료와 생성물

① 주원료: 정광, 연료 및 환원제

② 부원료

(가) 광석, 연료 및 환원제를 제외한 기타 원료

(나) 용제: 제련 반응에 의해 형성된 부산물과 맥석 등의 불순물과 반응하여 슬래그

를 형성하여 조금속과 불순물을 분리하는 역할을 한다.

(다) 용제의 조건

㉠ 용융점이 낮을 것

㉡ 점성이 낮고 유동성을 지닐 것

㉢ 조금속과 비중 차가 클 것

㉣ 불순물의 용해도는 크고 목적 금속의 용해도가 작을 것

㉤ 쉽게 구입이 가능하고 가격이 저렴할 것

㉥ 환경에 유해한 성분이 없을 것

2-2 습식 제련

(1) 습식 제련의 특징

습식 제련은 광석 중의 목적 금속을 적당한 용매로 용출시켜 용액으로 만든 다음, 화학적 또는 전기화학적 방법으로 금속 또는 금속화합물을 얻어내는 방법을 말한다.

① 저품위의 광석, 용융하기 힘든 광석, 분광(粉鑛) 형태의 광석 등은 습식 제련으로 하는 것이 용이하고 경제적이다.

② 화학적 친화력이 큰 금속일 때에는 습식법으로 중간물질을 만들어, 이로부터 금속을 얻는 방법을 쓰는 것이 좋다.

③ 연료의 사용량은 거의 없으나, 침출용액을 만들 때는 특수한 약품이 필요하다.

④ 금 · 은 등은 이에 적합한 침출액이 아니면 용출하지 않으므로, 금 · 은 등의 산화광 처리에는 적합하지 않다. 하지만 일반 황화광을 습식법으로 처리할 때에는 침출 잔사(殘渣) 속에 금 · 은이 남게 되어 손실이 생기기 때문에 금 · 은을 함유한 황화광의 처리에는 건식법이 적합하다.

(2) 용매의 종류와 특징

① 용매(침출제)

(가) 유가 금속 성분을 선택적으로 추출할 능력을 지닌 액상 매체이다.

(나) 산이나 알칼리 등 각종 화학 약품이 첨가되어 있다.

② 좋은 용매가 갖추어야 할 조건

(가) 화학적으로 안정할 것

(나) 유가 금속을 선택적으로 용해시키는 능력이 강할 것
(다) 재생률이 클 것
(라) 설비를 부식시키지 말 것
(마) 가격이 저렴할 것
(바) 손쉽게 만들 수 있을 것 또는 공급이 가능할 것
(사) 인체에 해롭지 않고 다루기 쉬울 것

(3) 예비처리

① 광석 입도가 작을수록 침출속도가 빠르지만 너무 미세하면 맥석과의 분리 및 탈수가 어렵다.
② 삼투식 침출: 적당한 굵기의 입자를 사용한다.
③ 교반 침출: 미세한 입자를 사용한다.
④ 광석은 용매에 잘 녹는 입자를 사용한다.
⑤ 화합물이 아닐 경우 사전에 하소나 배소로 침출이 잘되는 화합물로 전환한다.
⑥ 불순물은 하소나 배소에서 제거한다.

(4) 침출(leaching)

① 용매를 이용하여 광석이나 정광으로부터 유용금속 성분을 액상으로 녹여내는 과정이다.
② 침출 방법
(가) 삼투식
㉠ 미세한 입자의 광석에 용매를 뿌려 액이 삼투압에 의해 광석에 스며들어 금속을 용해는 방법
㉡ 종류: 현지 침출, 야적 침출, 배트 침출
(나) 교반식
㉠ 광석에 용매를 넣고 회전시켜 광석 표면에 용매 중 침출 활성 성분 공급을 빠르게 하여 추출
㉡ 침출 교반 속도와의 관계
- 광석의 표면적이 클수록, 즉 입자가 미세할수록 침출 속도가 증가한다.
- 온도가 높을수록 침출 속도가 증가한다.

• 용매 중 활성성분의 농도가 진할수록 침출 속도가 증가한다.
• 용매 단위부피당 광석의 양이 적을수록 침출 속도가 증가한다.
• 침출 과정에서 불용성 물질이 형성되면 침출 속도가 감소한다.

ⓒ 산화물 침출: 아연배소광, 산화구리광, 우라늄광, 텅스텐광의 침출에 이용한다.

ⓔ 황화물 침출: 황화물을 산소 또는 산화제를 첨가하면서 물 또는 황산, 암모니아, 수산화나트륨 등의 수용액상에서 온도를 높여 산화처리하여 금속 성분을 용해한다.

(5) 여과

① 광석을 용매로 침출하는 과정에서 얻어진 침출액에서 액체와 고체를 분리하는 과정이다.

② 분급: 비교적 굵은 입도의 잔사를 우선적으로 분리 제거한다.

③ 침출 여과: 침출액을 농밀시켜서 액체와 고체를 분리하는 과정이다.

(6) 세척

① 여과 과정 중 분리된 광재는 세척을 통하여 금속의 손실을 줄일 수 있다.

② 여러 단에 걸쳐서 세척을 실시한다.

(7) 정액

① 금속의 최종 채취에 앞서 침출액에 함유된 불순물을 제거하는 과정이다.

② 정액의 방법

㈎ 청정처리: 미세한 고체 입자들을 침전 또는 부유시켜 분리 제거한다.

㈏ 가수분해: 미량으로 녹아있는 불순물 이온을 고체 수산화물로 침전 제거하는 방법이다.

㈐ 공침 : 중화처리 등의 과정에서 용액 중에 존재하는 미량의 금속 이온을 침전시켜 불순물을 제거하는 과정이다.

㈑ 치환: 귀한 금속염의 용액에 비한 금속을 첨가하여 귀한 금속을 침전시키는 방법이다.

㈒ 침전제를 이용한 정액: 침출액에 불순물과 반응하여 불용성 화합물을 만드는 침전제를 투입하여 용액을 깨끗이 하는 방법이다.

㈓ 유기 용매를 이용한 정액: 유기 화합물을 희석시켜 만든 유기 용매에 수용성이 침출액을 접촉시켜 특정 불순물 이온만 유기 용매에 선택적으로 흡착하는 방법이다.

㈔ 이온교환 수지에 의한 정액: 이온교환 수지가 들어있는 용기에 침출액을 통과시켜 미량으로 존재하는 금속이 이온교환 수지에 흡착되는 성질을 이용하는 방법이다.

(8) 금속의 채취

① 치환법: 침출액에 채취하려는 금속보다 비한 금속의 분말을 넣어 목적 금속을 침전시키는 방법이다.

② 수중 환원 채취: 침출액에 환원성 기체를 용해시켜 금속이온을 환원함으로써 침전된 금속 분말을 얻는 방법이다.

③ 화합물 상태로 채취: 대상 금속 정광에 산 또는 염기를 첨가하여 화합물 형태로 채취하는 방법이다.

2-3 전해 제련

(1) 전기화학적 및 화학적 배경

① 전리(이온화)

㈎ 결정체가 이온으로 분리되는 현상

$CaSO_4 \rightarrow Ca_2^{+} + SO_4^{2-}$

㈏ 전리된 이온이 존재하는 용액은 전기전도성을 나타내며, 이와 같은 용액을 전해질이라 한다.

② 전류의 흐름

㈎ 용액 중 (−)이온은 (+)극으로 이동한다.

㈏ 금속이온은 (+)이온이므로 (−)극에서 방전에 의해 금속으로 환원한다.

(2) 전해 채취

① 전해 채취의 특징

㈎ 여러 개의 전해조를 직렬로 설치하고 각각에 불용성 양극과 음극을 병렬로 설

치한 다음 목적 금속 이온이 함유된 전해액을 넣고 전류를 흘리면 음극에서 금속이 석출하여 얻는 방법이다.

(나) 불용성 전극을 양극으로 사용한다.

(다) 전해조에 목적 금속 이온 농도가 높은 정제된 용액을 지속적으로 공급한다.

② 분해전압: 불용성 전극을 사용하여 용액 중에 존재하는 금속 이온을 전기적으로 환원하여 금속을 채취하기 위해서 필요한 전압이다.

③ 조업: 적정 두께로 목적 금속의 석출이 이루어지면 금속을 떼어내는 채취이다.

④ 전해액

(가) 좋은 이온 전도성을 가지며, 온도가 적당하고 유해 성분이 적은 조성을 지녀야 한다.

(나) 전해액의 전류밀도이다.

(다) 전류밀도는 단위면적당 흐르는 전류 세기의 척도이다.

3. 내화물의 종류 및 용도

3-1 내화물의 종류

(1) 원료의 화학성분에 따른 분류

분류	주원료	내화물 명칭	주요 화학성분
산성 내화물	점토질 규석질 반규석질	샤모트(chamotte)질 내화물 납석질 내화물 규석질 내화물 반규석질 내화물 규조토 내화물	$SiO_2+Al_2O_3$ $SiO_2+Al_2O_3$ SiO_2 $SiO_2(Al_2O_3)$
중성 내화물	알루미나질 크롬질 탄소질 탄화규소질	알루미나질 내화물 크롬질 내화물 탄소질 내화물 탄화규소질 내화물	$Al_2O_3(SiO_2)$ Cr_2O_3, Al_2O_3, MgO, FeO C SiC
염기성 내화물	마그네시아질 크롬-마그네시아질 백운석질 석회질	마그네시아 내화물 크롬-마그네시아질 내화물 백운석질 내화물 석회질 내화물	MgO $MgO+Al_2O_3$ $CaO \cdot MgO$ CaO

단원 예상문제

1. 다음 중 산성 내화물의 주성분으로 옳은 것은?

① SiO_2 ② MgO ③ CaO ④ Al_2O_3

해설 산성 내화물: SiO_2, 중성 내화물: Al_2O_3, 염기성 내화물: MgO, CaO

2. 다음 중 염기성 플럭스(flux)는?

① 돌로마이트 ② 규석 ③ 샤모트 ④ 탄화규소

해설 염기성: 돌로마이트, 산성: 규석, 샤모트, 중성: 탄화규소

3. 다음 중 염기성 내화물에 속하는 것은?

① 마그네시아질 ② 점토질 ③ 샤모트질 ④ 규석질

해설 염기성 내화물: 마그네시아질, 산성 내화물: 점토질, 샤모트질, 규석질

정답 **1.** ① **2.** ① **3.** ①

(2) 내화도에 따른 분류

종류	SK 번호	사용온도(℃)
저급 내화물	26~29	1,580~1,650
중급 내화물	30~33	1,670~1,730
고급 내화물	34~42	1,750~2,000
특수 고급 내화물	42 이상	2,000 이상

(3) 내화물의 구비조건

① 높은 온도에서 용융하지 않을 것

② 높은 온도에서 쉽게 연화하지 않을 것

③ 높은 온도에서 형상이 변화하지 않을 것

④ 급격한 온도 변화에 잘 견딜 것

⑤ 용제 및 기타 물질 등에 대하여 침식 저항이 클 것

⑥ 마멸에 잘 견딜 것

(4) 내화도 측정

제게르추(Seger's cone)를 사용한다.

(5) 내화물의 기공률

① 내화벽돌에 들어 있는 기공을 전 부피에 대한 부피 비율로 나타내며, 참기공률, 겉보기 기공률 등이 있다.

② 참기공$=\left(1-\dfrac{D_b}{D_t}\times 100\right)$

D_b: 동일 벽돌의 부피비중, D_t: 동일 벽돌의 참비중

3-2 내화물의 용도

(1) 고로 본체용 내화물

① 사용내화물

(가) 노벽에는 점토질 벽돌(내마모성 요구)이 사용된다.

(나) 내화물의 손상이 큰 보시(bosh), 바람구멍(tuyere, 송풍구)에는 고알루미나질 벽돌(내알칼리성, 내슬래그성, 내용선성 요구)이 사용된다.

(다) 노바닥 및 노상부에는 탄소질 내화물(열전도율이 좋아 냉각효과가 우수함)이 사용된다.

② 고로용 내화물의 구비조건

(가) 고온에서 용융, 연화, 휘발하지 않을 것

(나) 고온, 고압하에서 상당한 강도를 가질 것

(다) 열충격이나 마모에 강할 것

(라) 용선, 슬래그, 가스에 대하여 화학적으로 안정할 것

(마) 적당한 열전도도를 가지고 냉각효과가 있을 것

단원 예상문제

1. 고로용 내화물의 구비조건이 아닌 것은?

① 고온에서 용융, 휘발하지 않을 것
② 열전도가 잘 안되고 발열효과가 있을 것
③ 고온, 고압하에서 상당한 강도를 가질 것
④ 용선, 가스에 대하여 화학적으로 안정할 것

해설 열전도도가 적고 발열효과가 작을 것

2. 제게르추의 번호 SK31의 용융연화점 온도는 몇 ℃인가?

① 1530 ② 1690 ③ 1730 ④ 1850

3. 제게르추의 번호 SK33의 용융연화점 온도는 몇 ℃인가?

① 1630 ② 1690 ③ 1730 ④ 1850

4. 제게르추의 번호 SK38의 용융연화점 온도는 몇 ℃인가?

① 1630 ② 1690 ③ 1730 ④ 1850

5. 한국산업표준에서 정한 내화벽돌의 부피비중 및 참기공을 측정하는 방법에서 참기공을 구하는 식으로 옳은 것은? (단, D_b는 동일 벽돌의 부피비중, D_t는 동일 벽돌의 참비중이다.)

① $\frac{D_t}{D_b}\times100$ ② $\frac{D_b}{D_t}\times100$ ③ $\left(1-\frac{D_t}{D_b}\right)\times100$ ④ $\left(1-\frac{D_b}{D_t}\right)\times100$

정답 1. ② 2. ② 3. ③ 4. ④ 5. ④

(2) 고로 부속용 내화물

① 출선 통로 내화물

㈎ 구비조건

㉠ 스탬핑재로서 작업성이 좋고 충전성이 풍부해야 한다.

㉡ 단시간에 건조되고 소착성이 좋으며 조기 강도를 가져야 한다.

㉢ 교체, 보수, 건조, 소착 및 기타 정비작업이 쉽고 신속하게 이루어져야 한다.

㉣ 자극성 물질이 발생하지 않아야 한다.

㉤ 내식성, 내마멸성, 내스폴링성이 좋아야 한다.

㉥ 용접성이나 슬래그 등과 접착성이 적어야 한다.

② 출선 충전재

㈎ 구비조건

㉠ 출선구 개폐기인 머드 건(mud gun)에 의한 압출력 충전이 용이하고 확실해야 한다.

㉡ 개공 작업이 용이해야 한다.

㉢ 과잉 속도의 출선과 비산 출선이 이루어지지 않아야 한다.

(나) 폐쇄용 점토

㉠ 미분 코크스, 샤모트분 등에 타르(tar)를 첨가한 후 혼련하여 사용한다.

㉡ SiC, 알루미나 등을 첨가하여 성능을 향상시킨다.

③ 열풍로와 코크스로용 내화물

(가) 열풍로 내화물의 특징

㉠ 열간 상태에서의 하중 연화성이 커야 한다.

㉡ 내열 충격성이 커야 한다.

㉢ 열용량이 커야 한다.

㉣ 가스 및 연진의 침식에 강해야 한다.

(나) 코크스로용 내화물

㉠ 장시간 조업을 필요로 하는 코크스로에서 중요한 부분은 탄화실과 연소실 사이의 벽돌이 중요하다.

㉡ 주요 부분의 노재는 대부분 규석질 벽돌을 사용한다.

– 규석질 벽돌은 비열 및 열용량이 적고 열전도율이 우수하여 탄화실 벽두께를 얇게 할 수 있다.

– 하중 연화온도가 높아서 탄화실의 온도를 높일 수 있다.

– 석탄에 대한 내침식성, 내마멸성이 크고 장시간 가동이 가능하다.

단원 예상문제

1. 고로에서 출선구 머드 건(폐쇄기)의 성능을 향상시키기 위하여 첨가하는 원료는?

① SiC ② CaO

③ MgO ④ FeO

2. 열풍로의 축열실 내화벽돌의 조건으로 옳은 것은?

① 비열이 낮아야 한다. ② 열전도율이 좋아야 한다.

③ 기공률이 30% 이상이어야 한다. ④ 비중이 1.0 이하여야 한다.

해설 내화벽돌은 비열이 높고, 열전도율이 좋아야 한다.

정답 1. ① 2. ②

제 2 장 제선 원료

1. 제선 원료와 예비처리

1-1 철광석

(1) 철광석의 의미

① 철광석이란 일반적으로 공업적 또는 경제적으로 철을 제조할 수 있는 적당한 광석을 말한다.

② 철광석은 지구의 지각상 5%를 차지한다.

③ 철광석의 품위: 철 성분을 40% 이상 함유한다(단, 20%의 철을 함유한 철광석은 펠릿(pellet)으로 처리하여 사용하는 경우는 예외).

단원 예상문제

1. 철은 자연계에 많이 존재하는 원소인데 지각 중에 차지하고 있는 비율(%)은?

① 약 3 ② 약 5 ③ 약 7 ④ 약 10

정답 1. ②

(2) 철광석의 구비조건

① 철분 함량이 많을 것

② 유해성분(S, Cu, P 등)이 적을 것

③ 입도가 적당할 것

④ 피환원성이 좋을 것

⑤ 열화, 환원 분화 등의 물리성상이 양호할 것

단원 예상문제

1. 제철원료로 사용되는 철광석의 구비조건으로 틀린 것은?

① 철분 함량이 높을 것
② 품질 및 특성이 균일할 것
③ 입도가 적당할 것
④ 산화하기 쉬울 것

해설 철광석은 유해성분이 적고 피환원성이 좋아야 한다.

2. 고로용 철광석의 구비조건으로 틀린 것은?

① 산화력이 우수해야 한다.
② 적정 입도를 가져야 한다.
③ 철 함유량이 많아야 한다.
④ 물리성상이 우수해야 한다.

해설 환원력이 우수해야 한다.

정답 1. ④ 2. ①

(3) 철광석의 피환원성

① 기공률이 클수록(20% 이상) 피환원성이 좋다.

② 입도가 작을수록 표면적이 커서 피환원성이 좋다.

③ 산화도가 높을수록 피환원성이 좋다.

④ 원료 광석 중에 fayalite($2FeO \cdot SiO_2$), ilmenite($FeO \cdot TiO_2$) 등이 존재하면 환원성이 나빠진다.

산화도 = (시료 중 전O_2량 ÷ 시료 중 전Fe량) ÷ (Fe_2O_3 1mol 중 O_2량 ÷ $Fe_2O_3$1mol 중 Fe량) × 100

환원율 = 환원으로 제거된 산소량 ÷ 철광석 중의 전 산소량 × 100

금속화율 = 환원철 중의 금속철 ÷ 환원철 중의 전 철분 × 100

⑤ 상당한 강도를 가질 것

단원 예상문제

1. 철광석의 피환원성을 좋게 하는 것이 아닌 것은?

① 기공률을 크게 한다.
② 산화도를 높게 한다.
③ 강도를 크게 한다.
④ 입도를 작게 한다.

해설 강도를 작게 한다.

2. 철광석의 피환원성에 대한 설명 중 틀린 것은?

① 산화도가 높은 것이 좋다.
② 기공률이 클수록 환원이 잘 된다.
③ 다른 환원조건이 같으면 입도가 작을수록 좋다.
④ 파얄라이트(fayalite)는 환원성을 좋게 한다.

해설 파얄라이트(철감람석)는 환원성을 나쁘게 한다.

정답 1. ③ 2. ④

(4) 철광석의 종류와 성상

① 산화철광: 적철광(hematite)은 Fe_2O_3, 자철광(magnetite)은 Fe_3O_4을 주성분으로 한다.

② 수산화 철광: 갈철광(limonite)은 $Fe_2O_3 \cdot nH_2O(n=0.5 \sim 4)$을 주성분으로 하며, 광물로서는 침철광(goethite)과 인철광(lepidochrocite)이 있으며 침철광은 α−FeO · OH, 인철광은 γ−FeO · OH를 주성분으로 한다.

③ 탄산철광: $FeCO_3$을 주성분으로 한 능철광(siderite) 등이 광물에 속한다. 또 인공 철원으로는 황황철광을 배소한 황산소광(pyrite cinder). 이외에 밀 스케일(mill scale), 입철, 함철분진, 제강 slag 등과 같은 제철소 발생물이 있다.

철광석의 분류

분류	화학식	철분(%)	경도	비중	색깔	결정	특성
자철광	Fe_3O_4	50~70	5.5~6.5	4.9~5.2	철흑색	등축정계 정팔면체	강자성
적철광	Fe_2O_3	45~65	5.5~6.5	4.9~5.3	적갈색	육방능면체 판상	강자성 약자성
갈철광	$2Fe_2O_3$ nH_2O	35~55	5.0~5.5	3.4~4.0	갈색	비결정질	약자성
능철광	$FeCO_3$	30~40	3.5~4.0	3.7~3.9	황갈색	육방능면체	약자성

① 적철광

㈎ 자철광에 비해 조직이 치밀하지 않고 피환원성이 양호하다.

(나) 고로 원료로서 가장 적당한 광석이다.

(다) 적철광은 소결용 분광으로서 통기성을 저해하는 경향이 있다.

(라) 펠릿 원료로도 마광(grinding)하기 어렵다.

② 자철광

(가) 외관상으로 괴상(massive) 혹은 입상이며 불투명하다.

(나) 적철광에 비해 조직이 치밀하여 환원이 어렵다.

(다) 고로내 열분포를 악화시키므로 고로내 원료로는 바람직하지 못하다.

(라) 소결작업에서는 소결과정 등 산화할 때 다량의 열을 방출하여 분코크스가 절약되므로 매우 바람직한 원료이다.

(마) 열을 받아 고온으로 되면 팽창하는 경향이 있기 때문에 확산반응이 용이하여 확산형의 소결광을 얻을 수 있다.

(바) 우리나라에 매장되어 있는 철광석의 대부분은 자철광이며 매장량이 매우 적다. 접촉교대광상(magnitnaya형)과 정암장광상(kiruna형)이 있다.

(사) 일반적으로 P, S, Cu 등의 불순물이 많으며 피환원성은 적철광보다 나쁘다.

(아) 소결, 펠릿 원료로 산화발열 작용이 있다.

(자) 용액을 쉽게 생성하고 열소비가 적으며 산화발열 작용을 한다.

③ 갈철광

(가) 결정수를 함유하고 있어 괴광은 고로 내에서 열분해 및 분화되며 분해열을 필요로 하여 조업상 바람직하지 못하다.

(나) 소결 펠릿용 원료로서도 다량의 열소비형은 생산성이 낮아지는 등의 문제가 있어 고품위 이외에는 별로 사용되지 않는다.

④ 능철광

(가) 외관상으로 담황색이나 황갈색 또는 암갈색이다.

(나) 가열하면 쉽게 분해를 일으키는데 400~600℃에서 탄산가스를 배출하여 FeO로 바뀌고, 공기 중에서는 즉시 적철광으로 산화되고, 환원분위기에서는 자철광으로 변한다.

(다) 고로 내에서 분해할 때는 흡열반응을 일으키고 방출한 CO_2가스가 solution loss의 원인이 되어 고로 원료로서는 적당하지 않다.

(라) 철분 함량이 낮아 소결에 이용하여 철분을 높인다.

단원 예상문제

1. 철광석의 종류와 주성분의 화학식이 틀린 것은?

① 갈철광: Fe_SO_4 ② 적철광: Fe_2O_3 ③ 자철광: Fe_3O_4 ④ 능철광: $FeCO_3$

해설 갈철광: $Fe_2O_3 \cdot H_2O$

2. 자철광에 해당되는 분자식은?

① Fe_2O_3 ② Fe_3O_4 ③ $Fe_2O_3 \cdot H_2O$ ④ $FeCO_3$

해설 자철광: Fe_3O_4, 갈철광: $Fe_2O_3 \cdot H_2O$, 능철광: $FeCO_3$

3. 다음 중 고로 원료로 가장 많이 사용되는 적철광을 나타내는 화학식은?

① Fe_3O_4 ② Fe_2O_3 ③ $Fe_3O_4 \cdot H_2O$ ④ $2Fe_2O_3 \cdot 3H_2O$

해설 적철광: Fe_2O_3, 자철광: Fe_3O_4, 갈철광: $Fe_2O_3 \cdot 3H_2O$, 능철광: $FeCO_3$

4. 다음 중 능철광을 나타내는 화학식으로 옳은 것은?

① $FeCO_3$ ② Fe_2O_3 ③ Fe_3O_4 ④ FeO

5. 다음 소결원료 중 광물적 주원료에 해당되는 것은?

① 자철광 ② 생석회 ③ 밀 스케일 ④ 보크사이트

해설 자철광은 광물적 주원료에 속한다.

6. 다음의 철광석 중 철분의 함량이 가장 많은 것은?

① 적철광 ② 자철광 ③ 갈철광 ④ 능철광

해설 철분 함량은 자철광(72%), 적철광(70%), 갈철광(59.8%), 능철광(48.2%)의 순서이다.

7. 다음의 철광석 중 이론적인 Fe의 품위가 가장 높으며 강자성을 띄는 철광석은?

① 적철광 ② 자철광 ③ 갈철광 ④ 능철광

8. 적은 열소비량으로 소결이 잘되는 장점이 있어 소결용 또는 펠릿 원료로 적합한 광석은?

① 능철광 ② 적철광 ③ 자철광 ④ 갈철광

9. 다음 철광석 중 결정수 등의 함유 수분이 높은 철광석은?

① 자철광 ② 갈철광 ③ 적철광 ④ 능철광

정답 1. ① 2. ② 3. ② 4. ① 5. ① 6. ② 7. ② 8. ③ 9. ②

(5) 철광석의 구분

① 분광(fine): 입도가 8mm 이하이며 전량 소결용으로 사용된다.

② 정립광(sized lump): 입도 8∼30mm의 정립된 철광석으로 원료처리 설비에서 선별하여 8mm 이하는 소결용으로 사용하고, 8mm 이상은 고로에서 사용한다.

③ 괴광(run of mine): 광산에서 채광된 덩어리 상태의 입도가 250mm 이하인 괴광으로서 원료처리 설비에서 정립(파쇄, 선별)하여 8∼30mm는 고로용으로, 8mm 이하는 소결용으로 사용한다.

1-2 철광석의 평가 및 화학적 성질

(1) 철광석의 평가

① 철광석의 평가기준은 T·Fe의 함량이 높고 불순물이 적어야 한다.

② T·Fe 함량이 높아도 P, S, Cu 등의 불순물이 많으면 사용가치가 없다.

③ 입도 구성이 맞지 않으면 사용할 수 없다.

④ 미분이 너무 높으면 소결 생산성을 악화시키기 때문에 1차 가공을 거쳐 펠릿 등으로 만들어 사용해야 한다.

(2) 화학적 성질

① 노내에서 환원되지 않는 것

㈎ 강한 염기성을 나타내는 알칼리류나 알칼리 산화물로 CaO, MgO, Al_2O_3 등이 이에 해당된다.

㈏ Na_2O, K_2O은 노벽침식이 강하여 연와를 크게 손상시키므로 장입계산 시 규제가 필요하다.

㈐ Al_2O_3은 유동성이나 용융상에 큰 영향을 주기 때문에 15% 이내로 제한한다.

② 노내에서 환원되는 것

㈎ As 및 P의 화합물은 노내에서 쉽게 환원되어 선철 중에 합금을 형성하지만 강의 성질을 크게 해친다.

㈏ Ni, Cu, Zn, Sn 등도 환원되어 선철 중에 들어가지만 Zn은 노내에서 증발하여 노벽을 많이 손상시키므로 장입시 규제가 필요하다.

㈐ 규산염이나 SiO_2, TiO_2, S, Mn, Cr 등의 화합물은 노내에서 일부 환원되어 선

철 중에 들어가고 나머지는 광재(slag, 鑛滓)로 변한다.

③ 배합원료 수분

(가) 소결기에서 수분의 역할: 원료를 조립화하고 통기성을 향상시키며 열교환의 매개체로 작용한다.

(나) 수분에는 결정수와 부착수가 있다.

㉠ 결정수: 다량의 분해열을 요하고 분해할 때 쉽게 분화되어 노내 통기성을 악화시키는 요인이 된다.

㉡ 부착수: 보통 습분이라고 하며, 광석 표면의 부착수는 100℃에서 건조할 때 증발한다.

(다) 목표 수분값은 장입원료의 통기도, 풍상온도, 배광부의 상태, 원료입도 등을 고려하여 설정한다.

(라) 원료의 포화수분값은 50~60%, 수분값은 5~7% 범위를 목표로 한다.

(마) 수분관리를 위해서는 중성자 수분계를 사용하는 방법, 건조법 또는 손으로 뭉쳐 보는 방법 등이 있다.

단원 예상문제

1. 다음의 고로 장입을 환원하기 쉬운 것은?

① MgO ② FeO ③ Al_2O_3 ④ CaO

2. 다음 고로 장입물 중 환원되기 가장 쉬운 것은?

① Fe ② FeO ③ Fe_3O_4 ④ Fe_2O_3

3. 다음 중 고로 안에서 거의 환원되는 것은?

① CaO ② P_2O_5 ③ MgO ④ Al_2O_3

4. 고로 내에서 노내벽 연와를 침식하여 노체 수명을 단축시키는 원소는?

① Zn ② P ③ Al ④ Ti

5. 소결작업 중 입자의 일부가 용융되어 규산염과 반응하여 슬래그를 만들어 광립을 서로 결합시키는 곳은?

① 하소대 ② 환원대 ③ 연소대 ④ 건조대

6. 소결원료에 첨가하는 수분의 결정 요소와 거리가 먼 것은?

① 원료의 입도　　② 원료의 통기도

③ 사용 공기량　　④ 풍압 및 온도

정답 1. ② 2. ④ 3. ② 4. ① 5. ③ 6. ③

1-3 부·잡원료와 특성

(1) 부 · 잡원료의 정의

부 · 잡원료란 철광석 이외의 함유철분을 이용하거나 고로 및 소결의 slag volume을 위해서 사용되는 원료를 말한다.

(2) 부 · 잡원료의 종류 및 특징

① 석회석(limeston)

(가) $CaCO_3$(CaO 56%)를 주성분으로 한다.

(나) 석회석은 제강용으로는 비결정질(비정질 치밀 석회석)이 사용되고, 고로 및 소결에는 결정질과 비결정질이 모두 사용된다.

(다) 고로에서는 염기도 조절용으로 소량 사용되고, 대부분 소결에서 CaO 조절용으로 쓰인다.

(라) 입도 3mm 이하가 적당하며 그 이상이면 분코크스의 소요가 증가한다.

(마) 고로의 노황 불량은 소결광 강도 및 입도저하가 원인이며 노내에서 피환원성 감소로 고로의 괴코크스 사용량이 증가한다.

(바) SiO_2는 노내에서 CaO와 결합하여 유효 석회분을 감소시키므로 용광로에 2% 이하, 평로에는 1% 이하를 첨가하여 이용한다.

② 백운석(돌로마이트: dolomite)

(가) 비중은 2.9이다.

(나) 탄소와 Mg의 비율은 58.3 : 41.7이다.

(다) 제선에서는 성분조성이 $CaCO_3 \cdot MgCO_3$인 부원료로 많이 쓰인다.

③ 사문암(serpentinite)

(가) 조성은 $3MgO \cdot 2SiO_2 \cdot 2H_2O$이다.

(나) 고로에 직접 장입하여 소결광의 MgO 및 SiO_2 조절용 또는 노의 내화재로 사용된다.

(다) 입도가 미세할수록 소결조업에서 고품질을 얻고, 원단위 절감으로 생산능력을 향상시킨다.

(라) 고로에 사용하면 고온에서 슬래그의 성분조절이 가능해 백운석처럼 광재의 유동성을 개선하고 탈황성능을 향상시킨다.

④ 사철(iron sand)

(가) 소결에서 이산화티타늄(TiO_2)의 원료로 사용되어 소결광 중 적당량의 성분(0.11~0.30%)을 함유시키므로 고로에서 노저보호의 역할을 한다.

(나) 소결광 중 TiO_2 함량이 0.3% 이상이면 소결광 환원분화지수(RDI: reduction degradation index)의 악화를 초래한다.

⑤ 밀 스케일[mill scale, 흑피(黑皮)]

(가) 압연공정에서 발생하는 부산물로, 철분 함유율이 70% 이상으로 높아 Fe 및 FeO 원료로 사용된다.

(나) 소결과정에서 급속한 산화로 인한 발열반응을 일으켜 분코크스 원단위가 감소되고 소결성이 좋아 강도를 확보하는 데 효과적이다.

(다) 화학성분이 월등하여 사용비가 증가할수록 가치가 높다.

⑥ 망가니즈(Mn) 광석

(가) 고로에서 선중의 Mn 성분이 증가한다.

(나) 노내에서 탈황, 탈산작용을 한다.

(다) 슬래그의 유동성이 증가한다.

(라) 인성이 증가한다.

⑦ 자선분광 전로 슬래그

(가) 자선분광은 전로 취련시 발생하는 슬래그로서 파쇄처리하여 자선된 것이다.

(나) 전로 슬래그 또는 no metal은 소결에서 사용한다.

⑧ 생석회(quick lime)

(가) 소결배합원료를 혼합 및 조립할 때 의사입화 향상을 위한 점결제로 사용한다.

(나) 소결 생산성의 증가에 절대적인 역할을 한다.

⑨ 규사(quartz sand)

(가) 소결광의 SiO_2 조절용으로 사용한다.

(나) 규석 대체용이다.

⑩ BF Dust(용광로 더스트, blast furnace dust)

(가) 고로가스로부터 더스트(dust)로 포집된 것이며, 철 원료보다 열원으로서 소결에 사용한다.

(나) 1차 제진기에서 얻은 것을 더스트라고 한다.

⑪ 분백운석 및 분석회석

석회소성 공정에서 발생하는 20mm 이하의 덩어리를 3mm 이하로 파쇄하여 소결광의 MgO 및 CaO조절용으로 사용한다.

⑫ 미니펠릿(mini-pellet)

제철소 내에서 발생하는 소결집진 더스트, 원료집진 더스트, 전로 더스트, 전로 슬러지 등 미분을 원료로 적정 수분을 첨가하여 펠릿으로 조립한 것이며 소결에서 사용한다.

단원 예상문제

1. 고로 부원료로 사용되는 석회석을 나타내는 화학식은?

① $CaCO_3$ ② Al_2O_3 ③ $MgCO_3$ ④ SiO_2

2. $CaCO_3$를 주성분으로 하는 퇴적암으로 염기성 용재로 사용되는 것은?

① 규석 ② 석회석 ③ 백운석 ④ 망가니즈 광석

3. 제선에서 많이 쓰이는 성분조성 $CaCO_3 \cdot MgCO_3$인 부원료를 무엇이라고 하는가?

① 규석 ② 석회석 ③ 백운석 ④ 감람석

4. 용광로 조업말기에 TiO_2, 장입량을 증가시키는 주 이유는?

① 제강 취련 작업을 원활히 하기 위해서

② 용선의 유동성 향상을 위해서

③ 노저보호를 위해서

④ 샤프트 각을 크게 하기 위해서

5. 함수 광물로 산화마그네슘(MgO)을 함유하고 있으며, 고로에서 슬래그 성분 조절용으로 사용하며 광재의 유동성을 개선하고 탈황성능을 향상시키는 것은?

① 규암 ② 형석 ③ 백운석 ④ 사문암

6. Mn의 노내 작용이 아닌 것은?

① 탈황작용 ② 탈산작용
③ 탈탄작용 ④ 슬래그의 유동성 증대

7. 다음 중 소결의 잡원료에 속하지 않는 것은?

① 석회석 ② 규석 ③ 망가니즈 ④ 형석

8. 소결조업에서 생석회의 역할을 설명한 것 중 틀린 것은?

① 의사입자의 강도를 향상시킨다.
② 소결 베드 내에서의 통기성을 개선한다.
③ 소결 배합원료의 의사입자를 촉진한다.
④ 저층 후 조업이 가능하나 분코크스 사용량이 증가한다.

해설 고층 후 조업이 가능하다.

9. 생석회 사용시 소결 조업상의 효과가 아닌 것은?

① 고층 후 조업가능
② NOx가스 발생 감소
③ 열효율 감소로 인한 분코크스 사용량의 증가
④ 의사입자화 촉진 및 강도향상으로 통기성 향상

해설 열효율 증가로 인한 분코크스 사용량이 증가한다.

정답 1. ① 2. ② 3. ③ 4. ③ 5. ④ 6. ③ 7. ③ 8. ④ 9. ③

(3) 용제

① 용제(flux)는 금속 또는 광석을 용해할 때 일정 온도에 도달하면 개재하고 있는 비금속물질과 화합해 별도의 용융체를 형성하여 맥석 및 불순물 제거, 용융금속의 유동성 향상 등의 역할을 한다.

② 용제는 철광석의 맥석 성분 및 코크스 중의 회분을 제거한다.

③ 용제를 사용하여 용탕의 유동성을 향상시킨다.

④ 산성 용제에는 규암, 규석 등이 있다.

단원 예상문제

1. 용제에 대한 설명으로 틀린 것은?

① 슬래그의 용융점을 높인다.

② 맥석 같은 불순물과 결합한다.

③ 유동성을 좋게 한다.

④ 슬래그를 금속으로부터 잘 분리되도록 한다.

해설 용제는 슬래그의 용융점을 낮춘다.

2. 좋은 슬래그를 만들기 위한 용제(flux)의 구비조건이 아닌 것은?

① 용융점이 낮을 것 ② 유해성분이 적을 것

③ 조금속과 비중차가 클 것 ④ 불순물의 용해도가 작을 것

해설 불순물의 용해도가 큰 용제가 좋은 슬래그를 만든다.

3. 노황이 안정되었을 때 좋은 슬래그의 특징이 아닌 것은?

① 색깔이 회색이다. ② 유동성이 좋다.

③ SiO_2가 많이 포함되어 있다. ④ 파면이 암석모양이다.

해설 노황이 안정되었을 때 SiO_2가 적게 포함되어 있다.

정답 1. ① 2. ④ 3. ③

(4) 기타

① 망가니즈 광석: 선철에 보통 0.5~0.6%의 Mn양을 함유시킬 목적으로 첨가한다.

② 전로 슬래그: 전로에서 발생한 슬래그는 CaO, MnO, FeO의 유용성분을 많이 함유한다.

③ 밀 스케일[mill scale, 흑피(黑皮)]

(가) 소결원료에 사용된다.

(나) 전로 슬래그로부터 분리한 인철 등은 고로의 금속철 장입물로 쓰인다.

1-4 제선 원료의 예비처리

(1) 원료처리 개요

① 철광석 및 부원료는 야드에 적치되어 고로나 소결 저광조(bin)에 입조되기 전에 정립화되어야 한다.

② 산지로부터 육상 및 해상으로 수입된 원광은 괴광의 경우 파쇄 선철을 거쳐 정광(concentrate, 精鑛)은 고로에, 분광은 소결과정을 거쳐 고로에 장입된다.

③ 분광은 소결과정을 거치기 전에 균일한 혼합을 위하여 사전에 혼합(blending) 공정을 거쳐 소결 Bin에 입조된다.

(2) 원료의 형태별 사용경로 및 특징

① 괴광(R.O.M: run of mine): 광산에서 채광된 상태로 크기는 200mm 전후이다.

② 정립광(S.L: sized lump): R.O.M을 1차로 파쇄하여 30mm 이하로 만든 광석이며 선별처리하여 8mm 이하와 8~30mm로 구분하여 소결 및 고로에서 각각 사용한다.

③ 분광(fine ore, 粉鑛)

㈎ 보통 8mm 이하로 채광과정에서 발생하는 분광과 저품위광의 고품위화를 위한 선광작업으로 생산된 분광이 있으며, 광산 자체가 분광이 된 예도 많다.

㈏ 8mm 이하는 전량 소결원료로 사용되고 있다.

④ 펠릿(pellet)

㈎ 선광 및 채광과정에서 발생하는 극미 분광으로 이것을 소성시켜 5~20mm의 크기로 만든 광석이며, 고로에 직접 장입된다.

㈏ 생펠릿(green pellet)은 제철소 내에서 공정상 발생한 극미 분광을 펠레타이저(pelletizer) 과정을 거쳐 소결에서 사용한다.

㈐ 공해 문제를 해소하기 위한 폐기자원의 재활용이다.

(3) 선광법(選鑛法)

철광석 중에 함유된 맥석을 제거하고 철 함유량을 높이며 유해성분인 As, S 등을 제거하는 데 목적이 있다.

① 수세(세광, washing): 광석에 혼입된 점토 및 부착 불순물을 제거하기 위하여 물로 씻는 공정이다.

② 수선(hand picking)

(가) 광석 중에서 유용광물과 무가치한 맥석 등을 광석의 무게, 광택색 등으로 식별하여 손으로 직접 가려내는 것을 수선공정이라 한다.

(나) 로그 와셔(log washer), 드럼 와셔(drum washer), 세광 트롬멜(washing trommel) 등이 있다.

③ 비중 선광(gravity separation): 광석의 비중을 이용하여 선별해내는 방법이다.

④ 자력 선광(magnetic separation): 자성을 이용하여 광물을 선별하는 방법으로 자성이 없는 철광석에는 자화배소 후 이용한다.

⑤ 부유 선광(floatation): 광물을 분쇄한 미립자를 물에 넣고 적당한 부선제를 첨가함으로써 많은 기포를 발생시켜 기포 표면에 필요한 입자를 붙게 하여 표면에 띄워 맥석과 분리 회수하는 방법이다.

⑥ 중액 선광(heavy fluid separation): 비중의 차이를 이용해 선별하는 방법으로 비중 선광이 물을 이용하는 반면, 두 광물의 중간 정도의 비중을 갖는 액체 속에서 선별해내는 방법이다.

선광비는 1kg의 정광을 얻는 데 필요한 조광(raw ore, 粗鑛) kg수이다.

$$\text{선광비} = \frac{\text{원료 철광석}}{\text{정광 생산 광석}}$$

단원 예상문제

1. 광석의 철 품위를 높이고 광석 중의 유해 불순물인 비소(As), 황(S) 등을 제거하기 위해서 하는 것은?

① 균광 ② 단광
③ 선광 ④ 소광

2. 다음 중 수세법에 대한 설명으로 옳은 것은?

① 자철광 또는 사철광을 선광하여 맥석을 분리하는 방법
② 갈철광 등과 같이 진흙이 붙어 있는 광석을 물로 씻어서 품위를 높이는 방법
③ 중력에 의하여 큰 광석은 가라앉히고, 작은 강석은 뜨게 하여 분리하는 방법
④ 비중의 차를 이용하여 광석으로부터 맥석을 선발, 제거하거나 또는 광석 중의 유효 광물을 분리하는 방법

3. 다음 중 철광석의 선광법으로 가장 적합한 것은?

① 자력선광법 ② 비중선광법 ③ 중력선광법 ④ 수세법

해설 자력선광법은 300~1200 gauss 정도의 자력세기로 광석과 맥석을 분리하는 방법이다.

4. 다음 중 부유선광법에 대한 설명으로 옳은 것은?

① 자철광 또는 사철광을 선광하여 맥석을 분리하는 방법
② 갈철광 등과 같이 진흙이 붙어 있는 광석을 물로 씻어서 품위를 높이는 방법
③ 중력에 의하여 큰 광석은 가라앉히고, 작은 광석은 뜨게 하여 분리하는 방법
④ 비중의 차를 이용하여 광석으로부터 맥석을 선별, 제거하거나 또는 광석 중의 유효광물을 분리하는 방법

5. 광물을 분쇄한 미립자를 물에 넣고 적당한 부선제를 첨가하여 기포를 발생시켜 광물과 맥석을 분리하는 방법은?

① 부유 선광 ② 자력 선광 ③ 중액 선광 ④ 비중 선광

6. 두 광물의 중간 정도되는 비중을 갖는 액체 속에서 광물을 선별하는 선광법은?

① 자기 선광 ② 부유 선광 ③ 자력 선광 ④ 중액 선광

7. 자철광 1500 g을 자력 선별하여 725 g의 정광 산물을 얻었다면 선광비는 얼마인가?

① 0.48 ② 1.07 ③ 2.07 ④ 2.48

해설 $선광비 = \frac{원료\ 철광석}{정광\ 생산\ 광석} = \frac{1500}{725} = 2.07$

8. 자철광 2 kgf을 자력 선별하여 850 g의 정광 산물을 얻었다면 선광비는 약 얼마인가?

① 1.35 ② 2.35 ③ 3.35 ④ 4.35

해설 $선광비 = \frac{원료\ 철광석}{정광\ 생산\ 광석} = \frac{2000}{850} = 2.35$

정답 1. ③ 2. ② 3. ① 4. ③ 5. ① 6. ④ 7. ③ 8. ②

(4) 하소 및 배소

① 하소 (calcination): 철광석 중의 결정수를 제거하고, 또 탄산염을 분해하여 제거할 목적으로 금속원소와 산소의 반응이 별로 일어나지 않는 온도범위로 가열처리하는 방법이다.

② 배소(roasting)

(가) 광석이 녹지 않을 정도로 가열하여 화합물 및 탄산염을 분해하거나 산화도의 변화(예, $4Fe_3O_4+O_2 \rightleftarrows 6Fe_2O_3$)를 일으키고 또는 S, As 등의 유해성분을 제거하는 방법이다.

(나) 미세한 광석을 다공질의 환원되기 쉬운 상태로 바꾸거나 비자성의 광석을 강자성으로 자화하여 자력 선광법을 이용하는 데 목적이 있다.

(다) 배소법의 종류

㉠ 야적 배소(heap roasting)

㉡ 벽노 배소(roasting stall)

㉢ 회전로 배소(kiln roasting)

③ 침출법(leaching)

(가) 침출제는 Cu를 0.2~0.5% 정도 함유하고 있는데 이것은 제련과정에서 제거되지 않을 뿐만 아니라 철강품질을 나쁘게 하므로 미리 탈동(脫銅)하기도 한다.

(나) 탈동하려면 황산제를 다시 황산화 배소하든가 또는 그대로 묽은황산 또는 물에 침출하여 Cu를 압출 회수하고 잔분은 제철원료로 이용한다.

④ 정립(sizing)

(가) 철광석은 입도가 작을수록 피환원성이 좋으나 고로장입물로서는 분광이 많으면 통기성을 해치고 가스분포도가 좋지 않아 hanging slip이 생기고, 고로의 능률저하가 생긴다.

(나) 장입물의 입도 하한은 8~10mm, 상한은 25~30mm이다.

(다) 광석 정립

㉠ 고로 shaft 부의 가스 분포가 균일하다.

㉡ 장입물과 가스의 접촉 상태가 양호하다.

㉢ 코크스비가 저하된다.

(라) 장입물 입도

㉠ 광석: 하한 8~10mm, 상한 25~30mm

㉡ 소결광: 하한 5~6mm, 상한 50~75mm

㉢ 코크스: 하한 15~30mm, 상한 75~90mm

⑤ 균광(ore bedding, 均鑛): 선철품질 및 작업능률 향상, 코크스비 저하 등의 효과가 있다.

단원 예상문제

1. 광석을 그 용융온도 이하에서 가열하여 이산화탄소(CO_2) 또는 결정수(H_2O) 등의 휘발성 분말을 제거하는 조작은?

① 선광(dressing) ② 하소(calcining) ③ 배소(roasting) ④ 소결(sintering)

2. 광석을 가열하여 수산화물 및 탄산염과 같이 화학적으로 결합되어 있는 H_2O와 CO_2를 제거하면서 산화광을 만드는 방법은?

① 하소 ② 분쇄 ③ 배소 ④ 선광

3. 철광석 중의 결정수를 제거하고, 탄산염을 분해하여 CO_2 등 제련에 방해되는 성분을 가열하여 추출하는 조작은?

① 소결 ② 하소 ③ 배소 ④ 선광

4. 수분이나 탄산염 광석 중의 CO_2 등 제련에 방해가 되는 성분을 가열하여 추출하는 조작은?

① 단광 ② 괴성 ③ 소결 ④ 하소

5. 배소에 의해 제거되는 성분이 아닌 것은?

① 수분 ② 탄소 ③ 비소 ④ 이산화탄소

6. 배소에 대한 설명으로 틀린 것은?

① 배소시킨 광석을 배소광 또는 소광이라 한다.

② 황화광을 배소시 황을 완전히 제거시키는 것을 완전 탈황 배소라 한다.

③ 황은 환원 배소에 의해 제거되며, 철광석의 비소(As)는 산화성 분위기의 배소에서 제거된다.

④ 환원 배소법은 적철광이나 갈철광을 강자성 광물화한 다음 자력 설광법을 적용하여 철광석의 품위를 올린다.

해설 황은 산화 배소에 의해 제거되며 철광석의 As는 소결작업에서 제거된다.

7. 배소를 통한 철광석의 유해성분이 아닌 것은?

① 황(S) ② 물(H_2O) ③ 비소(As) ④ 탄소(C)

8. 배소광과 비교한 소결광의 특징이 아닌 것은?

① 충진 밀도가 크다.
② 기공도가 크다.
③ 빠른 기체속도에 비해 날아가기 쉽다.
④ 분말 형태의 일반 배소광보다 부피가 작다.

해설 빠른 기체속도에 비해 늦다.

9. 다음의 화학반응식 중 옳은 것은?

① $4Fe_3O_4 + O_2 \rightleftarrows 6Fe_2O_3$
② $3Fe_3O_4 + O_2 \rightleftarrows 6Fe_2O_3$
③ $4Fe_3O_4 + O_2 \rightleftarrows 5Fe_2O_3$
④ $3Fe_3O_4 + O_3 \rightleftarrows 5Fe_2O_3$

10. 균광의 효과로 가장 적합한 것은?

① 노황의 불안정
② 제선능률 저하
③ 코크스비 저하
④ 장입물 불균일 향상

해설 균광의 효과로는 선철품질 개선, 노황의 안정, 제선능률 상승, 코크스비 저하 등이 있다.

11. 용광로에서 분상의 광석을 사용하지 않는 이유와 가장 관계가 없는 것은?

① 장입물의 강하가 불균일하기 때문이다.
② 통풍의 악화 현상을 가져오기 때문이다.
③ 노정가스에 의한 미분광의 손실이 우려되기 때문이다.
④ 노내의 용탕이 불량해지기 때문이다.

12. 소결용 코크스를 다른 소결원료보다 세립으로 하는 조업상 중요한 이유는?

① 수분의 첨가율 상승
② 성분의 조정
③ 강도의 증가
④ 적절한 열분포

13. 용광로에 분상 원료를 사용했을 때 일어나는 현상이 아닌 것은?

① 출선량이 증가한다.
② 고로의 송풍을 해친다.
③ 연진손실을 증가시킨다.
④ 고로 장애인 걸림이 일어난다.

해설 분상 원료를 사용하면 출선량이 감소한다.

정답 1. ② 2. ① 3. ② 4. ④ 5. ② 6. ③ 7. ③ 8. ③ 9. ① 10. ③ 11. ④ 12. ④ 13. ①

(5) 광석의 괴상화(agglomeration)

부광의 부족 및 저품위강의 증가와 정립광 및 선광작업 등에 의한 분광석의 괴상화이다. 괴상법은 소결법, 단광법, 펠레타이징(pelletizing)법, 회전로법, 진공압출법 등이 있다.

① 괴상으로서의 중요한 성질

(가) 강도가 클 것

(나) 다공질로 환원성이 좋을 것

(다) 선철의 품질을 저하시키는 유해성분이 적을 것

(라) 고로의 내화물을 침식시키는 알칼리류를 함유하지 않을 것

(마) 장기 저장할 때 풍화와 열팽창 및 수축에 의한 붕괴를 일으키지 않을 것

(바) 강도가 커서 운반, 저장, 노내 강하 도중에 분쇄되지 않을 것

② 소결법(sintering)

(가) 8 mm 이하의 분광을 원료로 하며 대량생산에 적합하다.

(나) 고로 장입원료로 가장 우수하다.

(다) 자용성 소결광의 개발에 의한 필수 공정이다.

③ 단광법(briquetting)

(가) 단광법은 극미 분광에 적당량의 수분이나 점결제를 첨가하여 혼합한 후 가압성형하고 가열소성에 의해 경화시키는 소규모의 분광 괴성화법이다.

(나) 단광장치의 종류

㉠ 롤형 성단기: 반구형의 요철부를 설치한 2개의 롤에 물려 성형하는 방법

㉡ 프레스(press) 성단기: 형에 넣어 압축하는 방법

(다) 성형력 증가에 필요한 결합제로는 고집($MgCl_2$), 생석회[$Ca(OH)_2$], 벤토나이트(bentonite), 피치, 셀룰로오스 함유액 등이 있다.

단원 예상문제

1. 광산에서 채광된 덩어리 상태의 광석을 크러셔 파쇄 및 스크린 선별처리 후 고로 및 소결용 원료로 사용하는 것은?

① 분광 ② 정광 ③ 괴광 ④ 사하분광

2. 괴상법에 의해 만들어진 괴광에 필요한 성질을 설명한 것 중 틀린 것은?

① 다공질로 노 안에서 환원이 잘 되어야 한다.
② 강도가 커서 운반, 저장, 노내 강하 도중에 분쇄되지 않아야 한다.
③ 점결제를 사용할 때에는 고로벽을 침식시키지 않는 알칼리류를 함유하여야 한다.
④ 장기 저장할 때 풍화와 열팽창 및 수축에 의한 붕괴를 일으키지 않아야 한다.

해설 점결제를 사용할 때에는 고로벽을 침식시키는 알칼리류를 함유하지 않아야 한다.

3. 용광로 제련에 사용되는 분광 원료를 괴상화하였을 때 괴상화된 원료의 구비 조건이 아닌 것은?

① 다공질로 노안에서 산화가 잘 될 것
② 가능한 한 모양이 구상화된 형태일 것
③ 오랫동안 보관하여도 풍화되지 않을 것
④ 열팽창, 수축 등에 의해 파괴되지 않을 것

해설 다공질로 노안에서 환원이 잘 될 것

4. 분광석의 괴성화 방법이 아닌 것은?

① 세광(washing) ② 소결법(sintering) ③ 단광법(briquetting) ④ 펠레타이징

5. 덩어리로 된 괴광에 필요한 성질에 대한 설명으로 옳은 것은?

① 다공질로 노 안에서 환원이 잘 되어야 한다.
② 로에 장입 및 강하 시에는 잘 분쇄되어야 한다.
③ 선철에 품질을 높일 수 있는 황과 인이 있어야 한다.
④ 점결제에는 알칼리류를 함유하고 있어야 하며, 열팽창 및 수축에 의한 붕괴를 일으켜야 한다.

해설 괴광은 다공질로 노 안에서 환원이 잘 되고, 강하 시에는 분쇄되지 않아야 한다. 또 황과 인이 적고, 점결제에는 알칼리류를 함유하고 있어야 한다.

6. 분말로 된 정광을 괴상으로 만드는 과정은?

① 하소 ② 배소 ③ 소결 ④ 단광

7. 괴상법의 종류 중 단광법(briquetting)에 해당되지 않는 것은?

① 크루프(krupp)법 ② 다이스(dies)법 ③ 프레스(press)법 ④ 플런저(plunger)법

정답 1. ③ 2. ③ 3. ① 4. ① 5. ① 6. ④ 7. ①

1-5 원료처리 설비

(1) 벨트컨베이어(belt conveyor)

① 개요

㈎ 벨트컨베이어는 분, 곡류, 광석, 석탄 등 여러 물건이나 재료 원료 등을 일정한 방향으로 연속해서 운반하는 기계 장치이다.

㈏ 연속적이며 대량 운반장치인 벨트컨베이어는 제철소, 발전소, 시멘트, 제지, 화학공업 등에 사용된다.

② 벨트컨베이어의 요소 및 종류

㈎ 벨트컨베이어의 4요소는 확장력, 강도, 굴곡선, 계수효율이다.

㈏ 벨트컨베이어는 재질에 따라 고무, 스틸, 포, 금강, 특수 벨트컨베이어인 내열(150～200℃) 및 내상(−40℃)으로 구분한다.

㈐ 보통 벨트컨베이어는 65℃ 이내로 사용이 가능하며 50℃를 넘으면 고무분자가 분해 내지 중화합하여 변질된다.

(2) 야드(yard) 관리

야드는 각종 원료의 수입과 저장 및 불출을 원활하게 하기 위한 넓은 면적의 저광장이다. 야드를 설치할 때에는 원료의 소요량, 안전제고 일수, 운반거리, 원료의 종류, 환경관리 및 그 지역의 기상관계 등을 고려하여야 한다.

① 야드 설비

㈎ 하역설비: 언로더, 스태커, 호퍼(hopper)

㈏ 불출설비: 리클레이머, 비상 트리퍼(tripper)

㈐ 수송설비: 벨트컨베이어, 트리퍼

㈑ 부대설비: 살수설비, 조명설비, 옹벽

참고
- 스태커(stacker): 해송 및 육송된 원료를 벨트컨베이어를 통해 야드에 적치하는 역할을 하며 주행장치와 선회장치가 있어 원활한 원료적치 작업이 가능하다.
- 리클레이머(reclaimer): 스태커에 의해 야드에 적치된 원료를 불출대상 공장의 소요시점에 맞춰 불출하기 위한 설비로, boom 선단에 위치한 로터리 버킷 휠→벨트컨베이어 슈트→지상 벨트컨베이어를 통하여 각 공장에 원료로 불출된다.
- 언로더(unloader): 광석을 선박으로부터 하역하는 설비이다.

② 야드 저장계획: 야드 광석을 저장할 때 일반적으로 고려할 사항은 다음과 같다.

(가) 원료의 불출능력에 따라 야드 스페이스가 생기는 시간적 여유

(나) 야드 내의 도저(dozer) 작업

(다) 원료의 사용처와 가까운 저장위치

(라) 종류별 원료의 독립된 파일로 적치

(마) 원료반입주기 및 선박이나 화차에 의한 1회 반입량

(바) 원료의 비중, 안식각

(사) 스태커 리클레이머(stacker reclaimer)의 저장(boom) 높이 및 선회각도와 반경 등

단원 예상문제

1. 야드에 적치된 원료를 불출대상 공장의 소요시점에 불출하는 장비는?

① 스태커(stacker) ② 리클레이머(reclaimer)
③ 언로더(unloader) ④ 크러셔(crusher)

2. 리클레이머(reclaimer)의 기능으로 옳은 것은?

① 원료의 적치 ② 원료의 불출 ③ 원료의 정립 ④ 원료의 입조

3. 야드 설비 중 하역설비에 해당되지 않는 것은?

① Stacker ② Rod mill ③ Train hopper ④ Unloader

해설 ①, ③, ④는 하역설비이고 ②는 파쇄장치이다.

4. 각종 원료의 수입과 저장 및 불출을 원활하게 하기 위한 yard 설비가 아닌 것은?

① reclaimer ② train hopper ③ sinter ④ stacker

5. 야드 설비 중 불출 설비에 해당되는 것은?

① 스태커(stacker) ② 언로더(unloader)
③ 리클레이머(reclaimer) ④ 트레인 호퍼(train hopper)

해설 ①은 적치장치, ②는 하역장치, ③은 불출장치, ④는 원료 이송장치이다. 이외에 로드 밀(rod mill)은 분쇄장치이다.

정답 1. ② 2. ② 3. ② 4. ③ 5. ③

(3) 파쇄 및 선별

① 야드에 입하된 광석을 고로 및 소결공장에서 필요로 하는 입도로 파쇄, 선별처리하기 위한 설비로 크러셔(crusher)와 스크린(screen) 등으로 구성되어 있다.

② 부속설비로 괴광을 저장하는 조광 호퍼와 파쇄 및 선별 광석을 크기별로 임시 저광(貯鑛)하는 장치가 있다.

단원 예상문제

1. 수송물을 저장하는 곳은?

① 텐션(tension) ② 플레임(flame) ③ 호퍼(hopper) ④ 벨트(belt)

해설 호퍼는 깔때기 모양으로 수송물을 저장하는 곳이다.

정답 1. ③

(4) 혼합(blending) 설비 및 관리

① 혼합

(가) 혼합은 원료 야드에 적치된 각종 소결원료를 배합 적치하는 것이다.

(나) 원료의 입도편석, 원료의 부분불출로 인한 편석, 원료 자체의 성분변동을 감소시키는 소결용 원료의 사전처리 공정이다.

(다) 혼합 공정과정에서 결과적으로 배합효율을 향상시키기 때문에 품질의 안정을 기대할 수 있다.

(라) 혼합광은 소결원료의 약 80%를 차지하므로 소결의 품질 및 성분변동에 큰 영향을 준다.

(마) 고로에서 80%를 사용한다.

② 혼합 설비

(가) 저광조(blending bin) 및 정량절출장치(CFW: costant feed weighter)

(나) 원료를 단계적으로 적부하는 스태커(stacker)

(다) 프리즘(prisum)형 적부된 파일을 일단으로 원료를 긁어내는 리클레이머(reclaimer) 등이 속한다.

③ 혼합 적치 방법

(가) 스태커 절환위치에 따른 적치방식

㉠ 미세조정(fine control)법

㉡ 스탠더드(standard)법

㉢ 엑스트라 파인(extra fine)법

㈏ 파일 구성방법에 따른 적치방식

㉠ 3블록 시스템

㉡ 4블록 시스템

㉢ 프리 블렌딩 방식

단원 예상문제

1. 고로 원료의 균일성과 안정된 품질을 얻기 위해 여러 종류의 원료를 배합하는 것을 무엇이라 하는가?

① 블렌딩(blending) ② 워싱(washing) ③ 정립(sizing) ④ 선광(dressing)

2. 여러 종류의 철광석을 혼합하여 저치하는 블렌딩(blending)의 이점이 아닌 것은?

① 입도를 균일하게 한다.

② 원료의 성분을 안정화한다.

③ 야드 적치 시 편석이 잘 되게 한다.

④ 양이 적은 광종도 적절히 사용할 수 있다.

해설 야드 적치 시 편석이 잘 되지 않게 한다.

정답 1. ① 2. ③

2. 소결 및 펠레타이징

2-1 소결원료

(1) 소결의 개요

① 소결(sintering): 분광 괴성법이며, 세립의 분철광석을 부분용융에 의해 괴성광으로 만드는 방법이다.

② 제조공정 순서: 원료 절출→원료의 배합과 혼합공정→원료의 장입→점화→괴성화→1차 파쇄 및 선별→냉각→2차 파쇄 및 선별→저장 후 고로장입

③ 이점
㈎ 높은 생산성
㈏ 코크스의 원단위 저하
㈐ 상온강도 및 피환원성의 향상

④ 괴상으로서 중요한 성질
㈎ 강도가 클 것
㈏ 다공질로 환원성이 좋을 것
㈐ 선철의 품질을 저하시키는 유해성분이 적을 것
㈑ 고로의 내화물을 침식시키는 알칼리류를 함유하지 않을 것
㈒ 장기 저장할 때 풍화와 열팽창 및 수축에 의한 붕괴를 일으키지 않을 것

단원 예상문제

1. 소결광을 고로에 사용했을 때의 장점에 해당되지 않는 것은?

① 원료비 절감 ② 피환원성 향상
③ 코크스연소 촉진 ④ 용선성분 안정화

2. 소결법을 시행하는 이유가 아닌 것은?

① 생산성을 증가시키기 위하여
② 코크스의 원단위를 증가시키기 위하여
③ 제선의 능률을 향상시키기 위하여
④ 적합한 입도를 유지시키기 위하여

해설 소결법은 코크스의 원단위를 저하시키기 위해 시행한다.

3. 소결 공정의 일반적인 조업순서로 옳은 것은?

① 원료 절출→혼합 및 조립→원료장입→점화→괴성화→1차 파쇄 및 선별→냉각→2차 파쇄 및 선별→저장 후 고로 장입
② 원료 절출→원료장입→혼합 및 조립→1차 파쇄 및 선별→점화→괴성화→냉각→2차 파쇄 및 선별→저장 후 고로 장입
③ 원료 절출→1차 파쇄 및 선별→혼합 및 조립→원료장입→점화→괴성화→냉각→2차 파쇄 및 선별→저장 후 고로 장입
④ 원료 절출→괴성화→1차 파쇄 및 선별→혼합 및 조립→원료장입→점화→2차 파쇄 및 선별→냉각→저장 후 고로 장입

4. 소결의 일반적인 공정순서로 옳은 것은?

① 혼합 및 조립→원료장입→소결→점화→냉각
② 혼합 및 조립→원료장입→점화→소결→냉각
③ 원료장입→혼합 및 조립→소결→점화→냉각
④ 원료장입→점화→혼합 및 조립→소결→냉각

정답 1. ③ 2. ② 3. ① 4. ②

(2) 배합원료

소결원료에는 철광석 분광, 분석회석, 분코크스 외에 철원료로서 사철 및 스케일, 고로슬래그, 전로슬래그, 분진으로 만든 미니펠릿(mini-pellet)이 있고, 연료는 무연탄, 오일 코크스(oil coke)가 사용된다. 성분조정 및 품질안정제는 규사, 사문암, Ni슬래그, 백운석 등이다.

① 혼합원료에 석회석을 첨가한 것이 신원료이다.
② 반광(입도 6 mm 이하) 및 분코크스를 합한 것이 전 원료이다.
③ 배합원료의 Fe분은 45~55%의 범위이다.
④ 소결광의 강도 유지를 위하여 FeO, SiO_2를 첨가한다.
⑤ 배합원료의 입도는 10 mm 이하, 미분은 125μm 이하이다.
⑥ 소결광은 냉각, 파쇄, 선별 설비를 거쳐 정립(5~50 mm)시킨다.

(3) 소결광의 품질관리

① 품질관리 기준: 고로 원료로서 강도, 입도, 열간 환원성, 화학성분 등이다.
② 소결성이 좋은 원료
㈎ 생산성이 높은 원료
㈏ 분율이 낮은 소결광을 제조할 수 있는 원료
㈐ 강도가 높은 소결광을 제조할 수 있는 원료
㈑ 적은 양으로 소결광을 제조할 수 있는 원료
③ 분코크스
㈎ 입도는 15~25 mm 이하이다.
㈏ 분코크스의 배합률은 3~10%이다.
㈐ 분코크스의 원단위는 소결광 톤당 45~55 kg이다.

④ 분석회석

(가) 분석회석의 배합률은 목표 염기도 및 신원료 중 SiO_2에 따라 10~20% 정도가 적당하다.

(나) 입도는 6mm 이하이다.

⑤ 배합원료 수분

(가) 목표 수분값은 장입원료의 통기도, 풍상온도, 풍상부압, 비광부의 상태, 원료 입도 등의 요소를 고려하여 결정한다.

(나) 원료의 포화 수분값은 50~60%이다.

(다) 수분값은 5~7% 범위이다.

(라) 수분관리는 중성자수분계, 건조법이나 손으로 뭉쳐보는 방법을 이용한다.

⑥ 반광

(가) 반광 사용량은 전원료의 30~35% 이하이다.

(나) 입도는 5mm 이상이 20~30%이다.

단원 예상문제

1. 소결용 원료로서 적합하지 않은 것은?

① 고로 더스트(dust) ② 스케일 ③ 사하분광 ④ 펠릿(pellet)

해설 소결용 원료로는 분광, 황산제, 사철, 스케일, 고로 더스트, 전로 연진 등이 적합하다.

2. 소결조업의 목표인 소결광의 품질관리 기준이 아닌 것은?

① 성분 ② 입도 ③ 연성 ④ 강도

해설 소결광의 품질관리 기준은 성분, 입도, 강도, 열간 환원성 등이다.

3. 다음 설명 중 소결성이 좋은 원료라고 볼 수 없는 것은?

① 생산성이 높은 원료

② 분율이 높은 소결광을 제조할 수 있는 원료

③ 강도가 높은 소결광을 제조할 수 있는 원료

④ 적은 원료로서 소결광을 제조할 수 있는 원료

4. 소결원료에서 배합원료의 수분값의 범위로 가장 적당한 것은?

① 1~2 ② 5~8 ③ 10~17 ④ 20~27

정답 1. ④ 2. ③ 3. ② 4. ②

(4) 배합상의 문제

① 자철광계 원료

㈎ 자철광계는 소결광에 좋은 원료이다.

㈏ 자철광계의 사용상 이점

㉠ 실수율 향상

㉡ 산화열 발생으로 코크스 원단위 저하

㈐ 자철광을 적게 사용하는 방법

㉠ 코크스양을 조절한다.

㉡ 자철광 대신에 FeO 원료(scale)를 배합한다.

㉢ 원료입도 조정을 강화한다.

㉣ 석회석 첨가량을 조절한다.

㉤ SiO_2양을 조절한다.

② 조제성분

㈎ CaO, SiO_2, Al_2O_3, MgO와 생산율의 관계

㉠ CaO, SiO_2가 증가하면 생산량이 향상된다.

㉡ Al_2O_3, MgO가 증가하면 생산량이 감소한다.

㈏ 코크스 원단위와의 관계

㉠ CaO가 증가하면 배합원료의 융점이 낮아져 코크스양은 저하한다.

㉡ Al_2O_3, MgO가 증가하면 강도를 높이기 위하여 코크스양은 증가한다.

㈐ 제품강도와의 관계

㉠ CaO, SiO_2는 제품강도를 증가시킨다.

㉡ Al_2O_3, MgO, 결정수는 제품강도를 저하시킨다.

㈑ 조재성분을 조절하기 위해 필요한 성분

㉠ CaO에 대해서는 석회석을 첨가한다.

㉡ SiO_2에는 모래, 규석 및 고로재를 첨가한다.

㉢ MgO는 사문암, 돌로마이트(dolomite)를 첨가한다.

㉣ SiO_2 및 MgO의 성분조절은 고로에서의 광재량 및 성분과 직결된다.

㉤ Al_2O_3 저하 또는 점성 저하에 의한 탈황 대책으로 중요하다.

③ 원료 입도

㈎ 5mm 이하는 제거한다.

(나) 미립원료는 펠릿으로 조립해 사용하거나 응집액에 의한 조립효과를 통해 사용이 가능하다.

(다) 석회석 등 부원료의 조대화, 생석회 사용에 의한 장입물층의 통기성 향상을 기대할 수 있다.

단원 예상문제

1. **자철광을 소결할 때 연료가 적게 드는 이유는 어느 것의 영향 때문인가?**

① MnSO　② MnS　③ FeO　④ CaCO

해설 FeO는 소결광의 피환원성을 나타내는 지수로서, 자철광을 소결할 때 연료가 적게 드는 이유와 관련이 있다.

2. **소결광 품질에 나쁜 영향을 미치고 고로 슬래그의 품성을 높이는 것은?**

① SiO_2　② Al_2O_3　③ CaO　④ MgO

3. **소결원료 중 조재성분에 대한 설명으로 옳은 것은?**

① CaO의 증가에 따라 생산율이 감소한다.

② MgO의 증가에 따라 생산율이 증가한다.

③ SiO_2는 제품의 강도를 증가시킨다.

④ Al_2O_3는 결정수를 증가시킨다.

해설 CaO의 증가에 따라 생산율이 증가하고, MgO의 증가에 따라 생산율이 감소한다. SiO_2는 제품의 강도를 증가시키고, Al_2O_3는 결정수를 감소시킨다.

4. **소결원료 중 조재성분에 대한 설명으로 옳은 것은?**

① Al_2O_3는 결정수를 감소시킨다.

② SiO_2는 제품의 강도를 감소시킨다.

③ MgO의 증가에 따라 생산성을 증가시킨다.

④ CaO의 증가에 따라 제품의 강도를 감소시킨다.

5. **소결광 중에 철 규산염이 많을 때 소결광의 강도와 환원성은?**

① 강도는 떨어지고, 환원성도 저하한다.

② 강도는 커지나, 환원성은 저하한다.

③ 강도는 커지고, 환원성도 향상된다.

④ 강도는 떨어지나, 환원성은 향상된다.

6. 고로에서 요구되는 소결광의 적정입도(mm) 범위는?

① 1~5 ② 5~50 ③ 50~80 ④ 80~150

정답 1. ③ 2. ② 3. ③ 4. ① 5. ② 6. ②

2-2 소결설비

(1) 소결설비의 종류

과거에는 GW(Green Walt pan)식, AIB(Allmanna Inginiors Byron disc)식의 소결설비가 사용되었으나, 불연속의 배치(batch)식이어서 생산성이 나쁘므로 현재는 사용되지 않고 주로 연속식인 DL(Dwight Lloyd machine)식을 사용한다. 소결광의 대량생산 및 소결기의 자동화가 급속히 발전하여 현재는 주로 드와이트 로이드식이 사용되고 있다.

① 드와이트 로이드(DL : dwight lloyd machine)식

(가) 설비 구성: 본체, 장입장치, 펠릿, 구동장치, 점화설비, 풍상(wind box), 주배풍설비, 파쇄 및 선별설비 등으로 이루어져 있다.

(나) 장단점

장점	단점
• 연속식이므로 대량생산에 적합하다. • 고로의 자동화가 가능하다. • 인건비가 저렴하다. • 방진장치 설치가 용이하다.	• 배기장치의 누풍량이 많다. • 기계 부분의 손상과 마모가 크다. • 한 곳의 고장으로 전체가 정지한다. • 소결 불량 시 재점화가 불가능하다. • 전력비 소모가 크다.

② 소결원료 작업 및 설비

(가) 슬립(slip)의 원인

㉠ 벨트의 장력 부족

㉡ 벨트가 젖거나 또는 오물에 의한 벨트차 표면의 마찰계수 저하

㉢ 구동 벨트차 표면의 마모

㉣ 이물이 끼어들어 주행저항 증대

㉤ over load

(나) 사행의 원인

㉠ 리턴 롤러(return roller), 헤드풀리(head pulley)의 부착물

㉡ 헤드풀리의 취부불량 및 마모

㉢ 슈트(chute) 출구 물량에 의한 편하중

㉣ 벨트 자체의 결함

㉤ 프레임(frame)의 결함

③ 팬 컨베이어(pan conveyor)

(가) 고온물질을 운반할 때 사용한다.

(나) 에프런(apron)의 깊이를 깊게 하고 버킷(bucket) 모양으로 해서 30~60° 정도의 경사에 사용한다.

④ 로드 밀(rod mill)

(가) 회전 원통분쇄기로서 소결연료인 분코크스를 분쇄하는 데 사용된다.

(나) 원통 내부에 봉강을 넣어 회전시키면 장입된 코크스(크기 24mm 이하)가 로드의 충격에 의해 분쇄 배출된다.

(다) 로드 밀의 깊이는 지름의 2~4배 정도이고, 로드의 지름은 80~90mm, 길이는 거의 밀의 길이와 비슷한 3.5~4.0mm로 밀 내 용적의 40~45%(135~145본: 중량 170~180kg/EA)를 차지한다.

⑤ 배합설비-정량절출장치(C.F.W: constant feed weigher): 저광조(ore rin)에서 원료가 벨트 상으로 배출되면 벨트가 처지는 상태를 검출하여 그 변화에 따라 자동으로 벨트 속도를 조절하여 목표 절출량에 맞게 절출하는 장치이다.

(가) 벨트 급광기(belt feeder)

㉠ 저광조로부터 원료를 최초로 공급받는 벨트이며 절출량은 벨트의 속도와 게이트 간격으로 조절된다.

㉡ 벨트컨베이어는 기장이 짧기 때문에 속도를 30m/min 이하로 제한하고 내마모성을 가진 것으로 선택한다.

(나) 테이블 피더(table feeder): 저광조에서 원료가 배출될 때 적당한 간격을 두고 아래에 있는 단판을 회전시켜 그 위에 원추형으로 쌓이는 원료를 스크레이퍼(scraper)로 걸어서 떨어뜨리는 장치이다.

(다) 진동 급송기(vibrating feeder): 호퍼 하부를 약간 경사지게 하여 슈트(chute)를 설치하고 여기에 전극적 진동을 주어서 원료의 유동성을 높여 유출시키는 장치이다.

⑥ 혼화기: 드럼 믹서기는 원통형으로 2~6° 정도 경사지게 하고 회전하여 드럼 내의 원료를 원심력으로 높은 곳까지 올렸다가 낙하시켜 원료를 혼합하는 장치이다.

단원 예상문제

1. 다음 중 분광석을 괴상화하는 소결설비로 자동화가 가능하고 연속식이며, 대량생산용으로 가장 많이 사용하는 설비는?

① Pellettizing
② GW(greenawalt pan)식
③ DL(dwight–lloyd machine)식
④ AIB(allmanna inginiors byron disc)

2. 소결기(dwight lloyd machine)의 특성에 대한 설명으로 틀린 것은?

① 연속생산이 가능하다.
② 배기장치의 누풍량이 적다.
③ 고로의 자동화가 용이하다.
④ 방진장치 설치가 용이하다.

해설 배기장치의 공기 누설량이 많다.

3. DL(드와이트 로이드) 소결기의 특징을 설명한 것 중 틀린 것은?

① 기계 부분의 손상과 마멸이 거의 없다.
② 연속식이 아니기 때문에 소량생산에 적합하다.
③ 소결이 불량할 때 재점화가 불가능하다.
④ 한 곳에 기계고장이 있어도 기타 소결냄비 조업이 가능하다.

해설 기계 부분의 손상과 마멸이 심하고, 연속식으로 대량생산에 적합하며, 소결이 불량할 때 재점화가 불가능하고, 한 곳의 고장으로도 전체가 정지한다.

4. 드와이트 로이드(dwight lloyd) 소결기에 대한 설명으로 틀린 것은?

① 소결 불량시 재점화가 가능하다.
② 방진장치 설치가 용이하다.
③ 기계 부분의 손상과 마모가 크다.
④ 연속식이기 때문에 대량생산에 적합하다.

해설 소결 불량시 재점화가 불가능하다.

5. 가동 부분이 많아 고장이 잦고 누풍이 많은 결점이 있으나, 작업이 간편하고 작업인원이 적어도 되며 대량생산에 적합한 소결기는?

① 포트 소결기　② 그리나발트 소결기
③ 드와이트 로이드 소결기　④ AIB식 소결기

해설 드와이트 로이드 소결기는 연속식으로 대량생산 및 조업의 자동화가 용이하며, 인건비도 절약할 수 있다.

6. DL식 소결법의 효과에 대한 설명으로 틀린 것은?

① 코크스 원단위 증가　② 생산성 향상
③ 피환원성 향상　④ 상온강도 향상

해설 코크스 원단위의 감소 효과가 있다.

7. 소결기에서 연속 조업을 할 수 있는 것은?

① 드와이트 로이드식　② 그리나 발트식
③ 로터리 킬른식　④ AIB식

해설 드와이트 로이드식은 연속 조업이기 때문에 대량생산이 가능하다.

8. 소결 연료용 코크스를 분쇄하는 데 주로 사용되는 기기는?

① 스태커(stacker)　② 로드 밀(rod mill)
③ 리클레이머(reclamer)　④ 트레인 호퍼(train hopper)

해설 ①은 적치장치, ②는 분쇄장치, ③은 불출장치, ④는 원료 이송장치이다.

9. 원료처리 설비 중 파쇄 설비로 옳은 것은?

① 언로더(unloader)　② 로드 밀(rod mill)
③ 리클레이머(reclaimar)　④ 벨트컨베이어(belt conveyer)

해설 ①은 하역설비, ②는 분쇄장치, ③은 불출장치, ④는 원료 수송장치이다.

10. 저광조에서 소결원료가 벨트 상으로 배출되면 자동으로 벨트 속도를 조절해 목표량만큼 절출하는 장치는?

① constant feed weigher　② vibrating feeder
③ table feeder　④ belt feeder

정답 1. ③ 2. ② 3. ③ 4. ① 5. ③ 6. ① 7. ① 8. ② 9. ② 10. ①

(2) 소결기(sintering machine)

① 급광장치: 혼합 및 조립 처리된 배합원료와 상부광을 소결기에 급광하는 장치이다.

㈎ 급광장치의 종류

㉠ 상부광의 급광장치: 상부 호퍼 및 컷 게이트

㉡ 배합원료의 급광장치: 급광 호퍼 드럼 피더, 셔틀 컨베이어

드럼 피더 (drum feeder)	셔틀 컨베이어 (shuttle conveyor)	컷 게이트 (cut gate)
• 롤러 피더라고도 한다. • 드럼의 회전과 동시에 원료가 드럼 바로 위의 마찰로 인해 내부에서 나와 밑으로 배출되는 장치이다. • 급광량은 드럼의 회전속도와 게이트의 개구도에 의해 조절된다. • 드럼 피더의 속도는 펠릿 속도의 변화에 연동된다. • 경사관의 각도는 50~70°이다. • 지수판(cut off plate)은 원료가 펠릿에 장입되는 두께를 일정하게 유지시키고 소결상황에 따라 장입 두께의 변경이 가능하도록 되어 있다.	• 벨트컨베이어에 차륜을 설치하여 일정거리의 레일 위를 소정의 속도로 왕복운동 하도록 해놓은 장치이다. • 호퍼 내에 입도편석을 방지하는 것이 목적이다.	• 상부광을 펠릿에 장입하는 피더로서 사용되는 형식이다. • 게이트의 개도에 의하여 호퍼 내의 상부광을 펠릿의 진행과 동시에 순차적으로 절출하는 장치이다. • 상부광의 두께를 일정하게 유지하기 위한 판 역할을 한다.

㈏ 원료를 급광하는 방법

㉠ 통기성을 양호하게 한다.

㉡ 폭방향으로 연료 및 입도의 편석이 없도록 한다.

㉢ 수직방향의 정도편석으로 하여 상층부에 분코크스 함유량을 증가시킨다.

② 점화장치(ignition device)

㈎ 점화로: 소결을 하기 위해 장입원료의 표면에 착화하는 역할을 하는 노이다.

㈏ 연료: 코크스로 가스(COG: coke oven gas), 용광로 가스(BFG: blast furnace gas)가 사용된다.

㈐ 종류

㉠ 직화식: 장입원료의 표면에 직접 화염을 불어 점화하는 형식이다.

㉡ 반사식: 화염과 복사열에 의해 착화하는 형식이다.

㈑ 연소온도는 1200~1400℃이다.

㈐ 노내의 연소속도를 높여 고온 화염을 얻으므로 폭발 방지를 위해 공기 송풍기까지 착화장치에 포함시킨다.

㈑ 가스 압력이 낮은 공장에서는 가스부스터를 설치한다.

㈒ 빔(beam)을 설치하고 내부에 냉각수를 넣어 점화로의 연와 과열을 방지한다.

③ 본체: 소결기의 본체는 구동장치, 레일풍상(rail wind box), 기밀유지 장치, 전장 조정장치, 펠릿 클리너, 안전장치 등으로 구성되어 있다. 또한 중점관리 장치에는 배광부의 커브 레일에 펠릿의 마모방지 및 전장 조정장치, 펠릿과 풍상 사이의 누풍방지기구, 열팽창에 대한 기구 등이 있다.

㈎ 구동장치 및 레일

㉠ 속도조정에 필요한 가변속 전동기에 의해 구동된다.

㉡ 펠릿은 주축에 연결된 좌우 2개의 스프로킷 휠(sprocket wheel)에 의하여 구동된다.

㉢ 레일은 급광 및 배광 측의 커브 레일을 제외하고 직선 레일을 사용한다.

㈏ 기밀유지 장치

㉠ 소결반응을 능률적이고 효과적으로 수행하기 위해 펠릿 상부로만 공기를 흡입한다.

㉡ 이동하는 펠릿과 정지하고 있는 풍상 상부와의 사이는 완전한 기밀이 유지되어야 한다.

㈐ 펠릿

㉠ 점화로에서 착화된 소결광을 열간 파쇄기까지 이동시키는 대차이며, 통상 1기의 소결기는 50~160대의 펠릿으로 구성되어 배광부까지 연결된다.

㉡ 펠릿은 연속적으로 반복되는 급격한 가열, 방랭(放冷), 충격작용 때문에 특수한 구조로 이루어져 있다.

㉢ 화격자(grate bar)는 펠릿 대차 내에 담기는 배합원료를 받쳐주는 역할을 한다.

㉣ 화격자의 구비조건

- 장기간 반복하여 가열, 냉각해도 변형이나 균열이 일어나지 않을 것
- 고온에서 강도가 높을 것
- 고온에서 내산화성이 클 것

㈑ 풍상(wind box): 펠릿 위의 소결원료층을 통해 공기를 흡인하는 상자(suction box)로서 열에 강한 내식성, 내열성 강판재로 제작된다.

㈒ 배광측 커브 레일 및 전장 조정장치

㉠ 커브 레일은 펠릿을 상부 레일로부터 하부 레일에 반축(半軸)시키기 위해 통과하는 반월형의 레일이다.

㉡ 펠릿은 열팽창에 의해 전장(全長)이 늘어나는데 펠릿 마모나 조업 조건에 따라 변화의 크기가 달라진다.

㉢ 전장 조정장치란 펠릿 간격이 넓은 경우 낙하충격이 증대해 수명이 단축되고 누풍을 초래하여 구조물에 충격하중을 주므로 이 간격을 조정하는 장치를 말한다.

㈓ 열간 파쇄기(hot crusher) 및 열간 스크린(hot screen)

㉠ 파쇄기(crusher): 배광부에서 낙하되는 소결광을 150 mm 이하로 파쇄하는 역할을 하며 고열 아래로 충격을 받아 파쇄하므로 내열성, 내충격성, 내마모성이 많이 요구되어 축의 내부에 물을 통과시켜 내열, 내마모에 대처하고 있다.

㉡ 스크린(screen): 분쇄기에서 파쇄된 소결광을 진동 스크린으로 선별하는 설비로 Grizzly 방식이며, 5 mm 이하는 팬 컨베이어를 하고 반광 저광조로 입조되며 5~150 mm는 냉각설비로 운반된다.

㈔ 냉각설비(cooler)

㉠ 열간 스크린으로부터 운반된 700~800℃의 소결광을 30~40℃로 냉각시키는 설비이다.

㉡ 냉각방법으로는 저광조 타입(bin type) 원형회전 테이블이 사용된다.

㉢ 냉각광층을 두껍게 하여 흡인 통풍방식으로 소결광의 균일 냉각을 실시한다.

㈕ 파쇄 및 선별설비

㉠ 냉간 스크린(cold screen): 크러셔에서 냉각된 소결광을 선별하는 장치로서 크기 50 mm 이하는 2차 냉간 스크린에서 처리하고, 50 mm 이상은 냉간 파쇄기로 운반되어 파쇄된다.

㉡ 냉간 파쇄기(cold crusher): 냉간 스크린에서 운반된 50 mm 이상의 것은 50 mm 이하로 파쇄하여 2차 냉간 스크린으로 운반되거나 고로에 곧바로 보내진다.

㉢ 2, 3차 냉간 스크린

- 냉간 스크린이나 냉간 파쇄기를 거쳐 나온 소결광은 2차 screen에서 10 mm 이하는 3차 냉간 스크린으로 운반되어 다시 5 mm 이상은 고로 저광조(bin)로, 5 mm 이하는 냉간(cold) 반광으로 반광 저광조에 들어간다.

• 2차 스크린에서 10~15 mm의 상부광을 선별하여 상부 저광조로 넣는다.

• 3, 4차 소결공장에는 운반물량의 과다로 냉간 스크린 이후의 1, 2, 3차 냉간 스크린이 각각 두 개씩 설치되어 있다.

(자) 주 배풍기(main blower)

㉠ 배풍기로서 소결기에서 발생된 배기가스를 풍상, 배풍 지관, 배풍 본관 등을 통해 흡인하여 연돌로 내보내는 역할을 한다.

㉡ 배기가스의 온도는 일반적으로 120℃ 정도이고 성분은 CO_2, O_2, SO_2, N_2 등이지만, 보통 CO_2를 약 5% 포함하는 공기로 취급한다.

㉢ 소결기로부터 흡인되는 배기가스 중 더스트(dust)의 대부분은 집진실(settling chamber), 집진설비 등에서 제거되지만, 배풍기 입구에서의 가스 중에는 0.05~0.5 g/m^3의 더스트가 포함된다.

㉣ 소결기의 조업조건에 따라 배풍기의 흡입풍량이 감소한 경우 배풍기 입구에 설치되어 있는 댐퍼(damper)가 전개한 상태이면 서징(surging) 현상이 발생하는 일이 있기 때문에 배풍기의 특성으로서 서징한계 풍량은 50~60% 이하가 바람직하다.

• 하강관(down commer, 하수관): 풍상으로부터 배기를 받아 집진실 침전조에 연결해주는 지관으로서 열팽창 대책으로 신축이음(expansion joint)이 취부되어 있고 배풍량을 조절하는 댐퍼가 설치된다.

• 집진실(settling chamber): 하강관으로부터 배기를 받아 1차 집진하는 설비로서 입자의 자연 침강작용에 의한 집진 방식인데 대입자에만 유효하다.

(차) 집진설비(E.P: wast gas electrostatic): 소결기 본체 내의 더스트 처리를 위한 집진설비로서 주 배풍기에서 가스 주 더스트(main dust)와 풍상을 통해 가스를 흡입할 때 가스 중에 혼입된 더스트 입자가 E.P box 내의 양극(+, −) 판에 충돌하면 집진되는 설비이다.

단원 예상문제

1. 소결기의 급광장치 종류가 아닌 것은?

① 호퍼 ② 스크린
③ 드럼 피더 ④ 셔틀 컨베이어

해설 상부광의 급광장치는 호퍼, 컷 게이트 등이 있고, 배합원료의 급광장치는 드럼 피더, 셔틀 컨베이어 등이 있다.

2. 다음 중 소결기의 급광장치에 속하지 않는 것은?

① hopper ② wind box ③ cut gate ④ shuttle conveyer

해설 급광장치로는 ①, ③, ④ 외에 드럼 피더 등이 있다.

3. 소결기에 급광하는 원료의 소결반응을 신속하게 하기 위한 조건으로 틀린 것은?

① 폭방향으로 연료 및 입도의 편석이 적어야 한다.
② 소결기 상층부에는 분코크스를 증가시키는 것이 좋다.
③ 입도는 작을수록 소결시간이 단축되므로 미립이 많아야 한다.
④ 장입물의 입도분포와 장입밀도가 소결반응에 영향을 미치므로 통기성이 좋아야 한다.

해설 입도가 클수록 소결시간이 단축되므로 미립이 적어야 한다.

4. 광석의 입도가 작으면 소결 과정에서 통기도와 소결시간이 어떻게 변화하는가?

① 통기도는 악화되고, 소결시간이 단축된다.
② 통기도는 악화되고, 소결시간이 길어진다.
③ 통기도는 좋아지고, 소결시간이 단축된다.
④ 통기도는 좋아지고, 소결시간이 길어진다.

5. 소결 배합원료를 급광할 때 가장 바람직한 편석은?

① 수직방향의 정도편석 ② 폭방향의 정도편석
③ 길이방향의 분산편석 ④ 두께방향의 분산편석

6. 소결설비에서 점화로의 기능에 대한 설명으로 옳은 것은?

① 장입된 원료 표면에 착화하는 장치이다.
② 소결설비의 가열로에 점화하는 장치이다.
③ 소결설비의 보열로에 점화하는 장치이다.
④ 소결원료에 착화하는 장치이다.

7. 화격자(grate bar)에 관한 설명으로 틀린 것은?

① 고온에서 내산화성이어야 한다.
② 고온에서 강도가 커야 한다.
③ 스테인리스강으로 제작하여 사용한다.
④ 장기간 반복 가열에도 변형이 적어야 한다.

해설 화격자는 주철제를 사용한다.

8. 다음 중 코크스를 건류하는 과정에 발생되는 가스의 명칭은?

① BFG ② LDG ③ COG ④ LPG

9. 소결기 중 원료를 담아 소결이 이루어지는 설비인 펠릿에 설치된 그레이트 바(grate bar)의 구비조건이 아닌 것은?

① 고온강도가 높을 것
② 고온 내산화성이 좋을 것
③ 열적 변형 균열이 적을 것
④ 소결광과의 부착성이 좋을 것

해설 소결광과의 부착성이 적을 것

10. 펠릿 위의 소결원료층을 통하여 공기를 흡인하는 것은?

① 쿨러(cooler)
② 핫 스크린(hot screen)
③ 윈드 박스(wind box)
④ 콜드 크러셔(cold crusher)

11. 소결설비 중 풍상의 역할은?

① 흡인장치 ② 점화장치 ③ 집진장치 ④ 파쇄장치

12. 다음 풍상(wind box)의 구비조건을 설명한 것 중 틀린 것은?

① 흡인용량이 충분할 것
② 재질은 열팽창이 적고 부식에 잘 견딜 것
③ 분광이나 연진이 퇴적하지 않는 형상일 것
④ 주물재질로 필요에 따라 자주 교체할 수 있으며, 산화성일 것

해설 풍상은 주물재질로 필요에 따라 자주 교체할 수 없고 환원성이어야 한다.

13. 노체의 팽창을 완화하고 가스가 새는 것을 막기 위해 설치하는 것은?

① 더스트 캐처(dust catcher)
② 익스팬션(expansion)
③ 벤투리 스크러버(venture scruber)
④ 셉텀 밸브(septum valve)

14. 폐기가스 중 CO농도는 6% 전후로 알려져 있다. 완전연소, 즉 열효율 향상이란 측면에서 취한 조치의 내용 중 틀린 것은?

① 배합원료의 조립 강화
② 사하 분광 사용 증가
③ 적정 수분 첨가
④ 분광 증가 사용

정답 1. ② 2. ② 3. ③ 4. ② 5. ① 6. ① 7. ③ 8. ③ 9. ④ 10. ③ 11. ① 12. ④ 13. ② 14. ④

2-3 소결이론

(1) 소결원료의 분류

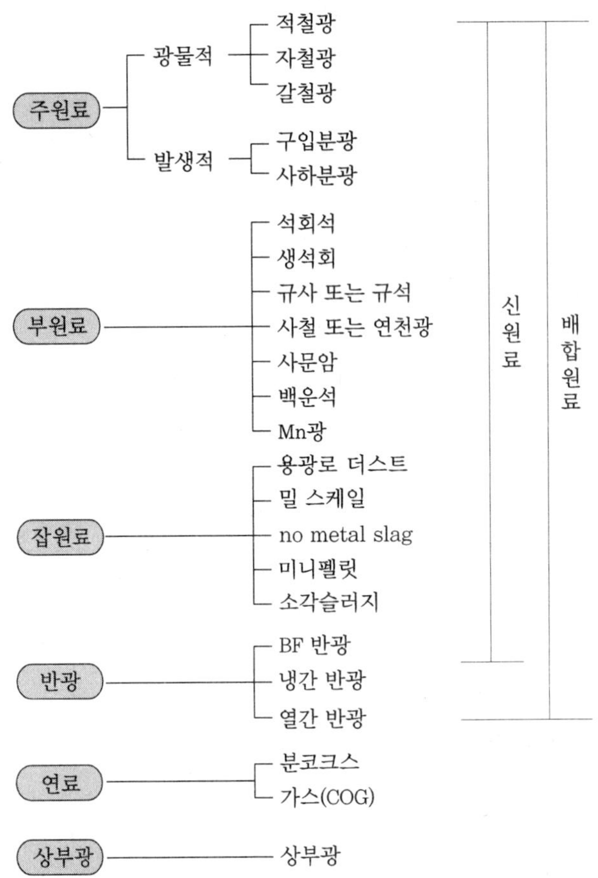

(2) 소결원료의 특성

① 자체 반광

㈎ 열간(hot) 반광: 열간 스크린(hot screen)에서 발생되는 반광이다.

㈏ 냉간(cold) 반광: 냉간 스크린(cold screen)에서 발생되는 반광이다.

② 고로 반광

㈎ 소결광을 제조하여 고로에 장입하기 전 고로 저광조(bin) 하부에서 최종적으로 발생되는 반광이다.

㈏ 소결광 반광의 입도는 5 mm 이하이다.

③ 상부광

㈎ 소결기의 그레이트 바(grate bar) 위에 깔아주는 조립의 원료로서 소결광처럼 보통 10~15mm 정도의 것을 골라 사용한다.

㈏ 화격자의 막힘 방지, 적열 또는 용융부착 방지, 배광부에서 소결광과의 분리 용이 등을 목적으로 사용한다.

단원 예상문제

1. 소결원료에서 일반적으로 입도가 6mm 이하인 소결광을 무엇이라 하는가?

① 스케일 ② 반광 ③ 연진 ④ 황산소광

2. 소결원료에서 반광의 입도는 일반적으로 몇 mm 이하의 소결광인가?

① 5 ② 12 ③ 24 ④ 48

3. 소결작업에서 상부광 작용이 아닌 것은?

① 화격자의 열에 의한 휨을 방지한다.
② 화격자의 적열 소결광 용융부착을 방지한다.
③ 화격자 사이로 세립 원료가 새어나감을 막아준다.
④ 신원료에 의한 화격자의 구멍 막힘이 없도록 한다.

해설 상부광의 작용에는 막힘방지, 적열 또는 용융부착방지, 소결광 용융부착 방지, 새나감 방지, 분리를 용이하게 함 등이 있다.

4. 소결기 그레이트 바(grate bar) 위에 깔아주는 상부광의 기능이 아닌 것은?

① grate bar 막힘 방지 ② 소결원료의 저부 배출 용이
③ grate bar 용융부착 방지 ④ 배광부에서 소결광 분리 용이

5. 상부광이 사용되는 목적으로 틀린 것은?

① 화격자가 고온이 되도록 한다.
② 화격자가 면의 통기성을 양호하게 유지한다.
③ 용융상태의 소결광이 화격자에 접착되지 않게 한다.
④ 화격자 공간으로 원료가 낙하하는 것을 방지하고 분광의 공간 메움을 방지한다.

해설 화격자가 저온이 되도록 한다.

정답 1. ② 2. ① 3. ① 4. ② 5. ①

(3) 소결 및 소결원리

① 소결조업의 목적

㈎ 품질(강도, 입도, 성분) 기준을 충족시킨다.

㈏ 생산성을 높인다.

㈐ 코크스 원단위를 내린다.

② 소결조업 관리: 소결광의 성질은 펠릿 속도, 코크스의 배합량 및 입도, 층의 두께, 장입밀도, 배합수분 등에 따라 달라진다.

③ 소결과정

㈎ 장입층의 물리 화학적 변화: 소결과정에서는 가스 흐름에 따라 이동시킨 열을 장입층에 충분히 공급해 주는 것이 기본이다.

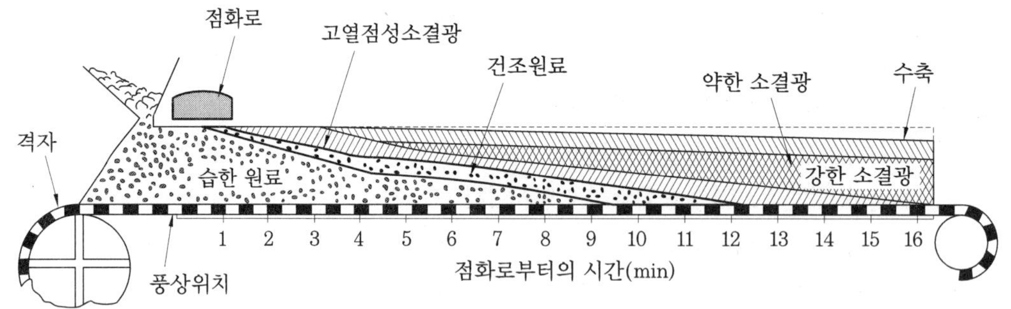

장입층의 소결층 단면

㈏ 장입층의 통기도: 장입층의 가스류를 지배하는 배합원료의 통기도는 일정 압력 구배하에서 단위체적의 원료를 통과하는 흐름으로 정의된다.

$$P = \frac{F}{A(h/s)^n}$$

여기서 F: 유량(ft^3/min) 표준상태, h: 장입층 높이(in), A: 흡인면적(ft^2),
s: 부압(inAq), n: 상수

④ 통기도 P는 BPU(British Permeability) 단위를 사용한다.

⑤ n은 흐름의 상태에 따라 변하는 값이다.

보통: $0.5 < n < 1.0$, 층류: $n = 1.0$, 난류: $n = 0.5$, 평균: $n = 0.6$

⑥ 연소대 및 습윤대의 통기도가 낮고, 소결원료의 종류 및 $CaO \cdot SiO_2$의 영향을 받는다.

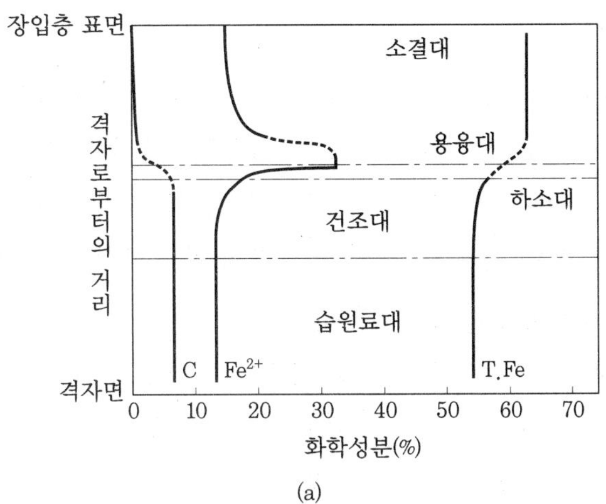

(a)

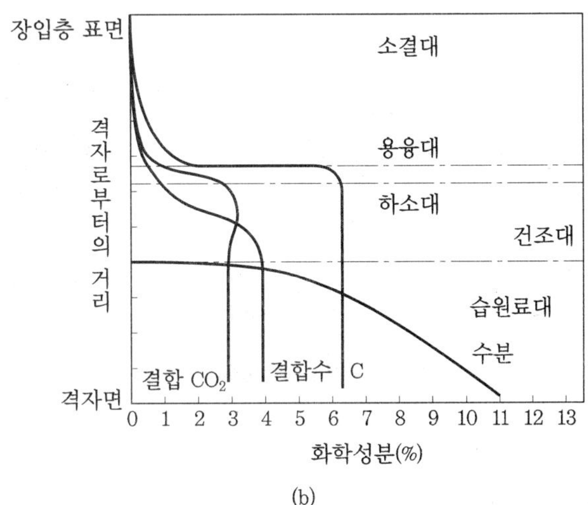

(b)

소결과정에서의 화학성분 변화

단원 예상문제

1. [보기]는 소결장입층의 통기도를 지배하는 식이다. n은 층의 가스류 흐름상태를 나타내는 값으로 평균값이 얼마일 때 가장 좋은 통기도를 나타내는가? (단, F: 표준상태의 유량, h: 장입층의 높이, A: 흡인면적, s: 부압이다.)

| 보기 |

$$P=\frac{F}{A(h/s)^n}$$

① 0.2 ② 0.4 ③ 0.6 ④ 1.2

해설 보통: $0.5<n<1.0$, 층류: $n=1.0$, 난류: $n=0.5$, 평균: $n=0.6$

정답 1. ③

(4) 소결원료의 배합

저광조로부터 전출된 각 원료는 소결기에 장입되기 전 원료배합 과정에서 혼합, 조립한다. 원료의 배합상태는 소결조업 및 품질에 큰 영향을 미치므로 원료가 저광조로부터 설정치대로 균일하게 연속적으로 절출되어야 하고 드럼에서 충분히 혼합, 조립시켜 코크스, 반광, 부원료 및 수분 등이 균일하게 분포되어야 한다.

① 의사입화(pseudo granulation, 擬似粒化)

원료의 배합과정에서 적정 수분첨가 및 믹서와 반복롤링(rerolling)에 의해 원료 중의 큰 입자가 핵을 이루고 −0.25%의 미립이 그 핵입자 주위에 부착되어 의사입자(pseudoparticle, 擬似粒子)를 형성하는 것이다.

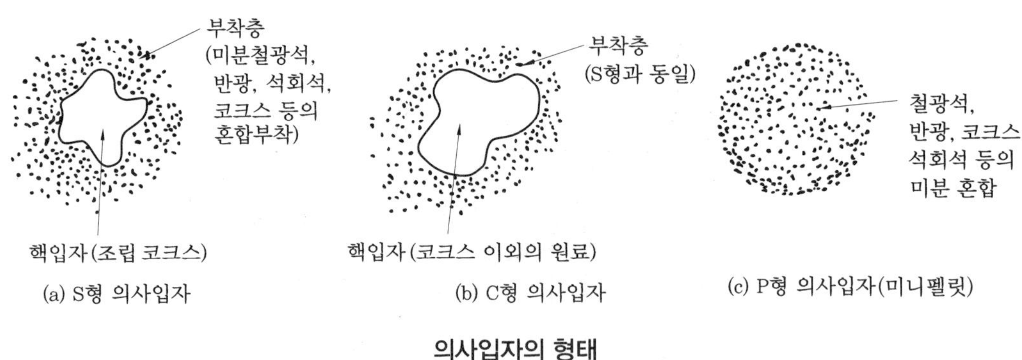

의사입자의 형태

② 의사입자의 역할

㈎ S형 의사입자가 증가하면 코크스의 연소속도와 연소시간은 떨어지는 반면, 열교환시간이 증가하여 열편석과 베드 내 열패턴은 불균일해진다.

㈏ C형 의사입자는 미분 코크스의 부착으로 연소 표면적이 증가하여 베드 내 열패턴이 균일해진다. 그러나 연소속도는 증가하고 열교환시간과 연소시간은 떨어진다.

㈐ 의사입화는 조립성 향상, 성분 균일화로 충진층의 통기성을 향상시켜 층후(thickness)를 올려 연소상태를 개선한다. 따라서 생산성 및 회수율 향상, 원단위 절감, 품질향상을 가져온다.

③ 생석회 첨가

㈎ 유효 CaO 성분조성이 90% 이상이며 소결원료 중 결합제로 첨가되어 믹서에서 혼합 조립시 물과 반응하여 강력한 점착력 역할을 한다.

㈏ 생석회는 소결원료의 의사입화를 강화하여 소결 베드 내의 통기성을 향상시키

고 코크스의 연소성을 개선한다.

㈐ 의사입화의 촉진: 믹서 내에서 첨가수와 반응해 1mm 이하 미세결정의 $Ca(OH)_2$로 변하여 원료입자와 잘 결합시킨다.

㈑ 생석회는 물과 반응시 발열반응을 일으키므로 부착층 간의 수분이 증발되어 원료입자간의 결합이 더 강해져 소결 베드 내에서 의사입자 붕괴량이 감소하고, 환원분화지수(PDI) 개선 및 성분변동이 감소한다.

④ 수분 첨가

㈎ 이점

㉠ 미분원료의 응집에 의한 통기성을 향상시킨다.

㉡ 소결층 내의 온도구배를 개선하여 열효율을 높인다.

㉢ 소결층의 더스트 흡입 비산을 방지한다.

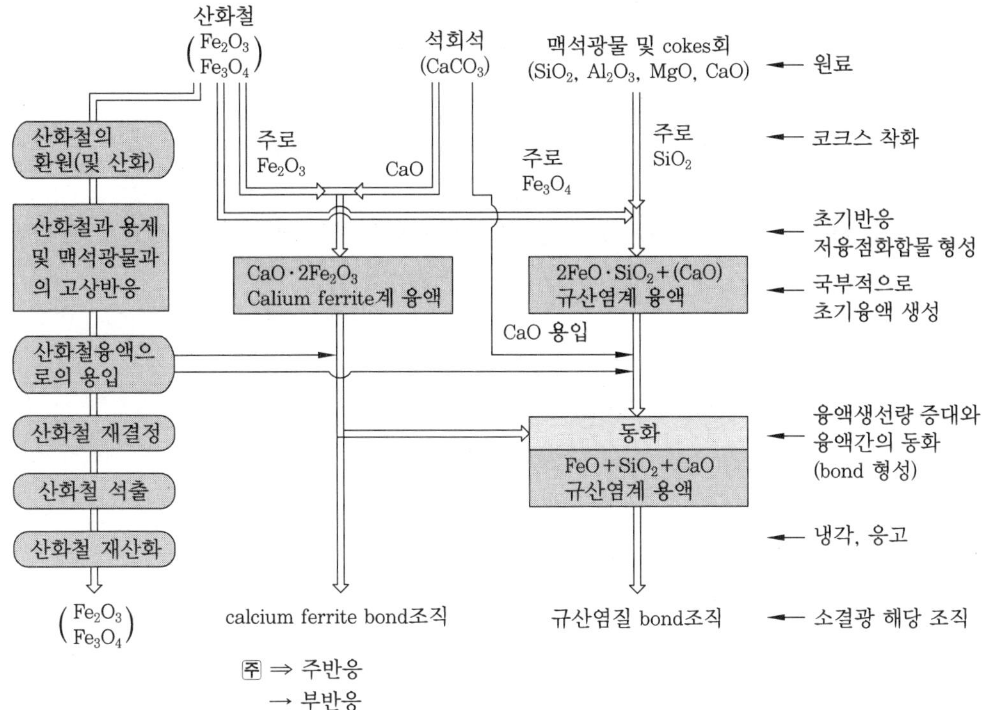

석회첨가 소결광의 소결 과정

㈏ 원료의 팽윤

㉠ 수분이 첨가된 원료는 건조한 원료에 비해 일정 용적이 증가하는데, 이를 물에 의한 원료의 팽윤이라 한다.

㉡ 최대팽윤 수분이란 부피비중이 최소가 되는 수분 백분율(%)이다.

㈐ 수분이 첨가되지 않으면 소결대에서 최고온도가 떨어지고 가스온도가 상승하여 열효율이 악화되어 품질을 저하시킨다.

단원 예상문제

1. 소결원료의 배합시 의사입화에 대한 설명으로 틀린 것은?

① 품질이 향상된다.
② 회수율이 증가한다.
③ 생산성이 증가한다.
④ 원단위가 증가한다.

해설 원단위는 감소한다.

2. 소결조업 중 배합원료에 수분을 첨가하는 이유가 아닌 것은?

① 소결층 내의 온도구배를 개선하기 위해서
② 배가스 온도를 상승시키기 위해서
③ 미분원료의 응집에 의한 통기성을 향상시키기 위해서
④ 소결층의 dust 흡입 비산을 방지하기 위해서

해설 배가스 온도를 낮추기 위해서 소결조업 중 배합원료에 수분을 첨가한다.

3. 소결에 사용되는 배합수분을 결정하는 데 고려하지 않아도 되는 것은?

① 연료의 열량
② 원료의 입도
③ 연료의 통기도
④ 풍압 및 온도

4. 소결 작업에서 최대팽윤 수분이란?

① 부피비중이 최소가 되는 수분 백분율(%)
② 통기성이 최대로 되는 수분 백분율(%)
③ 부피비중이 최대로 되는 수분 백분율(%)
④ 원료 응집이 최대로 되는 수분 백분율(%)

정답 1. ④ 2. ② 3. ① 4. ①

(5) 혼합과 장입

① 혼합

㈎ 소결원료의 혼합은 균일한 혼합이 가장 중요하다.

㈏ 1차 드럼믹서: 혼합, 2차 반복롤링(rerolling): 조립

② 장입

㈎ 편석장입: surge hopper에서 드럼 피더를 통해 소결기에 장입되는 배합원료는 경사관(deflect plate)에 충돌하면서 조립은 펠릿 하부에, 세립은 상부에 장입되는 현상이다.

㈏ 비중이 작은 분코크스는 상층부에 많아지지만 소결의 열분포를 생각하면 오히려 효율적이다.

㈐ 서지 호퍼(surge hopper) 내에서의 편석을 줄이기 위해 셔틀 컨베이어를 선택하여 입도를 균일하게 한다.

단원 예상문제

1. 소결장치 중 드럼믹서(drum mixer)의 역할이 아닌 것은?

① 혼합 ② 조립 ③ 조습 ④ 파쇄

해설 드럼믹서는 ①, ②, ③ 등의 역할을 한다.

2. 다음 드럼 피더(drum feeder) 중 수직방향으로는 정도 편석을 조장하는 장치는 어느 것인가?

① 호퍼(hopper) ② 경사관(deflector plate)
③ 게이트(gate) ④ 절단 게이트(cut-off gate)

3. 소결공정에서 혼화기(drum mixer)의 역할이 아닌 것은?

① 조립 ② 장입 ③ 혼합 ④ 수분첨가

해설 혼화기는 ①, ③, ④의 역할을 한다.

정답 1. ④ 2. ② 3. ②

(6) 소결반응

① 확산결합

㈎ 저온에서 소결이 행해지는 경우는 입자가 용융하여 입자표면 접촉부의 확산반응에 의해 결합이 일어난다.

㈏ 확산결합은 용융결합에 비해 기공률이 높고 피환원성이 좋지만, 강도는 다소 약하여 코크스가 부족하고 원료입도가 조대할 때 볼 수 있다.

② 용융결합

㈎ 고온에서 소결한 경우는 원료 중의 슬래그 성분이 용융해서 입자가 슬래그 성

분으로 단단하게 결합된다.

(나) 저용질의 슬래그(저 Al_2O_3, 고 SiO_2, CaO)일수록 용융형의 결합을 한다.

(다) 세립의 자철광을 다량 배합할 때 전형적으로 일어난다.

(라) 실제 소결광은 양자의 결합이 공존한다.

(마) 고로에서 소결광의 분화를 최소화하려면 용융형의 결합이 바람직하지만, 기공률과 환원율이 크게 저하되지 않아야 한다.

③ 반광의 결합과 역할

(가) 석회석, 규석 등은 고온에서 용융된다.

(나) 적철광의 용융점은 1550℃이고 SiO_2는 1723℃, CaO는 그 이상의 용융점을 갖는다.

(다) 소결로 인해 저온(1300℃)에서 급속하게 용융결합이 일어나며 이는 배합원료 중에 약 30% 정도 배합된 반광의 작용에 의한 것이다.

(라) 반광은 각종 저융점화합물과 고용체를 만들고 부분적으로는 약 1200℃에서 용융을 시작하기 때문이다.

④ 장입원료의 격자면부터 장입층 표면까지의 소결층 내 변화

(가) 습윤대: 수분이 응집되어 20~25% 정도의 수분을 함유한다.

(나) 건조대: 상층으로부터의 열에 의해 수분이 증발한다.

(다) 분해대: 결정수, 탄산염, 마그네슘 등의 분해작용이 일어난다.

(라) 소결대: 코크스의 연소로 최고온도에 도달하여 용융 및 확산결합을 일으킨다.

(마) 냉각대: 소결이 완료되어 찬 공기에 의해 냉각되는 부분이다.

⑤ 산화, 환원반응

(가) 펠릿에 장입된 원료는 점화로에서 약 1100~1200℃의 온도로, 상층부에서 하층부 방향으로 소결반응이 진행된다.

(나) 소결의 화학반응

㉠ 수분의 증발(100~300℃)

㉡ 결합수의 해리(300~500℃)

㉢ 석회석의 분해(600~1000℃)

$$CaCO_3 = CaO + CO_2 - 760\,kcal/kg \;\; CaO$$

$$MgCO_3 = MgO + CO_2 - 695\,kcal/kg \;\; MgO$$

㉣ 환원반응(900~1200℃)

$$3Fe_2O_3 + CO = 2Fe_3O_4 + CO_2 + 9.4\,kcal/kg - Fe_2O_3$$

$$FeO + C = Fe + CO - 456\,kcal/kg - FeO$$

ⓜ 슬래그 용융(1150~1350℃)

CaO, SiO_2, Al_2O_3, FeO계의 저융점 슬래그 화합물

ⓗ 산화반응(1200~600℃)

$$C + \frac{1}{2}O_2 = CO + 2240\,kcal/kg - C$$

$$C + O_2 = CO_2 + 8100\,kcal/kg - C$$

$$2FeO + \frac{1}{2}O_2 = Fe_2O_3 + 483\,kcal/kg - FeO$$

$$S + O_2 = SO_2 + 2200\,kcal/kg - S$$

ⓢ 칼슘 페라이트 등의 슬래그 성분 검출(1200~600℃)

ⓞ 냉각, 재산화의 진행(0~100℃)

㈐ 소결반응의 특징

㉠ 환원반응과 산화반응이 거의 동시에 발생한다.

㉡ 휴인 공기에 의한 코크스 연소는 매우 협소한 연소대에서 급격히 행해지며 최고온도가 1300~1400℃에 달한다.

㉢ 소결에서 재산화는 자철광이 적철광으로 산화된다.

반응대의 분류

반응대	온도	조성
습윤대	일정하다(2~3℃ 상승).	수분을 함유한 장입물
건조대	100℃로 상승한다.	장입물은 건조된다.
예열대	연료의 착화온도로 상승한다.	
연소대	연료의 연소, 온도 급상승, Fe_2O_3 환원	결함 없이 입자는 백열상태
산화대A	Fe_3O_4의 산화온도 상승한다.	연한 밀착소결광
평형대	Fe_3O_4와 Fe_2O_3의 평형온도가 일정하다.	
산화대B	온도 저하, Fe_3O_4 산화	소결광 정화
냉각대	온도 저하	
소결광대	온도 일정	작은 궤열이 생긴 냉소결광

㈑ 습윤대 및 건조대

㉠ 장입물 하층 습윤대에서의 수분증발은 약 10% 정도이고, 예열대로부터 오는 열가스는 건조대에서 수분이 급격히 증발하여 가스의 현열이 대부분 소실된다.

㉡ 온도는 약 60℃가 되며 열의 공급 증가로 건조대의 두께는 감소한다.

(마) 예열대

㉠ 연소대로부터 오는 열가스는 연료의 착화온도까지 상승된다.

㉡ 코크스의 착화온도는 약 600℃이다.

(바) 연소대

㉠ 이 층에서의 원료입자는 백열입자의 성질을 가지며 장입원료와 함께 장입된 코크스는 연소하여 열이 발생한다.

㉡ 환원성 분위기로서 Fe_2O_3의 환원반응이 일어나며 연소열에 의해 장입물을 가열시킴과 동시에 열가스를 하층부로 공급한다.

(사) 산화대 A

㉠ 연료가 연소된 후 산화성 분위기로 바뀌어 산화대를 형성하는데 이때 Fe_3O_4가 Fe_2O_3로 변하면서 발열반응이 일어난다.

㉡ 산화의 진행에 의해 온도가 상승하여 산화를 억제시킨다.

(아) 산화대 B

㉠ 통과 공기가 냉각효과를 갖기 시작하면 Fe_3O_4에서 Fe_2O_3의 산화조건이 형성된다.

㉡ 발생된 산화열은 소결광의 냉각열을 지연시킨다.

(자) 냉각대

㉠ 산화가 정지하면 냉각대가 생성된다.

㉡ 온도의 저하는 통과 공기량에 비례한다.

(차) 소결광대: 온도가 공기온도와 같아졌을 때 생성된다.

단원 예상문제

1. 확산형 소결광의 장점이 아닌 것은?

① 산화도가 크다. ② 기공률이 좋다.
③ 강도가 크다. ④ 환원성이 좋다.

해설 확산형 소결광은 강도가 약하다.

2. 고온에서 소결할 경우 원료 중의 슬래그 성분이 용융해서 입자가 슬래그 성분으로 단단하게 결합하는 것으로, 특히 저용융질의 슬래그일수록 잘 나타나는 결합은?

① 용융결합 ② 확산결합 ③ 이온결합 ④ 공유결합

3. 소결조업에서의 확산결합에 관한 설명이 아닌 것은?

① 확산결합은 동종 광물의 재결정이 결합의 기초가 된다.
② 분광석의 입자를 미세하게 하여 원료간의 접촉면적을 증가시키면 확산결합이 용이해진다.
③ 자철광의 경우 발열반응을 하므로 원자의 이동도를 증가시켜 강력한 확산결합을 만든다.
④ 고온에서 소결이 행하여진 경우 원료 중의 슬래그 성분이 용융되어 입자가 슬래그 성분으로 견고하게 결합되는 것이다.

해설 용융결합: 고온에서 소결이 행하여진 경우 원료 중의 슬래그 성분이 용융되어 입자가 슬래그 성분으로 견고하게 결합되는 것

4. 다음 중 소결반응에 대한 설명으로 틀린 것은?

① 저온에서는 확산결합한다.
② 고온에서는 용융결합한다.
③ 용융결합은 자철광을 다량으로 배합할 때 일어나는 결합이다.
④ 확산결합의 강도는 아주 강하며 코크스가 많거나 원료입도가 미세할 때 볼 수 있다.

해설 확산결합의 강도는 다소 약하며 코크스 부족과 원료입도가 조대할 때 볼 수 있다.

5. 다음 소결반응에 대한 설명으로 틀린 것은?

① 저온에서는 확산결합을 한다.
② 확산결합이 용융결합보다 강도가 크다.
③ 고온에서 분화방지를 위해서는 용융결합이 좋다.
④ 고온에서 슬래그 성분이 용융하여 입자가 단단해진다.

해설 확산결합이 용융결합보다 강도가 작다.

6. 소결반응에서 용융결합이란 무엇인가?

① 저온에서 소결이 행해지는 경우 입자가 기화해서 입자표면 접촉부의 확산반응에 의해 결합이 일어난 것
② 고온에서 소결한 경우 원료 중의 슬래그 성분이 기화해서 입자가 슬래그로 단단하게 결합한 것
③ 고온에서 소결한 경우 원료 중의 슬래그 성분이 용융해서 입자가 슬래그 성분으로 단단하게 결합한 것
④ 고온에서 소결이 행해지는 경우 입자가 용융해서 입자표면 접촉부의 확산반응에 의해 결합이 일어난 것

7. 광석이 용융해서 생긴 슬래그의 점착 작용은?

① 이온결합 ② 공유결합
③ 확산결합 ④ 용융결합

8. 고온에서 원료 중의 맥석성분이 융체로 되어 고체상태의 광석입자를 결합시키는 소결 반응은?

① 맥석결합 ② 용융결합
③ 확산결합 ④ 화합결합

9. 소결과정에 있는 장입원료를 격자면에서 장입층 표면까지 구역을 순서대로 옳게 나타낸 것은?

① 건조대→습원료대→하소대→소결대→용융대
② 습원료대→건조대→하소대→용융대→소결대
③ 건조대→하소대→습원료대→용융대→소결대
④ 습원료대→하소대→건조대→소결대→용융대

10. 소결작업 중 연소대 부근의 온도(℃)는?

① 800~900 ② 900~1000
③ 1200~1300 ④ 1500~1700

11. 소결작업 과정에서 소결원료의 층을 상부에서 하부로 옳게 나열한 것은?

① 용융대－소결대－습연료대－건조대
② 소결대－용융대－건조대－습연료대
③ 습연료대－건조대－용융대－소결대
④ 소결대－건조대－습연료대－용융대

12. 펠레타이징(pelletizing)법의 소성경화 작업에 사용되는 수직형 소성로의 상부층부터 하부층의 명칭이 옳게 된 것은?

① 건조대－가열대－균열대－냉각대 ② 가열대－건조대－균열대－냉각대
③ 건조대－가열대－냉각대－균열대 ④ 균열대－건조대－가열대－냉각대

정답 1. ③ 2. ① 3. ④ 4. ④ 5. ② 6. ③ 7. ④ 8. ② 9. ② 10. ③ 11. ③ 12. ①

2-4 소결조업

(1) 점화

① 점화는 소결의 열분포를 결정하는 중요한 인자이다.

② 점화용 연료는 코크스로 가스(COG)이다.

③ 점화온도는 일반적으로 분코크스 착화에 필요한 900℃ 정도이다.

④ 점화온도가 너무 높으면 원료표면에 용융으로 인한 융착이 발생하여 기공이 감소하므로 통기성에 나쁜 영향을 준다.

(2) 화염진행속도(FFS)와 최고도달온도(BTP)

① 화염진행속도(FFS: flame front speed)

㈎ 소결기는 일반적으로 500mm 정도의 층후에서 착화 후 30분 뒤에 최하부까지 소결대가 도달한다.

㈏ FFS가 빠를 때 증산되지만 너무 빠르면 최고온도 유지시간이 줄기 때문에 강도 및 회수율이 저하하여 감산될 뿐만 아니라 품질악화를 초래한다.

㈐ 원료조건이 일정할 때 소결광 강도, 회수율은 최고온도 및 그 유지시간의 영향을 크게 받는다.

㈑ FFS가 높을 경우 온도상승 곡선이 완만하게 나타나 최고도달온도가 낮아진다.

㈒ 소결기의 속도를 $P \cdot S$, 장입층후를 h, 스탠드 길이를 L이라고 할 때

$$\mathrm{FFS} = \frac{P \cdot S \times h}{L}$$

② 최고도달온도(BTP: burn through point): 소결기의 배풍온도 분포는 다음 그림에서 곡선 (a), (b)로 나타난다.

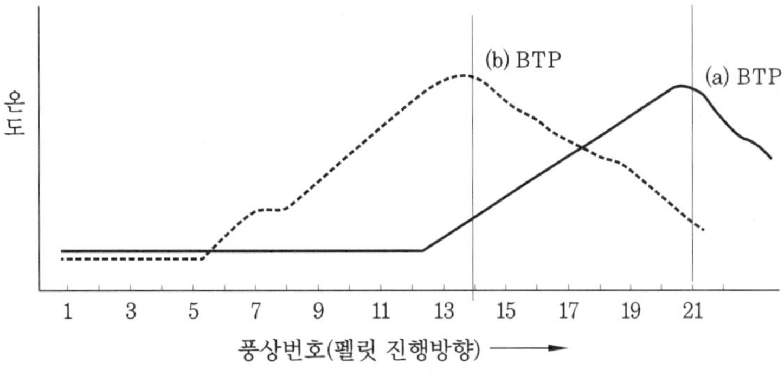

배기온도와 BTP

(가) 곡선(a)의 경우 풍상(wind box) 맨 끝에서 2~3개 앞 위치에 최고 배기온도가 나타난다.
(나) 곡선(b)의 경우 중간 정도에서 최고 배기온도가 나타난다.
(다) 풍상 곡선 중 최고도달온도를 BTP라 한다.
(라) 화염진행속도(FFS)가 일정할 때 펠릿 속도를 내리면 배기온도는 (b)와 같다.
(마) 펠릿 속도를 올리면 BTP는 배광 측으로 이동한다.
(바) 곡선(b)에서는 생산성이 저하할 뿐만 아니라 소결광이 펠릿상에서 급랭되므로 강도가 매우 약해진다.
(사) 강도가 낮아지는 이유는 소결광이 급속 냉각되면서 재결정립의 성장을 저해하고 슬래그 성분을 유리화시켜 다수의 크랙(crack)이 생기기 때문이다.
(아) BTP는 배광부로부터 2~3개 앞의 풍상에 설정하면 항상 일정한 품질의 소결광 생산이 가능하고 최대생산량을 얻을 수도 있다.

(3) 분코크스 배합

① 소결에 사용되는 분코크스는 통상 소결광 톤(ton)당 40~50kg이다.
② 코크스의 배합비는 소결광의 생산, 품질안정을 목표로 화염진행속도, 소결광의 물리 · 화학적 성상 및 FeO, 카본소스 배합비 등에 의해 결정된다.
③ 코크스 배합비는 소결광의 강도수준에 의해 변경되지만 낙하강도, 화염강도의 결과에 따라 증감한다.

[코크스 배합비를 결정하는 요인]
㉠ 소결광의 물리 · 화학적 성상 및 FeO
㉡ 배광부 소결용 배광상태
㉢ 고로 더스트 배합비
㉣ 자철광 및 스케일 배합비
㉤ 반광 발생 및 사용비
㉥ 코크스입도 분포
㉦ 소결광 강도 등이다.

(4) 소결광의 염기도 관리

① 고로에서 사용하는 석회석의 85~100%를 소결광에서 배합한다.
② SiO_2의 90~100%가 소결광을 통해서 고로에 장입된다.

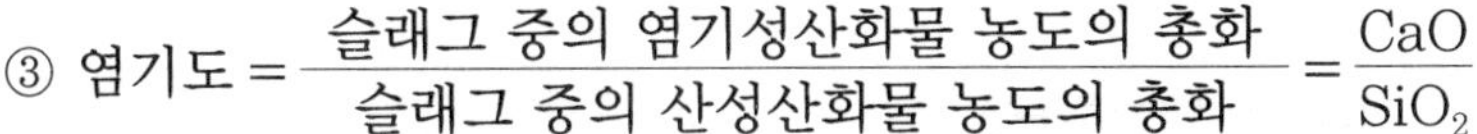

③ 염기도 $= \dfrac{\text{슬래그 중의 염기성산화물 농도의 총화}}{\text{슬래그 중의 산성산화물 농도의 총화}} = \dfrac{CaO}{SiO_2}$

④ 소결광 염기도의 변동 요인

(가) 각 광석의 절출오차

(나) 각 광석의 성분 변동

(다) 석회석, 규석 등의 편석 및 혼합불량

(라) 샘플 분석오차

(5) 열간 환원성

① 소결광의 환원분화는 상온강도일 때와 같이 염기도 1.2~1.6의 범위에서 발생한다.

② 환원분화의 방지책: 적철광(hematite)의 상대량을 줄이거나 또는 그 초기 환원을 늦추기 위해서 코크스양의 증가, CaO, SiO_2 외에 조재성분 첨가량의 증대 등이다.

단원 예상문제

1. 소결조업에서 사용되는 용어 중 FFS가 의미하는 것은?

① 고로가스 ② 코크스 가스
③ 화염진행속도 ④ 최고도달 온도

해설 FFS(flame front speed): 화염진행속도

2. 소결기의 속도를 *P.S*, 장입층후를 h, 스탠드 길이를 L이라고 할 때 화염진행속도(FFS)를 나타내는 식으로 옳은 것은?

① $\dfrac{P \cdot S \times h}{L}$ ② $\dfrac{L \times h}{P \cdot S}$ ③ $\dfrac{L}{P \cdot S \times h}$ ④ $\dfrac{P \cdot S \times L}{h}$

3. 소결공장에서 점화로의 연료로 사용하지 않는 것은?

① COG ② BFG ③ Coal ④ Mixed gas

해설 점화로의 연료는 코크스로 가스(COG), 고로가스(BFG), 혼합가스(mixed gas) 등이 있다.

4. 고로 슬래그의 염기도에 큰 영향을 주는 소결광 중의 염기도를 나타낸 것으로 옳은 것은?

① $\dfrac{SiO_2}{Al_2O_3}$ ② $\dfrac{Al_2O_3}{MgO}$ ③ $\dfrac{SiO_2}{CaO}$ ④ $\dfrac{CaO}{SiO_2}$

해설 염기도 $= \dfrac{CaO}{SiO_2}$

5. 소결광 성분이 다음과 같을 때 염기도는?

CaO: 9.9%, FeO: 6.5%, SiO: 6.0%

① 1.51 ② 1.65 ③ 1.86 ④ 1.92

해설 염기도(%) $= \frac{CaO}{SiO_2} = \frac{9.9}{6.0} = 1.65$

6. 소결광의 성분이 [보기]와 같을 때 염기도는?

보기
CaO: 10.2%, SiO_2: 6.0%, MgO: 2.0%, FeO: 5.8%

① 1.55 ② 1.60 ③ 1.65 ④ 1.70

해설 염기도 $= \frac{CaO}{SiO_2} = \frac{10.2}{6.0} = 1.70$

7. 고로의 슬래그 염기도를 1.2로 조업하려고 한다. 슬래그 중 SiO_2가 250kg이라면 석회석($CaCO_3$)은 약 얼마(kg)가 필요한가? (단, 석회석($CaCO_3$) 중 유효 CaO는 56%이다.)

① 415.7 ② 435.7 ③ 515.7 ④ 535.7

해설 염기도 $= \frac{CaO}{SiO_2} = 1.2 = \frac{x \times 0.56}{250} = 1.70$

$\therefore x = 535.7\text{kg}$

8. 소결 감산 시의 감산 조치가 아닌 것은?

① 주 배풍기의 댐퍼를 닫는다.
② 장입층후를 높인다.
③ 압 장입을 하여 장입밀도를 높게 한다.
④ 미분 원료의 배합비를 적게 한다.

9. 다음 중 소결광의 환원분화를 조장하는 화합물은?

① 자철석(magnetite) ② 철감람석(fayalite)
③ 칼슘 페라이트(calcium ferrite) ④ 재산화 적철석(hematite)

정답 1. ③ 2. ① 3. ③ 4. ④ 5. ② 6. ① 7. ④ 8. ④ 9. ④

2-5 소결광의 품질관리

(1) 소결광의 품질이 고로조업에 미치는 영향

① 낙하강도(shatter strength)

㈎ 소결광은 제조 후 고로에 장입될 때까지 수회에 걸쳐 낙하되어 분이 발생한다.

㈏ 고로에 장입시 분율이 적을수록 유리하며 보통 낙하강도와 입도는 상관관계가 있다.

㈐ 낙하강도 저하 시 분율 발생이 증가되어 고로의 노내 통기성을 저해함으로써 노황부조의 원인이 된다.

㈑ 소결에서는 생산성이 저하되어 원단위 상승을 초래한다.

㈒ 낙하강도 하한값은 약 80~85%, 회전강도 하한값은 45~55%의 범위이다.

㈓ 소결광의 낙하강도 지수(SI)를 구하는 시험방법은 2m 높이에서 4회 낙하시킨 후 입도 +10mm인 시료무게의 시험 전 시료무게에 대한 배분율로 표시한다.

$$\text{낙하강도 지수}(SI) = \frac{M_1}{M_0} \times 100(\%)$$

단, M_1은 체가름 후의 +10.0mm인 시료무게(kg), M_0는 시험 전의 시료량(kg)이다.

② 환원분화지수(RDI: reduction degradation index)

㈎ 소결광이 환원분위기의 저온영역에서 분화하는 성질을 나타내는 지수이다.

㈏ 일반적으로 피환원성이 좋은 소결광일수록 환원 시 쉽게 분화되고 입경이 작아진다.

㈐ 고로의 안전조업을 위해 환원분화가 적은 것이 좋다.

㈑ 환원분화가 적을수록 소결광의 피환원성 면에서 연료비가 상승하고, 반대로 환원분화가 많아지면 통기성 면에서 연료비가 상승한다.

㈒ 소결광의 입도분화는 고로의 노내 통기저항 및 가스분화에 영향을 준다.

㈓ 소결광 중 대괴는 환원성이 나쁘므로 50mm 이하의 일정한 입도로 파쇄하여 5~50mm를 장입한다.

③ 염기도의 영향: 소결광의 염기도 변동폭이 클 경우 고로에서 부원료(석회석, 규석 등)를 직접 장입함으로써 열손실이 발생하고, 또 탈유능력의 저하로 용선 중 황(S) 함량이 많아진다.

④ FeO의 영향

㈎ FeO는 소결광의 피환원성을 나타내는 지수로서 고로조업의 주요 인자이다.

(나) FeO는 소결공정에서 열효율에 따라 성분량이 달라진다.

(다) 고로에서 FeO는 난환원성으로 연료비 상승을 초래하기 때문에 소결광 품질이 유지되는 범위 내에서 가급적 낮게 관리할수록 좋다.

(2) 소결광 품질에 영향을 미치는 요인

① 코크스 배합량의 영향

(가) 배합원료 중 코크스 배합량이 증가하면 낙하강도 역시 증가한다.

(나) 코크스비의 과다는 소결온도를 너무 높여 용융결합을 일으키므로 고로에서의 피환원성이 나빠질 뿐만 아니라 소결시간을 늦추어 생산성 저하의 원인이 된다.

② 장입층후의 영향

(가) 장입층후가 두꺼우면 상층부에서 강도 취약부분의 비율이 적어지므로 상대적으로 강도가 상승하고 반광발생 비율이 낮아진다.

(나) 고층후(high layer thickness, 高層厚) 조업을 위해서는 통기성 확보가 우선되어야 한다.

③ 생산성(소결기 속도)과의 관계

(가) 생산성이 높으면 소결기 속도가 빠르다.

(나) 소결기의 속도를 빠르게 하기 위해서는 저층후(低層厚) 조업을 시도한다.

(3) 환원분화지수(RDI)

① 소결광의 환원분화는 일반적으로 소결과정에서 생산된 자철광이 냉각과정에서 적철광으로 재산화된 Al_2O_3, TiO_2 등을 함유한 2차 적철광에 기입되며 환원분화에 영향을 미치는 요인인 재산화 적철광의 생성에 좌우된다.

② 소결과정에서의 소결 최고온도, 최고온도 유지시간, 냉각속도 등의 영향을 받는다.

(4) 소결광의 입도분포

① 분율에 대한 상한값은 5mm 이하에서 약 4~6%이고, 10mm 이하의 관리에서는 30% 전후이며, 괴율은 50mm 이상이다.

② 소결생산성에 의한 성품 스크린의 통과물량 증가에 따른 스크린 효율저하로 분율이 상승한다.

③ 냉간 파쇄 로터(cold crusher rotor)의 간격 확대 시 대괴의 미파쇄로 +50mm 입도가 증가하고, 간격 축소 시 과파쇄로 분율이 상승한다.

④ 스크린 구멍 막힘, 물량의 쏠림 등으로 스크린 효율이 저하되었을 때 분율이 상승한다.

⑤ 고로 저광조까지 수송되는 도중 각 슈트 및 저광조에서의 낙차거리, 슈트 형상 및 충격형태 등에 따른 분화 정도이다.

⑥ 낙하강도의 저하시 분율이 상승한다.

(5) 소결광 성분변동의 주요 원인

① 소결 과정의 특징인 반광의 영향

② 혼합(blending) 적치작업 불량으로 혼합광석의 성분 변동

③ 부원료(규사, 사문암, 석회석)의 입도와 조도에 따른 배합원료 중의 편석

④ 석회석 산지의 다원화에 따른 석회석의 성분 변동

⑤ 입하계획 및 야드 적치능력에 따른 배합변동 횟수의 증가

⑥ 입하 lot별 성분의 상이

⑦ 야드 적치 및 저광조 내에서의 입도편석에 의한 원료 자체의 성분 변동

⑧ 입도설비의 정도 불량

⑨ 코크스의 입도 불균일

(6) 소결광의 품질향상 대책

① 생석회 첨가, 분코크스 분할첨가 및 분코크스 정립강화로 코크스 연소효율 향상과 통기성 확보로 고층후 조업을 실시한다.

② 원료의 사전처리 강하로 원료의 균질화

㈎ 혼합광석의 품질안정

㈏ 부원료 입도분포 개선

㈐ 반광 배합비 변동폭 감소 및 입도 균일화

㈑ 야드 내 및 저광조 내의 원료입도 편석방지

㈒ 혼합효율의 향상(믹싱능력 강화)

③ 규석 및 사문암의 세립화 조업으로 유효 슬래그양을 늘린다(RDI 개선).

④ 스크린 효율을 향상시키고 수송과정 중에 분화방지를 실시한다.

⑤ 수송과정에서 낙차거리 및 분화율을 낮춘다.

⑥ 설비 가동률을 향상시켜 설비휴지를 줄인다.

⑦ 평량기 성능을 높인다.

⑧ 크러셔를 철저하게 관리한다.

단원 예상문제

1. 소결광의 낙하강도(SI)가 저하하면 발생되는 현상으로 틀린 것은?

① 노황부조의 원인이 된다.
② 노내 통기성이 좋아진다.
③ 분율의 발생이 증가한다.
④ 소결의 원단위 상승을 초래한다.

해설 노내 통기성이 나빠진다.

2. 소결광의 낙하강도 지수(SI)를 구하는 시험방법으로 옳은 것은?

① 2m 높이에서 4회 낙하시킨 후 입도 +10mm인 시료무게의 시험 전 시료무게에 대한 배분율로 표시
② 4m 높이에서 2회 낙하시킨 후 입도 +10mm인 시료무게의 시험 전 시료무게에 대한 배분율로 표시
③ 5m 높이에서 6회 낙하시킨 후 입도 +10mm인 시료무게의 시험 전 시료무게에 대한 배분율로 표시
④ 6m 높이에서 5회 낙하시킨 후 입도 +10mm인 시료무게의 시험 전 시료무게에 대한 배분율로 표시

3. 낙하강도 지수(SI)를 구하는 식으로 옳은 것은? (단, M_1은 체가름 후의 +10.0mm인 시료의 무게(kg), M_0는 시험 전의 시료량(kg)이다.)

① $\frac{M_1}{M_0}\times 100(\%)$
② $\frac{M_0}{M_1}\times 100(\%)$
③ $\frac{M_0-M_1}{M_1}\times 100(\%)$
④ $\frac{M_1-M_0}{M_0}\times 100(\%)$

4. 소결광 품질이 고로 조업에 미치는 영향을 설명한 것 중 틀린 것은?

① 낙하강도(SI) 저하 시 노황부조의 원인이 된다.
② 낙하강도(SI) 저하 시 고로 내의 통기성을 저해한다.
③ 일반적으로 피환원성이 좋은 소결광일수록 환원 시 분화가 어렵고 입자 직경이 커진다.
④ 소결광의 염기도 변동 폭이 클 경우 부원료를 직접 장입함으로써 열손실을 초래한다.

해설 일반적으로 피환원성이 좋은 소결광일수록 환원 시 분화가 쉽고 입자 지름이 작아진다.

5. 코크스가 과다하게 첨가(배합)되었을 경우 일어나는 현상이 아닌 것은?

① 소결광의 생산량이 증가한다.
② 배기가스의 온도가 상승한다.
③ 소결광 중 FeO 성분 함유량이 많아진다.
④ 화격자(grate bar)에 점착하기도 한다.

해설 코크스를 과다 첨가하면 소결광의 생산량 감소, 배기가스의 온도 상승, FeO의 성분량 상승, 화격자에 점착하는 현상 등이 발생한다.

6. 장입물의 입도 중 소결광의 하한과 상한의 입도는?

① 하한 5~6mm, 상한 50~75mm

② 하한 8~10mm, 상한 25~30mm

③ 하한 15~30mm, 상한 75~90mm

④ 하한 25~35mm, 상한 100~150mm

7. 다음 중 소결광 품질향상을 위한 대책에 해당되지 않는 것은?

① 분화방지 ② 사전처리 강화

③ 소결 통기성 증대 ④ 유효 슬래그 감소

해설 규석 및 사문암의 세립화 조업으로 유효 슬래그양을 증가시킨다(RDI 개선).

8. 미분탄 취입(pulverized coal injection) 조업에 대한 설명으로 옳은 것은?

① 미분탄의 입도가 작을수록 연소시간이 길어진다.

② 산소 부화를 하게 되면 PCI조업효과가 낮아진다.

③ 미분탄 연소 분위기가 높을수록 연소속도에 의해 연소효율은 증가한다.

④ 휘발분이 높을수록 탄(coal)의 열분해가 지연되어 연소효율은 감소한다.

정답 1. ② 2. ① 3. ① 4. ③ 5. ① 6. ① 7. ④ 8. ③

2-6 최근의 소결기술

(1) 소결조업의 신기술 현황과 배경

① 소결 베드 내 코크스의 연소성 개선에 관한 사전처리기술이다.

② 고로의 노내 통기성을 좌우하는 환원분화지수(RDI)에 관여하는 상당한 진보를 보이고 있다.

③ 조업방법으로는 생석회 첨가, 믹서의 능력증강, 분코크스 분할첨가, 분코크스 정립, 저SiO_2 조업, MgO 소스의 첨가, SiO_2 소스의 미분 등이 대표적이다.

(2) 신기술의 개요

① 생석회 첨가조업

㈎ 생석회의 성질

㉠ 생석회는 수분을 흡수하게 되면 발열하면서 $Ca(OH)_2$로 변해 미분으로 분화

하는 성질이 있다.

㉡ 석회석의 분해 반응: $CaCO_3 \rightarrow CO_2 - 42.5\,kcal$

㉢ 석회석의 수화 반응: $CaO + H_2O \rightarrow Ca(OH)_2 + 15.9\,kcal$

(나) 소결조업에서 생석회의 역할

㉠ 의사입자화 촉진 및 강도 향상: 생석회는 드럼 믹서 내에서 첨가수와 반응 후 $Ca(OH)_2$로 변하여 미분으로 되어 양호한 점결제가 된다. 또한 미분의 $Ca(OH)_2$는 소결 배합원료의 의사입자화를 촉진하여 반응력에 의한 수분 증발로 의사입자의 강도를 향상시킨다.

㉡ 소결 베드 내의 통기성 개선: $Ca(OH)_2$는 습윤대에서 CO_2와 결합해 $CaCO_3$로 변함으로써 습윤대의 통기성을 개선한다.

(다) 생석회 사용 시 소결조업상 효과

㉠ 생산성 향상: 생석회 첨가 조업 시 의사입자화 촉진 및 강도 향상과 베드 내 통기성 개선으로 소결 생산성을 증대하고, 생석회 1%(배합원료 중) 첨가 시 약 5~15% 정도 생산성을 향상시킨다.

㉡ 고층후 조업 가능: 소결 베드 내 통기성 개선으로 층후를 높이는 것이 가능하고, 소결 회수율 및 냉간 강도 증가에 효과적이다. 또한 열효율의 증가로 분코크스 사용량이 감소된다.

㉢ NOx가스의 발생 감소: 소결 베드 내 연소성 개선으로 NOx가스 발생이 감소된다. 또한 비보호 및 공해방지 측면에서 효과적이다.

(라) 피환원성이 큰 순서: 자용성 펠릿 > 보통 펠릿 > 자용성 소결철 > 적선철 > 자철광

② 온수첨가 조업: 생석회는 온수와 더불어 반응이 더 활발해지므로 믹서에 온수첨가를 하면 생석회 사용 효과가 한층 상승한다.

③ 분코크스 정립강화

(가) 조립의 경우 편석이 심하고 열용량이 크므로 소결광 품질변동 및 화격자 적열현상으로 설비 관리가 문제이다.

(나) 미립은 열용량이 감소하여 분코크스 원단위의 상승요인이 된다.

(다) 분코크스는 적정 크기가 요구되는데 0.25~3mm가 가장 양호하다.

(라) 수율향상을 위해서는 더블롤 크러셔의 설치, 최적 스크린 및 로드의 관리, 크러셔의 간격조정 등을 실시한다.

④ 분코크스 분할첨가

(가) 분코크스 분할첨가의 목적: 의사입자의 분코크스 부존형태를 개선하여 P형 의

사입자를 줄이고 C형 의사입자를 늘려 분코크스의 연소성을 개선하는 데 목적이 있다.

(나) 의사입자의 형태 분류: S형 의사입자, C형 의사입자, P형 의사입자(mini pellet형)

(다) 분코크스 분할첨가 flow

1차 믹서 : 2차 믹서 = 20 : 80

⑤ 소결저온조업

(가) 저온조업의 배경: 고 피환원성에서 환원분화가 적은 소결광을 제조하기 위해 자철광의 생성을 억제하고 최고도달온도를 낮추어 조업하는 것이 필요하다.

(나) 소결저온조업을 하려면 열편석 방지를 위해 믹싱의 강화 분코크스의 정립이 필요하며 유효 슬래그양을 증가시키기 위해 난용융성 SiO_2 소스인 사문암 미파쇄 등이 필요하다.

(다) 소결저온조업의 전제조건

㉠ 믹싱의 강화: 입도편석 감소

㉡ 분코크스의 정립: 열 편석 감소

㉢ SiO_2 소스의 미파쇄: 저온에서 쉽게 용융

(라) 소결저온조업의 이점

㉠ 소결광 분코크스의 원단위 저하

㉡ 소결광의 피환원성 개선

⑥ SiO_2 소스의 미파쇄 조업의 점

(가) 결정질 슬래그의 응고비율이 증가하여 강도가 향상된다.

(나) 의사입자가 쉽게 슬래그화하여 통기성이 향상된다.

(다) 산화로 형성되는 2차 적철광이 감소하여 환원분화지수(RDI)가 개선된다.

⑦ 그 밖의 소결법

(가) 소립펠릿(mini-pellet) 배합

㉠ 소결원료가 미세하면 통기성이 불량해 생산성이 저하된다.

㉡ 100메시(mesh) 이하의 소결연진, 고로연진, 전로연진 등은 조립기를 사용해 5mm 전후의 소립펠릿으로 만들어 소결원료에 배합하여 소결한다.

(나) 포어 펠릿(fore-pellet) 소결법

㉠ 원료 전체를 부수어 소립펠릿으로 만들어 소결한다.

㉡ 소결성이 양호하다.

(다) 자용성 소결광(self-fluxing sinter)

㉠ 석회석이 충분히 건조되어 연소된 상태이므로 노내에서의 열량소비가 줄어든다.

㉡ 석회분은 소결광 내에서 광석과 충분히 혼합된 상태로 맥석과 어느 정도 광재생성 반응을 일으킨다.

㉢ 소결광 중에는 파얄라이트(fayalite) 함량이 적어 피환원성이 크다.

㉣ 노내에서 석회석 분해로 인한 CO_2의 발생이 없으므로 철광석의 간접환원이 잘되며, 선철 톤당에 필요한 환원가스양이 적어도 될 뿐만 아니라 솔루션 로스(solution loss)도 적다.

㉤ 노내 탈황률이 향상되어 선철중의 S을 저하시킬 수 있으므로 $\frac{CaO}{SiO_2}=1.15$ 정도의 비교적 저염기도에서의 조업도 가능하다.

㉥ 원료중에서 5~15%의 석회석을 배합하여 자용성으로 소결한다.

㉦ 코크스비 저하, 장입물의 피환원성, 송풍량 저하, 생산원가 절감 등의 특징이 있다.

단원 예상문제

1. 소결조업에서 생석회의 역할을 설명한 것 중 틀린 것은?

① 의사입자의 강도를 향상시킨다.
② 소결 베드 내에서의 통기성을 개선한다.
③ 소결 배합원료의 의사입자를 촉진한다.
④ 저층후 조업이 가능하나 분코크스 사용량이 증가한다.

해설 층후를 높이는 것이 가능하여 소결회수율 및 냉간 강도 증가, 열효율의 증가로 분코크스 사용량이 감소된다.

2. 생석회 사용 시 소결 조업상의 효과가 아닌 것은?

① 고층후 조업이 가능하다.
② NOx가스의 발생이 감소된다.
③ 열효율 감소로 인한 분코크스 사용량이 증가된다.
④ 의사입지화 촉진 및 강도 향상으로 통기성이 향상된다.

해설 열효율 증가로 인한 분코크스 사용량이 증가된다.

3. 피환원성이 가장 좋은 것은?

① 펠릿 ② 소결광 ③ 생광석 ④ 자철광

4. **소결광의 환원분화에 대한 설명으로 틀린 것은?**

① CO가스보다는 H_2가스의 경우에 분화가 현저히 발생한다.
② 400~700℃ 구간에서 분화가 많이 일어나며, 특히 500℃ 부근에서 현저하게 발생한다.
③ 저온환원의 경우 어느 정도 진행되면 분화는 그 이상 커지지 않는다.
④ 고온환원 시 환원에 의해 균열이 발생하여도 환원으로 생성된 금속철의 소결에 의해 분화가 억제된다.

5. **소결광을 용광로에 장입할 때 그 불순물을 광재로 만들기 위해 석회분의 일부 또는 전부를 품은 것은?**

① 철 소결광 ② 자용성 소결광 ③ 펠릿(pellet) ④ 단광

6. **다음 원료 중 피환원성이 가장 우수한 것은?**

① 자철광 ② 보통 펠릿 ③ 자용성 펠릿 ④ 자용성 소결광

7. **자용성 소결광은 분광에 무엇을 첨가하여 만든 소결광인가?**

① 형석 ② 석회석 ③ 빙정석 ④ 망가니즈 광석

8. **고로에 장입되는 소결광으로 출선비를 향상시키는 데 유용한 자용성 소결광은 어떤 성분이 가장 많이 들어간 것인가?**

① STO_2 ② Al_2O_3 ③ CaO ④ TiO_2

9. **자용성 소결광의 사용 시 이점에 대한 설명으로 틀린 것은?**

① 소결광 중에는 파얄라이트 함유량이 커서 피환원성이 크다.
② 코크스가 저하되고, 출선량이 증대된다.
③ 노황이 안정되어 고온송풍이 가능하다.
④ 노 내의 열량소비를 감소시킨다.

해설 소결광 중에는 파얄라이트 함유량이 커서 피환원성이 나쁘다.

10. **자용성 소결광조업에 대한 설명으로 틀린 것은?**

① 노황이 안정되어 고온송풍이 가능하다.
② 노 내 탈황률이 향상되어 선철 중의 황을 저하시킬 수 있다.
③ 소결광 중에 파얄라이트 함유량이 많아 산화성이 크다.
④ 하소된 상태에 있으므로 노 안에서의 열량소비가 감소된다.

해설 소결광층의 파얄라이트(철감람석) 함유량이 감소되어 환원성이 좋아진다.

11. 자용성 소결광이 고로 원료로 사용되는 이유에 대한 설명으로 틀린 것은?

① 파얄라이트(fayalite) 함유량이 많아서 피환원성이 크다.

② 노황이 안정되어 고온송풍이 가능하다.

③ 하소된 상태에 있으므로 노 안에서의 열량소비가 감소된다.

④ 노 안에서 석회석의 분해에 의한 이산화탄소의 발생이 없으므로 철광석의 간접 환원이 잘 된다.

해설 소결광층의 파얄라이트 함유량이 감소되어 환원성이 좋아진다.

12. 자용성 소결광이 고로 원료로 사용될 때의 설명으로 옳은 것은?

① 피환원성이 감소한다.

② 코크스비가 저하한다.

③ 노 내 발황률이 감소한다.

④ 이산화탄소의 발생으로 직접 환원이 잘 된다.

13. 석회 소결광에 대한 설명으로 틀린 것은?

① 용광로 내에서 가스의 환원성과 보유열량이 유효하게 이용된다.

② 석회석과 광석이 균일하게 혼합되어 용광로 내의 반응이 촉진된다.

③ 많이 사용하면 노황이 불안정하여 고온송풍이 불가능하다.

④ 용광로 내에 사용하면 연료소비량이 적게 든다.

해설 석회 소결광을 많이 사용하면 노황이 안정하여 고온송풍이 가능하다.

정답 1. ④ 2. ③ 3. ② 4. ① 5. ② 6. ③ 7. ④ 8. ③ 9. ① 10. ③ 11. ② 12. ② 13. ③

2-7 펠레타이징(pelletizing)

(1) 펠레타이징의 의미

① 펠릿

(가) 325mesh 이하를 80~90% 함유한 미세한 분체에 0.5% 정도의 벤토나이트를 첨가하여 둥근 모양으로 제조한 것이다.

(나) 미세한 분광을 드럼 또는 디스크에서 입상화한 뒤 소성 경화하여 달걀노른자 크기의 펠릿으로 만드는 괴상법이다.

(다) 이 원료에 8~10%의 물을 첨가하여 입경 10~30mm로 구상화시켜 생펠릿을 제조한다. 이것을 소성설비에 의해 1200~1300℃로 가열소성하며, 200kg/

pellet 이상의 상온압축강도로 한다.

② 제조공정

㈎ 마광: 원료의 분쇄

㈏ 생펠릿(green pellet)의 성형

㈐ 소성

(2) 생펠릿의 형성

① 단순단광법과 달리 틀과 가압이 필요하지 않다.

② 물리적 원심력을 이용하여 성형한다.

③ 원료 입자가 조립이면 불가능하다.

④ 광석의 종류와 배합 비율에 의하여 입도를 적당히 조절한다.

⑤ 생펠릿의 강도를 높이기 위해 석회(CaO), 염화나트륨(NaCl), 붕사(B_2O_3), 벤토나이트 등의 첨가제를 혼합하기도 한다.

⑥ 생펠릿의 표면에 녹말액을 바른 다음 건조하는 방법도 있다.

⑦ 생펠릿은 체로 분리해서 체 위의 것을 소성과정으로 넘기거나 밑의 것은 다시 원료로 사용한다.

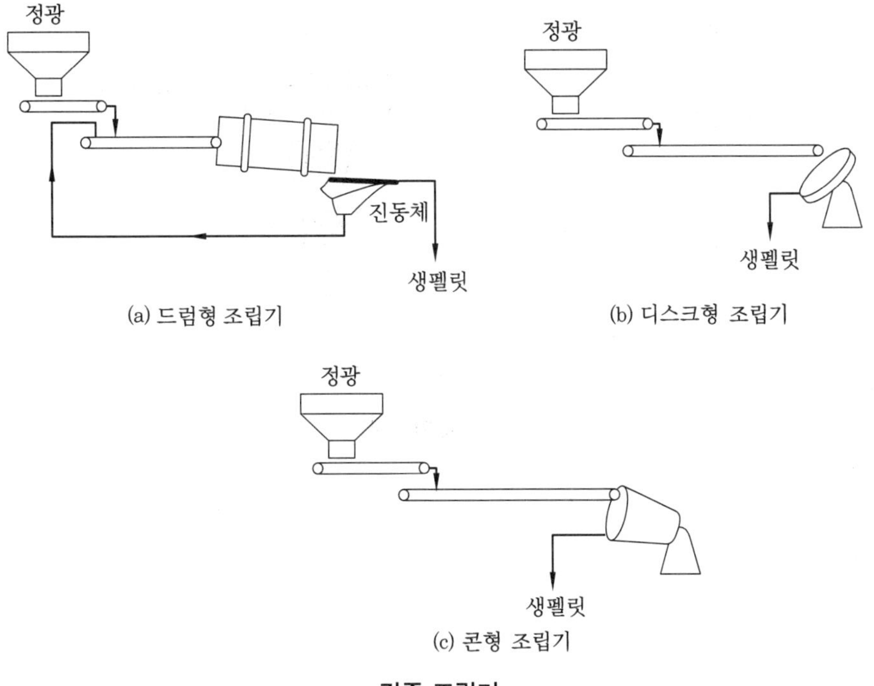

(a) 드럼형 조립기

(b) 디스크형 조립기

(c) 콘형 조립기

각종 조립기

(3) 소성작업

① 소성: 수분을 매개체로 물리적 결합을 한 생펠릿을 가열하여 화학적 결합을 하는 공정이다.

② 소성로의 형식

㈎ 직립로(shaft furnace)

㉠ 열효율은 좋으나 균일한 소성이 어렵다.

㉡ 저온소성이 가능한 자철광을 원료로 사용한다.

㉢ 원료 중의 연료를 함유하지 않기 때문에 소성온도를 1300℃ 정도로 한다.

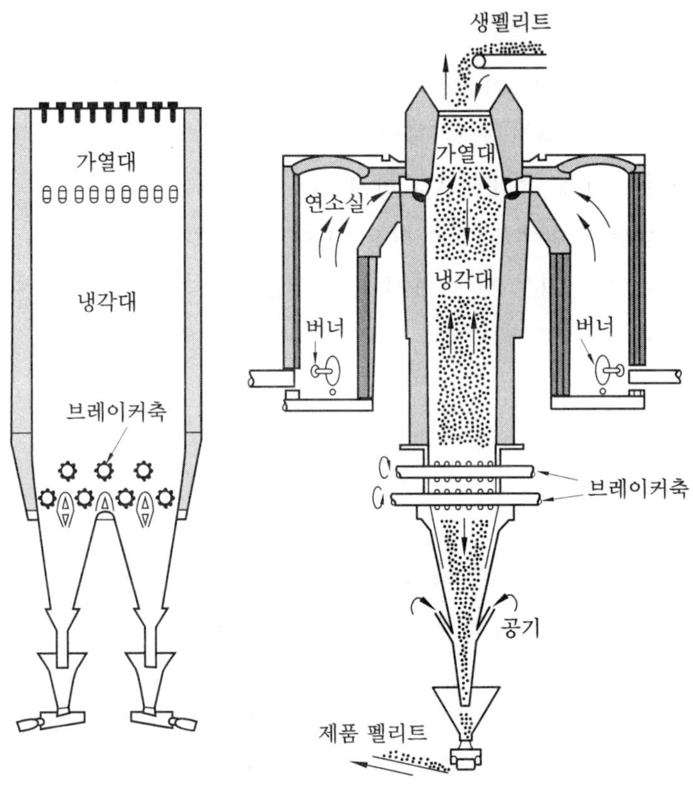

shaft로의 구조

(나) 격자식로(이동 그레이트식; travelling grate furnace): 드와이트 로이드식 소결기와 동일한 구조이다.

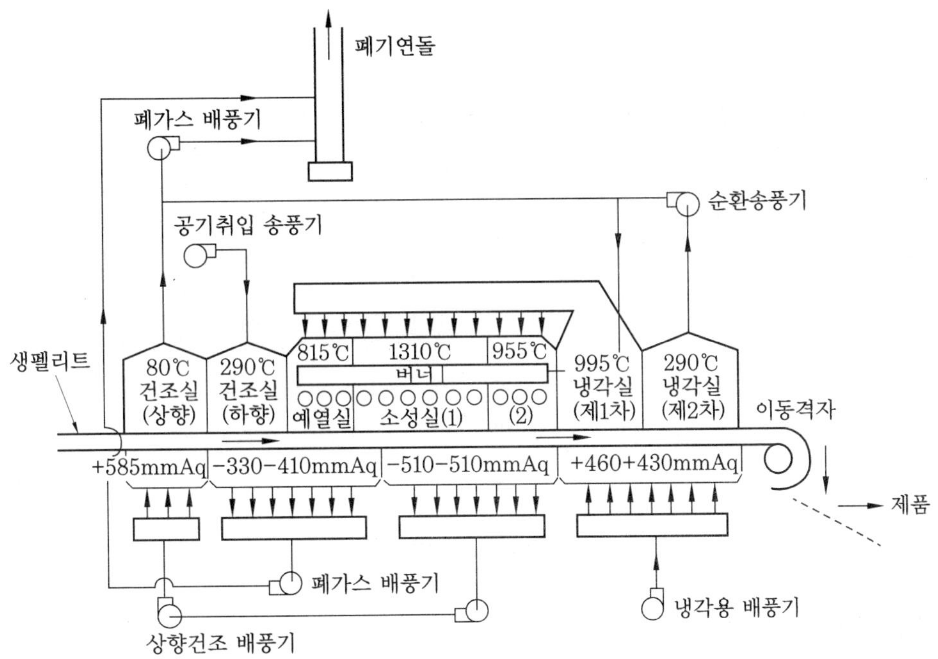

이동격자방식의 구조

(다) 격자회전로 방식

㉠ 회전로 그리고 냉각기의 3설비로 구성한다.

㉡ 이동격자는 원료광석의 종류에 따라서 2~3실로 나뉘어 각각 건조 및 예열실이라고 부른다.

㉢ 회전로는 비교적 짧은 것으로 양끝은 이동격자 및 냉각기에 밀착되어 있다.

㉣ 냉각기는 원형이고 수평으로 회전하는 펠릿과 이것을 덮는 후드로 되어 있다.

㉤ 장점

- 회전로에서 소정을 하므로 고온의 균일한 가열이 가능하다.
- 광석의 종류와 상관없이 품질이 우수하고, 균일한 펠릿이 얻어진다.
- 적정 소성온도대가 좁은 자광성 펠릿의 제조가 가능하다.

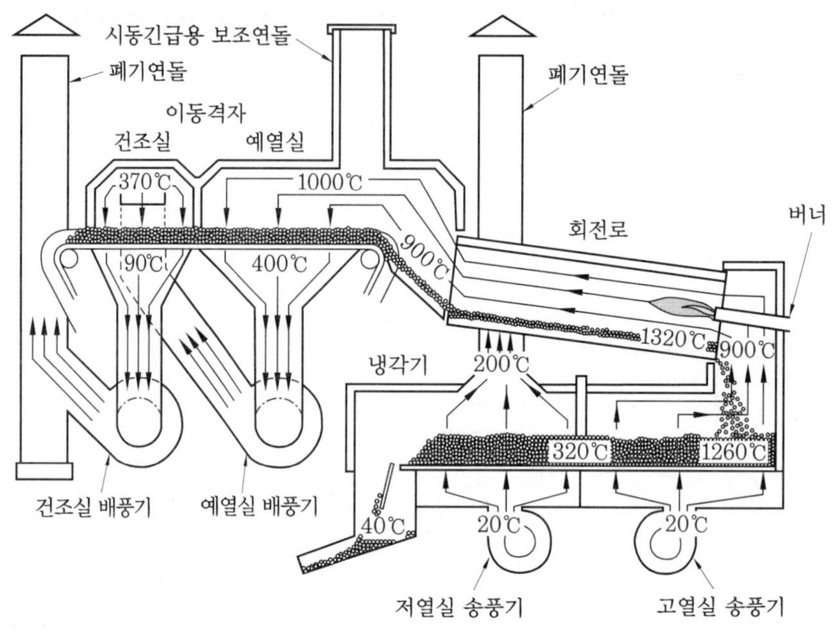

grate-kiln방식의 구조

(4) 생펠릿의 제조원리

① 생펠릿의 생성과정

㈎ 조정된 원료 광석분이 전동에 의해서 입자표면의 수막이 서로 접촉하고 그 수막의 표면장력으로 입자들이 서로 결합하여 작은 핵이 생성된다.

㈏ 전동이 진행됨에 따라 압착되고 표면수에 다른 핵 및 원료광석이 부착하여 성장한다.

② 생펠릿의 강도

㈎ 펠릿을 형성하는 입자간 모세관 중 물의 표면장력에 영향을 받는다.

㈏ 강도는 단위모세관 표면적당 힘으로 나타난다.

③ 펠릿의 소성기구(결합양식)

㈎ 산화정 분위기에서 소성이 이루어지지만 소성경화기구는 원료조건에 따라 달라진다.

㈏ 산성 펠릿은 원료가 자철광인 때는 광석입자는 산화하면서 확산에 의해 결합된다.

㈐ 적철광은 그대로 확산 결합된다.

㈑ 원료 중에 염기성 맥석이 존재하거나 석회석을 배합한 경우는 슬래그 결합 또는 칼슘-페라이트가 결합 발생된다.

(마) 소성 펠릿의 결합양식 분류

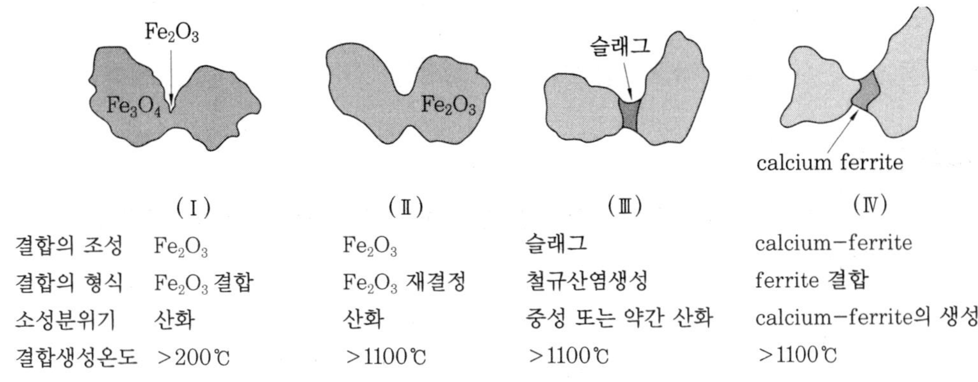

	(Ⅰ)	(Ⅱ)	(Ⅲ)	(Ⅳ)
결합의 조성	Fe_2O_3	Fe_2O_3	슬래그	calcium-ferrite
결합의 형식	Fe_2O_3 결합	Fe_2O_3 재결정	철규산염생성	ferrite 결합
소성분위기	산화	산화	중성 또는 약간 산화	calcium-ferrite의 생성
결합생성온도	>200℃	>1100℃	>1100℃	>1100℃

소성펠릿의 광립간의 결합양식

(5) 펠릿의 품질 특성

① 펠릿의 성질

크기	20mm
비중	2.7~3.7
기공률	15~80%
내압강도	1961~2942MPa

② 펠릿의 장점

(가) 분쇄한 것이므로 야금반응에 민감하다.

(나) 점결제 없이 성형되므로 순도가 높고 고로 안에서 반응이 순조로우며 해면철을 거쳐 용해한다.

(다) 가압하지 않는 자연적인 굴림에 의한 제조이므로 기공률이 높다.

(라) 해면철과 유사한 조직으로 점성이 강하고 균열강도가 높으며, 가루 발생이 적다.

(마) 산화배소를 받아 적철광으로 변하며, 환원성이 우수하다.

(바) S성분이 적고, Si의 흡수가 적다.

(사) 저온배소가 되므로 규산철광이라 하더라도 철감람석(fayalite; $2FeO \cdot SiO_2$)의 생산이 억제되고, 고로에서 Ti의 환원율이 낮다.

(아) 입도가 일정하고 입도편석을 일으키지 않으며, 공극률도 우수하다.

(자) 고로 안에서 소결광과는 달리 급격한 수축을 일으키지 않는다.

③ 펠릿의 단점

(가) 제조비가 비싸다.

(나) 고로 내에서 부풀음(swelling)현상이 발생한다.

단원 예상문제

1. 최근 관심이 커지고 있는 제선원료로 미분 철광석을 10~30mm로 구상화시켜 소성한 것을 무엇이라 하는가?

① 소결광(sintered ore) ② 정립광(sizing ore)
③ 펠릿(pellet) ④ 단광(briquetting)

2. 미세한 분광을 드럼 또는 디스크에서 입상화한 후 소성경화해서 달걀노른자 크기의 알갱이로 얻는 괴상법은?

① 로이스팅 ② 신터링 ③ 펠레타이징 ④ 브리케팅

3. 생펠릿(green pellet)을 조립하기 위한 조건으로 틀린 것은?

① 분입자 간에 수분이 없어야 한다.
② 원료는 충분히 미세하여야 한다.
③ 원료분이 균일하게 가습되는 혼련법이어야 한다.
④ 균등하게 조립될 수 있는 전동법이어야 한다.

해설 생펠릿의 조립 조건: 분입자 간에 수분을 많게 하고, 미세한 원료와 가습되는 혼련법과 균일하게 조립될 수 있는 전동법이어야 한다.

4. 다음 중 생펠릿에 대한 설명으로 틀린 것은?

① 펠레타이징 시 적당한 크기로 만들어진 것을 생펠릿이라 한다.
② 자연 건조 시 경화되어 큰 강도를 얻고자 할 때 소결한다.
③ 철광석을 생펠릿으로 만든 다음 가열하여 환원배소하면 가공성이 우수한 철광석이 얻어진다.
④ 소성경화는 약 650℃에서 경화가 이루어진다.

해설 소성경화는 약 1300℃에서 경화가 이루어진다.

5. 생펠릿 성형기의 특징이 아닌 것은?

① 틀이 필요 없다. ② 가압을 필요로 하지 않는다.
③ 연속조업이 불가능하다. ④ 물리적으로 원심력을 이용한다.

해설 생펠릿 성형기는 연속조업이 가능하다.

6. 생펠릿에 강도를 주기 위해 첨가하는 물질이 아닌 것은?

① 붕사 ② 규사
③ 벤토나이트 ④ 염화나트륨

해설 생펠릿에 강도를 주기 위해 붕사, 벤토나이트, 염화나트륨 등의 물질을 참가한다.

7. 미세한 분철광석을 점결제인 벤토나이트와 혼합하여 구상으로 만들어 소성시킨 것은?

① 펠릿 ② 소결광
③ 정립광 ④ 코크스

8. 미분광을 벤토나이트 등의 점결제와 혼합해 약 10~150mm의 구형으로 괴상화하는 단광법을 무엇이라 하는가?

① 소결법 ② 펠레타이징법
③ 균광법 ④ 선광법

9. 펠릿(pellet)에서 생볼(green ball)로 만드는 조립기가 아닌 것은?

① 디스크(disk)형 ② 로드(rod)형
③ 드럼(drum)형 ④ 팬(fan)형

해설 생볼 조립기로는 디스크형, 드럼형, 팬형 등이 해당된다.

10. 펠릿의 성질을 설명한 것 중 옳은 것은?

① 입도 편석을 일으키며, 공극률이 적다.
② 고로 안에서 소결광과는 달리 급격한 수축을 일으키지 않는다.
③ 산화 배소를 받아 자철광으로 변하며, 피환원성이 없다.
④ 분쇄한 원료를 이용한 것으로 야금반응에 민감한 물성을 갖지 않는다.

해설 펠릿의 성질: 입도 편석이 적고 공극률이 크다. 급격한 수축을 일으키지 않고, 피환원성이 좋다. 입도가 일정하고 야금반응에 민감한 물성을 갖는다.

11. 소성 펠릿의 특징을 설명한 것 중 옳은 것은?

① 고로 안에서 소결광보다 급격한 수축을 일으킨다.
② 분쇄한 원료로 만든 것으로 야금반응에 민감하지 않다.
③ 입도가 일정하고 입도 편석을 일으키며, 공극률이 작다.
④ 황 성분이 적고, 그 밖에 해면철 상태를 통해 용해되므로 규소의 흡수가 적다.

정답 1. ③ 2. ③ 3. ① 4. ④ 5. ③ 6. ② 7. ① 8. ② 9. ② 10. ② 11. ④

3. 코크스 제조 및 성형탄

3-1 코크스 원료 및 장입

(1) 석탄

① 석탄의 종류 및 용도

(가) 석탄화의 정도에 따라서 니탄, 갈탄, 역청탄, 무연탄 등으로 나뉜다.

(나) 성분 및 성질에 따라서는 점결탄, 비점결탄, 무연탄, 유연탄 등으로 분류된다.

(다) 가스용탄, 코크스용탄으로 쓰인다.

② 석탄의 점결성

(가) 석탄은 가열하면 점결성을 가진 코크스가 생기는 성질이 있다.

(나) 점결성을 가진 석탄을 점결탄이라 한다.

단원 예상문제

1. 다음 중 석탄의 성질에 대한 설명으로 옳은 것은?

① 석탄을 건류할 때 괴상으로 코크스가 되는 성질을 점결성이라 한다.
② 석탄을 급속히 가열하면 연화 및 팽창을 하게 되는데 이때 연화 팽창하는 성질을 코크스화성이라 한다.
③ 생성한 괴의 경도를 좌우하는 성질을 점착성이라고 한다.
④ 코크스화성이 큰 것을 약점결탄, 강한 것을 강점결탄이라 한다.

2. 석탄의 풍화에 대한 설명 중 틀린 것은?

① 온도가 높으면 풍화는 크게 촉진된다.
② 미분은 표면적이 크기 때문에 풍화되기 쉽다.
③ 탄화도가 높은 석탄일수록 풍화되기 쉽다.
④ 환기가 양호하면 열방산이 많아 좋으나 새로운 공기가 공급되기 때문에 발열하기 쉬워진다.

해설 탄화도가 높은 석탄일수록 풍화되기 어렵다.

정답 1. ① 2. ③

(2) 원료탄

① 점결탄: 역청탄을 건류하여 석탄 입자끼리 서로 점결해서 얻어진 괴상의 다공질 코크스 석탄이다.

② 비점결탄: 점결하지 않은 석탄을 말한다.

③ 원료탄의 성질

㈎ 점결성이 있어야 한다.

㈏ 코크스화성이 있어야 한다.

㈐ 휘발분, 회분 등이 적은 강점결탄이어야 한다.

④ 원료탄의 배합, 입도, 건류 온도, 건류 속도, 장입 밀도 등에 따라 코크스의 성질이 달라진다.

(3) 코크스(cokes)

환원제로서 탄소의 공급과 장입물을 가열, 용해하기 위한 열원으로 사용되며, 고로 내의 통기성을 유지하는 데 적합하다.

① 코크스의 구비조건

㈎ 고온 상태에서 강도가 충분해야 한다.

㈏ 적정 입도(25~75mm)를 가져야 한다.

㈐ 다공질로서 연소성이 좋고 회분이나 황 성분이 적어야 한다.

② 역청탄은 코크스의 원료로 점결성과 저회분, 저황분 등이 요구된다.

코크스의 성분

회분	휘발분	고정탄소	전황분	기공률	궤열강도 (15mm 지수)	입도
10~12%	1~2%	88~89%	0.5~0.6%	45~50%	92 이상	25~75mm

③ 코크스의 제조공정 순서

석탄조(coal bunker)→코크스로(coke oven)→소화탑(quenching tower)→코크스와프(coke wharf)

④ 코크스의 반응성 = $\frac{CO}{CO_2+CO}\times 100$

⑤ 고정탄소: 석탄 속에 포함되어 있는 순수고체의 탄소이다.

고정탄소(%) = 100% − [수분(%) + 회분(%) + 휘발분(%)]

⑥ 코크스로 가스(COG: coke oven gas)의 조성 예

CO_2(2.4%), O_2(0.1%), H_2(55.9%), CH_4(27.4%), CO(7.3%) > N_2(3.8%)

3-2 코크스 제조설비

(1) 코크스로의 종류

① 부산물을 회수하는 노: 오토식(Otto type), 코퍼스식(Koppers type), 신일철식, Firma Carl Still, 디디에식(Didier type) 등이 있다.

② 부산물을 회수하지 않는 노: 비하이브식(Beehive type), 쿠퍼식(Cowper type) 등이 있다.

③ 단식로: 코크스로 가스만을 연료로 사용한다.

④ 고로가스와 코크스가스 모두 사용한다.

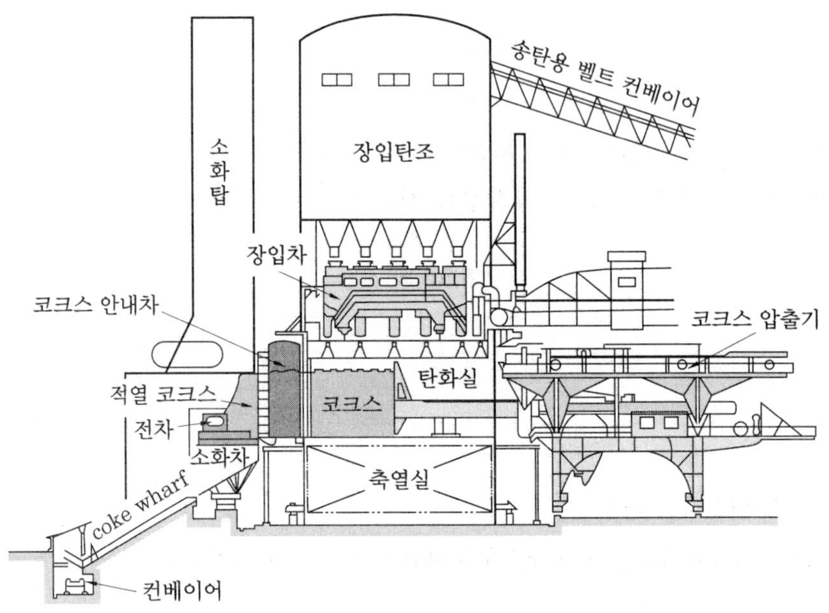

코크스로 단면도의 예

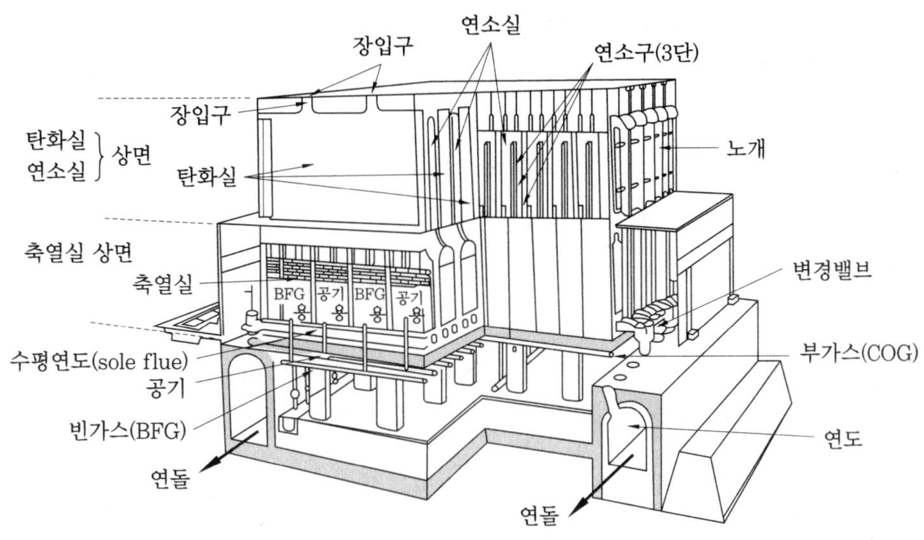

코크스로 구조도의 예

(2) 축열식 코크스로

① 코크스로는 축열실의 상부에 탄화실과 연소실이 교대로 병렬되어 노단(oven battery)을 이루고 있다.

② 코크스로는 석탄을 건류하는 탄화실, 연료가스를 연소시키는 연소실, 연료폐가스의 여열을 이용하기 위한 축열실 및 축열실하의 주평연도로 되어 있다.

③ 노의 가열에는 발열량이 높은 코크스로가스(COG)와 발열량이 낮은 고로가스(BFG)가 있다.

④ 코크스의 발열량은 4200~4800kcal/m^3이다.

⑤ 고온건류에서는 코크스, 타르, 경유, 가스, 황산암모늄 등의 생성물이 발생한다.

참고 **건식소화(coke dry quenching)법**: 코크스의 현열을 회수할 목적으로 개발되어 적열 코크스를 소화실에 넣고 불활성가스를 순환시켜 소화 냉각하는 방법으로 분진발생 방지, 강도 향상, 수분 감소 등의 효과가 있다.

3-3 코크스로 작업

(1) 장입작업

① 코크스를 압출한 후 장입차로 탄화실에 석탄을 장입하는 작업이다.

② 무연 장입법은 장입직후부터 가스가 발생하지만 이것은 상승관에 설치되어 있는

고압수 또는 수증기 등을 취입하여 drymain에 흡입한다.

③ 장입이 끝나면 레벨러를 사용하여 장입탄 상부를 균등화시킨 후 뚜껑을 덮고 장입작업을 끝낸다.

④ 1실 당 장입량은 보통 13~30ton 정도이고, 탄층 밀도는 석탄입도나 수분에 따라 변화하나 $0.72 \sim 0.74 t/m^3$이다.

⑤ 탄화시간은 코크스양에 원료를 장입하여 압출될 때까지 석탄이나 노 내에 머무르는 시간이다.

⑥ 장입탄 1kg을 코크스화하는 데 필요한 열량은 550~700kcal이다.

⑦ 탄화도 표시 지수: 휘발분(VM: volatile matter)

$$\text{휘발분} = \frac{\text{925℃로 7분간 가열 후 시료의 감소된 무게(g)}}{\text{석탄시료의 최초 무게(g)}} \times 100(\%)$$

(2) 요출작업

장입된 석탄은 13~18시간 경과하면 건류가 거의 완료되므로 가스 발생이 없게 되어 코크스를 탄화실에서 배출하는 작업이다.

(3) 소화작업

압출된 적열 코크스를 소화차에 받아 소화탑으로 운반해서 소화 냉각한 후 wharf에 배출하는 작업이다.

3-4 코크스 품질

(1) 역할

① 고로 내의 통기를 잘하기 위한 스페이서(spacer)로서의 역할

② 환원제로서의 역할

③ 연소에 따른 열원으로서의 역할

④ 선철, 슬래그에 열을 주는 열교환 매개체로서의 역할

(2) 강도

① 회전강도

㈎ 코크스의 품질표시법

㈏ 드럼시험법과 텀블러시험법

② 마이크로 강도: 20～35메시로 분쇄한 시료 2g을 규정의 강제 실린더에 넣고 25rpm의 속도로 8mm의 강구 12개와 함께 회전해서 800회전 후 꺼내어 체질하여 강도를 측정한다.

(3) 회분, 황

① 코크스 중 회분 $=\frac{\text{장입탄 중 회분}}{\text{코크스 실수율}}$

② 회분의 조성은 SiO_2, Al_2O_3, Fe_2O_3가 주성분이다.

③ 황은 장입탄 중 S성분의 60～65%가 코크스 중에 남고, 장입탄 중의 S분 %에 5/6를 곱한 값이 거의 코크스 중의 S%이다.

(4) 입도

고로에서는 평균입도를 40～55mm, 대괴는 코크스 커터로 파쇄하고, 분코크스는 25～30mm의 체로 제거한다.

(5) 반응성

① 고로 내에서 코크스가 CO_2와 반응해서 CO를 생성하는 코크스의 반응성

$C+CO_2 \rightarrow CO$

② 흡열반응이므로 반응성은 낮은 것이 좋다.

③ 반응성 지수 $R=\frac{CO}{CO+CO_2}$

단원 예상문제

1. 고로의 생산성 향상이 아닌 것은?

① 코크스 회분의 저하　② 코크스비 상승
③ 입도의 균일화　④ 코크스 강도의 향상

해설 코크스비가 저하된다.

2. 야금용 및 제선용 연료의 구비조건 중 틀린 것은?

① 인(P)이 적어야 한다.　② 황(S)이 적어야 한다.
③ 회분이 많아야 한다.　④ 발열량이 커야 한다.

해설 회분이 적어야 한다.

3. 용광로에 사용하는 코크스의 특징이 잘못된 것은?

① 다공질(기공률 40% 이상)이어야 한다. ② 회분은 낮을수록 좋다.
③ 적당한 반응성을 가져야 한다. ④ P 및 S분이 높아야 한다.

해설 P 및 S분이 적어야 한다.

4. 고로 내에서 코크스의 역할이 아닌 것은?

① 열원 ② 산화제 ③ 열교환 매체 ④ 통기성 유지제

해설 코크스는 열원, 열교환 매체, 환원제, 통기성 유지제 등의 역할을 한다.

5. 고로 내에서 코크스의 역할이 아닌 것은?

① 산화제로서의 역할
② 연소에 따른 열원으로서의 역할
③ 고로 내의 통기를 잘하기 위한 spacer로서의 역할
④ 선철, 슬래그에 열을 주는 열교환 매개체로서의 역할

해설 환원제로서의 역할을 한다.

6. 코크스의 고로 내에서의 역할을 설명한 것 중 틀린 것은?

① 철 중에 용해되어 선철을 만든다.
② 철의 용융점을 높이는 역할을 한다.
③ 고로 안의 통기성을 좋게 하기 위한 통로 역할을 한다.
④ 일산화탄소를 생성하여 철광석을 간접 환원하는 역할을 한다.

해설 철의 용융점을 낮게 하는 역할을 한다.

7. 제철 원료로서 코크스의 역할에 대한 설명으로 틀린 것은?

① 연소 가스는 철광석을 간접 환원한다.
② 일부는 선철 중에 용해하여 선철 중의 탄소가 된다.
③ 연소 가스는 액체 탄소로서 선철 성분을 간접 환원시킨다.
④ 바람구멍 앞에서 연소하여 제선에 필요한 열량을 공급한다.

해설 고체 탄소로서 선철 성분을 직접 환원시킨다.

8. 고로 내 코크스의 역할에 해당되지 않는 것은?

① 통기성, 통액성 향상 ② 연소를 통한 열원재
③ 철광석의 산화반응 촉진 ④ 선철, 슬래그 간의 열교환 매체

해설 철광석의 환원반응을 촉진한다.

9. 코크스 제조공정의 순서가 옳은 것은?

① mixer→coal bunker→coke oven→surge bin

② coal bunker→coke oven→quenching tower→coke wharf

③ crusher→surge bin→mixer→coal bunker

④ mixer→coal bunker→coke wharf→coke oven

10. 코크스의 제조공정 순서로 옳은 것은?

① 원료 분쇄→압축→장입→가열 건류→배합→소화

② 원료 분쇄→가열 건류→장입→배합→압축→소화

③ 원료 분쇄→배합→장입→가열 건류→압축→소화

④ 원료 분쇄→장입→가열 건류→배합→압축→소화

11. 코크스의 생산량을 구하는 식으로 옳은 것은?

① (톤당 석탄의 장입량+코크스 실수율)÷압출문수

② (톤당 석탄의 장입량-코크스 실수율)÷압출문수

③ 톤당 석탄의 장입량×코크스 실수율×압출문수

④ 톤당 석탄의 장입량×압출문수÷코크스 실수율

12. 코크스의 생산량을 구하는 식으로 옳은 것은?

① (oven당 석탄의 장입량+코크스 실수율)÷압출문수

② (oven당 석탄의 장입량-코크스 실수율)÷압출문수

③ oven당 석탄의 장입량×코크스 실수율×압출문수

④ oven당 석탄의 장입량×압출문수÷코크스 실수율

13. 다음 중 고정탄소(%)를 구하는 식으로 옳은 것은?

① 고정탄소(%) = 100% − [수분(%) + 회분(%) + 휘발분(%)]

② 고정탄소(%) = 100% − [수분(%) × 회분(%) × 휘발분(%)]

③ 고정탄소(%) = 100% − [수분(%) + 회분(%) × 휘발분(%)]

④ 고정탄소(%) = 100% + [수분(%) × 회분(%) − 휘발분(%)]

14. 코크스 중에 회분 7%, 휘발분 5%, 수분 4%가 있다면 고정탄소의 양은 몇 %인가?

① 54 ② 64 ③ 74 ④ 84

해설 고정탄소 = 100 − (회분 + 휘발분 + 수분) = 84%

15. 코크스의 강도는 어떤 강도를 측정한 것인가?

① 충격강도 ② 압축강도 ③ 인장강도 ④ 내압강도

16. 코크스 제조에서 사용되지 않는 것은?

① 머드 건 ② 균열강도 ③ 낙하시험 ④ 텀블러 지수

해설 머드 건(mud gun)은 고로의 선철 출탕을 폐쇄하는 장치이다.

17. 고로에서 코크스비를 낮추기 위한 방법이 아닌 것은?

① 송풍온도 상승 ② 코크스 회분 상승
③ CO가스 이용률 향상 ④ 철광석의 피환원성 증가

해설 코크스 회분 감소

18. 코크스 중 회분이 많을 때 고로에서 일어나는 현상은?

① 석회석 슬래그의 양이 감소한다. ② 행깅(hanging)을 방지한다.
③ 코크스비가 증가한다. ④ 출선량이 증가한다.

19. 코크스 중 회분(ash)의 조성성분에 해당되지 않는 것은?

① SiO_2 ② Al_2O_3 ③ Fe_2O_3 ④ CO_2

해설 회분의 조성은 SiO_2, Al_2O_3, Fe_2O_3이다.

20. 다음 중 코크스의 반응성을 나타내는 식으로 옳은 것은?

① $\frac{CO_2}{CO_2+CO}\times100$ ② $\frac{CO}{CO_2+CO}\times100$

③ $\frac{CO_2-CO}{CO}\times100$ ④ $\frac{CO}{CO_2-CO}\times100$

21. 코크스 가스 중에 함유되어 있는 성분 중 함량이 많은 것부터 적은 순서로 나열된 것은?

① $CO > CH_4 > N_2 > H_2$ ② $CH_4 > CO > H_2 > N_2$
③ $H_2 > CH_4 > CO > N_2$ ④ $N_2 > CH_4 > H_2 > CO$

22. 고로조업 중 배가스 처리장치를 통해 가장 많이 배출되는 가스는?

① N_2 ② H_2 ③ CO ④ CO_2

23. 다음 중 코크스로에서 발생되는 가스의 성분조성으로 가장 많은 것은?

① H_2 ② O_2 ③ N_2 ④ CO

24. 코크스의 연소실 구조에 따른 분류 중 순환식에 해당되는 것은?

① 코퍼스식 ② 오토식 ③ 쿠로다식 ④ 월푸트식

25. 코크스로 내에서 석탄을 건류하는 설비는?

① 연소실 ② 축열실 ③ 가열실 ④ 탄화실

26. 코크스로가스(COG)의 발열량은 약 몇 kcal/m^3인가?

① 850 ② 4750 ③ 7500 ④ 9500

해설 가스(COG)의 발열량은 4200~4800 kcal/m^3이다.

27. 코크스양에 원료를 장입하여 압출될 때까지 석탄이나 코크스가 노내에 머무르는 시간을 무엇이라 하는가?

① 탄화시간 ② 장입시간 ③ 압출시간 ④ 방치시간

28. 적열 코크스를 불활성가스로 냉각 소화하는 건식소화(CDQ: coke dry quenching)법의 효과가 아닌 것은?

① 강도 향상 ② 수분 증가 ③ 현열 회수 ④ 분진 감소

29. 배합탄의 관리영역을 탄화도와 점결성 구간으로 나눌 때 탄화도를 표시하는 지수로 옳은 것은?

① 전팽창(TD) ② 휘발분(VM)
③ 유동도(MP) ④ 조직평형지수(CBI)

30. 코크스 제조 중에 발생한 건류생성물이 아닌 것은?

① 경유 ② 타르 ③ 황산암모늄 ④ 소결광

해설 건류생성물로는 가스, 코크스, 경유, 타르, 황산암모늄 등이 있다.

정답 1. ② 2. ③ 3. ④ 4. ② 5. ① 6. ② 7. ③ 8. ③ 9. ② 10. ③ 11. ③ 12. ③ 13. ① 14. ④ 15. ① 16. ① 17. ② 18. ③ 19. ④ 20. ② 21. ③ 22. ① 23. ① 24. ① 25. ④ 26. ② 27. ① 28. ② 29. ② 30. ④

3-5 코크스 특수제조법

(1) 부르스트레인법[Burstlein pross 또는 소바코(SOVACO)법]

코크스로에 장입할 원료를 분쇄함과 동시에 체질하여 4mm 이상 및 0.2mm 이하의 석탄을 가능한 한 줄여 전체적으로 중간입도가 많도록 엄격히 조정함으로써 코크스의 품질을 향상시키는 방법이다.

(2) 오일링(oiling)법

석탄을 코크스로에 장입할 때 소량의 기름을 첨가하여 노내 장입탄층의 밀도를 증가시켜 코크스 품질의 향상을 꾀하는 방법이다.

(3) 예열탄 장입법

석탄을 코크스로에 장입하기 전에 가열하여 장입탄의 수분을 감소시키고 200℃ 정도로 예열하는 방법이다.

(4) 성형탄 장입법

장입석탄을 코크스로에 장입하기 전에 장입석탄의 일부를 압축성형기로 성형하여 단광(briquet)으로 만들어 나머지 장입석탄과 혼합하는 방법이다.

(5) 스탬핑(stamping)법

석탄을 코크스로에 장입할 때 압축해 탄층의 밀도를 증가시켜 코크스의 품질을 향상시키는 방법이다.

단원 예상문제

1. 장입석탄을 코크스로에 장입하기 전에 장입석탄의 일부를 압축성형기로 성형하여 브리켓(briquet)으로 만든 다음 30~40%는 취하고 나머지는 역청탄과 혼합하는 코크스 제조법은?

① 점결제 첨가법 ② 성형탄 배합법 ③ 성형 코크스법 ④ 예열탄 장입법

정답 1. ②

3-6 성형 코크스 제조법

냉간 또는 열간에서 석탄을 성형한 후 고온에서 코크스화하는 방법이다.

(1) 목적

① 자원이 풍부하고 값싼 비점결탄을 사용한다.

② 성형에 의해 모양이 일정하게 됨으로써 고로 생산성을 개선한다.

③ 작업환경의 향상 및 대기오염을 감소시킨다.

④ 작업인원을 감소한다.

(2) 방법

① FMC법

㈎ 비점결탄을 촉매로 개질하여 하소로(calciner)에서 휘발분을 제거한다.

㈏ 생성물에 결합제를 가하여 냉간성형한 다음, 횡형의 경화로와 종형의 건류로에서 고온건류하여 코스스를 제조한다.

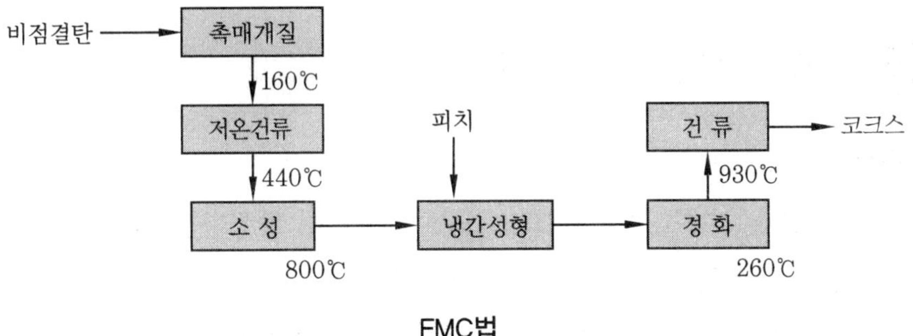

FMC법

② BF법: 비점결탄과 점결탄으로 나누고, 비점결탄을 미리 유동건류하여 점결탄과 혼합한 후 열간성형하고 이것을 노에서 모래를 열매체로 고온건류하여 코크스로 한다.

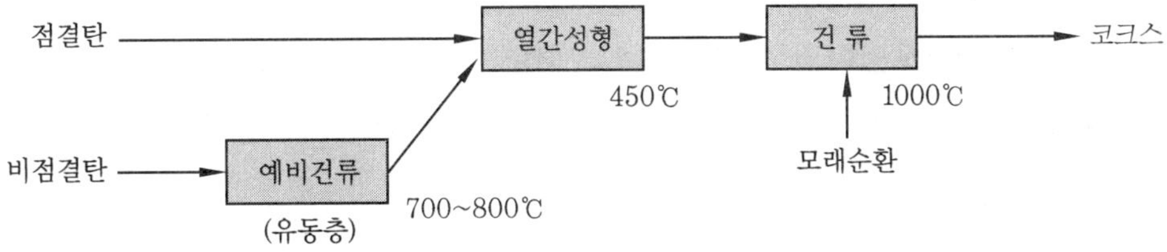

BF법

③ Lurgi법: 원료 석탄을 flash dryer에서 건조한 다음 냉간성형하여 이것을 횡취원통형의 kilin에서 모래를 열매체로 고온건류하여 코크스로 한다.

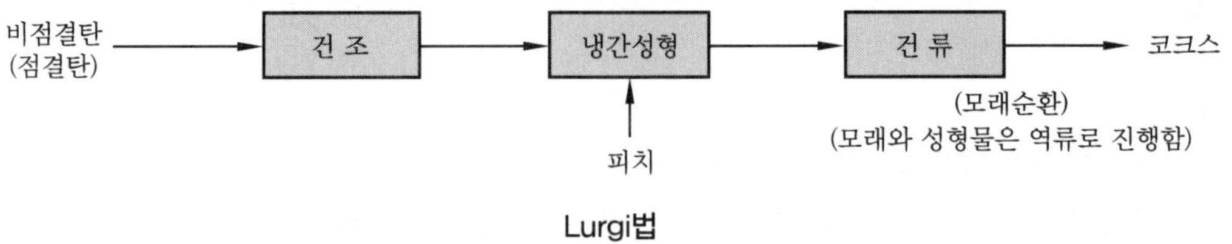

Lurgi법

④ consolidation법: 원료석탄을 유동층에서 저온건류한 다음, 횡치원통형의 펠릿장치에서 펠리트화하고 이것을 종형의 노에서 고온건류하여 코크스로 한다.

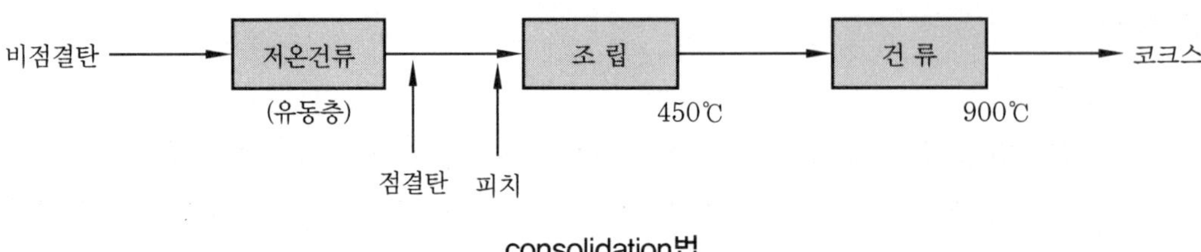

consolidation법

3-7 COG정제 및 부산물의 회수

(1) 코크스로가스(COG)

① 코크스로가스는 코크스로에서 코크스를 제조할 때 발생하는 가스이다.

② 타르 성분을 함유하고 있어 암갈색을 나타낸다.

③ 부산물을 제거한 가스는 무색이고, 특유의 냄새가 난다.

(2) 고로가스(BFG)

① 용광로에서 선철을 제조할 때 발생하는 가스이다.

② 무색, 무취로 주성분은 CO가스이다.

③ 연진이 함유되어 있어 노정가스라고도 한다.

④ 청정가스는 노정가스에서 연진을 제거한 가스로, 연료로도 사용이 가능하다.

제3장 고로제선 설비

1. 고로 설비

1-1 고로 노체

(1) 노내의 구조 및 특징

① 고로란 제철소에서 선철을 용해 제조하는 가마로 용광로라고도 한다.

② 고로와 야금과정의 차이

㈎ 고로는 점화에서부터 소화까지 수년 동안 연속적으로 가동한다.

㈏ 선철과 광재는 용융상태로 얻어지고, 비중 차로 서로 잘 분리된다.

㈐ 고로 내에서는 가열받는 장입물과 고온가스 사이에 역류가 발생한다.

㈑ 노내에서 탄소는 연료 및 환원제로 이용된다.

③ 용광로의 성능은 1일 출선량으로 파악이 가능하다.

④ 용광로의 내용적은 노저부에서부터 노정부의 장입기준선(보통 노구에서 300~400mm)까지이다.

⑤ 유효 내용적은 풍구 중심의 수평면부터 장입기준선까지이다.

⑥ 철피, 철대식, 절충식으로 구성되어 있다.

⑦ 부속설비로는 장입장치, 노체냉각장치, 열풍설비, 가스청정설비, 주상설비 등이 있다.

⑧ 선철 제조방법은 고로에 철광석을 넣고 코크스를 태워 철광석 중의 산소를 환원해 용해시켜 제조한다.

단원 예상문제

1. 고로과정이 일반 야금과정과 다른 점 중 틀린 것은?

① 고로는 기화에서 소화까지 장시간 연속적으로 가동한다.
② 고로 내 가열을 받는 장입물과 고온가스 사이에 역류가 일어나 열효율이 크다.
③ 선철과 슬래그는 고체상태로 얻어지고 비중 차로 분리된다.
④ 노내에서 탄소는 연료 및 환원제로 이용한다.

해설 선철과 슬래그는 용융상태로 얻어지고 비중 차로 분리된다.

2. 고로에서 풍구수준면에서 장입기준선까지의 용적을 무엇이라 하는가?

① 실용적 ② 내용적 ③ 전용적 ④ 유효 내용적

3. 고로의 유효 내용적을 나타낸 것은?

① 노저에서 풍구까지의 용적
② 노저에서 장입기준선까지의 용적
③ 출선구에서 장입기준선까지의 용적
④ 풍구수준면에서 장입기준선까지의 용적

정답 1. ③ 2. ④ 3. ④

1-2 고로 노체의 구조

(1) 용광로의 횡단면

횡단면이 원형이므로 장입물의 강하, 노내 가스의 상승이 균일하고, 열의 방산이 적고 분포가 균일하다.

(2) 노고

① 노의 높이는 노저면부터 장입구까지의 거리이며, 실제는 장입기준선까지의 높이를 유효노고라고 한다.
② 고로의 높이는 24~34m이다.
③ 노고를 좌우하는 요인
(가) 코크스 균열강도
(나) 광석의 환원성 입도, 열간강도
(다) 건설비를 고려한 구조상의 문제 등

(3) 노상(hearth)

① 노상부의 지름은 코크스 연소량과 출선량, 출선응력을 좌우하는 요소이다.

② 노상지름의 결정은 장입물 입도, 송풍온도, 중유 취입량, O_2사용량에 영향을 준다.

(4) 노구(throat)

고로 상부의 원통부로, 벨에서 낙하하는 광석이나 코크스가 충돌되는 것으로부터 연화를 보호하기 위해 광석 충돌판을 설치한다.

(5) 노흉(shaft)

80~83°로 노구부에 이어져 밑으로 넓게 퍼진 부분이다.

① 각도가 지나치게 작은 경우 가스의 급팽창으로 온도가 저하되고 장입물의 저항이 커져 행잉(hanging)의 원인이 된다.

② 각도가 지나치게 큰 경우 장입물 강하 저항이 감소되어 주변 강하가 급해지고 미환원 광석이 노상에 떨어져 노상 냉입의 원인이 된다.

③ 노흉 높이를 측정할 때는 노고와 타 각부 높이의 관계에서 결정, 장입물의 입도, 코크스 강도 등으로 노내 가스류의 분포를 고려한다.

④ 노흉 각도는 80~85°이다.

(6) 노복(belly): 노흉 바로 아랫부분

① 노복의 지름(2~3m)은 보시 각도, 보시 높이에 따라 결정된다.

② 노복 높이는 노내 용적에 미치는 영향이 크므로 보시 높이, 노흉 각도, 노흉 높이를 감안하여 결정한다.

(7) 조안(bosh)은 노복 밑의 나팔꽃 모양으로 길쭉한 부분이다.

(8) 노상은 조안 밑의 원통부이다.

(9) 노저(bottom)는 노 바닥부이다.

(10) 열풍용 송풍관에서는 열풍로에서 나온 열풍이 열풍관을 거쳐 노 주위의 환상관(bustel pipe), S(U)자형 관(goose neck(or penstock)), 송풍지관(tuyere stock), 취관(blow pipe), 송풍구(tuyere)를 통해 노 내로 유입된다.

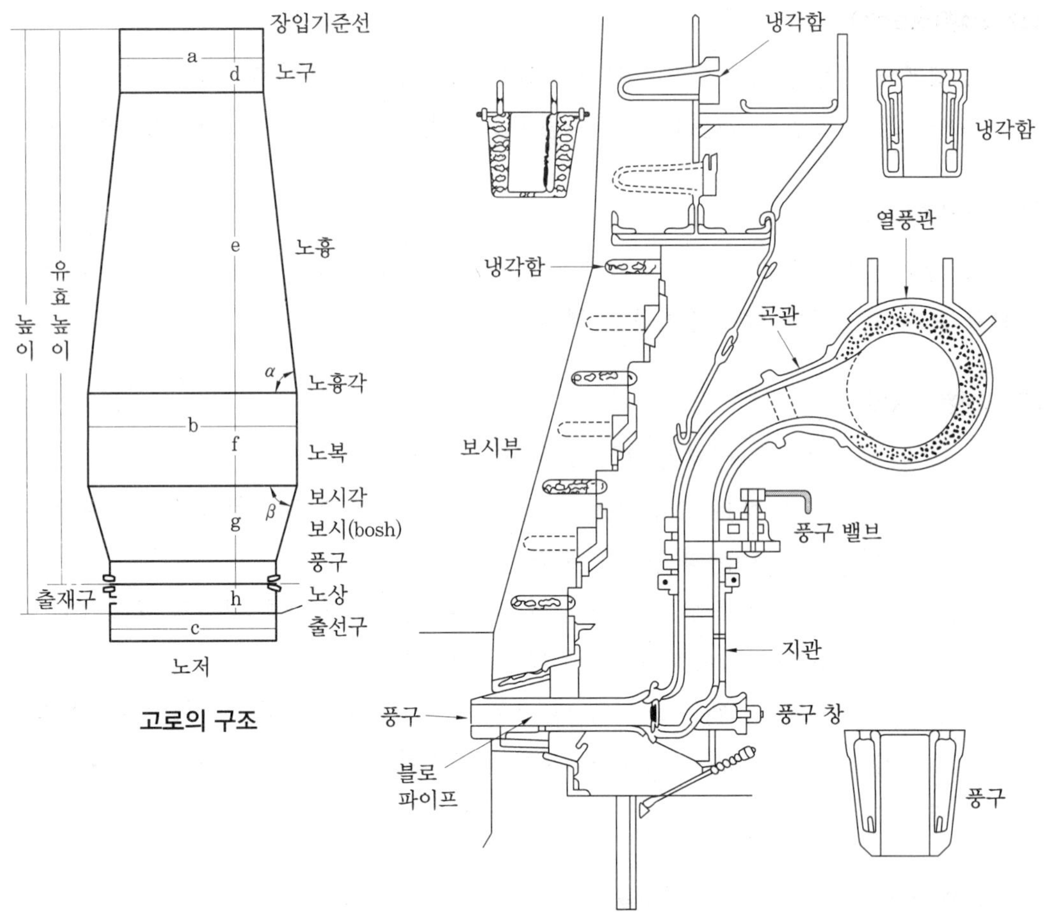

고로의 구조

냉각함 및 풍구 부근의 구조

단원 예상문제

1. 용광로의 횡단면이 원형인 이유로 틀린 것은?

① 가스 상승을 균일하게 하기 위하여
② 열의 분포를 균일하게 하기 위하여
③ 열의 발산을 크게 하기 위하여
④ 장입물 강하를 균일하게 하기 위하여

해설 열의 발산을 적게 하기 위하여

2. 고로 노체의 구조 중 노의 용적이 가장 큰 부분은?

① 노흉 ② 노복 ③ 조안 ④ 노상

3. 고로의 구조가 아닌 것은?

① 샤프트 ② 노복
③ 보시 ④ 축열실

4. 고로 상부에서부터 하부로의 순서가 옳은 것은?

① 노구→샤프트→노복→보시→노상
② 노구→보시→샤프트→노복→노상
③ 노구→샤프트→보시→노복→노상
④ 노구→노복→샤프트→노상→보시

5. 다음 중 보시(bosh) 부위에 해당되는 곳은?

① 2
② 3
③ 4
④ 5

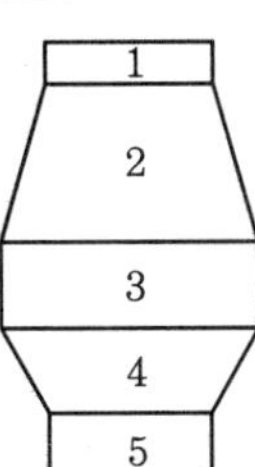

해설 1 : 노구, 2 : 노흉, 3 : 노복
4 : 보시, 5 : 노저

6. 용광로의 몸체에서 노복(belly)부분에 해당하는 부위는?

① 1
② 2
③ 3
④ 4

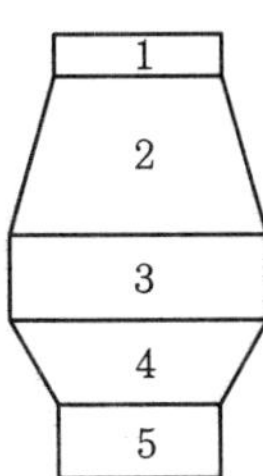

해설 1 : 노구, 2 : 노흉, 3 : 노복
4 : 보시, 5 : 노저

7. 그림과 같이 고로에서 미환원의 철, 규소, 망가니즈가 직접 환원을 받는 부분은?

① A
② B
③ C
④ D

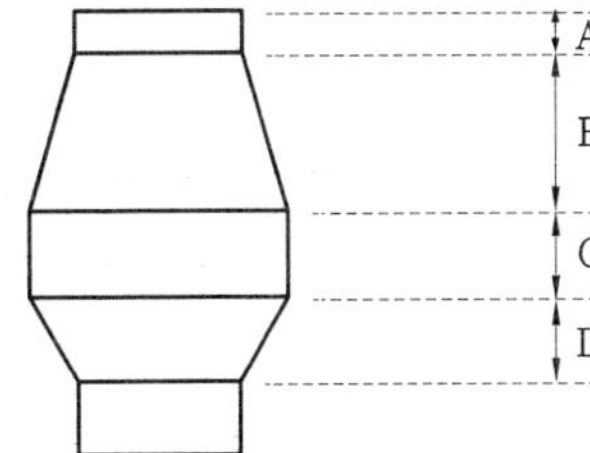

8. 다음 중 노복(belly) 부위에 해당되는 곳은?

① B
② C
③ D
④ E

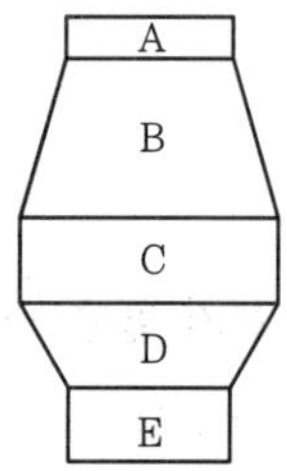

해설 A : 노구, B : 노흉, C : 노복
D : 보시, E : 노저

9. 고로의 본체에서 C부분의 명칭은?

① 노흉(shaft)
② 노복(belly)
③ 보시(bosh)
④ 노상(hearth)

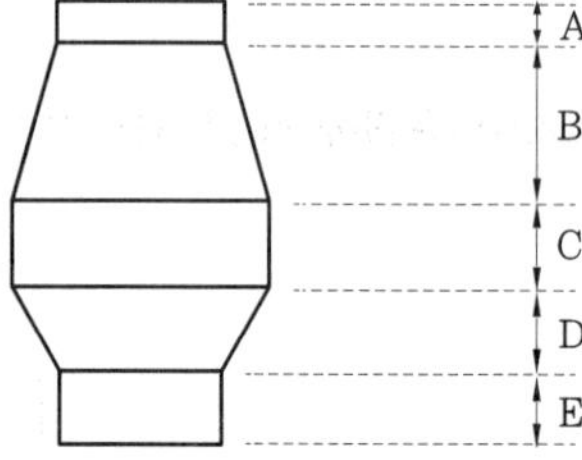

해설 A : 노구, B : 노흉, C : 노복
D : 보시, E : 노상

10. 고로 노체의 구조 중 노의 용적이 가장 큰 부분은?

① 노흉 ② 노복 ③ 조안 ④ 노상

정답 1. ③ 2. ② 3. ④ 4. ① 5. ③ 6. ③ 7. ④ 8. ② 9. ② 10. ②

1-3 노체 냉각설비

(1) 노저면의 냉각

노저 연와적 하부에 연와 도관(duck)을 만들어 강제 공랭한다.

(2) 측벽 연와적의 냉각

① 냉각판식

㈎ 연와 중에 넣는 방식으로 접촉면이 커서 냉각효과는 크나 철피 강도상 넣는 수에 제한을 받고 철피 절단부에서는 가스가 새는 결점이 있다.

㈏ 재질은 순동주물이다.

② 스테이브(stave) 냉각방식

㈎ 고압로의 가스 실(seal)면에서 유리하다.

㈏ 주철 중에 강관을 같이 주입한 냉각체를 철피 내면에 설치한다.

③ 살수식

㈎ 철피 외면에 살수하여 철피를 통해 내면내화물을 냉각하는 방식이다.

㈏ 철피에 개구부가 없어 가스 seal은 좋으나 사용하는 내화물, 시공상태에 따라 냉각효과가 크게 달라진다.

④ 재킷(jacket) 냉각식

㈎ 철피 외면에 강판재의 재킷을 설치하고 이것에 통수하는 방식이다.

㈏ 고로에서 보시부터 샤프트 하부에 걸쳐 설치한다.

단원 예상문제

1. **고로 노체 냉각방식 중 고압 조업하에서의 가스 실(seal)면에서 유리하며 연와가 마모될 때 평활해지는 장점이 있어 점차 많이 채용되고 있는 냉각방식은?**

① 살수식　② 냉각판식
③ 재킷(jacket)식　④ 스테이브(stave) 냉각방식

2. **고로의 노체연와 마모방지 설비인 냉각반은 주로 구리를 사용하여 만드는 가장 큰 이유는?**

① 열전도도가 높다.　② 주조하기가 용이하다.
③ 다른 금속보다 무게가 가볍다.　④ 다른 금속보다 용융점이 높다.

3. **고로 본체의 냉각방식 중 내부 냉각에 해당하는 것은?**

① 재킷 냉각　② stave 냉각　③ 살수 냉각　④ 벽유수 냉각

정답 1. ② 2. ④ 3. ②

1-4 풍구 및 부대설비

(1) 풍구

① 바람의 송입 경로: 송풍기에서 가압 → 열풍로에서 예열된 공기 → 보시(bosh)에 근접한 노의 상부 → 풍구 → 노내로 송입

② 고로의 풍구로부터 들어가는 압풍에 의해 생기는 풍구압의 공간을 레이스웨이(raceway)라 한다.

③ 레이스웨이 중에서는 가스의 흐름에 따라 코크스가 순환하고 있다.

④ 레이스웨이의 크기는 노의 성능이나 노황의 영향을 받는다.

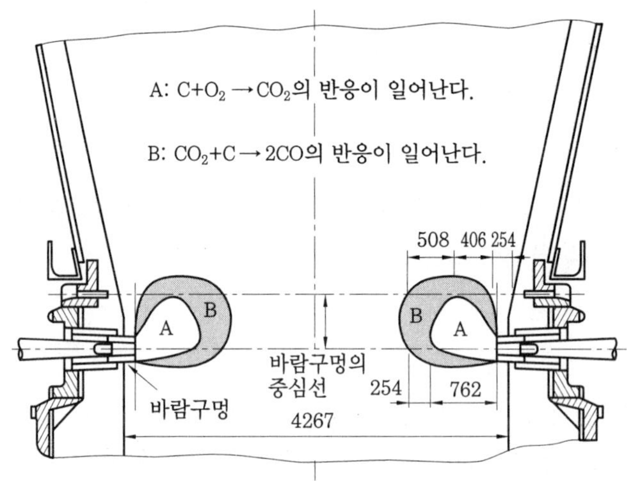

레이스웨이의 화학반응 및 가스 성분

(2) 송풍기

① 왕복 피스톤식 송풍기: 가장 오랫동안 사용되어온 송풍기이다.

② 터보 송풍기(원심형 송풍기)

㈎ 터빈 또는 전동기로 회전하는 축 위에 여러 개의 회전날개를 붙인 것이다.

㈏ 흡입기로 들어온 공기는 제1단, 제2단, 제3단 날개에서 차례로 추진되어 고압의 바람을 얻는 장치이다.

㈐ 중형 이하의 고로에서 사용된다.

㈑ 송풍량이 많은 경우 사용 양단 흡입식으로 하여 송풍기 양쪽에서 보내진 바람을 몇 단의 날개로 압축시켜 중앙부로 모아 송풍한다.

③ 축류 송풍기

㈎ 크기가 작고, 효율이 우수하며, 압축된 유체의 통로가 단순하고 짧다.

㈏ 갑작스런 바람의 방향 및 변동에 대하여 정풍량 운전이 용이하다.

㈐ 고로의 대형화, 고압화에 적합하다.

㈑ 송풍압력이 커서 고로의 조업특성에 맞는 고효율의 송풍이 가능하다.

④ 서징(surging)현상

㈎ 송풍기의 풍압에 대하여 풍량이 비정상적으로 낮아진 때에 송풍기 속도가 떨어

지는 실속 현상이다.

(나) 실속 현상이 발생하면 송풍기가 파괴된다.

(다) 노내의 급격한 풍압 저하에 의하여 용선, 용재가 풍구쪽으로 역류한다.

(라) 노내가스가 송풍계통으로 역류한다.

(마) 정상조업에서 벗어나서 서징 방지선에 걸리면 안전밸브가 작동하도록 하여 서징현상을 방지한다.

단원 예상문제

1. 고로의 풍구로부터 들어오는 압풍에 의하여 생기는 풍구압의 공간을 무엇이라고 하는가?

① 행잉(hanging) ② 레이스웨이(raceway)
③ 플루딩(flooding) ④ 슬로핑(slopping)

2. 열풍로에서 나온 열풍을 고로 내에 송입하는 부분의 명칭은?

① 노상 ② 장입구 ③ 풍구 ④ 출재구

3. 고로 풍구 부근에 취입되는 열풍에 의해 raceway를 형성하는 곳은?

① 예열대 ② 연소대 ③ 용융대 ④ 노상부

4. 고로에 사용하는 축류 송풍기의 특징을 설명한 것 중 틀린 것은?

① 풍압 변동에 대한 정풍량 운전이 용이하다.
② 바람 방향의 전환이 없어 효율이 우수하다.
③ 무겁고 크게 제작해야 하므로 설치면적이 넓다.
④ 터보 송풍기에 비하여 압축된 유체의 통로가 단순하고 짧다.

해설 구조가 간단하고 설치면적이 적다.

5. 고로에서 코크스비 절감 및 생산성 향상을 위해 사용하는 열풍로의 열풍은 어느 부분을 통하여 노내로 취입되는가?

① 하부종(large bell) ② 풍구(tuyere)
③ 조안(bosh) ④ 노상(hearth)

정답 1. ② 2. ③ 3. ② 4. ③ 5. ②

1-5 노내 연와부

(1) 노내 내화재

① 용광로에는 보통 샤모트 연와(chamotte brick)가 사용된다.

② 내화도는 SK 33~34, 기공률 2.5이다.

③ 노상과 보시부 연와는 탄소 연와를 사용한다. 탄소 연와는 산화성 분위기에서 약하므로 화입할 때는 샤모트 연와로 엷게 피복하고 공기나 수증기가 침투하지 않도록 기공률이 작고 형상이 정확한 것을 사용한다.

④ 내화재의 구비조건

(가) 고온에서 용융, 연화, 휘발하지 않을 것

(나) 고온, 고압하에서 상당한 강도를 가질 것

(다) 열충격이나 마모에 강할 것

(라) 용선, 용제 및 가스에 대해 화학적으로 안정할 것

(마) 적당한 열전도도를 가지고 냉각효과가 있을 것

(바) 비중이 5.0 이하로 낮아야 한다.

(2) 노벽 내화재

① 노흉(shaft) 상부: 비교적 저온이고 기체와 고체만 존재하여 내마모성이 중요하므로 고강도 및 점토질 내화재가 쓰인다.

② 노흉 하부: 노복(belly) 하부에서 노복, 조안(bosh) 부분은 내용선용제성, 내알칼리성이 중요하므로 점토질 연와 외에 고급 내화재(고알루미나 벽돌)가 쓰인다.

(3) 노저 내화물

① 탄소질 내화물이다.

② 출선구, 출제구, 풍구부는 내스폴링성이 중요하므로 샤모트질 또는 고알루미나질을 사용한다.

(4) 열풍관계 및 풍구

① 열풍로에서 나온 열풍 → 열풍본관(hot blast main), 환상관(bustle pipe), 송풍지관(goose neck and tuyer stock), 블로 파이프(blow pipe) → 풍구(tuyer)의 경로를 거친다.

② 열전도가 좋은 순동주물을 이용하여 수랭한다.

단원 예상문제

1. 고로는 전 높이에 걸쳐 많은 내화벽돌로 쌓여져 있다. 내화벽돌이 갖추어야 할 조건으로 틀린 것은?

① 내화도가 높아야 한다.
② 치수가 정확하여야 한다.
③ 비중이 5.0 이상으로 높아야 한다.
④ 침식과 마멸에 견딜 수 있어야 한다.

해설 비중이 5.0 이하로 낮아야 한다.

2. 고로에 사용되는 내화재가 갖추어야 할 조건으로 틀린 것은?

① 열충격이나 마모에 강할 것
② 고온에서 용융, 연화하지 않을 것
③ 열전도도는 매우 높고, 냉각효과가 없을 것
④ 용선, 용재 및 가스에 대하여 화학적으로 안정할 것

해설 열전도도는 매우 작고 냉각효과가 있으며 스폴링성이 작아야 한다.

3. 노체 연와의 침식이 심하게 진행되고 있을 때 취하는 조치(중장기 노체 보호조치)로 틀린 것은?

① 계획적인 냉각반 교체
② 부정형 내화재 압입
③ 노내 가스흐름의 중심류화 조업
④ 고온조업 실시

해설 저온조업을 실시해야 한다.

정답 1. ③ 2. ③ 3. ④

1-6 원료 권양기 및 장입설비

(1) 권양기

고로 노정으로 원료를 운반하는 장치이다. 스킵(skip) 방식과 컨베이어 방식을 사용하며, 장입 1회당의 장입물량은 장입물의 노내분포, 노황에 큰 영향을 준다. 코크스와 그 밖의 장입물이 층상으로 장입하여 노구경과 코크스 베이스양(1회 장입당 코크스양)과의 관계에 의해 1회당 장입량과 소요장입횟수가 결정된다.

① 스킵(skip) 권양기

㈎ 고로에 걸쳐서 설치된 궤도 위를 주행하는 스킵자동차에 의해 장입물을 노정에 운반하는 장치이다.

(나) 2개의 스킵을 교대로 승강한다.

② 장입 컨베이어

(가) 원료가 굴러 내려오지 않도록 12° 이하의 경사로 설치한다.

(나) 강도가 크고 늘어나지 않는 steel cord belt를 주로 사용한다.

(2) 장입설비

장입설비란 원료 수송설비에서 절출 평량된 원료를 노정에서 노내로 장입하는 설비이다.

① 장입장치의 구비 조건

(가) 원료를 장입할 때 가스가 새지 않도록 해야 하므로 개폐에 따른 마모를 방지해야 한다.

(나) 원료를 균일하게 장입해야 하며, 장입 방법을 자유로이 바꿀 수 있어야 한다.

(다) 조업속도에 따른 충분한 장입속도를 가져야 한다.

(라) 장치가 간단하여 보수하기 쉬워야 한다.

② 장입설비 타입(2 bell type): 대 bell, 소 bell hopper, bell 개폐장치, 균배압장치, 장입물의 레벨을 측정하는 검측장치(sounding), 선회 chute gas seal변, receiving hopper, hopper gate 및 movable armour로 구성되어 있다.

(가) 대 bell

㉠ 원통형으로 된 bell 본체가 하부와 bell cup이 접촉하여 노구부를 차단하는 구조이다.

㉡ 노내 가스를 차단하는 역할을 한다.

㉢ 원료는 bell 본체가 개폐장치에 의해 아래로 내려왔을 때 bell 본체와 cup 사이로 투입된다.

㉣ 노정으로 원료를 공급할 때 벨트컨베이어에서 온 원료를 일단 대기시키는 것이 호퍼(hopper)의 역할이다.

(나) 소 bell

㉠ seal 성 향상을 위해 그 분할로 구성

㉡ 일상 휴풍시에도 가스가 누설되면 컵부의 실리콘고무 보수로 기밀을 유지한다.

㉢ 재질은 고Cr계 내마모 주철제이다.

(다) bell 개폐장치: bell rod, lever, weight, 구동장치로 구성되어 있다.

(라) bell-less type

㉠ 2 bell에 비해 유압장치가 간단하며, 전체 노고는 장입 벨트컨베이어까지는 유사하나 총 높이는 85% 정도 낮아진다.

㉡ 총중량은 Bell에 비해 35% 감소한다.

㉢ 성형 원료의 장입에는 최적이다.

㉣ 장입물 표면형상을 바꿀 수 있어 가스 이용률이 극대화된다.

㉤ 정전으로 인해 순환수 펌프의 가동이 불가능할 경우 구동장치를 보호하기 위해 질소가스를 공급한다.

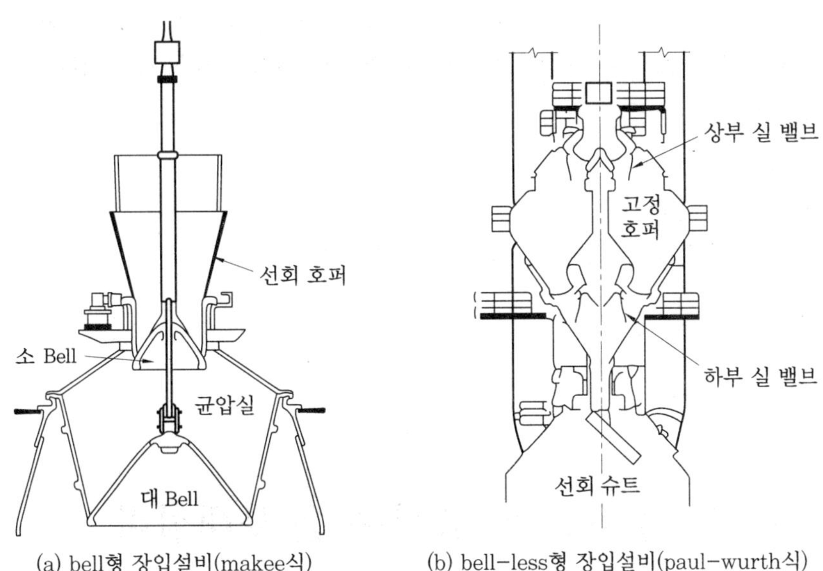

(a) bell형 장입설비(makee식) (b) bell-less형 장입설비(paul-wurth식)

고로의 원료 장입설비

단원 예상문제

1. 고로의 장입장치가 구비해야 할 조건으로 틀린 것은?

① 조업속도와는 상관없이 최대한 느리게 장입해야 한다.
② 장치의 개폐에 따른 마모가 없어야 한다.
③ 원료를 장입할 때 가스가 새지 않아야 한다.
④ 장치가 간단하여 보수하기 쉬워야 한다.

해설 조업속도에 맞추어 최대한 빠르게 장입해야 한다.

2. 고로의 노정설비 중 장입물의 레벨(level)을 측정하는 것은?

① 디스트리뷰터(distributor) ② 사운딩(sounding)
③ 라지 벨(large bell) ④ 서지 호퍼(surge hopper)

3. **고로의 장입설비에서 벨 레스형(bell-less type)의 특징을 설명한 것 중 틀린 것은?**

① 대형 고로에 적합하다.
② 성형원료 장입에 최적이다.
③ 장입물 분포를 중심부까지 제어가 가능하다.
④ 장입물의 표면형상을 바꿀 수 없어 가스 이용률은 낮다.

해설 장입물의 표면형상을 바꿀 수 있어 가스 이용률이 최대이다.

4. **bell-less 구동장치를 고열로부터 보호하기 위해 냉각수를 순환시키고 있는데 정전으로 인해 순환수 펌프 가동 불능 시 구동 장치를 보호하기 위한 냉각 방법은?**

① 고로가스를 공급한다.
② 질소가스를 공급한다.
③ 고압 담수를 공급한다.
④ 노정 살수작업을 실시한다.

정답 **1.** ① **2.** ② **3.** ④ **4.** ②

2. 열풍로 및 출선구 등 부대설비

2-1 열풍로

(1) 개요

① 고로용 열풍로에는 축열식 열교환로가 사용된다.
② 고로 1기에 열풍로 3~4기를 설치한다.
③ 열풍로에서 예열된 공기는 열풍온도 1000~1300℃이다.
④ 코크스비 절감을 위하여 1300℃ 이상의 열풍로를 사용한다.
⑤ 연소과정: BFG+COG인 혼합가스를 연소실에서 연소하여 축열실 연화를 가열시켜 연돌에서 배기하는 과정이다.
⑥ 송풍과정: 송풍기에서 보내온 100~180℃의 냉풍을 축열실 연와 사이로 통하게 하여 1100~1300℃의 열풍으로 만들어 고로에 보내는 과정이다.

(2) 종류

① 환열식 열풍로

㈎ 주철관 외부에서 가열하여 관 속을 통과하는 공기의 송풍온도를 높이는 방식이다.

㈏ 장점: 설비비가 싸고, 연료가스의 청정도가 지장이 없다.

㈐ 단점: 400℃ 이상의 송풍은 곤란하여 거의 사용하지 않는다.

② 축열식 열풍로

㈎ 형식: 연와를 열매체로 하여 연소, 송풍과정을 거쳐 열교환하는 형식이다.

㉠ 내연식: 축열실과 연소실이 한 탑 내에 들어가 있다.

- 맥큐어(Mccure type): 연소실은 중앙에 있고 축열실은 그 주위를 둘러싸고 있으며, 연소가스가 돔(dome)부에서 방향을 바꾸어 축열실을 하강시켜 송풍 및 연도변은 돔부에 위치하게 된다.
- 쿠퍼식(Cowper type): 사절벽을 경계로 연소실과 축열실이 위치하며 모든 변은 노하부에 위치하게 된다.

– 장점 : 축열실의 소유면적이 많고 구조가 간단하여 연와적이 쉽다.

– 단점 : 복사열에 의해 열손실이 많다.

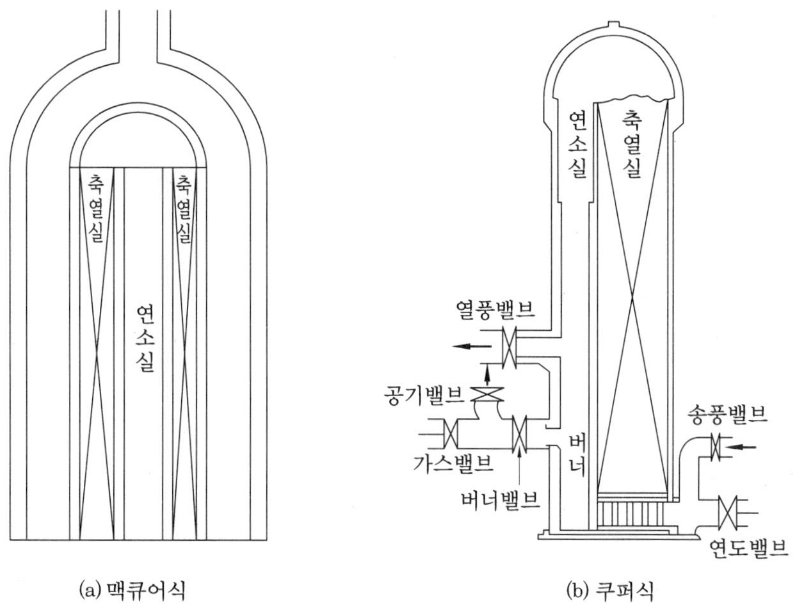

(a) 맥큐어식 (b) 쿠퍼식

내연식 열풍로의 형식

㉡ 외연식

- 연소실과 축열실을 분리한다.
- 고온부에 규석연와를 사용한다.
- 단점: 축열실과 연소실의 팽창으로 압력용기로서는 강도가 약하다
- 돔부의 구조에 따라 쿠퍼식(Cowper type)과 코퍼식(Koppers type)이 있다.

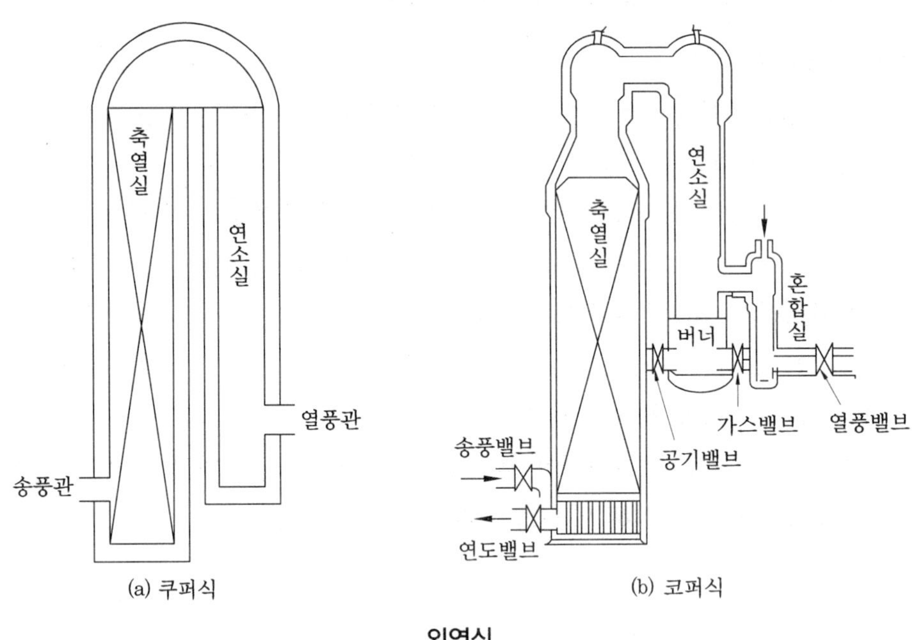

(a) 쿠퍼식 (b) 코퍼식

외연식

(나) 설비관리

㉠ 열풍로의 연와: 샤모트 연와로서 열전도도가 좋고 비열이 높아야 한다.

㉡ 열풍로 연와의 파괴, 탈락의 원인

- 연와의 형상 및 열풍로의 구조
- 가스 중의 먼지
- 밸브로부터 설수 등

(3) 열풍관계 및 풍구

① 열풍로에서 나온 열풍: 열풍본관(hot blast main), 환상관(bustle pipe), 송풍지관(goose neck and tuyer stock), 블로 파이프(blow pipe) → 풍구(tuyer)

② 열전도가 좋은 순동주물을 이용하여 수랭

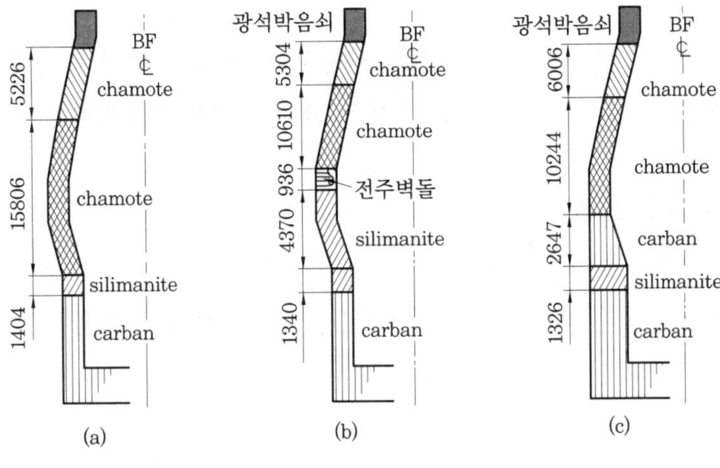

고로축조 내화물

단원 예상문제

1. 그림과 같은 내연식 열풍로의 연소실에 해당되는 곳은?

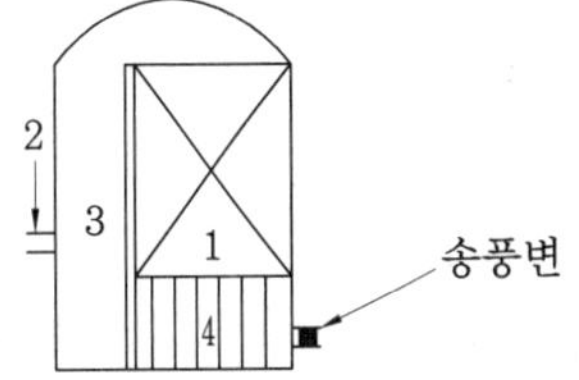

① 1
② 2
③ 3
④ 4

해설 1 : 축열실, 2 : 열풍밸브, 3 : 연소실, 4 : 냉풍

2. 열풍로에서 예열된 공기는 풍구를 통하여 노내에 전달되는데 예열된 공기는 약 몇 ℃인가?

① 300~500 ② 600~800 ③ 1100~1300 ④ 1400~1600

3. 그림과 같은 내연식 열풍로의 축열실에 해당되는 곳은?

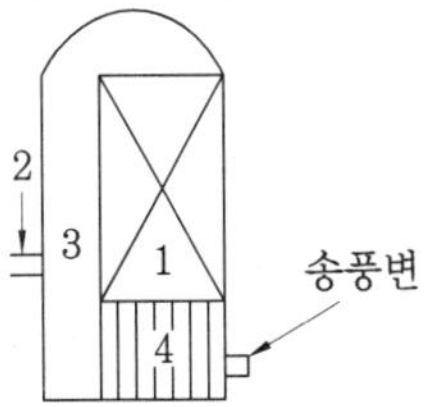

① 1
② 2
③ 3
④ 4

해설 1 : 축열실, 2 : 열풍밸브, 3 : 연소실, 4 : 냉풍

정답 1. ③ 2. ③ 3. ①

2-2 출선구

출선구 개구에는 전기 또는 공기드릴을 사용하며, 개공이 곤란할 경우는 산소가스를 이용한다. 폐쇄할 때는 증기식 또는 전동식 클리어 건을 사용한다.

(1) 출선구 필요 본수 결정

① 출선량과 저선용적으로 결정되는 최대저선시간
② 출선구 폐쇄재의 소송시간과 출선 준비시간으로 정해지는 출선간격
③ 통의 형식과 수명에 의해 결정되는 통 정비 소요시간
④ 출선횟수 및 출선속도

단원 예상문제

1. 고로에서 용선을 빼내는 곳은?

① 밸리부 ② 열풍구 ③ 출선구 ④ 장입기준선

정답 1. ③

2-3 용선, 용재처리

① 용선은 용선차에 의해 제강공장 또는 주선기로 운반한다.
② 용재는 용재차(cinder ladle, slag buggy)로 광재처리장에 운반한다.
③ 용선차의 형상: 상부 개방형, 구형 혹은 양리형, 혼선차(torpedo)

단원 예상문제

1. 용선을 고로에서 제강의 전로까지 옮기는데 이용되는 설비에 해당되지 않는 것은?

① ladle ② soaking pit
③ torpedo car ④ mixer

해설 soaking pit : 주형에서 빼낸 직후의 뜨거운 강괴를 압연하기에 앞서 내외부의 온도가 고르게 되도록 가열하는 균열로이다.

정답 1. ②

2-4 가스 청정설비

① 고로에서 발생하는 가스의 발열량은 850kcal/Nm^3이다.

② 고로가스의 성분은 CO_2 18%, CO 24%, H_2 3%, N_2 55%이다.

(1) 가스 청정설비의 종류

① 건식 제진기(dust catcher)는 사이클론 분리기, 원심분리기, 여과식 가스 청정기 등이 있다.

㈎ 제진기(dust catcher): 노정가스에 함유되어 있는 연진(dust) 입자의 유속을 늦추고 방향을 바꾸어 중력에 의한 자연침강으로 분리 포집하는 장치이다.

㈏ 사이클론 분리기: 원심력을 이용하는 집진기이다.

② 습식 제진기는 벤투리 스크러버(venturi scrubber), 셉텀 밸브(septum valve), 고속 수봉변, 다이센 청정기, 허들 와셔, 스프레이 와셔 등이 있다.

③ 전기 집진기는 미세한 연진의 제거에 효과적으로 집진효율이 99.5%이며 압력손실 및 소비전력이 적어 많이 사용되고 있다.

④ 벤투리 스크러버

㈎ 노정압의 상승에 따라 고압손 벤투리 스크러버의 채용이 가능하다.

㈏ 노화수적과 연진의 충돌효과를 좌우하는 대표유속을 대폭 상승시킨다.

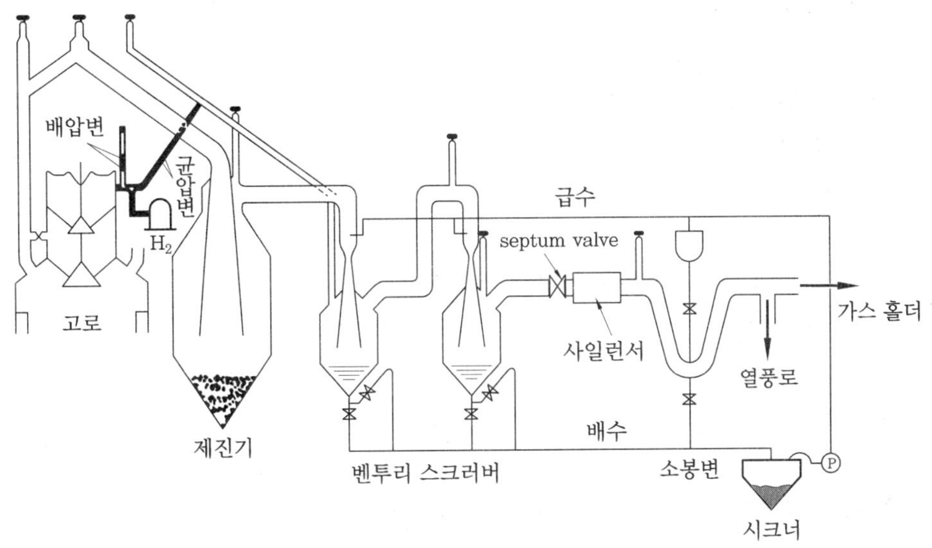

배기가스 청정설비

단원 예상문제

1. 고로가스(BFG)의 발열량은 약 몇 kcal/Nm^{3}인가?

① 850 ② 1200 ③ 2500 ④ 4500

2. 고로조업 중 배기가스 처리장치를 통해 가장 많이 배출되는 가스는?

① N_2 ② H_2 ③ CO ④ CO_2

해설 고로가스의 성분: CO_2 18%, CO 24%, H_2 3%, N_2 55%

3. 정상적인 조업일 때 노정가스 성분 중 가장 적게 함유되어 있는 것은?

① H_2 ② N_2 ③ CO ④ CO_2

해설 고로가스의 성분: CO_2 18%, CO 24%, H_2 3%, N_2 55%

4. 고로가스 청정설비로 노정가스의 유속을 낮추고 방향을 바꾸어 조립연진을 분리, 제거하는 설비명은?

① 백필터(bag filter) ② 제진기(dust catcher)
③ 전기집진기(electric precipitator) ④ 벤투리 스크러버(venturi scrubber)

5. 다음 중 습식 청정기가 아닌 것은?

① 다이센 청정기 ② 스프레이 워셔
③ 허들 워셔 ④ 여과식 가스 청정기

6. 고로가스 청정 설비 중 건식 장비에 해당되는 것은?

① 여과식 가스 청정기 ② 다이센 청정기
③ 허어들 와셔 ④ 스프레이 와셔

7. 집진기의 형식 중 집진효율이 가장 우수한 것은?

① 중력 집진장치 ② 전기 집진장치
③ 관성력 집진장치 ④ 원심력 집진장치

해설 전기 집진장치는 집진효율이 가장 우수하다.

8. 소결용 집진기로 사용하는 사이클론의 집진 원리는?

① 대전 이용 ② 중력 침강 ③ 여과 이용 ④ 원심력 이용

정답 1. ① 2. ① 3. ① 4. ② 5. ④ 6. ① 7. ② 8. ④

2-5 고로조업 제어설비

(1) 제어용 계장설비

① 평량제어: 광석, 코크스의 장입량을 제어한다.

② 송풍제어: 송풍량, 송풍온도, 산소취입량, 송풍습도, 중유 또는 미분탄 유량 등을 제어한다.

③ 조정압력제어

(2) 검출용 계장설비

① 설비관리용 검출단

㈎ 설비상황을 감시하여 파괴를 미리 탐지하거나 방지한다.

㈏ 노체 각부 온도계: 노벽연와 온도계, 스테이브(stave) 온도계, 노저연와 온도계 등이 있다.

㈐ 노체 냉각장치 관리용 검출단: 급수압력계, 급배수유량계, 배출온도계 등이 있다.

② 조업관리용 검출단

㈎ 노내 상황을 정밀하게 추측하여 조업의 지침을 얻고자 하는 것이다.

㈏ 노내 각부의 가스 온도, 성분, 압력 등을 측정하는 각종 센서(프로브, 탐침)이다.

㈐ 기타: 풍압계, 풍량계, 노정가스 분석계, 장입심도계, 적외선 TV, 용선차 자동측량기 등이다.

③ 가스누출 제어설비에는 익스펜션(expansion)이 있다.

(3) 컴퓨터

① 초기에는 원료의 데이터 입력 및 보정에 이용되었다.

② 고로의 조업능률을 향상시킬 목적으로 프로세스 제어에 이용된다.

③ 원료 품질, 양의 관리, 출선 출재작업의 감시, 노열제어, 열풍로의 연소제어, 설비 감시 등에 이용된다.

④ 조업관리용 검출단으로부터 정보를 받아서 복잡한 모델 계산을 하여 온라인으로 노내 상황을 판단하여 조업정밀도를 향상시킨다.

제 4 장 고로제선 조업

1. 원료장입 및 조업

1-1 원료배합 및 장입량 계산

(1) 원료배합

① 일정량의 코크스에 대하여 광석량(ore/coke비)을 증감한다.

② 광석/코크스비의 값이 큰 편이 코크스비가 줄어서 바람직하나 이 비에도 한계가 있다.

- 중장입: 광석/코크스비를 크게 하는 배합
- 경장입: 광석/코크스비를 작게 하는 배합
- 공장입: 필요에 따라 광석을 전혀 넣지 않는 배합

③ 제조하려는 선종에 따라 광재를 얻기 위해 석회석량을 조절한다.

① 주물용 선

㈎ 주물용 선은 Si를 많이 함유하고 Mn을 적게 함유하도록 배합한다.

㈏ 일정량의 코크스양에 대하여 광석장입량을 적게 한다(보통 연료비로서 제강용 선보다 10~20%를 높게 한다).

㈐ 필요에 따라 약간 조업도를 낮춘다. 즉, 장입물의 노내강하시간(travelling time)을 늦추어 생산량을 줄인다.

㈑ 광재의 염기도를 약간 낮게 한다. 즉, 산성으로 하여 Si환원을 촉진시킨다.

㈒ Si가 많은 것을 얻기 위해서 필요에 따라 광재비(선철 t당 광제량)를 높이고 탈황능을 갖게 하고, Si의 변동에 대하여 광재의 염기도 변동을 가급적 적게 하여야 한다.

② 강제용 선

(가) 생광석은 가급적 고품위 정립괴광을 사용한다.

(나) 자용성 소결광 또는 펠릿은 연료비를 낮추고 통기성을 개선하므로 가급적 많이 배열한다.

(다) 슬래그비는 너무 적으면 성분변동에 의한 광재성분의 변동을 일으키기 쉽고 탈황능력이 저하하므로 좋지 않다.

(라) Al_2O_3 함량의 증가는 광재의 용융점을 상승시키고 유동성을 해치므로 가급적 13~16% 정도로 조정한다. 이보다 많으면 규석 또는 MgO를 5~6%로 하여 유동성을 개선한다.

(마) P, S, As 등 유해원소의 첨가량은 가급적 줄인다. P는 전로에서의 취련강종에 따라 적당히 조절한다.

(바) 열균열성 광석, 강도가 낮은 소결광, 펠릿, 환원분화성 광석, 점성광석 및 난환원성 광석 등을 배합할 때는 과거의 사용실적을 감안하여 사용량을 제한한다.

(사) 강제(평로제, 전로제)는 석회분, Fe분, Mn분 등 유용성분을 많이 함유하므로 고로에 이용되고 있으나 P함량이 많은 것은 사용이 제한된다.

(아) 노열의 안정성 장입물의 건량기준으로 광석/코크스비(ore/coke ratio)를 변동시키지 않도록 광석과 코크스의 함수량 변동을 파악하는 방법을 확립하여야 한다.

단원 예상문제

1. 고로조업 시 화입할 때나 노황이 아주 나쁠 때 코크스와 석회석만 장입하는 것을 무엇이라 하는가?

① 연장입(連裝入) ② 중장입(重裝入) ③ 경장입(經裝入) ④ 공장입(空裝入)

2. 선철 중에 Si를 높게 하기 위한 방법이 아닌 것은?

① 염기도를 높게 한다

② 노상 온도를 높게 한다.

③ 규산분이 많은 장입물을 사용한다.

④ 코크스에 대한 광석의 비율을 적게 하고 고온송풍을 한다.

해설 염기도를 낮게 한다.

3. 선철 중에 Si를 높이기 위한 조치방법이 아닌 것은?

① SiO_2의 투입량을 늘린다.
② 염기도를 낮게 한다.
③ 노상의 온도를 높게 한다.
④ 일정량의 코크스양에 대하여 광석 장입량을 많게 한다.

해설 일정량의 코크스양에 대하여 광석 장입량을 적게 한다.

4. 선철 중에 Si를 높게 하기 위한 방법으로 틀린 것은?

① 염기도를 낮게 한다.
② 노상의 온도를 높게 한다.
③ 규산분이 많은 장입물을 사용한다.
④ 코크스에 대한 광석의 비율을 많게 한다.

해설 코크스에 대한 광석의 비율을 줄인다.

5. 주물용 선철 성분의 특징으로 옳은 것은?

① Si, S를 모두 적게 한다.
② P, S를 모두 많게 한다.
③ Si가 적고, Mn은 많게 한다.
④ Si가 많고, Mn은 적게 한다.

6. 주물용선을 제조할 때의 조업방법이 아닌 것은?

① 슬래그를 산성으로 한다.
② 코크스의 배합비율을 높인다.
③ 노내 장입물 강하시간을 짧게 한다.
④ 고온 조업이므로 선철 중에 들어가는 금속원소의 환원율을 높게 생각하여 광석 배합을 한다.

해설 노내 장입물 강하시간을 길게 한다

7. 주물용선의 조업조건과 가장 관련이 적은 것은?

① 풍량을 줄인다.
② 고열조업을 한다.
③ 강염기성 슬래그로 한다.
④ 장입물 강하시간을 늦춘다.

해설 염기성 슬래그로 한다.

8. 제강용선과 비교한 주물용선의 특징으로 옳은 것은?

① 고열로 조업을 한다.
② Si의 함량이 낮다.
③ Mn의 함량이 높다.
④ 고염기도 슬래그 조업을 한다.

9. 제강용선 중 염기성 선철을 제조하는 원칙에 해당하지 않는 것은?

① 염기도를 낮춘다.

② 강하시간을 빠르게 한다.

③ 중장입으로 하여 송풍량을 높인다.

④ 노황을 항상 좋게 유지하여 규소량에 차가 없도록 한다.

해설 염기도를 높인다.

10. 고로에서 주물선과 관련이 가장 깊은 원소는?

① Ca ② Si ③ Al ④ Sn

해설 주물선 주요 원소로는 C, Si, Mn, P, S 등이 있다.

11. 제강용으로 공급되는 고로 용선이 배합상 가져야 할 특징으로 옳은 것은?

① Al_2O_3는 슬래그의 유동성을 개선하므로 많아야 한다.

② 자용성 소결광은 통기성을 저해하므로 적을수록 좋다.

③ 생광석은 고품위 정립광석이 많을수록 좋다.

④ P와 As는 유용한 원소이므로 적당량 함유되면 좋다.

12. 고로에서 인(P)성분이 선철 중에 적게 유입되도록 하는 방법 중 틀린 것은?

① 급속조업을 한다. ② 노상온도를 높인다.

③ 염기도를 높인다. ④ 장입물 중 인(P)성분을 적게 한다.

해설 노상온도를 낮춘다.

정답 1. ④ 2. ① 3. ④ 4. ④ 5. ④ 6. ③ 7. ③ 8. ① 9. ① 10. ② 11. ③ 12. ②

(2) 배합계산 방법

① 각종 원료 100kg당 소요 석회석량의 계산

(가) 광석 100kg당 선철량 = (광석중의 Fe량 kg) × $\dfrac{(1-a)}{D_t(\text{소요 Fe})}$

a: 철분의 연진 손실량

D_t: 소요 Fe함유량(보통 제강용선≒0.94)

(나) 광석비: 용선 1ton 생산에 소요되는 철광석사용량(ton/T-P)

(다) 출선비: 고로 단위 내용적당 1일 용선생산량(ton/D/m^3)

(라) 연료비: 용선 1ton 생산에 소요되는 연료사용량(kg/T-P)

(마) 선철 중에 들어가는 SiO_2양 = ((가)의 선철량) × (목표 Si) × 2.14

(바) 광재 중에 들어가는 SiO_2양=(광석100kg 중의 SiO_2양 kg)−(나)

(사) 소요 CaO량=(다)×목표 염기도(주물용 1.0~1.3, 제강용 1.2~1.4)

(아) 부족 CaO량=(라)−(광석 100kg 중의 CaO량)

(자) 소요 석회석량$=\dfrac{\text{(마)}}{\text{(석회석 중의 유효 CaO함유량)}}$

② 1회 장입당 배합계산

(가) 선철량(kg/charge)$=\dfrac{\Sigma \mathrm{Fe}\times(1-a)}{\text{소요 Fe}}$

a: 철분 dust loss

소요 Fe: 선종에 따라 약간 다르나 제강용선에서 0.94 정도이다.

(나) 광재 중에 들어가는 SiO_2량(kg/charge)

$$=\Sigma \mathrm{SiO_2}-\left\{\text{(가)}\times\left(\frac{\text{목표Si\%}}{100}\right)\times 2.14\right\}$$

(다) 광재량(kg/charge)$=\dfrac{\{\text{(나)}+\Sigma \mathrm{Al_2O_3}+\Sigma \mathrm{CaO}\}}{S_\tau}$

S_τ: 광재 중 상기 4가지 성분이 차지하는 비율, dust loss 실적값 등을 고려하여 적당히 정한다(보통 0.92~0.94).

(라) 광재비$=\dfrac{\text{(다)}}{\text{(가)}}$

(마) 염기도$=\dfrac{\Sigma \mathrm{CaO}}{\text{(나)}}$

(바) 광재 중의 Al_2O_3량(%)$=\left(\dfrac{\Sigma \mathrm{Al_2O_3}}{\text{(다)}}\right)\times 100$

(사) 광재 중의 MgO량(%)$=\left(\dfrac{\Sigma \mathrm{MgO}}{\text{(다)}}\right)\times 100$

(아) Mn장입량(kg/t)$=\left(\dfrac{\Sigma \mathrm{Mn}}{\text{(가)}}\right)\times 1000$

(자) P, S장입량(kg/t)$=\left(\dfrac{\Sigma \mathrm{P,\ S}}{\text{(가)}}\right)\times 1000$

(차) TiO_2 장입량(kg/t)$=\left(\dfrac{\Sigma \mathrm{TiO_2}}{\text{(가)}}\right)\times 1000$

(카) 코크스비(kg/t)$=\left\{\dfrac{\text{코크스 장입량(kg/charge)}}{\text{(가)}}\right\}\times 1000$

③ 합금철 제조법

(가) 1종 또는 수종의 특수 원소를 다량으로 포함시킨 철과 합금을 합금철(ferro

alloy) 혹은 철합금이라 한다.

(나) 분류

㉠ 원소의 종류에 따른 분류: Fe-Si, Fe-Cr, Fe-Ni

㉡ 탄소 함유량에 따른 분류: 고탄소, 중탄소, 저탄소

(다) 제조법에 의한 합금철의 분류

제조법	환원법	제품명
고로법	탄소환원	고탄소Fe-Mn, spigel, 고탄소Fe-Ni, Fe-P
전기로법	탄소환원	고탄소Fe-Mn, spigel, 고탄소Fe-Ni, Si-Mn, 금속Si, 고탄소Fe-Mn, 고탄소Fe-Cr, Si-Cr, 고탄소Fe-Ti, Fe-Mo, Fe-P, Ca-Si
	규소환원	중탄소Fe-Mn, 저탄소Fe-Mn, 금속Mn, 저탄소 Fe-Cr, 금속Cr
Thirmit법	Al환원, 규소환원	저탄소Fe-Mo, Fe-V, 금속Cr, 금속Mn, Fe-Nb, Fe-W, Fe-Ti
전로법	산소취정(탈탄법)	저탄소Fe-Ni, 중탄소Fe-Cr
전해법	전해(탈탄법)	금속Mn, 금속Cr
진공가열법	진공탈탄(탈탄법)	저탄소Fe-Cr

단원 예상문제

1. 철분의 품위가 54.8%인 철광석으로부터 철분 94%의 선철 1톤을 제조하는 데 필요한 철광석량은 약 몇 kg인가?

① 1075 ② 1715 ③ 2105 ④ 2715

해설 선철1톤×(철분÷철 품위)=1000×(0.94÷0.548)=1715

2. 고로에서 선철 1톤을 생산하는 데 소요되는 철광석(소결용 분광+괴광석)의 양은 약 얼마인가?

① 0.5~0.7톤 ② 1.5~1.7톤 ③ 3.0~3.2톤 ④ 5.0~5.2톤

3. 1일 생산량이 8300t/d인 고로에서 연료로 코크스 3700ton, 오일 200ton을 사용하고 있다. 이 고로의 출선비($t/d/m^3$)는? (단, 고로의 내용적은 $3900m^3$이다.)

① 약 1.76 ② 약 2.13 ③ 약 3.76 ④ 약 4.13

해설 $출선비=\frac{생산량}{내용적}=\frac{8300}{3900}=2.13$

4. 고로의 내용적은 4500m^3이고 출선량이 12000t/d이면 출선능력(출선비: t/d/m^3)은 얼마인가?

① 2.22 ② 2.67 ③ 3.22 ④ 3.67

해설 $출선비=\frac{생산량}{내용적}=\frac{12000}{4500}=2.67$

5. 내용적 3795m^3의 고로에 풍량 6000Nm^3/min으로 송풍하여 선철을 8160ton/일 생산하였을 때의 출선비(t/일/m^3)는 약 얼마인가?

① 0.71 ② 1.80 ③ 2.15 ④ 2.86

해설 $출선비=\frac{생산량}{내용적}=\frac{8160}{3795}=2.15$

6. 노의 내용적이 4800m^3, 노정압이 2.5kg/cm^2, 1일 출선량이 8400kg/d, 연료비는 4600kg/T-P일 때 출선비는?

① 1.75 ② 2.10 ③ 3.10 ④ 7.75

해설 $출선비=\frac{생산량}{내용적}=\frac{8400}{4800}=1.75$

7. 노의 내용적이 4800m^3, 노정압이 2.5kg/cm^2, 1일 출선량이 6400kgf/T-P일 때 출선비는?

① 1.33 ② 2.10 ③ 3.10 ④ 7.75

해설 $출선비=\frac{생산량}{내용적}=\frac{6400}{4800}=1.33$

8. 제강공장으로부터 용선 중 망간을 현재의 0.4%에서 0.55%까지 높여달라는 요청이 왔다. 이를 위해 용광로에 장입해야 할 망간광석량은?(단, 1ch당 선철 생성량: 65000kg/h, 용광로 내에서의 망간 환원율: 70%, 망간광 중 망간 함량: 31%)

① ch당 약 449kg 증가 ② ch당 약 449kg 감소

③ ch당 약 900kg 증가 ④ ch당 약 900kg 감소

해설 Mn 필요성분=0.55−0.4=0.15

선철 중 전 Mn 필요량=선철 생산량×Mn 필요성분=65000×0.0015=97.5

$필요\ Mn양=\frac{Mn필요량}{Mn환원율}=\frac{97.5}{0.7}=139.286$

$필요\ 장입\ Mn양=\frac{필요\ Mn양}{M광석\ 중\ Mn함량}=\frac{139.286}{0.31}=449kg$

9. 품위가 57.8%인 광석에서 철분 94%의 선철 1톤을 만드는 데 필요한 광석량은 약 몇 kg인가? (단, 철분이 모두 환원되어 철의 손실이 없다고 가정한다.)

① 615
② 915
③ 1426
④ 1626

해설 필요 광석량$=\frac{\text{생산량}}{\text{품위}}=\frac{1000\times0.94}{0.578}=1626\text{kg}$

10. 품위 57%의 광석에서 철분 93%의 선철 1톤을 만드는 데 필요한 광석의 양은 몇 kg 인가? (단, 철분이 모두 환원되어 철의 손실은 없다.)

① 1400
② 1525
③ 1632
④ 2276

해설 필요 광석량$=\frac{\text{생산량}}{\text{품위}}=\frac{1000\times0.93}{0.57}=1632\text{kg}$

11. 합금철을 만들기 위한 장치와 그 제조방법이 옳게 연결된 것은?

① thermit–산소 취정
② 고로–탄소 환원
③ 전로–전해 환원
④ 전기로–진공 탈탄

정답 1. ② 2. ② 3. ② 4. ② 5. ③ 6. ① 7. ① 8. ① 9. ④ 10. ③ 11. ②

1-2 원료 장입

(1) 노내 장입물 분포 및 가스분포

① 노내의 장입물 분포

㈎ 균일하게 장입하기 위해서는 장입장치, 1회의 장입량, 장입순서, 원료분배기(movable armour) 등을 이용한다.

㈏ 안식각(정지각)

㉠ 분괴의 혼합원료를 쌓을 경우 산처럼 쌓이는데 미분은 중심부에 괴는 굴러서 하부에 쌓이는데 이때 하부의 각도를 안식각이라고 한다.

㉡ 하부의 각도로서 원료의 입도구성, 비중, 형상 등에 의해 안식각이 정해진다.

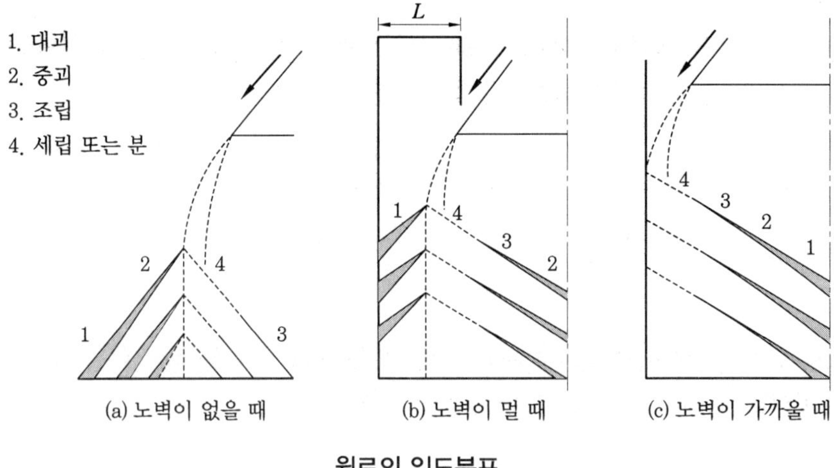

원료의 입도분포

② 노내의 가스분포

(가) 노내를 급속히 상승하는 가스의 환열과 환원능력을 유효하게 이용하려면 가스와 장입물이 충분히 접촉해야 한다.

(나) 노상의 전 단면적에 걸쳐 가스가 균일하게 분포해야 한다.

(다) 장입물의 원활한 강하를 위해서는 노벽구의 가스류를 다른 부분보다 강하게 유지한다.

(라) 노내 장입물과 노벽 마찰로 인한 장입물 강하의 정체 및 광석의 노벽부착을 방지하기 위함이다.

(마) 노내가스가 노벽주변을 쉽게 통과하기 위해서는

㉠ 노벽에 따른 공극은 직선적이어서 가스저항이 적어야 한다.

㉡ 괴상이 쉽게 쌓인다.

(바) 노상부에 발생한 가스를 상승과정에서 샤프트 전체적으로 균일한 침투가 이루어지려면

㉠ 노벽에 중심부의 가스저항을 줄여 주변부에서 중심부로 가스를 보내줄 필요가 있다.

㉡ 극단의 주변은 약해지고 주변과 중심의 중간부에 있는 장입물은 가스와의 접촉이 좋아진다.

㉢ 노벽 주변에는 괴광, 중심부에서는 코크스가 모이도록 한다.

㉣ 주변과 중심의 가스류를 활발하게 하여 가스의 유효이용과 원활한 장입물 강하를 확보한다.

③ 가스 분포의 변경: 노내의 가스분포는 노정부의 장입물 분포상태에 따라 크게 영향을 받는다. 노내 장입물의 분포상태를 변경하는 데에는 장입선의 변경, 층 두께의 변경, 장입순서의 변경 등 3가지 변경방법이 필요하다.

㈎ 장입선의 선택

㉠ level H

- 대괴는 주변부에, 중괴는 중심부에 집중된다.
- 코크스는 괴가 크므로 주변에 모여 주변류가 강한 외부조업을 이룬다.
- 중심류는 약화되고 가스는 적의 주변을 통과하여 불이용 상태로 노외로 배출된다.
- 광석은 미환원 상태로 노상부에 강하하여 노랭을 일으키고 코크스비를 증가시킨다.

㉡ level L

- 괴가 중심부에 집중되고 주변부 쪽으로 가며 작아져 주변부는 세립만으로 구성된다.
- 극단의 내부 조업이 이루어진다.
- 주변부의 활동은 매우 미약하여 노벽부착물이 생성된다.
- 중심부의 가스류가 빠르고 저항도 급격히 증대되어 걸림(hanging), 슬립(slip)의 원인이 된다.
- 가스가 미이용 상태로 노 밖으로 배출되어 코크스비가 상승한다.

㉢ level M: 안정 조업이 가능하다.

㈏ 층 두께의 선택

㉠ 노내에 장입된 원료는 노내에서 일정한 안식각을 가지고 역원추형으로 분포한다.

㉡ 광석류의 안식각

- 코크스의 안식각보다 크다.
- 광석은 주변부에, 코크스는 중심부에 많이 모인다.

㉢ 1charge의 장입량을 1/2로 하면

- 중심부는 거의 코크스, 주변부는 거의 광석이 분포한다.
- 가스는 중심부를 보다 강하게 흐른다.
- 1charge를 증가시키면 주변류가 강하게 흐른다.
- 1charge를 감소시키면 중심류가 강하게 흐르는 경향을 보인다.

㉣ 세립광이나 분광의 안식각은 더 커서 장입량과의 관계에 더 큰 영향을 끼친다.

㈐ 장입순서의 선택: 1charge의 장입물은 1회 또는 2회로 나누어 장입하는 경우가 많다.

㉠ 장입순서: 광석→코크스(별도 장입) (OO↓CC↓) (CC↓OO↓)

㉡ 광석과 코크스를 동시에 장입(분할 장입)

㉢ 광석이 아래일 때를 정분할 장입

㉣ 코크스가 아래일 때를 역분할 장입(OC↓CO↓)(CO↓CO↓)

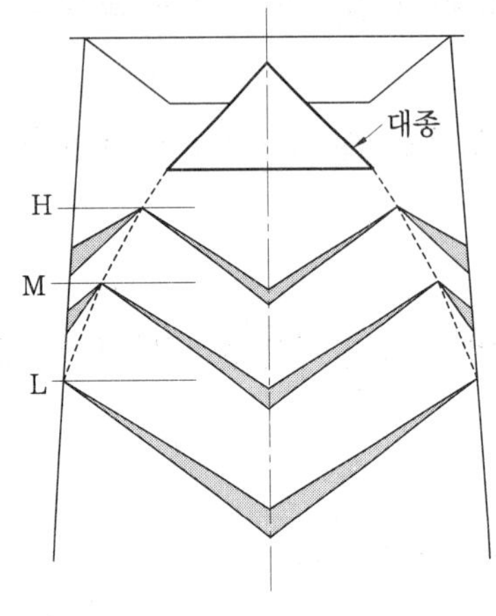

노내분포의 장입선 level의 관계

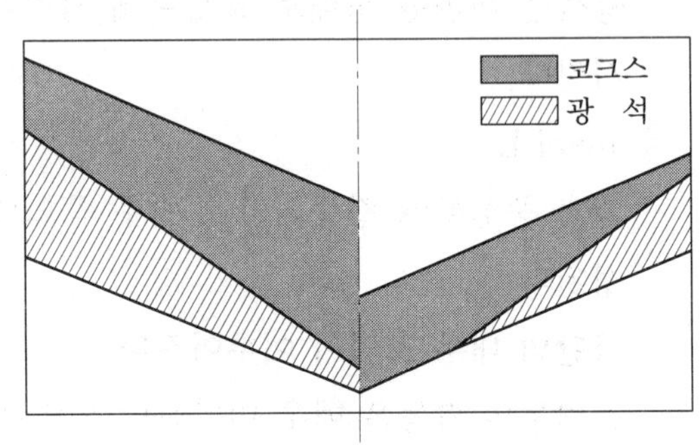

1회 장입량과 층 두께의 관계

④ 노내 가스류 분포의 검지법

㈎ 노정부 가스의 직접 측정으로는 곤란하다.

㈏ 노구벽으로부터 장입 기준선(stock line) 위에 수평으로 탐지기(sonde)를 삽입하여 가스온도와 가스성분을 측정한다.

㈐ 탐지기의 선단에서 추를 늘어뜨려 장입물면 높이를 측정해 노내가스류의 분포를 추측한다.

㈑ He을 이용한 방법

㉠ 풍구로 He을 추적(trace)하는 것으로서 일정량 순간적으로 불어넣는다.

㉡ 노정 장입물면 상에서 채취하여 가스 중에 함유된 미량의 He을 검출한다.

㉢ 노내의 가스 통과시간, 가스류 분포를 측정한다.

㈒ 이상적인 가스류 분포

㉠ 중심류가 강하고 온도가 높다.

㉡ CO_2는 적으나 주변류도 상당하다.

(바) 비정상적 가스 분포

㉠ 중심류만 있고 주변류가 거의 없는 상태이다.

㉡ 노구벽 부근에 세립이나 분광이 집중되어 있기 때문이다.

㉢ 원활한 장입물 강하가 어렵고 슬립이나 행잉 현상이 일어난다.

㉣ 장시간 조업 시 샤프트부에 부착물이 발생할 우려가 있다.

㉤ 대책: 중심류를 억제하고 주변류를 강화하여 장입선을 올리거나 코크스를 먼저 장입하는 분할장입을 신속히 실시한다.

(사) 벤틸레이션(ventilation): 특정부분만 통기성이 좋아서 바람이 잘 통해 다른 부분과 가스 상승의 차가 발생하는 현상이다.

단원 예상문제

1. 다음 설비 중 장입물 분포를 제어하는데 이용되는 것은?

① 수평 사운드 ② 가스 샘플러
③ 무버블 아머 ④ 노정 살수장치

2. 노내 장입물의 분포상태를 변경하는 방법이 아닌 것은?

① 장입선의 변경 ② 층 두께의 변경
③ 용선차의 변경 ④ 장입순서의 변경

해설 장입물의 분포상태는 장입선, 층 두께, 장입순서에 따라 변경된다.

3. 고로의 특정부분인 통기 저항이 작아 바람이 잘 통해서 다른 부분과 가스 상승에 차가 생기는 현상을 무엇이라 하는가?

① 슬립(slip) ② 드롭(drop)
③ 행잉(hanging) ④ 벤틸레이션(ventilation)

4. 고로 조업 시 벤틸레이션과 슬립이 일어났을 때의 대책과 관계가 없는 것은?

① 슬립부에 코크스를 다량 장입한다.
② 송풍량을 감하고 송풍온도를 높인다.
③ 슬립부 쪽의 바람구멍에서 송풍량을 감소시킨다.
④ 통기 저항을 크게 하고 가스 상승차가 발생하게 한다.

해설 통기 저항을 적게 하고 가스 상승차가 발생하지 않게 한다.

5. 고로 조업 시 노정가스 성분에서 검출되지 않는 것은?

① CO ② CO_2 ③ He ④ H_2

6. 용광로에서 분상의 광석을 사용하지 않는 이유와 가장 관계가 없는 것은?

① 노내의 용탕이 불량해지기 때문이다.

② 통풍의 약화 현상을 가져오기 때문이다.

③ 장입물의 강하가 불균일하기 때문이다.

④ 노정가스에 의한 미분광의 손실이 우려되기 때문이다.

해설 분상의 광석은 통풍의 약화, 장입물 강하 불균일, 미분광의 손실 등의 이유로 사용하지 않는다.

정답 1. ③ 2. ③ 3. ④ 4. ④ 5. ③ 6. ①

1-3 송풍

① 송풍은 고로의 출선량과 선철의 품질을 좌우하는 중요한 인자이다.

② 송풍기술은 고온송풍, 조습송풍, 산소부화송풍, 연료취입, 고압조업 등이 있다.

③ 복합송풍에는 조습송풍, 산소부화송풍, 연료취입 등이 있다.

④ 공기 중의 산소는 풍구 앞에서 다음과 같은 반응을 한다.

$O_2+C=CO_2$

$CO_2+C=2CO+58.2\text{kcal}/-\text{mol}$

⑤ 송풍 원단위: $Nm^3/T-P$

(1) 고온송풍

① 고온송풍의 목적

(가) 송풍온도: 1200~1250℃

(나) 코크스비 저하

(다) 석회석량 감소

(라) 출선량 증가

② 고온을 얻기 위한 조업

(가) 열풍로 가열면적의 증가, 연와재질의 향상, 분리 연소형 열풍로 가열면적의 증

가, 연와재질의 향상, 분리 연소형 열풍로의 채용, 열풍변의 개량

(나) 조업면: 열풍로 교체시간 단축, 연소가스양 규제, 연소가스의 칼로리 업 방법

(2) 조습송풍

① 송풍 중 습분을 첨가한다.

② 생산성 향상 및 코크스비가 저하되고, 송풍온도가 상승한다.

(3) 산소부화송풍

① 산소부화송풍의 목적

(가) 생산성이 향상된다.

(나) 코크스비가 저하되는 효과가 있다.

(다) 대형 고로에 주로 사용된다.

② 산소부화송풍의 이점

(가) 송풍중의 N_2양이 줄어 노상온도가 상승하므로 코크스비가 저하된다.

(나) 노내 반응이 활발해져 장입물의 강하속도가 증가하고 생산량이 증가한다.

(다) 선철 톤당 가스 발생량이 감소하기 때문에 가스 상승속도가 감소하고 열교환이 잘 진행된다.

(라) 노내 가스에 CO가 늘어나 간접환원율이 증가하고 노정가스의 열량이 증가한다.

③ 산소부화송풍의 출선량

(가) 질소량을 줄이고 산소농도를 높이므로 송풍량이 감소한다.

(나) 가스속도가 감소한다.

(다) 보시가스의 농도가 증가한다.

(라) 장입물의 강하가 빨라져 단위시간당 출선량이 증가한다.

(마) 산소부화율 1%당 출선량 증가율은 4～6%이다.

④ 코크스비와의 관계

(가) 산소부화와 코크스비의 관계는 직접적으로 효과가 없다.

(나) 산소부화율이 낮을 때 코크스비는 저하한다.

(다) 산소부화율을 올려도 코크스비가 저하하지 않는다.

(4) 고압조업

① 고압조업 방법: 가스출구(노정)의 압력을 올리고 유속을 낮추어 장애를 일으키지 않는 범위에서 송풍량을 높여 생산량을 증가시키는 방법이다.

② 고압조업의 효과

(가) 출선량이 증가한다.

(나) 코크스비가 저하한다.

(다) 연진의 감소, 행잉, 관통류 등의 노황 불안정을 방지한다.

(라) 0.1kg/cm^2의 노정압력 상승에 대하여 출선량은 1~2%가 증가하고, 코크스비는 1.5~2%가 저하한다.

③ 고압조업용 장치

(가) 노정압력 제어: 1차 또는 2차 벤투리 스크러버(venturi scrubber) 뒤에 설치한 셉텀(septum) 밸브로 제어하는 방법이다.

(나) 노정장입장치의 균배압용: 반청정 가스가 쓰이며 1차 벤투리 스크러버 뒤에 관으로부터 노정압입장치로 배관함과 동시에 지관으로 노의 최상단까지 끌어 블리더(bleeder)밸브를 설치하여 노정가스 상승관의 블리더와 함께 노정압력의 이상 상승시에 개방하여 압력의 상승을 방지하는 제어기구이다.

(다) 고압 벤투리 스크러버의 수위 제어장치: 1차 벤투리 스크러버 옆에 설치한다. 또한 셉텀 밸브 뒤에는 소음을 방지하기 위하여 소음기를 설치함과 동시에 배관 및 벤투리 스크러버에 방음처리를 하는 경우도 있다.

단원 예상문제

1. 고로조업에서 송풍 원단위로 맞는 것은?

① kg/T-T
② m^3/kg-m
③ Nm^3/T-P
④ kg/m^3-T

2. 다음 중 산소부화에 의한 효과로 틀린 것은?

① 질소 감소에 의해 발열량을 감소시킨다.
② 바람구멍 앞의 온도가 높아진다.
③ 코크스의 연소속도가 빠르다.
④ 출선량을 증대시킨다.

해설 송풍 중의 질소 감소에 의해 발열량이 증가한다.

3. 산소부화송풍의 효과에 대한 설명으로 틀린 것은?

① 풍구 앞의 온도가 높아진다.
② 노정가스의 온도를 낮게 하고 발열량을 증가시킨다.
③ 송풍량을 증가시키는 요인이 되어 코크스비가 증가한다.
④ 코크스의 연소속도를 빠르게 하여 출선량을 증대시킨다.

해설 송풍량을 감소시키는 요인이 되어 코크스비가 감소한다.

4. 산소부하조업의 효과가 아닌 것은?

① 바람구멍 앞의 온도가 높아진다.
② 고로의 높이를 낮추며, 저로법을 적용할 수 있다.
③ 코크스 연소속도가 빠르고 출선량을 증대시킨다.
④ 노정가스의 온도가 높아지고, 질소를 증가시킨다.

해설 노정가스의 온도가 낮아지고, 질소를 감소시킨다.

5. 가연성 물질을 공기 중에서 연소시킬 때 공기 중의 산소농도를 감소시키면 나타나는 현상 중 옳은 것은?

① 연소가 어려워진다.
② 폭발범위는 넓어진다.
③ 화염온도는 높아진다.
④ 점화에너지는 감소한다.

6. 고로의 조업에서 고압조업의 효과로 옳지 않은 것은?

① 고 S의 용선 생산
② 출선량의 증대
③ 연료비 저하
④ 노황의 안정

해설 고압조업은 노내 가스의 밀도가 커지고, 다량의 송풍이 가능하므로 출선량의 증대, 연료비 저하, 노황이 안정된다.

7. 고로의 조업에서 고압조업의 효과가 아닌 것은?

① 고황(S)의 용선 생산 증대
② 출선량의 증대
③ 연진의 감소
④ 코크스비의 감소

해설 출선량의 증대, 연진의 감소, 코크스비의 감소, 노황의 안정, dust의 감소, 노정의 온도 하강, 송풍량 증가

8. 고로에서 노정압력을 제어하는 설비는?

① 셉텀변(septum valve)
② 고글변(goggle valve)
③ 스노트변(snort valve)
④ 블리드변(bleed valve)

9. 용광로의 고압조업이 갖는 효과가 아닌 것은?

① 연진이 감소한다. ② 출선량이 증가한다.

③ 노정 온도가 올라간다. ④ 코크스비가 감소한다.

해설 노정 온도가 내려간다.

정답 1. ③ 2. ① 3. ③ 4. ④ 5. ① 6. ① 7. ① 8. ① 9. ③

1-4 고로의 화입과 종풍

(1) 고로의 화입

① 노경의 건조(drying)

㈎ 고로의 노체계수, 건설공사가 끝나면 노체의 연와 건조를 실시한다.

㈏ 열풍온도는 최고 400～600℃이다.

② 충진(filling)

㈎ 노체 건조 후 장입원료를 노내에 채우는 작업이다.

㈏ 침목은 노저로부터 풍구수준까지 쌓는다.

③ 점화 및 송풍

㈎ 원료의 품위와 광석의 피환원성

㉠ 철광석의 Fe분이 높고 코크스의 회분이 낮을수록 생산량은 증가하고 코크스비는 저하한다.

㉡ 철광석은 피환원성이 좋고 세립이며 간접환원율이 높아야 한다.

㈏ 장입물의 입도와 정립

㉠ 철광석의 최대입도는 50～80mm이고, 최소입도는 8～12mm이다.

㉡ 코크스와 석회석은 25～80mm이다.

㈐ 송풍온도

㉠ 고온송풍하면 코크스는 절약되나 송풍량의 증대에 의한 노내 저항이 커져 행잉의 원인이 된다.

㉡ 송풍 중에 수증기를 첨가하면 행잉이 감소한다.

㈑ 송풍량

㉠ 송풍량의 증가에 비례하여 코크스 연소량이 증가하므로, 장입물의 강하속도

가 커지면 출선량이 증가한다.

㉡ 코크스비가 저하한다.

㉢ 송풍량이 과다하면 상승가스가 불균일해지고 장입물의 강하속도가 증대하므로 노내 온도가 저하한다.

㉣ 송풍량이 과소하면 코크스의 연소량이 줄어들어 노온 저하 및 노황 불안정이 발생한다.

㈒ 간접환원율과 직접환원율

㉠ 간접환원은 발열반응이고, 직접환원은 흡열반응이다.

㉡ 간접환원율이 많을수록 코크스비는 저하한다.

㉢ 간접환원율을 촉진하기 위해서는 피환원성이 좋은 원료를 사용한다.

㉣ travelling time을 적당히 늦추어 노상부, 즉 저온부에서 환원이 일어나도록 조절한다.

④ 화입조업(blowing in)

㈎ 노내 충전을 마치고 충전물에 점화, 송풍하는 작업이다.

㈏ 600℃ 정도의 열풍을 노내에 송풍함으로써 시작된다.

(2) 종풍(blowing out)

노의 수명이 다 되어 고로조업을 정지하는 작업을 종풍이라 하고, 노의 수명이 다 되어 개수공사를 위해 불을 끄는 작업을 종풍조업이라 한다.

종풍조업 4단계: cleaning조업→감척조업→노저출선작업→주수냉각작업

① cleaning 조업

㈎ 목적

㉠ 샤프트부 부착물 제거에 의한 감척 종풍조업을 원활하게 실시하기 위해서이다.

㉡ 노상의 부착물을 용해하여 노저 출선 시 노내 잔류 용융물을 완전히 제거해 노저 해체 시 공사의 불량을 줄이기 위해서이다.

㈏ 조업방법

㉠ 장입물 중 Zn 입량을 규제하여 노내 샤프트 상부에 부착물 형상을 방지한다.

㉡ 장입물 중 TiO_2 입량을 규제하여 노저의 점조층 형성을 억제하고, 용선의 유동성 악화를 방지한다.

② 감척조업

㈎ 조업 중 고로를 완전히 소화시켜야 하는 개보수에 앞서서 소화 후의 노 내용물 해체 철거를 전제로 고로조업을 종료하는 조업 과정이다.

㈏ 노내의 광석을 완전히 용융 배출시켜 노내를 코크스로 치환하면서 노내 장입물 레벨을 저하시키는 조업이다.

㈐ cleaning 조업이 완료된 시점부터 감척조업을 실시한다.

③ 뱅킹(banking): 원료 부족 또는 설비상의 사고로 잠시 조업을 중단하는 작업이다.

단원 예상문제

1. 용광로 조업 시 연료비를 저하시키기 위한 조업방법으로 가장 적절한 것은?

① 광재량을 증가시킨다.
② 노내 가스 이용률을 향상시킨다.
③ 소결광의 철분함량을 저하시킨다.
④ 노내의 습분을 다량 취입한다.

2. 개수 공사를 위해 고로의 불을 끄는 조업의 순서로 옳은 것은?

① 클리닝 조업→감척 종풍조업→노저 출선작업→주수 냉각작업
② 클리닝 조업→노저 출선작업→감척 종풍조업→주수 냉각작업
③ 감척 종풍조업→노저 출선작업→클리닝 조업→주수 냉각작업
④ 감척 종풍조업→주수 냉각작업→클리닝 조업→노저 출선작업

3. 고로 노체의 건조 후 침목 및 장입원료를 노내에 채우는 것을 무엇이라 하는가?

① 화입 ② 지화
③ 충전 ④ 축로

4. 고로수리를 위하여 일시적으로 송풍을 중지시키는 것은?

① hanging ② blowing in
③ ventilation ④ blowing out

정답 1. ② 2. ① 3. ③ 4. ④

1-5 고로의 출선 및 출재

(1) 고로의 생산능력

① 고로의 생산능력은 1일 출선량(선철t/d)으로 표시한다.

② 출선비는 고로의 내용적 m^3당 1일 출선량(선철t/m^3/d)이다.

예 내용적의 고로에서 1일 10000톤의 출선이면 출선비는 2.0이다.

(2) 고로의 출선비를 향상시키는 인자

① 가스의 환원력 증강: 고온에서 환원력이 강한 조성의 가스를 다량 만들고, 송풍량의 증가, 송풍온도의 상승, 산소부화, 송풍의 습도조정, 풍구에서의 연료 취입 등이 영향을 미친다.

② 광석의 피환원성의 개선: 광석의 선택이나 예비처리로 개선된다.

③ 환원효율의 향상: 노내에서의 환원가스의 통기가 균일 또한 양호해야 하며, 장입물의 밀도 관리와 노내에서의 팽창이나 분화의 방지, 장입분포의 균일성과 균등한 강하가 중요하고, 환원가스의 노내압의 증대도 통기저항 절감에 도움이 된다.

④ 장입물 중의 광석비의 증가: 장입물은 광석, 코크스와 석회석이다.

(가) 코크스와 석회석량이 감소하면 그만큼 노내에 장입하는 광석의 절약량도 많아진다.

(나) 광석의 직접환원과 간접환원 비율의 적절한 관리 및 송풍온도나 습도조절, 풍구로부터의 연료취입 등은 코크스양을 감소시킨다.

(다) 광석 중의 불순물 감소는 광재량을 감소시키고 코크스와 석회석을 삭감한다.

(3) 출선작업

① 드릴, 해머 등으로 개공한다.

② 개공이 불가능할 때 산소를 이용한다.

③ 조기출선 시기

(가) 출선, 출재가 불충분할 경우

(나) 노황 냉기미로서 풍구에 슬래그가 보일 때

(다) 양적인 제약이 생길 때

(라) 감압 휴풍이 예상될 때

(마) 장입물 하강이 빠를 때

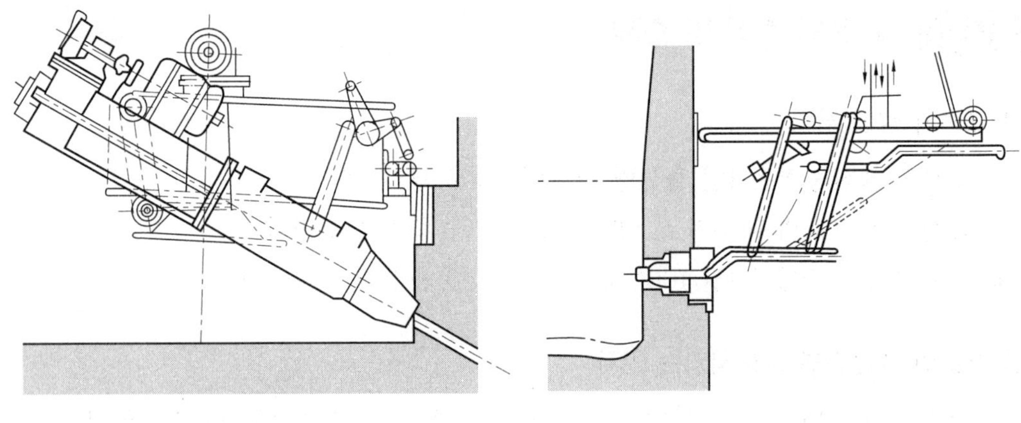

mud gun slag-notch stopper

(4) 출재작업

① 출재는 출재구에서 실시한다.

② 출재구가 없는 고로조업(최근 고로조업)

㈎ 출재구 관리, 노저보호 등의 목적으로 장입 TiO_2를 증가시키면 출재구에서 출재를 하지 않는다.

㈏ 출선구로서 용선과 같이 배출하여 대탕도의 스키머(skimmer)에서 분리시켜 슬래그 러너로 흘러보낸다.

㈐ 출재작업은 출선작업과 동시에 실시한다.

(5) 폐쇄작업

① 출선구 폐쇄: 머드 건(mud gun)을 사용한다.

② 머드 건의 위치: 출선구 폐쇄에 용이한 출선구 좌, 우측 주위에 설치한다.

③ 머드 건의 동작: 선회, 경동, 충진운동을 한다.

④ 머드재의 조건: 충진성 양호, 소결성, 개공성을 갖추어야 한다.

단원 예상문제

1. 조기 출선을 해야 할 경우에 해당되지 않는 것은?

① 출선, 출재가 불충분할 때
② 감압 휴풍이 예상될 때
③ 장입물의 하강이 느릴 때
④ 노황 냉기미로 풍구에 슬래그가 보일 때

해설 장입물의 하강이 빠를 때

2. **노황 및 출선, 출재가 정상적이지 않아 조기 출선을 해야 하는 경우가 아닌 것은?**

① 감압, 휴풍이 예상될 경우
② 노열 저하 현상이 보일 경우
③ 장입물의 하강이 느린 경우
④ 출선구가 약하고 다량의 출선에 견디지 못할 경우

해설 장입물의 하강이 빠른 경우

3. **용광로 노전(爐前) 작업 중 출선을 앞당겨 실시하는 경우에 해당되지 않는 것은?**

① 장입물 하강이 빠른 경우
② 휴풍 및 감압이 예상되는 경우
③ 출선구 심도가 깊은 경우
④ 출선구가 약하고 다량의 출선량에 견디지 못하는 경우

해설 출선구 심도가 얕은 경우

정답 1. ③ 2. ③ 3. ③

1-6 노체 점검

(1) 노체 각부의 점검

① 풍구 주위

(가) 점검 부위 및 내용

㉠ 풍구, 대풍구, 풍구 맨틀(mantle), 냉각반: 파손의 유무, 주위로부터의 누수 유무, 배수의 상태

㉡ 보시 냉각반: 물, 온도, 급배수관의 누수

㉢ blow-pipe, pen-stock, 송풍지관, 환상관

(나) 주의사항: 자장 파손이 일어나기 쉬운 곳부터 점검을 자주 실시한다.

② 샤프트 주위

(가) 점검 부위: 샤프트 냉각반, 샤프트 맨틀

(나) 점검내용: 냉각반 파손의 유무, 배수량, 온도, 가스누설의 상태, 철피의 적열 및 균열 등을 점검한다.

(다) 주의사항: 가스 누설이 많으므로 점검 시 유독가스에 주의하고, 풍량을 고려하여 반드시 2인 이상 작업한다. 작업할 때는 반드시 산소마스크를 착용해야 한다.

③ 노저부

(가) 점검부위: 노저 맨틀, 출선구 및 출재구 하부

(나) 점검내용: 냉각수의 살수방법, 철피 및 균열과 열의 상태, 온도계의 감시 등을 점검한다.

(2) 열풍로 관계의 점검

① 사고발생 상황

(가) 고온송풍을 하는 관계로 flange expansion joint로 부터의 누풍

(나) 돔(dome)부의 균열

② 주의사항

(가) 열풍변, 케이싱, 링, 확대관(diffuser)의 배수량, 배수온도, 누수의 유무

(나) 각변, 철피, 신축관, 열풍관의 통풍, 균열, 과열의 상태

(다) 팬의 운전상황(진동, 이음 이상 점검)

(라) 가스의 연소상태

(마) 연와의 탈락상황

1-7 휴풍과 사고대책

(1) 휴풍

노체 및 고로관련 설비의 보전, 수리, 개조 혹은 용선 원료의 수급조정 등으로 고로에 대한 송풍을 중지하는 것이다.

① 휴풍의 종류

(가) 예정 휴풍: 월 생산계획 및 정비계획에 의하여 예정된 휴풍이다.

(나) 임시예정 휴풍: 원 생산계획 및 정비계획에 포함되지 않으나 미리 계획된 단시간 휴풍이다.

(다) 임시 휴풍: 정비, 보수, 수리로 원료 수급상 정지를 않고 행하는 휴풍이다.

(라) 긴급 휴풍: 돌발사고에 의해 즉시 행해지는 휴풍이다.

② 휴풍 시 조치사항

(가) 휴풍 시 노정부 및 D.C가스 관내의 압이 저하하여 공기 침입에 의한 폭발을 일으킬 위험이 있다.

(나) 가스압을 올리기 위해 수증기를 첨가하여 공기 침입을 방지하고, 장시간 수리 시에는 머드제 또는 샤모트로 막아 노내 코크스의 연소를 억제한다.

(다) 노정부에 근소하게 발생한 가스는 장입물 상부에서 태워 버린다.

③ 휴풍 시 취해야 할 사항

(가) 휴풍사유 및 예정시간, 소요시간을 관계부처에 사전 연락한다.

(나) 휴풍 전 충분한 출선을 실시한다.

(다) 휴풍 전 가스 차단은 송풍압력 600～800g/cm^3, 노정압력 50～60g/cm^3이다.

(라) 휴풍시간이 3시간 이상일 때 노점 점화를 하거나 증기를 넣어준다.

④ 휴풍 작업상의 주의사항

(가) 가스를 열풍변으로부터 송풍기 측에 송류시키지 말 것

(나) 노정 및 가스배관을 부압으로 하지 말 것

(다) 블리더(bleeder)가 불충분하게 열렸을 때 고글(goggle) 밸브를 잠그지 말 것

(라) 제진기의 증기를 필요 이상으로 장시간 취입하지 말 것

(마) 노정점화를 할 경우에는 노정온도계에 주의하여 온도가 너무 내려갈 경우 블리더를 가감하거나 불이 꺼지지 않도록 확인할 것

(바) 풍구 등이 파손되어 노내에 다량의 물이 누설되었을 때는 pen stock의 커버를 열면 노내로부터 가스가 분출되기 때문에 주의할 것

(사) 휴풍 전 노정에서 가끔 폭발할 때는 풍구에서 공기를 흡입하지 않도록 블리더를 가감한다. 또한 풍구를 머드재로 막고 가스를 배출한다.

(2) 냉입

① 냉입은 노상부의 열이 현저하게 저하되어 일어나는 사고로, 정상조업의 출선재 작업이 불가능해져 다수의 풍구를 폐쇄한 상태가 장기간 지속되어 정상조업 수준으로 복귀시키는 현상이다.

② 냉입의 원인

(가) 노내 침수: 풍구, 냉각반, 스테이브(stave) 등 냉각장치의 파손으로 노내에 다량의 침수가 발생한다.

(나) 장시간 휴풍: 계획적인 휴풍의 경우는 감광 등의 대책이 이루어지기 때문에 냉입의 위험은 작지만 돌발 휴풍으로 장시간 휴풍이 준비 없이 행해지면 위험하다.

(다) 노황부조: 날바람, 벼락 등에 의한 열균형의 붕괴이다.

(라) 이상조업: 장입물의 평량 이상, 연료취입 정지 등에 의한 열균형의 붕괴, 휴풍

시 침수는 가장 위험하다.

③ 냉입 시 조치사항

㈎ 출선구 확보: 회복시간을 결정하는 주요 요인이다.
(출선구 평행 개공→출선구 상부 제공→냉각반 개공→풍구)

㈏ 출선회수의 증가: 유동성 불량의 선재를 조기에 배출한다.

㈐ 대폭 감광: 30~50% 정도의 감광이 필요하다.

㈑ 노저 살수량이 저하한다.

㈒ 풍구의 폐쇄: 자연 개구되지 않도록 견고히 폐쇄한다.

㈓ 노체 점검을 강화한다.

㈔ 풍구의 개구: 출선구 좌우를 단계적으로 시행한다.

㈕ 재구의 개공: 풍구가 전개되고 풍량이 90% 복귀 시 시행한다.

④ 대책

㈎ 노내 침수방지 및 냉각수를 점검하여 조기에 발견한다.

㈏ 원료 품질의 급변방지를 한다.

㈐ 얹힘(hanging) 슬립의 연속방지를 한다.

㈑ 돌발적인 장기간 휴풍방지를 한다.

㈒ 장입물의 대폭 평량 실수를 방지한다.

㈓ CaO, Al_2O_3 % 과다를 방지한다.

(3) 노저 용손

상수가 불충분하거나 노내 용선의 유동상태 변동에 따라 탄소 연와가 침식되고 용선에 의해 철판이 파손되어 용선이 냉각수와 접촉해 폭발과 함께 분출한다.

① 노저 용손 시 처리

㈎ 용선부위에 유출된 용선재의 코크스 등을 완전히 제거한다.

㈏ 탄소나 SiC계열의 내화물로 충분히 막고 살수량을 증가시킨다.

㈐ 맨틀 온도계를 설치하여 점검한다.

㈑ 상당기간 열기미로 조업하여 염기도를 높게 유지한다.

㈒ 장입 TiO_2량을 증가시킨다.

㈓ 조업속도도 수일간 낮출 필요가 있다.

② 대책

㈎ 노저 연와의 침식 방지가 가장 중요하다.

(나) 양질의 탄소 연와를 세밀하게 축조하고 외부 냉각을 강화한다.

(다) 노저 맨틀을 체크한다.

(라) 살수관의 막힘을 제거하고 철저하게 정비한다.

(마) 노저 철판의 온도가 60℃ 이상일 경우 보충 살수가 필요하다.

(4) 풍구 파손

풍구 파손이 조업 생산량 저하에 가장 큰 영향을 준다.

① 파손원인

(가) 노열의 급격한 변동(열기미 또는 냉기미)

(나) 염기도가 높고 Al_2O_3가 높은 조업을 계속할 경우

(다) 코크스 감소가 급격한 경우

(라) 외부 조업으로 벽락이 일어날 경우

(마) 용선 S%가 증가하여 점성이 큰 용선을 취제할 경우

(바) 행잉이나 슬립이 연발하는 경우

(사) 장입물중의 분율이 급격히 증가하여 풍압이 매우 높아질 경우

(아) 급배수 라인이 막히거나 코크스가 막힐 경우

(자) 급수압의 저하 및 단수일 경우

(차) 풍구의 수명이 한계에 도달한 경우

② 파손 풍구의 발견

(가) 조업 중 조그만 폭음과 배수가 증기로 되거나 배수가 백탁색으로 변하고 간헐적으로 흐르는 상태는 풍구의 파손이라 할 수 있다.

(나) 배수온도가 10~50℃ 정도로 높아지거나 대파하였을 경우 배수에 코크스분이나 가스와 함께 분출되는 경우도 있다.

(다) 파손 부위는 통상 풍구 상단부보다 하단부의 파손이 빈번하다.

③ 대책

(가) 선단부에 의한 용손을 피하기 위해 세라믹 코팅 또는 특수합금으로 가공한다.

(나) 급수량을 증가시키거나 수류 속도를 상승시키는 주조의 풍구를 사용한다.

(다) 해수를 담수로 바꾸기도 한다.

(5) 출선구 파손

출선구 머드의 충진이 계속 불량할 경우 출선구 냉각반을 파손 상태로 방치함으로

써 출선구가 얇아져 결국 파손되어 유출되는 상태이다.

① 원인

(가) 출선구 위치 및 각도 불량

(나) 머드량 및 재질 불량

(다) 출선구 냉각반의 파손

(라) 출선 시 개공 불량

② 예방책

(가) 출선구 위치 및 각도를 일정하게 유지한다.

(나) 머드재를 적정량 충분히 충진한다.

(다) 양질의 머드재를 사용한다.

(라) 머드 건(mud gun)을 정비한다.

(마) 슬래그를 과다하게 출재하지 않는다.

(바) 염기도를 높이고 열기로 조업한다.

③ 대책

(가) 휴풍한 후 파손부위를 막고 용해물을 제거한다.

(나) 머드재로 막고 성형한다.

(다) 출선구 상부의 풍구를 샤모트로 막는다.

단원 예상문제

1. 고로 휴풍 후 노정 점화를 실시하기 전에 가스검지를 하는 이유는?

① 오염방지 ② 폭발방지 ③ 중독방지 ④ 누수방지

2. 고로수리를 위하여 일시적으로 송풍을 중지시키는 것은?

① 행잉 ② 점화 ③ 소화 ④ 휴풍

3. 휴풍 작업상의 주의사항을 설명한 것 중 틀린 것은?

① 노정 및 가스배관을 부압으로 하지 말 것

② 가스를 열풍 밸브로부터 송풍기 측에 역류시키지 말 것

③ 제진기의 증기를 필요 이상으로 장시간 취입하지 말 것

④ bleeder가 불충분하게 열렸을 때 수봉밸브를 닫을(잠글) 것

해설 bleeder 가 불충분하게 열렸을 때 수봉밸브를 열을 것, 송풍 직후 압력이 낮을 때 누풍을 점검하고 누풍이 있으면 수리할 것

4. 고로 조업 시 바람구멍의 파손 원인으로 틀린 것은?

① 슬립이 많을 때
② 회분이 많을 때
③ 송풍 온도가 낮을 때
④ 코크스의 균열강도가 낮을 때

해설 바람구멍의 파손은 송풍 온도가 높을 때 발생한다.

5. 냉입 사고 발생의 원인으로 관계가 먼 것은?

① 풍구, 냉각반 파손으로 노내 침수
② 날바람, 박락 등으로 노황부조
③ 급작스런 연료 취입 증가로 노내 열균형 회복
④ 돌발 휴풍으로 장시간 휴풍 지속

해설 연료취입 정지 등에 의한 노내 열균형 붕괴

6. 다음 중 고로의 풍구가 파손되는 가장 큰 원인은?

① 용선이 접촉할 때
② 코크스가 접촉할 때
③ 풍구 앞의 온도가 높을 때
④ 고로내 장입물이 슬립을 일으킬 때

7. 풍구 부분의 손상 원인이 아닌 것은?

① 풍구 주변 누수
② 강하물에 의한 마모 균열
③ 냉각 배수 중 노내 가스 혼입
④ 노정가스 중 수소함량 급 감소

정답 1. ② 2. ④ 3. ④ 4. ③ 5. ③ 6. ① 7. ④

1-8 고로조업의 이상 원인과 대책

(1) 고로의 통기성 관리

얹힘, 슬립, 묻힘의 이상유무의 노황관리이다.

① 얹힘(hanging)

(가) 얹힘: 장입물이 강하도중 강하하지 않고 30분 이상 정지한 상태이다.

(나) shaft상부에서 발생하는 원인으로서 노내 분이 많거나 부착물 등에 의해 부분적으로 노내 가스 압력이 상승하여 발생한다.

(다) 하부에서 선재의 양, 유동성, 코크스입도 중에 영향을 받으며 노열의 저하, 선재의 유동성 악화 및 저 선재량이 많을 때 발생한다.

㈑ 붕락: 하부에서 가스압력을 낮춤으로써 압력 균형을 파괴하여 장입물을 강하한다.

② 슬립

㈎ 슬립의 발생

㉠ 슬립은 장입물이 순간적으로 강하한 후 다음 장입시점의 위치보다 1m 이상 낮은 경우이다.

㉡ 통기저항의 상승과 함께 강화가 완만해진다.

㉢ 통기저항이 작은 곳으로 가스가 빠져나가 하부에서 장입물을 밀어주는 힘이 감소되어 슬립이 발생한다.

㉣ 날바람은 가스가 빠지는 현상으로, 노정압력 100g/cm^2 이상이 발생할 때를 말한다.

㈏ 슬립의 발생원인

㉠ 상부의 경우: 장입물 분포의 불량, 압괴강도, 열균열성, 환원붕괴성의 불량 광석이나 분율이 높은 코크스, 광석의 장입, 노벽 부착물에 의한 노내 형상의 변화 등으로 슬립이 발생한다.

㉡ 하부의 경우: 고체의 입경과 용융물의 점성, 보시 가스양이 과도할 때, 통기 분포가 불량할 때는 flooding현상에 의하여 슬립, 걸림발생, 연화온도가 낮은 광석을 사용했을 때, 노열의 상승에 의하여 용융대의 폭이 넓어졌을 때, 광재 성분이 변화하여 점도가 높을 때 등에 슬립이 발생한다.

㈐ 슬립의 방지: 입도분포의 균일화, 분광 또는 분코크스 장입 피함, 열균열성 광석이나 점착성 장입량 감소, 노온의 안정화, 적합한 송풍량 유지 등

(2) 풍구 손상

① 풍구 손상은 풍구 냉각배수 중의 노내가스 혼입, 풍구 주변부의 누수, 노정가스 중의 수소함량 급상승에 의해 검출되며 손상이 클 때는 풍구냉각 배수 파이프나 풍구 주변부에서 증기, 용선, 용재, 백열 코크스가 폭발적으로 분출하여 발생한다.

② 손상 원인

㈎ 풍구면에 용선이 접촉해 열부하의 급격한 증대로 인한 용손의 경우가 압도적으로 많다.

㈏ 용손은 붕락, 슬립 등에 의해 미환원광이 풍구 앞으로 강하하거나 또는 장입석회석의 과다, 광재성분의 급변으로 인한 풍구하부에 고융점 부착물이 생성됨으로써 풍구 앞에 용선이 괴여 풍구와 접촉하기 때문에 발생한다.

③ 대책

(가) 노황의 안정화로 인한 풍구와 용선의 접촉을 방지한다.

(나) 풍구 자체의 개조로는 5~10°의 하향 풍구, 선단강냉형 풍구, 세라믹 코팅 풍구의 채용 등을 실시한다.

(3) 장입물의 불균일 강하(uneven descanding)

① 현상

(가) 장입물의 강하속도가 불균일한 현상이다.

(나) 노정 검척에 의한 강하상태의 불일치, 각 풍구의 통풍균일, 일부 풍구의 생철 낙하 현상 등으로 장입물의 분포가 불균일하다.

(다) 노벽 일부에 고형물이 부착된다.

(라) 노내벽에 불균일 용융이 발생한다.

② 대책

(가) 송풍량 감소

(나) 송풍온도 상승

(다) 풍구에 링 설치

단원 예상문제

1. 고로 내에 장입물의 강하가 정지하는 상태를 무엇이라 하는가?

① 행잉(hanging) ② 슬립(slip) ③ 드롭(drop) ④ 뱅잉(banging)

2. 고로용 철광석의 입도가 작을 경우, 고로 조업에 미치는 영향과 관련이 없는 것은?

① 통기성이 저하된다.
② 산화성이 저하된다.
③ 걸림(hanging)사고의 원인이 된다.
④ 가스분포가 불균일하여 노황을 나쁘게 한다.

해설 철광석의 입도가 작으면 산화성이 높아진다.

3. 슬립(slip)이 일어나는 원인과 관련이 가장 적은 것은?

① 바람구멍에서의 통풍 불균일 ② 장입물 분포의 불균일
③ 염기도의 조절 불량 ④ 노벽의 이상

정답 1. ① 2. ② 3. ③

2. 고로 노내 반응 및 제품

2-1 고로 노내 반응

(1) 고로의 장입물 및 생산물

① 장입물로는 철광석, 석회석, Mn광석, 코크스 등이 있다.

② 열풍은 하부 풍구로부터 취입된다.

③ 선철: 코크스를 연소시켜 철광석을 환원 용해한다.

④ 철광석 중의 불순물 및 코크스 염분이 석회석의 분해에 의해 생성된 CaO와 결합하여 광재가 생성된다.

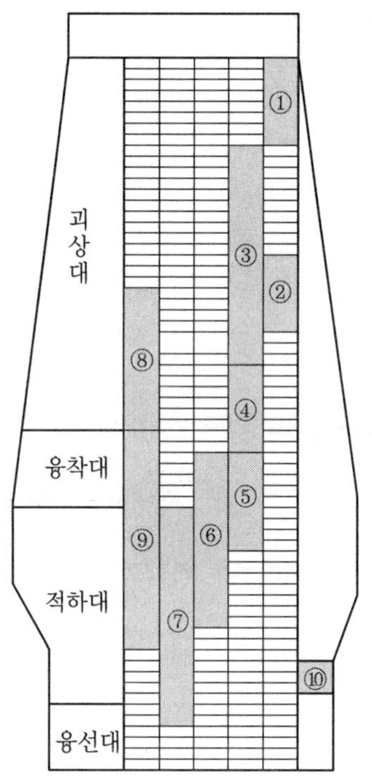

① 부착 수분의 증발
② 결정수의 분해
③ 광석의 간접 환원
④ 광석의 간접 환원+C 용해 손실
⑤ 광석의 직접 환원
⑥ 합금원소의 환원 침탄
⑦ 탈황(S)
⑧ 석회석의 분해
⑨ 슬래그 생성
⑩ C 연소

고로 안의 반응 모식도

(2) 장입 제 원료의 분해

① 장입물의 수분 제거

㈎ 수분은 원료의 기공 중에 스며든 부착수, 화합물 상태인 결합수 또는 결정수로 존재한다.

(나) 부착수(adhesion water)는 100℃ 이상에서 증발한다.

(다) 결합수(bound water)는 500~1000℃에서 제거된다.

(라) 수증기의 반응

$H_2O + CO \rightarrow H_2 + CO_2$

$H_2O + C \rightarrow H_2 + CO$

$2H_2O + C \rightarrow 2H_2 + CO_2$

② 석회석의 분해열

(가) 석회석은 $CaCO_3 \rightarrow CaO + CO_2 - 425kcal/kg$로 분해한다.

(나) 노흉(shaft) 하부 800~1000℃에서 왕성하게 분해가 일어나 부서지기 쉬운 CaO가 생성된다.

(다) SiO_2, Al_2O_3, MgO와 반응하여 광재가 생성된다.

③ 코크스의 반응

(가) 풍구 부근에서는 열풍이 코크스와 반응하여 $C + O_2 \rightarrow CO_2 + 94.3kcal$가 생성된다. 또 CO_2가 백열 코크스와 반응하면 $CO_2 + C \rightarrow 2CO - 41.1kcal$로 CO가스가 된다.

(나) 노흉 하부에서는 solution loss, 즉 CO_2가 780℃ 이상인 곳에서 코크스와 반응하여 $CO_2 + C \rightarrow 2CO - 40.9kcal$와 같이 코크스를 소비한다.

④ 환원반응

(가) 철광석의 간접반응: 연소대에서 코크스가 연소하여 발생한 다량의 CO가스가 철광석과 접촉하면 다음과 같은 반응이 일어난다.

㉠ 200℃ 이상에서 $3Fe_2O_3 + CO \rightarrow 2Fe_3O_4 + CO_2 + 15.7kcal$

㉡ 500℃ 이상에서 $Fe_2O_3 + CO \rightarrow 3FeO + CO_2 - 5.0kcal$

㉢ 700℃ 이상에서 $FeO + CO \rightarrow Fe + CO_2 + 3.0kcal$

㉣ 결과적으로 $Fe_2O_3 + 3CO \rightarrow 2Fe + 3CO_2 + 7.9kcal$의 발열반응으로 철광석을 환원하는 것을 간접환원(indirect reduction)이라 한다.

㉤ 탄소증착(carbon deposition)으로 노내 500℃ 정도 지점에서 $2CO \rightarrow C + CO_2$의 반응에 의해 미세한 탄소가 석출한다. 이 미세한 탄소는 750℃ 이상에서 강력한 환원력을 나타내며 $FeO + C \rightarrow Fe + CO$의 반응에 의해 금속철이 생성된다.

(나) 철광석의 직접환원

㉠ 풍구 앞에서 금속철은 열풍공기로부터 산화된다. 이러한 산화철은 노상부에

서 적열상태인 코크스와 반응하여

$3Fe_2O_3 + C \rightarrow 2Fe_3O_4 + CO - 25.2kcal$

$Fe_2O_3 + C \rightarrow 3FeO + CO - 45.9kcal$

$FeO + C \rightarrow Fe + CO - 37.9kcal$의 흡열반응에 의해 금속철이 된다. 이와 같은 반응을 직접환원(direct reduction)이라 한다.

㉡ 직접환원을 감소시키기 위한 방법

- 장입물을 작게 파쇄처리하여 가스와의 접촉면적을 높인다.
- 정립하여 가스의 통기성을 높이거나, 반응성이 적당하고 강도가 큰 코크스가 필요하다.
- 산화도가 높은 적철광은 산화도가 낮은 자철광보다 환원이 쉽다.
- 고로조업에서 적철광은 품위면에서뿐만 아니라 기공이 많아 가스환원에 유리하다.
- 요철이 많고 다공질인 소결광도 유리하다.

⑤ 광재(슬래그의 생성 및 용해)

bosh 슬래그: 풍구면을 통과하면서 코크스 중의 불순물인 SiO_2, Al_2O_3, Fe_2O_3, MgO, S이 대량으로 흡수되어 염기도와 용융점이 내려간다.

⑥ 탈유반응: S은 고로에서 코크스로부터 유입된다.

단원 예상문제

1. 다음 중 고로의 장입물에 해당되지 않는 것은?

① 철광석 ② 코크스
③ 석회석 ④ 보크사이트

2. 고로 내 장입물로부터의 수분제거에 대한 설명 중 틀린 것은?

① 장입원료의 수분은 기공 중에 스며든 부착수가 존재한다.
② 장입원료의 수분은 화합물 상태의 결합수 또는 결정수로 존재한다.
③ 광석에서 분리된 수증기는 코크스 중의 고정탄소와 $H_2O+C \rightarrow CO_2$의 반응을 일으킨다.
④ 부착수는 100℃ 이상에서는 증발하며, 특히 입도가 작은 광석이 낮은 온도에서 쉽게 증발한다.

해설 고정탄소와 $H_2O+C \rightarrow CO$의 반응을 일으킨다.

3. 용광로의 풍구 앞 연소대에서 일어나는 반응으로 틀린 것은?

① $C+\frac{1}{2}O_2 \rightarrow CO$
② $CO+\frac{1}{2}O_2 \rightarrow CO_2$
③ $CO_2+C \rightarrow 2CO$
④ $FeO+C \rightarrow Fe+CO$

4. 다음 반응 중 직접환원 반응은?

① $Fe_3O_4+CO \rightleftarrows 3FeO+CO_2$
② $FeO+CO \rightleftarrows Fe+CO_2$
③ $Fe_2O_3+CO \rightleftarrows Fe3O_4+CO_2$
④ $FeO+C \rightleftarrows Fe+CO$

5. 소결광 중 Fe_2O_3 함유량이 많은 경우 산화도가 높다고 한다. 산화도가 높을수록 소결광의 성질은?

① 산화성이 나빠진다.
② 강도가 떨어진다.
③ 환원성이 좋아진다.
④ 경도와 강도가 나빠진다.

정답 1. ④ 2. ③ 3. ④ 4. ④ 5. ③

2-2 노내 반응의 개요

① 고로의 노상으로부터 철광석, Mn광석, 석회석 및 코크스를 장입한다.
② 하부 풍구로부터 열풍을 취입시켜 코크스를 CO로 연소한다.
③ 장입원료는 상승하는 고온가스에 의해 먼저 건조, 예열되어 석회석을 분해하고, 철광석을 환원한다.
④ 환원된 금속철은 흡탄하여 용융하고, 또 Si, Mn, P, S 등이 산화물로부터 환원되어 철 중에 흡수되고 선철로 변해 노저에 모인다.

(1) 예열대

노흉(shaft) 상부이며 장입물을 건조, 예열한다.

(2) 환원 및 침탄대

노흉 중하부에서는 철광석의 간접환원, 환원철에서 탄소의 흡수(침탄) 코크스의 solution loss($CO_2+C \rightarrow 2CO$), 탄산염의 분해 등이 발생한다.

(3) 용융대

노흉 하부에서부터 bosh 하부에 이르는 곳에서는 철에 대한 침탄, 선철의 용융, 광재의 형성 및 용융, 산화철의 직접환원, 합금원소의 환원, 탈황반응이 진행된다.

(4) 연소대

① 풍구 부근에서는 취입되는 열풍으로 인해 레이스웨이(raceway)가 형성되어 코크스가 선회하고 코크스, 중유, 미분탄이 송풍 중의 산소, 수증기 등에 의해 연소되어 고로에서는 가장 고온 연소대를 이룬다.

② 풍구 바로 앞에 CO_2, O_2가 잔류하여 산화대라 하며, 그 내측에서는 carbon solution에 의해 CO, H_2, N_2 등이 환원성 혼합가스로 변해 노내를 상승하면서 열을 공급하고 동시에 환원작용을 한다.

(5) 노상부

용선, 용제 및 코크스가 존재하는 부분이며, 비중차로 용재는 용선 위에 뜬다. 이 부분에서 slag-metal 반응으로 탈황 등이 일어난다.

단원 예상문제

1. 고로를 4개의 층으로 나눌 때 상승가스에 의해 장입물이 가열되어 부착 수분을 잃고 건조되는 층은?

① 예열층 ② 환원층 ③ 가탄층 ④ 용해층

2. 용선 중 황(S) 함량을 저하시키기 위한 조치로 틀린 것은?

① 고로내의 노열을 높인다.
② 슬래그의 염기도를 높인다.
③ 슬래그 중 Al_2O_3 함량을 높인다.
④ 슬래그 중 MgO 함량을 높인다.

해설 슬래그 중 Al_2O_3 함량을 낮춘다.

3. 고로의 영역(zone) 중 광석의 환원, 연화, 융착이 거의 동시에 진행되는 영역은?

① 적하대 ② 괴상대 ③ 용융대 ④ 융착대

4. 고로 내 열교환 및 온도변화는 상승가스에 의한 열교환 철 및 슬래그의 적하물과 코크스의 온도상승 등으로 나타나고, 반응으로는 탈황반응 및 침탄반응 등이 일어나는 대(zone)는?

① 연소대 ② 적하대 ③ 융착대 ④ 노상대

5. 고로 내에서 광석의 직접환원과 침탄반응이 주로 이루어지는 곳은?

① 괴상대 ② 융착대 ③ 연소대 ④ 노상부

6. 고로 조업 시 장입물이 안으로 하강함과 동시에 복잡한 변화를 받는데 그 변화의 일반적인 과정으로 옳은 것은?

① 용해 → 산화 → 탄소흡수(가탄) → 예열
② 예열 → 탄소흡수(가탄) → 환원 → 용해
③ 예열 → 환원 → 탄소흡수(가탄) → 용해
④ 탄소흡수(가탄) → 예열 → 산화 → 용해

정답 1. ① 2. ③ 3. ④ 4. ② 5. ② 6. ③

2-3 고로 열정산

(1) 열정산(열수지)

고로에 들어간 열량과 노내에서 발생한 열량이 합해진 입열과 노내에서 나가는 열량과 소비되는 열량이 합해진 출열을 계산하는 것을 열정산 또는 열수지라고 한다.

(2) 열수지 방법

① 제1법 코크스의 전 발열량을 기준으로 하는 방법: 코크스가 전부 CO_2까지 연소하는 양을 입열로 하고 노정 폐가스 중의 CO, H_2, CH_2의 잠열을 출열로 한다.
② 제2법 코크스의 반응성을 고려한 방법: 코크스가 CO, CO_2로 연소한 탄소를 따로 고려하여 입열로 한다.
③ solution loss 반응을 고려한 방법: 코크스의 노내반응을 풍구 앞의 연소, solution loss 반응, 간접환원반응으로 구별한다.

(3) 열정산이 갖는 의미

① C가 CO로 되는 열

㈎ C가 풍구 앞에서 CO로 변할 때의 연소열을 계산하는 항목이다.
㈏ 고로 입열의 60% 정도를 차지한다.
㈐ carborn balance로부터 구한 풍구 앞에서 O_2가 소비하는 C양이다.

(라) 1kg당 2495kcal의 발생열이 생성한다.

② 각 광석의 환원 발생률

(가) 선철 톤당 Fe_2O_3, Fe_3O_4, FeO 중의 Fe양을 구하여 CO가스에 의해 간접 환원되어 Fe와 CO_2로 되는 반응의 열량(발열량)이다.

(나) Fe_2O_3의 경우: 55kcal/Fe[kg]

(다) Fe_3O_4의 경우: 28kcal/Fe[kg]

(라) FeO의 경우: 58kcal/Fe[kg]

③ 송풍현열: 선철 톤당 풍량에 그때의 온도 및 그 비열을 곱한 값이다.

④ 송풍 중 수분현열: 풍량에 함유되어 있는 선철 톤당의 수분 양에 풍량 및 그 비열을 곱한 값이다.

(4) 고로의 열수지

① 입열: 코크스 발열량, 열풍현열, 송풍 중 수분현열, 간접 환원열량, 슬래그 생성열 등이 있다.

② 출열: 노정가스 현열, 노정가스 잠열, 슬래그 현열, 용선 현열, 산화철 환원열, 석회석 분해열, Si, Mn, P환원열, 열풍 중 H_2O분해열, 장입물 수분증발열, 용선 중 탄소의 잠열, 열손실(노체, 냉각수) 등이 있다.

(가) 직접환원 Si, Mn, P

㉠ SiO_2, MnO, Fe_2O_3와 C의 반응(흡열반응)

㉡ 환원된 Si, Mn, P는 용선 중으로 들어간다.

(나) solution loss

㉠ 직접환원에 의해 소비된 탄소는 모두 solution loss로서 계산된다.

$CO_2 + C \rightarrow 2CO$(solution loss)

$2CO + 2FeO \rightarrow 2Fe + CO_2$

$2FeO + C \rightarrow 2Fe + CO_2$

㉡ 탄소 1kg당 반응 열량 3140kcal를 곱한 것이 출열이다.

㉢ 이 반응에 의한 흡열량은 전체 출열량의 1/4 정도이다.

(다) 석회석의 하소: 석회석의 분해열로서 석회석 중의 CO_2 kg당 열량 966kcal를 곱하여 계산한다.

(라) 용선이 가지고 나가는 열

㉠ 용선의 성분, 온도에 따라 변한다.

㉡ 용선 1kg당 450kcal로 계산한다.

(마) 송풍 중 수분 분해하는 열

㉠ 풍구 앞에서의 송풍 중 수분은 C와 반응하여 H_2, CO가스를 발생한다.

㉡ 흡열하는 열량: H_2O kg당 1547kcal에 수분 양을 곱한 값이다.

(바) 노정가스 중의 수분이 가지고 나가는 열: 100℃까지의 가열, 증발열(536kcal/H_2O kg), 100℃에서 노정온도까지의 가열이다.

(사) 노정가스가 가지고 나가는 열: CO_2, CO, H_2, N_2 각각의 비열이 다르므로 각 성분마다 따로 계산한다.

(아) 중유의 분해열: 풍구 앞에서 H_2와 CO로 분해되는 분해열로 500kcal/kg에 중유비를 곱하여 계산한다.

(자) 복사, 전도, 기화로 잃은 열: 전 출혈열의 15% 정도 차지하며 풍구, 보시, 노저 등의 냉각수가 빼앗아가는 열이다.

(차) 열풍관에서 풍구에 들어갈 때 일어나는 열

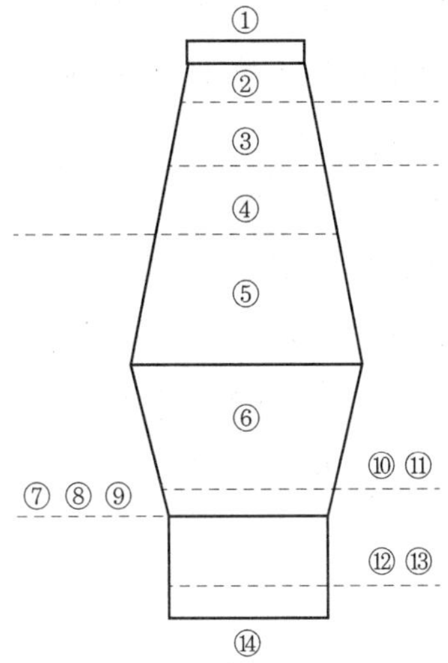

• 입열: ④ 환원열, ⑦ C가 CO가 되는 열, ⑧ 송풍현열, ⑨ 송풍 중 수분현열
• 출열: ① 노정가스가 가지고 나가는 열, ② 노정가스 수분이 가지고 나가는 열, ③ 석회석 하소, ⑤ solution loss, ⑥ Si, Mn, P환원열, ⑩ 송풍 중 수분의 분해열, ⑪ 중유의 분해열, ⑫ 용선이 가지고 나가는 열, ⑬ 용재가 가지고 나가는 열, ⑭ 복사, 전도, 기화로 잃은 열

고로 부분

③ 철광석의 환원과 부분 열정산

(가) 철광석의 환원을 결정하는 요인

㉠ 철광석의 종류: 원료 광석에 따라 환원량이 달라진다.

㉡ $(CO+H_2)$가스 농도

– 고로 내의 CO 및 H_2 농도가 높으면 철광석의 환원이 용이하다.

– 보시변의 가스와 노정가스는 동일조건하에서 환원율이 2 : 1 정도의 차가 발생한다.

㉢ 광석의 입도

– 광석의 입도가 클수록 환원이 어렵다.

– 평균입도 10m/m, 20m/m, 30m/m당 환원되는 양 = 20 : 15 : 10

㉣ 반응온도

– 고온이 되면 급격히 반응이 촉진된다.

– 800℃, 900℃, 1000℃에서 각각 5, 10, 18의 차가 발생한다.

㈏ 철광석 환원과의 관계

㉠ 풍구 앞에서 발생하는 열량, 즉 코크스를 다량 연소시켜 온도를 높이면 간접환원에 들어가는 가스온도가 상승한다.

㉡ 가스온도 상승은 환원속도를 급격히 증가시킨다.

㉢ 환원속도 증가는 solution loss를 감소시킨다.

㉣ solution loss 감소는 다시 풍구 앞에서 발생하는 열량, 즉 코크스 연소량을 감소시킬 수 있어 가스온도가 저하된다.

㉤ 가스온도 저하는 환원속도를 감소시킨다.

㉥ 환원속도 감소는 solution loss를 증가시킨다.

㉦ solution loss 증가는 코크스 연소량을 증가시킨다.

이상의 과정이 순환작용으로 이루어진다.

단원 예상문제

1. 고로의 열정산 시 입열에 해당되는 것은?

① 코크스 발열량 ② 용선 현열 ③ 노가스 잠열 ④ 슬래그 현열

2. 고로 내 열수지 계산 시 출열에 해당하는 것은?

① 열풍현열 ② 용선현열 ③ 슬래그 생성열 ④ 코크스 발열량

3. 소결에서 열정산 항목 중 출열에 해당되지 않는 것은?

① 증발 ② 하소 ③ 환원 ④ 점화

4. 소결에서의 열정산 항목 중 입열에 해당되는 것은?

① 증발 ② 하소 ③ 가스 현열 ④ 예열공기

5. 송풍량이 1680m^{3}이고 노정가스 중 N_2가 57%일 때 노정가스량은 약 몇 m^{3}인가? (단, 공기 중의 산소는 21%이다.)

① 1212 ② 2172 ③ 2328 ④ 2345

해설 $가스발생량 = \frac{송풍량 \times 공기\ 중\ 질소비}{노정가스\ 질소비} = \frac{1680 \times 0.79}{0.57} = 2328$

6. 고로의 열정산 시 입열에 해당되는 것은?

① 송풍현열 ② 용선현열 ③ 노정가스 잠열 ④ 슬래그 현열

정답 1. ① 2. ② 3. ④ 4. ④ 5. ③ 6. ①

2-4 고로의 품질관리

(1) 용선성분의 품질관리

① 용선의 품질은 C, Si, Mn, P, S 성분의 함유량에 따라 차이가 있다.

② S성분: 제강의 산화성 분위기에서는 거의 탈유가 되지 않고 환원성 분위기의 고로공정에서 최소화한다.

③ Mn성분: 제강에서 Fe-Mn광의 투입보다 고로에서 관리하는 것이 가격면에서 유리하다.

④ Si성분: 제강에서 열원으로 사용되므로 성분의 변동을 최소화한다.

(2) T.L.C 내 슬래그 혼입 억제

① T.L.C(용선운반차) 내 슬래그 혼입은 후 공정의 품질 및 작업에 지장을 초래하므로 최소화하여야 한다.

② T.L.C당 평균 0.2T 이하로 슬래그 혼입을 억제하기 위해 한다.

㈎ 대탕도 교체 및 점검 후 첫 출선 시 스키머(skimmer) 부위에서 슬래그 차단 조치를 한다.

㈏ 스키머 마모에 따른 그 블록 및 배재구 레벨 조정과 스키머 보수

㈐ 대탕도 내 용선처리 시 잔선 러너(runner)에서의 슬래그 정기 차단 및 슬래그 러너로 유도 작업 등을 적절히 실시한다.

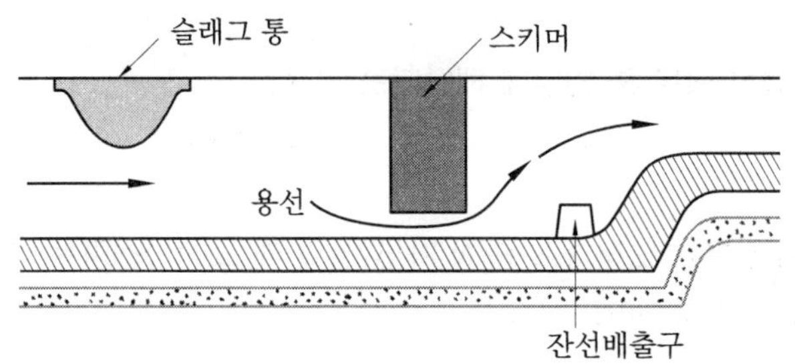

스키머부의 단면

단원 예상문제

1. 고로 노내 조업 분위기는?

① 산화성 ② 환원성
③ 중성 ④ 산화, 환원, 중성의 복합분위기

2. 불순물 제거에 가장 적합한 것은?

① 스트레이너(strainer) ② 오리피스 미터(orifice meter)
③ 벤투리 미터(venturi meter) ④ 로터미터(rotameter)

해설 스트레이너는 망을 설치하여 불순물을 제거하는 장치이다.

3. 용선을 따라서 흘러나오는 슬래그는 어디에서 분리하는가?

① 용선 레이들 ② 토페도 카
③ 주선기 ④ 스키머

4. 출선구에서 나오는 용선과 광재를 분리시키는 역할을 하는 것은?

① 출재구(tapping hole) ② 더미 바(dummy bar)
③ 스키머(skimmer) ④ 탕도(runner)

5. 고로 조업에서 출선할 때 사용되는 스키머의 역할은?

① 용선과 슬래그를 분리하는 역할
② 용선을 레이들로 보내는 역할
③ 슬래그를 레이들에 보내는 역할
④ 슬래그를 슬래그피트(slag pit)로 보내는 역할

6. 출선 시 용선과 같이 배출되는 슬래그를 분리하는 장치는?

① 스키머(skimmer) ② 해머(hammer)
③ 머드 건(mud gun) ④ 무브벌 아무르(movable armour)

정답 1. ② 2. ① 3. ④ 4. ③ 5. ① 6. ①

2-5 선철 및 슬래그 등 부산물

(1) 선철

① 종류와 성분: 선철은 제강용과 주물용으로 대별되고, KS D 2102, KS D 2103에 규정되어 있다.

(가) Si을 낮게 할 수 있는 것

㉠ 산소전로에서의 고용선을 채용으로 열원, 조재성분으로서의 Si을 낮게 할 수 있다.

㉡ 원료 전처리 강화 및 고압조업 실시로 저Si조업이 가능하다.

㉢ 저Si조업으로 연료비를 낮추어 생산원가가 저감된다.

(나) Mn

㉠ 0.5~0.8% 정도 함유되어 있다.

㉡ Mn광석이 비싸므로 저하하는 추세이다.

㉢ 제조강종, 제강 시의 제화가 촉진된다.

㉣ Mn상승에 따른 가격 등을 고려하여 결정한다.

(다) P

㉠ P≦0.1%, P≧0.13%의 2종으로 제조하는 경향이 있다.

㉡ 고C 저P강종을 산소전로에서 정련하기 위해서 저P의 용선이 필요하다.

(라) S

㉠ S은 낮을수록 좋다.

㉡ S양은 85~95%가 연료에서 유입된다.

㉢ ≦0.02% 이하로 가능하나 광재 염기도를 너무 올리면 노황이 나빠지기 때문에 노 밖에서 탈황한다.

(마) C

㉠ C는 출선온도 상승, Si의 저하로 상승하는 경향이 있다.

㉡ 보통 4.6~4.7%이다.

㉢ C 상승은 연료비, 전로 O_2원단위 증가, 실수율 감소 때문에 조절이 필요하다.

(바) Ti

㉠ 용선 중에 50~100ppm 정도 녹아 있는 N를 TiN으로 부상시켜 강 중의 N의 저하에 효과적이므로 0.1~0.2% 정도 함유한다.

㉡ 고로 노저보호를 목적으로 TiO_2장입을 증가하면 Ti이 상승한다.

② 주물용선: KS에서 1종이 회주철품, 2종이 가단주철품, 3종이 구상흑연주철품으로 분류된다.

③ 냉선

(가) 전기로에서 생산하는 경우 30~40kg의 형선으로 공급한다.

(나) 주물용선의 형선은 취급하기 쉬운 형상으로 주조하고 중량은 2~10kg 정도이다.

(2) 고로가스

① 가스성분과 발열량

(가) 고로가스의 주성분: N_2, CO_2, CO, H_2

(나) CO, H_2만이 철광석의 환원에 이용된다.

(다) 이용률 50% 정도이다.

(라) 고로가스의 발열량은 680~850kcal/Nm^3이다.

(마) 발열량은 연료비에 따라 달라지나 송풍부화산소량, 송풍 중 습분 양에 의하여 가스 중의 N_2 농도가 낮아지므로 상승한다.

고로가스의 조성, 발열량 및 발생량

구분	CO%	CO_2%	H_2%	N_2%	발열량 (kcal/Nm^3)	발생량 (Nm^3/t)
제강용선 고로	20.0~23.5	18.0~23.0	1.6~6.0	48.0~57.0	680~830	1400~1700
주물용선 고로	20.0~25.0	15.0~20.0	1.5~4.5	54.0~57.0	710~850	1800~2100

② 가스에너지의 용도

(가) 고로 내에 투입되는 에너지양은 선철 1t당 약 400만kcal로서 약 30%가 고로가스이므로 노 밖으로 배출된다.

(나) 선강 일관제철소에서의 고로가스는 제철소 내에 들어오는 총 1차 에너지양의 20% 이상을 차지한다.

㈐ 고로가스는 열풍로 및 코크스로 가열용에 각각 약 1/4이 사용되고, 나머지 1/2은 제철소 내 화력발전소, 가열로용 중에 공급되어 거의 전량이 유효하게 이용된다.

㈑ 고로가스는 발열량이 낮아서 연소온도가 낮으므로 저온연소로도 좋은 증기 보일러용 연료로서 또는 코크스로 가스와 혼합하여 1200~2500kcal/Nm^3의 발열량으로 조정하여 사용한다.

(3) 고로연진(dust)

① 연진의 성분과 특징

㈎ 연진은 고로가스의 청정 시에 포집된 미분이며 건연진과 습연진이 있다.

㈏ 연진에는 장입원료 중에 미립자가 날아온 것과 고로 내에서 기화한 물질이 노상부에서 냉각응고하여 배출된 것(Zn, Na_2O, K_2O, S)이 있다.

㈐ 연진의 특징

㉠ C가 20~40% 포함되어 있다.

㉡ 미세분이며 건연진은 0.01~1mm, 습연진은 0.05mm 이하가 많다.

㉢ 습연진에는 Zn, Na_2O, K_2O, S이 많이 함유되어 있다.

㉣ 장입원료 중의 SiO_2/Al_2O_3보다도 Al_2O_3분이 많다.

② 연진의 발생량과 이용

㈎ 연진의 발생량은 5~30kg/t-p으로 평균 15kg/t-p이다.

㈏ 건연진과 습연진의 발생비율은 1:1, 2:1 정도이다.

㈐ 건연진은 Fe의 회수, C의 소결원료로서 전량이 소결원료로 이용된다.

㈑ 습연진은 Zn, Na_2O, K_2O, 함량이 높고 이들은 고로연와의 손상, 노벽에의 부착원인이 된다.

(4) 고로광재(slag)

① 고로슬래그의 생성과 성분

㈎ 고로슬래그는 대략 철광석에서 38%, 코크스에서 16%, 용제에서 46%가 생성된다.

㈏ 슬래그의 조성: SiO_2 20~40%, CaO 35~50%, Al_2O_3 5~20%, FeO 3% 이하이다.

㈐ 장입물 중의 CaO, Al_2O_3, MgO는 슬래그를 95% 생성한다.

② 특징

(가) 화학작용에 대한 저항력이 크다.

(나) 철근과의 결합력이 크다.

(다) 팽창에 의한 균열이 없다.

(라) 오랫동안 강도가 크다.

(마) 유동성이 좋고 비중이 작아서 선철과 분리가 용이하다.

③ 고로슬래그의 처리와 이용

(가) 토목 · 건축용으로 사용한다.

(나) 서랭 슬래그는 괴상이므로 인공쇄석으로 이용된다.

(다) 급랭 슬래그는 세립상이므로 모래대용으로 사용한다.

(라) 수경성이 있어 고로시멘트재, 지반개량재 등에 사용한다.

(마) 규산질 비료나 요업원료로 이용된다.

(바) 응고한 슬래그를 다시 녹여 성분조정을 하면 암사(rock wool)와 같은 고급소재를 얻을 수 있다.

(사) 보온, 보랭, 흡음 등의 특성이 있어 건축재, 장치공업에 필요한 단열재에 이용된다.

(아) 인공경량골재로서 팽창슬래그, glass 세라믹, 착색 슬래그, 경량 건축재에 이용된다.

㉠ 서랭 슬래그의 제조와 이용

- 서랭 슬래그의 제조는 복수의 냉각상을 써서 용융슬래그의 방류, 냉각, 채굴을 주기적으로 실시한다.
- 고로 주상의 슬래그 통에 연결된 곳에서 냉각하는 드라이 피트(dry pit)방식이다.
- 용융슬래그를 레이들에 받아 운반한 다음 냉각하는 야드(yard) 방식이다.

㉡ 급랭 슬래그의 제조와 이용

- 급랭 슬래그의 제조방법에는 습식, 건식 또는 혼합방식이 있다.
- 습식처리방식인 수쇄슬래그가 가장 많이 사용된다.
- 용융슬래그가 흘러내리는 시점에서 고압수를 분사하여 제조한다.
- 고로 노상에 직결하여 만든 노전 수재와 용융슬래그를 일단 레이들에 받아 운반한 후 만든 노외 수재이다.
- 용도: 시멘트용재, 콘크리트용 세골재, 규산질 비료

단원 예상문제

1. 고로에서 슬래그의 성분 중 가장 많은 양을 차지하는 것은?

① CaO ② SiO_2 ③ MgO ④ Al_2O_3

해설 슬래그의 조성 : SiO_2 20~40%, CaO 35~50%, Al_2O_3 5~20% FeO 3% 이하

2. 다음 중 슬래그화한 성분은?

① P ② Sn ③ Cu ④ MgO

3. 고로시멘트의 특징 중 틀린 것은?

① 내산성이 우수하다. ② 열에 강하다.
③ 오랫동안 강도가 크다. ④ 내화성이 우수하다.

해설 열에 약하다.

4. 고로슬래그의 용도로 부적합한 것은?

① 시멘트용 ② 비료용 ③ 골재대용 ④ 탈황용

5. 노황이 안정되었을 때 좋은 슬래그의 특징이 아닌 것은?

① 색깔이 회색이다. ② 유동성이 좋다.
③ SiO_2가 많이 포함되어 있다. ④ 파면이 암석모양이다.

해설 SiO_2가 많이 포함되어 있지 않다.

정답 1. ① 2. ④ 3. ② 4. ④ 5. ③

2-6 노내 변동과 조업 Action

4가지 변동: 열량 변동, 온도 변동, 성분 변동, 통기성 변동

(1) 열량 변동

① 과잉 열량인 경우

㈎ 통기성 악화

㈏ 성분면에서 용선중의 Si, Ti 등의 함유량이 증가하고 S가 저하되며 슬래그 염기도가 상승한다.

② 열량 부족일 경우

㈎ 용선중의 Si함유량 저하, S함유량 증가, 슬래그 염기도 저하

㈏ 송선 및 슬래그 온도가 저하되어 유동성 악화로 풍구 파손, 슬래그 역류 등 중대사고 발생 가능

(2) 온도 변동

슬래그 온도 저하: 점성 증가에 의해 노외로 배출이 곤란하여 슬래그가 풍구로 역류해 풍구파손의 원인이 된다.

(3) 성분 변동

① C

㈎ 탄소의 용해도를 감소시키는 원소: Si, P, S

㈏ 탄소의 용해도를 증가시키는 원소: Mn, Cr, V

② Si

㈎ 광석중의 SiO_2로서 또는 FeO나 CaO와 결합한 실리케이트(silicate)로서 함유된다.

㈏ Si의 환원은 노상 열이 높으면 진행하고, 광재의 염기도가 높으면 억제된다.

㈐ 제강용 선철은 주물용 선철보다 Si 함량이 1% 이상 적으며, 조업상으로는 주물용 선철의 경우에 비하여 철광석량을 증가시키고 조업속도를 올리며 광재의 염기도를 높인다.

㈑ Si관리

송풍 중의 습분량, 송풍온도, 취입연료량, 장입광석량, 송풍량 등을 조정한다.

㈒ 용선 중의 Si가 낮으면 연료비가 저감한다.

㈓ 전로조업에서 저Si조업을 실시하는 방법

㉠ 고염기도 소결광의 배합률을 높이면 용융대가 낮아져 용융메탈과 SiO가스의 접촉시간이 단축되고 보시 고온구역 장입물의 고체상태에서의 열교환이 잘되어 용선온도가 상승하고 또 bosh slag의 염기도가 상승되어 SiO_2의 활량이 낮아져 SiO가스의 발생이 억제되므로 Si는 낮아진다.

㉡ 노정압력 및 산소분화율이 높으면 보시에서의 CO가스분량이 커져 asi가 낮아지므로 보시 및 노상부에서의 Si의 환원이 억제된다.

③ Mn

(가) 장입된 Mn의 50~80%가 환원되어 용철 중에 들어가나 그 환원율은 노상의 열이 높고 슬래그의 염기도가 높을수록 높아지므로 Mn의 함량은 노의 열 레벨을 판정하는 데 도움이 된다.

(나) Mn함량은 Mn광석, 전로강제 등의 장입량을 증감하여 조절한다.

④ P: 주원료, 매용제에 약 80%, 코크스에서 약 20%의 비율로 장입되며 거의 100% 환원되어 선철 중에 들어가므로 P함량은 장입물을 관리하여 조정한다.

⑤ S

(가) 선철 1t당 S의 장입량은 3~5kg, 코크스로부터 약 70% 차지한다.

(나) 장입량, 노상온도, 광재의 염기도에 따라 변동된다.

⑥ Ti

(가) Ti은 광석에 $FeO \cdot TiO_2$(ilminite)의 형태로 함유된다.

(나) 산소와의 친화력이 크므로 환원율은 25~30%로 노상의 온도가 높을수록 높다.

(다) Ti이 많은 선철, 슬래그는 유동성이 나빠서 장입량이 많으면 노상부착물을 형성하므로 Ti의 장입량은 엄중히 관리해야 한다.

⑦ 각 원소의 역할

(가) Ni, Cu, P와 같이 산소에 대한 친화력이 철보다 작은 산화물은 원료 속에 포함되어 고로에서 거의 환원되어 100% 선철에 흡수된다.

(나) 철보다 친화력이 큰 원소는 Mn, Si, Ti 등이 환원되어 조업속도가 빠르고, 코크스비가 적으며, 선철 톤당 공급열량이 적을수록 줄어든다.

(다) S는 용선 및 슬래그의 온도가 높고, 슬래그의 염기도가 높으며, 선철 톤당 슬래그의 양이 많을수록 줄어든다.

(4) 통기성 변동

① 통기성 변동 요인

(가) 국부관통류(channelling): 장입물의 입도구성의 변동, 장입물의 노내에서의 분화현상의 변동, 노내에서의 장입물 분포 및 입도 분포의 변동, 노열의 변동, 송풍성분(H_2, O, O_2)의 변동 및 융착층 분포의 이상 변동 등

(나) 송풍압 상승 조치: 습분 증가, 송풍온도 저하, 송풍량 감소

② 조치 방법

(가) 코크스 베이스 장입선 레벨 장입 사이클 등의 장입방법의 변경

(나) 장입물의 입도분포 조정
(다) 송풍량 감소
(라) 장입 광석량의 감량과 광재성분 조정

단원 예상문제

1. 용선 중 Si를 저하시키기 위한 조업방법으로 옳은 것은?

① 조업속도를 낮춘다. ② 광재의 염기도를 낮춘다.
③ 철광석량을 감소시킨다. ④ 노상 열을 낮게 한다.

2. 선철 중의 탄소의 용해도를 증가시키는 원소가 아닌 것은?

① V ② Si ③ Cr ④ Mn

3. 용광로에서 생산되는 제강용 선철과 주물용 선철의 성분상 가장 차이가 많은 원소는?

① 규소(Si) ② 유황(S) ③ 티탄(Ti) ④ 인(P)

4. 선철 중 철(Fe)과 탄소(C)와의 원소에서 함량이 가장 많은 성분은?

① S ② Si ③ P ④ Cu

해설 C > Si > Mn > P > S

5. 질소와 화합하여 광재의 유동성을 저해하는 원소는?

① C ② Si ③ Mn ④ Ti

6. 선철 중에 이 원소가 많이 함유되면 유동성을 나쁘게 하고, 노상 부착물을 형성시키므로 특별히 관리하여야 할 이 성분은?

① Ti ② C ③ P ④ Si

7. 인(P)은 선철 중에 유해하므로 가능한 한 적게 하기 위한 방법으로 옳은 것은?

① 장입물 중의 인을 많게 한다. ② 노상 온도를 낮춘다.
③ 염기도를 낮게 한다. ④ 저속 조업을 한다.

8. 고로 내의 국부 관통류(channelling)가 발생하였을 때의 조치 방법이 아닌 것은?

① 장입물의 입도를 조정한다. ② 장입물의 분포를 조정한다.
③ 장입방법을 바꾸어 준다. ④ 일시적으로 송풍량을 증가시킨다.

해설 일시적으로 송풍량을 감소시킨다.

9. **장입물 중의 인(P)은 보시부에서 노심에 걸쳐 모두 환원되어 거의 전부가 선철 중으로 들어간다. 이때 선철 중의 P을 적게 하기 위한 설명으로 틀린 것은?**

① 유해방지를 위하여 장입물 중에 P을 적게 하는 것이 좋다.
② P의 유착을 줄이기 위하여 감속 조업을 한다.
③ 노상 온도를 높여 P의 해를 줄인다.
④ 염기도를 높게 하여 P의 해를 줄인다.

해설 노상 온도를 낮추어 P의 해를 줄인다.

정답 1. ④ 2. ② 3. ① 4. ② 5. ④ 6. ① 7. ② 8. ④ 9. ③

2-7 고로 설비관리

(1) 주요 설비별 관리

① 노체설비: 노내 내화물의 상태 추적 및 조벽작업, 센서의 응용, 냉각설비의 냉각 기능 향상 및 배간의 부식에 따른 수질관리
② 주상설비: 머드 건, 개공기, 송풍지관 및 풍구 등 고열취급설비는 설비의 열화에 따른 적기 교체와 예비품 확보, 출선구 심도보강과 통재, 캐스터블류의 수명 연장
③ 장입 및 노정설비: 평량과 균배압 시스템의 가스 누설 및 마모에 따른 적기 교체
④ 가스청정설비: 분사수의 냉각수량 확보 및 오버플로 수의 냉각수질 관리로 가스 청정도 유지
⑤ 열풍로 설비: 내부 연와적 유지상태 및 밸브류 작동상태와 HS 돔부 온도 체크, 철피 크랙 유무, 열효율 향상 방안

단원 예상문제

1. **고로 설비 중 주상설비에 해당되지 않는 것은?**

① 출선구 개공기　② 탄화실
③ 주상 집진기　④ 출제구 폐쇄기

2. **다음 중 고로의 주상설비가 아닌 것은?**

① mud gun　② 개공기　③ 주선기　④ 집진장치

3. 고로(BF)의 부속설비로 옳지 않은 것은?

① 풍구 ② 장입종 ③ 스키머 ④ 소화탑

4. 고로의 수명을 지배하는 요인으로 옳지 못한 것은?

① 노의 설계 및 구성
② 원료 사정과 노의 조업상태는 상관없다.
③ 노체를 구성하는 내화재료의 품질과 축로기술
④ 각종 물리적, 화학적 변화

해설 원료 사정과 노의 조업상태와 관련이 있다.

정답 1. ② 2. ③ 3. ④ 4. ②

제 5 장 신 제선법

1. 설비 구성 및 기능

① 석탄(coke)을 사용하지 않고 용선을 생산하는 제철법으로서 석탄과 철광석을 소결 및 코크스 공정의 예비처리과정 없이 사용하며 산소 대신 공기를 사용한다.

② 용융환원법에는 고로형(Corex법, Finex법, Tecnored법, SC법, XR법, lasmasmelt법)과 전로형(DIOS법, Hismelt법, CCF법, AISI법, Romelt법, Ausmelt법)이 있다.

2. Corex 공법

① 코렉스 공법은 소결 공정과 코크스 공정의 사전 공정을 없애고 철광석과 무연탄을 미세가루로 부수어 바로 코렉스로에서 태우는 방식이다.

② 코렉스 공법은 분광을 사용할 수 없고 괴광만 사용하기 때문에 원료확보가 쉽지 않은 단점이 있다.

③ 오스트리아의 Voest Alpine사가 개발한 Coal Ore Reduction법의 원료 및 연료는 8~30 mm의 철광석, 펠릿(pellets) 등과 0~50mm의 고휘발분 일반탄을 사용한다.

④ 샤프트(shaft)형 예비환원로에서는 용융환원로에서 발생한 1000~1200℃의 가스를 800℃로 낮추어 광석을 90%까지 환원한다.

⑤ 용융 환원로에서는 100% 산소를 이용해 석탄을 연소시켜 환원광석을 용융하여 용선을 제조한다.

(1) 코렉스 제선의 특징

① 장점

㈎ 제조원가 및 투자비가 절감된다.

㈏ 기존 고로법에 비해 소결, 코크스 설비가 필요 없으므로 SO_2 등의 공해물질 발생량이 적어 환경규제에 능동적으로 대응할 수 있다.

㈐ 고로대비 생산량 조절이 용이하여 수요변화에 신축적으로 대응할 수 있다.

② 단점

㈎ 대량생산체제 구축이 미흡하다.

㈏ 원료비가 고가이다.

㈐ 공정 중에 발생하는 가루형태의 석탄을 처리해야 한다.

단원 예상문제

1. 용융 환원로(Corex)는 환원로와 용융로 두 개의 반응기로 구분한다. 이때 용융로의 역할이 아닌 것은?

① 슬래그의 용해
② 환원가스의 생성
③ 철광석의 간접환원
④ 석탄의 건조 및 탈가스화

해설 철광석의 직접환원이다.

정답 1. ③

3. Finex공법

① 파이넥스 공법은 철광석의 원료탄의 예비처리 설비가 필요 없어 투자비가 적게 드는 것은 물론 공해물질이 발생하지 않는다는 장점이 있다.

② 파이넥스 공법은 유동 환원로가 탈황작용을 하고 용융로에서 순산소를 사용하기 때문에 예비처리에서 발생하는 황산화물(SO_x), 질소산화물(NO_x), 이산화탄소 배출량이 고로 공정보다 현저히 낮다.

③ 세계적으로 풍부하고 값이 싼 지름 8mm 이하의 철광석과 일반탄을 사용하기 때문에 코크스 및 소결 공정을 생략할 수 있는 코렉스 공법보다 한 단계 진일보한 기술이다.

④ 생산원가 측면에서도 가루 형태의 분철광은 덩어리 형태의 피철광보다 매장량이 풍부해 가격이 23%나 저렴하며, 식탄은 코크스(유연탄을 고온으로 찐 것)를 생산하기 위한 고급유연탄이 아닌 가격이 20% 이상 저렴한 일반탄을 사용한다.

(1) 파이넥스 조업 효과

① 기존 용광로에 비해 설비비가 절감된다.
② 공해 배출량이 감소한다.
③ 조업인력이 감축된다.
④ 생산 소요시간이 단축된다.
⑤ 생산원가의 10~15%가 감축된다.

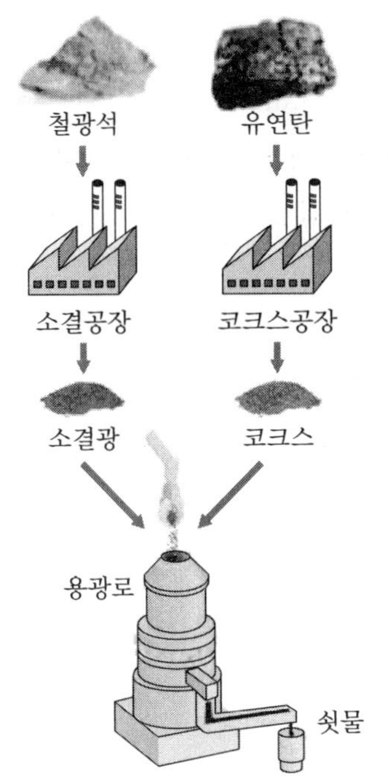

소결공장: 분광석을 덩어리로 만드는 공정
코크스: 석탄을 구워 덩어리로 만드는 공정

(a) 용광로 공법

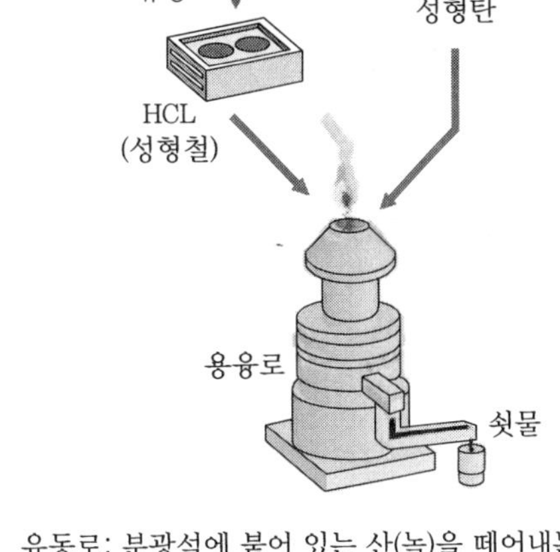

유동로: 분광석에 붙어 있는 산(녹)을 떼어내는 공정
용융로: 철에 붙은 불순물을 제거해 녹이는 공정

(b) 파이넥스 공법

용광로 공법과 파이넥스 공법 비교

단원 예상문제

1. 다음 중 고로제선법의 문제점을 보완하여 저렴한 분광석 분탄을 직접 노에 넣어 용선을 생산하는 차세대 제선법은?

① BF법 ② LD법
③ 파이넥스법 ④ 스트립 캐스팅법

2. 파이넥스 유동로의 환원율에 영향을 미치는 인자가 아닌 것은?

① 환원가스 성분 중 CO, H_2농도 ② 광석 1t당 환원가스 원단위
③ 유동로 압력 ④ 환원가스 온도

3. 파이넥스(Finex) 제선법에 대한 설명 중 틀린 것은?

① 주원료로 주로 분광을 사용한다.
② 송풍에 있어 산소를 불어 넣는다.
③ 환원 반응과 용융 기능이 분리되어 안정적인 조업에 유리하다.
④ 고로 조업과 달리 소결 공정은 생략되어 있으나 코크스 제조 공정은 필요하다.

해설 코크스 공정이나 소결 공정 등의 예비처리 공정이 필요 없다.

4. 파이넥스 조업 설비 중 환원로에서의 반응이 아닌 것은?

① 부원료의 소성 반응 ② $C+\frac{1}{2}O_2 \rightarrow CO$
③ $Fe+H_2S \rightarrow FeS+H_2$ ④ $Fe_2O_3+3CO \rightarrow 2Fe+3CO_2$

정답 1. ③ 2. ③ 3. ④ 4. ②

제 6 장 제선환경 안전관리

1. 안전관리

1-1 보호구

(1) 보호구의 개요

① 근로자의 신체 일부 또는 전체에 착용해 외부의 유해 · 위험요인을 차단하거나 그 영향을 감소시켜 산업재해를 예방하거나 피해의 정도와 크기를 줄여주는 기구이다.

② 보호구만 착용하면 모든 신체적 장해를 막을 수 있다고 생각해서는 안 된다.

(2) 보호구 착용의 필요성

① 보호구는 재해예방을 위한 수단으로 최상의 방법이 아니다.

② 작업장 내 모든 유해 · 위험요인으로부터 근로자 보호가 불가능하거나 불충분한 경우가 존재하는데 이에 보호구를 지급하고 착용하도록 한다.

③ 보호구의 특성, 성능, 착용법을 잘 알고 착용해야 생명과 재산을 보호할 수 있다.

(3) 보호구의 구비조건

① 착용 시 작업이 용이할 것

② 유해 · 위험물에 대하여 방호성능이 충분할 것

③ 재료의 품질이 우수할 것

④ 구조 및 표면 가공성이 좋을 것

⑤ 외관이 미려할 것

(4) 보호구의 종류와 적용 작업

보호구의 종류	작업장 및 적용 작업
안전모	물체가 떨어지거나 날아올 위험 또는 근로자가 떨어질 위험이 있는 작업
안전화	떨어지거나 물체에 맞거나 물체에 끼이거나 감전, 정전기 대전 위험이 있는 작업
방진마스크	분진이 심하게 발생하는 선창 등의 하역작업
방진 또는 방독 마스크	허가 대상 유해물질을 제조하거나 사용하는 작업
호흡용 보호구	분진이 발생하는 작업
송기마스크	• 밀폐공간에서 위급한 근로자 구출 작업 • 탱크, 보일러, 반응탑 내부 등 통풍이 불충분한 장소에서의 용접 • 지하실이나 맨홀 내부, 그 밖에 통풍이 불충분한 장소에서 가스 공급 배관을 해체하거나 부착하는 작업 • 밀폐된 작업장의 산소농도 측정 업무 • 측정 장비와 환기장치 점검 업무 • 근로자의 송기마스크 등의 착용 지도 · 점검 업무 • 밀폐 공간 작업 전 관리감독자 등의 산소농도 측정 업무
안전대, 송기마스크	산소결핍증이나 유해가스로 근로자가 떨어질 위험이 있는 밀폐 공간 작업
방진마스크(특등급), 송기마스크, 전동식 호흡보호구, 고글형 보안경, 전신보호복, 보호장갑과 보호신발	석면 해체 · 제거 작업
귀마개, 귀덮개	소음, 강렬한 소음, 충격소음이 일어나는 작업
보안경	• 혈액이 뿜어 나오거나 흩뿌릴 가능성이 있는 작업 • 공기정화기 등의 청소와 개 · 보수 작업 • 물체가 흩날릴 위험이 있는 작업
보안면	불꽃이나 물체가 흩날릴 위험이 있는 용접작업

단원 예상문제

1. 안전 보호구의 용도가 옳게 짝지어진 것은?

① 두부에 대한 보호구－안전각반
② 얼굴에 대한 보호구－절연장갑
③ 추락방지를 위한 보호구－안전대
④ 손에 대한 보호구－보안면

2. 제선작업 중 산소가 결핍되어 있는 장소에서 사용할 수 있는 가장 적합한 마스크는?
① 송기마스크 ② 방진마스크 ③ 방독마스크 ④ 위생마스크

3. 보호구의 보관방법에 대한 설명으로 틀린 것은?
① 발열체가 주변에 없을 것
② 햇빛이 들지 않고 통풍이 잘되는 곳에 보관할 것
③ 땀 등으로 오염된 경우는 세탁하고 건조시킨 후 보관할 것
④ 부식성 액체, 유기용제, 기름, 산 등과 혼합하여 보관할 것

해설 보호구는 부식성 액체, 유기용제, 기름, 산 등과 분리하여 보관해야 한다.

4. 고로의 작업 안전 보호구가 아닌 것은?
① 안전복 ② 안전모 ③ 안전화 ④ 위생대

정답 1. ③ 2. ① 3. ④ 4. ④

1-2 산업재해

(1) 산업재해의 원인

① 인적 원인
(가) 심리적 원인: 무리, 과실, 숙련도 부족, 난폭, 흥분, 소홀, 고의 등
(나) 생리적 원인: 체력의 부작용, 신체결함, 질병, 음주, 수면부족, 피로 등
(다) 기타: 복장, 공동작업 등

② 물적 원인
(가) 건물(환경): 환기불량, 조명불량, 좁은 작업장, 통로불량 등
(나) 설비: 안전장치 결함, 고장난 기계, 불량한 공구, 부적당한 설비 등

③ 사고의 간접 원인
(가) 기술적 원인
㉠ 건물, 기계장치 설계불량
㉡ 구조, 재료의 부적합
㉢ 생산 공정의 부적당
㉣ 점검, 장비 보존 불량

(나) 교육적 원인
㉠ 안전의식의 부족
㉡ 안전수칙의 오해

ⓒ 경험, 훈련의 미숙
ⓓ 작업방법의 교육 불충분
ⓔ 유해 위험 작업의 교육 불충분

㈐ 작업관리적 원인
ⓐ 안전관리 조직 결함
ⓑ 안전수칙 미제정
ⓒ 작업준비 불충분
ⓓ 인원배치 부적당
ⓔ 작업지시 부적당

④ 재해 원인과 상호관계

㈎ 불안정 행동
ⓐ 인간의 작업행동의 결함(전체 재해의 54%)
ⓑ 무리한 행동(16%)
ⓒ 필요이상 급한 행동(15%)
ⓓ 위험한 자세, 위치, 동작(8%)
ⓔ 작업상태 미확인(6%)

㈏ 불안전 상태
ⓐ 기계설비의 결함(전체 재해의 46%)
ⓑ 보전불비(17%)
ⓒ 안전을 고려하지 않은 구조(15%)
ⓓ 안전커버가 없는 상태(6%)
ⓔ 통로, 작업장 협소(7%)

⑤ 재해의 경향

㈎ 재해가 가장 많은 계절: 여름(7～8월)
㈏ 재해가 가장 많은 요일: 토요일
㈐ 재해가 가장 많은 작업: 운반작업
㈑ 재해가 가장 많은 전동장치: 벨트

단원 예상문제

1. 산업재해의 원인 중 교육적 원인에 해당하는 것은?

① 구조재료가 적합하지 못하다.
② 생산방법이 적당하지 못하다..
③ 점검, 정비, 보존 등이 불량하다.
④ 안전지식이 부족하다.

2. 산업재해의 원인을 교육적, 기술적, 작업관리상의 원인으로 분류할 때 교육적 원인에 해당되는 것은?

① 작업준비가 충분하지 못할 때
② 생산방법이 적당하지 못할 때
③ 작업지시가 적당하지 못할 때
④ 안전수칙을 잘못 알고 있을 때

3. **재해발생의 원인을 관리적 원인과 기술적 원인으로 분류할 때 관리적 원인에 해당되지 않는 것은?**

① 노동의욕의 침체
② 안전기준의 불명확
③ 점검보존의 불충분
④ 안전관리조직의 결함

4. **재해의 원인을 불안정한 행동과 불안전한 상태로 구분할 때 불안전한 상태에 해당되는 것은?**

① 허가 없이 장치를 운전한다.
② 잘못된 작업위치를 취한다.
③ 개인 보호구를 사용하지 않는다.
④ 작업 장소가 밀집되어 있다.

정답 1. ④ 2. ④ 3. ③ 4. ④

1-3 산업 재해율

(1) 재해율

① 재해 발생의 빈도 및 손실의 정도를 나타내는 비율
② 재해 발생의 빈도: 연천인율, 도수율
③ 재해 발생에 의한 손실 정도: 강도율

(2) 재해 지표

① $\text{연천인율} = \dfrac{\text{재해건수}}{\text{평균근로자수(재적인원)}} \times 1000$

② $\text{도수율} = \dfrac{\text{재해건수}}{\text{연 근로 시간수}} \times 10^6$

③ 연천인율과 도수율과의 관계

$\text{연천인율} = \text{도수율} \times 2.4$

$\text{도수율} = \dfrac{\text{연천인율}}{24}$

④ $\text{강도율} = \dfrac{\text{근로손실일수}}{\text{연 근로 시간수}} \times 1000$

단원 예상문제

1. 각 사업장 간의 재해 상황을 비교하는 자료로 사용되는 천인율의 공식은?

① (재해자수/평균근로자수)×1,000 ② (평균글로자수/재해자수)×1,000
③ (재해자수/평균근로자수)×100 ④ (평균근로자수/재해자수)×100

정답 1. ①

1-4 기계 설비의 안전 작업

① 시동 전에 점검 및 안전한 상태를 확인한다.
② 작업복을 단정히 하고 안전모를 착용해야 한다.
③ 작업물이나 공구가 회전하는 경우는 장갑 착용을 금지한다.
④ 공구나 가공물의 탈부착 시에는 기계를 정지시켜야 한다.
⑤ 운전 중에 주유나 가공물 측정은 금지한다.

1-5 재해 예방

(1) 사고 예방

① 안전조직관리 → 사실의 발견(위험의 발견) → 분석 평가(원인 규명) → 시정 방법의 선정 → 시정책의 적용(목표 달성)
② 예방 효과: 근로자의 사기 진작, 생산성 향상, 비용 절감, 기업의 이윤 증대 등이 있다.

(2) 재해 예방의 원칙

원 칙	내 용
손실 우연의 원칙	재해에 의한 손실은 사고가 발생하는 대상의 조건에 따라 달라지며, 즉 우연이다.
원인 계기의 원칙	사고와 손실의 관계는 우연이지만 원인은 반드시 있다.
예방 가능의 원칙	사고의 원인을 제거하면 예방이 가능하다.
대책 선정의 원칙	재해를 예방하려면 대책이 있어야 한다. – 기술적 대책(안전기준 선정, 안전설계, 정비점검 등) – 교육적 대책(안전교육 및 훈련 실시) – 규제적 대책(신상 필벌의 사용: 상벌 규정을 엄격히 적용)

단원 예상문제

1. 사고예방의 5단계 순서로 옳은 것은?

① 조직 → 평가분석 → 사실의 발견 → 시정책의 적용 → 시정책의 선정
② 조직 → 평가분석 → 사실의 발견 → 시정책의 선정 → 시정책의 적용
③ 조직 → 사실의 발견 → 평가분석 → 시정책의 적용 → 시정책의 선정
④ 조직 → 사실의 발견 → 평가분석 → 시정책의 선정 → 시정책의 적용

정답 1. ④

1-6 산업 안전과 대책

(1) 안전표지와 색채 사용도

① 금지표지: 흰색바탕에 빨간색 원과 45°각도의 빗선
② 경고표지: 노란색 바탕에 검은색 삼각테
③ 지시표지: 파란색의 원형에 지시하는 내용은 흰색
④ 안내표지: 녹색바탕의 정방형, 내용은 흰색

안전 · 보건표지의 색채, 색도기준 및 용도

색 채	용도	정지신호, 소화설비 및 그 장소, 유해행위의 금지
빨간색	금지	화학물질 취급장소에서의 유해·위험 경고
노란색	경고	화학물질 취급장소에서의 유해·위험경고 이외의 위험경고, 주의표지 또는 기계방호물
파란색	경고	특정 행위의 지시 및 사실의 고지
녹색	지시	비상구 및 피난소, 사람 또는 차량의 통행표지
흰색	안내	파란색 또는 녹색에 대한 보조색
검은색		문자 및 빨간색 또는 노란색에 대한 보조색

(2) 가스관련 색채

가 스	색 채	가 스	색 채
산소	녹색	액화이산화탄소	파란색
액화암모니아	흰색	액화염소	갈색
아세틸렌	노란색	LPG	쥐색

(3) 화재 및 폭발 재해

① 화재의 분류

구 분	명 칭	내 용
A급	일반화재	– 연소 후 재가 남은 화재(일반 가연물) – 목재, 섬유류, 플라스틱 등
B급	유류화재	– 연소 후 재가 없는 화재 – 가연성 액체(가솔린, 석유 등) 및 기체(프로판 등)
C급	전기화재	– 전기 기구 및 기계에 의한 화재 – 변압기, 개폐기, 전기다리미 등
D급	금속화재	– 금속(마그네슘, 알루미늄 등)에 의한 화재 – 금속이 물과 접촉하면 열을 내며 분해되어 폭발하며, 소화시에는 모래나 질석 또는 팽창질석을 사용

② 화재의 3요소: 연료, 산소, 점화원(점화에너지)

단원 예상문제

1. 다음 중 냄새가 나지 않고 가장 가벼운 기체는?

① H_2S ② NH_3 ③ H_2 ④ SO_2

정답 1. ③

2. 환경관리

2-1 산업환경의 중요성

환경산업(環境産業, environmental industry)은 대기 · 수질 · 소음 · 진동 · 생태계 등에 대한 환경피해의 측정 · 예방 · 최소화 · 복구 등 환경보전활동에 필요한 시설, 재료 또는 서비스를 제공하는 산업이다. 넓은 의미로는 산업활동이나 국민의 일상생활에 수반되는 오염물질의 측정, 사전적 저감, 사후적 처리 등에 투입되는 모든 제품과 설비 · 서비스를 말한다.

2-2 산업환경의 분류

(1) 대기오염

자연 그대로 정상적인 대기가 폐가스와 매진 등의 공기오염물에 의해 오염되는 것을 말한다. 인간과 다른 동물의 생존에 지대한 영향을 끼친다. 산업의 급속한 성장에 따라 공장에서 발생하는 매연과 황산화물, 자동차의 배출가스 등에 의한 오염이 증가하여 이것에 대처하기 위한 법적 규제로서 「대기오염방지법」이 제정되어 있다. 일반적인 대기오염 물질로는 다음과 같은 물질들이 있다.

① 일산화탄소

㈎ 일산화탄소는 도로 운반 차량에 의해 주로 발생되는 오염물질이다.

㈏ 일산화탄소는 무색무취의 기체이다.

② 탄화수소

㈎ 탄화수소는 휘발유가 불완전연소일 경우에 발생한다.

㈏ 탄화수소는 스모그 형성의 원인이 된다.

③ 질소산화물

㈎ 자동차와 발전소에서 내뿜는 질소산화물이다.

㈏ 혼잡한 교통시간대에 여러 도시에서 발생하는 질소산화물의 수치는 매우 높다.

④ 오존

㈎ 오존은 질소산화물과 탄화수소가 햇빛에 반응할 때 생성되는 산소와 불안정한 동소체이다.

㈏ 오존은 주로 광화학 스모그에서 발견되는 기체이다.

⑤ 미립자

㈎ 미립자들은 아주 작은 알맹이의 고체 또는 액체 물질이다.

㈏ 그을음, 먼지, 연기 및 에어로졸의 미립자이다.

㈐ 미립자들은 제조업계나 자동차 및 가정에서 석탄을 태울 때 발생된다.

⑥ 연기

㈎ 연기 역시 오염물질로, 고체 알맹이로 구성되어 있다.

㈏ 굴뚝에서 나오는 연기이다.

⑦ 이산화황

㈎ 이산화황은 무색의 기체로 주로 발전소에서 배출된다.

(나) 공기 중에 물과 결합하여 산성비를 배출한다.

(2) 수질오염

① 정의: 인간 활동에 의하여 발생하는 오염물질이 지표수나 지하수에 유입하여 수질의 저하를 초래하고 수자원 이용이나 생태계를 파괴하는 현상을 말한다.

② 오염원의 종류

(가) 수질오염원은 오염물질의 배출지점을 확실히 식별할 수 있는 점오염원(point source)과 배출지점을 확실하게 식별할 수 없거나 확산되면서 오염을 일으키는 비점오염원(nonpoint or diffuse source)으로 구별된다.

(나) 점오염원은 생활오염원, 산업오폐수, 축산폐수 등이다. 비점오염원은 강수에 의한 유출로 넓은 면적에서 발생하는 특징을 지니고 있으며, 발생영역으로는 대기 및 강수, 산지, 농지, 도시권 등이다.

㉠ 코크스로 가스액

- 석탄에서 발생하는 페놀 등의 유지성분이다.
- 응집, 침전이나 활성탄 등에 의한 처리이다.

㉡ 유분이 포함된 폐수

- 압연공정에서 처리되는 폐수이다.
- 유분이 농후한 것은 비중 차이를 이용하여 물과 분리하고 소각한다.
- 분리된 물은 중화, 응집, 침전 등을 거쳐 처리한다.

㉢ 도금공장의 폐수

- 크롬 도금공장의 폐수는 6가 크롬을 함유하기 때문에 환원처리법을 활용한다.
- 환원제는 크롬 농도에 따라 아황산수소나트륨 또는 황산제일철 등을 이용한다.

③ 수질오염 측정지표

(가) BOD(Biochemical Oxygen Demand)

㉠ 수질오염의 측정에서 가장 많이 사용되고 있는 지표이다.

㉡ 수중의 유기물질(오염물질)을 미생물에 의해 호기성(好氣性, 산소를 계속 요구하는 성질) 상태에서 무해한 상태로 분해하여 안정시키는 데 요구되는 산소의 양을 의미한다.

㉢ 단위는 주로 ppm(mg/L)으로 표시하며 수질오염이 심할수록 BOD의 수치가 높아진다.

㉣ BOD 1mg/L 수준은 매우 깨끗한 상태로서 1급의 상수원수로 이용이 가능하

고 3mg/L까지는 연어가 살 수 있고, 5mg/L까지 농업용수로 사용이 가능하지만, 10mg/L이상이면 불쾌감을 주고 공업용수로도 사용이 불가능하다.

(나) COD(Chemical Oxygen Demand)

㉠ 수중의 유기물을 화학적으로 산화시킬 때 필요한 산화제의 양을 산소의 양으로 환산한 것이다.

㉡ BOD와 마찬가지로 폐수 내의 유기물을 간접적으로 측정하는 방법이다.

㉢ COD 측정에 주로 사용되는 산화제는 과망간산칼륨($KMnO_4$), 중크롬산칼륨(K_2Cr_2O) 등이다.

(3) 폐기물 대책

현행 폐기물관리법은 폐기물을 '사람의 소비활동이나 생산과정에서 필요하지 아니하게 된 물질'로서, '쓰레기 · 연소제 · 오니(찌꺼기) · 폐유 · 폐산 · 폐알칼리 · 동물의 사체 등'을 포함하는 것으로 정의하고 있다(폐기물관리법 제2조). 이러한 폐기물에 해당하는 물질의 경우, 그 처리의 최종적인 책임과 처리방법은 폐기물의 분류체계에 따라서 결정되는데, 현행 폐기물관리법은 폐기물을 그 발생원에 따라 생활폐기물과 사업장폐기물로 크게 구분하고 있다.

|제|선|기|능|사|

1. 제선기능사 실기 필답형 예상문제
2. 제선기능사 필기 기출문제
3. 제선기능사 필기 모의고사

1. 제선기능사 실기 필답형 예상문제

제선원료

1. 주원료

01 철광석이 갖추어야 할 필요조건을 쓰시오.

정답 ① 철분을 많이 함유할 것 ② 유해성분(S, Cu, P 등)이 적을 것
③ 입도가 적당할 것 ④ 피환원성이 좋을 것
⑤ 열화, 환원, 분화 등의 물리 성상이 양호할 것

02 고로에 장입하는 철광석의 형태를 쓰시오.

정답 소결광, 정립광

03 철광석의 종류 3가지를 쓰시오.

정답 적철광, 자철광, 갈철광, 능철광

04 고로 원료 중에서 피환원성이 가장 좋은 철광석은?

정답 적철광

05 소결광에서 fayalite가 피환원성에 미치는 나쁜 영향을 쓰시오.

정답 ① 기공률이 작을수록 나쁘다. ② 입도가 클수록 나쁘다.

06 정립광의 적정입도를 쓰시오.

정답 8～30mm

2. 부 · 잡원료

01 고로에 석회석을 장입하는 이유를 쓰시오.

정답 염기성 용해

02 용선의 대표적인 탈황제를 쓰시오.

정답 생석회, 석회석, 칼슘, 카바이드

03 용선 중에 황(S) 성분이 많으면 제강 전에 탈황해야 한다. 다음 물음에 답하시오.

(1) 대표적인 탈황제 3가지를 쓰시오.

정답 생석회(CaO), 칼슘카바이드(CaC_2), 탄산나트륨(Na_2CO_3)

(2) 탈황률을 높이기 위한 용선의 교반방법 3가지를 쓰시오.

정답 MR법, 분체취입법, TCS법

04 배합 변경 시 코크스비를 변형할 때 가장 영향이 큰 것은 무엇인가?

정답 용광로 더스트 배합비

05 제철소 내 부산물 중에서 소결원료로 사용하는 것 2가지를 쓰시오.

정답 ① 밀 스케일 ② 산화철 ③ 철분진

제선원료 처리

1. 제선원료의 예비처리

01 철광석을 선광할 때 가장 많이 사용하는 방법을 쓰시오.

정답 자력선광법

02 제선원료의 괴상법 2가지를 쓰시오.

정답 ① 소결 ② 펠레타이징

2. 제선원료 처리 설비

01 야드에 원료를 적치하는 것을 무엇이라 하는가?

정답 스태커(stacker), 저장 벙커(bunker)

02 제선원료를 들여와서 야적하는 설비의 명칭을 쓰시오.

정답 스태커(stacker)

03 벨트컨베이어의 연결방법을 쓰시오.

정답 ① 트리퍼(tripper)에 의한 방법 ② 슈트(shute)에 의한 방법
③ 피더컨베이어(feeder conveyor)에 의한 방법

04 제선원료를 야적장에서 컨베이어에 실어주는 장치는 무엇인가?

정답 리클레이머(reclaimer), 트리퍼(tripper)

05 배에 있는 원료를 야드로 이송시키는 설비의 명칭을 쓰시오.

정답 ① 벨트컨베이어(belt conveyor) ② 언로더(unloader)
③ 트레인 호퍼(train hopper)

06 벨트컨베이어가 심하게 사행을 할 때 가장 먼저 취해야 할 조치사항을 쓰시오.

정답 벨트의 장력 조정

07 벨트컨베이어가 심하게 사행을 할 경우 조치사항을 쓰시오.

정답 ① 벨트의 간격을 조정 ② 풀리의 take-up을 조정
③ 자동조정 return 롤러의 기능 확인 ④ 광석이 편기되어 수송되는가 확인

08 벨트컨베이어의 편기 및 사행을 방지하기 위하여 설치된 롤러는 무엇인가?

정답 자동조심 롤러

09 벨트컨베이어 tail부의 벨트가 벨트 진행방향의 우측으로 사행할 경우 풀리는 것은 어느 쪽으로 당겨야 하는가?

정답 오른쪽으로 당긴다.

10 점검자가 벨트컨베이어 방향의 좌측 통로를 통해 가면서 점검 중 자기 몸쪽으로 벨트가 사행하는 것을 발견하였다. 이때 캐리어 롤러를 어느 쪽으로 밀어야 하는가?

정답 왼쪽 방향 또는 진행방향 쪽으로 밀어 준다.

11 벨트컨베이어 각종 롤러의 주요 점검 체크리스트를 쓰시오.

정답 ① 회전, 마모 주유 상태 ② 이음발생 상태
③ 회전불가능 개소 파악 ④ 균열이나 파손 상태
⑤ rubber 라이닝 상태 ⑥ 축수 부위 상태
⑦ 표면에 이물부착 상태 ⑧ 자동조정 롤러의 조심 상태

12 **벨트컨베이어의 주요 점검 체크리스트를 쓰시오.**

정답 ① 기계의 점검: 감속기의 유량, 전동기 체인의 이완, 베어링의 섬검, 롤러의 점검
② 벨트컨베이어의 점검: 벨트의 점검, 기름에 의한 주의, 벨트의 길들임, 변곡부의 길들임

13 **screen의 점검사항을 쓰시오.**

정답 ① 모터의 급유상태 및 발열이음 상태 ② exeliter의 급유, 발열이음 상태
③ gardant shaft의 급유 상태 ④ screen plate의 마모 상태
⑤ screen plate의 bolting 상태 ⑥ 스프링의 균열, 탈락 상태
⑦ screen 사목 막힘 상태

소결

1. 소결원료

01 **소결작업의 순서를 쓰시오.**

정답 원료의 장입 → 점화 → 소결(괴성화) → 파쇄 → 냉각 → 배광

02 **소결광이 천연광석보다 피환원성이 우수한 이유를 쓰시오.**

정답 ① 기공률이 크다. ② 산화도를 높게 한다.
③ 입도를 작게 한다.

03 **소결용 철광석의 구비조건을 쓰시오.**

정답 ① 철의 함유량이 높아야 한다. ② 부착수분, 결합수분이 적어야 한다.
③ 맥석이 용융되기 쉬운 성분이어야 한다.
④ 피환원성이 좋아야 한다. ⑤ 열강도가 좋아야 한다.

04 **소결광의 원료를 쓰시오.**

정답 ① 주원료: 적철광, 자철광, 갈철광, 능철광 등 분철광석
② 부원료: 석회석, 생석회, 규사, 사문암, 백운석, Mn광
③ 잡원료: 고로분진, 밀 스케일, 자선분광과 전로 슬래그, 미니펠릿
④ 반광: 자체반광, 고로반광

05 **소결광을 생산하는 원료탄을 쓰시오.**

정답 분코크스, 분탄

06 **소결광의 적정입도를 쓰시오.**

정답 5~50mm

07 **소결배합원료 중 분코크스의 평균입도를 쓰시오.**

정답 5mm 이상

08 **소결성이 좋은 원료란 무엇인가?**

정답 ① 생산성이 높은 원료
② 강도가 높고 분율이 낮은 소결광을 제조할 수 있는 원료
③ 적은 연료로 소결할 수 있는 원료

09 **제선원료에서 SOR(sinter ore ratio)이란 무엇인가?**

정답 소결광비: 고로에서 사용되는 주원료 중 소결광이 차지하는 비율
소결광비(%)

10 **소결광의 고로원료로서 적당한 조건을 쓰시오.**

정답 ① 생산성이 높은 원료 ② 분율이 낮은 소결광 제조
③ 강도가 높은 소결광을 제조 ④ 적은 원료로서 소결광 제조

11 **소결공정에서 CFW(constant feed weighter)의 역할을 쓰시오.**

정답 정량절출장치

12 **원료를 연속적으로 일정량씩 절출이 가능하도록 한 장치의 명칭을 쓰시오.**

정답 정량절출장치(CFW)

13 **정량절출기(constant feed weigher)는 무엇에 의해서 절출량을 제어하는가?**

정답 belt 속도

14 **원료에 수분함량을 측정하는 기기의 명칭을 쓰시오.**

정답 중성자 수분계, 건조법, 손으로 뭉쳐보는 방법

2. 소결설비

01 배합설비 중 믹서의 역할을 3가지 쓰시오.

정답 혼합, 조립, 수분 첨가

02 DL식 소결기의 장점 및 단점을 쓰시오.

정답 (1) 장점
① 연속식이기 때문에 대량생산에 적합하다.
② 고로의 자동화가 가능하다
③ 인건비가 싸다.
④ 방진장치 설치가 용이하다.
(2) 단점
① 배기장치 누풍이 많다.
② 기계부분 손상마모가 크다.
③ 1개소의 기계고장으로 전부가 정지한다.
④ 소결 불량 시 재점화가 불가능하다.
⑤ 전력비가 많이 든다.

03 점화로 내 부압을 올리고자 할 때는 무엇을 조정해 주어야 하는가?

정답 ① 가스와 공기량을 올린다.
② 점화로 하부 댐퍼를 닫는다.

04 소결과정 중 점화로 부압이 너무 낮았다. 이때의 조치사항을 쓰시오.

정답 층후를 올리고 압장입을 하고 코크스비를 올리며 펠릿 속도를 빠르게 한다.

05 소결과정 중 점화로 부압이 너무 높았다. 이때의 조치사항을 쓰시오.

정답 층후를 내리고 수분을 약간 더 첨가하여 펠릿 속도를 느리게 한다.

06 소결설비 중 배기장치의 누풍량이 많다. 누풍을 방지하기 위한 방법을 쓰시오.

정답 ① 소결기 급배광부의 dead plate
② pallet seal bar
③ 2중 damper
④ wind box packing

07 소결기 벨트에 그레이트 바(grate bar)의 기능을 쓰시오.

정답 ① 적열소결광의 용융부착 방지 ② 세립원료가 새어나가는 것을 방지

08 소결기의 펠릿간의 간격을 조정하는 장치를 쓰시오.

정답 전장조정장치

09 열간 파쇄기에 이물질이 끼어드는 것을 방지하기 위한 안전장치의 종류를 쓰시오.

정답 ① shear pin ② plunging switch
③ speed monitor ④ coil spring

10 열간 파쇄기의 감속기를 보호하기 위하여 설치되어 있는 장치 명칭을 쓰시오.

정답 ① shear pin ② 유체 커플링 ③ 메커니컬 리밋 스위치

11 반광이 발생된 스크린 2개소의 명칭을 쓰시오.

정답 열간 스크린, 3차 스크린

12 소결조업에서의 표준작업이 필요한 이유를 쓰시오.

정답 ① 균일한 품질유지 ② 비용절감 ③ 안전사고 방지

13 소결조업에서 냉간 반광 발생량이 증가하고 있다. 확인해야 할 곳은 어느 곳인가?

정답 코크스비, 열간 스크린, 3차 스크린

14 성품 회수율을 향상시킬 수 있는 조업방법으로 설비상의 보완점을 쓰시오.

정답 ① 반광 발생량을 억제시키는 action (고층후 조업) ② 스크린 회수율 향상

15 50mm 이상의 입도관리를 3% 이하로 하고 있으나 실적에 의하면 그 이상으로 나타나고 있다. 목표치 이하로 유지하기 위해 어떤 설비를 점검해야 하는가?

정답 ① 1차 크러셔 간격 조정(cold crusher) ② 냉간(cold screen) 마모상태

16 소결공장의 전기집진장치의 장점을 쓰시오.

정답 ① 동력비가 적게 든다. ② 보수 유지비가 저렴하다.
③ 집진효율이 높다. ④ 입력손실이 적다.

17 더스트 배출장치에 2중 댐퍼를 설치하는 목적을 쓰시오.

정답 누풍 방지

3. 소결 이론

01 반광의 역할 중 가장 비중이 큰 것을 쓰시오.

정답 소결원료의 통기성 향상, 생산성 및 품질향상

02 소결 작업 시 반광 발생이 많으며 소결이 잘 안 될 때 배출가스의 색깔을 쓰시오.

정답 적색

03 배광부를 관찰하던 중 그레이트 바가 탈락되는 것을 발견하였다. 이때 조치사항을 쓰시오.

정답 ① 운전실 통보
② 소결기 정지
③ lock pin 해지
④ grate bar 정렬 후 부족분 보충
⑤ lock pin 체결
⑥ 공대차 복포 작업
⑦ 소결기 운전 시작

04 소결기 배광부 관찰 결과 적열소결광이 그레이트 바에 다량 부착되어 있다. 원인을 쓰시오.

정답 ① 코크스입도가 크다.
② 코크스비율이 높다.
③ 상부광 층후가 낮다.

05 소결 상부광 입도가 점점 굵어지고 있다. 어디를 점검해야 하는가?

정답 그레이트 바

06 소결배합원료 중 분코크스의 입도가 굵으면 조업상 발생하는 현상을 쓰시오.

정답 ① 그레이트 바에 광석이 융착
② 적열층이 두껍고 풍상 온도 상승

07 소결광이 그레이트 바에 심하게 부착될 경우 action 항목을 쓰시오.

정답 ① 코크스 입도 조정
② 상부광 장입상태 확인
③ C.R 확인
④ C.F.W 절출상태 확인

08 **소결조업 중 통기도를 증가시키기 위한 방법을 쓰시오.**

정답 ① 반광 배합비를 조절한다.
② 배합원료의 장입을 수직편석시킨다.
③ 그레이트 바 막힘을 청소한다.
④ 층후를 고정시킨 상태에서 장입량을 줄인다.
⑤ drum feeder gate를 낮추어 회전을 빠르게 한다.
⑥ 의사입자의 형성을 강화한다.
⑦ 생석회 사용비를 높인다.
⑧ 공극률을 커지게 한다.

09 **소결원료의 통기도를 좌우하는 요인을 쓰시오.**

정답 ① 신원료의 입도
② 반광배합률
③ 수분함량 및 조립상태
④ 배합원료의 장입방법(편석 및 장입밀도)
⑤ 그레이트 바 및 상부광 상태

10 **소결조업 중 소결기에서의 소결광 배광 상태 관찰방법을 쓰시오.**

정답 ① 적열부 비율(약 30%)의 적정
② 적열부의 형상 및 미소결 부분의 상태
③ 펠릿에서의 소결광 박리 상태
④ 배광부 낙하시의 형태
⑤ 펠릿의 그레이트 바 상태

11 **소결기에 상부광을 깔아주는 이유를 쓰시오.**

정답 ① 그레이트 바의 막힘 방지
② 적열 또는 용융부착 방지
③ 배광부에서 소결광과의 분리가 용이하다는 점
④ 그레이트 바 사이로 세립원료가 새어나감을 방지
⑤ 그레이트 바의 적열을 방지하여 수명을 연장

12 **소결기 벨트에 그레이트 바의 기능을 쓰시오.**

정답 ① 적열소결광의 용융부착 방지
② 세립원료가 새어나가는 것을 방지

13 **그레이트 바가 갖추어야 할 성질을 쓰시오.**

정답 ① 고온에서 강도가 높을 것
② 고온에서 내산화성이 클 것
③ 가열냉각해도 변형균열이 일어나지 않을 것

14 **소결 조업을 수동으로 할 경우에 주의해야 할 사항을 2가지 이상 쓰시오.**

정답 ① 소결 상황에 원료질출 및 펠릿 속도 조정
② 석회석, 코크스, 반광 등의 절출량을 수동조절에 따른 성분변동
③ surge hopper level 감시
④ 배합원료 수분
⑤ 드럼 피더 게이트에 괴광 혼입상태

15 **소결광의 소결 정도를 결정하는 원료의 조건 2가지를 쓰시오.**

정답 ① 분코크스 배합량 ② 원료층의 두께 ③ 장입밀도 ④ 원료이송속도

16 **소결원료입도가 미세하여 생산성이 저하될 경우 생산성을 향상시킬 수 있는 조업법을 쓰시오.**

정답 ① 층후조정 ② 수분조절 ③ 장지시간 단축 ④ 사하분 사용량 증가 ⑤ 장입조정
⑥ 반광조정 ⑦ 상부광 층후조정 ⑧ 소결성 및 입도조정

17 **배광부에서 배출한 소결광의 온도를 저하시키기 위해 종전에는 물을 직접 뿌려서 냉각을 실시할 때 소결광 및 소결조업에 미치는 나쁜 영향을 쓰시오.**

정답 ① 급랭에 의한 소결광의 분화
② 자용성 소결(석회소결)에서는 CaO가 물로 인하여 $Ca(OH)_2$화
③ 성품 중 5mm 이하의 반광 중에 다량의 수분 부착
④ 수증기와 dust 비산에 의한 작업환경 악화

18 **통상 조업상황의 관찰 및 조업 액션을 취하기 위하여 배광부 상태를 관찰하는데 원료 조건이 동일하다는 전제하에 중점적으로 체크해야 할 사항을 쓰시오.**

정답 ① 원료의 장입 상태
② 배합원료의 입도 상태
③ 적정 코크스 사용 여부
④ 수분 변동 상태

19 **소결조업에서 수분은 어떠한 역할을 하는가?**

정답 ① 미분원료의 응집에 의한 통기성 향상
② 소결층 내의 온도 구배를 개선하여 열효율 증가
③ 소결층의 dust 흡입 비산 방지

20 **배합원료의 배합 계산치와 실조업시의 실적치의 오차 발생 원인을 쓰시오.**

정답 ① 소결 반응시의 변화
② 수송 중 낙광 등에 의한 손상
③ 연소(ignition) 손실
④ 원료 야드 내에서의 품질변화

21 **소결광 제조 시 배합원료에 대한 편석 장입의 효과를 쓰시오.**

정답 착화와 통기성이 향상되고 그레이트 바를 보호하며 회수율이 향상된다.

22 **펠릿의 사행을 방지하는 조업방법을 쓰시오.**

정답 ① 원료성분 입도를 폭 방향으로 균일하게 한다.
② 층후를 폭 방향으로 균일하게 한다.
③ 바람 등의 영향을 받지 않도록 한다.

23 **펠릿의 사행(편기) 방지에 대하여 설명하시오.**

정답 (1) 설비적 대책
① 소결기 구동 sprocket에서 펠릿을 정규위치로 밀어주도록 한다.
② 펠릿과 펠릿 무게에 단차가 생기지 않도록 바르게 세팅한다.
③ 좌우 레일의 레벨을 최소화한다.
(2) 조업상 대책
① 원료성분 입도를 폭 방향으로 균일하게 한다.
② 층후를 폭 방향으로 균일하게 한다.
③ 바람 등의 영향을 받지 않도록 한다.

24 **소결급광 설비 중 여러 가지의 편석을 예방하거나 장려를 한다. 편석방지를 하는 이유와 장려 시의 소결상황에 미치는 영향을 쓰시오.**

정답 ① 방지하는 이유: 성품의 회수율 향상, 생산속도 향상 및 품질 향상
② 장려시의 영향: 소결성 향상, 통기성 향상으로 생산성 향상, 착화 용이, 회수율 증가

25 **소결광 제조 시 배합원료를 소결기에 장입할 때 바람직한 편석은 무엇인가?**

정답 수직편석

26 **소결광 제조 시 배합원료를 소결기에 장입할 때 바람직하지 못한 편석은?**

정답 수평편석(폭 방향 편석)

27 **원료장입 시 편석을 방지하거나 장려하는 경우는 어떠한 편석인가?**

정답 수평편석을 방지하고 수직편석을 장려한다.

28 드럼 믹서의 일상 점검 시 주요점검 체크리스트를 쓰시오.

정답 ① 감속기의 오일 레벨, 이음, 누유 상태 ② water line의 계기 및 스프레이 상태
③ 모터의 온도, 급유, 이음 상태 ④ 커플링 상태
⑤ 배합원료의 수분입도 상태 ⑥ 급배광 슈트, 롤 상태

29 소결공장의 제반기기 중에 집중 급유장치를 설치하는 곳을 쓰시오.

정답 ① 드럼 믹서 ② 소결기 구동부
③ 2차 크러셔 ④ 쿨러
⑤ 헛 크러셔 ⑥ 드럼 피더

4. 소결반응

01 소결조업의 고온에서 용융 중인 맥석이 용재(slag)로 되어 고체상태의 철광석을 결합시키는 것을 무엇이라고 하는가?

정답 용융결합

02 소결광의 결합반응은 비교적 저온에서 행해지는 경우와 고온에서 결합하는 경우가 있다. 이 결합을 무슨 결합이라 하는가?

정답 ① 저온에서 결합: 확산결합 ② 고온에서 결합: 용융결합

03 소결층 내의 변화를 5가지로 구분해서 쓰시오.

정답 습윤대, 건조대, 분해대, 소결대, 냉각대

5. 소결조업

01 점화로 버너의 화염을 조정하여 주는 것은 무엇인가?

정답 버너의 분산판 각도

02 펠릿 위의 소결광 표면이 취약할 때와 용융상태일 때의 점화온도를 쓰시오.

정답 ① 표면착화가 취약할 때: 점화로 온도가 낮음
② 표면상태가 용융일 때: 점화로 온도가 높음

03 소결광 감산조업을 실시하려고 한다. 취할 수 있는 조치사항을 쓰시오.

정답 ① 층후를 높인다. ② 주배풍기 댐퍼를 닫는다. ③ 배합원료의 압장입 실시

04 **소결대의 폭이 두꺼워 소결진행속도가 원만하지 못할 경우 FFS를 향상시킬 수 있는 방법을 쓰시오.**

정답 ① 코크스 입도를 조정한다. ② 코크스비를 조정한다.
③ 반광 배합비를 조정한다. ④ 배합원료의 장입을 느슨하게 한다.
⑤ 층후를 조정한다.

05 **소결조업 중 main blower(주배풍기)에 유온이 너무 낮아 이상경보가 울렸다. 이때의 조치사항을 쓰시오.**

정답 ① 오일을 가열(oil heater S/W ON) ② 오일쿨러를 by-pass

06 **주배풍기의 임펠러가 급격히 마모되었을 때는 무엇이 나빠지겠는가?**

정답 주배풍기 팬의 진동 불량

07 **소결조업 중 갑자기 주배풍기 2기 중 1기가 정지되었다. 어떤 조치를 하여야 하는가?**

정답 정지기기의 댐퍼를 닫고, 소결기 속도를 다운시켜서 조업

08 **소결 점화로용 연료로 가장 많이 사용되는 가스를 쓰시오.**

정답 BFG, COG, 혼합가스(BFG+COG)

09 **소결 점화로에 점화하기 전 공기 blower를 가동시켜 노내 퍼지를 실시한다. 퍼지 실시 시간과 이유를 쓰시오.**

정답 ① 퍼지시간: 3~5분
② 이유: 공기로 가스를 방출시켜 점화로 내 가스 폭발 방지

6. 소결광의 품질관리

01 **소결광 낙하강도(SI) 시험순서를 설명하시오.**

정답 ① 10mm 이상 건조 소결광 20kg을 시료상자에 장입
② 2m에서 시료상자를 4회 자연낙하
③ 입도가 +10mm 이상의 중량을 평량하여 그 비율을 낙하강도 지수로 표시

02 **소결광의 환원분화지수(RDI)란 무엇인가?**

정답 소결광이 고로 내 샤프트 상부의 400~700℃의 저온구역에서 CO가스와 접촉해서 환원 시 분화되는 정도를 나타내는 지수

03 RDI가 목표치 40 이상으로 나타났기 때문에 목표치 이하로 관리할 경우 어떤 성분을 올리는 것이 가장 좋은가?

정답 FeO양을 올린다.

04 소결성품 회수율을 향상시킬 수 있는 조업방법과 설비상의 보완점을 쓰시오.

정답 ① 조업방법: 반광 발생량을 억제시키는 액션(고층후 조업)
② 설비상의 보완점: 성품 스크린을 통하여 성품 소결광 생산

05 고로조업에서 연소를 촉진하고 생산성 향상 및 품질에 영향을 주는 가장 큰 요인이 무엇인가?

정답 통기성

06 NOx 발생 방지 대책을 쓰시오.

정답 ① 저질소 연료 사용(COG의 탈 질소)
② 연소용 공기의 산소농도 저하(과잉공기 억제)
③ 프레임 온도 저하(돔 온도 1400℃ 이하 유지)
④ 연소가스 체류시간 단축

07 NOx 발생 시 크랙 방지 대책을 쓰시오.

정답 ① 용접작업시의 잔존응력을 풀림으로 제거
② 내부응력 부식 크랙강의 채용
③ NOx의 결로 방지를 위한 보온 커버링
④ NOx 접촉 방지를 위한 철피 내부 내산성 페인팅 및 캐스터블 시공

08 철광석 중 CaO가 함유되어 있는 광석의 명칭을 쓰시오.

정답 자용성 소결광(self fluxing pore)

09 자용성 소결광의 장점을 쓰시오.

정답 통기성 양호, 코크스 연소성 개선, bed 내의 의사입자 분괴량 감소
코크스비 저하, 장입물의 피환원성, 송풍량 저하, 생산원가 절감

7. 펠레타이징(pelletizing)

01 펠레타이징 소결법에서 미분광의 점결제로 사용되는 원료 명칭을 쓰시오.

정답 0.5%의 벤토나이트

02 펠레타이징 소결법에서 원료를 구형으로 소성시켜주는 설비의 명칭 2가지를 쓰시오.

정답 ① 회전로(로터리로) ② 샤프트로

03 펠레타이징법에서 분쇄에 사용되는 설비의 명칭을 쓰시오.

정답 볼밀(ball mill)

04 소결조업 중 배광상태를 관찰한 결과 소결광 적열부의 비율이 10% 정도이었다. 이때의 action 방법을 쓰시오.

정답 펠릿의 스피드를 올린다.

05 소결기 상에서 소성 시 소결진행속도가 원만히 이루어지기 위한 조건을 쓰시오.

정답 ① 통기성이 좋아야 한다.
② 반광을 핵으로 화학적인 반응이 잘 진행되어야 한다.
③ 점화 이전 부압과 점화 이후의 부압이 동일해야 한다.

코크스 제조

1. 코크스 원료 및 장입

01 코크스를 제조하는 원료탄을 쓰시오.

정답 강점결탄, 역청탄

02 코크스에서 함량이 가장 많은 성분은 무엇인가?

정답 고정탄소

03 코크스 조업에서 분코크스에 점결제를 혼합해서 만들어 괴상화한 것을 무엇이라 하는가?

정답 강점결탄

04 코크스가 노내에서의 기능을 쓰시오.

정답 ① 고로 내의 통기를 잘하기 위한 스페이서로서의 역할
② 환원제로서의 역할
③ 연소에 따른 열원으로서의 역할
④ 선철, 슬래그에 열을 주는 열교환 매체로서의 역할

05 소결 연료로 사용되는 분코크스가 요구되는 성질을 쓰시오.

정답 ① 고정탄소가 높을 것
② 휘발분이 적을 것
③ 유황성분이 적을 것
④ 최고도달온도가 높고, 그 온도 지속시간이 길 것

06 코크스가 갖추어야 할 성질을 쓰시오.

정답 ① 견고하여 운반 취급 중이나 고로 안에서 분쇄되지 않을 것
② 입도가 적당할 것
③ 다공질로 표면적이 클 것
④ 수분, 회분이 적고 고정탄소가 많을 것
⑤ 인, 황 등의 유해성분이 적을 것

07 제조된 코크스의 품질을 알기 위한 시험법 5가지를 쓰시오.

정답 ① 냉간강도(DI1590) ② 열간강도(CSR) ③ 반응률(CRR) ④ 평균입도(MS)
⑤ 수분

08 코크스 조업에서 코크스가 이산화탄소(CO_2)와 반응하여 형성되는 강도를 무엇이라 하는가?

정답 열간강도

09 고로에 장입하는 연료 중 코크스의 입도를 쓰시오.

정답 25~75mm

2. 코크스 제조 설비

01 코크스로를 구성하는 주요실 3개의 명칭을 쓰시오.

정답 ① 연소실 ② 탄화실 ③ 축열실

02 코크스로의 탄화실의 기능을 쓰시오.

정답 석탄을 건류하여 코크스화

03 코크스로 탄화실 온도를 측정하는 기기의 명칭을 쓰시오.

정답 파이로미터(pyrometer): 적외선 온도계

04 **축열실과 예열실이 분리된 열풍로의 형식을 쓰시오.**

정답 외연식[코퍼스식(koppers type)]

05 **예열실과 축열실이 하나의 돔 내에 위치한 열풍로의 형식과 특징을 쓰시오.**

정답 (1) 내연(cowper)식
(2) 내연식 열풍로의 특징
① 열풍로 하나의 내부에 벽을 사이에 두고 연소실과 축열실이 중앙벽을 사이로 좌, 우 분리되어 있다.
② 장점: 외연식에 비해 건설비가 저렴하고, 열효율이 좋다.
③ 단점: 고온송풍을 할 경우 연소실과 축열실의 온도차로 인해 격벽이 갈라진다.
④ 열풍온도: 약 1000℃

06 **코크스로에서 배출된 적열탄을 운반하는 곳은 어디인가?**

정답 소화탑

07 **코크스로 coal tower에서 탄을 받아 탄화실로 이동시켜 장입하는 설비의 명칭을 쓰시오.**

정답 장입차

08 **코크스로에 장입되는 원료탄 대비 타르의 회수율이 어느 정도(%)인가?**

정답 3~4%

09 **코크스로에서 장입차의 기능을 쓰시오.**

정답 charging car라고 하며, 배합된 석탄을 코크스 오븐의 탄화실에 장입하는 설비

10 **코크스로 내부 구조 중 원료탄이 장입되는 곳의 명칭을 쓰시오.**

정답 탄화실

11 **코크스 오븐 도어에서 가스 유출을 방지해주는 장치의 명칭을 쓰시오.**

정답 가스유량제어장치

12 **코크스로에서 건류된 코크스를 질소가스를 이용하여 열을 식히는 방식을 무엇이라 하는가?**

정답 건식소화법(CDQ)

3. 코크스로 작업

01 **코크스로에서 소화탑의 기능을 쓰시오.**

정답 ① 이송된 적열 코크스를 소화탑에서 소화, 냉각시키는 설비
② 습식 소화설비: CSQ, CWQ, 건식 소화설비: CDQ

02 **소결광의 원시료에 대한 가산백분율로 나타내는 강도를 무엇이라 하는지 2가지를 쓰시오.**

정답 ① 회절 강도 ② 마크로 강도
③ 드럼 강도 ④ 텀블 강도

03 **코크스 제조 시 점결성이 약하게 되었다. 어떠한 조치를 해야 하는가?**

정답 ① 강점결탄 비율 증가
② 역청탄(석탄)을 보충하고 연화팽창 촉진

4. COG정제 및 부산물의 회수

01 **코크스 제조 공정의 부산물의 종류를 쓰시오.**

정답 COG, 조경유, 타르

02 **COG가 의미하는 것은?**

정답 코크스로에서 발생하는 가스

03 **BFG가 의미하는 것은?**

정답 고로에서 발생하는 가스

04 **노정의 온도가 상승하는 이유를 쓰시오.**

정답 ① 가스 상승이 불균일할 때
② 광석량이 적을 때

05 **장입물 운전에 1차 균압과 2차 균압 시 각각 사용되는 가스는 무엇이며, 장입 차이에서 균압이 필요한 곳은 어디인가?**

정답 ① 1차 균압: 반청정가스(BFG), 2차 균압: N_2
② 균압이 필요한 곳: 소 bell실

고로 제선 설비

1. 고로 설비

01 **고로(BF)의 용량(능력)은 어떻게 나타내는가?**

정답 1m³당 1일 출선량(T/D/m³)

02 **고로 유효 내용적을 설명하시오.**

정답 장입기준선에서 풍구까지의 내용적

03 **고로(BF)의 형식을 쓰시오.**

정답 철피식, 철대식, 철골철피식, 자립식

04 **고로수명을 지배하는 요인을 쓰시오.**

정답 ① 노체를 구성하는 내화재료의 품질과 축로 기술
② 노의 설계 및 구성
③ 원료 사정과 노의 조업 상태

05 **다음 그림은 노체 각부를 나타낸 것이다. 각부의 명칭을 쓰시오.**

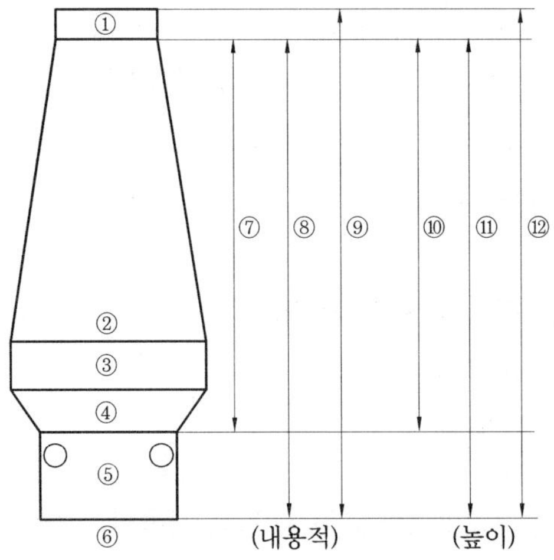

정답 ① 노구(throat) ② 노흉(shaft) ③ 노복(belly) ④ 보시(bosh) ⑤ 노상(hearth) ⑥ 노저(bottom) ⑦ 유효내용적 ⑧ 내용적 ⑨ 전내용적 ⑩ 실효높이 ⑪ 유효높이 ⑫ 전체높이

06 **고로 내 가스 흐름을 파악하는 것은 노황의 안정유지 및 노벽침식 관리를 위해 매우 중요하다. 이중 skin flow를 검지하게 되는 것은 어느 부위의 온도인가?**

정답 노구(throat)

07 **고로의 노구 지름이 너무 클 경우 발생하는 현상을 쓰시오.**

정답 장입물의 불균일 분포

08 **샤프트 존데(shaft sonde)의 기능을 쓰시오.**

정답 샤프트 반경 방향의 온도, 압력, 가스성분 조성의 분포를 측정하는 장치(샤프트부에 1개 설치되어 있음)

09 **샤프트 온도계는 어디에 설치되어 있으며 용도를 쓰시오.**

정답 샤프트 하부와 벨리(belly) 상부에 노고 및 원주방향으로 설치되어 있으며, 열부하 분포를 측정한다.

10 **고로에서 가장 온도가 높고 냉각관으로 냉각시켜야 할 부분은 어느 곳인가?**

정답 보시(bosh)의 연소대

11 **고로에서 샤프트각의 범위를 쓰시오.**

정답 80~87°

12 **고로에서 노복의 지름을 정하는 기준을 쓰시오.**

정답 보시의 각도와 높이

13 **고로설비에서 지름이 가장 큰 부분을 무엇이라 하는가?**

정답 노복(belly)

14 **보시각이 주어지는 이유를 쓰시오.**

정답 장입물의 용적 축소의 강하속도 감소(통기저항 감소)

15 **고로에서 보시각의 범위를 쓰시오.**

정답 70~84°

16 고로 노체 부분 중 연와침식이 가장 심한 부분의 명칭을 쓰시오.

정답 보시(조안)

2. 고로 노체 및 구조

01 각종 팬의 촉수냉각방식을 쓰시오

정답 공랭식, 수랭식, 유랭식

02 cooler의 냉각방식 3가지를 쓰시오.

정답 공랭식, 강제수랭식, 간접수랭식

03 수처리 설비에서 이온교환수지는 무엇과 반응하여 재생되는가?

정답 물

3. 풍구 및 부대설비

01 노내 온도를 관찰하는 곳은 어느 곳인가?

정답 풍구(tuyere)

02 풍구의 기능을 쓰시오.

정답 열원인 열풍을 공급하는 설비, 노내 상황 관찰도 할 수 있다.

03 고로 노체 온도계의 명칭 2가지를 쓰시오.

정답 샤프트온도계, 노정온도계, 노구온도계, 노저온도계, 스킨플로(skin flow)온도계

4. 노내 연와부

01 노상에서 탄소연와를 사용하는 이유를 쓰시오.

정답 고온에서 견디고 열전도율이 양호하기 때문이다.

02 **고로용 내화물의 구비조건을 쓰시오.**

정답 ① 고온에서 용융, 연화, 휘발하지 않을 것
② 고온, 고압하에서 상당한 강도를 가질 것
③ 열충격이나 마모에 강할 것
④ 용선, 슬래그, 가스에 대하여 화학적으로 안정할 것
⑤ 적당한 열전도도를 가지고 냉각효과가 있을 것

03 **노내 연적과 손상이 발생하였다. 그 원인과 대책을 쓰시오.**

정답 (1) 원인
① 장기간 사용
② 연와 재질 및 구조, 공사불량
③ 열풍변 침수에 의한 연와의 침식
④ 휴지, 가동이 자주 반복될 때
(2) 대책 : 파손의 정도에 따라 휴로하고 노내를 냉각한 후 연와를 교체한다.

5. 원료 권양 및 장입설비

01 **노정장입장치 중 선회슈트의 적당한 경동범위를 쓰시오.**

정답 30~60°

02 **노정장입물 분포를 알 수 있는 계측기의 설비 명칭은 무엇인가?**

정답 sounding, 적외선 TV

03 **다음 물음에 답을 쓰시오.**

(1) 장입물 분포를 제어하는 설비의 명칭은?

정답 드라이브 유닛

(2) 장입물의 레벨을 측정하는 설비의 명칭은?

정답 사운딩

04 **고로노정 작업 설비 중 노내 장입물의 레벨을 측정하는 것은 어느 것인가?**

정답 사운딩(sounding)

05 **고로노정에서 장입물 분포를 제어하는 장치의 명칭을 쓰시오.**

정답 ① two bell type의 경우: 보조장입 분배장치(movable armour)
② bell less type의 경우: chute(선회chute)

06 장입물이 최초로 투입되는 위치의 명칭을 쓰시오.

정답 호퍼, 슈트

07 고로노정장치에는 어떠한 형식이 있는가?

정답 makee식, two bell valve seal식, bell-less식

08 고로의 통기성을 향상시킬 수 있는 장입방법을 쓰시오.

정답 ① 수평편석을 방지하고 수직편석을 장려 ② 상부광 층후 적정 유지
③ DF부착광에 의한 편석 방지 ④ DF게이트 적정 유지
⑤ 적정 수분 유지

09 고로장입에서 표면착화를 잘되게 하려면 코크스 입도분포가 어떻게 이루어져야 하는가?

정답 하층부에 적게, 상층부에 많게, 수직편석 장입을 실시

10 bell-less type 장입장치로 할 수 있는 장입물 분배 패턴을 쓰시오.

정답 ring, segment, line point

11 각종 컨트롤러로 사용되고 있는 계장 공기가 갑자기 중단되었을 때 어떠한 가스로 대체하는가?

정답 질소

열풍로 및 출선구 등 부대설비

1. 열풍로

01 냉풍이 고로에 들어가기까지의 순서를 쓰시오.

정답 blower → 송풍변(CBV) → 축열실 → 연소실 → 혼냉실 → HBV → 환상관 → 풍구 → 고로

02 열풍로에서 배압변(EV: equalizing valve)의 용도를 쓰시오.

정답 연소 → 송풍 과정에서 송풍 시 송풍변(CBV)은 변 전후의 차압으로 열림이 불가능하므로 EV를 열어 층압을 시켜 송풍변 전후의 차압을 없게 하여 송풍변이 열릴 수 있도록 한다.

2. 출선구

01 출선구의 심도 깊이가 저하하였을 때 나타나는 현상을 쓰시오.

정답 ① 노저온도 상승 ② 출선시간 단축 ③ 출선횟수 증가 ④ 통기성 불량

02 용해된 용선은 어느 곳으로 출탕하는가?

정답 출선구

3. 가스청정설비

01 cycle-trell 집진기의 청정공기와 dust가 분리되는 원리를 쓰시오.

정답 element에 흡입된 대진가스는 회전날개에 의하여 회전하게 된다. 회전 시 원심력에 의해 dust는 하부로 침강하고 청정공기는 배기통으로 빠져나감으로써 분리가 이루어진다.

02 습식 제진기 장치의 명칭을 쓰시오.

정답 벤투리 스크러버

4. 고로조업 제어설비

01 노정에 장입되는 장입물의 강하 상태를 측정한 계측기는?

정답 익스펜션(expention)

고로제선 조업

1. 원료장입 및 조업

01 주물용선 제조 조업방법을 쓰시오.

정답 ① 주물용선은 Si를 많이 함유하고 Mn을 적게 함유하도록 배합한다.
② 일정량의 코크스 양에 대하여 광석장입량을 적게 한다(보통 연료비로서 제강용선에 비하여 10~20% 높게 한다).
③ 필요에 따라 약간 조업도를 낮춘다. 즉, 장입물의 노내강하시간(travelling time)을 늦추어 생산량을 줄인다.

④ 광재의 염기도를 약간 낮게 한다. 즉, 산성으로 하여 Si환원을 촉진시킨다.
⑤ Si가 많은 것을 얻기 위해서 필요에 따라 광재비(선철 t당 광재량)를 높이고 탈황능을 갖게 하고, Si의 변동에 대하여 광재의 염기도 변동을 가급적 적게 하여야 한다.

02 제강용선 제조 조업방법을 쓰시오.

정답 ① 염기도를 높인다.
② 중장입으로 하여 송풍량을 높인다.
③ 강하시간을 빠르게 한다.
④ 노황을 일정하게 유지하며 규소 양의 차가 없도록 한다.
⑤ 생광석은 가급적 고품위 정립괴광을 사용한다.

03 제강용선과 주물용선의 선철 성분은 어떻게 되는가?

정답 ① 제강용선: Si가 낮고 Mn이 높으며 S는 아주 낮다.
② 주물용선: Si를 많이 함유하고 Mn을 적게 하며, P는 어느 정도 함유한다.

04 제조업에서 출선비란 무엇인가?

정답 $출선비(ton/D/m^3)=\frac{출선량}{내용적}$

05 고로에서 사용하는 연료비란 무엇인가?

정답 $연료비(kg/T-P)=\frac{연료량}{출선량}$

06 고로조업에서 광석비의 내용에 대한 물음에 답하시오.

(1) 이 값은 어떤 의미인가?

정답 용선 1톤 생산에 소요되는 철광석 사용량

(2) 이 값은 어느 정도인가?

정답 1.65ton/T-P

(3) 이 값이 높아지는 이유는 무엇인가?

정답 철광석 중 철분이 낮을 때

2. 원료 장입

01 **고로에 장입하는 철광석의 형태를 쓰시오.**

정답 소결광, 정립광

02 **장입물 분포를 강제적으로 제어할 수 있는 설비는 무엇인가?**

정답 원료분배기(movable armour)

03 **고로조업에 있어서 노체 수명 연장 및 저연료비 조업 수행을 위해 노내의 장입물 분포제어 수단을 쓰시오.**

정답 ① movable armour ② stock line
③ ore base(coke base) ④ bell less
⑤ 경동슈트

04 **배합원료를 장입할 때 원료층 상하 간 장입밀도를 조정하는 장치가 있다. 그 장치의 명칭을 2가지 이상 쓰시오.**

정답 ① 층후 검출봉 ② level pinger ③ 통기 바

05 **배합원료 장입상태에서 부분적으로 요철 굴곡이 관찰될 경우의 원인을 쓰시오.**

정답 ① 드럼 피더에 부착광이 발생되었을 때
② 층후 검출봉이 다운되었을 때
③ deflector plate에 부착광이 발생되었을 때
④ 드럼 피더에 괴광이 걸려 있을 때

06 **고로 내에서 코크스가 쌓여 있는 고로 하부의 중심부를 무엇이라고 하는가?**

정답 노심

07 **층후를 높여 조업하는 효과를 쓰시오.**

정답 품질 향상, 생산량 감소, 실수율 향상

08 **노내가스 분포가 불균일하였다. 어떠한 조치가 필요한가?**

정답 ① 코크스 성상의 개선: 입도, 강도 개선이 필요
② 용착대 형성의 개선: 장입물의 분포 조정이 필요
③ 노내가스 분포 개선: 통기성 확보가 필요

09 **장입물이 하강을 정지한 후 30분 이내에 자연적으로 내려가는 현상을 쓰시오.**

정답 슬립

10 **고로의 가스 흐름을 검지하게 되는 부위를 쓰시오.**

정답 노구(throat)

3. 송풍

01 **조습송풍 조업의 효과에 대하여 쓰시오.**

정답 ① 생산량 증가　② 노황이 안정되고 선철 성분 조절이 일정
③ 고온송풍이 가능　④ 코크스비 저하

02 **조습송풍은 무엇이며 그 효과를 쓰시오.**

정답 (1) 조습송풍 : 송풍 중의 수분을 첨가하여 조업하는 것으로 송풍 중의 수분을 일정하게 유지하여 노황 변동을 감소시킬 수 있도록 하는 조업
(2) 효과
① 생산량 증가　② 노황이 안정　③ 선철 성분 조절이 일정
④ 고온송풍이 가능　⑤ 코크스 저하

03 **산소부하 조업의 효과를 쓰시오.**

정답 ① 코크스의 연속 속도가 빠르게 되고 출선량 증가
② 노정가스 온도가 낮아지고 질소의 감소에 의해 CO, CO_2를 증가시켜 발열량을 증가
③ 고로의 높이를 낮추며 지로법을 적용할 수 있다.
④ 풍구선 온도가 높아진다.

04 **고압조업 효과에 대하여 쓰시오.**

정답 생산성 향상, 연료비 절감, 노정분진 발생 방지

05 **고로조업에서 고압조업을 하는 이유 2가지를 쓰시오.**

정답 ① 출선량 증가　② 연료비 저하
③ 노황 안전　④ 가스압의 손실 감소

06 **고로 열풍 본관에 설치된 에어 블리더(air bleeder)의 역할을 쓰시오.**

정답 노내 압력 상승 시 안전밸브 역할

07 노정의 온도가 상승되고 있다. 그 원인을 쓰시오.

정답 ① 가스 상승이 불균일 ② 광석량이 석을 때

08 셉텀 밸브(septum valve)의 기능을 쓰시오.

정답 노정압력 조정

09 고로의 청정설비 중 물과 혼합된 슬러지를 분리하는 곳은 어느 곳인가?

정답 벤투리 스크러버

10 고로에서 배출되는 에너지를 노정압을 이용하여 전기에너지로 변환시켜 주는 장치는 무엇인가?

정답 TRT(top-pressure recovery turbine)

11 고로 조업의 능률 향상을 위하여 열풍과 미분탄을 노내에 함께 불어넣는 조업법은 무엇인가?

정답 미분탄 취입법(PCI: pulverized coal injection)

12 미분탄의 입도를 쓰시오.

정답 200mesh 이하

13 고로에서 PC는 무엇인가?

정답 ① 미분탄 취입법으로 풍구에서 코크스 분탄을 열풍과 함께 취입해 넣는 방법
② 장점: 코크스비를 저하시켜 생산비를 절감

4. 고로의 화입, 송풍

01 고로조업에서 코크스와 석회석만을 장입하는 것을 무엇이라 하는가?

정답 blank charge

02 점화준비를 위해 착화점검을 할 때 불이 잘 붙지 않는 원인과 대책을 쓰시오.

정답 ① 원인: 가스 라인에 질소가 혼합되어 있을 경우 발생한다.
② 대책: 가스 purge를 더해야 한다.

03 **점화준비를 위하여 착화시험 시 불이 잘 붙지 않는다. 어떠한 점검이 필요한가?**

정답 ① 가스압력 점검 ② 질소밸브 점검
③ 가스 purge 실시(질소가 가스에 혼합되어 있으므로)

04 **고로조업 시 송풍이 과다할 때 일어나는 현상을 쓰시오.**

정답 ① 상승 가스가 불균일 ② 장입물의 강하속도 상승
③ 노내 온도가 저하

05 **고로조업 시 송풍이 과소할 때 일어나는 현상을 쓰시오.**

정답 코크스의 연소량이 적어져서 노온 저하 및 노황이 불안정하다.

06 **고로조업에서 화입이란 무엇인가?**

정답 노내 충전을 마치고 충전물에 점화, 송풍하는 작업이다.

5. 고로의 출선 및 출재

01 **출선작업 시 코터핀(cotter pin)이 하는 역할을 쓰시오.**

정답 금봉(마환봉) 세팅 시 태핑(tapping) 소켓 고정

02 **고로주수 냉각 시 폭발사고 방지를 위해 어떠한 조치가 필요한가?**

정답 노내압 상승, spray 실시, 스팀(불활성가스) purge

03 **고로 냉각반의 파손 시 나타나는 현상을 쓰시오.**

정답 ① 냉각반 주위로부터 누수, 증기, 기포의 발생
② 배수의 이상
③ 노정가스 중의 H_2% 증가
④ 파손 개소 주변 가스에 불이 붙어 불꽃이 발생

04 **원료의 부족 또는 설비상의 사고로 잠시 조업을 중단하는 작업은 무엇인가?**

정답 뱅킹(banking)

05 **대통에 왕겨를 넣는 이유를 쓰시오.**

정답 용선의 응고방지 및 보온

06 **머드(mud)재 구성재를 쓰시오.**

정답 점토, 샤모트, a-알루미나, Fe-Si, M-Si, Fe-Si_3N_4, ZVO_2-SiO_2, 코크스, 타르

07 **머드(mud)재에 요구되는 성질을 쓰시오.**

정답 충진성, 조기 소결성, 개공성, 내식성, 작업성, 용선 및 용재에 대한 저항성

6. 노체 점검

01 **샤프트의 가스가 누설되고 있다. 그 원인과 대책을 쓰시오.**

정답 (1) 원인
① 행잉 슬립의 빈발 ② 불균일 강하 ③ 냉각 불량
(2) 대책
① 샤모트, mud gun 등으로 막아 보수 ② 주수 냉각 실시

02 **열풍로 설비의 관리 항목을 쓰시오.**

정답 ① 내부 연와적 유지상태 및 밸브류 작동상태
② H.S dome부의 온도 체크 및 철피 크랙 유무
③ H.S 열효율 향상 방안

03 **열풍로 건설을 마치고 건조 중인 노에서 배기가스가 계획치보다 급상승하고 있다. 가장 먼저 취해야 할 조치사항을 쓰시오.**

정답 공기 사용량을 급히 줄인다.

04 **고로조업 중 설비를 수리하기 위하여 조업 휴지 시 열풍변을 닫고 다음 2개의 변을 열어 둠으로써 휴풍이 완료되는데 이 두 개 변의 이름을 쓰시오.**

정답 방산변(AV), 배풍변(SV)

7. 휴풍과 사고대책

01 **고로의 보수를 위하여 휴풍하고자 한다. 조치사항을 쓰시오.**

정답 ① 휴풍사유 및 예정시간, 소요시간을 관계부처에 사전 연락
② 휴풍 전 충분한 출선
③ 휴풍 전 가스 차단은 송풍압력 600~800g/cm^3, 노정압력 50~60g/cm^3
④ 휴풍시간 3시간 이상일 때 노점 점화를 하거나 증기를 넣어준다.

02 **고로를 휴지시켰다가 재송풍시는 가스의 발열량 및 폭발 위험성이 없어야 연료로서 사용 가능하므로 가스를 가스 홀더로 보내기 위해서는 반드시 가스 성분을 분석, 검사해야 한다. 이때 판단기준으로 삼고 있는 가스 성분은 무엇인가?**

정답 산소

03 **증기 휴풍이 완료된 후 pen-stork cover를 열고 옥토를 풍구에 밀폐시키는 이유를 쓰시오.**

정답 ① 공기 유입의 악조건 방지 ② 코크스 연소 방지

04 **송풍을 개시할 때 snort변을 1/2만 닫는 이유를 쓰시오.**

정답 열풍변 보호 때문

05 **열풍본관의 air bleeder변의 설치 목적을 쓰시오.**

정답 휴풍 시 역류가스 폭발방지

06 **고로 미분탄 제조과정 중 폭발을 방지하기 위한 제어 장치의 명칭을 쓰시오.**

정답 압력조절기, 유동화조절기

07 **고로 노내 침수, 노황 불량 등의 원인으로 노저부 용융물의 유동성이 극히 나빠지거나 굳어지는 사고를 무엇이라 하는가?**

정답 냉입

08 **출선구가 막혔을 때 긴급 조치 작업 방법을 쓰시오.**

정답 해머를 사용하거나 산소용접기로 응고된 용융금속을 녹인다.

09 **노내열 부족(약목)이 생길 때 대책을 쓰시오.**

정답 ① 풍온 상승 ② 감광 ③ 코크스양 증가 ④ 조습량 저하 ⑤ 중유비 상승

10 **주수냉각 시 폭발사고 방지를 위해 필요한 조치사항을 쓰시오.**

정답 ① 노내압 상승 ② 스프레이 실시 ③ 스팀 퍼지(불활성가스로)

11 **노열이 너무 높아서 야기되는 노황 부조에 대한 대책을 쓰시오.**

정답 ① 출선구 폐쇄 ② 증광 ③ 산소부하 ④ 송풍온도 저하 ⑤ 조습조업 ⑥ 고압조업

12 **노저 용선이 발생하였다. 처리사항을 쓰시오.**

정답 ① 용선 부위에 유출된 용선재의 코크스 등을 완전히 제거
② 탄소나 SiC계열의 내화물로 충분히 막고 살수량을 증가
③ 맨틀 온도계를 설치하여 점검
④ 상당기간 열기미로 조업하여 염기도를 높게 유지
⑤ 장입 TiO_2양을 증가
⑥ 조업속도도 수일 간 낮출 필요가 있다.

13 **고로 냉각수로 사용하는 것은 무엇인가?**

정답 해수, 담수, 담수순환수

14 **야드장 슬래그를 냉각시킬 때 해수를 사용하지 않는 이유를 쓰시오.**

정답 ① 설비보호 ② 환경보전 ③ 서멧(cermet) 품질 향상

15 **노저 파손 시 조치할 사항을 3가지 쓰시오.**

정답 ① 긴급 휴풍을 한다.
② 노내 용융물을 출선구로 최대한 배출한다.
③ 노저 냉각용 살수를 중지하고 화재 진압을 실시한다.

16 **고로의 철피 적열과 균열이 발생할 때 조치사항을 쓰시오.**

정답 ① 냉각수 살수 ② 감풍 ③ 휴풍 ④ 내화재 주입

17 **감풍 작업 시 정풍량에서 정풍압으로 바꾸어 감압하는 이유를 쓰시오.**

정답 ① 슬래그 역류 ② 풍량 조절 어려움 ③ 노황 불안정 ④ 노내압 불균일 강하
⑤ 고로변 변형 방지

18 **고로조업에서 풍구가 손상되는 이유 3가지를 쓰시오.**

정답 ① 노열의 급격한 변동(열기미 또는 냉기미)
② 염기도가 높고 Al_2O_3가 높은 조업을 계속할 경우
③ 코크스 감소가 급격히 저하한 경우
④ 외부 조업으로 벽락이 일어날 경우
⑤ 용선 S%가 증가하여 점성이 큰 용선을 취제할 경우
⑥ 행잉이나 slip이 연발되는 경우
⑦ 장입물중의 분율이 급격히 증가하여 풍압이 매우 높아질 경우

⑧ 급배수 라인이 막히거나 코크스가 막힐 경우
⑨ 급수압의 저하 및 단수
⑩ 풍구의 수명한계 도달

19 **출선구 폐쇄시기를 결정하는 요인을 쓰시오.**

정답 ① 출선량으로 판단 ② 출선가스의 분출상태 ③ 공취 시 ④ 레들 부족 시

20 **출선구 자파(파손)의 원인과 대책을 쓰시오.**

정답 (1) 원인 : ① 심도가 짧을 때 ② mud 재질이 나쁠 때 ③ mud 소성이 나쁠 때
(2) 대책 : ① 출선구 위치 및 각도를 일정하게 유지
② mud재를 적정량 충분히 충진 ③ 양질의 mud재를 사용
④ mud gun을 정비 ⑤ 슬래그를 과다하게 출재하지 말 것
⑥ 염기도를 높이고 열기로 조업할 것

21 **출선준비 작업을 쓰시오.**

정답 ① 출선구 정비
② mud gun에 mud재 투입 및 예열
③ 개공자재(드릴, 로드, 비트, 산소 파이프) 준비
④ 경주통, 지통, 재통, 대통 점검 및 슬래그 레벨 점검
⑤ 스키머 응고상태 점검
⑥ 각 기기(개공기, J/C, M/G, 경주통) 테스트

22 **M/G의 동작 3가지를 쓰시오.**

정답 경동, 선회, 충진

23 **고로 주상대통 점검 보수 시 가장 먼저 제거하는 것은?**

정답 지금

24 **출선구 심도 저하(깊이가 얕을 때)의 원인을 쓰시오.**

정답 ① 충진량이 낮을 때 ② mud 재질 불량 ③ 개공 작업(산소 및 혈절) 불량

25 **출선구의 혈절에 대하여 쓰시오.**

정답 출선구 내부에 머드재 충진 후 여러 가지 원인에 의해 충진재 혹은 출선구 주변에 균열이 발생하여 슬래그 혹은 용선이 유입되어 차기 출선작업에 지장을 초래하는 현상

26 혈절의 원인을 쓰시오.

정답 ① 산소 개공이 많을 때 ② 개공기 타격 중 타격에 의해
③ 신구 mud재의 접착성 불량 ④ mud재 중 수분, 휘발분 과다

27 출선구 성형 기준을 쓰시오.

정답 ① 충진 실린더 stroke의 680±20mm 범위를 벗어날 때
② 3회 이상 연속 누출 시
③ 출선구 면의 파손 등으로 성형 필요 시
④ 배재 실패로 출선구 면이 파손되었을 때

28 고로 출선구 개공방법을 쓰시오.

정답 ① 산소 개공이 많을 때 ② 일발 개공 ③ bit 및 금봉 개공 ④ 금봉사전 타입 개공
⑤ mud gun 개공

29 출선구 간격을 결정하는 요소를 쓰시오.

정답 저선량, 심도, 안전율

30 출선구 폐쇄 실패 원인을 쓰시오.

정답 ① 출선구 성형작업 불량 ② mud gun 이상 및 조작 미숙
③ mud 재질 불량 ④ 출선구 상태 불량
⑤ 폐쇄시기 결정 미숙

31 고로조업 시 조출선을 하는 이유를 쓰시오.

정답 ① 출선구가 약하고 다량의 출선에 견디지 못할 때
② 출선, 출재가 불충분한 경우
③ 레이들 부족, 기타 양적인 제약이 생긴 경우
④ 노황 냉기미로서 풍구에 슬래그가 보일 때
⑤ 장입물 하강이 빠를 때
⑥ 감압, 휴풍이 예상될 때

32 고로 조업 중 생취현상에 대하여 쓰시오.

정답 조출선 시 mud재의 소성 중 발생된 가스가 분출구를 찾지 못하다가 산소와 접촉해서 일어나는 순간적인 폭발현상

33 **고로조업 중 생취의 대책을 쓰시오.**

정답 ① bit 개공 후 공기 또는 산소로 소성촉진 후 금봉타입 개공
② mud재의 총장입량 감소
③ mud재의 재질 개선
④ tar양 감소
⑤ 노열을 높게 조업
⑥ 조기 출선을 피한다.

8. 고로조업의 이상 원인과 대책

01 **노황사고의 종류를 쓰시오.**

정답 행잉, 드롭, 슬립, 취발(channeling)

02 **고로 내 장입물 분포나 노황의 불균일로 발생할 수 있는 조업 이상 2가지를 쓰시오.**

정답 ① 얹힘(hanging) ② 슬립(slip)
③ 낙하(drop) ④ 취발(channeling), 날바람

03 **고로 내에 가스가 안정되게 상부로 빠져나가지 못하고 고로 내부에 30분 이상 정체되면서 장입물 강하를 정지시키는 현상을 무엇이라 하는가?**

정답 얹힘(hanging)

04 **고로 조업에서 slip이란 무엇인지 쓰시오.**

정답 ① 장입물이 하강을 정지한 후 30분 이내에 자연적으로 내려가는 현상
② 장입물이 순간적으로 강하한 후 다음 장입 시점의 위치보다 1m 이상 낮은 경우

05 **풍구의 용손을 발견하는 방법을 쓰시오.**

정답 ① 유량계에 의한 방법 ② 수압 테스트에 의한 방법
③ 노정가스 분석(수소가스 상승) ④ 배수의 가스 감지(착화 테스트)
⑤ 해수 온도계에 의한 방법(온도차) ⑥ 스팀 상태의 육안 점검에 의한 방법

06 **조업 중 정전이 되었을 때 MCC에 비상전원을 연결해주는 장치의 명칭을 쓰시오.**

정답 무정전 전원공급장치(UPS)

고로 노내 반응

1. 고로 내 반응

01 탄소 용해 반응식을 쓰시오.

정답 $CO_2+C \rightarrow 2CO$

02 탄소 석출(carbon deposition) 반응식을 쓰시오.

정답 노내 500℃ 정도인 곳에서 $2CO \rightarrow C+CO$의 반응에 의하여 미세한 탄소 석출

03 고로조업의 화학적 분위기는?

정답 환원성 분위기

04 탈황에 유효한 조건을 쓰시오.

정답 ① 슬래그 염기도가 높을수록 ② 슬래그 양을 늘리고 유동성이 좋을수록
③ 노상 온도가 높을수록

05 고로조업 후 가장 양호한 슬래그의 색깔을 쓰시오.

정답 황백색 또는 붉은색

06 장입원료의 균일성을 파괴하는 요인을 쓰시오.

정답 ① 장입물 분포의 불균일성
② 풍구에서의 송풍유량, 중유유량의 불균일성
③ profile 불균일성(노벽부 부착물 생성)

2. 고로 내 현상

01 다음은 노내 반응층의 온도를 나타낸 것이다. 해당하는 온도를 쓰시오.

관리 목적	온도
예열층	200~500℃
환원층	500~800℃
가탄층	800~1200℃
용해층	1200~1500℃

02 고로에서 출선되는 용선의 온도는 몇 ℃ 정도인가?

정답 1300~1600℃

03 노내 장입물이 하강과 동시에 변화하는 과정을 쓰시오.

정답 예열 → 환원 → 가탄 → 용해

3. 선철 및 슬래그 등 부산물

01 선철중의 규소를 높게 하는 조업방법을 쓰시오.

정답 ① 염기도를 낮게
② 규산분이 많은 장입물을 사용
③ 노상온도를 높게

02 주상탈규(Si)제를 쓰시오.

정답 고체탄소(C), 분코크스, 산화철, Fe-Mn

03 선철 중 인(P)를 적게 하는 조업방법을 쓰시오.

정답 ① 장입물 중의 인 함유량을 낮게 한다.
② 급속 조업을 한다.
③ 노상온도를 낮춘다.
④ 염기도를 높게 한다.

04 선철 중의 탄소를 억제하는 조업방법을 쓰시오.

정답 ① 노상온도를 낮춘다.
② 망간을 낮게 한다.
③ 규소를 높게 한다.

05 고로 노저보호(온도 상승)를 위한 대책 3가지를 쓰시오.

정답 ① TiO_2 장입
② 생산속도(speed)를 줄인다.
③ 노저 살수유량 증대
④ 노저 철피 스케일 제거(노저 냉각능력 증대)

06 **고로용선의 품질향상관리를 위한 관리 성분 원소 5가지를 쓰시오.**

정답 C, Si, Mn, P, S

07 **코크스로 가스의 조성 중에서 가장 높은 성분 명칭을 쓰시오.**

정답 수소(H_2)

08 **슬래그로 제조되는 부산물의 종류를 쓰시오.**

정답 콘크리트 골재, 시멘트 원료, 벽돌, 규산질 비료 등

09 **고로 시멘트의 특징을 쓰시오.**

정답 ① 장기간 높은 강도
② 내산성, 내해수성, 내화성 우수
③ 열에 약하다.
④ 값이 저렴하다.

3. 노내 변동과 조업 활동

01 **철광석 중 Ti이 많이 함유되어 있을 때의 영향을 쓰시오.**

정답 ① 슬래그의 유동성이 나쁘다.
② 용선과 슬래그의 분리가 어려워진다.
③ 노상 부착물 형성(불용성 화합물)

02 **고로조업에서 취발(날바람) 발생 시 대책을 쓰시오.**

정답 ① 취발(관통류, channeling): 고로의 단면 방향에서 특정 부위만 통기저항이 적어 발생한 가스
② 대책: 송풍량을 줄이고 송풍온도를 높인다.

03 **고로의 송풍조업 시 부착물을 제거하는 방법을 쓰시오.**

정답 ① 오일을 cut하고 O/C 저하(주변류 조장)
② 용선온도를 올리고 CaO/SiO_2를 내림
③ 노저 살수, 수랭 양을 감소하여 조업

4. 고로 설비관리

01 **출선구를 막는 설비의 명칭을 쓰시오.**

정답 머드건(mud gun)

02 **고로 노체 설비의 관리 항목을 쓰시오.**

정답 ① 노내 내화물의 상태 추적 및 조벽 작업
② 센서의 응용
③ 설비의 냉각기능 향상 및 배관의 부식에 따른 수질관리

03 **용선과 슬래그가 분리되는 위치의 명칭을 쓰시오.**

정답 스키머(skimmer)

04 **대탕도(runner) 및 스키머(skimmer)의 불량을 예방하기 위한 방법을 쓰시오.**

정답 ① 대탕도 재료의 스테핑을 세심하게 할 것
② 건조를 충분히 할 것
③ 스토퍼(stopper)의 취부시는 건조된 모래를 사용할 것
④ 출선 전에 다량의 점토수를 칠하지 말 것

05 **잔선을 제거하는 시기를 쓰시오.**

정답 ① 대통점검 및 보수 시
② 시기 트러블에 의해 8시간 이상 출선이 불가능할 때
③ 잔선공 자파 시

06 **대통 용선 시 긴급히 취해야 할 사항을 순서대로 쓰시오.**

정답 ① 출선구 긴급 폐쇄
② 잔선처
③ 타 출선구 개공
④ 예비대통 출선준비 강화
⑤ 용손 대통 냉각 및 복구작업

07 **급수장치의 스트레이너(strainer) 청소 여부는 수압이 어떤 때를 기준으로 판단하는가?**

정답 압력이 기준점 이하로 떨어질 때

5. 고로의 부대시설 및 형태와 각부 명칭

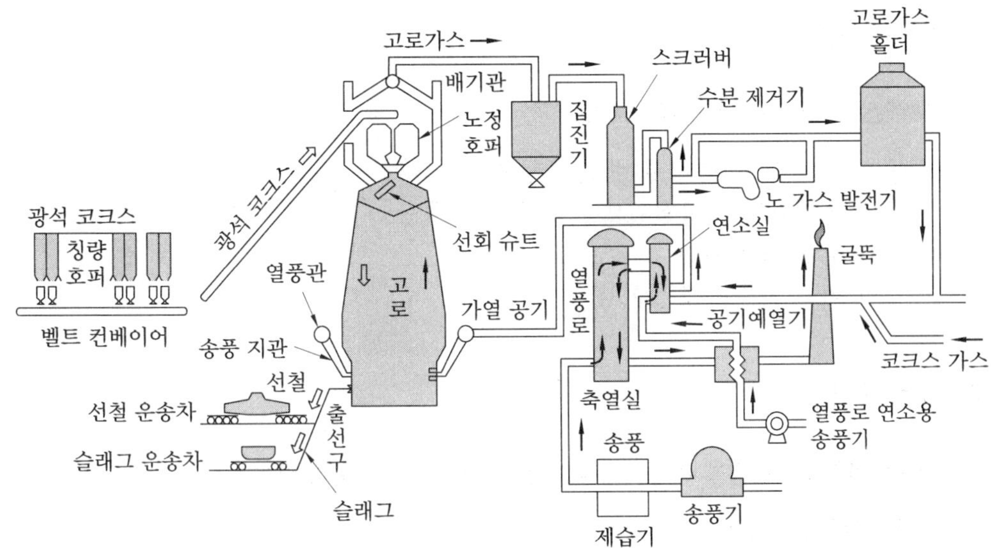

고로의 부대설비

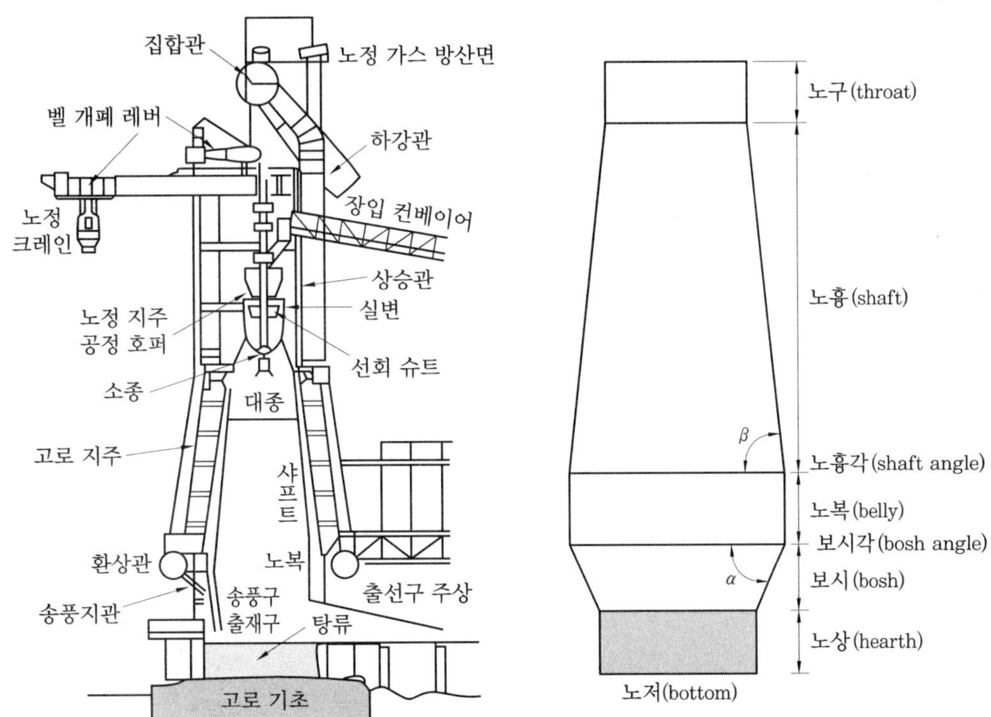

고로의 형태와 각부 명칭

신 제선법

1. COREX 공법

01 **코렉스(corex)법의 특징을 쓰시오.**

정답 ① 소결로나 코크스로가 필요 없다.
② 예비환원, 용융환원으로 분리
③ 분광 사용 가능
④ 가스 발생량 조정 가능

2. Finex공법

01 **분광 상태의 저급광을 이용하여 용선을 생산하는 신기술의 명칭은?**

정답 파이넥스 공법

2. 제선기능사 필기 기출문제

2002년 4월 7일 시행 문제

제선기능사

1. 재결정온도가 가장 낮은 것은?

① Au ② Sn ③ Cu ④ Ni

2. 금속간 화합물을 바르게 설명한 것은?

① 일반적으로 복잡한 결정구조를 갖는다.
② 변형하기 쉽고 인성이 크다.
③ 용해 상태에서 존재하며 전기저항이 작고 비금속 성질이 약하다.
④ 원자량의 정수비로는 절대 결합되지 않는다.

해설 금속간 화합물: 복잡한 결정구조와 경도가 높고, 전기저항이 크고, 융점이 높으며, 간단한 정수비로 결합한다.

3. 가공으로 내부변형을 일으킨 결정립이 그 형태대로 내부 변형을 해방하여 가는 과정은?

① 재결정 ② 회복
③ 결정핵 성장 ④ 시효완료

해설 회복: 전위의 재배열과 소멸에 의해서 가공된 결정 내부의 변형에너지와 항복강도가 감소되는 현상을 결정의 회복(recovery)이라고 한다.

4. 알파(α)철의 자기변태점은?

① A_1 ② A_2 ③ A_3 ④ A_4

해설 순철(α-철)의 자기변태점은 A_2이고, 동소변태점은 A_3, A_4 이다.

5. 금속의 결정격자에 속하지 않는 기호는?

① FCC ② LDN
③ BCC ④ CPH

해설 금속의 결정격자: FCC, BCC, CPH

6. 18-8스테인리스강에 해당되지 않는 것은?

① Cr 18%-Ni8% 이다.
② 내식성이 우수하다.
③ 상자성체이다.
④ 오스테나이트계이다.

해설 18-8스테인리스강은 비자성체이다.

7. 함석판은 얇은 강판에 무엇을 도금한 것인가?

① 니켈 ② 크롬 ③ 아연 ④ 주석

해설 함석판: Fe+Zn, 양철판: Fe+Sn

8. 탄소강에서 나타나는 상온메짐의 원인이 되는 주 원소는?

① 인 ② 황 ③ 망간 ④ 규소

해설 상온메짐: Fe_3P는 실온에서 충격치를 저하시켜 상온취성의 원인이 된다.

9. 청동합금에서 탄성, 내마모성, 내식성을 향상시키고 유동성을 좋게 하는 원소는?

① P ② Ni ③ Zn ④ Mn

정답 1. ② 2. ① 3. ② 4. ② 5. ② 6. ③ 7. ③ 8. ① 9. ①

10. 탄소가 가장 많이 함유되어 있는 조직은?

① 페라이트 ② 펄라이트
③ 오스테나이트 ④ 시멘타이트

해설 시멘타이트는 철강재료 중에 탄소량을 가장 많이 함유한 조직이다.

11. Fe-C평형상태도에서 γ고용체가 최대로 함유할 수 있는 탄소의 양은 약 어느 정도인가?

① 0.02% ② 0.86% ③ 2.0% ④ 4.3%

해설 α고용체: 0.02%, γ고용체: 2.0%

12. 네이벌(Naval blass) 황동이란?

① 6:4황동에 주석을 약 0.75% 정도 넣은 것
② 7:3황동에 주석을 약 2.85% 정도 넣은 것
③ 7:3황동에 납을 약 3.55% 정도 넣은 것
④ 6:4황동에 철을 약 4.95% 정도 넣은 것

해설 네이벌 황동: 6:4황동에 주석을 첨가하여 내식성을 개선한 황동이다.

13. 양은(양백)의 설명 중 맞지 않는 것은?

① Cu-Zn-Ni계의 황동이다.
② 탄성재료에 사용된다.
③ 내식성이 불량하다.
④ 일반전기저항체로 이용된다.

해설 양은(양백): Cu-Zn-Ni계의 황동으로 내식성이 우수하다.

14. 공작기계용 절삭공구재료로서 가장 많이 사용되는 것은?

① 연강 ② 회주철
③ 저탄소강 ④ 고속도강

해설 고속도강: W-Cr-V강으로 절삭공구용 재료로 사용된다.

15. 스프링강의 기호는?

① STS ② SPS ③ SKH ④ STD

해설 STS: 합금공구강, SPS: 스프링강, SKH: 고속도강, STD: 금형공구강

16. 도면에서 단위 기호를 생략하고 치수 숫자만 기입할 수 있는 단위는?

① inch ② m ③ cm ④ mm

17. 물체의 일부 생략 또는 파단면의 경계를 나타내는 선으로 자를 쓰지 않고 손으로 자유로이 긋는 선은?

① 가상선 ② 지시선 ③ 절단선 ④ 파단선

18. 다음 중 가는 실선을 사용하는 선이 아닌 것은?

① 지시선 ② 치수선
③ 치수보조선 ④ 외형선

해설 외형선: 굵은 실선

19. 정투상법에서 물체의 모양과 기능을 가장 뚜렷하게 나타내는 면을 어떤 투상도로 선택하는가?

① 평면도 ② 정면도 ③ 측면도 ④ 배면도

해설 정면도: 물체의 대표적인 면이다.

20. 물체의 보이지 않는 곳의 형상을 나타낼 때 사용하는 선은?

① 실선 ② 파선
③ 일점쇄선 ④ 이점쇄선

정답 10. ④ 11. ③ 12. ① 13. ③ 14. ④ 15. ② 16. ④ 17. ④ 18. ④ 19. ② 20. ②

21. 물체의 여러 면을 동시에 투상하여 입체적으로 도시하는 투상법이 아닌 것은?

① 등각투상도법 ② 사투상도법
③ 정투상도법 ④ 투시도법

해설 정투상도법: 물체 화면을 투상면에 평행하게 놓았을 때의 투상이다.

22. 치수 숫자와 같이 사용된 기호 t가 뜻하는 것은?

① 두께 ② 반지름 ③ 지름 ④ 모따기

해설 두께: t, 반지름: R, 지름: ϕ, 모따기: C

23. 유니파이 가는나사의 호칭 기호는?

① M ② PT ③ UNF ④ PF

해설 M: 미터보통나사, PT: 관용테이퍼나사, UNF: 유니파이 가는나사, PF: 관용 평행나사

24. 최대 허용치수와 최소 허용치수의 차는?

① 위치수 허용차 ② 아래치수 허용차
③ 치수공차 ④ 기준치수

25. 아래 그림과 같은 물체의 온단면도는?

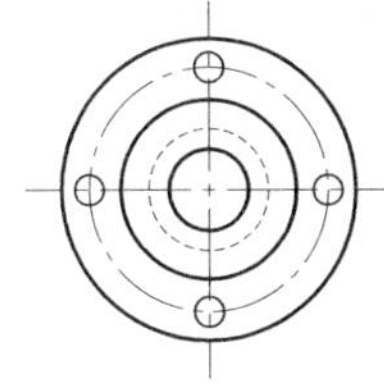

① ②
③ ④

26. 도면의 표면거칠기 표시에서 6.3S가 뜻하는 것은?

① 최대높이 거칠기 6.3μm
② 중심선 평균거칠기 6.3μm
③ 10점 평균거칠기 6.3μm
④ 최소높이 거칠기 6.3μm

27. 재료기호 "SS400"(구기호SS41)의 400이 뜻하는 것은?

① 최고 인장강도 ② 최저 인장강도
③ 탄소함유량 ④ 두께치수

해설 SS400: 일반구조용 압연강재로서 최저 인장강도 400MPa이다.

28. 고로 노내 조업 분위기는?

① 산화성
② 환원성
③ 중성
④ 산화, 환원, 중성의 복합분위기

29. 고로수리를 위하여 일시적으로 송풍을 중지시키는 것은?

① 행잉 ② 점화
③ 소화 ④ 휴풍

30. 용광로에 사용하는 코크스의 특징이 잘못된 것은?

① 다공질(기공률 40% 이상)이어야 한다.
② 회분은 낮을수록 좋다.
③ 적당한 반응성을 가져야 한다.
④ P 및 S분이 높아야 한다.

해설 P 및 S분이 적어야 한다.

정답 21. ③ 22. ① 23. ③ 24. ③ 25. ① 26. ① 27. ② 28. ② 29. ④ 30. ④

31. 고로의 생산성 향상이 아닌 것은?

① 코크스 회분의 저하
② 코크스비 상승
③ 입도의 균일화
④ 코크스 강도의 향상

해설 코크스비 저하

32. 고로시멘트의 특징 중 틀린 것은?

① 내산성이 우수하다.
② 열에 강하다.
③ 오랫동안 강도가 크다.
④ 내화성이 우수하다.

해설 열에 약하다.

33. 제강공장으로부터 용선 중 망간을 현재의 0.4%에서 0.55%까지 높여달라는 요청이 왔다. 이를 위해 용광로에 장입해야 할 망간광석량은?(단, 1ch당 선철 생성량: 65000kg/h, 용광로내에서의 망간 환원율: 70%, 망간광중 망간 함량: 31%)

① ch당 약 449kg 증가
② ch당 약 449kg 감소
③ ch당 약 900kg 증가
④ ch당 약 900kg 감소

34. 코크스 제조공정의 순서가 옳은 것은?

① mixer→coal bunker→coke oven→surge bin
② coal bunker→coke oven→quenching tower→coke wharf
③ crusher→surge bin→mixer→coal bunker
④ mixer→coal bunker→coke wharf→coke oven

35. 습식 청정기가 아닌 것은?

① 다이센 청정기 ② 허들 와셔
③ 스프레이 와셔 ④ 여과식 가스 청정기

해설 여과식 가스 청정기는 건식 청정기이다.

36. 가스차단 밸브로 가스를 가장 완전하게 차단할 수 있는 밸브는?

① 워터 실링 밸브(water-sealing valve)
② 볼 밸브(ball valve)
③ 나이프 밸브(knife valve)
④ 온 오프 밸브(on-off valve)

37. 고로과정이 일반 야금 과정과 다른 점 중 틀린 것은?

① 고로는 기화에서 소화까지 장시간 연속적으로 가동한다.
② 고로내 가열을 받는 장입물과 고온 가스 사이에 역류가 일어나 열효율이 크다.
③ 선철과 슬래그는 고체 상태로 얻어지고 비중차로서 분리한다.
④ 노내에서 탄소는 연료 및 환원제로 이용한다.

38. 선철의 분류 중 파면에 의한 분류가 아닌 것은?

① 목탄 선철 ② 백선철
③ 반선철 ④ 회선철

39. 수송물을 저장하는 곳은?

① 텐션(tension) ② 플레임(flame)
③ 호퍼(hopper) ④ 벨트(belt)

해설 호퍼(hopper): 깔때기 모양으로 되어 수송물을 저장하는 곳이다.

정답 31. ② 32. ② 33. ① 34. ② 35. ④ 36. ① 37. ③ 38. ① 39. ③

40. 용선을 고로에서 제강의 전로까지 옮기는 데 이용되는 설비에 해당되지 않는 것은?

① ladle ② soaking pit
③ torpedo car ④ mixer

해설 soaking pit: 주형에서 빼낸 직후의 뜨거운 강괴를 압연하기에 앞서 내외부의 온도가 고르게 되도록 가열하는 균열로이다.

41. 불순물 제거에 가장 적합한 것은?

① 스트레이너(strainer)
② 오리피스 미터(orifice meter)
③ 벤투리 미터(venturi meter)
④ 로터미터(rotameter)

해설 스트레이너(strainer): 망을 설치하여 불순물을 제거하는 장치이다.

42. 용광로 출선구 개공기 신호 중 한 손을 출선구 쪽을 가리키고 호루라기를 짧게 끊어서 2회식 반복하여 불어줄 때 크레인 운전자의 동작은?

① 전진동작 ② 정지
③ 후퇴동작 ④ 내림신호

해설 전진동작 신호: 수신호와 호루라기 2회

43. 고로는 전 높이에 걸쳐 많은 내화벽돌로 쌓여져 있다. 내화벽돌이 갖추어야 될 조건과 관계가 없는 것은?

① 내화도가 높아야 한다.
② 치수가 정확하여야 한다.
③ 침식과 마멸에 견딜 수 있어야 한다.
④ 비중이 높아야 한다.

해설 비중이 작아야 한다.

44. 고로의 작업 안전 보호구가 아닌 것은?

① 안전복 ② 안전모
③ 안전화 ④ 위생대

45. 소량으로도 인체에 가장 치명적인 것은?

① CO ② Na_2CO_3
③ H_2O ④ CO_2

46. 자철광에 해당되는 분자식은?

① Fe_2O_3 ② Fe_3O_4
③ $Fe_2O_3 \cdot H_2O$ ④ $FeCO_3$

해설 자철광: Fe_3O_4, 갈철광: $Fe_2O_3 \cdot H_2O$, 능철광: $FeCO_3$

47. 소결성상에서 소성 시 소결 진행속도가 원만히 이루어지기 위한 조건으로 틀린 것은?

① 통기성이 좋아야 한다.
② 반광을 핵으로 화학적인 반응이 진행되어야 한다.
③ 소결대의 폭이 두터워야 한다.
④ 점화전 부압과 점화 후 부압이 동일해야 한다.

해설 소결대의 폭이 얇아야 한다.

48. 소결 원료에 첨가하는 수분의 결정 요소가 먼 것은?

① 원료의 입도 ② 원료의 통기도
③ 사용 공기량 ④ 풍압 및 온도

49. 펠릿(pellet)에서 생볼(green ball)로 만드는 조립기가 아닌 것은?

① 디스크(disk)형 ② 로드(rod)형
③ 드럼(drum)형 ④ 팬(fan)형

정답 40. ② 41. ① 42. ① 43. ④ 44. ④ 45. ① 46. ② 47. ③ 48. ③ 49. ②

50. 소결작업 중 입자의 일부가 용융해서 규산염과 반응하여 슬래그를 만들어 광립을 서로 결합시키는 곳은?

① 하소대 ② 환원대
③ 연소대 ④ 건조대

51. 고로에서 요구되는 소결광의 적정입도(mm) 범위는?

① 1~5 ② 5~50
③ 50~80 ④ 80~1500

52. 소결작업 중 연소대 부근의 온도(℃)는?

① 800~900 ② 900~1000
③ 1200~1300 ④ 1500~1700

53. 자철광을 소결할 때 연료가 적게 드는 이유는 어느 것의 영향 때문인가?

① MnSO ② MnS
③ FeO ④ CaCO

해설 자철광을 소결할 때 연료가 적게 드는 이유는 FeO는 소결광의 피환원성을 나타내는 지수로서 관계된다.

54. 소결광을 용광로에 장입할 때 그 불순물을 광재로 만들기 위해 석회분의 일부 또는 전부를 품은 것은?

① 철 소결광 ② 자용성 소결광
③ 펠릿(pellet) ④ 단광

55. 다음 중 소결의 잡원료에 속하지 않는 것은?

① 석회석 ② 규석
③ 망간 ④ 형석

56. 소결 2차 점화로 측 보열로의 설치 목적이 아닌 것은?

① 가스원단위 감소
② NDX의 제거(공해방지)
③ 생산성 향상
④ 품질의 향상

57. 소결광 중 Fe_2O_3 함유량이 많을 때를 산화도가 높다고 한다. 산화도가 높을수록 소결광의 성질은?

① 산화성이 나빠진다.
② 강도가 떨어진다.
③ 환원성이 좋아진다.
④ 경도와 강도가 나빠진다.

58. 철은 자연계에 많이 존재하는 원소인 데 지각 중에 차지하고 있는 비율(%)은?

① 약 3 ② 약 5 ③ 약 7 ④ 약 10

해설 지각상 철의 비율(%): 약 5

59. 다음 중 철광석의 선광법으로 가장 적합한 것은?

① 자력선광법 ② 비중선광법
③ 중력선광법 ④ 수세법

해설 자력선광법: 300~1200gauss 정도의 자력세기로 광석과 맥석을 분리한다.

60. 소결광 품질에 악영향을 미치고 고로 슬래그의 품성을 높이는 것은?

① SiO_2 ② Al_2O_3
③ CaO ④ MgO

해설 고로에서 Al_2O_3가 슬래그의 유동성을 높이는 역할을 한다.

정답 50. ③ 51. ② 52. ③ 53. ③ 54. ② 55. ③ 56. ② 57. ③ 58. ② 59. ① 60. ②

2006년 4월 2일 시행 문제

제선기능사

1. 황동의 합금원소는?

① Cu–Zn ② Cu–Sn
③ Cu–Be ④ Cu–Pb

해설 Cu–Zn: 황동, Cu–Sn: 청동, Cu–Be: 베릴륨 청동, Cu–Pb: 연청동

2. 응고범위가 너무 넓거나 성분 금속 상호간에 비중의 차가 클 때 주조시 생기는 현상은?

① 붕괴 ② 기포 수축
③ 편석 ④ 결정핵 파괴

3. 바나듐의 기호로 옳은 것은?

① Mn ② Ni
③ Zn ④ V

해설 Mn: 망간, Ni: 니켈, Zn: 아연, V: 바나듐

4. 순철의 용융점(℃)은?

① 768 ② 1,013
③ 1,538 ④ 1,780

5. 탄소 2.11%의 γ고용체와 탄소 6.68%의 시멘타이트와의 공정조직으로서 주철에서 나타나는 조직은?

① 펄라이트 ② 오스테나이트
③ α고용체 ④ 레데부라이트

해설 레데부라이트: γ와 Fe_3C의 기계적 혼합물로서 탄소 2.11%의 γ고용체와 탄소 6.68%의 시멘타이트와의 공정조직이다.

6. 고속도강의 성분으로 옳은 것은?

① Cr–Mn–Sn–Zn
② Ni–Cr–Mo–Mn
③ C–W–Cr–V
④ W–Cr–Ag–Mg

해설 고속도강: C–W–Cr–V

7. 소성가공에 속하지 않는 가공법은?

① 단조 ② 인발
③ 표면처리 ④ 압출

8. 다음 중 불변강의 종류가 아닌 것은?

① 플라티나이트 ② 인바
③ 엘린바 ④ 아공석강

해설 불변강: 플라티나이트, 인바, 엘린바, 코엘린바

9. 재료의 강도를 이론적으로 취급할 때는 응력의 값으로서는 하중을 시편의 실제 단면적으로 나눈 값을 쓰지 않으면 안 된다. 이것을 무엇이라 부르는가?

① 진응력 ② 공칭응력
③ 탄성력 ④ 하중력

10. 금속의 결정격자에 속하지 않는 기호는?

① FCC ② LDN
③ BCC ④ CPH

정답 1. ② 2. ③ 3. ④ 4. ③ 5. ④ 6. ③ 7. ③ 8. ④ 9. ① 10. ②

11. 금속간 화합물에 관한 설명 중 옳지 않은 것은?

① 변형이 어렵다.
② 경도가 높고 취약하다.
③ 일반적으로 복잡한 결정구조를 갖는다.
④ 경도가 높고 전연성이 좋다.

해설 금속간 화합물: 경도가 높고 취약하며, 변형이 어렵고 전연성이 나쁘다.

12. 탄소강의 표준조직에 대한 설명 중 옳지 않은 것은?

① 탄소강에 나타나는 조직의 비율은 C량에 의해 달라진다.
② 탄소강의 표준조직이란 강종에 따라 A_3점 또는 A_{cm}보다 30~50℃ 높은 온도로 강을 가열하여 오스테나이트 단일 상으로 한 후, 대기 중에서 냉각했을 때 나타나는 조직을 말한다.
③ 탄소강은 표준조직에 의해 탄소량을 추정할 수 없다.
④ 탄소강의 표준조직은 오스테나이트, 펄라이트, 페라이트 등이다.

해설 표준조직: 탄소강의 표준조직은 오스테나이트, 펄라이트, 페라이트이며, 탄소량을 추정할 수 있다.

13. 티타늄탄화물(TiC)과 Ni의 예와 같이 세라믹과 금속을 결합하고 액상소결하여 만들어 절삭공구로 사용하는 고경도 재료는?

① 서멧 ② 두랄루민
③ 고속도강 ④ 인바

해설 서멧(cermet)은 내열성이 있는 안정한 화합물과 금속의 조합에 의해서 고온도의 화학적 부식에 견디며 비중이 작으므로 고속회전하는 기계부품으로 사용할 때 원심력을 감소시킨다. 인코넬, 인콜로이, 레프렉토리, 디스칼로이 우디넷, 하스텔로이 등이 있다.

14. 다음 중 퀴리점이란?

① 동소 변태점
② 결정격자가 변하는 점
③ 자기변태가 일어나는 온도
④ 입방격자가 변하는 점

15. 변압기, 발전기, 전동기 등의 철심용으로 사용되는 재료는 무엇인가?

① Fe–Si ② P–Mn
③ Cu–N ④ Cr–S

해설 Fe–Si: 전기철심 재료에 규소강판이 있으며 발전기, 변압기의 철심 등에 사용한다.

16. 아래와 같은 투상도(정면도 및 우측면도)에 대하여 평면도를 옳게 나타낸 것은?

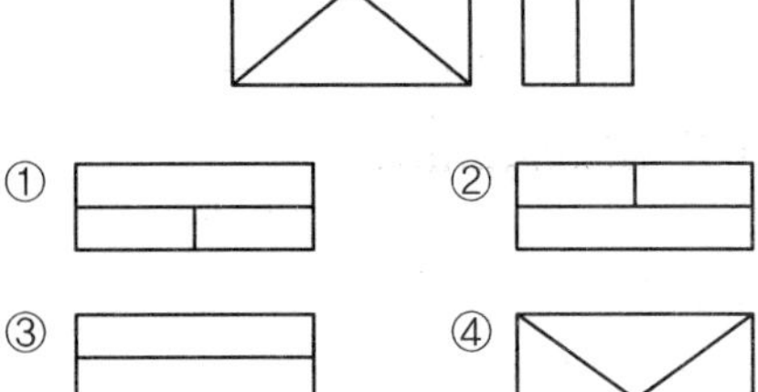

17. 도형이 단면임을 표시하기 위하여 가는 실선으로 외형선 또는 중심선에 경사지게 일정 간격으로 긋는 선은?

① 특수선 ② 해칭선
③ 절단선 ④ 파단선

해설 해칭선: 도형의 단면을 표시할 때 사선으로 긋는 선이다.

정답 11. ④ 12. ③ 13. ① 14. ③ 15. ① 16. ① 17. ②

18. 제3각법에서 평면도는 어느 곳에 위치하는가?

① 정면도의 위　② 좌측면도의 위
③ 우측면도의 위　④ 정면도의 아래

19. 도면의 치수기입법 설명으로 옳은 것은?

① 치수는 가급적 평면도에 많이 기입한다.
② 치수는 중복되더라도 이해하기 쉽게 여러 번 기입한다.
③ 치수는 측면도에 많이 기입한다.
④ 치수는 가급적 정면도에 기입하되 투상도와 투상도 사이에 기입한다.

해설 치수기입: 정면도를 중심으로 기입하되 투상도와 투상도 사이에 기입한다.

20. 아래와 같은 도형의 테이퍼 값은?

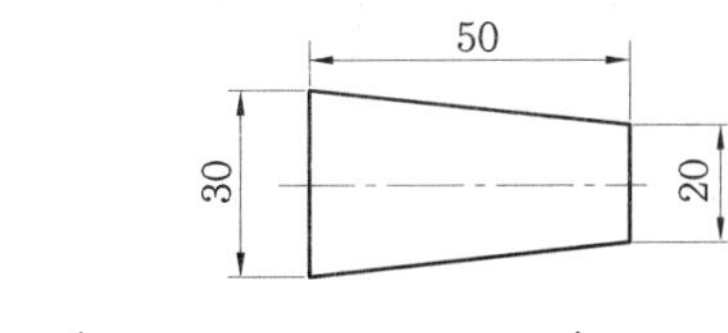

① $\frac{1}{5}$　② $\frac{1}{10}$
③ $\frac{2}{5}$　④ $\frac{3}{10}$

해설 테이퍼: $\frac{30-20}{50}=\frac{10}{50}=\frac{1}{5}$

21. 나사의 간략도시에서 수나사 및 암나사의 산은 어떤 선으로 나타내는가?(단, 나사산이 눈에 보이는 경우임)

① 가는 파선　② 가는 실선
③ 중간 굵기의 실선　④ 굵은 실선

해설 수나사 및 암나사의 산은 굵은 실선, 수나사 및 암나사의 골은 가는 실선으로 나타낸다.

22. 치수 기입 시 치수 숫자와 같이 사용하는 기호의 설명으로 잘못된 것은?

① ø: 지름　② R: 반지름
③ C: 구의 지름　④ t: 두께

해설 C: 45°의 모따기

23. 도면에 기입된 구멍의 치수 제 50H7에서 알 수 없는 것은?

① 끼워맞춤의 종류　② 기준치수
③ 구멍의 종류　④ IT공차등급

24. 도면의 부품란에 기입되는 사항이 아닌 것은?

① 도면 명칭　② 부품 번호
③ 재질　④ 부품 수량

25. 제도에 사용하는 다음 선의 종류 중 굵기가 가장 큰 것은?

① 치수보조선　② 피치선
③ 파단선　④ 외형선

26. KS의 부문별 분류 기호 중 틀리게 연결한 것은?

① KS A–전자　② KS B–기계
③ KS C–전기　④ KS D–금속

해설 KS A–기본

27. 다음 재료 기호 중 고속도 공구강은?

① SCP　② SKH
③ SWS　④ SM

해설 SKH: 고속도 공구강, SWS: 강선, SM: 기계구조용강

정답 18. ①　19. ④　20. ①　21. ④　22. ③　23. ①　24. ①　25. ④　26. ①　27. ②

28. 고로는 전 높이에 걸쳐 많은 내화벽돌로 쌓여져 있다. 내화벽돌이 갖추어야 될 조건으로 옳지 않은 것은?

① 내화도가 높아야 한다.
② 치수가 정확하여야 한다.
③ 침식과 마멸에 견딜 수 있어야 한다.
④ 비중이 높아야 한다.

해설 비중이 낮아야 한다.

29. 용광로 조업말기에 TiO_2, 장입량을 증가시키는 주 이유는?

① 제강 취련 작업을 원활히 하기 위해서
② 용선의 유동성 향상을 위해서
③ 노저보호를 위해서
④ 샤프트 각을 크게 하기 위해서

30. 고로의 조업에서 고압조업의 효과로 옳지 않은 것은?

① 고 S의 용선 생산
② 출선량의 증대
③ 연료비 저하
④ 노황의 안정

해설 노내 가스의 밀도가 커지고, 다량의 송풍이 가능하므로 출선량의 증대, 연료비 저하, 노황이 안정된다.

31. 용광로 철피 적열상태를 점검하는 방법의 설명으로 옳은 것은?

① 온도계로 온도 측정
② 소량의 물로 비등현상 확인
③ 조명 소등 후 철피 색깔 비교
④ 신체 접촉으로 온기 확인

32. 다음 중 염기성 플럭스(flux)는?

① 돌로마이트 ② 규석
③ 샤모트 ④ 탄화규소

해설 염기성: 돌로마이트, 산성: 규석, 샤모트, 중성: 탄화규소

33. 고로의 수명을 지배하는 요인으로 옳지 못한 것은?

① 노의 설계 및 구성
② 원료 사정과 노의 조업상태는 상관없다.
③ 노체를 구성하는 내화재료의 품질과 축로 기술
④ 각종 물리적, 화학적 변화

해설 원료 사정과 노의 조업상태는 관계가 있다.

34. 유안을 제조하는 방법 중 반응열을 이용하여 유안을 건조하는 방법은?

① 습식법
② 건식법
③ 석고 사용법
④ 아황산가스를 이용하는 방법

35. 다음 설비 중 장입물 분포를 제어하는 데 이용되는 것은?

① 수평 사운드 ② 가스 샘플러
③ 무버블 아머 ④ 노정 살수장치

36. 광석을 그 용융 온도 이하에서 가열하여 이산화탄소(CO_2) 또는 결정수(H_2O) 등의 휘발성 분말을 제거하는 조작은?

① 선광(dressing) ② 하소(calcining)
③ 배소(roasting) ④ 소결(sintering)

정답 28. ④ 29. ③ 30. ① 31. ④ 32. ① 33. ② 34. ② 35. ③ 36. ②

37. 석탄(유연탄)을 대기 중에서 장기간 방치하면 산화현상이 일어난다. 석탄의 산화와 관계가 없는 것은?

① 석탄이 산화하면 온도가 상승한다.
② 석탄이 산화하면 석탄성분 중 점결력이 감소한다.
③ 석탄이 발열하면 발화한다.
④ 석탄 성분 중 휘발분이 증가한다.

해설 석탄 성분 중 휘발분이 감소한다.

38. 피환원성이 가장 좋은 것은?

① 펠릿 ② 소결광
③ 생광석 ④ 자철광

39. 노벽이 국부적으로 얇아져서 노안으로부터 가스 또는 용해물이 분출될 때의 조치사항으로 옳지 않은 것은?

① 냉각판을 넣는다.
② 바람구멍의 지름을 조절한다.
③ 외부에서 물을 뿌려 냉각시킨다.
④ 보수하지 않고 쇳물이 나오도록 한다.

해설 보수한 다음 쇳물이 나오도록 한다.

40. 고로조업에서 송풍 원단위로 맞는 것은?

① kg/T−T ② m^3/kg−m
③ Nm^3/T−P ④ kg/m^3−T

해설 송풍 원단위: Nm^3/T−P

41. 고로(BF)의 부속 설비로 옳지 않은 것은?

① 풍구 ② 장입종
③ 스키머 ④ 소화탑

해설 고로(BF)의 부속 설비: 풍구, 장입종, 스키머

42. 각 사업장 간의 재해 상황을 비교하는 자료로 사용되는 천인율의 공식은?

① $\frac{\text{재해자 수}}{\text{평균근로자 수}} \times 1{,}000$

② $\frac{\text{평균근로자 수}}{\text{재해자 수}} \times 1{,}000$

③ $\frac{\text{재해자 수}}{\text{평균근로자 수}} \times 100$

④ $\frac{\text{평균근로자 수}}{\text{재해자 수}} \times 100$

43. 고로에서 코크스비 절감 및 생산성 향상을 위하여 사용하는 열풍로의 열풍은 어느 부분을 통하여 노내로 취입되는가?

① 하부종(large bell) ② 풍구(tuyere)
③ 노요(bosh) ④ 노상(hearth)

44. 고로의 구조가 아닌 것은?

① 샤프트 ② 노복
③ 보시 ④ 축열실

45. 소결기의 급광장치 종류가 아닌 것은?

① 호퍼 ② 스크린
③ 드럼피더 ④ 셔틀 컨베이어

해설 • 상부광의 급광장치: 호퍼, Cut gate
• 배합원료의 급광장치: 드럼피더, 셔틀 컨베이어

46. 소결광 중에 철 규산염이 많을 때 소결광의 강도와 환원성은?

① 강도는 떨어지고, 환원성도 저하한다.
② 강도는 커지고, 환원성은 저하한다.
③ 강도는 커지고, 환원성도 좋다.
④ 강도는 떨어지나, 환원성은 좋다.

정답 37. ④ 38. ② 39. ④ 40. ③ 41. ④ 42. ① 43. ② 44. ④ 45. ② 46. ②

47. 고로에서 주물선과 관련이 가장 깊은 원소는?

① Ca ② Si ③ Al ④ Sn

해설 주물선 주요 원소: C, Si, Mn, P, S

48. 용광로 제련에서 사용되는 분광 원료를 괴상화하였을 때 괴상화된 원료의 구비 조건이 아닌 것은?

① 다공질로 노 안에서 산화가 잘 될 것
② 오랫동안 보관하여도 풍화되지 않을 것
③ 열팽창, 수축 등에 의해 파괴되지 않을 것
④ 되도록 모양이 구상화된 형태일 것

해설 다공질로 노 안에서 환원이 잘 될 것

49. 소결공장에서 점화로의 연료로 사용하지 않는 것은?

① C.O.G ② B.F.G
③ Coal ④ Mixed GAS

50. 소결공정의 믹서(mixer)의 역할이 아닌 것은?

① 수분 첨가 ② 장입
③ 조립 ④ 혼합

51. 소결 원료에서 일반적으로 입도가 6mm 이하인 소결광을 무엇이라 하는가?

① 스케일 ② 반광
③ 연진 ④ 황산소광

52. 소결용 원료로서 적합치 않은 것은?

① 고로 더스트(dust) ② 스케일
③ 사하분광 ④ 펠릿(pellet)

해설 소결용 원료: 분광, 황산제, 사철, 스케일, 고로 더스트, 전로 연진

53. 소결광 성분이 다음과 같을 때 염기도는?

CaO: 9.9%, FeO: 6.5%, SiO: 6.0%

① 1.51 ② 1.65
③ 1.86 ④ 1.92

해설 염기도(%) $= \frac{CaO}{SiO_2} = \frac{9.9}{6.0} = 1.65$

54. 확산형 소결광의 장점이 아닌 것은?

① 산화도가 크다. ② 기공률이 좋다.
③ 강도가 크다. ④ 환원성이 좋다.

해설 강도가 약하다.

55. 소결 작업에서 최대팽윤 수분이란?

① 부피비중이 최소가 되는 수분 백분율(%)
② 통기성이 최대로 되는 수분 백분율(%)
③ 부피비중이 최대로 되는 수분 백분율(%)
④ 원료 응집이 최대로 되는 수분 백분율(%)

56. 가동 부분이 많아서 고장이 많고, 누풍이 많은 결점이 있으나 작업이 간편하며, 작업 인원이 적어도 되고, 대량생산에 적합한 소결기는?

① 포트 소결기
② 그리나발트 소결기
③ 드와이트 · 로이드 소결기
④ AIB식 소결기

해설 드와이트 · 로이드 소결기: 연속식으로 대량 생산 및 조업의 자동화가 용이하며, 인건비도 절약할 수 있다.

정답 47. ② 48. ① 49. ③ 50. ② 51. ② 52. ④ 53. ② 54. ③ 55. ① 56. ③

57. 소결용 코크스를 다른 소결원료보다 세립으로 하는 조업상 중요한 이유는?

① 수분의 첨가율 상승
② 성분의 조정
③ 강도의 증가
④ 적절한 열분포

58. 펠레타이징법의 소성경화 작업에 사용되는 수직형 소성로의 상부층부터 하부층의 명칭이 옳게 된 것은?

① 건조대–가열대–균열대–냉각대
② 가열대–건조대–균열대–냉각대
③ 건조대–가열대–냉각대–균열대
④ 균열대–건조대–가열대–냉각대

59. 소결 감산시의 감산 조치가 아닌 것은?

① 주 배풍기의 댐퍼를 닫는다.
② 장입층후를 높인다.
③ 압 장입을 하여 장입밀도를 높게 한다.
④ 미분 원료의 배합비를 적게 한다.

60. 석회 소결광에 대한 설명으로 틀린 것은?

① 용광로 내에서 가스의 환원성과 보유열량이 유효하게 이용된다.
② 석회석과 광석이 균일하게 혼합되어 용광로 내의 반응이 촉진된다.
③ 많이 사용하면 노황이 불안정하여 고온 송풍이 불가능하다.
④ 용광로 내에 사용하면 연료소비량이 적게 든다.

해설 석회 소결광을 많이 사용하면 노황이 안정하여 고온 송풍이 가능하다.

정답 57. ④ 58. ① 59. ④ 60. ③

2008년 2월 3일 시행 문제

제선기능사

1. 텅스텐은 재결정에 의해 결정합 성장을 한다. 이를 방지하기 위해 처리하는 것을 무엇이라 하는가?

① 도핑(dopping) ② 아말감(amalgam)
③ 라이닝(lining) ④ 비탈리움(vitallium)

2. 다음 중 초초두랄루민(ESD)의 조성으로 옳은 것은?

① Al–Si계 ② Al–Mn계
③ Al–Cu–Si계 ④ Al–Zn–Mg계

해설 초초두랄루민(ESD: extra super duralumin): Al–1.5~2.5%Cu–7~9%Zn–1.2~1.8%Mg–0.3~0.5%Mn–0.1~0.4%Cr의 조성을 가지며 알코아 75S 등이 여기에 속하고 인장강도 $54kgf/mm^2$ 이상의 두랄루민을 말한다.

3. 재료에 대한 푸아송비(poisson's ratio)의 식으로 옳은 것은?

① $\dfrac{\text{가로 방향의 하중량}}{\text{세로 방향의 하중량}}$

② $\dfrac{\text{세로 방향의 하중량}}{\text{가로 방향의 하중량}}$

③ $\dfrac{\text{가로 방향의 변형량}}{\text{세로 방향의 변형량}}$

④ $\dfrac{\text{세로 방향의 변형량}}{\text{가로 방향의 변형량}}$

해설 푸아송비: 탄성구역에서의 변형에서 세로 방향에 연신이 생기면 가로 방향에 수축이 생기는데 이때 길이의 증가율과 단면의 감소율의 비이다.

4. 재료의 조성이 니켈 36%, 크롬 12%, 나머지는 철(Fe)로서 온도가 변해도 탄성률이 거의 변하지 않는 것은?

① 라우탈 ② 엘린바
③ 진정강 ④ 퍼멀로이

5. 소성변형이 일어난 재료에 외력이 더 가해지면 재료가 단단해지는 것을 무엇이라고 하는가?

① 침투강화 ② 가공경화
③ 석출강화 ④ 고용강화

6. 다음 중 경합금에 해당되지 않는 것은?

① Mg합금 ② Al합금
③ Be합금 ④ W합금

해설 경합금: 비중 4.5 이하를 경금속이라 하며, Mg(1.74), Al(2.7), Be(1.84), W(19.3)이다.

7. 금속의 일반적 특성에 대한 설명으로 틀린 것은?

① 수은을 제외하고 상온에서 고체이며 결정체이다.
② 일반적으로 강도와 경도는 낮으나 비중은 크다.
③ 금속 특유의 광택을 갖는다.
④ 열과 전기의 양도체이다.

해설 금속은 강도와 경도가 높다.

정답 1. ① 2. ④ 3. ③ 4. ② 5. ② 6. ④ 7. ②

8. 응력–변형곡선에서 금속시험편에 외력을 가했다가 제거할 때 시험편이 원래 상태로 돌아가는 최대한계를 나타내는 것은?

① 항복점　② 탄성한계
③ 인장한도　④ 최대 하중치

9. 다음 중 펄라이트의 생성기구에서 가장 처음 발생하는 것은?

① θ–Fe　② β–Fe
③ Fe_3C핵　④ θ–Fe

해설 펄라이트가 결정경계에서 Fe_3C핵이 먼저 생기고, 그 다음 α–Fe이 생긴다.

10. 금속의 소성에서 열간가공(hot working)과 냉간가공(cold working)을 구분하는 것은?

① 소성가공률　② 응고온도
③ 재결정온도　④ 회복온도

11. 금속을 자석에 접근시킬 때 자석과 동일한 극이 생겨서 발발하는 성질을 갖는 금속은?

① 철(Fe)　② 금(Au)
③ 니켈(Ni)　④ 코발트(Co)

해설 반자성체: 금(Au), 강자성체: Fe, Ni, Co

12. 주철용 탕에 최초로 칼슘–실리케이트를 접종하여 만든 강인한 회주철은?

① 칠드 주철　② 백심가단 주철
③ 구상흑연 주철　④ 미하나이트 주철

해설 미하나이트 주철: Ca–Si이나 Fe–Si 등의 접종제로 접종 처리하여 응고와 함께 흑연화를 일으켜서 강인한 펄라이트 주철이다.

13. Fe–C 평형상태도에서 α–철의 자기변태점은?

① A_1　② A_2　③ A_3　④ A_4

해설 순철의 자기변태점은 A_2이고 동소변태점은 A_3, A_4이다.

14. 다음 중 철강을 분류할 때 "SM45C"는 어느 강인가?

① 순철　② 아공석강
③ 과공석강　④ 공정주철

해설 순SM45C: 기계구조용 탄소강으로서 C 0.45%를 함유한 아공석강이다.

15. 다음 중 Y합금의 조성으로 옳은 것은?

① Al–Cu–Mg–Mn
② Al–Cu–Ni–W
③ Al–Cu–Mg–Ni
④ Al–Cu–Mg–Si

해설 Y합금은 내열용 Al합금(Al–4%Cu–2%Ni–1.5%Mg)이다.

16. 다음 물체를 제3각법으로 올바르게 투상한 것은?

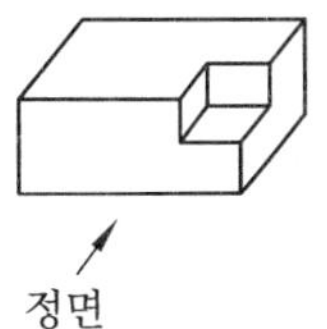

정면

①
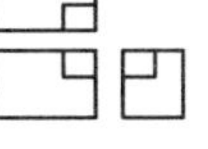

②

③
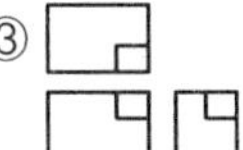

④

정답 8. ② 9. ③ 10. ③ 11. ② 12. ④ 13. ② 14. ② 15. ③ 16. ①

17. 다음 중 물체 뒤쪽 면을 수평으로 바라본 상태에서 그린 그림은?

① 배면도 ② 저면도
③ 평면도 ④ 흑면도

18. 다음 선긋기를 올바르게 표시한 것은 어느 것인가?

① ②
③ ④

19. 그림의 조합도와 이에 대한 설명이 옳은 것으로만 나열된 것은?

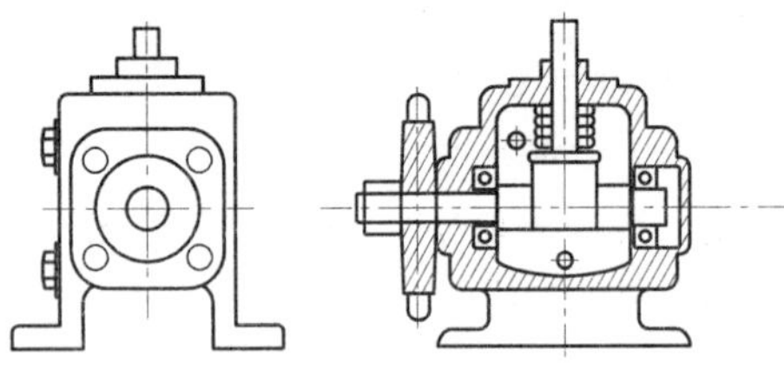

> ㉠ 기계나 구조물의 전체적인 조립상태를 알 수 있다.
> ㉡ 제품의 구조, 원리, 기능, 취급방법 등의 설명이 목적이다.
> ㉢ 그림과 같이 조립도를 보면 구조를 알 수 있다.
> ㉣ 물품을 구성하는 각 부품에 대하여 가장 상세하게 나타낸 도면이다.
> ㉤ 조립도에는 주로 조립에 필요한 치수만을 기입한다.

① ㉡, ㉢, ㉣ ② ㉠, ㉡, ㉣
③ ㉠, ㉡, ㉢ ④ ㉠, ㉢, ㉤

20. 다음 중 국제표준화기구를 나타내는 약호로 옳은 것은?

① JIS ② ISO ③ ASA ④ DIN

해설 JIS: 일본, ISO: 국제표준화기구, DIN: 독일

21. 도면에서 "No.8-36UNF"로 표시되었다면 이 나사의 종류로 옳은 것은?

① 톱니나사 ② 유니파이 가는나사
③ 사다리꼴 나사 ④ 관용평형 나사

해설 UNF: 유니파이 가는나사

22. 다음 중 선의 굵기가 가장 굵은 선은?

① 치수선 ② 지시선
③ 외형선 ④ 해칭선

23. 다음 중 "보링" 가공방법의 기호로 옳은 것은?

① B ② D ③ M ④ L

해설 B: 보링, D: 드릴, M: 밀링, L: 선반

24. 제작물의 일부만을 절단하여 단면 모양이나 크기를 나타내는 단면도는?

① 온단면도 ② 한쪽 단면도
③ 회전 단면도 ④ 부분 단면도

해설 ① 온단면도: 절단면이 부품 전체를 절단하며 지나가는 단면도
② 한쪽 단면도: 상하/좌우 대칭인 부품을 중심축을 기준으로 1/4만 가상적으로 제거한 후에 그린 단면도
③ 회전 단면도: 절단면을 사상적으로 회전시켜서 그린 단면도
④ 부분 단면도: 제작물의 일부만을 절단하여 그린 단면도

정답 17. ① 18. ② 19. ④ 20. ② 21. ② 22. ③ 23. ① 24. ④

25. 도면의 치수기입에서 "□20"이 갖는 의미로 옳은 것은?

① 정사각형이 20개이다.
② 단면 지름이 20mm이다.
③ 정사각형의 넓이가 20mm2이다.
④ 한 변의 길이가 20mm인 정사각형이다.

26. 한국산업규격에서 규정한 탄소공구강의 기호는?

① SCM ② STC ③ SKH ④ SPS

해설 STC: 탄소공구강, SKH: 고속도공구강, SPS: 스프링강

27. 구멍의 치수가 $ø50^{+0.24}_{-0.13}$ 일 때의 치수공차로 옳은 것은?

① 0.11 ② 0.24 ③ 0.37 ④ 0.87

해설 치수공차: 최대 허용치수와 최소 허용치수의 차를 의미한다.
50.024−(−50.013)=50.037

28. 광석을 그 용융온도 이하에서 가열하여 이산화탄소(CO_2) 또는 결정수(H_2O) 등의 성분을 제거하는 조작은?

① 선광(dressing) ② 하소(calcination)
③ 배소(roasting) ④ 소결(sintering)

29. 산업재해의 원인 중 교육적 원인에 해당하는 것은?

① 구조재료가 적합하지 못하다.
② 생산방법이 적당하지 못하다..
③ 점검, 정비, 보존 등이 불량하다.
④ 안전지식이 부족하다.

30. 다음 중 산소부화에 의한 효과로 틀린 것은?

① 질소 감소에 의해 발열량을 감소시킨다.
② 바람구멍 앞의 온도가 높아진다.
③ 코크스의 연소 속도가 빠르다.
④ 출선량을 증대시킨다.

해설 송풍중의 질소 감소에 의해 발열량이 증가한다.

31. 다음 중 철광석의 구비조건으로 틀린 것은?

① 피환원성이 나쁠 것
② 상당한 강도를 가질 것
③ 철분을 많이 함유하고 있을 것
④ 해로운 불순물을 적게 함유할 것

해설 피환원성이 좋을 것

32. 고로 노체의 건조 후 침목 및 장입원료를 노내에 채우는 것을 무엇이라 하는가?

① 화입 ② 지화 ③ 충전 ④ 축로

33. 용선을 따라서 흘러나오는 슬래그는 어디에서 분리하는가?

① 용선 레이들 ② 토페도 카
③ 주선기 ④ 스키머

34. 다음 중 코크스의 반응성을 나타내는 식으로 옳은 것은?

① $\frac{CO_2}{CO_2+CO}\times 100$ ② $\frac{CO}{CO_2+CO}\times 100$

③ $\frac{CO_2-CO}{CO}\times 100$ ④ $\frac{CO}{CO_2-CO}\times 100$

정답 25. ④ 26. ② 27. ③ 28. ② 29. ④ 30. ① 31. ① 32. ③ 33. ④ 34. ②

35. 다음 중 스치거나 문질러서 벗겨진 상해는?

① 찰과상 ② 절상 ③ 부종 ④ 자상

해설 찰과상: 스치거나 문질러서 벗겨진 상해

36. 내용적 3795m^3의 고로에 풍량 6000Nm^3/min으로 송풍하여 선철을 8160ton/일 생산하였을 때의 출선비(t/일/m^3)는 약 얼마인가?

① 0.71 ② 1.80 ③ 2.15 ④ 2.86

해설 $\text{출선비} = \frac{\text{생산량}}{\text{내용적}} = \frac{8160}{3795} = 2.15$

37. 다음 중 습식 청정기가 아닌 것은?

① 다이센 청정기
② 스프레이 워셔
③ 허들 워셔
④ 여과식 가스 청정기

38. 장입물 중의 인(P)은 보시부에서 노심에 걸쳐 모두 환원되어 거의 전부가 선철 중으로 들어간다. 이때 선철 중의 P을 적게 하기 위한 설명으로 틀린 것은?

① 유해방지를 위하여 장입물 중에 P을 적게 하는 것이 좋다.
② P의 유착을 작게 하기 위하여 감속 조업을 한다.
③ 노상 온도를 높여 P의 해를 줄인다.
④ 염기도를 높게 하여 P의 해를 줄인다.

해설 노상 온도를 낮추어 P의 해를 줄인다.

39. 고로 내에 장입물의 강하가 정지하는 상태를 무엇이라 하는가?

① 행잉(hanging) ② 슬립(slip)
③ 드롭(drop) ④ 뱅잉(banging)

40. 산업안전보건법에서는 공기 중의 산소농도가 몇 % 미만인 상태를 "산소결핍"으로 규정하고 있는가?

① 15 ② 18 ③ 20 ④ 23

41. 용융환원(COREX)은 환원로와 용융로 두 개의 반응기로 구분한다. 이때 용융로의 역할이 아닌 것은?

① 환원가스의 생성
② 석탄의 건조 및 탈가스화
③ 철광석의 간접환원
④ 슬래그의 용해

해설 철광석의 직접환원

42. 고로조업 시 바람구멍의 파손 원인으로 틀린 것은?

① 슬립이 많을 때
② 회분이 많을 때
③ 송풍 온도가 낮을 때
④ 코크스의 균열강도가 낮을 때

해설 송풍 온도가 높을 때

43. 노내 장입물의 분포상태를 변경하는 방법이 아닌 것은?

① 장입선의 변경 ② 층두께의 변경
③ 용선차의 변경 ④ 장입순서의 변경

44. 다음 중 고로의 구조가 아닌 것은?

① 노구 ② 노복
③ 샤프트 ④ 탄화실

정답 35. ① 36. ③ 37. ④ 38. ③ 39. ① 40. ② 41. ③ 42. ③ 43. ③ 44. ④

45. 용광로에서 생산되는 제강용 선철과 주물용 선철의 성분상 가장 차이가 많은 원소는?

① 규소(Si) ② 유황(S)
③ 티탄(Ti) ④ 인(P)

46. 소결기 중 원료를 담아 소결이 이루어지는 설비인 pallet에 설치된 gate bar의 구비조건이 아닌 것은?

① 고온강도가 높을 것
② 고온 내산화성이 좋을 것
③ 열적 변형 균열이 적을 것
④ 소결광과의 부착성이 좋을 것

해설 소결광과의 부착성이 적을 것

47. 자광조에서 소결원료가 벨트 상에 배출되면 자동적으로 벨트 속도를 가감하여 목표량만큼 절출하는 장치는?

① constant feel weigher
② vibrating feeder
③ table feeder
④ belt feeder

48. 다음 중 조재성분에 대한 설명으로 옳은 것은?

① 생산물은 CaO, SiO_2의 증가에 따라 향상된다.
② 생산물은 Al_2O_3, MgO의 증가에 따라 향상된다.
③ CaO, SiO_2은 제품의 강도를 낮춘다.
④ Al_2O_3, MgO는 결정수를 증가시킨다.

해설 생산물은 CaO, SiO_2의 증가에 따라 향상되고, Al_2O_3, MgO의 증가에 따라 저하한다. CaO, SiO_2은 제품의 강도를 증가시키고, Al_2O_3, MgO는 결정수를 저하시킨다.

49. 소결광 성분이 보기와 같을 때 염기도는?

CaO : 9.9%, FeO : 6.5%, SiO : 6.0%

① 1.51 ② 1.65 ③ 1.86 ④ 2.73

해설 염기도(%) $= \frac{CaO}{SiO_2} = \frac{9.9}{6.0} = 1.65$

50. 미세한 분광을 드럼 또는 디스크에서 입상화한 후 소성경화해서 달걀 노란자 크기의 알갱이로 얻는 괴상법은?

① 로이스팅 ② 신터링
③ 펠레타이징 ④ 브리케팅

51. 광물의 미립자를 물에 넣고 부선재를 첨가하여 많은 기포를 발생시켜 기포표면에 필요한 광물의 입자를 붙게 하고, 표면에 뜨게 하여 분리 회수하는 방법은?

① 중력선광 ② 자력선광
③ 이중선광 ④ 부유선광

52. 소결 원료에서 배합원료의 수분값의 범위로 가장 적당한 것은?

① 1~2 ② 5~8
③ 10~17 ④ 20~27

53. 다음 중 분광석을 괴상화하는 소결설비로 자동화가 가능하고 연속식이며, 대량생산용으로 가장 많이 사용하는 설비는?

① pelletizing식
② GW(greenawalt pan)식
③ DL(dwight–lloyd machine)식
④ AIB(allmanna inginiors byron disc)식

정답 45. ① 46. ④ 47. ① 48. ① 49. ② 50. ③ 51. ④ 52. ② 53. ③

54. 다음 중 소결반응에 대한 설명으로 틀린 것은?

① 저온에서는 확산결합한다.
② 고온에서는 용융결합한다.
③ 용융결합은 자철광을 다량으로 배합할 때 일어나는 결합이다.
④ 확산결합의 강도는 아주 강하며 코크스가 많거나 원료입도가 미세할 때 볼 수 있다.

해설 확산결합의 강도는 다소 약하며 코크스 부족과 원료입도가 조대할 때 볼 수 있다.

55. 다음 중 석탄의 성질에 대한 설명으로 옳은 것은?

① 석탄을 건류할 때 괴상으로 코크스가 되는 성질을 점결성이라 한다.
② 석탄을 급속히 가열하면 연화 및 팽창을 하게 되는데 이때 연화 팽창하는 성질을 코크스화성이라 한다.
③ 생성한 괴의 경도를 좌우하는 성질을 점착성이라고 한다.
④ 코크스화성이 큰 것을 약점결탄, 강한 것을 강점결탄이라 한다.

56. 다음 중 능철광을 나타내는 화학식으로 옳은 것은?

① $FeCO_3$　　② Fe_2O_3
③ Fe_3O_4　　④ FeO_3

57. 소결작업 과정에서 소결원료의 층을 상부에서 하부로 옳게 나열한 것은?

① 용융대-소결대-습연료대-건조대
② 소결대-용융대-건조대-습연료대
③ 습연료대-건조대-용융대-소결대
④ 소결대-건조대-습연료대-용융대

58. 다음 중 피환원성이 가장 우수한 것은?

① 자철광　　② 회선철
③ 황화광　　④ 자용성 펠릿

59. 소결원료에서 반광의 입도는 일반적으로 몇 mm 이하의 소결광인가?

① 5　　② 12　　③ 24　　④ 48

60. 소결조업에서 사용되는 용어 중 FFS가 의미하는 것은?

① 고로가스　　② 코크스 가스
③ 화염진행속도　　④ 최고도달 온도

해설 FFS(flame front speed): 화염진행속도

정답 54. ④　55. ①　56. ①　57. ②　58. ④　59. ①　60. ③

2009년 1월 18일 시행 문제

제선기능사

1. 강에서 상온메짐 취성의 원인이 되는 원소는?

① P ② S ③ Mn ④ Cu

해설 상온메짐: Fe_3P는 실온에서 충격치를 저하시켜 상온취성의 원인이 된다.

2. 체심입방격자와 조밀육방격자의 배위수는 각각 얼마인가?

① 체심입방격자: 8, 조밀육방격자: 8
② 체심입방격자: 12, 조밀육방격자: 12
③ 체심입방격자: 8, 조밀육방격자: 12
④ 체심입방격자: 12, 조밀육방격자: 8

해설 결정구조에서 체심입방격자: 8, 조밀육방격자: 12이며, 최근접 원자수를 말한다.

3. 황동에 납(Pb)을 첨가하여 절삭성을 좋게 한 황동으로 스크루, 시계용 기어 등의 정밀가공에 사용되는 합금은?

① 리드 브라스(lead brass)
② 문쯔메탈(muntz metal)
③ 틴 브라스(tin brass)
④ 실루민(silumin)

해설 함연황동(lead brass): 황동에 납을 첨가하여 절삭성을 좋게 한 합금이다.

4. 강에 탄소량이 증가할수록 증가하는 것은?

① 연신율 ② 경도
③ 단면수축률 ④ 충격값

해설 탄소량의 증가에 따라 강도, 경도는 증가하고, 연신율은 감소한다.

5. 36% Ni, 약 12%Cr이 함유된 Fe합금으로 온도의 변화에 따른 탄성률 변화가 거의 없으며 지진계의 부품, 고급시계 재료로 사용되는 합금은?

① 인바(invar)
② 코엘린바(coelinvar)
③ 엘린바(elinvar)
④ 슈퍼인바(superinvar)

해설 Ni-Fe계 합금인 엘린바는 고급시계, 지진계, 압력계, 스프링저울, 다이얼게이지 등에 사용되는 합금이다.

6. 금속재료의 일반적인 설명으로 틀린 것은?

① 구리(Cu)보다 은(Ag)의 전기전도율이 크다.
② 합금이 순수한 금속보다 열전도율이 좋다.
③ 순수한 금속일수록 전기전도율이 좋다.
④ 열전도율의 단위는 W/m · K이다.

해설 순금속이 합금보다 열전도율이 좋다.

7. 건축용 철골, 볼트, 리벳 등에 사용되는 것으로 연신율이 약 22%이고, 탄소함량이 약 0.15%인 강재는?

① 경강 ② 연강
③ 최경강 ④ 탄소공구강

해설 연강은 저탄소강으로서 연신율이 높아 건축용 철골, 볼트, 리벳 등에 사용되는 강이다.

정답 1. ① 2. ③ 3. ① 4. ② 5. ③ 6. ② 7. ②

8. **탄성한도와 항복점이 높고, 충격이나 반복 응력에 대해 잘 견디어낼 수 있으며, 고탄소강을 목적에 맞게 담금질, 뜨임을 하거나 경강선, 피아노선 등을 냉간가공하여 탄성한도를 높인 강은?**

① 스프링강 ② 베어링강
③ 쾌삭강 ④ 영구자석강

9. **오스테나이트계 스테인리스강에 대한 설명으로 틀린 것은?**

① 대표적인 합금에 18%Cr-8%Ni강이 있다.
② 1100℃에서 급랭하여 용체화처리를 하면 오스테나이트 조직이 된다.
③ Ti, V, Nb 등을 첨가하면 입계부식이 방지된다.
④ 1000℃로 가열한 후 서랭하면 $Cr_{23}C_6$ 등의 탄화물이 결정립계에 석출하여 입계부식을 방지한다.

해설 1000℃로 가열한 후 서랭하면 $Cr_{23}C_6$ 등의 탄화물이 결정립계에 석출하여 입계부식을 발생한다.

10. **다음 중 내식성 알루미늄 합금이 아닌 것은?**

① 하스텔로이(hastelloy)
② 하이드로날륨(hydronalium)
③ 앨클래드(alclad)
④ 알드레이(aldrey)

해설 하스텔로이: 내열합금이다.

11. **동소변태에 대한 설명으로 틀린 것은?**

① 결정격자의 변화이다.
② 원자배열의 변화이다.
③ A_0, A_2변태가 있다.
④ 성질이 비연속적으로 변화한다.

해설 동소변태: A_3변태, A_4변태가 있다.

12. **1~5μm 정도의 비금속 입자가 금속이나 합금의 기지 중에 분산되어 있는 입자강화 금속복합재료에 속하는 것은?**

① 서멧 ② SAP ③ FRM ④ TD Ni

해설 서멧: 비금속입자인 세라믹과 금속결합재료이다.

13. **다음 중 면심입방격자(FCC) 금속에 해당되는 것은?**

① Ta, Li, Mo ② Ba, Cr, Fe
③ Ag, Al, Pt ④ Be, Cd, Mg

14. **금속의 슬립(slip)과 쌍정(twin)에 대한 설명으로 옳은 것은?**

① 슬립은 원자밀도가 최소인 방향으로 일어난다.
② 슬립은 원자밀도가 가장 작은 격자면에서 잘 일어난다.
③ 쌍정은 결정의 변형부분과 변형되지 않은 부분이 대칭을 이루게 한다.
④ 쌍정에 의한 변형은 슬립에 의한 변형보다 매우 크다.

15. **투명이나 반투명 플라스틱 얇은 판에 여러 가지 크기의 원, 타원 등의 기본도형, 문자, 숫자 등을 뚫어 놓아 원하는 모양으로 정확하게 그릴 수 있는 것은?**

① 형판 ② 축척자 ③ 삼각자 ④ 디바이더

정답 8. ① 9. ④ 10. ① 11. ③ 12. ① 13. ③ 14. ③ 15. ①

16. 다음 중 Fe-C평형상태도에 대한 설명으로 옳은 것은?

① 공석점은 약 0.80%C를 함유한 점이다.
② 포정점은 약 4.3%C를 함유한 점이다.
③ 공정점의 온도는 약 723℃이다.
④ 순철의 자기변태온도는 210℃이다.

해설 공석점: 0.80%C, 공정점: 4.3%C, 공정선 온도: 1130℃, 순철의 자기변태온도: 768℃

17. 도면에 치수를 기입할 때 유의해야 할 사항으로 옳은 것은?

① 치수는 계산을 하도록 기입해야 한다.
② 치수의 기입은 되도록 중복하여 기입해야 한다.
③ 치수는 가능한 한 보조 투상도에 기입해야 한다.
④ 관련되는 치수는 가능한 한 곳에 모아서 기입하여야 한다.

18. 도면에서와 같이 절단 평면과 원뿔의 밑면이 이루는 각이 원뿔의 모선과 밑면이 이루는 각보다 작은 경우 이때의 단면은?

① 원　② 타원　③ 원뿔　④ 포물선

19. 현과 호에 대한 설명 중 옳은 것은?

① 호의 길이를 표시한 치수선은 호에 평행인 직선으로 표시한다.
② 현의 길이를 표시하는 치수선은 그 현과 동심인 원호로 표시한다.
③ 원호로 구성되는 곡선의 치수는 원호의 반지름과 그 중심 또는 원호와의 접선 위치를 기입할 필요가 없다.
④ 원호와 현을 구별해야 할 때에는 호의 치수 숫자 위에 ∩표시를 한다.

해설 호는 치수 숫자 위에 ∩표시를 하고, 현은 숫자만 기입한다.

20. 그림과 같이 표시되는 단면도는?

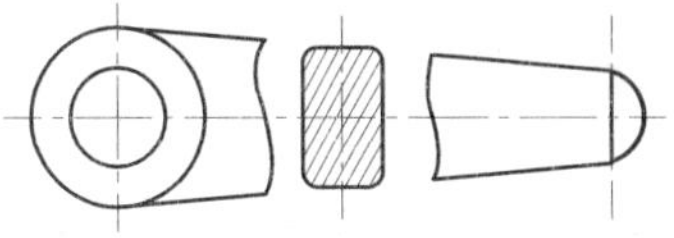

① 온단면도　② 한쪽 단면도
③ 부분 단면도　④ 회전 단면도

21. 다음 중 도면의 크기와 양식에 대한 설명으로 틀린 것은?

① 도면의 크기 A2는 420×594mm이다.
② 도면에서 그려야 할 사항 중에는 윤곽선, 중심마크, 표제란 등이 있다.
③ 큰 도면을 접을 때에는 A0의 크기로 접는 것을 원칙으로 한다.
④ 표제란은 도면의 오른쪽 아래에 표제란을 그린다.

해설 큰 도면을 접을 때에는 A4의 크기로 접는 것을 원칙으로 한다.

22. 구멍치수 $\phi 45^{+0.025}_{0}$, 축 치수 $\phi 45^{+0.009}_{-0.025}$ 인 경우 어떤 끼워맞춤인가?

① 헐거운 끼워맞춤　② 억지 끼워맞춤
③ 중간 끼워맞춤　④ 보통 끼워맞춤

해설 중간 끼워맞춤: 구멍의 허용치수가 축의 허용치수보다 큰 동시에 축의 허용치수가 구멍의 허용치수보다 큰 경우의 끼워맞춤이다.

정답 16. ① 17. ④ 18. ② 19. ④ 20. ④ 21. ③ 22. ③

23. 다음 그림 중에서 FL이 의미하는 것은?

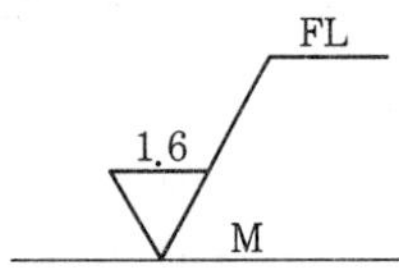

① 밀링 가공을 나타낸다.
② 래핑 가공을 나타낸다.
③ 가공으로 생긴 선이 거의 동심원임을 나타낸다.
④ 가공으로 생긴 선이 2방향으로 교차하는 것을 나타낸다.

24. 다음 중 도면에서 비례척이 아님을 나타내는 기호는?

① TS ② NS ③ ST ④ SN

25. SM20C에서 20C는 무엇을 나타내는가?

① 최고 인장강도 ② 최저 인장강도
③ 탄소함유량 ④ 최고항복점

해설 SM: 기계구조용 탄소강, 20C: 탄소함유량

26. 다음 중 위치수 허용차를 옳게 나타낸 것은?

① 치수-기준치수
② 최소 허용치수-기준치수
③ 최대 허용치수-최소 허용치수
④ 최대 허용치수-기준치수

해설 위치수 허용차: 최대 허용치수-기준치수, 아래치수 허용차: 최소 허용치수-기준치수

27. 축이나 원통같이 단면의 모양이 같거나 규칙적인 물체가 긴 경우 중간 부분을 잘라내고 중요한 부분만을 나타내는데 이때 잘라내는 부분의 파단선으로 사용하는 선은?

① 굵은 실선 ② 1점 쇄선
③ 2점 쇄선 ④ 가는 실선

해설 잘라내는 부분의 파단선은 가는 실선으로 그린다.

28. 열풍로의 송풍계통 중 혼합 내용풍을 송풍하고 중지하는 밸브는?

① HBV ② CBV ③ ECV ④ CBNV

29. 고로의 조업에서 고압조업의 효과가 아닌 것은?

① 고황(S)의 용선 생산 증대
② 출선량의 증대
③ 연진의 감소
④ 코크스비의 감소

해설 출선량의 증대, 연진의 감소, 코크스비의 감소, 노황의 안정, dust의 감소

30. 선철 중의 탄소의 용해도를 증가시키는 원소가 아닌 것은?

① V ② Si ③ Cr ④ Mn

31. 다음 중 고로 안에서 거의 환원되는 것은?

① CaO ② P_2O_5 ③ MgO ④ Al_2O_3

32. 제강용선 중 염기성 선철을 제조하는 원칙에 해당하지 않는 것은?

① 염기도를 낮춘다.
② 강하시간을 빠르게 한다.
③ 중장입으로 하여 송풍량을 높인다.
④ 노황을 항상 좋게 유지하여 규소량에 차가 없도록 한다.

해설 염기도를 높인다.

정답 23. ② 24. ② 25. ③ 26. ④ 27. ④ 28. ④ 29. ① 30. ② 31. ② 32. ①

33. 고로수리를 위하여 일시적으로 송풍을 중지시키는 것은?

① hanging ② blowing in
③ ventilation ④ blowing out

34. 고로 조업시에 노정가스 성분에서 검출되지 않는 것은?

① CO ② CO_2 ③ He ④ H_2

35. 고로의 열정산 시 입열에 해당되는 것은?

① 송풍현열 ② 용선현열
③ 노정가스 잠열 ④ 슬래그 현열

36. 고로의 노정설비 중 장입물의 레벨(level)을 측정하는 것은?

① 디스트리뷰터(distributor)
② 사운딩(sounding)
③ 라지 벨(large bell)
④ 서지 호퍼(surge hopper)

37. 주물용 선철 성분의 특징으로 옳은 것은?

① Si, S를 모두 적게 한다.
② P, S를 모두 많게 한다.
③ Si가 적고, Mn은 많게 한다.
④ Si가 많고, Mn은 적게 한다.

38. 노체의 팽창을 완화하고 가스가 새는 것을 막기 위해 설치하는 것은?

① 더스트 캐처(dust catcher)
② 익스팬션(expansion)
③ 벤투리 스크러버(venture scruber)
④ 셉텀 밸브(septum valve)

39. 자철광 1500g을 자력 선별하여 725g의 정광 산물을 얻었다면 선광비는 얼마인가?

① 0.48 ② 1.07 ③ 2.07 ④ 2.48

해설 $\text{선광비} = \frac{\text{원료철광석}}{\text{정광생산광석}} = \frac{1500}{725} = 2.07$

40. 용강로 철피 적열상태를 점검하는 방법을 설명한 것으로 틀린 것은?

① 온도계로 온도측정
② 소량의 물로 비등현상 확인
③ 조명 소등 후 철피 색상 비교
④ 신체 접촉으로 온기 확인

41. 코크스로가스(COG)의 발열량은 약 몇 $kcal/m^3$인가?

① 850 ② 4750 ③ 7500 ④ 9500

42. 고로에서 풍구수준면에서 장입기준선까지의 용적을 무엇이라 하는가?

① 실용적 ② 내용적
③ 전용적 ④ 유효 내용적

43. 보호구의 보관방법에 대한 설명으로 틀린 것은?

① 발열체가 주변에 없을 것
② 햇빛이 들지 않고 통풍이 잘되는 곳에 보관할 것
③ 땀 등으로 오염된 경우는 세탁하고 건조시킨 후 보관할 것
④ 부식성 액체, 유기용제, 기름, 산 등과 혼합하여 보관할 것

해설 부식성 액체, 유기용제, 기름, 산 등과 분리하여 보관할 것

정답 33. ④ 34. ③ 35. ① 36. ② 37. ④ 38. ② 39. ③ 40. ④ 41. ② 42. ④ 43. ④

44. **광석의 철 품위를 높이고 광석 중의 유해 불순물인 비소(As), 황(S) 등을 제거하기 위해서 하는 것은?**

① 균광 ② 단광 ③ 선광 ④ 소광

45. **고로조업 중 배기가스 처리장치를 통해 가장 많이 배출되는 가스는?**

① N_2 ② H_2 ③ CO ④ CO_2

46. **소결조업 중 배합원료에 수분을 첨가하는 이유를 설명한 것 중 틀린 것은?**

① 소결층의 연진 흡입 및 비산을 방지한다.
② 미분원료의 응집에 의한 통기성을 향상시킨다.
③ 소결층 내의 온도 구배를 개선하여 열효율을 향상시킨다.
④ 소결대의 최고 온도를 낮추고, 배가스 온도가 상승하여 품질을 향상시킨다.

해설 소결대의 최고 온도를 높이고, 배가스 온도가 저하하여 품질을 향상시킨다.

47. **소결 원료로 사용되며, 압연공장에서 발생하는 산화철 표피는?**

① 연진 ② 스케일 ③ 유산재 ④ 전로재

48. **코크스의 생산량을 구하는 식으로 옳은 것은?**

① (톤당 석탄의 장입량+코크스 실수율)÷압출문수
② (톤당 석탄의 장입량−코크스 실수율)÷압출문수
③ 톤당 석탄의 장입량×코크스 실수율×압출문수
④ 톤당 석탄의 장입량×압출문수÷코크스 실수율

49. **덩어리로 된 괴광에 필요한 성질에 대한 설명으로 옳은 것은?**

① 다공질로 노 안에서 환원이 잘 되어야 한다.
② 노에 장입 및 강하시에는 잘 분쇄되어야 한다.
③ 선철에 품질을 높일 수 있는 황과 인이 있어야 한다.
④ 점결제에는 알칼리류를 함유하고 있어야 하며, 열팽창 및 수축에 의한 붕괴를 일으켜야 한다.

해설 환원이 잘 되어야 하고, 강하 시 분쇄되지 않고 황과 인이 적어야 하며, 점결제에는 알칼리류를 함유하고 있어야 한다.

50. **용광로에서 분상의 광석을 사용하지 않는 이유와 가장 관계가 없는 것은?**

① 장입물의 강하가 불균일하기 때문이다.
② 통풍의 악화현상을 가져오기 때문이다.
③ 노정가스에 의한 미분광의 손실이 우려되기 때문이다.
④ 노내의 용탕이 불량해지기 때문이다.

51. **다음의 화학반응식 중 옳은 것은?**

① $4Fe_3O_4+O_2 \rightleftarrows 6Fe_2O_3$
② $3Fe_3O_4+O_2 \rightleftarrows 6Fe_2O_3$
③ $4Fe_3O_4+O_2 \rightleftarrows 5Fe_2O_3$
④ $3Fe_3O_4+O_3 \rightleftarrows 5Fe_2O_3$

52. **품위가 57.8%인 광석에서 철분 94%의 선철 1톤을 만드는 데 필요한 광석량은 약 몇 kg인가? (단, 철분이 모두 환원되어 철의 손실이 없다고 가정한다.)**

① 615 ② 915
③ 1426 ④ 1626

정답 44. ③ 45. ① 46. ④ 47. ② 48. ③ 49. ① 50. ④ 51. ① 52. ④

53. 광석을 가열하여 수산화물 및 탄산염과 같이 화학적으로 결합되어 있는 H_2O와 CO_2를 제거하면서 산화광을 만드는 방법은?

① 하소 ② 분쇄
③ 배소 ④ 선광

54. 소결법을 시행하는 이유가 아닌 것은?

① 생산성을 증가시키기 위하여
② 코크스의 원단위를 증가시키기 위하여
③ 제선의 능률을 향상시키기 위하여
④ 적합한 입도를 유지시키기 위하여

55. 드와이트 로이드(dwight lloyd) 소결기에 대한 설명으로 틀린 것은?

① 소결 불량 시 재점화가 가능하다.
② 방진장치 설치가 용이하다.
③ 기계부분의 손상 마모가 크다.
④ 연속식이기 때문에 대량생산에 적합하다.

해설 소결 불량 시 재점화가 불가능하다.

56. 소결공장에서 혼화기(drum mixer)의 역할이 아닌 것은?

① 수분 첨가 ② 조립
③ 장입 ④ 혼합

57. 다음 중 소결기의 급광장치에 속하지 않는 것은?

① drum feeder ② wind box
③ cut gate ④ shuttle conveyor

58. 소결법 중 정광 분말에 점결제를 첨가하면서 서서히 회전시켜 둥근 알갱이를 만드는 방법은?

① 침출(leaching)법
② 오일링(oiling)법
③ 펠레타이징(pelletizing)법
④ 브리케팅(briquetting)법

59. 다음 소결원료 중 광물적 주원료에 해당되는 것은?

① 자철광 ② 생석회
③ 밀스케일 ④ 보크사이트

60. 다음 중 생펠릿에 대한 설명으로 틀린 것은?

① 펠레타이징 시 적당한 크기로 만들어진 것을 생펠릿이라 한다.
② 자연 건조 시 경화되어 큰 강도를 얻고자 할 때 소결한다.
③ 철광석을 생펠릿으로 만든 다음 가열하여 환원배소하면 가공성이 우수한 철광석이 얻어진다.
④ 소성경화는 약 650℃에서 경화가 이루어진다.

해설 소성경화는 약 1300℃에서 경화가 이루어진다.

정답 53. ① 54. ② 55. ① 56. ③ 57. ② 58. ③ 59. ① 60. ④

2010년 1월 31일 시행 문제

제선기능사

1. 다음 중 표준 고속도강의 조성으로 옳은 것은?

① 15%(Cr)–4%(W)–1%(V)
② 15%(Mo)–4%(Cr)–1%(V)
③ 18%(Cr)–4%(In)–1%(V)
④ 18%(W)–4%(Cr)–1%(V)

2. 금속의 일반적인 특성을 설명한 것 중 틀린 것은?

① 전성 및 연성이 좋다.
② 전기 및 열의 양도체이다.
③ 금속 고유의 광택을 가진다.
④ 수은을 제외한 모든 금속은 상온에서 액체 상태이다.

해설 수은을 제외한 모든 금속은 상온에서 고체 상태이다.

3. Al에 Si가 고용될 수 있는 한계는 공정온도인 577℃에서 약 1.65%이며, 기계적 성질 및 유동성이 우수하며, 얇고 복잡한 모래형 주물에 많이 사용하는 알루미늄 합금은?

① 마그날륨 ② 모넬메탈
③ 실루민 ④ 델타메탈

해설 실루민: Al–Si계 합금으로 금속나트륨, 불화알칼리, 가성소다, 알칼리염류 등을 접종시켜 조직을 미세화시키고 강도를 개선한 합금이다.

4. 서멧(cermet)과 관련이 있는 것은?

① 다공질 재료
② 클래드 재료
③ 입자강화 복합재료
④ 섬유강화 복합재료

해설 서멧은 세라믹과 금속결합재료인 입자강화 복합재료이다.

5. 다음 중 퀴리점(curie point)이란?

① 동소변태점
② 결정격자가 변하는 점
③ 자기변태가 일어나는 온도
④ 입방격자가 변하는 점

해설 퀴리점: 순철에서 자기변태가 일어나는 온도

6. 그림은 물의 상태도이다. 이때 T점의 자유도는 얼마인가?

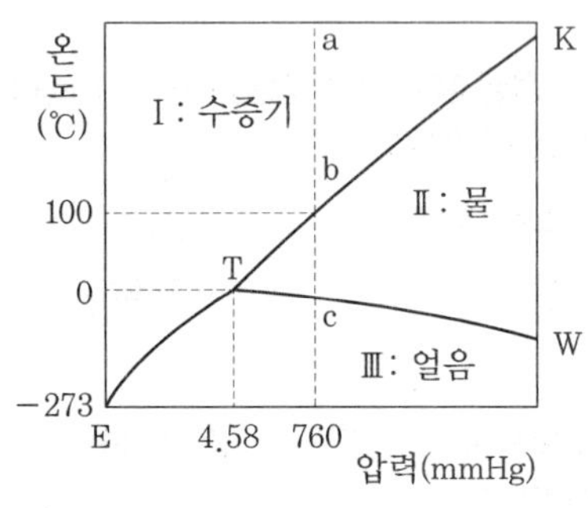

① 0 ② 1 ③ 2 ④ 3

해설 물의 삼중점(T점)의 자유도는 0이다.

7. 동전 제조에 많이 사용되는 금속으로 탈색 효과가 우수하며, 비중이 약 8.9인 금속은?

① 니켈(Ni) ② 아연(Zn)
③ 망간(Mn) ④ 백금(Pt)

정답 1. ④ 2. ④ 3. ③ 4. ③ 5. ③ 6. ① 7. ①

8. **황동에서 탈아연부식이란 무엇인가?**

① 황동제품이 공기 중에 부식되는 현상
② 황동 중에 탄소가 용해되는 현상
③ 황동이 수용액 중에서 아연이 용해하는 현상
④ 황동 중의 구리가 염분에 녹는 현상

9. **금속을 냉간가공하였을 때 기계적 성질의 변화를 설명한 것 중 옳은 것은?**

① 경도, 인장강도는 증가하나 연신율, 단면수축률은 감소한다.
② 경도, 인장강도는 감소하나 연신율, 단면수축률은 증가한다.
③ 경도, 인장강도, 연신율, 단면수축률은 감소한다.
④ 경도, 인장강도, 연신율, 단면수축률은 증가한다.

10. **Fe-C상태도에서 나타나는 여러 반응 중 반응온도가 높은 곳에서 낮은 순으로 나열된 것은?**

① 포정반응 > 공정반응 > 공석반응
② 포정반응 > 공석반응 > 공정반응
③ 공정반응 > 포정반응 > 공석반응
④ 공석반응 > 포정반응 > 공정반응

해설 포정반응(1401℃) > 공정반응(1139℃) > 공석반응(723℃)

11. **금속의 응고과정 순서로 옳은 것은?**

① 결정핵의 생성 → 결정의 성장 → 결정립계 형성
② 결정의 성장 → 결정립계 형성 → 결정핵의 생성
③ 결정립계 형성 → 결정의 성장 → 결정핵의 생성
④ 결정핵의 생성 → 결정립계 형성 → 결정의 성장

12. **진공 또는 CO의 환원성 분위기에서 용해 주조하여 만들며, O_2나 탈산제를 품지 않은 구리는?**

① 전기 구리 ② 전해 인성구리
③ 탈산 구리 ④ 무산소 구리

13. **다음 중 체심입방격자(BCC)의 배위수(최근접원자)는?**

① 4개 ② 8개 ③ 12개 ④ 24개

해설 체심입방격자(BCC): 8개, 면심입방격자(FCC): 12개

14. **다음 중 Ni-Fe계 합금이 아닌 것은?**

① 인바(invar)
② 니칼로이(nickalloy)
③ 플라티나이트(platinite)
④ 콘스탄탄(constantan)

해설 콘스탄탄: Ni-Cu합금

15. **황이 적은 선철을 용해하여 주입 전에 Mg, Ce, Ca 등을 첨가하여 제조한 주철은?**

① 구상흑연 주철 ② 칠드 주철
③ 흑심가단 주철 ④ 미하나이트 주철

16. **도면의 표제란에 기입된 "NS"가 뜻하는 것은?**

① 영구 보존할 도면
② 가공여유 또는 수축여유를 고려하여 도시된 도면
③ 국제 표준규격으로 도시된 도면
④ 척도를 맞추지 않고 그려진 도면

해설 NS: 비례척이 아님

정답 8. ③ 9. ① 10. ① 11. ① 12. ④ 13. ② 14. ④ 15. ① 16. ④

17. 기계재료의 표시 중 SC360이 의미하는 것은?

① 탄소용 단강품 ② 탄소용 주강품
③ 탄소용 압연품 ④ 탄소용 압출품

해설 SC: 탄소용 주강품

18. 다음 중 회전단면을 주로 이용하는 부품은?

① 볼트 ② 파이프 ③ 훅 ④ 중공축

19. 다음 중 한국산업표준의 영문 약자로 옳은 것은?

① JIS ② KS ③ ANSI ④ BS

해설 JIS: 일본, KS: 한국, ANSI: 미국, BS: 영국

20. 기어의 잇수가 50개, 피치원의 지름이 200mm일 때 모듈은 몇 mm인가?

① 3 ② 4 ③ 5 ④ 6

해설 $m=\frac{D}{Z}=\frac{200}{50}=4$

21. 다음 치수기입 방법의 설명으로 틀린 것은?

① 도면에서 완성치수를 기입한다.
② 단위는 mm이며 도면 치수에는 기입하지 않는다.
③ 지름 기호 R은 치수 수치 뒤에 붙인다.
④ □10은 한 변이 10mm인 정사각형을 의미한다.

해설 지름 기호 R은 치수 수치 앞에 붙인다.

22. 고로의 장입장치가 구비해야 할 조건으로 틀린 것은?

① 조업속도와는 상관없이 최대한 느리게 장입해야 한다.
② 장치의 개폐에 따른 마모가 없어야 한다.
③ 원료를 장입할 때 가스가 새지 않아야 한다.
④ 장치가 간단하여 보수하기 쉬워야 한다.

해설 조업속도에 맞추어 최대한 빠르게 장입해야 한다.

23. 다음 도면을 이용하여 공작물을 완성할 수 없는 이유는?

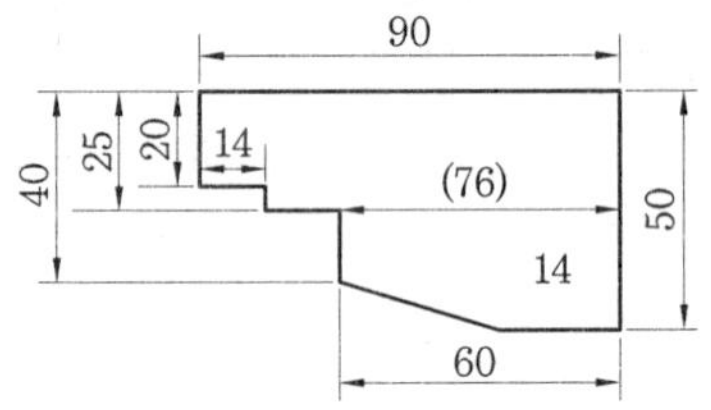

① 치수 20과 25 사이의 5의 치수가 없기 때문에
② 공작물의 두께 치수가 없기 때문에
③ 공작물 하단의 경사진 각도 치수가 없기 때문에
④ 공작물의 외형 크기 치수가 없기 때문에

24. 나사의 도시에 대한 설명으로 옳은 것은?

① 수나사와 암나사의 골지름은 굵은 실선으로 그린다.
② 불완전 나사부의 끝 밑선은 45°파선으로 그린다.
③ 수나사의 바깥지름과 암나사의 안지름은 굵은 실선으로 그린다.
④ 완전 나사부와 불완전 나사부의 경계선은 가는 실선으로 그린다.

25. 제3각법에서 물체의 윗면을 나타내는 도면은?

① 평면도 ② 정면도 ③ 측면도 ④ 단면도

정답 17. ② 18. ③ 19. ② 20. ② 21. ③ 22. ① 23. ③ 24. ③ 25. ①

26. 화살표 방향이 정면도라면 평면도는?

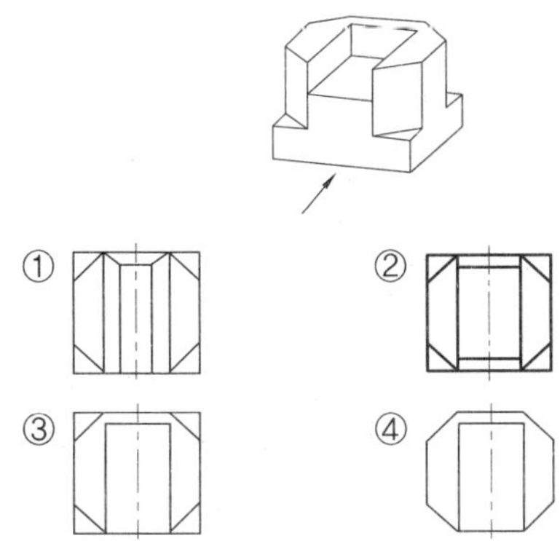

27. 제도용지 중 A3의 크기는 얼마인가?

① 210×297　② 297×420
③ 420×594　④ 594×841

해설 A4: 210×297, A3: 297×420, A2: 420×594, A1: 594×841

28. 그림과 같은 내연식 열풍로의 연소실에 해당되는 곳은?

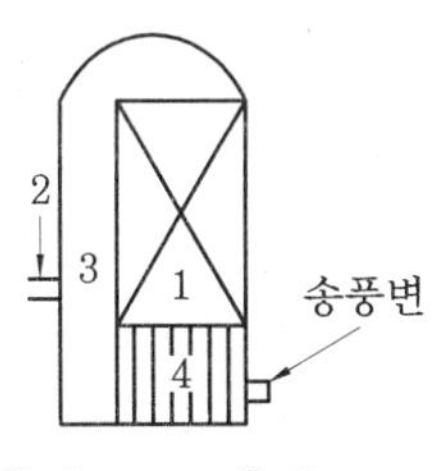

① 1　② 2　③ 3　④ 4

해설 1: 축열실, 2: 열풍밸브, 3: 연소실, 4: 냉풍

29. 선강 일관제철법에 대한 설명으로 틀린 것은?

① 주원료는 고철을 사용하므로 원료 확보가 용이하다.
② 고로가스를 연료로 이용함으로써 생산비를 저하시킬 수 있다.
③ 제선-제강-압연시설이 합리적으로 배치되어 생산성이 뛰어나다.
④ 고로에서 생산된 용선 그대로 제강원료로 사용하여 열효율이 좋다.

해설 주원료는 철광석을 사용한다.

30. 선철을 파면에 의해 구분할 때 파면의 탄소가 흑연과 결합탄소로 되어 있으며, 파단면에 흰색과 회색이 섞인 얼룩무늬인 선철은?

① 반선철　② 백선철　③ 회선철　④ 전선철

31. 용광로의 고압 조업이 갖는 효과가 아닌 것은?

① 출선량이 증가한다.
② 코크스비가 감소한다.
③ 연진이 감소한다.
④ 노정 온도가 올라간다.

해설 노정 온도가 내려간다.

32. 다음 중 냄새가 나지 않고 가장 가벼운 기체는?

① H_2S　② NH_3　③ He　④ SO_2

해설 He는 무취, 불활성, 가벼운 기체이다.

33. 용광로의 몸체에서 노복(belly)부분에 해당하는 부위는?

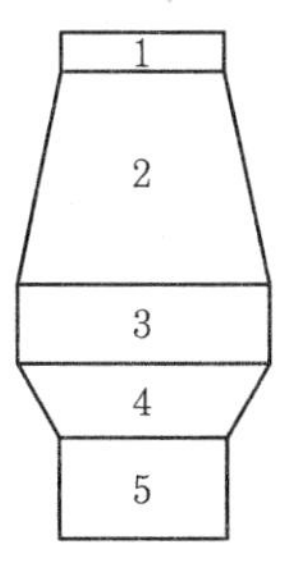

① 1　② 2　③ 3　④ 4

해설 1: 노구, 2: 노흉, 3: 노복, 4: 보시, 5: 노저

정답 26. ③　27. ②　28. ③　29. ①　30. ①　31. ④　32. ③　33. ③

34. 가공제품을 끼워맞춤 조립할 때 구멍 최소치수가 축의 최대치수보다 큰 경우로 항상 틈새가 생기는 끼워맞춤은?

① 헐거운 끼워맞춤 ② 억지 끼워맞춤
③ 중간 끼워맞춤 ④ 복합 끼워맞춤

35. 고로 내에서 노내벽 연와를 침식하여 노체 수명을 단축시키는 원소는?

① Zn ② P
③ Al ④ Ti

36. 출선구에서 나오는 용선과 광재를 분리시키는 역할을 하는 것은?

① 출재구(tapping hole)
② 더미 바(dummy bar)
③ 스키머(skimmer)
④ 탕도(runner)

37. 고로 조업 시 장입물이 안으로 하강함과 동시에 복잡한 변화를 받는데 그 변화의 일반적인 과정으로 옳은 것은?

① 용해→산화→탄소흡수(가탄)→예열
② 예열→탄소흡수(가탄)→환원→용해
③ 예열→환원→탄소흡수(가탄)→용해
④ 탄소흡수(가탄)→예열→산화→용해

38. 주물용선의 조업조건과 가장 관련이 적은 것은?

① 풍량을 줄인다.
② 고열조업을 한다.
③ 강염기성 슬래그로 한다.
④ 장입물 강하시간을 늦춘다.

해설 염기성 슬래그로 한다.

39. 다음 중 고로의 풍구가 파손되는 가장 큰 원인은?

① 용선이 접촉할 때
② 코크스가 접촉할 때
③ 풍구 앞의 온도가 높을 때
④ 고로내 장입물이 슬립을 일으킬 때

40. 철분의 품위가 54.8%인 철광석으로부터 철분 94%의 선철 1톤을 제조하는 데 필요한 철광석량은 약 몇 kg인가?

① 1075 ② 1715 ③ 2105 ④ 2715

41. 산업재해의 원인을 교육적, 기술적, 작업관리상의 원인으로 분류할 때 교육적 원인에 해당되는 것은?

① 작업준비가 충분하지 못할 때
② 생산방법이 적당하지 못할 때
③ 작업지시가 적당하지 못할 때
④ 안전수칙을 잘못 알고 있을 때

42. 노황이 안정되었을 때 좋은 슬래그의 특징이 아닌 것은?

① 색깔이 회색이다.
② 유동성이 좋다.
③ SiO_2가 많이 포함되어 있다.
④ 파면이 암석모양이다.

해설 노황이 안정되었을 때 SiO_2가 적게 포함되어 있다.

43. 고로 본체의 냉각방식 중 내부 냉각에 해당하는 것은?

① 재킷 냉각 ② stave 냉각
③ 살수 냉각 ④ 벽유수 냉각

해설 내부 냉각(강관을 철피 내면에 설치): stave 냉각

정답 34. ① 35. ① 36. ③ 37. ③ 38. ③ 39. ① 40. ② 41. ④ 42. ③ 43. ②

44. $CaCO_3$를 주성분으로 하는 퇴적암으로 염기성 용재로 사용되는 것은?

① 규석 ② 석회석
③ 백운석 ④ 망간광석

45. 고로 내에서 광석의 직접환원과 침탄반응이 주로 이루어지는 곳은?

① 괴상대 ② 융착대
③ 연소대 ④ 노상부

46. 분광석을 괴상화하는 방법이 아닌 것은?

① 입광법 ② 단광법
③ 전로법 ④ 펠레타이징법

47. 다음 중 적철광의 화학식으로 옳은 것은?

① $2Fe_2O_3 \cdot 3H_2O$ ② Fe_3O_4
③ $FeCO_3$ ④ Fe_2O_3

해설 적철광(Fe_2O_3), 자철광(Fe_3O_4), 갈철광($Fe_2O_3 \cdot 3H_2O$), 능철광(Fe_2CO_3)

48. 각종 원료의 수입과 저장 및 불출을 원활하게 하기 위한 yard설비가 아닌 것은?

① reclaimer ② train hopper
③ sinter ④ stacker

49. 소결원료 중 조재 성분에 대한 설명으로 옳은 것은?

① CaO의 증가에 따라 생산율이 감소한다.
② MgO의 증가에 따라 생산율이 증가한다.
③ SiO_2는 제품의 강도를 증가시킨다.
④ Al_2O_3는 결정수를 증가시킨다.

해설 CaO의 증가에 따라 생산율 증가, MgO의 증가에 따라 생산율이 감소, SiO_2는 제품의 강도를 증가, Al_2O_3는 결정수 감소

50. 제철원료로 사용되는 철광석의 구비조건으로 틀린 것은?

① 철분 함량이 높을 것
② 품질 및 특성이 균일할 것
③ 입도가 적당할 것
④ 산화하기 쉬울 것

해설 피환원성이 좋을 것

51. 다음 풍상(wind box)의 구비조건을 설명한 것 중 틀린 것은?

① 흡인용량이 충분할 것
② 분광이나 연진이 퇴적하지 않는 형상일 것
③ 강판으로 필요에 따라 자주 교체할 수 있을 것
④ 재질은 열팽창이 적고 부식에 잘 견딜 것

해설 교체하지 않을 것

52. 코크스로가스 중에 함유되어 있는 성분 중 많은 것부터 적은 순서대로 나열된 것은?

① $CO > CH_4 > N_2 > H_2$
② $CH_4 > CO > H_2 > N_2$
③ $H_2 > CH_4 > CO > N_2$
④ $N_2 > CH_4 > H_2 > CO$

53. 자용성 소결광이 고로 원료로 사용되는 이유에 대한 설명으로 틀린 것은?

① 파얄라이트(fayalite) 함유량이 많아서 피환원성이 크다.
② 노황이 안정되어 고온 송풍이 가능하다.
③ 하소된 상태에 있으므로 노 안에서의 열량소비가 감소된다.
④ 노 안에서 석회석의 분해에 의한 이산화탄소의 발생이 없으므로 철광석의 간접 환원이 잘 된다.

해설 소결광층의 파얄라이트 함유량이 감소되어 환원성이 좋아진다.

정답 44. ② 45. ② 46. ③ 47. ④ 48. ③ 49. ③ 50. ④ 51. ③ 52. ③ 53. ①

54. 고온에서 소결할 경우, 원료 중의 슬래그 성분이 용융해서 입자가 슬래그 성분으로 단단하게 결합하는 것으로 특히 저용융질의 슬래그일수록 잘 나타나는 결합은?

① 용융결합 ② 확산결합
③ 이온결합 ④ 공유결합

55. 소결기의 속도를 PS, 장입층후를 h, 스탠드 길이를 L이라고 했을 때, 화염진행속도를 나타내는 식으로 옳은 것은?

① $\frac{PS \times h}{L}$ ② $\frac{L \times h}{PS}$
③ $\frac{L}{PS \times h}$ ④ $\frac{PS \times L}{h}$

56. 고로에서 선철 1톤을 생산하는 데 소요되는 철광석(소결용 분광+괴광석)의 양은 약 얼마인가?

① 0.5~0.7톤 ② 1.5~1.7톤
③ 3.0~3.2톤 ④ 5.0~5.2톤

57. 소결광의 낙하강도(SI)가 저하하면 발생되는 현상으로 틀린 것은?

① 노황부조의 원인이 된다.
② 노내 통기성이 좋아진다.
③ 분율의 발생이 증가한다.
④ 소결의 원단위 상승을 초래한다.

해설 노내 통기성이 나빠진다.

58. 소결광 중에 철 규산염이 많을 때 소결광의 강도와 환원성은?

① 강도는 떨어지고, 환원성도 저하한다.
② 강도는 커지나, 환원성은 저하한다.
③ 강도는 커지고, 환원성도 향상된다.
④ 강도는 떨어지나, 환원성은 향상된다.

59. 다음 드럼 피더(drum feeder) 중 수직방향으로는 정도 편석을 조장시키는 장치는 어느 것인가?

① 호퍼(hopper)
② 경사판(deflector plate)
③ 게이트(gate)
④ 절단 게이트(cut-off gate)

60. 소결기에 급광하는 원료의 소결반응을 신속하게 하기 위한 조건으로 틀린 것은?

① 입도는 작을수록 소결시간이 단축되므로 미립이 많아야 한다.
② 소결기 상층부에는 분코크스를 증가시키는 것이 좋다.
③ 폭방향으로 연료 및 입도의 편석이 적어야 한다.
④ 장입물 입도분포와 장입밀도에 따라 소결반응에 영향을 미치므로 통기성이 좋아야 한다.

해설 입도는 균일해야 소결시간이 단축되므로 미립이 적어야 한다.

정답 54. ① 55. ① 56. ② 57. ② 58. ② 59. ② 60. ①

2011년 2월 13일 시행 문제

제선기능사

1. 다음 중 베어링용 합금이 갖추어야 할 조건 중 틀린 것은?

① 마찰계수가 크고 저항력이 작을 것
② 충분한 점성과 인성이 있을 것
③ 내식성 및 내소착성이 좋을 것
④ 하중에 견딜 수 있는 경도와 내압력을 가질 것

해설 마찰계수가 적고 저항력이 클 것

2. 순철의 동소변태로만 나열된 것은?

① α–Fe, γ–Fe, δ–Fe
② β–Fe, ε–Fe, ζ–Fe
③ η–Fe, λ–Fe, ρ–Fe
④ α–Fe, λ–Fe, ω–Fe

3. 기체 급랭법의 일종으로 금속을 기체 상태로 한 후에 급랭하는 방법으로 제조되는 합금으로서 대표적인 방법은 진공증착법이나 스퍼터링법 등이 있다. 이러한 방법으로 제조되는 합금은?

① 제진합금 ② 초전도 합금
③ 비정질 합금 ④ 형상기억 합금

해설 비정질합금의 제조방법은 기체상태에서 직접 고체상태로 초급랭시키는 방법과 화학적으로 기체상태를 고체상태로 침적시키는 방법 및 레이저를 이용한 급랭방법 등이 있다.

4. 귀금속에 속하는 금의 순도는 주로 캐럿(carat, K)으로 나타낸다. 18K에 함유된 순금의 순도(%)는 얼마인가?

① 25 ② 65 ③ 75 ④ 85

해설 $\frac{18}{24}\times100=75(\%)$

5. 다음 중 Sn을 함유하지 않은 청동은?

① 납청동 ② 인청동
③ 니켈 청동 ④ 알루미늄 청동

해설 알루미늄 청동: Cu–12%Al합금으로 황동, 청동에 비해 강도, 경도, 인성, 내마모성, 내피로성 등의 기계적 성질 및 내열, 내식성이 좋아 선박, 항공기, 자동차 등의 부품용으로 사용된다.

6. 금속의 산화에 관한 설명 중 틀린 것은?

① 금속의 산화는 이온화 경향이 큰 금속일수록 일어나기 쉽다.
② Al보다 이온화 계열이 상위에 있는 금속은 공기 중에서도 산화물을 만든다.
③ 금속의 산화는 온도가 높을수록, 산소가 금속 내부로 확산하는 속도가 늦을수록 빨리 진행한다.
④ 생성된 산화물의 피막이 치밀하면 금속내부에의 산화에는 어느 정도 저지된다.

해설 금속의 산화는 온도가 높을수록, 산소가 금속 내부로 확산하는 속도가 빠를수록 빨리 진행한다.

7. 철강 내에 포함된 다음 원소 중 철강의 성질에 미치는 영향이 가장 큰 것은?

① Si ② Mn ③ C ④ P

해설 탄소는 철강의 화학성분 중 기계적, 물리적, 화학적 성질에 크게 영향을 준다.

정답 1. ① 2. ① 3. ③ 4. ③ 5. ④ 6. ③ 7. ③

8. 전위 동의 결함이 없는 재료를 만들기 위하여 휘스커 섬유에 Al, Ti, Mg 등의 연성과 인성이 높은 금속을 합금 중에 균일하게 배열시킨 재료는 무엇인가?

① 클래드 재료
② 입자강화 금속 복합재료
③ 분산강화 금속 복합재료
④ 섬유강화 금속 복합재료

해설 섬유강화금속은 FRM(fiber reinforced metals), MMC(metal matrix composite)로 최고 사용온도 377~527℃, 비강성, 비강도가 큰 것을 목적으로 하여 Al, Mg, Ti 등의 경금속을 기지로 한 저용융점계 섬유강화 금속과 927℃ 이상의 고온에서 강도나 크리프특성을 개선시키기 위해 Fe, Ni합금을 기지로 한 고용융점계 섬유강화초합금(FRS)이 있다.

9. 주조상태 그대로 연삭하여 사용하며, 단조가 불가능한 주조경질합금공구 재료는?

① 스텔라이트 ② 고속도강
③ 퍼멀로이 ④ 플라티나이트

10. 용강중에 Fe-Si 또는 Al분말 등의 강한 탈산제를 첨가하여 완전히 탈산시킨 강은?

① 림드강 ② 킬드강
③ 캡드강 ④ 세미킬드강

11. 금속 가공에서 냉간가공과 열간가공을 구별하는 온도의 기준으로 옳은 것은?

① 연소온도 ② 응고온도
③ 변태온도 ④ 재결정온도

12. 금속에 대한 성질을 설명한 것 중 틀린 것은?

① 모든 금속은 상온에서 고체 상태로 존재한다.
② 텅스텐(W)의 용융점은 약 3410℃이다.
③ 이리듐(Ir)의 비중은 22.5이다.
④ 열 및 전기의 양도체이다.

해설 모든 금속은 상온에서 고체이며 결정체이다(단, Hg는 제외).

13. 마그네슘 및 마그네슘합금의 성질에 대한 설명으로 옳은 것은?

① Mg의 열전도율은 Cu와 Al보다 높다.
② Mg의 전기전도율은 Cu와 Al보다 높다.
③ Mg합금보다 Al합금의 비강도가 우수하다.
④ Mg은 알칼리에 잘 견디나, 산이나 염수에서는 침식된다.

해설 Mg의 열전도율과 전기전도율은 Cu와 Al보다 낮고 비강도는 우수하다.

14. 노체 연와의 침식이 심하게 진행되고 있을 때 취하는 조치(중장기 노체 호보조치)로 틀린 것은?

① 계획적인 냉각반 교체
② 부정형 내화재 압입
③ 노내 가스 흐름의 중심류화 조업
④ 고온조업 실시

해설 저온조업 실시

15. 실용합금으로 Al에 Si이 약 10~13% 함유된 합금의 명칭으로 옳은 것은?

① 실루민 ② 알니코
③ 아우탈 ④ 오일라이트

16. CAD 시스템의 하드웨어 중 출력장치에 해당하는 것은?

① 디지타이저 ② 마우스
③ 키보드 ④ 플로터

정답 8. ④ 9. ① 10. ② 11. ④ 12. ① 13. ④ 14. ④ 15. ① 16. ④

17. 기계구조용 탄소강재를 SM10C로 표기하였을 때 "10C"가 의미하는 것은?

① 연신율 ② 탄소함유량
③ 주조응력 ④ 인장강도

해설 SM: 기계구조용 탄소강, 10C: 탄소함유량

18. 그림과 같은 물체를 제3각법으로 옳게 그려진 것은?

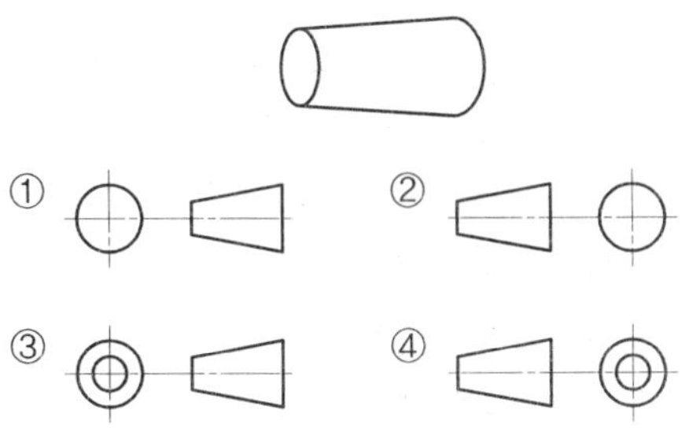

19. 표면의 결 표시방법 중 줄무늬 방향기호 "M"이 의미하는 것은?

① 가공에 의한 것의 줄무늬가 여러 방향으로 교차 또는 무방향
② 가공에 의한 것의 줄무늬가 기호를 기입한 면의 중심에 대하여 거의 동심원 모양
③ 가공에 의한 것의 줄무늬가 기호를 기입한 면의 중심에 대하여 거의 방사 모양
④ 가공에 의한 것의 줄무늬 방향이 기호를 기입한 그림의 투영면에 평행

20. 다음 중 가공 부분을 이동하는 특정위치 또는 이동한계의 위치를 나타낼 때 쓰이는 선은 어느 것인가?

① 파선 ② 가는 실선
③ 굵은 실선 ④ 2점 쇄선

21. 얇은 판으로 된 입체의 표면을 한 평면을 한 평면 위에 펼쳐서 그린 것은?

① 입체도 ② 전개도
③ 사투상도 ④ 정투상도

22. 구멍의 치수가 $\phi 45^{+0.025}_{0}$ 이고, 축의 치수가 $\phi 45^{-0.009}_{-0.025}$ 인 경우 어떤 끼워맞춤인가?

① 헐거운 끼워맞춤 ② 억지 끼워맞춤
③ 중간 끼워맞춤 ④ 보통 끼워맞춤

해설 헐거운 끼워맞춤: 구멍의 최소 허용치수가 축의 최대 허용치수보다 클 때의 맞춤

23. 치수를 기입할 때 주의사항 중 틀린 것은?

① 치수 숫자는 선에 겹쳐서 기입한다.
② 치수를 공정별로 나누어서 기입할 수도 있다.
③ 치수 숫자는 치수선과 교차되는 장소에 기입하지 말아야 한다.
④ 가공할 때 기준으로 할 곳이 있는 경우는 그곳을 기준으로 기입한다.

해설 치수 숫자는 선에 겹쳐서 기입하면 안 된다.

24. 다음 물체를 3각법으로 옳게 표현한 것은?

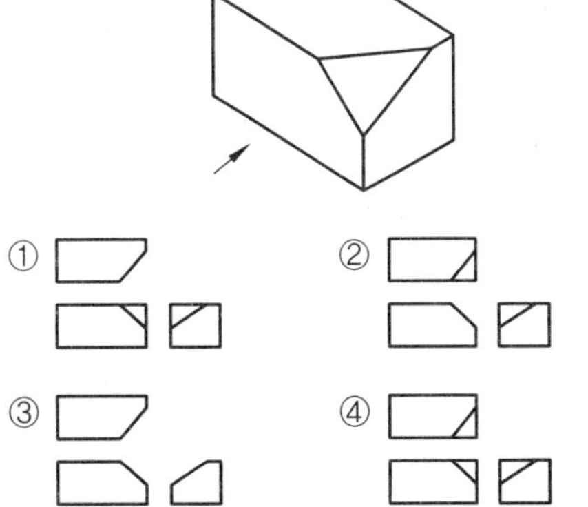

정답 17. ② 18. ③ 19. ① 20. ④ 21. ② 22. ① 23. ① 24. ④

25. 도면의 척도에서 "NS"로 표시되는 경우는?

① 1:1 현척인 경우
② 2:1 배척인 경우
③ 1:2 축척인 경우
④ 치수와 비례가 아닌 경우

26. 다음 그림에서 나타난 치수는 무엇을 나타낸 것인가?

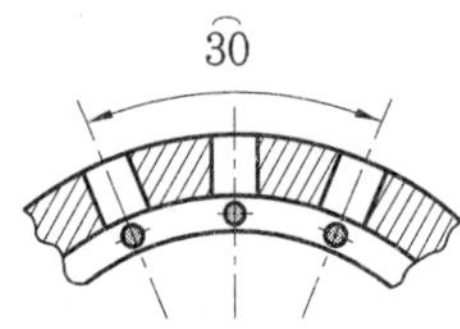

① 현　　② 호
③ 곡선　　④ 반지름

해설 호: 치수 위에 ⌒ 표시

27. 45°×45°×90°와 30°×60°×90°의 모양으로 된 2개의 삼각자를 이용하여 나타낼 수 없는 각도는?

① 15°　② 50°　③ 75°　④ 105°

28. 코크스 중에 회분이 7%, 휘발분이 5%, 수분이 4% 있다면, 고정탄소의 양은 몇 %인가?

① 54　② 64　③ 74　④ 84

해설 고정탄소=100-(회분+휘발분+수분)
=84%

29. 다음 중 부유선광법에 대한 설명으로 옳은 것은?

① 자철광 또는 사철광을 선광하여 맥석을 분리하는 방법
② 갈철광 등과 같이 진흙이 붙어 있는 광석을 물로 씻어서 품위를 높이는 방법
③ 중력에 의하여 큰 광석은 가라앉히고, 작은 광석은 뜨게 하여 분리하는 방법
④ 비중의 차를 이용하여 광석으로부터 맥석을 선별, 제거하거나 또는 광석 중 유효 광물을 분리하는 방법

30. 인(P)은 선철 중에 유해하므로 가능한 한 적게 하기 위한 방법으로 옳은 것은?

① 장입물 중의 인을 많게 한다.
② 노상 온도를 낮춘다.
③ 염기도를 낮게 한다.
④ 저속 조업을 한다.

31. 고로조업 시 화입할 때나 노황이 아주 나쁠 때 코크스와 석회석만 장입하는 것을 무엇이라 하는가?

① 연장입(連裝入)　② 중장입(重裝入)
③ 경장입(經裝入)　④ 공장입(空裝入)

32. 다음의 고로 장입물 중 환원되기 쉬운 것은?

① MgO　② FeO　③ Al_2O_3　④ CaO

33. 용융금속이 응고할 때 작은 결정을 만드는 핵이 생기고 이 핵을 중심으로 금속이 나뭇가지 모양으로 발달하는 것을 무엇이라 하는가?

① 입상정　② 수지상정
③ 주상정　④ 결정립

정답 25. ④　26. ②　27. ②　28. ④　29. ③　30. ②　31. ④　32. ②　33. ②

34. 고로에 사용되는 내화재가 갖추어야 할 조건으로 틀린 것은?

① 열충격이나 마모에 강할 것
② 고온에서 용융, 연화하지 않을 것
③ 열전도도는 매우 높고, 냉각효과가 없을 것
④ 용선, 용재 및 가스에 대하여 화학적으로 안정할 것

해설 열전도도가 작을 것

35. 고로 슬래그의 용도로 부적합한 것은?

① 시멘트용　② 비료용
③ 골재대용　④ 탈황용

36. 용광로의 횡단면이 원형인 이유로 틀린 것은?

① 가스 상승을 균일하게 하기 위하여
② 열의 분포를 균일하게 하기 위하여
③ 열의 발산을 크게 하기 위하여
④ 장입물 강하를 균일하게 하기 위하여

해설 열의 발산을 적게 하기 위하여

37. 용광로 조업 시 연료비를 저하시키기 위한 조업방법으로 가장 적절한 것은?

① 광재량을 증가시킨다.
② 노내 가스 이용률을 향상시킨다.
③ 소결광의 철분함량을 저하시킨다.
④ 노내의 습분을 다량 취입한다.

38. 다음 중 염기성 내화물에 속하는 것은?

① 마그네시아질　② 점토질
③ 샤모트질　④ 규산질

해설 염기성 내화물: 마그네시아질
산성 내화물: 점토질, 샤모트질, 규산질

39. 용선 중 Si를 저하시키기 위한 조업방법으로 옳은 것은?

① 조업속도를 낮춘다.
② 광재의 염기도를 낮춘다.
③ 철광석량을 감소시킨다.
④ 노상열을 낮게 한다.

40. 노의 내용적이 $4800m^3$, 노정압이 $2.5kg/cm^2$, 1일 출선량이 8400kgf/T-P일 때 출선비는?

① 1.75　② 2.10　③ 3.10　④ 7.75

해설 $출선비=\frac{생산량}{내용적}=\frac{8400}{4800}=1.75$

41. 고로가스 청정 설비 중 건식 장비에 해당되는 것은?

① 여과식 가스 청정기　② 다이센 청정기
③ 허들 와셔　④ 스프레이 와셔

42. 산업재해의 문제해결 방법은 다음 중 어느 단계에서 적용해야 가장 적절한가?

① 검토　② 조치　③ 실시　④ 계획

43. 다음 중 고로의 주상설비가 아닌 것은?

① Mud Gun　② 개공기
③ 주선기　④ 집진장치

44. 고로의 특정 부분인 통기 저항이 작아 바람이 잘 통해서 다른 부분과 가스 상승에 차가 생기는 현상을 무엇이라 하는가?

① 슬립(slip)
② 드롭(drop)
③ 행잉(hanging)
④ 벤틸레이션(ventilation)

정답 34. ③ 35. ④ 36. ③ 37. ② 38. ① 39. ④ 40. ① 41. ① 42. ④ 43. ③ 44. ④

45. 다음 중 보시(bosh) 부위에 해당되는 곳은?

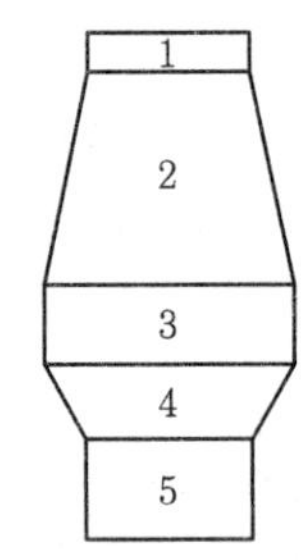

① 2 ② 3 ③ 4 ④ 5

해설 1: 노구, 2: 노흉, 3: 노복, 4: 보시, 5: 노저

46. 소결과정에 있는 장입원료를 격자면에서 장입층 표면까지 구역을 순서대로 옳게 나타낸 것은?

① 건조대 → 습원료대 → 하소대 → 소결대 → 용융대
② 습원료대 → 건조대 → 하소대 → 용융대 → 소결대
③ 건조대 → 하소대 → 습원료대 → 용융대 → 소결대
④ 습원료대 → 하소대 → 건조대 → 소결대 → 용융대

47. 제게르추의 번호 SK38의 용융연화점 온도는 몇 ℃인가?

① 1630 ② 1690
③ 1730 ④ 1850

해설 SK38의 내화도: 1850℃

48. 다음의 철광석 중 철분의 함량이 가장 많은 것은?

① 적철광 ② 자철광
③ 갈철광 ④ 능철광

해설 적철광: 70%, 자철광: 72%, 갈철광: 59.8%, 능철광: 48.2%

49. 장입물의 입도 중 소결광의 하한과 상한의 입도는?

① 하한 5~6mm, 상한 50~75mm
② 하한 8~10mm, 상한 25~30mm
③ 하한 15~30mm, 상한 75~90mm
④ 하한 25~35mm, 상한 100~150mm

50. 미분광을 벤토나이트 등의 점결제와 혼합하여 약 10~150mm의 구형으로 괴상화시키는 단광법을 무엇이라 하는가?

① 소결법 ② 펠레타이징법
③ 균광법 ④ 선광법

51. 다음 중 소결광의 환원분화를 조장하는 화합물은?

① 마그네타이트(magnetite)
② 파얄라이트(fayalite)
③ 칼슘 페라이트(calcium ferrite)
④ 재산화 해머타이트(hematite)

52. 소결기(dwight liod machine)의 특성에 대한 설명으로 틀린 것은?

① 연속생산이 가능하다.
② 배기장치의 공기 누설량이 적다.
③ 고로의 자동화가 용이하다.
④ 방진장치 설치가 용이하다.

해설 배기장치의 공기 누설량이 많다.

정답 45. ③ 46. ② 47. ④ 48. ② 49. ① 50. ② 51. ④ 52. ②

53. 고로 내에서 코크스의 역할이 아닌 것은?

① 산화제로서의 역할
② 연소에 따른 열원으로서의 역할
③ 고로 내의 통기를 잘하기 위한 spacer로서의 역할
④ 선철, 슬래그에 열을 주는 열교환 매개체로서의 역할

해설 환원제로서의 역할

54. 자철광 2kgf을 자력선별하여 850g의 정광 산물을 얻었다면 선광비는 약 얼마인가?

① 1.35 ② 2.35 ③ 3.35 ④ 4.35

해설 $선광비 = \frac{원료철광석}{정광생산광석} = \frac{2000}{850} = 2.34$

55. 소결조업 중 수분 첨가의 영향으로 틀린 것은?

① 미분원료의 응집에 의한 통기성이 향상된다.
② 소결층의 더스트 흡입 비산을 방지한다.
③ 소결층 내의 온도구배를 개선하여 열효율을 높인다.
④ 배가스 온도가 하강하여 열효율이 나빠진다.

해설 배가스 온도가 상승하여 열효율이 좋아진다.

56. 철광석이 갖추어야 할 성질이 아닌 것은?

① 철 함량이 많을 것
② 유해 불순물이 적을 것
③ 노 안에서 쉽게 부서질 것
④ 품질이나 성분이 균일할 것

해설 노 안에서 쉽게 부서지지 말 것

57. 다음 중 소결반응에 대한 설명으로 틀린 것은?

① 저온에서는 확산결합을 한다.
② 저용질의 슬래그일수록 용융결합을 한다.
③ 용융결합은 세립의 자철광을 다량으로 배합할 때 일어나는 결합이다.
④ 확산결합의 강도는 아주 강하며, 코크스가 많거나 원료입도가 미세할 때 볼 수 있다.

해설 확산결합의 강도는 약하며, 코크스 부족과 원료입도가 조대할 때 볼 수 있다.

58. 철광석 중 결정수 제거와 탄산염을 분해하여 CO_2 등 제련에 방해되는 성분을 가열하여 추출하는 조작은?

① 소결 ② 하소 ③ 배소 ④ 선광

59. 소결장치 중 드럼믹서(drum mixer)의 역할이 아닌 것은?

① 혼합 ② 조립 ③ 조습 ④ 파쇄

60. 소결설비에서 점화로의 기능에 대한 설명으로 옳은 것은?

① 장입된 원료 표면에 착화하는 장치이다.
② 소결설비의 가열로에 점화하는 장치이다.
③ 소결설비의 보열로에 점화하는 장치이다.
④ 소결원료에 착화하는 장치이다.

정답 53. ① 54. ② 55. ④ 56. ③ 57. ④ 58. ② 59. ④ 60. ①

2012년 2월 12일 시행 문제

제선기능사

1. 다음 중 두랄루민과 관련이 없는 것은?

① 용체화처리를 한다.
② 상온시효처리를 한다.
③ 알루미늄 합금이다.
④ 단조경화합금이다.

해설 두랄루민은 Al-4%Cu-0.5%Mn합금으로 500~510℃에서 용체화처리 후 상온시효하여 기계적 성질을 개선시킨 합금이다.

2. 다음 중 반도체 제조용으로 사용되는 금속으로 옳은 것은?

① W, Co ② B, Mn ③ Fe, P ④ Si, Ge

3. Y합금의 일종으로 Ti과 Cu를 0.2% 정도씩 첨가한 합금으로 피스톤에 사용되는 합금의 명칭은?

① 라우탈 ② 엘린바
③ 두랄루민 ④ 코비탈륨

4. 용탕을 금속 주형에 주입 후 응고할 때, 주형의 면에서 중심방향으로 성장하는 나란하고 가느다란 기둥 모양의 결정을 무엇이라고 하는가?

① 단결정 ② 다결정
③ 주상결정 ④ 크리스털 결정

5. 주물용 Al-Si합금 용탕에 0.01% 정도의 금속 나트륨을 넣고 주형에 용탕을 주입함으로써 조직을 미세화시키고 공정점을 이동시키는 처리는?

① 용체화처리 ② 개량처리
③ 접종처리 ④ 구상화처리

6. 아공석강의 탄소 함유량(%)으로 옳은 것은?

① 0.025~0.8 ② 0.8~2.0
③ 2.0~4.3 ④ 4.3~6.67

해설 아공석강: 0.025~0.8, 공석강: 0.8, 과공석강: 0.8~2.0

7. 금속 중에 0.01~0.1μm 정도의 산화물 등 미세한 입자를 균일하게 분포시킨 금속 복합재료는 고온에서 재료의 어떤 성질을 향상시킨 것인가?

① 내식성 ② 크리프
③ 피로강도 ④ 전기전도도

해설 입자분산강화 금속의 복합재료에서 고온에서의 크리프 성질을 개선시키기 위한 금속복합재료이다.

8. 공구용 재료로서 구비해야 할 조건이 아닌 것은?

① 강인성이 커야 한다.
② 내마멸성이 작아야 한다.
③ 열처리와 공작이 용이해야 한다.
④ 상온과 고온에서의 경도가 높아야 한다.

해설 공구용 재료는 내마멸성이 커야 한다.

정답 1. ④ 2. ④ 3. ④ 4. ③ 5. ② 6. ① 7. ② 8. ②

9. 다음 중 황동 합금에 해당되는 것은?

① 질화강 ② 톰백
③ 스텔라이트 ④ 화이트메탈

해설 톰백은 아연 8~20%를 함유한 황동이다.

10. 강괴의 종류에 해당되지 않는 것은?

① 쾌석강 ② 캡드강
③ 킬드강 ④ 림드강

해설 강괴에는 킬드강, 림드강, 세미킬드강, 캡드강이 해당된다.

11. 다음의 금속 상태도에서 합금 m을 냉각시킬 때 m2점에서 결정 A와의 양적 관계를 옳게 나타낸 것은?

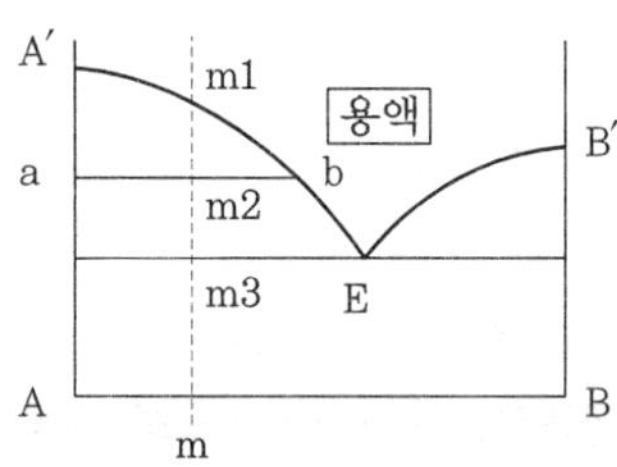

① 결정A : 용액 E = $\overline{m1 \cdot b}$: $\overline{m1 \cdot A'}$
② 결정A : 용액 E = $\overline{m1 \cdot A'}$: $\overline{m1 \cdot b}$
③ 결정A : 용액 E = $\overline{m2 \cdot a}$: $\overline{m2 \cdot b}$
④ 결정A : 용액 E = $\overline{m2 \cdot b}$: $\overline{m2 \cdot a}$

해설 결정 A와 용액 E 사이에서 m을 기준으로 $\overline{m2 \cdot b}$: $\overline{m2 \cdot a}$

12. 구상흑연 주철품의 기호표시에 해당하는 것은?

① WMC 490 ② BMC 340
③ GCD 450 ④ PMC 490

해설 백심가단주철(WMC), 흑심가단주철(BMC), 펄라이트가단주철(PMC), 구상흑연주철(GCD)

13. 다음 중 Mg합금에 해당하는 것은?

① 실루민 ② 문쯔메탈
③ 일렉트론 ④ 배빗메탈

해설 Mg합금은 일렉트론(Mg-Zn)과 다우메탈(Mg-Al)이 있다.

14. 다음 중 슬립에 대한 설명으로 틀린 것은?

① 원자밀도가 가장 큰 격자면에서 잘 일어난다.
② 원자밀도가 최대인 방향으로 잘 일어난다.
③ 슬립이 계속 진행하면 결정은 점점 단단해져서 변형이 쉬워진다.
④ 다결정에서는 외력이 가해질 때 슬립방향이 서로 달라 간섭을 일으킨다.

해설 슬립이 계속 진행하면 결정은 점점 단단해져서 변형이 어렵다.

15. 독성이 없어 의약품, 식품 등의 포장 튜브 제조에 많이 사용되는 금속으로 탈색효과가 우수하며, 비중이 약 7.3인 금속은?

① 주석(Sn) ② 아연(Zn)
③ 망간(Mn) ④ 백금(Pt)

16. 도면의 척도를 "NS"로 표시하는 경우는?

① 그림의 형태가 척도에 비례하지 않을 때
② 척도가 두 배일 때
③ 축척임을 나타낼 때
④ 배척임을 나타낼 때

17. 제도에서 치수 숫자와 같이 사용하는 기호가 아닌 것은?

① ⊥ ② R ③ □ ④ Y

정답 9. ② 10. ① 11. ④ 12. ③ 13. ③ 14. ③ 15. ① 16. ① 17. ④

18. GC 200이 의미하는 것으로 옳은 것은?

① 탄소가 0.2%인 주강품
② 인장강도 200N/mm² 이상인 회주철품
③ 인장강도 200N/mm² 이상인 단조품
④ 탄소가 0.2%인 주철을 그라인딩 가공한 제품

19. 제3각법에 따라 투상도의 배치를 설명한 것 중 옳은 것은?

① 정면도, 평면도, 우측면도 또는 좌측면도의 3면도로 나타낼 때가 많다.
② 간단한 물체는 평면도와 측면도의 2면도로만 나타낸다.
③ 평면도는 물체의 특징이 가장 잘 나타나는 면을 선정한다.
④ 물체의 오른쪽과 왼쪽이 같은 때도 우측면도, 좌측면도 모두 그린다.

20. 치수가 $\phi 15^{+0.008}_{0}$ 인 구멍과 $\phi 15^{+0.006}_{+0.001}$ 인 축을 끼워맞출 때는 어떤 끼워맞춤이 되는가?

① 헐거운 끼워맞춤 ② 중간 끼워맞춤
③ 억지 끼워맞춤 ④ 축 기준 끼워맞춤

해설 중간 끼워맞춤: 구멍의 허용치수가 축의 허용치수보다 큰 동시에 축의 허용치수가 구멍의 허용치수보다 큰 경우의 끼워맞춤

21. 고로 조업에서 출선할 때 사용되는 스키머의 역할은?

① 용선과 슬래그를 분리하는 역할
② 용선을 레이들로 보내는 역할
③ 슬래그를 레이들에 보내는 역할
④ 슬래그를 슬래그피트(slagpit)로 보내는 역할

22. 리드가 12mm인 3줄 나사의 피치는 몇 mm인가?

① 3 ② 4 ③ 5 ④ 6

해설 피치 $= \dfrac{l}{n} = \dfrac{12}{3} = 4$

23. 다음 중 치수 기입의 기본 원칙에 대한 설명으로 틀린 것은?

① 치수는 계산할 필요가 없도록 기입해야 한다.
② 치수는 될 수 있는 한 주투상도에 기입해야 한다.
③ 구멍의 치수 기입에서 관통 구멍이 원형으로 표시된 투상도에는 그 깊이를 기입한다.
④ 도면에 길이의 크기와 자세 및 위치를 명확하게 표시해야 한다.

해설 치수는 가능한 한 정면도에 기입해야 한다.

24. 투상도 중에서 화살표 방향에서 본 투상도가 정면도이면 평면도로 적합한 것은?

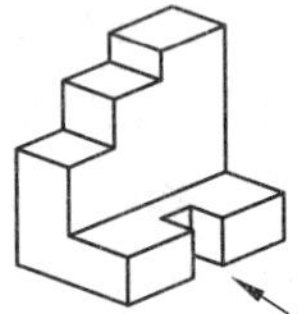

① ②

③ ④

25. 제도에 사용되는 문자의 크기는 무엇으로 나타내는가?

① 문자의 굵기 ② 문자의 넓이
③ 문자의 높이 ④ 문자의 장평

정답 18. ② 19. ① 20. ② 21. ① 22. ② 23. ② 24. ② 25. ③

26. 다음 도면의 크기가 $a=594$, $b=841$일 때 그림에 대한 설명으로 옳은 것은?

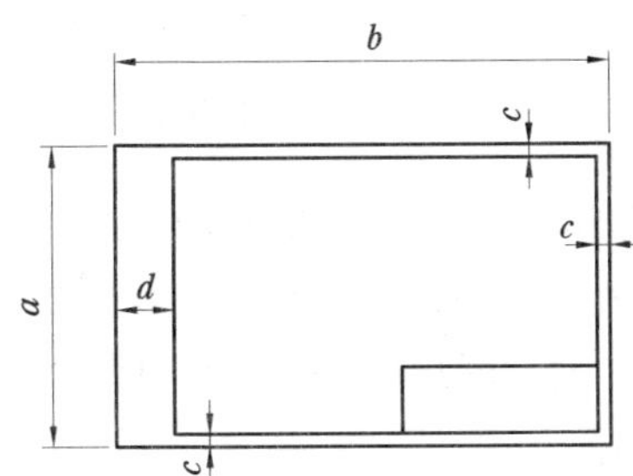

① 도면 크기의 호칭은 A0이다.
② c의 최소 크기는 10mm이다.
③ 도면을 철할 때 d의 최소 크기는 25mm이다.
④ 중심 마크와 윤곽선이 그려져 있다.

27. 대상물의 일부를 파단한 경계 또는 일부를 떼어 낸 경계를 표시할 때의 선의 종류는?

① 가는 실선　② 굵은 실선
③ 가는 파선　④ 굵은 1점 쇄선

28. 열풍로의 축열실 내화벽돌의 조건으로 옳은 것은?

① 비열이 낮아야 한다.
② 열전도율이 좋아야 한다.
③ 기공률이 30% 이상이어야 한다.
④ 비중이 1.0 이하이어야 한다.

해설 내화벽돌은 비열이 높고, 열전도율이 좋아야 한다.

29. 고로가스 청정설비로 노정가스의 유속을 낮추고 방향을 바꾸어 조립연진을 분리, 제거하는 설비명은?

① 백필터(bag filter)
② 제진기(dust catcher)
③ 전기집진기(electric precipitator)
④ 벤투리 스크러버(venturi scrubber)

30. 다음 반응 중 직접환원반응은?

① $Fe_3O_4 + CO \rightleftarrows 3FeO + CO_2$
② $FeO + CO \rightleftarrows Fe + CO_2$
③ $Fe_2O_3 + CO \rightleftarrows Fe_3O_4 + CO_2$
④ $FeO + C \rightleftarrows Fe + CO$

31. 고로 내 열수지 계산 시 출열에 해당하는 것은?

① 열풍 현열　② 용선 현열
③ 슬래그 생성열　④ 코크스 발열량

32. 다음 중 고정탄소(%)를 구하는 식으로 옳은 것은?

① 고정탄소(%)=100%−[수분(%)+회분(%)+휘발분(%)]
② 고정탄소(%)=100%−[수분(%)×회분(%)×휘발분(%)]
③ 고정탄소(%)=100%−[수분(%)+회분(%)×휘발분(%)]
④ 고정탄소(%)=100%+[수분(%)×회분(%)−휘발분(%)]

33. 고로를 4개의 층으로 나눌 때 상승가스에 의해 장입물이 가열되어 부착 수분을 잃고 건조되는 층은?

① 예열층　② 환원층
③ 가탄층　④ 용해층

34. 고로 내에서의 코크스 역할이 아닌 것은?

① 열원　② 환원제
③ 통기성　④ 탈황

정답 26. ③ 27. ① 28. ② 29. ② 30. ④ 31. ② 32. ① 33. ① 34. ④

35. 선철 중에 Si을 높이기 위한 조치 방법이 아닌 것은?

① SiO_2의 투입량을 늘린다.
② 염기도를 낮게 한다.
③ 노상의 온도를 높게 한다.
④ 일정량의 코크스양에 대하여 광석 장입량을 많게 한다.

해설 일정량의 코크스양에 대하여 광석 장입량을 적게 한다.

36. 고로의 풍구로부터 들어오는 압풍에 의하여 생기는 풍구압의 공간을 무엇이라고 하는가?

① 행잉(hanging)
② 레이스웨이(raceway)
③ 플루딩(flooding)
④ 슬로핑(slopping)

37. 다음 중 고로 원료로 가장 많이 사용되는 적철광을 나타내는 화학식은?

① Fe_3O_4 ② Fe_2O_3
③ $Fe_3O_4 \cdot H_2O$ ④ $2Fe_2O_3 \cdot 3H_2O$

해설 적철광(Fe_2O_3), 자철광(Fe_3O_4), 갈철광($Fe_2O_3 \cdot 3H_2O$), 능철광(Fe_2CO_3)

38. 고로의 생산물인 선철을 파면에 의해 분류할 때 이에 해당되지 않는 것은?

① 백선철 ② 은선철
③ 반선철 ④ 회선철

39. 고로에서 용선을 빼내는 곳은?

① 밸리부 ② 열풍구
③ 출선구 ④ 장입 기준선

40. 대상물의 좌표면이 투상면에 평행인 직각 투상법은 어느 것인가?

① 정투상법 ② 사투상법
③ 등각 투상법 ④ 부등각 투상법

41. 품위 57%의 광석에서 철분 93%의 선철 1톤을 만드는데 필요한 광석의 양은 몇 kg인가? (단, 철분이 모두 환원되어 철의 손실은 없다.)

① 1400 ② 1525 ③ 1632 ④ 2276

42. 정상적인 조업일 때 노정가스 성분 중 가장 적게 함유되어 있는 것은?

① H_2 ② N_2 ③ CO ④ CO_2

43. 선철 중의 P을 적게 하기 위한 사항으로 옳은 것은?

① 노상온도를 낮춘다.
② 염기도를 낮게 한다.
③ 속도 늦은 조업을 실시한다.
④ 장입물 중 P함량이 많은 것을 선정한다.

44. 가연성 물질을 공기 중에서 연소시킬 때 공기 중의 산소농도를 감소시키면 나타나는 현상 중 옳은 것은?

① 연소가 어려워진다.
② 폭발범위는 넓어진다.
③ 화염온도는 높아진다.
④ 점화에너지는 감소한다.

45. 다음 중 고로의 장입물에 해당되지 않는 것은?

① 철광석 ② 코크스
③ 석회석 ④ 보크사이트

해설 고로의 장입물로는 철광석, 코크스, 석회석이 있다.

정답 35. ④ 36. ② 37. ② 38. ② 39. ③ 40. ① 41. ③ 42. ① 43. ① 44. ① 45. ④

46. 생펠릿(pellet)을 조립하기 위한 조건으로 틀린 것은?

① 분입자 간에 수분이 없어야 한다.
② 원료는 충분히 미세하여야 한다.
③ 원료분이 균일하게 가습되는 혼련법이어야 한다.
④ 균등하게 조립될 수 있는 전동법이어야 한다.

해설 생펠릿은 분입자 간에 수분을 많게 하고, 미세한 원료와 가습되는 혼련법과 균일한 조립이 될 수 있는 전동법이어야 한다.

47. 저광조에서 소결원료가 벨트 상에 배출되면 자동적으로 벨트 속도를 가감하여 목표량만큼 절출하는 장치는?

① belt feeder
② vibrating feeder
③ table feeder
④ constant feed weigher

48. 소결조업에 사용되는 용어 중 FFS가 의미하는 것은?

① 고로가스 ② 코크스가스
③ 화염진행속도 ④ 최고도달온도

해설 FFS(flame front speed): 화염진행속도

49. 괴상법의 종류 중 단광법에 해당되지 않는 것은?

① 크루프(krupp)법 ② 다이스(dies)법
③ 프레스(press)법 ④ 플런저(plunger)법

50. 소결작업 중 배합원료에 수분을 첨가하는 이유가 아닌 것은?

① 소결층 내의 온도구배를 개선하기 위해서
② 배가스 온도를 상승시키기 위해서
③ 미분원료의 응집에 의한 통기성을 향상시키기 위해서
④ 소결층의 dust 흡입 비산을 방지하기 위해서

해설 수분을 첨가하여 배가스 온도를 낮춘다.

51. 철광석 중의 결정수 제거와 CO_2를 제거할 목적으로 금속원소의 산소와의 반응이 별로 일어나지 않는 온도로 작업하는 것을 무엇이라고 하는가?

① 하소(calcination)
② 배소(roasting)
③ 부유선광법(flotation)
④ 비중선광법(fracity separation)

52. 자용성 소결광의 사용 시 이점에 대한 설명이 틀린 것은?

① 소결광 중에는 파얄라이트 함유량이 커서 피환원성이 크다.
② 코크스가 저하되고, 출선량이 증대된다.
③ 노황이 안정되어 고온 송풍이 가능하다.
④ 노 내의 열량 소비를 감소시킨다.

해설 소결광 중에는 파얄라이트 함유량이 커서 피환원성이 나쁘다.

53. 야드에 적치된 원료를 불출대상 공장의 소요시점에 불출하는 장비는?

① 스태커(stacker)
② 리클레이머(reclaimer)
③ 언로드(unloader)
④ 크러셔(crusher)

정답 46. ① 47. ④ 48. ③ 49. ① 50. ② 51. ① 52. ① 53. ②

54. 소결반응에서 용융결합이란 무엇인가?

① 저온에서 소결이 행해지는 경우 입자가 기화해서 입자 표면 접촉부의 확산 반응에 의해 결합이 일어난 것
② 고온에서 소결한 경우 원료 중의 슬래그 성분이 기화해서 입자가 슬래그로 단단하게 결합한 것
③ 고온에서 소결한 경우 원료 중의 슬래그 성분이 용융해서 입자가 슬래그 성분으로 단단하게 결합한 것
④ 고온에서 소결이 행해지는 경우 입자가 용융해서 입자 표면 접촉부의 확산 반응에 의해 결합이 일어난 것

55. 소결광의 낙하 강도 지수(SI)를 구하는 시험방법으로 옳은 것은?

① 2m 높이에서 4회 낙하시킨 후 입도가 +10mm인 시료 무게의 시험 전 시료 무게에 대한 배분율로 표시
② 4m 높이에서 2회 낙하시킨 후 입도가 +10mm인 시료 무게의 시험 전 시료 무게에 대한 배분율로 표시
③ 5m 높이에서 6회 낙하시킨 후 입도가 +10mm인 시료 무게의 시험 전 시료 무게에 대한 배분율로 표시
④ 6m 높이에서 5회 낙하시킨 후 입도가 +10mm인 시료 무게의 시험 전 시료 무게에 대한 배분율로 표시

56. 고로 슬래그의 염기도에 큰 영향을 주는 소결광 중의 염기도를 나타낸 것으로 옳은 것은?

① $\frac{SiO_2}{Al_2O_3}$　② $\frac{Al_2O_3}{MgO}$
③ $\frac{SiO_2}{CaO}$　④ $\frac{CaO}{SiO_2}$

57. 소결 시 조재성분에 대한 설명으로 옳은 것은?

① CaO의 증가에 따라 생산율을 증가시킨다.
② CaO는 제품의 강도를 감소시킨다.
③ Al_2O_3의 결정수를 증가시킨다.
④ Al_2O_3 증가에 따라 코크스양을 감소시킨다.

58. [보기]는 소결장입층의 통기도를 지배하는 식이다. n은 층의 가스류 흐름상태를 나타내는 값으로 평균값이 얼마일 때 가장 좋은 통기도를 나타내는가? (단, F: 표준상태의 유량, h: 장입층의 높이, A: 흡인면적, s: 부압이다.)

| 보기 |

$$P=f/a(h/s)n$$

① 0.2　② 0.4　③ 0.6　④ 1.2

59. 다음 중 소결기의 급광장치에 속하지 않는 것은?

① hopper　② wind box
③ cut gate　④ shuttle conveyer

60. 소결기 gate bar 위에 깔아주는 상부광의 기능이 아닌 것은?

① grate bar 막힘 방지
② 소결원료의 저부 배출용이
③ grate bar 용융부착 방지
④ 배광부에서 소결광 분리용이

정답 54. ③　55. ①　56. ④　57. ①　58. ③　59. ②　60. ②

2013년 1월 27일 시행 문제

제선기능사

1. 고온에서 사용하는 내열강 재료의 구비조건에 대한 설명으로 틀린 것은?

① 기계적 성질이 우수해야 한다.
② 조직이 안정되어 있어야 한다.
③ 열팽창에 대한 변형이 커야 한다.
④ 화학적으로 안정되어 있어야 한다.

해설 열팽창에 대한 변형이 작아야 한다.

2. 고체 상태에서 하나의 원소가 온도에 따라 그 금속을 구성하고 있는 원자의 배열이 변하여 두 가지 이상의 결정구조를 가지는 것은?

① 전위 ② 동소체 ③ 고용체 ④ 재결정

3. Ni-Fe계 합금인 인바(invar)는 길이 측정용 표준자, 바이메탈, VTR헤드의 고정대 등에 사용되는데 이는 재료의 어떤 특성 때문에 사용하는가?

① 자성 ② 비중
③ 전기저항 ④ 열팽창계수

해설 인바는 Ni-Fe계 합금으로 측정용 표준자, 바이메탈, VTR헤드의 고정대 등으로 사용하는 불변강이다.

4. 니켈-크롬 합금 중 사용한도가 1000℃까지 측정할 수 있는 합금은?

① 망가닌 ② 우드메탈
③ 배빗메탈 ④ 크로멜-알루멜

5. 탄소가 0.50~0.70%이고, 인장강도는 590~690MPa이며, 축, 기어, 레일, 스프링 등에 사용되는 탄소강은?

① 톰백 ② 극연강 ③ 반연강 ④ 최경강

해설 최경강은 탄소 0.50~0.70%의 고탄소강으로 축, 기어, 레일, 스프링 등에 사용되는 탄소강이다.

6. 다음 중 청동과 황동 및 합금에 대한 설명으로 틀린 것은?

① 청동은 구리와 주석의 합금이다.
② 황동은 구리와 아연의 합금이다.
③ 톰백은 구리에 5~20%의 아연을 함유한 것으로 강도는 높으나 전연성이 없다.
④ 포금은 구리에 8~12% 주석을 함유한 것으로 포신의 재료 등에 사용되었다.

해설 톰백은 구리에 5~20%의 아연을 함유한 것으로 전연성이 크다.

7. 내마멸용으로 사용되는 에시큘러 주철의 기지(바탕)조직은?

① 베이나이트 ② 소르바이트
③ 마텐자이트 ④ 오스테나이트

8. 다음 중 순철의 자기변태 온도는 약 몇 ℃인가?

① 100 ② 768 ③ 910 ④ 1400

해설 순철의 자기변태: A_2(768℃)

정답 1. ③ 2. ② 3. ④ 4. ④ 5. ④ 6. ③ 7. ① 8. ②

9. 동일 조건에서 전기전도율이 가장 큰 것은?

① Fe ② Cr
③ Mo ④ Pb

해설 전기전도율 순서: Mo > Fe > Cr > Pb

10. 다음 마그네슘에 대한 설명 중 틀린 것은?

① 고온에서 발화되기 쉽고, 분말은 폭발하기 쉽다.
② 해수에 대한 내식성이 풍부하다.
③ 비중이 1.74, 용융점이 650℃인 조밀육방격자이다.
④ 경합금 재료로 좋으며 마그네슘합금은 절삭성이 좋다.

해설 Mg은 해수에 대한 내식성이 나쁘다.

11. Au의 순도를 나타내는 단위는?

① K(carat) ② P(pound)
③ %(percent) ④ μm(micron)

12. 탄소강 중에 포함한 구리(Cu)의 영향으로 틀린 것은?

① 내식성을 향상시킨다.
② Ar_1의 변태점을 증가시킨다.
③ 강재 압연 시 균열의 원인이 된다.
④ 강도, 경도, 탄성한도를 증가시킨다.

해설 구리는 탄소강의 Ar_1의 변태점을 감소시킨다.

13. 다음 중 비중이 가장 무거운 금속은?

① Mg ② Al
③ Cu ④ W

해설 W(19.3), Cu(8.96), Al(2.7), Mg(1.74)

14. 주강과 주철을 비교 설명한 것 중 틀린 것은?

① 주강은 주철에 비해 용접이 쉽다.
② 주강은 주철에 비해 용융점이 높다.
③ 주강은 주철에 비해 탄소량이 적다.
④ 주강은 주철에 비해 수축량이 적다.

해설 주강은 주철에 비해 수축량이 크다.

15. 다음의 금속결함 중 체적 결함에 해당되는 것은?

① 전위
② 수축공
③ 결정립계 경계
④ 침입형 불순물 원자

16. 제도에서 치수 기입법에 관한 설명으로 틀린 것은?

① 치수는 가급적 정면도에 기입한다.
② 치수는 계산할 필요가 없도록 기입해야 한다.
③ 치수는 정면도, 평면도, 측면도에 골고루 기입한다.
④ 2개의 투상도에 관계되는 치수는 가급적 투상도 사이에 기입한다.

해설 치수는 가급적 정면도에 기입하고, 투상도 사이에 기입한다.

17. 대상물의 표면으로부터 임의로 채취한 각 부분에서의 표면거칠기를 나타내는 기호가 아닌 것은?

① *Stp* ② *Sm*
③ *Ry* ④ *Ra*

해설 *Sm*, *Ry*, *Ra*는 표면거칠기를 나타낸다.

정답 9. ③ 10. ② 11. ① 12. ② 13. ④ 14. ④ 15. ② 16. ③ 17. ①

18. 다음의 현과 호에 대한 설명 중 옳은 것은?

① 호의 길이를 표시하는 치수선은 호에 평행인 직선으로 표시한다.
② 현의 길이를 표시하는 치수선은 그 현과 동심인 원호로 표시한다.
③ 원호와 현을 구별해야 할 때에는 호의 치수숫자 위에 ⌒로 표시를 한다.
④ 원호로 구성되는 곡선의 치수는 원호의 반지름과 그 중심 또는 원호와의 접선 위치를 기입할 필요가 없다.

19. 가공에 의한 커터 줄무늬가 거의 여러 방향으로 교차일 때 나타내는 기호는?

① ⊥ ② M ③ R ④ X

해설 M은 무방향 표시이다.

20. 축에 풀리, 기어 등의 회전체를 고정시켜 축과 회전체가 미끄러지지 않고 회전을 정확하게 전달하는 데 사용하는 기계요소는?

① 키 ② 핀 ③ 벨트 ④ 볼트

21. 도면에서 가상선으로 사용되는 선의 명칭은?

① 파선 ② 가는 실선
③ 1점 쇄선 ④ 2점 쇄선

22. 반지름이 10mm인 원을 표시하는 올바른 방법은?

① $t10$ ② $10SR$
③ $\phi10$ ④ $R10$

해설 두께: t, 지름: ϕ, 반지름: R

23. 제도용구 중 디바이더의 용도가 아닌 것은?

① 치수를 옮길 때 사용
② 원호를 그릴 때 사용
③ 선을 같은 길이로 나눌 때 사용
④ 도면을 축소하거나 확대한 치수로 복사할 때 사용

해설 원호를 그릴 때는 컴퍼스를 사용한다.

24. 다음과 같이 물체의 형상을 쉽게 이해하기 위해 도시한 단면도는?

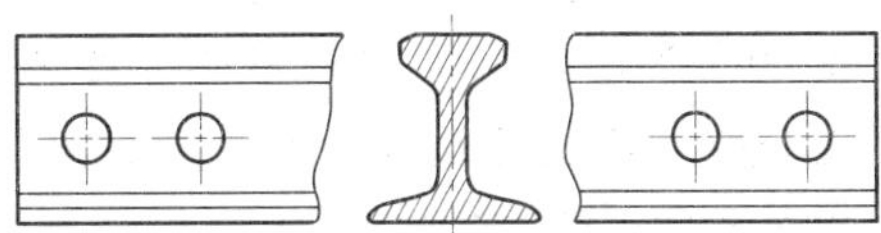

① 반 단면도 ② 부분 단면도
③ 계단 단면도 ④ 회전 단면도

해설 회전 단면도는 절단면을 사상적으로 회전시켜 그린 단면도이다.

25. 나사의 제도에서 수나사의 골지름은 어떤 선으로 도시하는가?

① 굵은 실선 ② 가는 실선
③ 가는 1점 쇄선 ④ 가는 2점 쇄선

26. 용광로 노전 작업 중 출선을 앞당겨 실시하는 경우에 해당되지 않는 것은?

① 장입물 하강이 빠른 경우
② 휴풍 및 감압이 예상되는 경우
③ 출선구 심도가 깊은 경우
④ 출선구가 약하고 다량의 출선량에 견디지 못하는 경우

해설 출선구 심도가 얕은 경우

정답 18. ③ 19. ② 20. ① 21. ④ 22. ④ 23. ② 24. ④ 25. ② 26. ③

27. [보기]의 재료기호의 표기에서 밑줄 친 부분이 의미하는 것은?

| 보기 |

KS D 3752 <u>SM45C</u>

① 탄소 함유량을 의미한다.
② 제조 방법에 대한 수치 표시이다.
③ 최저 인장강도가 45kgf/mm^{2}이다.
④ 열처리 강도 45kgf/mm^{2}를 표시한다.

해설 SM: 기계구조용 탄소강, 45C: 탄소 함유량

28. 일일 생산량이 8300 t/d 인 고로에서 연료로 코크스 3700 ton, 오일 200 ton을 사용하고 있다. 이 고로의 출선비(t/d/m^3)는? (단, 고로의 내용적은 3900m^{3}이다.)

① 약 1.76 ② 약 2.13
③ 약 3.76 ④ 약 4.13

해설 $\text{출선비} = \dfrac{\text{생산량}}{\text{내용적}} = \dfrac{8300}{3900} = 2.13$

29. 고로의 어떤 부분만 통기저항이 작아 바람이 잘 통해서 다른 부분과 가스 상승에 차가 생기는 현상은?

① 슬립
② 석회과잉
③ 행잉 드롭(hanging drop)
④ 밴틸레이션(ventilation)

30. 합금철을 만들기 위한 장치와 그 제조방법이 옳게 연결된 것은?

① thermit–산소 취정
② 고로–탄소 환원
③ 전로–전해 환원
④ 전기로–진공 탈탄

31. 코크스의 강도는 어떤 강도를 측정한 것인가?

① 충격강도 ② 압축강도
③ 인장강도 ④ 내압강도

32. 야금용 및 제선용 연료의 구비조건 중 틀린 것은?

① 인(P)이 적어야 한다.
② 황(S)이 적어야 한다.
③ 회분이 많아야 한다.
④ 발열량이 커야 한다.

해설 회분이 적어야 한다.

33. 송풍량이 1680m^{3}이고 노정가스 중 N_2가 57%일 때 노정 가스양은 약 몇 m^{3}인가? (단, 공기 중의 산소는 21%이다.)

① 1212 ② 2172
③ 2328 ④ 2345

해설 $\text{가스발생량} = \dfrac{\text{송풍량 공기 중 질소비}}{\text{노정가스 질소비}}$

$= \dfrac{1680 \times 0.79}{0.57} = 2328$

34. 산소 부하 조업의 효과가 아닌 것은?

① 바람구멍 앞의 온도가 높아진다.
② 고로의 높이를 낮추며, 저로법을 적용할 수 있다.
③ 코크스 연소속도가 빠르고 출선량을 증대시킨다.
④ 노정가스의 온도가 높아지고, 질소를 증가시킨다.

해설 노정가스의 온도가 낮아지고, 질소를 감소시킨다.

정답 27. ① 28. ② 29. ④ 30. ④ 31. ① 32. ③ 33. ③ 34. ④

35. 고로 조업 시 바람구멍의 파손 원인으로 틀린 것은?

① 슬립이 많을 때
② 회분이 많을 때
③ 송풍온도가 낮을 때
④ 코크스의 균열강도가 낮을 때

해설 송풍온도가 높을 때

36. bell-less 구동장치를 고열로부터 보호하기 위해 냉각수를 순환시키고 있는데 정전으로 인해 순환수 펌프 가동 불능 시 구동장치를 보호하기 위한 냉각 방법은?

① 고로가스를 공급한다.
② 질소가스를 공급한다.
③ 고압 담수를 공급한다.
④ 노정 살수작업을 실시한다.

37. 선철 중의 Si를 높게 하기 위한 방법이 아닌 것은?

① 염기도를 높게 한다.
② 노상 온도를 높게 한다.
③ 규산분이 많은 장입물을 사용한다.
④ 코크스에 대한 광석의 비율을 적게 하고 고온 송풍을 한다.

해설 염기도를 낮게 한다.

38. 용광로에 분상 원료를 사용했을 때 일어나는 현상이 아닌 것은?

① 출선량이 증가한다.
② 고로의 송풍을 해친다.
③ 연진손실을 증가시킨다.
④ 고로 장애인 걸림이 일어난다.

해설 분상 원료를 사용하면 출선량이 감소한다.

39. 제선작업 중 산소가 결핍되어 있는 장소에서 사용할 수 있는 가장 적합한 마스크는?

① 송기 마스크 ② 방진 마스크
③ 방독 마스크 ④ 위생 마스크

40. 미세한 분광을 드럼 또는 디스크에서 입항화한 후 소성경화에서 얻는 괴상법은?

① A.I.B 법 ② 그리나발트법
③ 펠레타이징법 ④ 스크레이퍼법

41. 투상도 중에서 화살표 방향에서 본 정면도는?

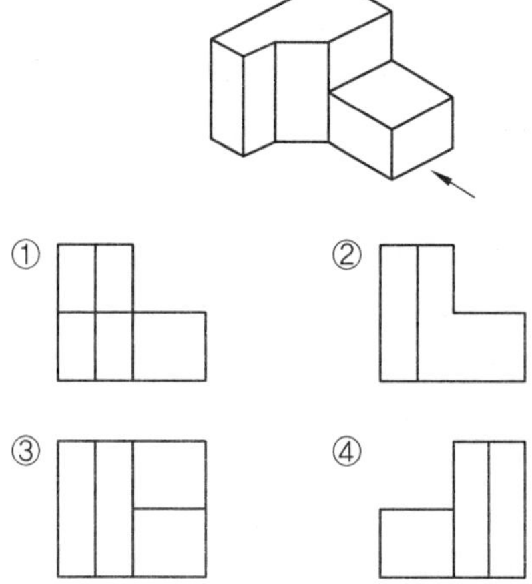

42. 파이넥스 조업 설비 중 환원로에서의 반응이 아닌 것은?

① 부원료의 소성 반응
② $C+\frac{1}{2}O_2 \rightarrow CO$
③ $Fe+H_2S \rightarrow FeS+H_2$
④ $Fe_2O_3+3CO \rightarrow 2Fe+3CO_2$

정답 35. ③ 36. ② 37. ① 38. ① 39. ① 40. ③ 41. ③ 42. ②

43. 고로에서 고압조업의 효과가 아닌 것은?

① 연진의 저하　　② 송풍량의 저하
③ 출선량 증가　　④ 코크스비의 저하

해설 고압조업은 송풍량이 증가하는 효과가 있다.

44. 용선의 불순물 중 고로 내에서 조정이 불가능한 성분은?

① Si　② Mn　③ Ti　④ P

45. 선철 중에 이 원소가 많이 함유되면 유동성을 나쁘게 하고, 노상 부착물을 형성시키므로 특별히 관리하여야 할 이 성분은?

① Ti　② C　③ P　④ Si

46. 폐기가스 중 CO농도는 6% 전후로 알려져 있다. 완전 연소, 즉 열효율 향상이란 측면에서 취한 조치의 내용 중 틀린 것은?

① 배합원료의 조립 강화
② 사하 분광 사용 증가
③ 적정 수분 첨가
④ 분광 증가 사용

해설 열효율 향상을 위하여 분광 사용을 줄인다.

47. 펠릿의 성질을 설명한 것 중 옳은 것은?

① 입도 편석을 일으키며, 공극률이 적다.
② 고로 안에서 소결광과는 달리 급격한 수축을 일으키지 않는다.
③ 산화 배소를 받아 자철광으로 변하며, 피환원성이 없다.
④ 분쇄한 원료를 이용한 것으로 야금반응에 민감한 물성을 갖지 않는다.

해설 펠릿의 성질: 입도 편석이 적으며 공극률이 크다. 급격한 수축을 일으키지 않고, 피환원성이 좋으며, 입도가 일정하고 야금반응에 민감한 물성을 갖는다.

48. 코크스가 과다하게 첨가(배합)되었을 경우 일어나는 현상이 아닌 것은?

① 소결광의 생산량이 증가한다.
② 배기가스의 온도가 상승한다.
③ 소결광 중 FeO 성분 함유량이 많아진다.
④ 화격자(grate bar)에 점착하기도 한다.

해설 소결광의 생산량이 감소한다.

49. 소결용 집진기로 사용하는 사이클론의 집진 원리는?

① 대전 이용　　② 중력 침강
③ 여과 이용　　④ 원심력 이용

50. 용재에 대한 설명으로 틀린 것은?

① 슬래그의 용융점을 높인다.
② 맥석 같은 불순물과 결합한다.
③ 유동성을 좋게 한다.
④ 슬래그를 금속으로부터 잘 분리 되도록 한다.

해설 슬래그의 용융점을 낮춘다.

51. 소결광의 환원분화에 대한 설명으로 틀린 것은?

① CO가스보다는 H_2가스의 경우에 분화가 현저히 발생한다.
② 400~700℃ 구간에서 분화가 많이 일어나며, 특히 500℃ 부근에서 현저하게 발생한다.
③ 저온환원의 경우 어느 정도 진행되면 분화는 그 이상 크게 되지 않는다.
④ 고온 환원 시 환원에 의해 균열이 발생하여도 환원으로 생성된 금속철의 소결에 의해 분화가 억제된다.

정답 43. ② 44. ④ 45. ① 46. ④ 47. ② 48. ① 49. ④ 50. ① 51. ①

52. 다음의 철광석 중 이론적인 Fe의 품위가 가장 높으며 강자성을 띠는 철광석은?

① 적철광 ② 자철광
③ 갈철광 ④ 능철광

53. 광석을 가열하여 수산화물 및 탄산염과 같이 화학적으로 결합되어 있는 H_2O과 CO_2를 제거하면서 산화광을 만드는 방법은?

① 분쇄 ② 선광
③ 소결 ④ 하소

54. 광산에서 채광된 덩어리 상태의 광석을 크러셔 파쇄 및 스크린 선별 처리 후 고로 및 소결용 원료로 사용하는 것은?

① 분광 ② 정광
③ 괴광 ④ 사하분광

55. 코크스의 생산량을 구하는 식으로 옳은 것은?

① (톤당 석탄의 장입량+코크스 실수율)÷압출문수
② (톤당 석탄의 장입량−코크스 실수율)÷압출문수
③ 톤당 석탄의 장입량×코크스 실수율×압출문수
④ 톤당 석탄의 장입량×압출문수÷코크스 실수율

56. 배소에 의해 제거되는 성분이 아닌 것은?

① 수분 ② 탄소
③ 비소 ④ 이산화탄소

57. 함수 광물로서 산화마그네슘(MgO)을 함유하고 있으며, 고온에서 슬래그 성분 조절용으로 사용하며 광재의 유동성을 개선하고 탈황 성능을 향상시키는 것은?

① 규암 ② 형석
③ 백운석 ④ 사문암

58. 화격자(grate bar)에 관한 설명으로 틀린 것은?

① 고온에서 내산화성이어야 한다.
② 고온에서 강도가 커야 한다.
③ 스테인리스강으로 제작하여 사용한다.
④ 장기간 반복 가열에도 변형이 적어야 한다.

해설 화격자는 주철제를 사용한다.

59. DL(디와이트 로이드)소결기의 특징을 설명한 것 중 틀린 것은?

① 기계 부분의 손상과 마멸이 거의 없다.
② 연속식이 아니기 때문에 소량생산에 적합하다.
③ 소결이 불량할 때 재 점화가 불가능하다.
④ 1개소 기계고장이 있어도 기타 소결냄빌 조업이 가능하다.

해설 연속식으로 대량생산에 적합하다.

60. 소결 연료용 코크스를 분쇄하는 데 주로 사용되는 기기는?

① 스태커(stacker)
② 로드 밀(rod mill)
③ 리크레이머(reclamer)
④ 트레인 호퍼(train hopper)

해설 스태커: 적치장치, 로드 밀: 분쇄장치, 리크레이머: 불출장치, 트레인 호퍼: 원료 이송장치

정답 52. ② 53. ④ 54. ③ 55. ③ 56. ② 57. ④ 58. ③ 59. ② 60. ②

2014년 1월 26일 시행 문제

제선기능사

1. 비중으로 중금속(heavy metal)을 옳게 구분한 것은?

① 비중이 약 2.0 이하인 금속
② 비중이 약 2.0 이상인 금속
③ 비중이 약 4.5 이하인 금속
④ 비중이 약 4.5 이상인 금속

2. 표면은 단단하고 내부는 회주철로 강인한 성질을 가지며 압연용 롤, 철도차량, 분쇄기 롤 등에 사용되는 주철은?

① 칠드주철 ② 흑심가단주철
③ 백심가단주철 ④ 구상흑연주철

3. 자기변태에 대한 설명으로 옳은 것은?

① Fe의 자기변태점은 210℃이다.
② 결정격자가 변화하는 것이다.
③ 강자성을 잃고 상자성으로 변화하는 것이다.
④ 일정한 온도 범위 안에서 급격히 비연속적인 변화가 일어난다.

4. 구조용 합금강과 공구용 합금강을 나눌 때 기어, 축 등에 사용되는 구조용 합금강 재료에 해당되지 않는 것은?

① 침탄강 ② 강인강
③ 질화강 ④ 고속도강

해설 고속도강은 절삭용 공구 재료이다.

5. 다음 중 경질 자성재료에 해당되는 것은?

① Si강판 ② Nd 자석
③ 센더스트 ④ 고속도강

6. 비료 공장의 합성탑, 각종 밸브와 그 배관 등에 이용되는 재료로 비강도가 높고 열전도율이 낮으며 용융점이 약 1670℃인 금속은?

① Ti ② Sn
③ Pb ④ Co

7. 고강도 Al 합금인 초초두랄루민의 합금에 대한 설명으로 틀린 것은?

① Al합금 중에서 최저의 강도를 갖는다.
② 초초두랄루민을 ESD 합금이라 한다.
③ 자연균열을 일으키는 경향이 있어 Cr 또는 Mn을 첨가하여 억제시킨다.
④ 성분 조성은 Al−1.5∼2.5%, Cu−7∼9%, Zn−1.2∼1.8%, Mg−0.3∼0.5%, Mn−0.1∼0.4%, Cr이다.

해설 초초두랄루민은 고강도 Al합금이다.

8. Ni−Fe계 합금인 엘린바(elinvar)는 고급시계, 지진계, 압력계, 스프링저울, 다이얼게이지 등에 사용되는데 재료의 어떤 특성 때문에 사용하는가?

① 자성 ② 비중
③ 비열 ④ 탄성률

해설 엘린바는 불변강으로 탄성률이 높은 재료이다.

정답 1. ④ 2. ① 3. ③ 4. ④ 5. ② 6. ① 7. ① 8. ④

9. 용융액에서 두 개의 고체가 동시에 나오는 반응은?

① 포석반응　② 포정반응
③ 공석반응　④ 공정반응

해설 주철의 공정반응은 1153℃에서 L(용융체)⇄ γ−Fe+흑연으로 된다.

10. 전자석이나 자극의 철심에 사용되는 것은 순철이나 자심은 교류가 자기장에만 사용되는 예가 많으므로 이력손실, 항자력 등이 적은 동시에 맴돌이 전류 손실이 적어야 한다. 이때 사용되는 강은?

① Si 강　② Mn 강　③ Ni 강　④ Pb 강

11. 황(S)이 적은 선철을 용해하여 구상흑연주철을 제조할 때 많이 사용되는 흑연구상화제는?

① Zn　② Mg　③ Pb　④ Mn

12. 다음 중 Mg에 대한 설명으로 옳은 것은?

① 알칼리에는 침식된다.
② 산이나 염수에는 잘 견딘다.
③ 구리보다 강도는 낮으나 절삭성은 좋다.
④ 열전도율과 전기전도율이 구리보다 높다.

13. 금속의 기지에 1~5μm 정도의 비금속 입자가 금속이나 합금의 기지 중에 분산되어 있는 것으로 내열재료로 사용되는 것은?

① FRM　② SAP
③ Cermet　④ Kelmet

해설 서멧은 내열성이 있는 안정한 화합물과 금속의 조합에 의해서 고온도의 화학적 부식에 견디는 내열합금이다.

14. 합금이 용융하기 시작해서부터 용융이 다 끝나기까지의 온도 범위를 무엇이라 하는가?

① 피니싱 온도 범위　② 재결정 온도 범위
③ 변태온도 범위　④ 용융온도 범위

15. 55~60% Cu를 함유한 Ni합금으로 열전쌍용 선의 재료로 쓰이는 것은?

① 모넬메탈　② 콘스탄탄
③ 퍼민바　④ 인코넬

해설 콘스탄탄은 55~60% Cu를 함유한 Ni합금으로 열전쌍용 선의 재료이다.

16. 다음 물체를 3각법으로 표현할 우측면도로 옳은 것은? (단, 화살표 방향이 정면도 방향이다.)

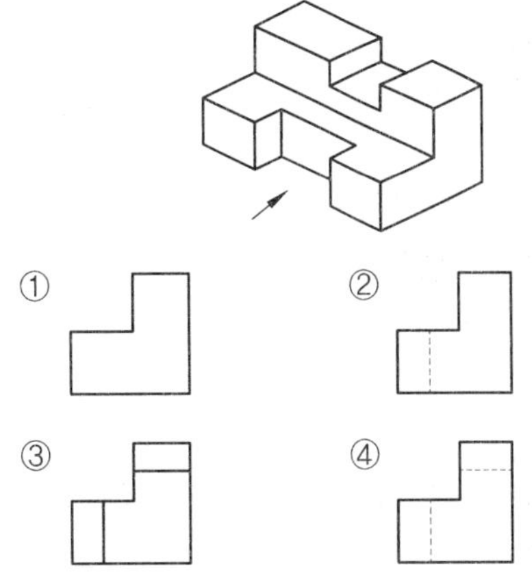

17. 물품을 구성하는 각 부품에 대하여 상세하게 나타내는 도면으로 이 도면에 의해 부품이 실제 제작되는 도면은?

① 상세도　② 부품도
③ 공정도　④ 스케치도

정답 9. ④　10. ①　11. ②　12. ③　13. ③　14. ④　15. ②　16. ④　17. ②

18. 다음 중 "C"와 "SR"에 해당되는 치수 보조 기호의 설명으로 옳은 것은?

① C는 원호이며, SR은 구의 지름이다.
② C는 45° 모따기이며, SR은 구의 반지름이다.
③ C는 판의 두께이며, SR은 구의 반지름이다.
④ C는 구의 반지름이며, SR은 구의 반지름이다.

해설 C: 45° 모따기, SR: 구의 반지름

19. 다음 그림 중에서 FL이 의미하는 것은?

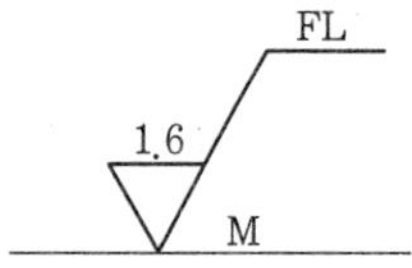

① 밀링 가공을 나타낸다.
② 래핑 가공을 나타낸다.
③ 가공으 생긴 선이 거의 동심원임을 나타낸다.
④ 가공으로 생긴 선이 2방향으로 교차하는 것을 나타낸다.

해설 FL: 래핑가공, M: 밀링가공

20. 주물용선을 제조할 때의 조업방법이 아닌 것은?

① 슬래그를 산성으로 한다.
② 코크스의 배합비율을 높인다.
③ 노내 장입물 강하시간을 짧게 한다.
④ 고온 조업이므로 선철 중에 들어가는 금속 원소의 환원율을 높게 생각하여 광석 배합을 한다.

해설 노내 장입물 강하시간을 길게 한다.

21. 척도 1:2인 도면에서 길이가 50mm인 직선의 실제 길이(mm)는?

① 25 ② 50
③ 100 ④ 150

해설 $50 \times 2 = 100$

22. 다음 그림과 같은 투상도는?

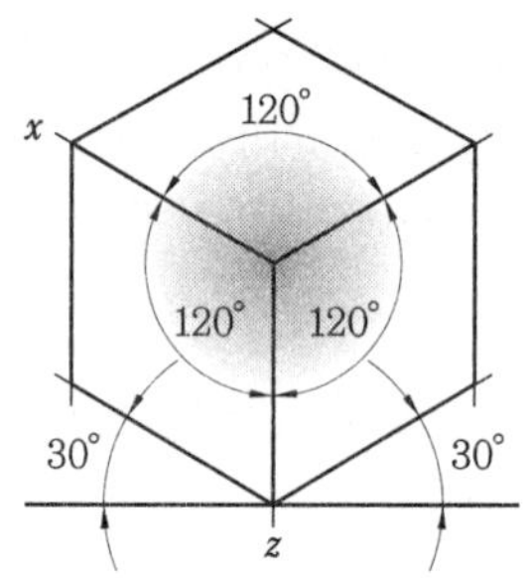

① 사투상도 ② 투시 투상도
③ 등각 투상도 ④ 부등각 투상도

해설 등각투상도는 각이 서로 120°를 이루는 3개의 축을 기본으로 하여 이들 기본 축에 물체의 높이, 너비, 안쪽 길이를 옮겨서 나타내는 방법이다.

23. 다음 중 가는 실선으로 사용되는 선의 용도가 아닌 것은?

① 치수를 기입하기 위하여 사용하는 선
② 치수를 기입하기 위하여 도형에서 인출하는 선
③ 지식, 기호 등을 나타내기 위하여 사용하는 선
④ 형상의 부분 생략, 부분 단면의 경계를 나타내는 선

해설 파단선: 형상의 부분 생략, 부분 단면의 경계를 나타내는 선

정답 18. ② 19. ② 20. ③ 21. ③ 22. ③ 23. ④

24. 도면에서 치수선이 잘못된 것은?

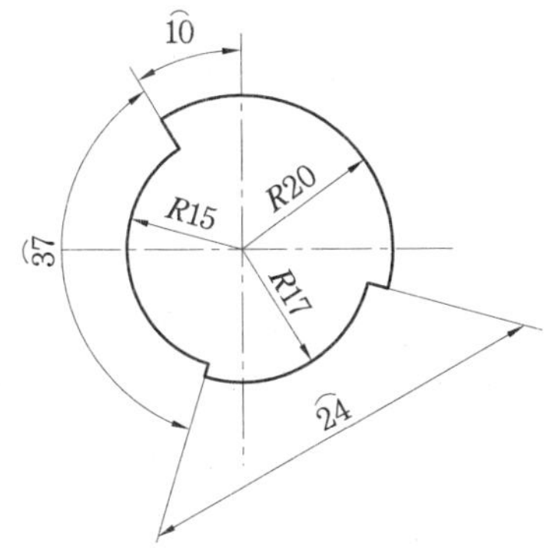

① 반지름(R) 20의 치수선
② 반지름(R) 15의 치수선
③ 원호(⌒)37의 치수선
④ 원호(⌒)24의 치수선

해설 원호 24의 현을 나타내는 치수선

25. 다음의 단면도 중 위, 아래 또는 왼쪽과 오른쪽이 대칭인 물체의 단면을 나타낼 때 사용되는 단면도는?

① 한쪽 단면도 ② 부분 단면도
③ 전단면도 ④ 회전 도시 단면도

26. 다음 도면에 [보기]와 같이 표시된 금속재료의 기호 중 330이 의미하는 것은?

| 보기 |

KS D 3503 SS330

① 최저 인장강도
② KS 분류기호
③ 제품의 형상별 종류
④ 재질을 나타내는 기호

해설 SS330: 일반구조용 압연강재로서 최저 인장강도가 330N/mm^{2}이다.

27. 제도용지 A3는 A4용지의 몇 배 크기가 되는가?

① $\frac{1}{2}$배 ② $\sqrt{2}$배
③ 2배 ④ 4배

해설 A3: 297×420, A4: 210×297

28. 그림과 같이 고로에서 미환원의 철, 규소, 망간이 직접 환원을 받는 부분은?

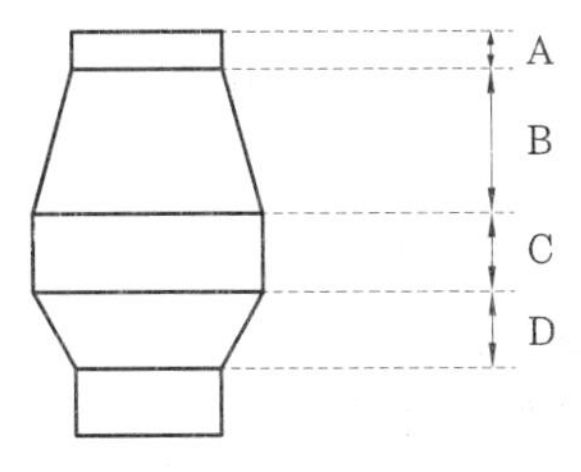

① A ② B ③ C ④ D

해설 보시: 고로에서 미환원의 철, 규소, 망간이 직접 환원을 받는 부분이다.

29. 코크스 제조에서 사용되지 않는 것은?

① 머드 건 ② 균열강도
③ 낙하시험 ④ 텀블러 지수

해설 머드 건은 고로의 선철 출탕을 폐쇄하는 장치이다.

30. 고로에 사용되는 내화재의 구비 조건으로 틀린 것은?

① 스폴링성이 커야 한다.
② 열충격이나 마모에 강해야 한다.
③ 고온, 고압에서 상당한 강도를 가져야 한다.
④ 고온에서 연화 또는 휘발하지 않아야 한다.

해설 스폴링성이 작아야 한다.

정답 24. ④ 25. ① 26. ① 27. ③ 28. ④ 29. ① 30. ①

31. 생펠릿에 강도를 주기 위해 첨가하는 물질이 아닌 것은?

① 봉사 ② 규사
③ 벤토나이트 ④ 염화나트륨

32. 고로 부원료로 사용되는 석회석을 나타내는 화학식은?

① $CaCO_3$ ② Al_2O_3 ③ $MgCO_3$ ④ SiO_2

33. 철광석의 피환원성을 좋게 하는 것이 아닌 것은?

① 기공률을 크게 한다.
② 산화도를 높게 한다.
③ 강도를 크게 한다.
④ 입도를 작게 한다.

해설 강도를 작게 한다.

34. 황(S)을 이론 공기량으로 완전 연소시킬 때 발생하는 연소 가스양은 약 몇 Nm^3인가? (단, S의 원자량은 32, O_2의 분자량은 32, 공기 중의 산소는 약 21%이다.)

① 0.70 ② 2.0 ③ 2.63 ④ 3.33

35. 용융 환원로(COREX)는 환원로와 용융로 두 개의 반응기로 구분한다. 이때 용융로의 역할이 아닌 것은?

① 슬래그의 용해
② 환원가스의 생성
③ 철광석의 간접환원
④ 석탄의 건조 및 탈가스화

해설 철광석의 직접환원

36. 나사의 호칭 M20×2에서 2가 뜻하는 것은?

① 피치 ② 줄의 수 ③ 등급 ④ 산의 수

해설 M20: 미터나사, 2: 피치

37. 고로의 장입설비에서 벨레스형(bell-less type)의 특징을 설명한 것 중 틀린 것은?

① 대형 고로에 적합하다.
② 성형 원료 장입에 최적이다.
③ 장입물 분포를 중심부까지 제어가 가능하다.
④ 장입물의 표면형상을 바꿀 수 없어 가스 이용률은 낮다.

해설 장입물의 표면형상을 바꿀 수 있어 가스 이용률이 최대이다.

38. 고로에 사용하는 축류 송풍기의 특징을 설명한 것 중 틀린 것은?

① 풍압 변동에 대한 정풍량 운전이 용이하다.
② 바람 방향의 전환이 없어 효율이 우수하다.
③ 무겁고 크게 제작해야 하므로 설치 면적이 넓다.
④ 터보 송풍기에 비하여 압축된 유체의 통로가 단순하고 짧다.

해설 구조가 간단하고 설치면적이 작다.

39. 용제에 대한 설명으로 틀린 것은?

① 유동성을 좋게 한다.
② 슬래그의 용융점을 높인다.
③ 슬래그를 금속으로부터 분리시킨다.
④ 산성 용제에는 규암, 규석 등이 있다.

해설 슬래그의 용융점을 낮춘다.

정답 31. ② 32. ① 33. ③ 34. ④ 35. ③ 36. ① 37. ④ 38. ③ 39. ②

40. 다음 중 고로 안에서 거의 환원되는 것은?

① CaO ② Fe_2O_3
③ MgO ④ Al_2O_3

41. 안전 보호구의 용도가 옳게 짝지어 진 것은?

① 두부에 대한 보호구-안전각반
② 얼굴에 대한 보호구-절연장갑
③ 추락방지를 위한 보호구-안전대
④ 손에 대한 보호구-보안면

42. 재해발생의 원인을 관리적 원인과 기술적 원인으로 분류할 때 관리적 원인에 해당되지 않는 것은?

① 노동의욕의 침체
② 안전기준의 불명확
③ 점검보존의 불충분
④ 안전관리조직의 결함

43. 열풍로에서 나온 열풍을 고로 내에 송입하는 부분의 명칭은?

① 노상 ② 장입구
③ 풍구 ④ 출재구

44. 노벽이 국부적으로 얇아져서 결국은 노 안으로부터 가스 또는 용해물이 분출하는 것을 무엇이라 하는가?

① 노상 냉각 ② 노저 파손
③ 적열(hot spot) ④ 바람구멍류 파손

45. 고로 내 열교환 및 온도변화는 상승가스에 의한 열교환 철 및 슬래그의 적하물과 코크스의 온도 상승 등으로 나타나고 반응으로는 탈황반응 및 침탄반응 등이 일어나는 대(zone)는?

① 연소대 ② 적하대
③ 융착대 ④ 노상대

46. 코크스의 반응성 지수를 나타내는 식으로 옳은 것은?

① $\dfrac{CO_2+CO}{CO}\times 100(\%)$

② $\dfrac{CO_2+CO}{CO_2}\times 100(\%)$

③ $\dfrac{CO_2}{CO+CO_2}\times 100(\%)$

④ $\dfrac{CO}{CO_2+CO}\times 100(\%)$

47. 품위가 57.8%인 광석에서 철분 92%의 선철 1톤을 만드는 데 필요한 광석량은 약 몇 kg인가? (단, 철분이 모두 환원되어 철의 손실이 없다고 가정한다.)

① 615 ② 915
③ 1426 ④ 1592

48. 드와이트-로이드(dwight-lloyd) 소결기에 대한 설명으로 틀린 것은?

① 소결 불량 시 재점화가 가능하다.
② 방진장치의 설치가 용이하다.
③ 연속식이기 때문에 대량생산에 적합하다.
④ 1개소 고장으로는 기계 전체에 영향을 미치지 않는다.

해설 소결 불량 시 재점화가 불가능하다.

정답 40. ② 41. ③ 42. ③ 43. ③ 44. ③ 45. ② 46. ④ 47. ④ 48. ①

49. 장입석탄을 코크스로에 장입하기 전에 장입석탄의 일부를 압축 성형기로 성형하여 브리켓(briquet)으로 만든 다음 30~40%는 취하고 나머지는 역청탄과 혼합하는 코크스 제조법은?

① 점결제 첨가법 ② 성형탄 배합법
③ 성형 코크스법 ④ 예열탄 장입법

50. 배소를 통한 철광석의 유해성분이 아닌 것은?

① 황(S) ② 물(H_2O)
③ 비소(As) ④ 탄소(C)

51. 소결의 일반적인 공정 순서로 옳은 것은?

① 혼합 및 조립 → 원료장입 → 소결 → 점화 → 냉각
② 혼합 및 조립 → 원료장입 → 점화 → 소결 → 냉각
③ 원료장입 → 혼합 및 조립 → 소결 → 점화 → 냉각
④ 원료장입 → 점화 → 혼합 및 조립 → 소결 → 냉각

52. 코크스로가스 중에 함유되어 있는 성분 중 함량이 많은 것부터 적은 순서대로 나열된 것은?

① $CO > CH_4 > N_2 > H_2$
② $CH_4 > CO > H_2 > N_2$
③ $H_2 > CH_4 > CO > N_2$
④ $N_2 > CH_4 > H_2 > CO$

53. 소성 펠릿의 특징을 설명한 것 중 옳은 것은?

① 고로 안에서 소결광보다 급격한 수축을 일으킨다.
② 분쇄한 원료로 만든 것으로 야금반응에 민감하지 않다.
③ 입도가 일정하고 입도 편석을 일으키며, 공극률이 작다.
④ 황 성분이 적고, 그 밖에 해면철 상태를 통해 용해되므로 규소의 흡수가 적다.

54. 원료처리 설비 중 파쇄 설비로 옳은 것은?

① 언로더(unloader)
② 로드 밀(rod mill)
③ 리클레이머(reclaimar)
④ 벨트컨베이어(belt conveyer)

해설 언로더: 하역설비, 로드 밀: 분쇄장치, 리클레이머: 불출장치, 벨트컨베이어: 원료 수송장치

55. 고로에서 선철 1톤을 생산하는 데 소요되는 철광석 소결용 분광+괴광석의 양은 일반적으로 약 얼마(톤)인가?

① 0.5~0.7 ② 1.5~1.7
③ 3.0~3.2 ④ 5.0~5.7

56. 고로에 장입되는 소결광으로 출선비를 향상시키는데 유용한 자용성 소결광은 어떤 성분이 가장 많이 들어간 것인가?

① STO_2 ② Al_2O_3 ③ CaO ④ TiO_2

57. 적은 열소비량으로 소결이 잘되는 장점이 있어 소결용 또는 펠릿 원료로 적합한 광석은?

① 능철광 ② 적철광 ③ 자철광 ④ 갈철광

정답 49. ② 50. ④ 51. ② 52. ③ 53. ④ 54. ② 55. ② 56. ③ 57. ③

58. **광석의 입도가 작으면 소결 과정에서 통기도와 소결시간이 어떻게 변화하는가?**

① 통기도는 악화되고, 소결시간이 단축된다.
② 통기도는 악화되고, 소결시간이 길어진다.
③ 통기도는 좋아지고, 소결시간이 단축된다.
④ 통기도는 좋아지고, 소결시간이 길어진다.

59. **제철 원료로서 코크스의 역할에 대한 설명으로 틀린 것은?**

① 연소가스는 철광석을 간접 환원한다.
② 일부는 선철 중에 용해해서 선철 중의 탄소가 된다.
③ 연소가스는 액체 탄소로서 선철 성분을 간접 환원시킨다.
④ 바람구멍 앞에서 연소해서 제선에 필요한 열량을 공급한다.

해설 고체 탄소로서 선철 성분을 직접 환원시킨다.

60. **분광석의 괴성화 방법이 아닌 것은?**

① 세광(washing)
② 소결법(sintering)
③ 단광법(briquetting)
④ 펠레타이징(pelletizing)

해설 괴성화 방법에는 소결법, 단광법, 펠레타이징이 속한다.

정답 58. ② 59. ③ 60. ①

2015년 1월 25일 시행 문제

제선기능사

1. 오스테나이트계 스테인리스강에 첨가되는 주성분으로 옳은 것은?

① Pb-Mg ② Cu-Al
③ Cr-Ni ④ P-Sn

해설 오스테나이트계 스테인리스강의 주성분은 Cr(18%)-Ni(8%)이다.

2. 용융금속을 주형에 주입할 때 응고하는 과정을 설명한 것으로 틀린 것은?

① 나뭇가지 모양으로 응고하는 것을 수지상 정이라고 한다.
② 핵생성 속도가 핵 성장속도보다 빠르면 입자가 미세화 된다.
③ 주형에 접한 부분이 빠른 속도로 응고하고 차차 내부로 가면서 천천히 응고한다.
④ 주상결정입자 조직이 생성된 주물에서는 주상결정 입내 부분에 불순물이 집중하므로 메짐이 생긴다.

해설 주상결정 입내 부분에 불순물이 집중하지 않아 메짐이 생기지 않는다.

3. 그림과 같은 소성가공법은?

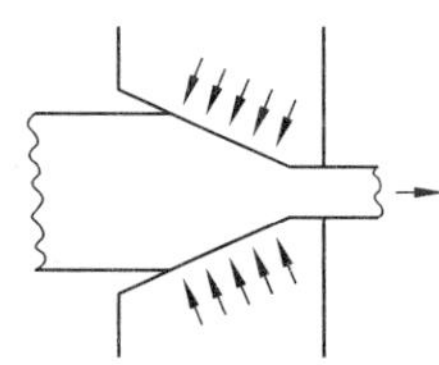

① 압연가공 ② 단조가공
③ 인발가공 ④ 전조가공

4. 제진 재료에 대한 설명으로 틀린 것은?

① 제진합금으로는 Mg-Zr, Mn-Cu 등이 있다.
② 제진합금에서 제진기구는 마텐자이트 변태와 같다.
③ 제진재료는 진동을 제거하기 위하여 사용되는 재료이다.
④ 제진합금이란 큰 의미에서 두드려도 소리가 나지 않는 합금이다.

5. 다음 철강 재료에서 인성이 가장 낮은 것은?

① 회주철 ② 탄소공구강
③ 합금공구강 ④ 고속도공구강

해설 회주철은 인성보다 취성이 높은 금속이다.

6. 실물을 보고 프리핸드로 그린 도면은?

① 계획도 ② 제작도
③ 주문도 ④ 스케치도

7. KS B ISO 4287 한국산업표준에서 정한 거칠기 프로파일에서 산출한 파라미터를 나타내는 기호는?

① R-파라미터 ② P-파라미터
③ W-파라미터 ④ Y-파라미터

8. 다음 중 비중(specific gravity)이 가장 작은 금속은?

① Mg ② Cr ③ Mn ④ Pb

해설 Mg(1.74), Cr(7.19), Mn(7.43), Pb(11.36)

정답 1. ③ 2. ④ 3. ③ 4 ② 5. ① 6. ④ 7. ① 8. ①

9. 수면이나 유면 등의 위치를 나타내는 수준면 선의 종류는?

① 파선 ② 가는 실선
③ 굵은 실선 ④ 1점 쇄선

10. 도면에서 중심선을 꺾어서 연결 도시한 투상도는?

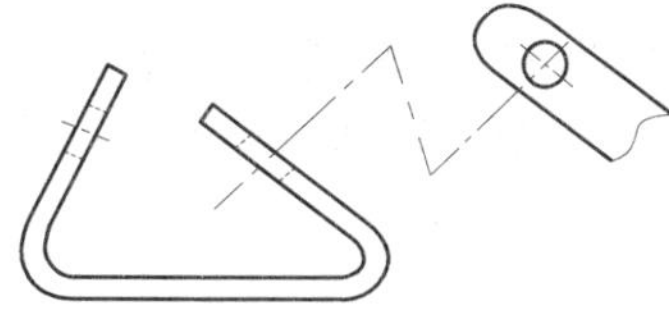

① 보조 투상도 ② 국부 투상도
③ 부분 투상도 ④ 회전 투상도

해설 보조 투상도는 물체의 경사면을 실제의 모양으로 나타낼 때 일부분을 그린 투상도이다.

11. 4%Cu, 2%Ni 및 1.5%Mg이 첨가된 알루미늄 합금으로 내연기관용 피스톤이나 실린더 헤드 등에 사용되는 재료는?

① Y합금 ② 라우탈
③ 알클레드 ④ 하이드로날륨

12. 금속의 결정구조를 생각할 때 결정면과 방향을 규정하는 것과 관련이 가장 깊은 것은?

① 밀러지수 ② 탄성계수
③ 가공지수 ④ 전이계수

13. 구리 및 구리합금에 대한 설명으로 옳은 것은?

① 구리는 자성체이다.
② 금속 중에 Fe 다음으로 열전도율이 높다.
③ 황동은 주로 구리와 주석으로 된 합금이다.
④ 구리는 이산화탄소가 포함되어 있는 공기 중에서 녹청색 녹이 발생한다.

해설 구리는 비자성체이며, 열전도율이 은 다음으로 높고, 황동은 구리와 아연의 합금이다.

14. Y합금의 일종으로 Ti과 Cu를 0.2% 정도씩 첨가한 합금으로 피스톤에 사용되는 합금의 명칭은?

① 라우탈 ② 엘린바
③ 문쯔메탈 ④ 코비탈륨

15. 상면도라 하며, 물체의 위에서 내려다본 모양을 나타내는 도면의 명칭은?

① 배면도 ② 정면도
③ 평면도 ④ 우측면도

16. 다음 비철금속 중 구리가 포함되어 있는 합금이 아닌 것은?

① 황동 ② 톰백
③ 청동 ④ 하이드로날륨

해설 하이드로날륨: 내식성 Al합금

17. 기체 급랭법의 일종으로 금속을 기체 상태로 한 후에 급랭하는 방법으로 제조되는 합금으로써 대표적인 방법은 진공 증착법이나 스퍼터링법 등이 있다. 이러한 방법으로 제조되는 합금은?

① 제진합금 ② 초전도합금
③ 비정질합금 ④ 형상기억합금

정답 9. ② 10. ① 11. ① 12. ① 13. ④ 14. ④ 15. ③ 16. ④ 17. ③

18. 저용융점 합금의 용융 온도는 약 몇 ℃ 이하인가?

① 250 이하　② 450 이하
③ 550 이하　④ 650 이하

19. 특수강에서 다음 금속이 미치는 영향으로 틀린 것은?

① Si: 전자기적 성질을 개선한다.
② Cr: 내마멸성을 증가시킨다.
③ Mo: 뜨임메짐을 방지한다.
④ Ni: 탄화물을 만든다.

해설 Ni은 탄화물 저해원소이다.

20. 공석강의 탄소함유량(%)은 약 얼마인가?

① 0.1　② 0.8
③ 2.0　④ 4.3

21. 그림과 같은 물체를 제3각법으로 그릴 때 물체를 명확하게 나타낼 수 있는 최소 도면 개수는?

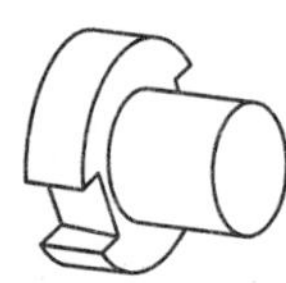

① 1개　② 2개
③ 3개　④ 4개

22. 다음 가공방법의 기호와 그 의미의 연결이 틀린 것은?

① C-주조　② L-선삭
③ G-연삭　④ FF-소성가공

해설 FF: 줄다듬질

23. 제도용지에 대한 설명으로 틀린 것은?

① A0 제도용지의 넓이는 약 $1m^2$이다.
② B0 제도용지의 넓이는 약 $1.5m^2$이다.
③ A0 제도용지의 크기는 594×841이다.
④ 제도용지의 세로와 가로의 비는 1 : $\sqrt{2}$ 이다.

해설 A0제도용지의 크기는 841×1189이다.

24. 척도가 1:2인 도면에서 실제 치수 20mm인 선은 도면상에 몇 mm로 긋는가?

① 5　② 10　③ 20　④ 40

25. 끼워맞춤에 관한 설명으로 옳은 것은?

① 최대 죔새는 구멍의 최대 허용치수에서 축의 최소 허용치수를 뺀 치수이다.
② 최소 죔새는 구멍의 최소 허용치수에서 축의 최대 허용치수를 뺀 치수이다.
③ 구멍의 최소 치수가 축의 최대 치수보다 작은 경우 헐거운 끼워맞춤이 된다.
④ 구멍과 축의 끼워맞춤에서 틈새가 없이 죔새만 있으면 억지 끼워맞춤이 된다.

26. 다음 도형에서 테이퍼 값을 구하는 식으로 옳은 것은?

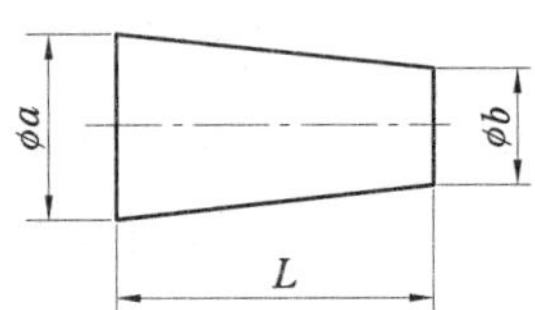

① $\frac{b}{a}$　② $\frac{a}{b}$
③ $\frac{a+b}{L}$　④ $\frac{a-b}{L}$

정답 18. ①　19. ④　20. ②　21. ②　22. ④　23. ③　24. ②　25. ④　26. ④

27. 2N M50×2-6h 이라는 나사의 표시 방법에 대한 설명으로 옳은 것은?

① 왼나사이다.
② 2줄 나사이다.
③ 유니파이 보통 나사이다.
④ 피치는 1인치당 산의 개수로 표시한다.

해설 2N M50×2-6h: 호칭지름이 50mm, 피치 2mm인 미터 가는 나사로 2줄 나사로 등급 6인 나사

28. 파이넥스 유동로의 환원율에 영향을 미치는 인자가 아닌 것은?

① 환원가스 성분 중 CO, H_2농도
② 광석 1t당 환원가스 원단위
③ 유동로 압력
④ 환원가스 온도

29. 고로의 수리를 위하여 일시적으로 송풍을 중지시키는 것은?

① hanging ② blowing
③ ventilation ④ blowing out

30. 산업안전보건법에서는 공기 중의 산소농도가 몇 % 미만인 상태를 "산소결핍"으로 규정하고 있는가?

① 15 ② 18 ③ 20 ④ 23

31. 다음 중 염기성 내화물에 속하는 것은?

① 마그네시아질 ② 점토질
③ 샤모트질 ④ 규산질

해설 염기성 내화물은 마그네시아질이 있고, 산성 내화물은 점토질, 샤모트질, 규산질이 있다.

32. 고로조업 중 배가스 처리장치를 통해 가장 많이 배출되는 가스는?

① N_2 ② H_2 ③ CO ④ CO_2

33. 고로에서 인(P)성분이 선철 중에 적게 유입되도록 하는 방법 중 틀린 것은?

① 급속조업을 한다.
② 노상온도를 높인다.
③ 염기도를 높인다.
④ 장입물 중 인(P) 성분을 적게 한다.

해설 노상온도를 낮춘다.

34. 소결기에서 연소 조업을 할 수 있는 것은?

① 드와이트-로이드식
② 그리나 발트식
③ 로타리 킬른식
④ AIB식

35. 출선구에서 나오는 용선과 광재를 분리시키는 역할을 하는 것은?

① 출재구(tapping hole)
② 더미 바(dummy bar)
③ 스키머(skimmer)
④ 탕도(runner)

36. 다음 중 산소부화에 의한 효과로 틀린 것은?

① 질소 감소에 의해 발열량을 감소시킨다.
② 바람구멍 앞의 온도가 높아진다.
③ 코크스의 연소 속도가 빠르다.
④ 출선량을 증대시킨다.

해설 질소 감소에 의해 발열량을 증가시킨다.

정답 27. ② 28. ③ 29. ④ 30. ② 31. ① 32. ① 33. ② 34. ① 35. ③ 36. ①

37. **코크스 중 회분이 많을 때 고로에서 일어나는 현상은?**

① 석회석 슬래그의 양이 감소한다.
② 행잉(hanging)을 방지한다.
③ 코크스비가 증가한다.
④ 출선량이 증가한다.

38. **코크스 중에 회분이 7%, 휘발분이 5%, 수분이 4% 있다면, 고정탄소의 양은 몇 %인가?**

① 54 ② 64
③ 74 ④ 84

해설 고정탄소=100-(회분+휘발분+수분)
=84%

39. **샘펠릿 성형기의 특징이 아닌 것은?**

① 틀이 필요 없다.
② 가압을 필요로 하지 않는다.
③ 연속조업이 불가능하다.
④ 물리적으로 원심력을 이용한다.

해설 연속조업이 가능하다.

40. **선철 중의 탄소의 용해도를 증가시키는 원소가 아닌 것은?**

① V ② Si
③ Cr ④ Mn

41. **다음 중 수세법에 대한 설명으로 옳은 것은?**

① 자철광 또는 사철광을 선광하여 맥석을 분리하는 방법
② 갈철광 등과 같이 진흙이 붙어 있는 광석을 물로 씻어서 품위를 높이는 방법
③ 중력에 의하여 큰 광석은 가라앉히고, 작은 광석은 뜨게 하여 분리하는 방법
④ 비중의 차를 이용하여 광석으로부터 맥석을 선발, 제거하거나 또는 광석 중의 유효 광물을 분리하는 방법

42. **고로 상부에서부터 하부로의 순서가 옳은 것은?**

① 노구→샤프트→노복→보시→노상
② 노구→보시→샤프트→노복→노상
③ 노구→샤프트→보시→노복→노상
④ 노구→노복→샤프트→노상→보시

43. **출선된 용선은 탕도에서 슬래그(광재)의 비중차로 분리된다. 용선과 슬래그의 각각 비중은 약 얼마인가?**

① 용선: 8.7 슬래그: 4.5~4.6
② 용선: 7.9 슬래그: 4.0~4.1
③ 용선: 7.5 슬래그: 3.6~3.7
④ 용선: 7.0 슬래그: 2.6~2.7

44. **고로 내에서 노내벽 연와를 침식하여 노체 수명을 단축시키는 원소는?**

① Zn ② P ③ Al ④ Ti

45. **작업자의 안전심리에서 고려되는 가장 중요한 요소는?**

① 지식 정도
② 안전규칙
③ 개성과 사고력
④ 신체적 조건과 기능

정답 37. ③ 38. ④ 39. ③ 40. ② 41. ② 42. ② 43. ④ 44. ① 45. ③

46. 수분이나 탄산염 광석 중의 CO_2 등 제련에 방해가 되는 성분을 가열하여 추출하는 조작은?

① 단광 ② 괴성 ③ 소결 ④ 하소

47. 여러 종류의 철광석을 혼합하여 적치하는 블렌딩(blending)의 이점이 아닌 것은?

① 입도를 균일하게 한다.
② 원료의 성분을 안정화시킨다.
③ 야드 적치 시 편석이 잘 되게 한다.
④ 양이 적은 광종도 적절히 사용할 수 있다.

해설 야드 적치 시 편석이 잘 안 되게 한다.

48. 소결용 연료인 코크스의 구비 조건이 아닌 것은?

① 소결성이 좋을 것
② 발열량이 높을 것
③ 적당한 입도를 가질 것
④ 수분함량과 P, S의 양이 많을 것

해설 수분함량과 P, S의 양이 적을 것

49. 소결설비 중 윈드박스(wind box)의 역할은?

① 흡인장치 ② 점화장치
③ 집진장치 ④ 파쇄장치

50. 광물을 분산시켜 미립자를 물에 넣고 적당한 부선제를 첨가하여 기포를 발생시켜 광물과 맥석을 분리한 방법은?

① 부유선광 ② 자력선광
③ 중액선광 ④ 비중선광

51. 소결장치 중 드럼믹서(drum mixer)의 역할이 아닌 것은?

① 혼합 ② 조립 ③ 조습 ④ 파쇄

52. 소결원료의 배합 시 의사입화에 대한 설명으로 틀린 것은?

① 품질이 향상된다.
② 회수율이 증가한다.
③ 생산성이 증가한다.
④ 원단위가 증가한다.

해설 원단위가 감소한다.

53. 다음 중 코크스를 건류하는 과정에 발생되는 가스의 명칭은?

① BFG ② LDG ③ COG ④ LPG

54. 덩어리로된 괴광에 필요한 성질에 대한 설명으로 옳은 것은?

① 다공질로 노 안에서 환원이 잘 되어야 한다.
② 노에 장입 및 강하시에는 잘 분쇄되어야 한다.
③ 선철에 품질을 높일 수 있는 황과 인이 많아야 한다.
④ 점결제에는 알칼리류를 함유하고 있어야 하며, 열팽창 및 수축에 의한 붕괴를 일으켜야 한다.

55. 집진기의 형식 중 집진효율이 가장 우수한 것은?

① 중력 집진장치 ② 전기 집진장치
③ 관성력 집진장치 ④ 원심력 집진장치

정답 46. ④ 47. ③ 48. ④ 49. ① 50. ① 51. ④ 52. ④ 53. ③ 54. ① 55. ②

56. 자용성 소결광이 고로 원료로 사용될 때 설명으로 옳은 것은?

① 피환원성이 감소한다.
② 코크스비가 저하한다.
③ 노내 발황률이 감소한다.
④ 이산화탄소의 발생으로 직접 환원이 잘 된다.

57. 코크스로에 원료를 장입하여 압출될 때까지 석탄이나 코크스가 노내에 머무르는 시간을 무엇이라 하는가?

① 탄화시간 ② 장입시간
③ 압출시간 ④ 방치시간

58. 석탄의 분쇄 입도의 영향에 대한 설명으로 틀린 것은? (단, HGI: hardgrove grindability index 이다.)

① 수분이 많으면 파쇄하기 어렵다.
② 파쇄기 급량이 많으면 조파쇄가 된다.
③ 석탄의 HGI가 작으면 파쇄하기 쉽다.
④ 분쇄 전 석탄입도가 크면 분쇄 후 입도가 크다.

해설 석탄의 HGI가 크면 파쇄하기 쉽다.

59. 고로 내 코크스의 역할에 해당되지 않는 것은?

① 통기성, 통액성 향상
② 연소를 통한 열원재
③ 철광석의 산화반응 촉진
④ 선철, 슬래그 간의 열교환 매체

해설 철광석의 환원반응 촉진

60. 고온에서 원료 중의 맥석성분이 융체로 되어 고체상태의 광석입자를 결합시키는 소결반응은?

① 맥석결합 ② 용융결합
③ 확산결합 ④ 화합결합

정답 56. ② 57. ① 58. ③ 59. ③ 60. ②

2016년 1월 24일 시행 문제

제선기능사

1. 반자성체에 해당하는 금속은?

① 철(Fe) ② 니켈(Ni)
③ 안티몬(Sb) ④ 코발트(Co)

해설 철, 니켈, 코발트는 강자성체이다.

2. 문쯔메탈(muntz metal)이라 하며, 탈아연부식이 발생하기 쉬운 동합금은?

① 6-4황동 ② 주석청동
③ 네이벌 황동 ④ 애드미럴티 황동

3. 다음 중 강괴의 탈산제로 부적합한 것은?

① Al ② Fe-Mn
③ Cu-P ④ Fe-Si

4. 주철의 기계적 성질에 대한 설명 중 틀린 것은?

① 경도는 C+Si의 함유량이 많을수록 높아진다.
② 주철의 압축강도는 인장강도의 3~4배 정도이다.
③ 고 C, 고 Si의 크고 거친 흑연편을 함유하는 주철은 충격값이 적다.
④ 주철은 자체의 흑연이 윤활제 역할을 하며, 내마멸성이 우수하다.

해설 경도는 C+Si의 함유량이 많을수록 낮아진다.

5. 강에 탄소량이 증가할수록 증가하는 것은?

① 경도 ② 연신율
③ 충격값 ④ 단면수축률

해설 C양이 증가함에 따라 경도는 증가하는 반면, 연신율, 충격값, 단면수축률은 감소한다.

6. 비중 7.3, 용융점 232℃, 13℃에서 동소변태하는 금속으로 전연성이 우수하며, 의약품, 식품 등의 포장용 튜브, 식기, 장식기 등에 사용되는 것은?

① Al ② Ag
③ Ti ④ Sn

해설 주석(Sn)은 저용점 금속으로 식품 등의 포장용 튜브로 사용된다.

7. 고속도강의 대표 강종인 SKH2 텅스텐계 고속도강의 기본조성으로 옳은 것은?

① 18%Cu-4%Cr-1%Sn
② 18%W-4%Cr-1%V
③ 18%Cr-4%Al-1%W
④ 18%W-4%Al-1%Pb

8. 다음의 합금 원소 중 함유량이 많아지면 내마멸성을 크게 증가시키고, 적열메짐을 방지하는 것은?

① Ni ② Mn
③ Si ④ Mo

정답 1. ③ 2. ① 3. ③ 4. ① 5. ① 6. ④ 7. ② 8. ②

9. **금(Au)의 일반적인 성질에 대한 설명 중 옳은 것은?**

① 금은 내식성이 매우 나쁘다.
② 금의 순도는 캐럿(K)으로 표시한다.
③ 금은 강도, 경도, 내마멸성이 높다.
④ 금은 조밀육방격자에 해당하는 금속이다.

해설 금은 내식성이 우수하고, 캐럿(K)으로 표시하며, 강도 및 경도가 낮고, 면심입방격자이다.

10. **Al에 1~1.5%의 Mn을 합금한 내식성 알루미늄 합금으로 가공성, 용접성이 우수하여 저장탱크, 기름탱크 등에 사용되는 것은?**

① 알민 ② 알드레이
③ 알클래드 ④ 하이드로날륨

11. **Ti금속의 특징을 설명한 것 중 옳은 것은?**

① Ti 및 그 합금은 비강도가 낮다.
② 융점이 높고, 열전도율이 낮다.
③ 상온에서 체심입방격자의 구조를 갖는다.
④ Ti은 화학적으로 반응성이 없어 내식성이 나쁘다.

해설 Ti금속은 비강도가 높고, 융점이 높고 열전도율이 낮으며, 상온에서 조밀육방격자의 구조를 가진다. 내식성이 높은 금속이다.

12. **Al-Si계 합금에 관한 설명으로 틀린 것은?**

① Si 함유량이 증가할수록 열팽창계수가 낮아진다.
② 실용합금으로는 10~13%의 Si가 함유된 실루민이 있다.
③ 용융점이 높고 유동성이 좋지 않아 복잡한 모래형 주물에는 이용되지 않는다.
④ 개량처리를 하게 되면 용탕과 모래 수분과의 반응으로 수소를 흡수하여 기포가 발생된다.

해설 Al-Si계 합금은 주조용 합금으로 융점이 낮고 유동성이 좋아 개량처리하여 모래형 주물에 이용한다.

13. **Fe-C 평형상태도에서 레데부라이트의 조직은?**

① 페라이트
② 페라이트+시멘타이트
③ 페라이트+오스테나이트
④ 오스테나이트+시멘타이트

해설 오스테나이트(γ)+시멘타이트(Fe_3C)는 레데부라이트 조직이다.

14. **다음 중 슬립(slip)에 대한 설명으로 틀린 것은?**

① 원자밀도가 최대인 방향으로 잘 일어난다.
② 원자밀도가 가장 큰 격자면에서 잘 일어난다.
③ 슬립이 계속 진행하면 결정은 점점 단단해져 변형이 쉬워진다.
④ 다결정에서는 외력이 가해질 때 슬립방향이 서로 달라 간섭을 일으킨다.

해설 슬립이 계속 진행하면 결정은 점점 연해져 변형이 쉬워진다.

15. **미터나사의 표시가 "M30×2"로 되어 있을 때 2가 의미하는 것은?**

① 등급 ② 리드
③ 피치 ④ 거칠기

해설 M20은 미터나사, 2는 피치를 뜻한다.

정답 9. ② 10. ① 11. ② 12. ③ 13. ④ 14. ③ 15. ③

16. 침탄, 질화 등 특수 가공할 부분을 표시할 때 나타내는 선으로 옳은 것은?

① 가는 파선 ② 가는 1점 쇄선
③ 가는 2점 쇄선 ④ 굵은 1점 쇄선

17. 표제란에 재료를 나타내는 표시 중 밑줄 친 KS D가 의미하는 것은?

제도지	홍길동	도명	캐스터
도번	M200551	척도	NS
재질	KS D 3503 SS 330		

① KS 규격에서 기본 사항
② KS 규격에서 기계 부분
③ KS 규격에서 금속 부분
④ KS 규격에서 전기 부분

해설 KS A－기본, KS B－기계, KS C－전기, KS D－ 금속

18. 분산 강화 금속 복합재료에 대한 설명으로 틀린 것은?

① 고온에서 크리프 특성이 우수하다.
② 실용 재료로는 SAP, TD Ni이 대표적이다.
③ 제조방법은 일반적으로 단접법이 사용된다.
④ 기지 금속 중에 0.01～0.1μm 정도의 미세한 입자를 분산시켜 만든 재료이다.

해설 제조방법은 기계적 혼합법, 표면산화법 등이 있다.

19. 구멍 $\phi 42^{+0.009}_{0}$, 축 $42^{+0.009}_{-0.025}$ 일 때 최대 죔새는?

① 0.009 ② 0.018
③ 0.025 ④ 0.034

해설 최대죔새＝축의 최대 허용치수－구멍의 최소 허용치수＝0.009－0＝0.009

20. 치수 기입을 위한 치수선과 치수보조선 위치가 가장 적합한 것은?

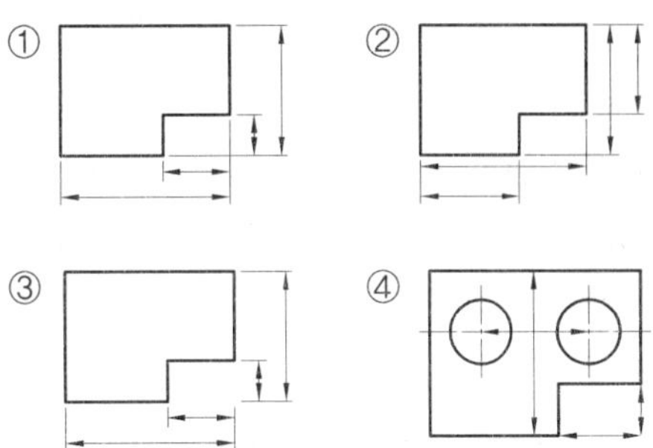

21. 그림은 3각법에 의한 도면 배치를 나타낸 것이다. ㉠, ㉡, ㉢에 해당하는 도면의 명칭을 옳게 짝지은 것은?

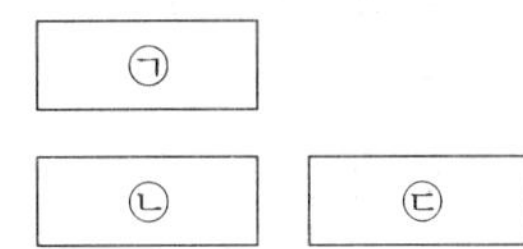

① ㉠: 정면도, ㉡: 좌측면도, ㉢: 평면도
② ㉠: 정면도, ㉡: 평면도, ㉢: 좌측면도
③ ㉠: 평면도, ㉡: 정면도, ㉢: 우측면도
④ ㉠: 평면도, ㉡: 우측면도, ㉢: 정면도

22. 한국산업표준에서 규정한 탄소공구강의 기호로 옳은 것은?

① SCM ② STC
③ SKH ④ SPS

해설 SCM: 크롬－몰리브덴강, STC 탄소공구강, SKH: 고속도공구강, SPS: 스프링강

정답 16. ④ 17. ③ 18. ③ 19. ① 20. ① 21. ③ 22. ②

23. 그림과 같은 단면도는?

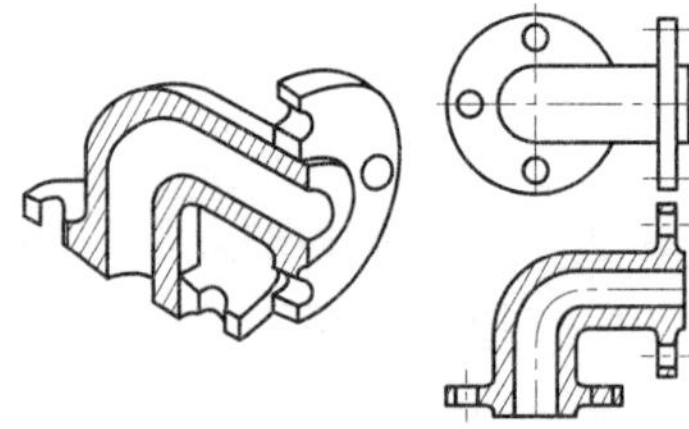

① 전단면도　② 한쪽 단면도
③ 부분 단면도　④ 회전 단면도

해설 전단면도는 절단면이 부품 전체를 절단하며 지나가는 단면도이다.

24. 다음 기호 중 치수 보조기호가 아닌 것은?

① C　② R　③ t　④ △

해설 R: 반지름, C: 모따기, t: 두께

25. 금속의 가공 공정의 기호 중 스크레이핑 다듬질에 해당하는 약호는?

① FB　② FF　③ FL　④ FS

해설 FB: 버프 다듬질, FF: 줄다듬질, FL: 래핑 다듬질, FS: 스크레이핑 다듬질

26. 물체를 투상면에 대하여 한쪽으로 경사지게 투상하여 입체적으로 나타내는 것으로 물체를 입체적으로 나타내기 위해 수평선에 대하여 30°, 45°, 60° 경사각을 주어 삼각자를 편리하게 사용하게 한 것은?

① 투시도　② 사투상도
③ 등각 투상도　④ 부등각 투상도

27. 제도 도면에 사용되는 문자의 호칭 크기는 무엇으로 나타내는가?

① 문자의 폭　② 문자의 굵기
③ 문자의 높이　④ 문자의 경사도

28. 다음 중 코크스의 반응성을 나타내는 식으로 옳은 것은?

① $\frac{CO_2}{CO_2+CO}\times 100(\%)$

② $\frac{CO}{CO_2+CO}\times 100(\%)$

③ $\frac{CO_2-CO}{CO}\times 100(\%)$

④ $\frac{CO}{CO_2-CO}\times 100(\%)$

29. 철광석의 필요조건이 틀린 것은?

① 산화도가 낮을 것
② 철 함유량이 많을 것
③ 피환원성이 좋을 것
④ 유해불순물을 적게 품을 것

해설 산화도가 높을 것

30. 노의 내용적이 4800m^3, 노정압이 2.5kg/cm^2, 1일 출선량이 8400t/d, 연료비는 4600kg/T-P일 때 출선비는?

① 1.75　② 2.10　③ 3.10　④ 7.75

31. 다음 중 고로의 풍구가 파손되는 가장 큰 원인은?

① 용선이 접촉할 때
② 코크스가 접촉할 때
③ 풍구 앞의 온도가 높을 때
④ 고로내 장입물이 슬립을 일으킬 때

정답 23. ① 24. ④ 25. ④ 26. ② 27. ③ 28. ② 29. ① 30. ① 31. ①

32. 고로의 슬래그 염기도를 1.2로 조업하려고 한다. 슬래그 중 SiO_2가 250kg이라면 석회석($CaCO_3$)은 약 얼마 정도(kg)가 필요한가? (단, 석회석($CaCO_3$) 중 유효 CaO는 56%이다.)

① 415.7 ② 435.7 ③ 515.7 ④ 535.7

33. Mn의 노내 작용이 아닌 것은?

① 탈황작용
② 탈산작용
③ 탈탄작용
④ 슬래그의 유동성 증대

34. 고로에서 코크스비를 낮추기 위한 방법이 아닌 것은?

① 송풍온도 상승
② 코크스 회분 상승
③ CO가스 이용률 향상
④ 철광석의 피환원성 증가

해설 코크스 회분 감소

35. 다음 중 산성 내화물의 주성분으로 옳은 것은?

① SiO_2 ② MgO ③ CaO ④ Al_2O_3

해설 산성 내화물: SiO_2, 중성 내화물: Al_2O_3, 염기성 내화물: MgO, CaO

36. 생리적 원인에 의한 재해는?

① 안전시설 불량
② 작업자의 피로
③ 작업복의 불량
④ 작업공구의 미흡

37. 용광로 조업에서 석회과잉(line setting) 현상의 설명 중 틀린 것은?

① 유동성이 약화된다.
② 용융온도가 상승한다.
③ 염기도가 급격히 감소한다.
④ 출선 출재가 곤란하게 된다.

해설 염기도가 상승한다.

38. 휴풍 시 작업상의 주의사항을 설명한 것 중 틀린 것은?

① 노정 및 가스 배관을 부압으로 할 것
② 제진기의 증기를 필요 이상으로 장시간 취입하지 말 것
③ 가스를 열풍 밸브로부터 송풍기 측에 역류시키지 말 것
④ 송풍 직후 압력이 낮을 때 누풍을 점검하고 누풍이 있으면 수리할 것

해설 노정 및 가스 배관을 부압으로 하지 말 것

39. 다음 중 부주의가 발생하는 현상과 가장 거리가 먼 것은?

① 의식의 단절 ② 의식의 우회
③ 의식의 집중화 ④ 의식 수준의 저하

40. 고로의 장입장치가 구비해야 할 조건으로 틀린 것은?

① 장치가 간단하여 보수하기 쉬워야 한다.
② 장치의 개폐에 따른 마모가 없어야 한다.
③ 원료를 장입할 때 가스가 새지 않아야 한다.
④ 조업속도와는 상관없이 최대한 느리게 장입해야 한다.

해설 조업속도와 맞추어 최대한 빠르게 장입해야 한다.

정답 32. ④ 33. ③ 34. ② 35. ① 36. ② 37. ③ 38. ① 39. ③ 40. ④

41. 질소와 화합하여 광재의 유동성을 저해하는 원소는?

① C ② Si ③ Mn ④ Ti

42. 다음 중 고로제선법의 문제점을 보완하여 저렴한 분광석 분탄을 직접 노에 넣어 용선을 생산하는 차세대 제선법은?

① BF법 ② LD법
③ 파이넥스법 ④ 스트립 캐스팅법

43. 유동로의 가스흐름을 고르게 하여 장입물을 균일하게 유동화시키기 위하여 고속의 가스 유속이 형성되는 장치는?

① 딥 래그(dip lag)
② 분산관 노즐(nozzle)
③ 차이니스 해트(chinese hat)
④ 가이드 파이프(guid pipe)

44. 고로 조업 시 벤틸레이션과 슬립이 일어났을 때의 대책과 관계없는 것은?

① 슬립부에 코크스를 다량 장입한다.
② 송풍량을 감하고 송풍온도를 높인다.
③ 슬립부 쪽의 바람구멍에서 송풍량을 감소시킨다.
④ 통기 저항을 크게 하고 가스 상승차가 발생하게 한다.

해설 통기 저항을 적게 하고 가스 상승차가 발생하지 않게 한다.

45. 고로의 노체연와마모방지 설비인 냉각반은 주로 구리를 사용하여 만드는 가장 큰 이유는?

① 열전도도가 높다.
② 주조하기가 용이하다.
③ 다른 금속보다 무게가 가볍다.
④ 다른 금속보다 용융점이 높다.

46. 소결광의 성분이 [보기]와 같을 때 염기도는?

| 보기 |

CaO: 10.2%, SiO_2: 6.0%
MgO: 2.0%, FeO: 5.8%

① 1.55 ② 1.60 ③ 1.65 ④ 1.70

해설 $\text{염기도} = \frac{CaO}{SiO_2} = \frac{10.2}{6.0} = 1.70$

47. 석탄의 풍화에 대한 설명으로 옳은 것은?

① 온도가 높으면 풍화가 되지 않는다.
② 탄화도가 높은 석탄일수록 풍화되기 쉽다.
③ 미분은 표면적이 크기 때문에 풍화되기 쉽다.
④ 환기가 양호하면 열방산이 되지 않고, 새로운 공기가 공급되기 때문에 발열하지 않는다.

48. 두 광물의 비중이 중간 정도 되는 비중을 갖는 액체 속에서 광물을 선별하는 선광법은?

① 자기 선광 ② 부유 선광
③ 자력 선광 ④ 중액 선광

49. 자철광에 해당되는 분자식은?

① Fe_2O_3 ② Fe_3O_4
③ $FeCO_3$ ④ $Fe_2O_3 \cdot H_2O$

정답 41. ④ 42. ③ 43. ② 44. ④ 45. ④ 46. ① 47. ④ 48. ④ 49. ②

50. 코크스가 과대하게 첨가 배합되었을 경우 일어나는 현상이 아닌 것은?

① 소결광의 생산량이 증가한다.
② 배기가스의 온도가 상승한다.
③ 화격자(grate bar)에 점착하기도 한다.
④ 소결광 중 FeO성분 함유량이 많아진다.

해설 소결광의 생산량이 감소한다.

51. 소결과정에 있는 장입원료를 격자면에서 장입층 표면까지 구역을 순서대로 옳게 나타낸 것은?

① 건조대 → 습원료대 → 하소대 → 소결대 → 용융대
② 습원료대 → 건조대 → 하소대 → 용융대 → 소결대
③ 건조대 → 하소대 → 습원료대 → 용융대 → 소결대
④ 습원료대 → 하소대 → 건조대 → 소결대 → 용융대

52. 소결기에 급광하는 원료의 소결반응을 신속하게 하기 위한 조건으로 틀린 것은?

① 폭방향으로 연료 및 입도의 편석이 적어야 한다.
② 소결기 상층부에는 분코크스를 증가시키는 것이 좋다.
③ 입도는 작을수록 소결시간이 단축되므로 미립이 많아야 한다.
④ 장입물 입도분포와 장입밀도에 따라 소결반응에 영향을 미치므로 통기성이 좋아야 한다.

해설 입도가 클수록 소결시간이 단축되므로 미립은 적어야 한다.

53. 다음 중 코크스로에서 발생되는 가스의 성분조성으로 가장 많은 것은?

① H_2 ② O_2
③ N_2 ④ CO

54. 제선에서 많이 쓰이는 성분조성 $CaCO_3 \cdot MgCO_3$인 부원료를 무엇이라고 하는가?

① 규석
② 석회석
③ 백운석
④ 감람석

55. 소결광 품질이 고로 조업에 미치는 영향을 설명한 것 중 틀린 것은?

① 낙하강도(SI) 저하 시 노황부조의 원인이 된다.
② 낙하강도(SI) 저하 시 고로 내의 통기성을 저해한다.
③ 일반적으로 피환원성이 좋은 소결광일수록 환원 시 분화가 어렵고 입자 직경이 커진다.
④ 소결광의 염기도 변동 폭이 클 경우 부원료를 직접 장입함으로써 열손실을 초래한다.

해설 일반적으로 피환원성이 좋은 소결광일수록 환원 시 분화가 쉽고 입자 직경이 작아진다.

56. 야드 설비 중 불출 설비에 해당되는 것은?

① 스태커(stacker)
② 언로더(unloader)
③ 리크레이머(reclaimer)
④ 트레인 호퍼(train hopper)

해설 스태커: 적치장치, 로드 밀: 분쇄장치, 리크레이머: 불출장치, 트레인 호퍼: 원료 이송장치

정답 50. ① 51. ② 52. ③ 53. ① 54. ③ 55. ③ 56. ③

57. 고로 내에서 코크스의 역할이 아닌 것은?

① 열원
② 산화제
③ 열교환 매체
④ 통기성 유지제

해설 코크스는 열원, 열교환 매체, 환원제, 통기성 유지제의 역할을 한다.

58. 소결광을 고로에 사용했을 때의 장점에 해당되지 않는 것은?

① 원료비 절감
② 피환원성 향상
③ 코크스연소 촉진
④ 용선성분 안정화

59. 상부광이 사용되는 목적으로 틀린 것은?

① 화격자가 고온이 되도록 한다.
② 화격자가 면의 통기성을 양호하게 유지한다.
③ 용융상태의 소결광이 화격자에 접착되지 않게 한다.
④ 화격자 공간으로 원료가 낙하하는 것을 방지하고 분광의 공간 메움을 방지한다.

해설 화격자가 저온이 되도록 한다.

60. 소결광의 환원분해를 조장하는 화합물은?

① 파얄라이트(fayalite)
② 마그네타이트(magnetite)
③ 칼슘 페라이트(calcium ferrite)
④ 재산화 해머타이트(hamatite)

정답 57. ② 58. ③ 59. ① 60. ④

3. 제선기능사 필기 모의고사

■ 일러두기: 모의고사에 수록된 5회분은 실제 출제되었던 기출문제입니다. 앞에서 공부한 내용들을 최종적으로 테스트 해 볼 수 있도록 구성하였으므로 실전에 임하는 자세로 풀어보시기 바랍니다.

제 1 회 모의고사

자격종목	문제 수	수험번호	성명
제선기능사	60문제		

1. 순철에서 동소변태가 일어나는 온도는 약 몇 ℃인가?

① 210　② 700
③ 912　④ 1600

2. 다음 중 중금속에 해당되는 것은?

① Al　② Mg
③ Cu　④ Be

3. Pb계 청동 합금으로 주로 항공기, 자동차용의 고속베어링으로 많이 사용되는 것은?

① 켈밋　② 톰백
③ Y합금　④ 스테인리스

4. 다음의 철광석 중 자철광을 나타낸 화학식으로 옳은 것은?

① Fe_2O_3　② Fe_3O_4
③ Fe_2CO_3　④ $Fe_2O_3 \cdot 3H_2O$

5. 기지 금속 중에 0.01~0.1μm 정도의 산화물 등 미세한 입자를 균일하게 분포시킨 재료로 고온에서 크리프 특성이 우수한 고온 내열재료는?

① 서멧 재료　② FRM 재료
③ 클래드 재료　④ TD Ni 재료

6. 주철의 조직을 C와 Si의 함유량과 조직의 관계로 나타낸 것은?

① 하드필드강　② 마우러 조직도
③ 불스 아이　④ 미하나이트 주철

7. 7-3황동에 Sn을 1% 첨가한 합금으로 전연성이 좋아 관 또는 판으로 제작하여 증발기, 열교환기 등에 사용되는 합금은?

① 애드미럴티 황동(admiralty brass)
② 네이벌 황동(naval brass)
③ 톰백(tombac)
④ 망간 황동

8. Fe-C 평형상태도에서 [보기]와 같은 반응식은?

| 보기 |

$\gamma(0.76\%C) \rightleftarrows \alpha(0.22\%C) + Fe_3C(6.70\%C)$

① 포정반응　② 편정반응
③ 공정반응　④ 공석반응

9. 만능재료시험기의 인장시험을 할 경우 값을 구할 수 없는 금속의 기계적 성질은?

① 인장강도　② 항복강도
③ 충격값　④ 연신율

10. 다음 중 고투자율의 자성합금은?

① 화이트 메탈(white metal)
② 바이탈륨(Vitallium)
③ 하스텔로이(Hastelloy)
④ 퍼멀로이(Permalloy)

11. 열처리로에 사용하는 분위기 가스 중 불활성가스로만 짝지어진 것은?

① NH_3, CO ② He, Ar
③ O_2, CH_4 ④ N_2, CO_2

12. 마그네슘 및 마그네슘합금의 성질에 대한 설명으로 옳은 것은?

① Mg의 열전도율은 Cu와 Al보다 높다.
② Mg의 전기전도율은 Cu와 Al보다 높다.
③ Mg합금보다 Al합금의 비강도가 우수하다.
④ Mg은 알칼리에 잘 견디나, 산이나 염수에서는 침식된다.

13. 5대 원소 중 상온취성의 원인이 되며 강도와 경도, 취성을 증가시키는 원소는?

① C ② P ③ S ④ Mn

14. [보기]는 강의 심랭처리에 대한 설명이다. (A), (B)에 들어갈 용어로 옳은 것은?

| 보기 |

심랭처리란, 담금질한 강을 실온 이하로 냉각하여 (A)를 (B)로 변화시키는 조작이다.

① (A): 잔류 오스테나이트, (B): 마텐자이트
② (A): 마텐자이트, (B): 베이나이트
③ (A): 마텐자이트, (B): 소르바이트
④ (A): 오스테나이트, (B): 펄라이트

15. Al-Mg계 합금에 대한 설명 중 틀린 것은?

① Al-Mg계 합금은 내식성 및 강도가 우수하다.
② Al-Mg계 합금은 평행상태도에서는 450℃에서 공정을 만든다.
③ Al-Mg계 합금에 Si를 0.3% 이상 첨가하여 연성을 향상시킨다.
④ Al에 4~10% Mg까지 함유한 강을 하이드로날륨이라 한다.

16. 기계제작에 필요한 예산을 산출하고 주문품의 내용을 설명할 때 이용되는 도면은?

① 견적도 ② 설명도 ③ 제작도 ④ 계획도

17. 다음 그림에서 A부분이 지시하는 표시로 옳은 것은?

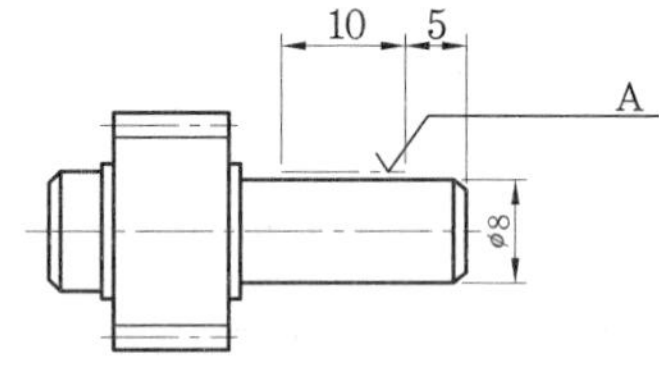

① 평면의 표시법
② 특정 모양 부분의 표시
③ 특수 가공 부분의 표시
④ 가공 전과 후의 모양표시

18. 볼트를 고정하는 방법에 따라 분류할 때, 물체의 한쪽에 암나사를 깎은 다음 나사박기를 하여 죄며, 너트를 사용하지 않는 볼트는?

① 관통볼트 ② 기초볼트
③ 탭볼트 ④ 스터드볼트

19. 어떤 기어의 피치원 지름이 100mm이고 잇수가 20개일 때 모듈은?

① 2.5 ② 5 ③ 50 ④ 100

20. 그림과 같은 단면도를 무엇이라 하는가?

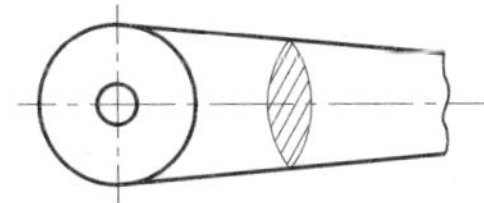

① 반단면도 ② 회전단면도
③ 계단단면도 ④ 온단면도

21. 도면의 크기에 대한 설명으로 틀린 것은?

① 제도용지의 세로와 가로의 비는 1:2이다.
② 제도용지의 크기는 A열 용지 사용이 원칙이다.
③ 도면의 크기는 사용하는 제도용지의 크기로 나타낸다.
④ 큰 도면을 접을 때는 앞면에 표제란이 보이도록 A4의 크기로 접는다.

22. KS의 부문별 기호 중 기본 부문에 해당되는 기호는?

① KS A ② KS B ③ KS C ④ KS D

23. 다음 그림에서와 같이 눈→투상면→물체에 대한 투상법으로 옳은 것은?

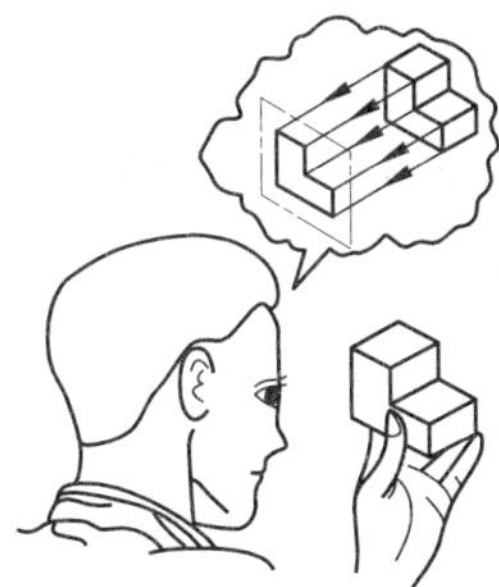

① 제1각법 ② 제2각법
③ 제3각법 ④ 제4각법

24. 표면거칠기의 값을 나타낼 때 10점 평균거칠기를 나타내는 기호로 옳은 것은?

① *Ra* ② *Rs* ③ *Rz* ④ *Rmax*

25. 그림에서 치수 20, 26에 치수 보조기호가 옳은 것은?

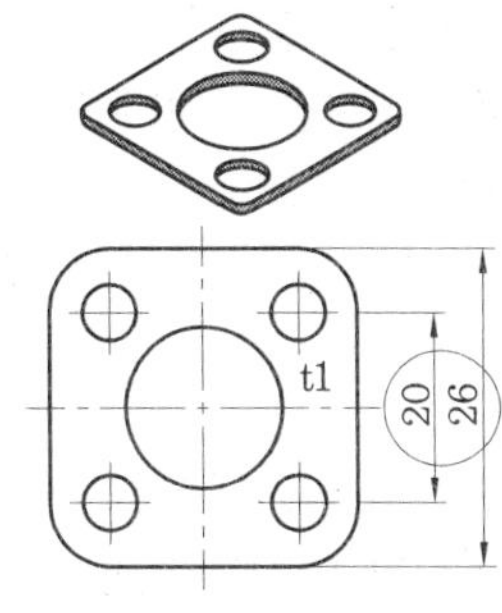

① S ② □
③ t ④ ( )

26. 정면, 평면, 측면을 하나의 투상도에서 동시에 볼 수 있도록 그린 것으로 직육면체 투상도의 경우 직각으로 만나는 3개의 모서리가 각각 120°를 이루는 투상법은?

① 등각 투상도법 ② 사투상도법
③ 부등각 투상도법 ④ 정투상도법

27. 구멍의 최대 허용치수 50.025mm, 최소 허용치수 50.000mm, 축의 최대 허용치수 50.000mm, 최소 허용치수 49.950mm일 때 최대 틈새(mm)는?

① 0.025 ② 0.050
③ 0.075 ④ 0.015

28. 재해 누발자의 유형 중 상황성과 미숙성으로 분류할 때 미숙성 누발자에 해당되는 것은?

① 심신에 근심이 있을 때
② 환경에 익숙하지 못할 때
③ 기계설비에 결함이 있을 때
④ 환경상 주의력의 집중이 혼란스러울 때

29. 고로 내의 국부 관통류(channelling)가 발생하였을 때의 조치 방법이 아닌 것은?

① 장입물의 입도를 조정한다.
② 장입물의 분포를 조정한다.
③ 장입방법을 바꾸어 준다.
④ 일시적으로 송풍량을 증가시킨다.

30. 고로 조업 시 장입물이 노 안으로 하강함과 동시에 복잡한 변화를 받는데 그 변화의 일반적인 과정으로 옳은 것은?

① 용해→산화→예열
② 환원→예열→용해
③ 예열→산화→용해
④ 예열→환원→용해

31. 최근 관심이 커지고 있는 제선원료로 미분 철광석을 10~30mm로 구상화시켜 소성한 것을 무엇이라 하는가?

① 소결광(sinter ore)
② 정립광(sizing ore)
③ 펠릿(pellet)
④ 단광(briquetting ore)

32. 고로의 영역(zone) 중 광석의 환원, 연화, 융착이 거의 동시에 진행되는 영역은?

① 적하대　② 괴상대
③ 용융대　④ 융착대

33. 출선 시 용선과 같이 배출되는 슬래그를 분리하는 장치는?

① 스키머(skimmer)
② 해머(hammer)
③ 머드 건(mud gun)
④ 무브벌 아무르(movable armour)

34. 고로 원료의 균일성과 안정된 품질을 얻기 위해 여러 종류의 원료를 배합하는 것을 무엇이라 하는가?

① 블렌딩(blending)　② 워싱(washing)
③ 정립(sizing)　④ 선광(dressing)

35. 재해발생 형태별로 분류할 때 물건이 주체가 되어 사람이 맞은 경우의 분류 항목은?

① 협착　② 파열
③ 충돌　④ 낙하, 비래

36. 고로의 유효 내용적을 나타낸 것은?

① 노저에서 풍구까지의 용적
② 노저에서 장입 기준선까지의 용적
③ 출선구에서 장입 기준선까지의 용적
④ 풍구 수준면에서 장입 기준선까지의 용적

37. 다음 중 고로제선법의 문제점을 보완하여 저렴한 분광석, 분탄을 직접 노에 넣어 용선을 생산하는 차세대 제선법은?

① BF법　② LD법
③ 파이넥스법　④ 스트립 캐스팅법

38. 고로에서 슬래그의 성분 중 가장 많은 양을 차지하는 것은?

① CaO　② SiO_2
③ MgO　④ Al_2O_3

39. 고로용 철광석의 입도가 작을 경우, 고로 조업에 미치는 영향과 관련이 없는 것은?

① 통기성이 저하된다.
② 산화성이 저하된다.
③ 걸림(hanging)사고의 원인이 된다.
④ 가스분포가 불균일하여 노황을 나쁘게 한다.

40. 고로가스(BFG)의 발열량은 약 몇 kcal/m^3인가?

① 850 ② 1200 ③ 2500 ④ 4500

41. 고로의 노정설비 중 노내 장입물의 레벨(level)을 측정하는 것은?

① 디스트리뷰터(distributor)
② 사운딩(sounding)
③ 라지 벨(large bell)
④ 서지 호퍼(surge hopper)

42. 용광로의 고압 조업이 갖는 효과가 아닌 것은?

① 연진이 감소한다.
② 출선량이 증가한다.
③ 노정 온도가 올라간다.
④ 코크스비가 감소한다.

43. 철광석의 종류와 주성분의 화학식이 틀린 것은?

① 갈철광: $FeSO_4$ ② 적철광: Fe_2O_3
③ 자철광: Fe_3O_4 ④ 능철광: $FeCO_3$

44. 고로의 내용적은 4500m^3이고 출선량이 12000t/d이면 출선능력(출선비: t/d/m^3)은 얼마인가?

① 2.22 ② 2.67 ③ 3.22 ④ 3.67

45. 소결 배합원료를 급광할 때 가장 바람직한 편석은?

① 수직방향의 정도편석
② 폭방향의 정도편석
③ 길이방향의 분산편석
④ 두께방향의 분산편석

46. 다음 중 산성 내화물의 주성분으로 옳은 것은?

① SiO_2 ② MgO ③ CaO ④ Al_2O_3

47. 배합탄의 관리영역을 탄화도와 점결성 구간으로 나눌 때 탄화도를 표시하는 지수로 옳은 것은?

① 전팽창(TD) ② 휘발분(VM)
③ 유동도(MP) ④ 조직평형지수(CBI)

48. 소결원료 중 조재성분에 대한 설명으로 옳은 것은?

① Al_2O_3는 결정수를 감소시킨다.
② SiO_2는 제품의 강도를 감소시킨다.
③ MgO의 증가에 따라 생산성을 증가시킨다.
④ CaO의 증가에 따라 제품의 강도를 감소시킨다.

49. 철광석의 피환원성에 대한 설명 중 틀린 것은?

① 산화도가 높은 것이 좋다.
② 기공률이 클수록 환원이 잘된다.
③ 다른 환원조건이 같으면 입도가 작을수록 좋다.
④ 파얄라이트(fayalite)는 환원성을 좋게 한다.

50. 코크스가 고로 내에서의 역할을 설명한 것 중 틀린 것은?

① 철 중에 용해되어 선철을 만든다.
② 철의 용융점을 높이는 역할을 한다.
③ 고로 안의 통기성을 좋게 하기 위한 통로 역할을 한다.
④ 일산화탄소를 생성하여 철광석을 간접 환원하는 역할을 한다.

51. 석탄의 풍화에 대한 설명 중 틀린 것은?
① 온도가 높으면 풍화는 크게 촉진된다.
② 미분은 표면적이 크기 때문에 풍화되기 쉽다.
③ 탄화도가 높은 석탄일수록 풍화되기 쉽다.
④ 환기가 양호하면 열방산이 많아 좋으나 새로운 공기가 공급되기 때문에 발열하기 쉬워진다.

52. 소결기의 급광장치 종류가 아닌 것은?
① 호퍼 ② 스크린
③ 드럼 피더 ④ 셔틀 컨베이어

53. 다음 중 소결광 품질향상을 위한 대책에 해당되지 않는 것은?
① 분화방지 ② 사전처리 강화
③ 소결 통기성 증대 ④ 유효 슬래그 감소

54. 제게르 추의 번호 SK33의 용융연화점 온도는 몇 ℃인가?
① 1630 ② 1690
③ 1730 ④ 1850

55. 폐수처리를 물리적 처리와 생물학적 처리로 나눌 때 물리적 처리에 해당되지 않는 것은?
① 자연침전 ② 자연부상
③ 입상물 여과 ④ 혐기성 소화

56. 코크스의 연소실 구조에 따른 분류 중 순환식에 해당되는 것은?
① 코퍼스식 ② 오토식
③ 쿠로다식 ④ 윌푸투식

57. 고로용 철광석의 구비조건으로 틀린 것은?
① 산화력이 우수해야 한다.
② 적정 입도를 가져야 한다.
③ 철 함유량이 많아야 한다.
④ 물리성상이 우수해야 한다.

58. 배소광과 비교한 소결광의 특징이 아닌 것은?
① 충진 밀도가 크다.
② 기공도가 크다.
③ 빠른 기체속도에 비해 날아가기 쉽다.
④ 분말 형태의 일반 배소광보다 부피가 작다.

59. 코크스의 생산량을 구하는 식으로 옳은 것은?
① (oven당 석탄의 장입량+코크스 실수율)÷압출문수
② (oven당 석탄의 장입량−코크스 실수율)÷압출문수
③ oven당 석탄의 장입량×코크스 실수율×압출문수
④ oven당 석탄의 장입량×압출문수÷코크스 실수율

60. 드와이트 로이드식 소결기에 대한 설명으로 틀린 것은?
① 배기 장치의 공기 누설량이 많다.
② 고로의 자동화가 가능하다.
③ 소결이 불량할 때 재점화가 가능하다.
④ 연속식이기 때문에 대량생산에 적합하다.

제2회 모의고사

자격종목 제선기능사	문제 수 60문제	수험번호	성명

1. 현미경 조직검사를 할 때 관찰이 용이하도록 평활한 측정면을 만드는 작업이 아닌 것은?

① 거친연마 ② 미세연마
③ 광택연마 ④ 마모연마

2. 게이지용 공구강이 갖추어야 할 조건에 대한 설명으로 틀린 것은?

① HRC 40 이하의 경도를 가져야 한다.
② 팽창계수가 보통강보다 작아야 한다.
③ 시간이 지남에 따라 치수변화가 없어야 한다.
④ 담금질에 의한 균열이나 변형이 없어야 한다.

3. 다음 중 가장 높은 용융점을 갖는 금속은?

① Cu ② Ni ③ Cr ④ W

4. 다음 중 베어링용 합금이 아닌 것은?

① 켈밋 ② 배빗메탈
③ 문쯔메탈 ④ 화이트메탈

5. 구리에 대한 특성을 설명한 것 중 틀린 것은?

① 구리는 비자성체이다.
② 전기전도율이 Ag 다음으로 좋다.
③ 공기 중에 표면이 산화되어 암적색이 된다.
④ 체심입방격자이며, 동소변태점이 존재한다.

6. 탄소강에 함유된 원소가 철강에 미치는 영향으로 옳은 것은?

① S: 저온메짐의 원인이 된다.
② Si: 연신율 및 충격값을 감소시킨다.
③ Cu: 부식에 대한 저항을 감소시킨다.
④ P: 적열메짐의 원인이 된다.

7. 과랭(super cooling)에 대한 설명으로 옳은 것은?

① 실내온도에서 용융상태인 금속이다.
② 고온에서도 고체 상태인 금속이다.
③ 금속이 응고점보다 낮은 온도에서 용해되는 것이다.
④ 응고점보다 낮은 온도에서 응고가 시작되는 현상이다.

8. 재료의 강도를 높이는 방법으로 휘스커(whisker) 섬유를 연성과 인성이 높은 금속이나 합금 중에 균일하게 배열시킨 복합재료는?

① 클래드 복합재료
② 분산강화 금속 복합재료
③ 입자강화 금속 복합재료
④ 섬유강화 금속 복합재료

9. 비중이 약 1.74, 용융점이 약 650℃이며, 비강도가 커서 휴대용 기기나 항공우주용 재료로 사용되는 것은?

① Mg ② Al ③ Zn ④ Sb

10. Al-Cu계 합금에 Ni와 Mg를 첨가하여 열전도율, 고온에서의 기계적 성질이 우수하여 내연기관용, 공랭 실린더 헤드 등에 쓰이는 합금은?

① Y합금 ② 라우탈
③ 알드레이 ④ 하이드로날륨

11. 다음 중 주철에서 칠드 층을 얇게 하는 원소는?

① Co ② Sn ③ Mn ④ S

12. 다음 중 체심입방격자(BCC)의 배위수(최근접 원자수)는?

① 4개 ② 8개 ③ 12개 ④ 24개

13. 주석을 함유한 황동의 일반적인 성질 및 합금에 관한 설명으로 옳은 것은?

① 황동에 주석을 첨가하면 탈아연부식이 촉진된다.
② 고용한도 이상의 Sn 첨가 시 나타나는 Cu_4Sn상은 고연성을 나타내게 한다.
③ 7-3황동에 1%주석을 첨가한 것이 애드미럴티(admiralty) 황동이다.
④ 6-4황동에 1%주석을 첨가한 것이 플라티나이트(platinite) 황동이다.

14. 탄소를 고용하고 있는 γ 철, 즉 γ 고용체(침입형)을 무엇이라 하는가?

① 오스테나이트 ② 시멘타이트
③ 펄라이트 ④ 페라이트

15. 다음 중 모따기를 나타내는 기호는?

① R ② C ③ □ ④ SR

16. 담금질한 강은 뜨임 온도에 의해 조직이 변화하는데 250~400℃ 온도에서 뜨임하면 어떤 조직으로 변화하는가?

① α- 마텐자이트 ② 트루스타이트
③ 소르바이트 ④ 펄라이트

17. 다음 그림과 같은 단면도의 종류는?

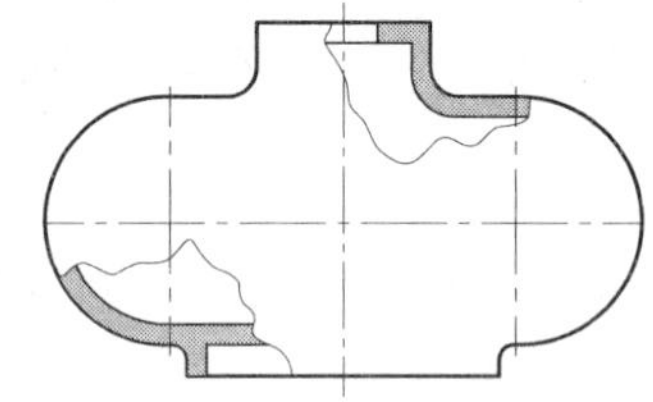

① 온단면도 ② 부분 단면도
③ 계단 단면도 ④ 회전 단면도

18. 다음 중 도면의 표제란에 표시되지 않는 것은?

① 품명, 도면 내용
② 척도, 도면 번호
③ 투상법, 도면 명칭
④ 제도자, 도면 작성일

19. 그림과 같은 물체를 1각법으로 나타낼 때 (ㄱ)에 알맞은 측면도는?

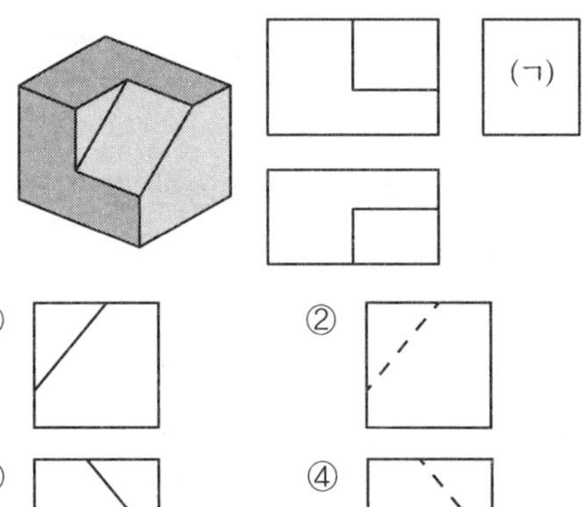

20. 물체의 경사면을 실제의 모양으로 나타내고자 할 경우에 그 경사면과 맞서는 위치에 물체가 보이는 부분의 전체 또는 일부분을 그려 나타내는 것은?

① 보조 투상도 ② 회전 투상도
③ 부분 투상도 ④ 국부 투상도

21. 기어의 피치원의 지름이 150mm이고, 잇수가 50개일 때 모듈의 값(mm)은?

① 1 ② 3 ③ 4 ④ 6

22. 다음 도면에서 3-10 DRILL 깊이 12는 무엇을 의미하는가?

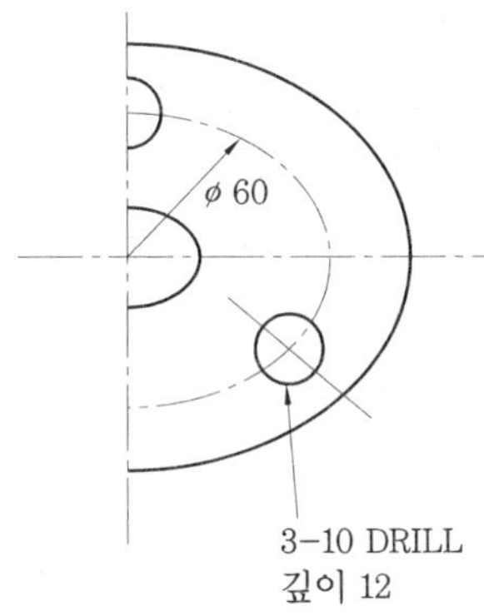

① 반지름이 3mm인 구멍이 10개이며, 깊이는 12mm이다.
② 반지름이 10mm인 구멍이 3개이며, 깊이는 12mm이다.
③ 지름이 3mm인 구멍이 12개이며, 깊이는 10mm이다.
④ 지름이 10mm인 구멍이 3개이며, 깊이는 12mm이다.

23. 다음 중 치수 기입방법에 대한 설명으로 틀린 것은?

① 외형선, 중심선, 기준선 및 이들의 연장선을 치수선으로 사용한다.
② 지시선은 치수와 함께 개별 주석을 기입하기 위하여 사용한다.
③ 각도를 기입하는 치수선은 각도를 구성하는 두 변 또는 연장선 사이에 원호를 긋는다.
④ 길이, 높이 치수의 표시는 주로 정면도에 집중하며, 부분적인 특징에 따라 평면도나 측면도에 표시할 수 있다.

24. 다음은 구멍을 치수 기입한 예이다. 치수 기입된 11-ø4에서의 11이 의미하는 것은?

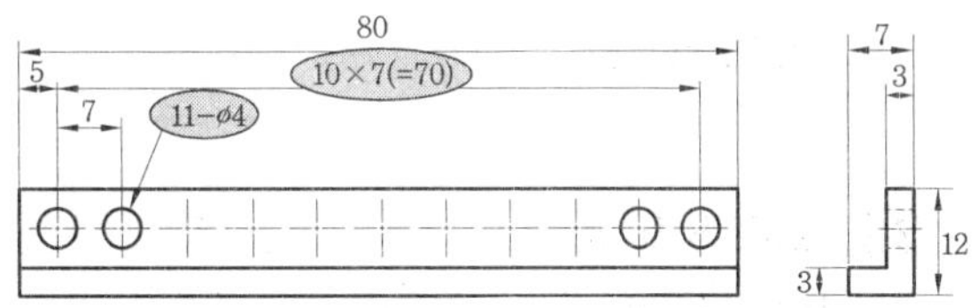

① 구멍의 지름 ② 구멍의 깊이
③ 구멍의 수 ④ 구멍의 피치

25. KS 부문별 분류 기호 중 전기 부문은?

① KS A ② KS B ③ KS C ④ KS D

26. 제도에서 가상선을 사용하는 경우가 아닌 것은?

① 인접 부분을 참고로 표시하는 경우
② 가공부분을 이동 중의 특정한 위치로 표시하는 경우
③ 물체가 단면 형상임을 표시하는 경우
④ 공구, 지그 등의 위치를 참고로 나타내는 경우

27. 자동차용 디젤엔진 중 피스톤의 설계도면 부품표란에 재질 기호가 AC8B라고 적혀 있다면, 어떠한 재질로 제작하여야 하는가?

① 황동합금 주물 ② 청동합금 주물
③ 탄소강 합금 주강 ④ 알루미늄합금 주물

28. 고로 풍구 부근에 취입되는 열풍에 의해 raceway를 형성하는 곳은?

① 예열대 ② 연소대 ③ 용융대 ④ 노상부

29. 냉입 사고 발생의 원인으로 관계가 먼 것은?

① 풍구, 냉각반 파손으로 노내 침수
② 날바람, 박락 등으로 노황부조
③ 급작스런 연료 취입 증가로 노내 열 밸런스 회복
④ 돌발 휴풍으로 장시간 휴풍 지속

30. 고로 노체 냉각 방식 중 고압 조업하에서 가스 실(seal)면에서 유리하며 연와가 마모될 때 평활하게 되는 장점이 있어 차츰 많이 채용되고 있는 냉각방식은?

① 살수식
② 냉각판식
③ 재킷(jacket)식
④ 스테이브(stave) 냉각방식

31. DL식 소결법의 효과에 대한 설명으로 틀린 것은?

① 코크스 원단위 증가 ② 생산성 향상
③ 피환원성 향상 ④ 상온강도 향상

32. 염기성 내화물에 해당되는 것은?

① 규석질 ② 납석질
③ 샤모트질 ④ 마그네시아질

33. 다음 중 고로 원료로 가장 많이 사용되는 적철광을 나타내는 화학식은?

① Fe_3O_4 ② Fe_2O_3
③ $Fe_3O_4 \cdot H_2O$ ④ $2Fe_2O_3 \cdot 3H_2O$

34. 광석이 용융해서 생긴 슬래그의 점착 작용은?

① 이온결합 ② 공유결합
③ 확산결합 ④ 용융결합

35. 산소부화 송풍의 효과에 대한 설명으로 틀린 것은?

① 풍구 앞의 온도가 높아진다.
② 노정가스의 온도를 낮게 하고 발열량을 증가시킨다.
③ 송풍량을 증가시키는 요인이 되어 코크스비가 증가한다.
④ 코크스의 연소속도를 빠르게 하여 출선량을 증대시킨다.

36. 괴상법에 의해 만들어진 괴광에 필요한 성질을 설명한 것 중 틀린 것은?

① 다공질로 노 안에서 환원이 잘 되어야 한다.
② 강도가 커서 운반, 저장, 노내 강하 도중에 분쇄되지 않아야 한다.
③ 점결제를 사용할 때에는 고로벽을 침식시키지 않는 알칼리류를 함유하여야 한다.
④ 장기 저장에 의한 풍화와 열팽창 및 수축에 의한 붕괴를 일으키지 않아야 한다.

37. 고로 설비 중 주상설비에 해당되지 않는 것은?

① 출선구 개공기 ② 탄화실
③ 주상 집진기 ④ 출제구 폐쇄기

38. 노황이 안정되었을 때 좋은 슬래그의 특징이 아닌 것은?

① 색깔이 회색이다.
② 유동성이 좋다.
③ SiO_2가 많이 포함되어 있다.
④ 파면이 암석모양이다.

39. 고로가스의 성분조성 중 가장 많은 것은?

① N_2 ② CO ③ H_2 ④ CO_2

40. 개수 공사를 위해 고로의 불을 끄는 조업의 순서로 옳은 것은?

① 클리닝 조업→감척 종풍조업→노저 출선작업→주수 냉각작업
② 클리닝 조업→노저 출선작업→감척 종풍조업→주수 냉각작업
③ 감척 종풍조업→노저 출선작업→클리닝 조업→주수 냉각작업
④ 감척 종풍조업→주수 냉각작업→클리닝 조업→노저 출선작업

41. 고로에서 선철 1톤을 얻기 위해 철광석은 약 얼마(ton)나 필요한가?

① 0.5 ② 1.0 ③ 1.6 ④ 2.2

42. 고로의 열수지 항목 중 입열 항목에 해당되는 것은?

① 슬래그 현열 ② 열풍 현열
③ 노정가스의 현열 ④ 산화철 환원열

43. 재해의 원인을 불안정한 행동과 불안전한 상태로 구분할 때 불안전한 상태에 해당되는 것은?

① 허가 없이 장치를 운전한다.
② 잘못된 작업위치를 취한다.
③ 개인 보호구를 사용하지 않는다.
④ 작업 장소가 밀집되어 있다.

44. 코크스의 고로내 역할로 맞지 않는 것은?

① 탈탄 ② 열원
③ 환원제 ④ 통기성 향상

45. 제강용으로 공급되는 고로 용선이 배합상 가져야 할 특징으로 옳은 것은?

① Al_2O_3는 슬래그의 유동성을 개선하므로 많아야 한다.
② 자용성 소결광은 통기성을 저해하므로 적을수록 좋다.
③ 생광석은 고품위 정립광석이 많을수록 좋다.
④ P와 As는 유용한 원소이므로 적당량 함유되면 좋다.

46. 조기 출선을 해야 할 경우에 해당되지 않는 것은?

① 출선, 출재가 불충분할 때
② 강압 휴풍이 예상될 때
③ 장입물의 하강이 느릴 때
④ 노황 냉기미로 풍구에 슬래그가 보일 때

47. 소결에 사용되는 배합수분을 결정하는데 고려하지 않아도 되는 것은?

① 원료의 열량 ② 원료의 입도
③ 원료의 통기도 ④ 풍압 및 온도

48. 좋은 슬래그를 만들기 위한 용제(flux)의 구비조건이 아닌 것은?

① 용융점이 낮을 것
② 유해성분이 적을 것
③ 조금속과 비중차가 클 것
④ 불순물의 용해도가 작을 것

49. 코크스로 내에서 석탄을 건류하는 설비는?

① 연소실 ② 축열실
③ 가열실 ④ 탄화실

50. 소결기의 속도를 $P.S$, 장입층후를 h, 스탠드 길이를 L이라고 할 때 화염진행속도(F.F.S)를 나타내는 식으로 옳은 것은?

① $\frac{P.S \times h}{L}$　② $\frac{L \times h}{P.S}$

③ $\frac{L}{P.S \times h}$　④ $\frac{P.S \times L}{h}$

51. 다음 설명 중 소결성이 좋은 원료라고 볼 수 없는 것은?

① 생산성이 높은 원료
② 분율이 높은 소결광을 제조할 수 있는 원료
③ 강도가 높은 소결광을 제조할 수 있는 원료
④ 적은 원료로서 소결광을 제조할 수 있는 원료

52. 펠릿 위의 소결원료층을 통하여 공기를 흡인하는 것은?

① 쿨러(cooler)
② 핫 스크린(hot screen)
③ 윈드 박스(wind box)
④ 콜드 크러셔(cold crusher)

53. 미세한 분철광석을 점결제인 벤토나이트와 혼합하여 구상으로 만들어 소성시킨 것은?

① 펠릿　② 소결광　③ 정립광　④ 코크스

54. 한국산업표준에서 정한 내화벽돌의 부피비중 및 참기공을 측정하는 방법에서 참기공을 구하는 식으로 옳은 것은? (단, D_b는 동일 벽돌의 부피비중, D_t는 동일 벽돌의 참비중이다.)

① $\frac{D_t}{D_b} \times 100$　② $\frac{D_b}{D_t} \times 100$

③ $\left(1-\frac{D_t}{D_b}\right) \times 100$　② $\left(1-\frac{D_b}{D_t}\right) \times 100$

55. 일반적으로 철이 산화될 때 산소와 닿는 가장 바깥쪽 표면에 생기는 것은?

① FeO　② Fe_2O_3
③ Fe_3O_4　④ FeS

56. 코크스 제조 중에 발생한 건류생성물이 아닌 것은?

① 경유　② 타르
③ 황산암모늄　④ 소결광

57. 소결에서 열정산 항목 중 출열에 해당되지 않는 것은?

① 증발　② 하소
③ 환원　④ 점화

58. 야드 설비 중 하역설비에 해당되지 않는 것은?

① stacker　② rod mill
③ train hopper　④ unloader

59. 다음 철광석 중 결정수 등의 함유 수분이 높은 철광석은?

① 자철광　② 갈철광
③ 적철광　④ 능철광

60. 균광의 효과로 가장 적합한 것은?

① 노황의 불안정　② 제선능률 저하
③ 코크스비 저하　④ 장입물 불균일 향상

제3회 모의고사

자격종목	문제 수	수험번호	성명
제선기능사	60문제		

1. 구리를 용해할 때 흡수한 산소를 인으로 탈산시켜 산소를 0.01% 이하로 남기고 인을 0.12%로 조절한 구리는?

① 전기 구리 ② 탈산 구리
③ 무산소 구리 ④ 전해인성 구리

2. 알루미늄에 대한 설명으로 옳은 것은?

① 알루미늄 비중은 약 5.2이다.
② 알루미늄은 면심입방격자를 갖는다.
③ 알루미늄 열간가공온도는 약 670℃이다.
④ 알루미늄은 대기 중에서는 내식성이 나쁘다.

3. 다음 도면에 대한 설명 중 틀린 것은?

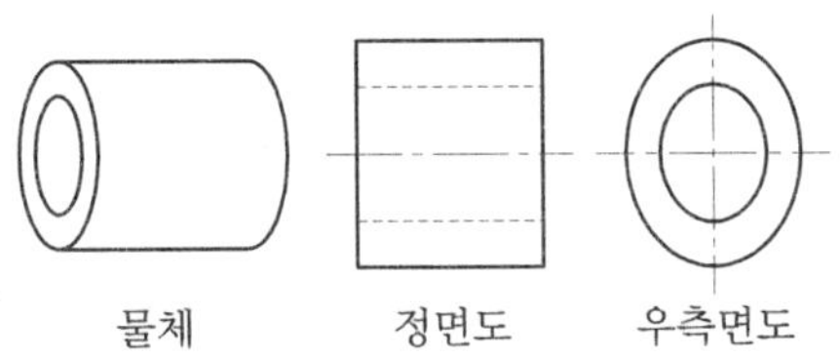

① 원통의 투상은 치수 보조기호를 사용하여 치수기입하면 정면도만으로도 투상이 가능하다.
② 속이 빈 원통이므로 단면을 하여 투상하면 구멍을 자세히 나타내면서 숨은선을 줄일 수 있다.
③ 좌, 우측이 같은 모양이라도 좌, 우측면도를 모두 그려야 한다.
④ 치수 기입 시 치수 보조기호를 생략하면 우측면도를 꼭 그려야 한다.

4. 분말상의 구리에 약 10% 주석분말과 2%의 흑연분말을 혼합하고 윤활제 또는 휘발성 물질을 가한 다음 가압성형하고 제조하여 자동차, 시계, 방적기계 등의 급유가 어려운 부분에 사용하는 합금은?

① 자마크 ② 히스텔로이
③ 화이트 메탈 ④ 오일리스 베어링

5. 담금질(quenching)하여 경화된 강에 적당한 인성을 부여하기 위한 열처리는?

① 뜨임 ② 풀림
③ 노멀라이징 ④ 심랭처리

6. 다음 중 동소변태에 대한 설명으로 틀린 것은?

① 결정격자의 변화이다.
② 동소변태에는 A_3, A_4 변태가 있다.
③ 자기적 성질을 변화시키는 변태이다.
④ 일정한 온도에서 급격히 비연속적으로 일어난다.

7. 제도에 사용되는 척도의 종류 중 현척에 해당하는 것은?

① 1 : 1 ② 1 : 2
③ 2 : 1 ④ 1 : 10

8. 미터 보통나사를 나타내는 기호는?

① M ② G ③ Tr ④ UNC

9. 다음 그림과 같은 단면도의 종류로 옳은 것은?

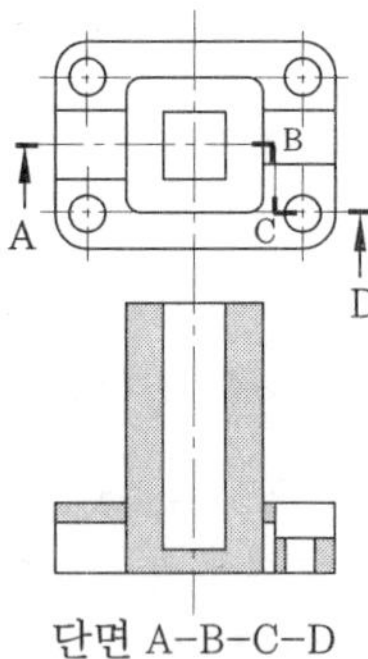

단면 A-B-C-D

① 전단면도 ② 부분 단면도
③ 계단 단면도 ④ 회전 단면도

10. 그림은 3각법의 도면배치를 나타낸 것이다. ㉠, ㉡, ㉢에 해당하는 도면의 명칭이 옳게 짝지은 것은?

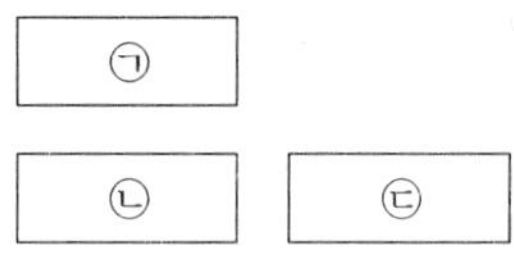

① ㉠-정면도, ㉡-우측면도, ㉢- 평면도
② ㉠-정면도, ㉡-평면도, ㉢- 우측면도
③ ㉠-평면도, ㉡-정면도, ㉢- 우측면도
④ ㉠-평면도, ㉡-우측면도, ㉢- 정면도

11. Al-Si계 합금으로 공정형을 나타내며, 이 합금에 금속나트륨 등을 첨가하여 개량처리한 합금은?

① 실루민 ② Y합금
③ 로엑스 ④ 두랄루민

12. 다음 비철합금 중 비중이 가장 가벼운 것은?

① 아연(Zn)합금 ② 니켈(Ni)합금
③ 알루미늄(Al)합금 ④ 마그네슘(Mg)합금

13. 오스테나이트계 스테인리스강에 대한 설명으로 틀린 것은?

① 대표적인 합금에 18%Cr-8%Ni강이 있다.
② 1100℃에서 급랭하여 용체화처리를 하면 오스테나이트 조직이 된다.
③ Ti, V, Nb 등을 첨가하면 입계부식이 방지된다.
④ 1000℃로 가열한 후 서랭하면 $Cr_{23}C_6$ 등의 탄화물이 결정립계에 석출하여 입계부식을 방지한다.

14. 다음 그림은 면심입방격자이다. 단위격자에 속해 있는 원자의 수는 몇 개인가?

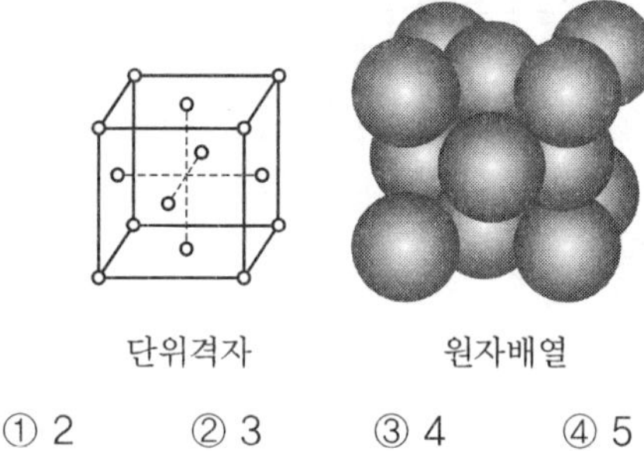
단위격자 원자배열

① 2 ② 3 ③ 4 ④ 5

15. 다음 중 전기저항이 0(zero)에 가까워 에너지 손실이 거의 없기 때문에 자기부상열차, 핵자기공명 단층 영상장치 등에 응용할 수 있는 것은?

① 제진합금 ② 초전도 재료
③ 비정질 합금 ④ 형상기억합금

16. 시험편에 압입 자국을 남기지 않거나 시험편이 큰 경우 재료를 파괴시키지 않고 경도를 측정하는 경도기는?

① 쇼어 경도기 ② 로크웰 경도기
③ 브리넬 경도기 ④ 비커즈 경도기

17. 다음 중 탄소 함유량이 가장 낮은 순철에 해당하는 것은?

① 연철 ② 전해철
③ 해면철 ④ 카보닐철

18. 구상흑연주철의 조직상 분류가 틀린 것은?

① 페라이트형 ② 마텐자이트형
③ 펄라이트형 ④ 시멘타이트형

19. 림드강에 관한 설명 중 틀린 것은?

① Fe-Mn으로 가볍게 탈산시킨 상태로 주형에 주입한다.
② 주형에 접하는 부분은 빨리 냉각되므로 순도가 높다.
③ 표면에 헤어크랙과 응고된 상부에 수축공이 생기기 쉽다.
④ 응고가 진행되면서 용강 중에 남은 탄소와 산소의 반응에 의하여 일산화탄소가 많이 발생한다.

20. 금속재료의 일반적인 설명으로 틀린 것은?

① 구리(Cu)보다 은(Ag)의 전기전도율이 크다.
② 합금이 순수한 금속보다 열전도율이 좋다.
③ 순수한 금속일수록 전기전도율이 좋다.
④ 열전도율의 단위는 J/m·s·K이다.

21. 그림과 같은 육각볼트를 제작도용 약도로 그릴 때의 설명 중 옳은 것은?

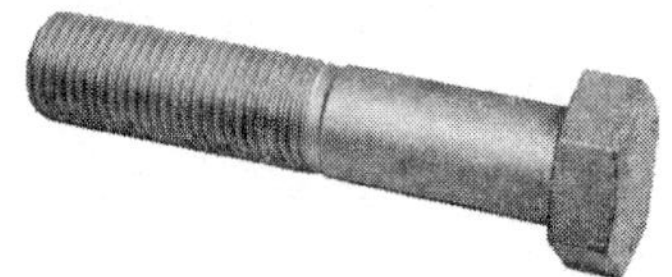

① 볼트 머리의 모든 외형선은 직선으로 그린다.
② 골지름을 나타내는 선은 가는 실선으로 그린다.
③ 가려서 보이지 않는 나사부는 가는 실선으로 그린다.
④ 완전나사부의 불완전나사부의 경계선은 가는 실선으로 그린다.

22. KS D 3503에 의한 SS330으로 표시된 재료기호에서 330이 의미하는 것은?

① 재질 번호 ② 재질 등급
③ 탄소 함유량 ④ 최저 인장강도

23. 치수공차를 개선하는 식으로 옳은 것은?

① 기준치수 − 실제치수
② 실제치수 − 치수허용차
③ 허용한계치수 − 실제치수
④ 최대 허용치수 − 최소 허용치수

24. 가는 2점 쇄선을 사용하여 나타낼 수 있는 것은?

① 치수선 ② 가상선
③ 외형선 ④ 파단선

25. 가공방법의 기호 중 연삭가공의 표시는?

① G ② L ③ C ④ D

26. 그림과 같이 도시되는 투상도는?

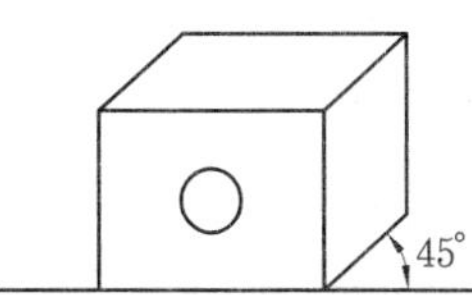

① 투시투상도 ② 등각투상도
③ 축측투상도 ④ 사투상도

27. 한 도면에서 두 종류 이상의 선이 같은 장소에 겹치게 되는 경우에 선의 우선 순위로 옳은 것은?

① 절단선→숨은선→외형선→중심선→무게중심선
② 무게중심선→숨은선→절단선→중심선→외형선
③ 외형선→숨은선→절단선→중심선→무게중심선
④ 중심선→외형선→숨은선→절단선→무게중심선

28. 고로에 사용되는 철광석의 구비조건으로 틀린 것은?

① 성분이 균일해야 한다.
② 철 함유량이 높아야 한다.
③ 피환원성이 우수해야 한다.
④ 노 내에서 환원분화성이 좋아야 한다.

29. 용선 중 황(S) 함량을 저하시키기 위한 조치로 틀린 것은?

① 고로 내의 노열을 높인다.
② 슬래그의 염기도를 높인다.
③ 슬래그 중 Al_2O_3 함량을 높인다.
④ 슬래그 중 MgO 함량을 높인다.

30. 고로 노체의 건조 후 침목 및 장입원료를 노내에 채우는 것을 무엇이라 하는가?

① 화입 ② 지화 ③ 충전 ④ 축로

31. 고로의 노정설비 중 노내 장입물의 레벨을 측정하는 것은?

① 사운딩(sounding)
② 라지 벨(large bell)
③ 디스트리뷰터(distributor)
④ 서지 호퍼(surge hopper)

32. 선철 중에 Si를 높게 하기 위한 방법으로 틀린 것은?

① 염기도를 낮게 한다.
② 노상의 온도를 높게 한다.
③ 규산분이 많은 장입물을 사용한다.
④ 코크스에 대한 광석의 비율을 많게 한다.

33. 고로 휴풍 후 노정 점화를 실시하기 전에 가스검지를 하는 이유는?

① 오염방지 ② 폭발방지
③ 중독방지 ④ 누수방지

34. 고로에서 노정압력을 제어하는 설비는?

① 셉텀변(septum valve)
② 고글변(goggle valve)
③ 스노트변(snort valve)
④ 블리드변(bleed valve)

35. 슬립(slip)이 일어나는 원인과 관련이 가장 적은 것은?

① 바람구멍에서의 통풍 불균일
② 장입물 분포의 불균일
③ 염기도의 조정 불량
④ 노벽의 이상

36. 휴풍 작업상의 주의 사항을 설명한 것 중 틀린 것은?

① 노정 및 가스 배관을 부압으로 하지 말 것
② 가스를 열풍 밸브로부터 송풍기측에 역류시키지 말 것
③ 제진기의 증기를 필요 이상으로 장시간 취입하지 말 것
④ bleeder가 불충분하게 열렸을 때 수봉밸브를 닫을(잠글) 것

37. 산업재해의 원인을 교육적, 기술적, 작업관리상의 원인으로 분류할 때 교육적 원인에 해당되는 것은?

① 작업준비가 충분하지 못할 때
② 생산방법이 적당하지 못할 때
③ 작업지시가 적당하지 못할 때
④ 안전수칙을 잘못 알고 있을 때

38. 선철 중 철(Fe)과 탄소(C) 이외의 원소에서 함량이 가장 많은 성분은?

① S ② Si ③ P ④ Cu

39. 철분의 품위가 54.8%인 철광석으로부터 철분 94%의 선철 1톤을 제조하는 데 필요한 철광석량은 약 몇 kg인가?

① 1075 ② 1715
③ 2105 ④ 2715

40. 미분탄 취입(pulverized coal injection) 조업에 대한 설명으로 옳은 것은?

① 미분탄의 입도가 작을수록 연소 시간이 길어진다.
② 산소 부화를 하게 되면 PCI조업효과가 낮아진다.
③ 미분탄 연소 분위기가 높을수록 연소 속도에 의해 연소 효율은 증가한다.
④ 휘발분이 높을수록 탄(coal)의 열분해가 지연되어 연소 효율은 감소한다.

41. 제강용선과 비교한 주물용선의 특징으로 옳은 것은?

① 고열로 조업을 한다.
② Si의 함량이 낮다.
③ Mn의 함량이 높다.
④ 고염기도 슬래그 조업을 한다.

42. 고로조업 시 화입할 때나 노황이 아주 나쁠 때 코크스와 석회석만 장입하는 것을 무엇이라 하는가?

① 연장입 ② 중장입
③ 경장입 ④ 공장입

43. 용광로의 풍구 앞 연소대에서 일어나는 반응으로 틀린 것은?

① $C+\frac{1}{2}O_2 \rightarrow CO$
② $CO+\frac{1}{2}O_2 \rightarrow CO_2$
③ $CO_2+C \rightarrow 2CO$
④ $FeO+C \rightarrow Fe+CO$

44. 풍구 부분의 손상 원인이 아닌 것은?

① 풍구 주변 누수
② 강하물에 의한 마모 균열
③ 냉각 배수 중 노내 가스 혼입
④ 노정가스 중 수소함량 급 감소

45. 다음 중 노복(belly) 부위에 해당되는 곳은?

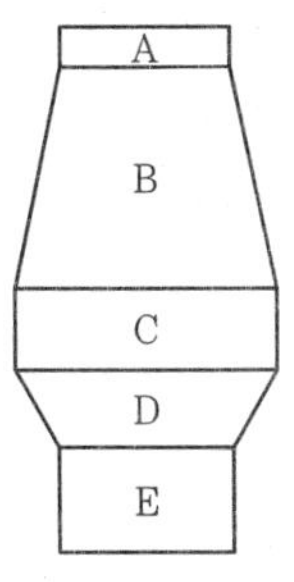

① B ② C ③ D ④ E

46. 소결에서의 열정산 중 입열 항목에 해당되는 것은?

① 증발 ② 하소
③ 가스 현열 ④ 예열공기

47. 소결 연료용 코크스를 분쇄하는데 주로 사용되는 기기는?

① 스태커(stacker)
② 로드 밀(rod mill)
③ 리클레이머(reclamer)
④ 트레인 호퍼(train hopper)

48. 낙하강도 지수(SI)를 구하는 식으로 옳은 것은? (단, M_1은 체가름 후의 +10.0mm인 시료의 무게(kg), M_0는 시험 전의 시료량(kg)이다.)

① $\frac{M_1}{M_0} \times 100(\%)$　② $\frac{M_0}{M_1} \times 100(\%)$

③ $\frac{M_0 - M_1}{M_1} \times 100(\%)$　④ $\frac{M_1 - M_0}{M_0} \times 100(\%)$

49. 다음 중 소결기의 급광장치에 속하지 않는 것은?

① hopper　② wind box
③ cut gate　④ shuttle conveyor

50. 소결작업에서 상부광 작용이 아닌 것은?

① 화격자의 열에 의한 휨을 방지한다.
② 화격자의 적열 소결광 용융부착을 방지한다.
③ 화격자 사이로 세립 원료가 새어 나감을 막아준다.
④ 신원료에 의한 화격자의 구멍 막힘이 없도록 한다.

51. 소결공정에서 믹서(mixer)의 역할이 아닌 것은?

① 혼합　② 장입
③ 조립　④ 수분 첨가

52. 자용성 소결광은 분광에 무엇을 첨가하여 만든 소결광인가?

① 형석　② 석회석
③ 빙정석　④ 망간광석

53. 고로 내에서 코크스의 역할이 아닌 것은?

① 산화제로서의 역할
② 연소에 따른 열원으로서의 역할
③ 고로 내의 통기를 잘하기 위한 spacer로서의 역할
④ 선철, 슬래그에 열을 주는 열교환 매개체로서의 역할이다.

54. 코크스의 제조공정 순서로 옳은 것은?

① 원료 분쇄→압축→장입→가열 건류→배합→소화
② 원료 분쇄→가열 건류→장입→배합→압축→소화
③ 원료 분쇄→배합→장입→가열 건류→압축→소화
④ 원료 분쇄→장입→가열 건류→배합→압축→소화

55. 용광로에서 분상의 광석을 사용하지 않는 이유와 가장 관계가 없는 것은?

① 노내의 용탕이 불량해지기 때문이다.
② 통풍의 약화 현상을 가져오기 때문이다.
③ 장입물의 강하가 불균일하기 때문이다.
④ 노정가스에 의한 미분광의 손실이 우려되기 때문이다.

56. 코크스 중 회분(ash)의 조성성분에 해당되지 않는 것은?

① SiO_2　② Al_2O_3
③ Fe_2O_3　④ CO_2

57. 배소에 대한 설명으로 틀린 것은?

① 배소시킨 광석을 배소광 또는 소광이라 한다.
② 황화광을 배소 시 황을 완전히 제거시키는 것을 완전 탈황 배소라 한다.
③ 황은 환원 배소에 의해 제거되며, 철광석의 비소(As)는 산화성 분위기의 배소에서 제거된다.
④ 환원 배소법은 적철광이나 갈철광을 강자성 광물화한 다음 자력 선광법을 적용하여 철광석의 품위를 올린다.

58. 소결조업에서의 확산결합에 관한 설명이 아닌 것은?

① 확산결합은 동종광물의 재결정이 결합의 기초가 된다.
② 분광석의 입자를 미세하게 하여 원료간의 접촉면적을 증가시키면 확산결합이 용이해진다.
③ 자철광의 경우 발열반응을 하므로 원자의 이동도를 증가시켜 강력한 확산결합을 만든다.
④ 고온에서 소결이 행하여진 경우 원료 중의 슬래그 성분이 용융되어 입자가 슬래그 성분으로 견고하게 결합되는 것이다.

59. 생석회 사용 시 소결 조업상의 효과가 아닌 것은?

① 고층후 조업 가능
② NOx가스 발생 감소
③ 열효율 감소로 인한 분코크스 사용량의 증가
④ 의사입자화 촉진 및 강도 향상으로 통기성 향상

60. 적열 코크스를 불활성가스로 냉각 소화하는 건식소화(CDQ: coke dry quenching)법의 효과가 아닌 것은?

① 강도 향상
② 수분 증가
③ 현열 회수
④ 분진 감소

제4회 모의고사

자격종목 제선기능사	문제 수 60문제	수험번호	성명

1. 금속의 소성변형에서 마치 거울에 나타나는 상이 거울을 중심으로 하여 대칭으로 나타나는 것과 같은 현상을 나타내는 변형은?

① 쌍정변형 ② 전위변형
③ 벽계변형 ④ 딤플변형

2. 황동의 합금 조성으로 옳은 것은?

① Cu+Ni ② Cu+Sn
③ Cu+Zn ④ Cu+Al

3. 용강 중에 기포나 편석은 없으나 중앙 상부에 수축공이 생겨 불순물이 모이고, Fe-Si, Al분말 등의 강한 탈산제로 완전 탈산한 강은?

① 킬드강 ② 캡드강
③ 림드강 ④ 세미킬드강

4. 다음 중 산과 작용하였을 때 수소가스가 발생하기 가장 어려운 금속은?

① Ca ② Na ③ Al ④ Au

5. 태양열 이용 장치의 적외선 흡수재료, 로켓연료 연소효율 향상에 초미립자 소재를 이용한다. 이 재료에 관한 설명 중 옳은 것은?

① 초미립자 제조는 크게 체질법과 고상법이 있다.
② 체질법을 이용하면 청정 초미립자 제조가 가능하다.
③ 고상법은 균일한 초미립자 분체를 대량생산하는 방법으로 우수하다.
④ 초미립자의 크기는 100nm의 콜로이드입자의 크기와 같은 정도의 분체라 할 수 있다.

6. 다음과 같은 제품을 3각법으로 투상한 것 중 옳은 것은? (단, 화살표 방향을 정면도로 한다.)

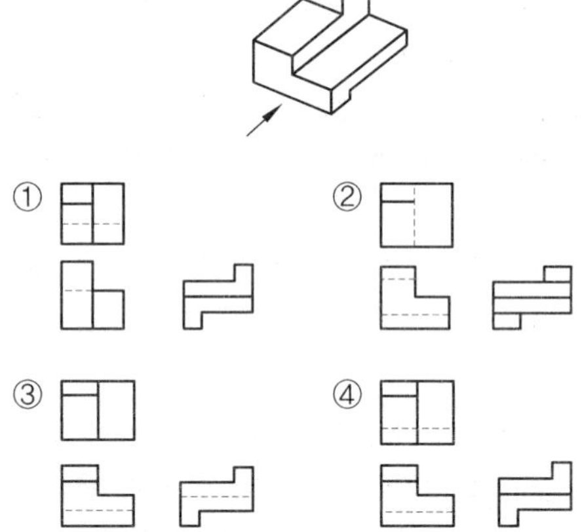

7. KS의 부문별 기호 중 기계기본, 기계요소, 공구 및 공작기계 등을 규정하고 있는 영역은?

① KS A ② KS B ③ KS C ④ KS D

8. 치수공차를 구하는 식으로 옳은 것은?

① 최대 허용치수-기준치수
② 허용한계치수-기준치수
③ 최소 허용치수-기준치수
④ 최대 허용치수-최소 허용치수

9. 다음 투상도 중 물체의 높이를 알 수 없는 것은?

① 정면도 ② 평면도
③ 우측면도 ④ 좌측면도

10. 물품을 그리거나 도안할 때 필요한 사항을 제도기구 없이 프리핸드(free hand)로 그린 도면은?

① 전개도 ② 외형도
③ 스케치도 ④ 곡면선도

11. 용융금속의 냉각곡선에서 응고가 시작되는 지점은?

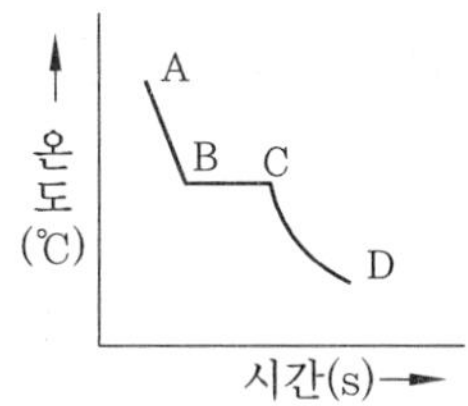

① A ② B ③ C ④ D

12. 베어링용 합금의 구비조건에 대한 설명 중 틀린 것은?

① 마찰계수가 적고 내식성이 좋을 것
② 충분한 취성을 가지며, 소착성이 클 것
③ 하중에 견디는 내압력과 저항력이 좋을 것
④ 주조성 및 절삭성이 우수하고 열전도율이 클 것

13. Al-Si계 주조용 합금은 공정점에서 조대한 육각판상 조직이 나타난다. 이 조직의 개량화를 위해 첨가하는 것이 아닌 것은?

① 금속납 ② 금속나트륨
③ 수산화나트륨 ④ 알칼리염류

14. 다음의 조직 중 경도가 가장 높은 것은?

① 시멘타이트 ② 페라이트
③ 오스테나이트 ④ 트루스타이트

15. 강과 주철을 구분하는 탄소의 함유량은 약 몇 %인가?

① 0.1 ② 0.5 ③ 1.0 ④ 2.0

16. 물과 같은 부피를 가진 물체의 무게와 물의 무게와의 비는?

① 비열 ② 비중
③ 숨은열 ④ 열전도율

17. 게이지용강이 갖추어야 할 성질을 설명한 것 중 옳은 것은?

① 팽창계수가 보통 강보다 커야 한다.
② HRC 45 이하의 경도를 가져야 한다.
③ 시간이 지남에 따라 치수 변화가 커야 한다.
④ 담금질에 의하여 변형이나 담금질 균열이 없어야 한다.

18. 10~20%Ni, 15~30%Zn에 구리 약 70%의 합금으로 탄성재료나 화학기계용 재료로 사용되는 것은?

① 양백 ② 청동
③ 인바 ④ 모넬메탈

19. Y합금의 일종으로 Ti과 Cu를 0.2% 정도씩 첨가한 것으로 피스톤용 재료로 사용되는 합금은?

① 라우탈 ② 코비탈륨
③ 두랄루민 ④ 하이드로날륨

20. 스텔라이트(stellite)에 대한 설명으로 틀린 것은?

① 열처리를 실시하여야만 충분한 경도를 갖는다.
② 주조한 상태 그대로를 연삭하여 사용하는 비철합금이다.
③ 주요 성분은 40~55%Co, 25~33%Cr, 10~20%W, 2~5%C, 5%Fe이다.
④ 600℃ 이상에서는 고속도강보다 단단하며, 단조가 불가능하고, 충격에 의해서 쉽게 파손된다.

21. 도면의 척도에 대한 설명 중 틀린 것은?

① 척도는 도면의 표제란에 기입한다.
② 척도에는 현척, 축척, 배척의 3종류가 있다.
③ 척도는 도형의 크기와 실물 크기와의 비율이다.
④ 도형이 치수에 비례하지 않을 때는 척도를 기입하지 않고, 별도의 표시도 하지 않는다.

22. 도면에서 Ⓐ로 표시된 해칭의 의미로 옳은 것은?

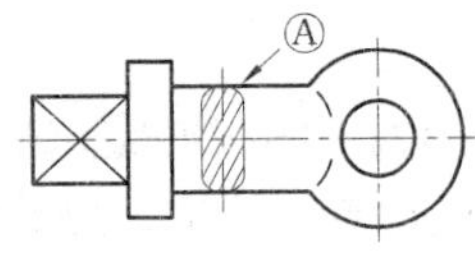

① 특수 가공 부분이다.
② 회전 단면도이다.
③ 키를 장착할 홈이다.
④ 열처리 가공 부분이다.

23. 가공면의 줄무늬 방향 표시기호 중 기호를 기입한 면의 중심에 대하여 대략 동심원인 경우 기입하는 기호는?

① X ② M ③ R ④ C

24. 스퍼기어의 잇수가 32이고 피치원의 지름이 64일 때 이 기어의 모듈값은 얼마인가?

① 0.5 ② 1 ③ 2 ④ 4

25. 다음 중 치수보조선과 치수선의 작도 방법이 틀린 것은?

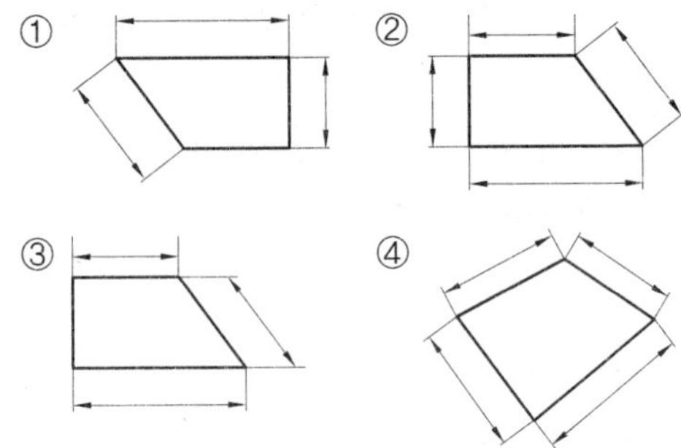

26. 반복 도형의 피치 기준을 잡는데 사용되는 선은?

① 굵은 실선 ② 가는 실선
③ 1점 쇄선 ④ 가는 2점 쇄선

27. 도면 치수 기입에서 반지름을 나타내는 치수 보조기호는?

① R ② t ③ ø ④ SR

28. 다음 중 슬래그화한 성분은?

① P ② Sn ③ Cu ④ MgO

29. 사고예방의 5단계 순서로 옳은 것은?

① 조직→평가분석→사실의 발견→시정책의 적용→시정책의 선정
② 조직→평가분석→사실의 발견→시정책의 선정→시정책의 적용
③ 조직→사실의 발견→평가분석→시정책의 적용→시정책의 선정
④ 조직→사실의 발견→평가분석→시정책의 선정→시정책의 적용

30. 내용적 3795m^3의 고로에 풍량 6000Nm^3/min으로 송풍하여 선철을 8160ton/일, 슬래그를 2690ton/일 생산하였을 때의 출선비(t/일/m^3)는 약 얼마인가?

① 0.71　② 1.80　③ 2.15　④ 2.86

31. 재해 누발자를 상황성과 습관성 누발자로 구분할 때 상황성 누발자에 해당되지 않는 것은?

① 작업이 어렵기 때문에
② 기계설비에 결함이 있기 때문에
③ 환경상 주의력의 집중이 혼란되기 때문에
④ 재해 경험에 의해 겁쟁이가 되거나 신경과민이 되기 때문에

32. 열풍로에서 예열된 공기는 풍구를 통하여 노내로 전달되는데 예열된 공기는 약 몇 ℃인가?

① 300~500　② 600~800
③ 1100~1300　④ 1400~1600

33. 노체의 팽창을 완화하고 가스가 새는 것을 막기 위해 설치하는 것은?

① 냉각판　② 로암(loam)
③ 광석받침철판　④ 익스팬션(expension)

34. 고로 조업에서 내압사고의 원인이 아닌 것은?

① 유동성이 불량할 때
② 미분탄 등 보조연료를 다량으로 취입할 때
③ 장입물의 얹힘 및 슬립이 연속적으로 발생할 때
④ 풍구, 냉각반의 파손에 의한 노내 침수가 일어날 때

35. 고로 내 장입물로부터의 수분제거에 대한 설명 중 틀린 것은?

① 장입원료의 수분은 기공 중에 스며든 부착수가 존재한다.
② 장입원료의 수분은 화합물 상태의 결합수 또는 결정수로 존재한다.
③ 광석에서 분리된 수증기는 코크스 중의 고정탄소와 $H_2O+C \rightarrow CO_2$의 반응을 일으킨다.
④ 부착수는 100℃ 이상에서는 증발하며, 특히 입도가 작은 광석이 낮은 온도에서 증발하기 쉽다.

36. 노황 및 출선, 출재가 정상적이지 않아 조기 출선을 해야 하는 경우가 아닌 것은?

① 감압, 휴풍이 예상될 경우
② 노열 저하 현상이 보일 경우
③ 장입물의 하강이 느린 경우
④ 출선구가 약하고 다량의 출선에 견디지 못할 경우

37. 파이넥스(finex) 제선법에 대한 설명 중 틀린 것은?

① 주원료로 주로 분광을 사용한다.
② 송풍에 있어 산소를 불어 넣는다.
③ 환원반응과 용융 기능이 분리되어 안정적인 조업에 유리하다.
④ 고로조업과 달리 소결공정은 생략되어 있으나 코크스 제조 공정은 필요하다.

38. 고로는 전 높이에 걸쳐 많은 내화벽돌로 쌓여져 있다. 내화벽돌이 갖추어야 될 조건으로 틀린 것은?

① 내화도가 높아야 한다.
② 치수가 정확하여야 한다.
③ 비중이 5.0 이상으로 높아야 한다.
④ 침식과 마멸에 견딜 수 있어야 한다.

39. 자용성 소결광 조업에 대한 설명으로 틀린 것은?

① 노황이 안정되어 고온 송풍이 가능하다.
② 노 내 탈황률이 향상되어 선철 중의 황을 저하시킬 수 있다.
③ 소결광 중에 파얄라이트 함유량이 많아 산화성이 크다.
④ 하소된 상태에 있으므로 노 안에서의 열량 소비가 감소된다.

40. 고로 노체의 구조 중 노의 용적이 가장 큰 부분은?

① 노흉 ② 노복 ③ 조안 ④ 노상

41. 고로에서 출선구 머드 건(폐쇄기)의 성능을 향상시키기 위하여 첨가하는 원료는?

① SiC ② CaO ③ MgO ④ FeO

42. 철분의 품위가 57.6%인 철광석으로부터 철분 94%의 선철 1톤을 제조하는 데 필요한 철광석의 양은 약 몇 kg인가?

① 632 ② 1632 ③ 3127 ④ 6127

43. 파이넥스 조업 설비 중 환원로에서의 반응이 아닌 것은?

① 부원료의 소성 반응
② $C+\frac{1}{2}O_2 \rightarrow CO$
③ $Fe+H_2S \rightarrow FeS+H_2$
④ $Fe_2O_3+3CO \rightarrow 2Fe+3CO_2$

44. 광석의 철 품위를 높이고 광석 중의 유해 불순물인 비소(As), 황(S) 등을 제거하기 위해서 하는 것은?

① 균광 ② 단광 ③ 선광 ④ 소광

45. 고로에서 고압조업의 효과가 아닌 것은?

① 연진의 저하 ② 출선량 증가
③ 송풍량의 저하 ④ 코크스비의 저하

46. 리크레이머(reclaimer)의 기능으로 옳은 것은?

① 원료의 적치 ② 원료의 불출
③ 원료의 정립 ④ 원료의 입조

47. 소결공정에서 혼화기(drum mixer)의 역할이 아닌 것은?

① 조립 ② 장입
③ 혼합 ④ 수분첨가

48. 용광로 제련에 사용되는 분광 원료를 괴상화하였을 때 괴상화된 원료의 구비 조건이 아닌 것은?

① 다공질로 노 안에서 산화가 잘 될 것
② 가능한 한 모양이 구상화된 형태일 것
③ 오랫동안 보관하여도 풍화되지 않을 것
④ 열팽창, 수축 등에 의해 파괴되지 않을 것

49. 소결공정의 일반적인 조업순서로 옳은 것은?

① 원료 절출→혼합 및 조립→원료장입→점화→괴성화→1차 패쇄 및 선별→냉각→2차 파쇄 및 선별→저장 후 고로 장입
② 원료 절출→원료장입→혼합 및 조립→1차 패쇄 및 선별→점화→괴성화→냉각→2차 파쇄 및 선별→저장 후 고로 장입
③ 원료 절출→1차 패쇄 및 선별→혼합 및 조립→원료장입→점화→괴성화→냉각→2차 파쇄 및 선별→저장 후 고로 장입
④ 원료 절출→괴성화→1차 패쇄 및 선별→혼합 및 조립→원료장입→점화→2차 파쇄 및 선별→냉각→저장 후 고로 장입

50. 고로용 내화물의 구비조건이 아닌 것은?

① 고온에서 용융, 휘발하지 않을 것
② 열전도가 잘 안되고 발열효과가 있을 것
③ 고온, 고압하에서 상당한 강도를 가질 것
④ 용선, 가스에 대하여 화학적으로 안정할 것

51. 다음 소결반응에 대한 설명으로 틀린 것은?

① 저온에서는 확산결합을 한다.
② 확산결합이 용융결합보다 강도가 크다.
③ 고온에서 분화방지를 위해서는 용융결합이 좋다.
④ 고온에서 슬래그 성분이 용융해서 입자가 단단해진다.

52. 소결조업의 목표인 소결광의 품질관리 기준이 아닌 것은?

① 성분　② 입도
③ 연성　④ 강도

53. 용제에 대한 설명으로 틀린 것은?

① 유동성을 좋게 한다.
② 슬래그의 용융점을 높인다.
③ 맥석 같은 불순물과 결합한다.
④ 슬래그를 금속으로부터 잘 분리되도록 한다.

54. 제게르추의 번호 SK31의 용융연화점 온도는 몇 ℃인가?

① 1530　② 1690
③ 1730　④ 1850

55. 분말로 된 정광을 괴상으로 만드는 과정은?

① 하소　② 배소
③ 소결　④ 단광

56. 소결 원료에서 반광의 입도는 일반적으로 몇 mm 이하의 소결광인가?

① 5　② 12
③ 24　④ 48

57. 소결조업에서 생석회의 역할을 설명한 것 중 틀린 것은?

① 의사입자의 강도를 향상시킨다.
② 소결 베드 내에서의 통기성을 개선한다.
③ 소결 배합원료의 의사입자를 촉진한다.
④ 저층후 조업이 가능하나 분코크스 사용량이 증가한다.

58. 다음 원료 중 피환원성이 가장 우수한 것은?

① 자철광　② 보통 펠릿
③ 자용성 펠릿　④ 자용성 소결광

59. 함수 광물로써 산화마그네슘(MgO)을 함유하고 있으며, 고로에서 슬래그 성분 조절용으로 사용하며 광재의 유동성을 개선하고 탈황 성능을 향상시키는 것은?

① 규암　② 형석
③ 백운석　④ 사문암

60. 코크스의 연소실 구조에 따른 분류 중 순환식에 해당되는 것은?

① 코퍼스식　② 오토식
③ 쿠로다식　④ 월푸트식

제5회 모의고사

자격종목 제선기능사	문제 수 60문제	수험번호	성명

1. 다음 중 베어링용 합금이 갖추어야 할 조건 중 틀린 것은?

① 마찰계수가 크고 저항력이 작을 것
② 충분한 점성과 인성이 있을 것
③ 내식성 및 내소착성이 좋을 것
④ 하중에 견딜 수 있는 경도와 내압력을 가질 것

2. 라우탈(Latal) 합금의 특징을 설명한 것 중 틀린 것은?

① 시효경화성이 있는 합금이다.
② 규소를 첨가하여 주조성을 개선한 합금이다.
③ 주조 균열이 크므로 사형 주물에 적합하다.
④ 구리를 첨가하여 절삭성을 좋게 한 합금이다.

3. 용융금속이 응고할 때 작은 결정을 만드는 핵이 생기고 이 핵을 중심으로 금속이 나뭇가지 모양으로 발달하는 것은?

① 입상정 ② 수지상정
③ 주상정 ④ 등축정

4. 순철을 상온에서부터 가열하여 온도를 올릴 때 결정구조의 변화로 옳은 것은?

① BCC → FCC → HCP
② HCP → BCC → FCC
③ FCC → BCC → FCC
④ BCC → FCC → BCC

5. 다음의 자성 재료 중 연질자성 재료에 해당되는 것은?

① 알니코 ② 네오디뮴
③ 센더스트 ④ 페라이트

6. 금속을 냉간가공하면 결정입자가 미세화되어 재료가 단단해지는 현상은?

① 가공경화 ② 전해경화
③ 고용경화 ④ 탈탄경화

7. 물과 얼음의 평형 상태에서 자유도는 얼마인가?

① 0 ② 1 ③ 2 ④ 3

8. 열팽창계수가 상온 부근에서 매우 작아 길이의 변화가 거의 없어 측정용 표준자, 바이메탈 재료 등에 사용되는 Ni-Fe합금은?

① 인바 ② 인코넬
③ 두랄루민 ④ 콜슨합금

9. 마그네슘의 성질을 설명한 것 중 틀린 것은?

① 용융점은 약 650℃ 정도이다.
② Cu, Al보다 열전도율은 낮으나 절삭성은 좋다.
③ 알칼리에는 부식되나 산이나 염류에는 침식되지 않는다.
④ 실용금속 중 가장 가벼운 금속으로 비중이 약 1.74 정도이다.

10. 주철에서 Si가 첨가될 때 Si의 증가에 따른 상태도 변화로 옳은 것은?

① 공정온도가 내려간다.
② 공석온도가 내려간다.
③ 공정점은 고탄소측으로 이동한다.
④ 오스테나이트에 대한 탄소 용해도가 감소한다.

11. 전기전도도와 열전도도가 가장 우수한 금속으로 옳은 것은?

① Au ② Pb ③ Ag ④ Pt

12. 초정((primary crystal)이란 무엇인가?

① 냉각 시 제일 늦게 석출하는 고용체를 말한다.
② 공정반응에서 공정 반응 전에 정출한 결정을 말한다.
③ 고체 상태에서 2가지 고용체가 동시에 석출하는 결정을 말한다.
④ 용객 상태에서 2가지 고용체가 동시에 정출하는 결정을 말한다.

13. Sn-Sb-Cu의 합금으로 주석계 화이트메탈이라고 하는 것은?

① 인코넬 ② 콘스탄탄
③ 배빗메탈 ④ 알클래드

14. 다음 중 면심입방격자의 원자수로 옳은 것은?

① 2 ② 4 ③ 6 ④ 12

15. 공랭식 실린더 헤드 및 피스톤 등에 사용되는 Y합금의 성분은?

① Al-Cu-Ni-Mg ② Al-Si-Na-Pb
③ Al-Cu-Pb-Co ④ Al-Mg-Fe-Cr

16. 정투상법에서 눈→투상면→물체의 순으로 투상될 경우의 투상법은?

① 제1각법 ② 제2각법
③ 제3각법 ④ 제4각법

17. 다음 여러 가지 도형에서 생략할 수 없는 것은?

① 대칭 도형의 중심선의 한쪽
② 좌우가 유사한 물체의 한쪽
③ 길이가 긴 축의 중간 부분
④ 길이가 긴 테이퍼 축의 중간 부분

18. 다음 중 선긋기를 올바르게 표시한 것은 어느 것인가?

①  ②

③  ④

19. 동력전달 기계요소 중 회전운동을 직선운동으로 바꾸거나, 직선운동을 회전운동으로 바꿀 때 사용하는 것은?

① V벨트 ② 원뿔키
③ 스플라인 ④ 래크와 피니언

20. 치수기입의 요소가 아닌 것은?

① 숫자와 문자 ② 부품표와 척도
③ 지시선과 인출선 ④ 치수 보조기호

21. 대상물의 일부를 파단한 경계 또는 일부를 떼어낸 경계를 표시하는 파단선의 선은?

① 굵은 실선 ② 가는 실선
③ 가는 파선 ④ 가는 1점 쇄선

22. 표면의 결 지시 방법에서 대상면에 제거가공을 하지 않는 경우 표시하는 기호는?

① ② ③ ④

23. 도면에 표시된 기계부품 재료 기호가 SM45C일 때 45C가 의미하는 것은?

① 제조방법 ② 탄소함유량
③ 재료의 이름 ④ 재료의 인장강도

24. 구멍 $ø55^{+0.030}_{0}$, 축 $55^{+0.039}_{+0.020}$일 때 최대 틈새는?

① 0.010 ② 0.020 ③ 0.030 ④ 0.039

25. 화살표 방향이 정면도라면 평면도는?

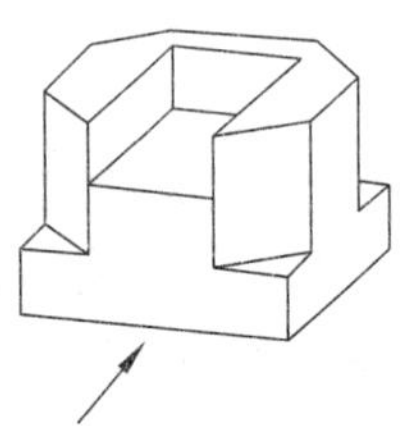

①

② 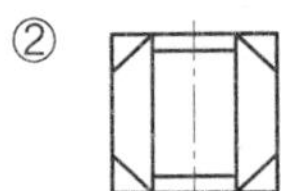

③

④ 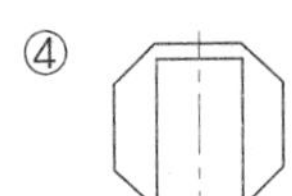

26. 고로를 4개의 층으로 나눌 때 상승 가스에 의해 장입물이 가열되어 부착 수분을 잃고 건조되는 층은?

① 예열층 ② 환원층
③ 가탄층 ④ 용해층

27. 다음 중 유니파이 보통나사를 표시하는 기호로 옳은 것은 ?

① TM ② TW ③ UNC ④ UNF

28. 척도에 대한 설명 중 옳은 것은?

① 축척은 실물보다 확대해서 그린다.
② 배척은 실물보다 축소해서 그린다.
③ 현척은 실물의 크기와 같은 크기로 1:1로 표현한다.
④ 척도의 표시방법 A:B에서 A는 물체의 실제 크기이다.

29. $CaCO_3$를 주성분으로 하는 퇴적암이고 염기성 용제로 사용되는 것은?

① 규석 ② 석회석
③ 백운석 ④ 망간광석

30. 고로의 어떤 부분만 통기저항이 작아 바람이 잘 통해서 다른 부분과 가스 상승에 차가 생기는 현상은?

① 슬립 ② 석회과잉
③ 행잉 드롭 ④ 벤틸레이션

31. 고로에 사용되는 내화재가 갖추어야 할 조건으로 틀린 것은?

① 열충격이나 마모에 강할 것
② 고온에서 용융, 연화하지 않을 것
③ 열전도도는 매우 높고, 냉각효과가 없을 것
④ 용선, 용제 및 가스에 대하여 화학적으로 안정할 것

32. 다음 중 냄새가 나지 않고 가장 가벼운 기체는?

① H_2S ② NH_3 ③ H_2 ④ SO_2

33. 품위 57%의 광석에서 철분 93%의 선철 1톤을 만드는데 필요한 광석의 양은 몇 kg인가? (단, 철분이 모두 환원되어 철의 손실은 없다.)

① 1400 ② 1525 ③ 1632 ④ 2276

34. 용광로 조업에서 노내 장입물이 강하를 하지 않고 정지한 상태는?

① 행잉 ② 슬립 ③ 드롭 ④ 냉입

35. 고로 내 열교환 및 온도변화는 상승가스에 의한 열교환, 철 및 슬래그의 적하물과 코크스의 온도 상승 등으로 나타나고 반응으로는 탈황반응 및 침탄반응 등이 일어나는 대(zone)는?

① 연소대 ② 적하대 ③ 융착대 ④ 노상대

36. 다음 고로 장입물 중 환원되기 가장 쉬운 것은?

① Fe ② FeO ③ Fe_3O_4 ④ Fe_2O_3

37. 고로의 열정산 시 입열에 해당되는 것은?

① 코크스 발열량 ② 용선 현열
③ 노가스 잠열 ④ 슬래그 현열

38. 고로에 사용되는 축류 송풍기의 특징을 설명한 것 중 틀린 것은?

① 풍압변동에 대한 정풍량 운전이 용이하다.
② 바람 방향의 전환이 없어 효율이 우수하다.
③ 무겁고 크게 제작해야 하므로 설치면적이 넓다.
④ 터보 송풍기에 비하여 압축된 유체의 통로가 단순하고 짧다.

39. 고로 조업 시 풍구의 파손 원인으로 틀린 것은?

① 슬립이 많을 때
② 회분이 많을 때
③ 송풍온도가 낮을 때
④ 코크스의 균열강도가 낮을 때

40. 그림과 같은 내연식 열풍로의 축열실에 해당되는 곳은?

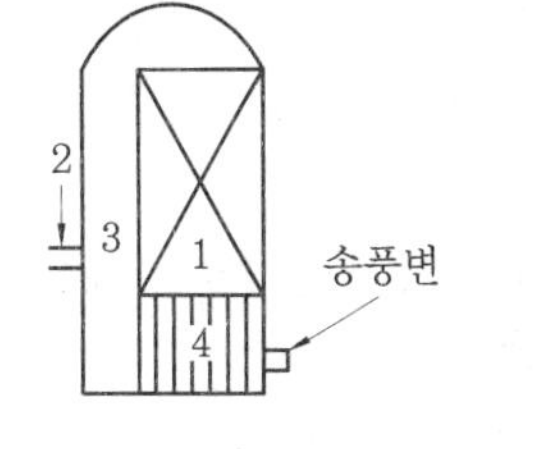

① 1 ② 2 ③ 3 ④ 4

41. 고로의 본체에서 C부분의 명칭은?

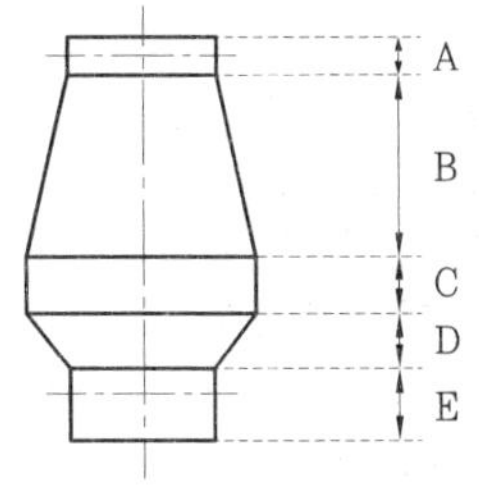

① 노흉(shaft) ② 노복(belly)
③ 보시(bosh) ④ 노상(hearth)

42. 고로가스 청정설비로 노정가스의 유속을 낮추고 방향을 바꾸어 조립연진을 분리, 제거하는 설비명은?

① 백필터(bag filter)
② 제진기(dust catcher)
③ 전기집진기(electric precipitator)
④ 벤투리 스크러버(venturi scrubber)

43. 고로의 고압조업이 갖는 효과가 아닌 것은?

① 연진이 감소한다.
② 출선량이 증가한다.
③ 노정 온도가 올라간다.
④ 코크스의 비가 감소한다.

44. 고정탄소(%)를 구하는 식으로 옳은 것은?

① 100%−[수분(%)+회분(%)+휘발분(%)
② 100%−[수분(%)+회분(%)×휘발분(%)
③ 100%+[수분(%)×회분(%)×휘발분(%)
④ 100%+[수분(%)×회분(%)−휘발분(%)

45. 선철 중에 Si를 높게 하기 위한 방법이 아닌 것은?

① 염기도를 높게 한다
② 노상 온도를 높게 한다.
③ 규산분이 많은 장입물을 사용한다.
④ 코크스에 대한 광석의 비율을 적게 하고 고온송풍을 한다.

46. 다음 풍상(wind box)의 구비조건을 설명한 것 중 틀린 것은?

① 흡인용량이 충분할 것
② 재질은 열팽창이 적고 부식에 잘 견딜 것
③ 분광이나 연진이 퇴적하지 않는 형상일 것
④ 주물재질로 필요에 따라 자주 교체할 수 있으며, 산화성일 것

47. 고로 슬래그의 염기도에 큰 영향을 주는 소결광 중의 염기도를 나타낸 것으로 옳은 것은?

① $\frac{SiO_2}{Al_2O_3}$　② $\frac{Al_2O_3}{MgO}$

③ $\frac{SiO_2}{CaO}$　④ $\frac{CaO}{SiO_2}$

48. 생펠릿을 조립하기 위한 조건으로 틀린 것은?

① 분입자 간에 수분이 없어야 한다.
② 원료는 충분히 미세하여야 한다.
③ 균등하게 조립할 수 있는 전동법이어야 한다.
④ 원료분이 균일하게 가습되는 혼련법이어야 한다.

49. 괴상법의 종류 중 단광법(briquetting)에 해당되지 않는 것은?

① 크루프(krupp)법　② 다이스(dies)법
③ 프레스(press)법　④ 플런저(plunger)법

50. 소결기 grate bar 위에 깔아주는 상부광의 기능이 아닌 것은?

① grate bar 막힘 방지
② 소결원료의 하부 배출 용이
③ grate bar 용융부착 방지
④ 배광부에서 소결광 분리 용이

51. 소결원료 중 조재성분에 대한 설명으로 옳은 것은?

① Al_2O_3는 결정수를 감소시킨다.
② Al_2O_3는 제품의 강도를 감소시킨다.
③ MgO의 증가에 따라 생산성을 증가시킨다.
④ CaO의 증가에 따라 제품의 강도를 감소시킨다.

52. 제철원료로 사용되는 철광석의 구비조건으로 틀린 것은?

① 입도가 적당할 것
② 산화하기 쉬울 것
③ 철분 함유량이 높을 것
④ 품질 및 특성이 균일할 것

53. 자용성 소결광이 고로 원료로 사용되는 이유에 대한 설명으로 틀린 것은?

① 노황이 안정되어 고온 송풍이 가능하다.
② 파얄라이트(fayalite) 함유량이 많아서 피환원성이 크다.
③ 하소된 상태에 있으므로 노 안에서의 열량 소비가 감소된다.
④ 노 안에서 석회석의 분해에 의한 이산화탄소의 발생이 없으므로 철광석의 간접 환원이 잘 된다.

54. 저광조에서 소결원료가 벨트컨베이어 상에 배출되면 자동적으로 벨트컨베이어 속도를 가감하여 목표량 만큼 절출하는 장치는?

① 벨트 피더(belt feeder)
② 테이블 피더(table feeder)
③ 바이브레이팅 피더(vibrating feeder)
④ 콘스탄트 피더 웨이어(constant feed weigher)

55. 소결광의 낙하강도(SI)가 저하하면 발생되는 현상으로 틀린 것은?

① 노황부조의 원인이 된다.
② 노내 통기성이 좋아진다.
③ 분율의 발생이 증가한다.
④ 소결의 원단위 상승을 초래한다.

56. 소결 배합원료를 급광할 때 가장 바람직한 편석은?

① 수직 방향의 정도편석
② 폭 방향의 정도편석
③ 길이 방향의 분산편석
④ 두께 방향의 분산편석

57. 드와이트 로이드식 소결기에 대한 설명으로 틀린 것은?

① 배기 장치의 공기 누설량이 많다.
② 고로의 자동화가 가능하다.
③ 소결이 불량할 때 재점화가 가능하다.
④ 연속식이기 때문에 대량생산에 적합하다.

58. 소결조업 중 배합원료에 수분을 첨가하는 이유가 아닌 것은?

① 소결층 내의 온도 구배를 개선하기 위해서
② 배가스 온도를 상승시키기 위해서
③ 미분원료의 응집에 의한 통기성을 향상시키기 위해서
④ 소결층의 Dust 흡입 비산을 방지하기 위해서

59. 고로에서 선철 1톤을 생산하는 데 소요되는 철광석(소결용 분광+괴광석)의 양은 약 얼마인가?

① 0.5~0.7톤
② 1.5~1.7톤
③ 3.0~3.2톤
④ 5.0~5.2톤

60. 코크스로가스 중에 함유되어 있는 성분 중 함량이 많은 것부터 적은 순서로 나열된 것은?

① $CO > CH_4 > N_2 > H_2$
② $CH_4 > CO > H_2 > N_2$
③ $H_2 > CH_4 > CO > N_2$
④ $N_2 > CH_4 > H_2 > CO$

모의고사 정답 및 해설

제선기능사

[제1회 모의고사]

1. ③
순철의 동소변태는 A_3(910℃), A_4(1401℃)변태에서 결정구조가 변한다.

2. ③
경금속: Al, Mg, Be, 중금속: Cu

3. ①
켈밋: 베어링에 사용되는 구리합금으로 70%Cu-30%Pb합금

4. ②
적철광(Fe_2O_3), 자철광(Fe_3O_4), 갈철광($Fe_2O_3 \cdot 3H_2O$), 능철광(Fe_2CO_3)

5. ④
TD Ni 재료는 입자분산강화 금속(PSM)의 복합재료에서 고온에서의 크리프 성질을 개선시키기 위한 금속복합재료이다.

6. ②

7. ①

8. ④

9. ③
충격시험기에서 충격값을 측정한다.

10. ④
고투자율 합금으로는 퍼멀로이(Ni 78.5%와 Fe합금)가 있다.

11. ②

12. ④

13. ②

14. ①
심랭처리는 경화된 강 중의 잔류 오스테나이트를 마텐자이트화 시키는 것으로서 공구강의 경도 증가 및 성능 향상을 기할 수 있다.

15. ③
Al-Mg계 합금에 Si를 0.3% 이상 첨가하면 연성을 해친다.

16. ①

17. ③

18. ③

19. ②
$m=\frac{D}{Z}=\frac{100}{20}=5$

20. ②
회전단면도는 절단면을 사상적으로 회전시켜 그린 단면도이다.

21. ①
제도용지의 세로와 가로의 비는 $1:\sqrt{2}$이다.

22. ①

KS A-기본, KS B-기계, KS C-전기, KS D-금속

23. ③
제1각법: 눈→물체→투상면
제3각법: 눈→투상면→물체

24. ③
Ra: 중심선 평균거칠기, *Rz*: 10점 평균거칠기, *Rmax*: 최대높이

25. ②

26. ①

27. ③
최대 틈새=구멍의 최대 허용치수-축의 최소 허용치수
50.025-49.950=0.075

28. ②

29. ④
일시적으로 송풍량을 감소시킨다.

30. ④

31. ③

32. ④

33. ①

34. ①

35. ④

36. ④

37. ③

38. ①

39. ②
철광석의 입도가 작으면 산화성이 높아진다.

40. ①

41. ②

42. ③
노정 온도가 내려간다.

43. ①
갈철광: $Fe_2O_3 \cdot H_2O$

44. ②
$$출선비=\frac{생산량}{내용적}=\frac{12000}{4500}=2.67$$

45. ①

46. ①
산성 내화물: SiO_2, 중성 내화물: Al_2O_3,
염기성 내화물: MgO, CaO

47. ②

48. ①

49. ④
파얄라이트는 환원성을 나쁘게 한다.

50. ②
철의 용융점을 낮게 하는 역할을 한다.

51. ③
탄화도가 높은 석탄일수록 풍화되기 어렵다.

52. ②
선별장치는 스크린이고, 급광장치는 호퍼, 드럼 피더, 셔틀 컨베이어이다.

53. ④
소결광 품질향상을 위해서는 유효 슬래그를 증가시킨다.

54. ③

55. ④

56. ①

57. ①
환원력이 우수해야 한다.

58. ③
빠른 기체속도에 비해 늦다.

59. ③

60. ③
소결이 불량할 때 재점화가 어렵다.

[제2회 모의고사]

1. ④
시험편 연마: 거친연마, 미세연마, 광택연마

2. ①
HRC 40 이상의 경도를 가져야 한다.

3. ④
Cu: 1053℃, Ni: 1453℃, Cr: 1875℃, W: 3410℃

4. ③

5. ④
면심입방격자이다.

6. ②
S: 적열메짐, Cu: 부식에 대한 저항 증가, P: 상온메짐

7. ④

8. ④

9. ①

10. ①
Y합금은 Al-Cu-Mg-Ni합금으로 내열성이 우수하다.

11. ①
Co는 흑연화 촉진원소이다.

12. ②
결정구조에서 체심입방격자: 8, 조밀육방격자: 12이며, 최근접 원자수를 말한다.

13. ③

14. ①

15. ②
R 반지름, *C*: 모따기, □: 정사각형의 변, *SR*: 구의 지름

16. ②

17. ②
부분 단면도: 제작물의 일부만을 절단하여 그린 단면도

18. ①

19. ④

20. ①

21. ②
$$m=\frac{D}{Z}=\frac{150}{50}=3$$

22. ④

23. ①
외형선, 중심선, 기준선 및 이들의 연장선을 치수선으로 사용할 수 없다.

24. ③
11-ø4에서 지름이 4mm, 구멍이 11개이다.

25. ③
KS A-기본, KS B-기계, KS C-전기,
KS D- 금속

26. ③
물체의 단면 형상임을 표시하는 경우에는 파단선을 사용한다.

27. ④
AC8B는 알루미늄합금 주물로서 A는 알루미늄, C는 주조표시이다.

28. ②

29. ③
연료취입 정지 등에 의한 노내 열 밸런스 붕괴

30. ②

31. ①
코크스 원단위 감소

32. ④
산성 내화물에는 규석질, 납석질, 샤모트질이 속한다.

33. ②

34. ④

35. ③
송풍량을 감소시키는 요인이 되어 코크스비가 감소한다.

36. ③
점결제를 사용할 때에는 고로벽을 침식시키는 알칼리류를 함유하지 않아야 한다.

37. ②

38. ③
SiO_2가 많이 포함되어 있지 않다.

39. ①

40. ①

41. ③

42. ②

43. ④

44. ①

45. ③

46. ③
장입물의 하강이 빠를 때

47. ①

48. ④
불순물의 용해도가 클 것

49. ④

50. ①

51. ②
소결성이 좋은 원료: 생산성이 높은 원료, 분율이 낮은 소결광 제조, 강도가 높은 소결광을 제조, 적은 원료로서 소결광 제조

52. ③

53. ①

54. ④

55. ②
철의 산화층: Fe_2O_3 – Fe_3O_4 – FeO

56. ④

57. ②

58. ②
하역설비: stacker, train hoppe, unloader
파쇄장치: rod mill

59. ②

60. ③

[제3회 모의고사]

1. ②

2. ②
Al은 비중이 2.7이고 내식성이 우수하고, 면심입방격자이다.

3. ③
좌, 우측이 같은 모양이면 좌, 우측면도 하나만 그려야 한다.

4. ④
오일리스베어링: 분말상의 구리에 약 10% 주석분말과 2%의 흑연분말을 혼합한 무급유 베어링 합금이다.

5. ①

6. ③

7. ①
현척(1 : 1), 축척(1 : 2) 배척(2 : 1)

8. ①
M: 미터나사, Tr: 미터 사다리꼴 나사, UNC: 유니파이 보통나사

9. ③
계단 단면도: 일직선상에 있지 않을 때 투상면과 평행한 2개 또는 3개의 평면으로 물체를 계단모양으로 절단하는 방법

10. ③

11. ①

12. ④
Zn(7.13), Ni(8.9), Al(2.7), Mg(1.74)

13. ④
1000℃로 가열한 후 서랭하면 $Cr_{23}C_6$ 등의 탄화물이 결정립계에 석출하여 입계부식을 발생한다.

14. ③
면심입방격자는 4개, 체심입방격자는 2개이다.

15. ②

16. ①
쇼어 경도기는 작아서 휴대하기 쉽고 피검재에 흠이 남지 않는 경도기이다.

17. ②
전해철: 탄소 0.005~0.015%, 암코철: 탄소 0.015%, 카보닐철: 탄소 0.020%

18. ②

19. ③
림드강은 외벽에 많은 기포가 생기고 상부에 편석이 발생한다.

20. ②
합금이 순수한 금속보다 열전도율이 나쁘다.

21. ②
골지름은 가는 실선, 보이지 않는 나사부는 파선, 완전나사부와 불완전나사부의 경계선은 굵은 실선으로 그린다.

22. ④

23. ④
치수공차는 최대 허용치수와 최소 허용치수의 차이로 구한다.

24. ②

25. ①
G: 연삭, L: 선반, C: 주조, D: 드릴

26. ④
사투상도: 기준선 위에 물체의 정면을 실물과 같은 모양으로 그리고 나서, 각 꼭짓점에서 기준선과 45°를 이루는 경사선을 긋고, 이 선 위에 물체의 안쪽 길이를 실제 길이의 1/2의 비율로 그려서 나타내는 투상법이다.

27. ③

28. ④
노 내에서 피환원성이 좋아야 한다.

29. ③
슬래그 중 Al_2O_3 함량을 낮춘다.

30. ③

31. ①

32. ④
코크스에 대한 광석의 비율을 적게 한다.

33. ②

34. ①

35. ③

36. ④
bleeder가 불충분하게 열렸을 때 수봉밸브를 연다.

37. ④

38. ②
C>Si>Mn>P>S

39. ②

40. ③

41. ①

42. ④

43. ④

44. ④

45. ②
A: 노구, B: 노흉, C: 노복, D: 보시, E: 노저

46. ④

47. ②

48. ①

49. ②

50. ①
상부광 작용: 막힘 방지, 적열 또는 용융부착 방지, 분리가 용이하게 할 것, 소결광 용융부착 방지, 새나감을 방지

51. ②

52. ②

53. ①
화원제로서의 역할이다.

54. ③

55. ①

56. ④
회분의 조성은 SiO_2, Al_2O_3, Fe_2O_3이다.

57. ③
황은 산화 배소에 의해 제거되며, 철광석의 비소(As)는 소결작업에서 제거된다.

58. ④
용융결합: 고온에서 소결이 행하여진 경우 원료 중의 슬래그 성분이 용융되어 입자가 슬래그 성분으로 견고하게 결합되는 것

59. ③
열효율 증가로 인한 분코크스 사용량의 증가

60. ②

[제4회 모의고사]

1. ①
쌍정이란 특정면을 경계로 하여 처음의 결정과 대칭적 관계에 있는 원자배열을 갖는 결정으로 경계가 되는 면의 쌍정변화이다.

2. ③
황동은 Cu+Zn, 청동은 Cu+Sn의 합금조성이다.

3. ①

4. ④
Au는 왕수 이외에 침식, 산화되지 않는 귀금속이다.

5. ④

6. ④

7. ②
KS A–기본, KS B–기계, KS C–전기, KS D–금속

8. ④
치수공차=최대 허용치수−최소 허용치수

9. ②

10. ③

11. ②
AB는 용융상태, BC는 용융+응고상태, CD는 응고상태이다.

12. ②
취성이 적고 소착성이 작을 것

13. ①

14. ①
시멘타이트>트로스타이트>오스테나이트>페라이트

15. ④

16. ②
비중은 4℃의 순수한 물을 기준으로 물체의 무게와 물의 무게와의 비이다.

17. ④
게이지용강은 팽창계수가 작고 경도가 크며, 치수변화가 없고 담금질에 의해 변형이나 담금질 균열이 없어야 한다.

18. ①

19. ②
코비탈륨은 Y합금의 일종으로 Ti과 Cu를 0.2% 정도씩 첨가한 내열합금이다.

20. ①
주조경질 합금으로 비열처리에도 경도가 높은 금속이다.

21. ④
도형이 치수에 비례하지 않을 때는 NS를 기입한다.

22. ②

23. ④
X: 가공으로 생긴 선이 다방면으로 교차, M: 무방향, R: 가공으로 생긴 선이 거의 방사선, C: 가공으로 생긴 선이 거의 동심원

24. ③

$$m=\frac{D}{Z}=\frac{64}{32}=2$$

25. ③

26. ③

27. ①
R: 반지름, t: 두께, ø: 지름, SR: 구의 반지름

28. ④

29. ④

30. ③

31. ④
습관성 누발자: 재해 경험에 의해 겁쟁이가 되거나 신경과민이 되기 때문에 일종의 슬럼프에 빠진다.

32. ③

33. ④

34. ②

35. ③

36. ③
장입물의 하강이 빠른 경우

37. ④
코크스 공정이나 소결공정 등의 예비처리 공정이 필요 없다.

38. ③
비중이 5.0 이하로 낮아야 한다.

39. ③
소결광층의 파얄라이트(fayalite) 함유량이 감소되어 환원성이 좋아진다.

40. ②

41. ①

42. ②

43. ②

44. ③

45. ③
송풍량의 증가

46. ②

47. ②

48. ①
다공질로 노 안에서 환원이 잘 될 것

49. ①

50. ②
열전도도가 작고 발열효과가 적을 것

51. ③
확산결합이 용융결합보다 강도가 작다.

52. ③

53. ②
슬래그의 용융점을 낮춘다.

54. ②

55. ④

56. ①

57. ④

58. ③

59. ④

60. ①

[제5회 모의고사]

1. ①
베어링용 합금은 마찰계수가 작고 저항력이 높아야 한다.

2. ③
주조 균열이 크므로 두꺼운 주물에 적합하다.

3. ②

4. ④

5. ③
센더스트는 Al 5%, Si 10%, Fe 85%의 조성을 가

진 고투자율 합금이다.

6. ①

7. ②
F=C−P+2=1−2+2=1

8. ①
인바는 불변강으로 길이의 변화가 거의 없어 측정용 표준자, 바이메탈 재료 등에 사용되는 Ni−Fe합금이다.

9. ③
알칼리에는 견디나 산이나 염류에는 침식된다.

10. ④

11. ③
Ag>Au>Pt>Pb

12. ②

13. ③

14. ②
면심입방격자는 4개, 체심입방격자는 2개의 원자수를 갖는다.

15. ①
Y합금은 Al−Cu−Ni−Mg의 내열합금이다.

16. ③
제1각법: 눈→물체→투상면
제3각법: 눈→투상면→물체

17. ②

18. ②

19. ④

20. ②

21. ②

22. ①

23. ②
SM45C는 기계구조용강으로 탄소함유량이 0.45%임을 나타낸다.

24. ①
최대 틈새=구멍의 최대 허용치수−축의 최소 허용치수=0.030−0.020=0.010

25. ③

26. ③
예열층은 상승 가스에 의해 장입물이 가열되어 부착 수분을 잃고 건조되는 층이다.

27. ③
TM: 30°사다리꼴나사
TW: 29°사다리꼴나사
UNC: 유니파이 보통나사
UNF: 유니파이 가는나사

28. ③

29. ②

30. ④

31. ③
내화재는 열전도도가 매우 작고, 냉각효과가 있어야 한다.

32. ③
H_2는 가벼운 무취 기체이다.

33. ③

34. ①

35. ②

36. ④

37. ①

38. ③
고로용 축류 송풍기는 크기가 작고 설치면적이 적다.

39. ③
풍구는 송풍온도가 높을 때 파손된다.

40. ①
1: 축열실, 2: 열풍밸브, 3: 연소실, 4: 냉풍

41. ②
A: 노구, B: 노흉, C: 노복, D: 보시, E: 노상

42. ②

43. ③
노정 온도가 내려간다.

44. ①

45. ①
Si를 높이려면 염기도를 낮게 한다.

46. ④
풍상은 주물재질로 필요에 따라 자주 교체할 수 없으며, 환원성이어야 한다.

47. ④

48. ①
분입자 간에 수분이 있어야 한다.

49. ①

50. ②
소결원료의 상부 배출 용이

51. ①

52. ②
환원하기 쉬울 것

53. ②
소결광층의 파얄라이트 함유량이 감소되어서 환원성이 좋아진다.

54. ④

55. ②
노내 통기성이 나빠진다.

56. ①

57. ③
소결이 불량할 때 재점화가 불가능하다.

58. ②
수분 첨가는 배가스 온도를 낮추기 위해서이다.

59. ②

60. ③

제선기능사 필기/실기 특강

2019년 1월 10일 인쇄
2019년 1월 15일 발행

저 자 : 최병도
펴낸이 : 이정일

펴낸곳 : 도서출판 **일진사**
www.iljinsa.com
(우) 04317 서울시 용산구 효창원로 64길 6
전화 : 704-1616 / 팩스 : 715-3536
등록 : 제1979-000009호 (1979.4.2)

값 24,000 원

ISBN : 978-89-429-1565-1